中文版

SolidWorks 2012 标准教程

赵罡　刘玥　张艳婷　编著

兵器工业出版社

北京希望电子出版社
Beijing Hope Electronic Press
www.bhp.com.cn

内 容 简 介

本书针对 SolidWorks 2012 中文版系统地介绍了草图绘制、特征设计、装配体设计和工程图设计等方面的功能。本书章节的安排次序采用由浅入深、循序渐进的原则。在具体写作上，首先介绍相应章节的基础知识，然后利用一个内容较全面的范例来使读者了解具体的操作步骤，该操作步骤翔实、图文并茂，引领读者一步一步完成模型的创建，使读者既快、又深入地理解 SolidWorks 软件中的一些抽象的概念和功能。

本书光盘内容包括书中部分范例的视频讲解文件，讲解形式活泼、方便、实用，方便读者学习使用。同时光盘中还提供了部分范例的素材文件及最终效果文件，以便读者练习使用。

本书适用于 SolidWorks 初、中级用户，可以作为理工科高等院校相关专业师生的辅导用书和相关专业课程的实训教材、技术培训教材，也可以作为广大科研人员的自学参考用书。

图书在版编目（CIP）数据

中文版 SolidWorks 2012 标准教程 / 赵罘，刘玥，张艳婷编著. --北京：兵器工业出版社，2011.11
ISBN 978-7-80248-668-3

Ⅰ. ①中… Ⅱ. ①赵… ②刘… ③张…Ⅲ. ①计算机辅助设计—应用软件，SolidWorks 2012—教材 Ⅳ. ①TP391.72

中国版本图书馆 CIP 数据核字（2011）第 215189 号

出版发行：兵器工业出版社 北京希望电子出版社
邮编社址：100089 北京市海淀区车道沟 10 号
100085 北京市海淀区上地 3 街 9 号
金隅嘉华大厦 C 座 611
电　　话：010-62978181（总机）转发行部
010-82702675（邮购）010-82702698（传真）
经　　销：各地新华书店 软件连锁店
印　　刷：北京市媛明印刷厂
版　　次：2011 年 11 月第 1 版第 1 次印刷

封面设计：深度文化
责任编辑：刘 立 赵丽丽
责任校对：佳图文化
开　　本：787mm×1092mm 1/16
印　　张：21
印　　数：1-3 000
字　　数：486 千字
定　　价：39.80 元（配 1 张 DVD 光盘）

前言
PROFACE

SolidWorks软件以参数化特征造型为基础，具有功能强大、易学、易用等特点，极大地提高了机械设计工程师的设计效率和设计质量，并成为主流三维CAD软件市场的标准，是目前最优秀的三维CAD软件之一。最新中文版SolidWorks 2012针对设计中的多项功能进行了大量补充和更新，使设计过程更加便捷。

笔者长期从事SolidWorks专业设计和教学，对SolidWorks有深入的了解，并积累了大量的实际工作经验。为了使读者能够更好地学习和掌握软件，同时尽快熟悉中文版SolidWorks 2012的各项功能，笔者在多年设计经验的基础上编写了本书。本书采用通俗易懂、循序渐进的讲解方式，系统地阐述了SolidWorks各种工具、命令的使用。

本书主要包括以下内容。

- SolidWorks软件基础：包括基本功能和软件的基本操作方法。
- 草图绘制：讲解二维草图的绘制和修改方法。
- 特征建模：讲解SolidWorks软件大部分的特征建模命令。
- 装配体设计：讲解由零件建立装配体的方法和过程。
- 工程图设计：讲解制作符合国标的工程图的方法和过程。
- 曲面建模：讲解曲线和曲面的建立方法和过程。
- 渲染图片：讲解图片渲染的方法和过程。

本书光盘内容包括书中部分范例的视频讲解文件，讲解形式活泼、方便、实用，方便读者学习使用。同时光盘中还提供了部分范例的素材文件及最终效果文件，以便读者练习使用。

本书主要由赵罘、刘玥、张艳婷编写，参加编写的还有杨晓晋、王平、刘晔辉、孟春玲、郑玉彬、秦志峰、龚堰珏、薛宝华、肖科锋、刘玢、刘良宝、李耀明、于勇、苏彬、刘奇荣、张妍等。

由于水平有限，书中难免会有疏漏和不足之处，恳请广大读者提出宝贵意见，希望各位读者来信指正，电子邮箱是bhpbangzhu@163.com。如果希望知悉图书的更多信息，请浏览网站www.bhp.com.cn。

本书适用于SolidWorks的初、中级用户，可以作为理工科高等院校相关专业的学生用书和CAD专业课程实训教材、技术培训教材，适合工业、企业的产品开发和技术部门人员。

编著者

目录
CONTENTS

第1章 基础知识

第2章 草图绘制

第3章 基本特征建模

第4章 高级特征建模

第5章 曲线和曲面设计

第6章 装配体设计

第9章 综合范例一

第10章 综合范例二

第1章
基础知识

本章导读

本章主要介绍了中文版SolidWorks 2012的概况及其界面、菜单栏的功能、简单的文件操作等，并讲解了获取帮助信息的方法，使读者对中文版SolidWorks 2012有一个初步的了解。

1.1 用户界面

启动中文版SolidWorks 2012（以下如果没有特别说明版本，均简称为SolidWorks），首先是启动界面（如图1-1所示），然后进入中文版SolidWorks 2012的用户界面。

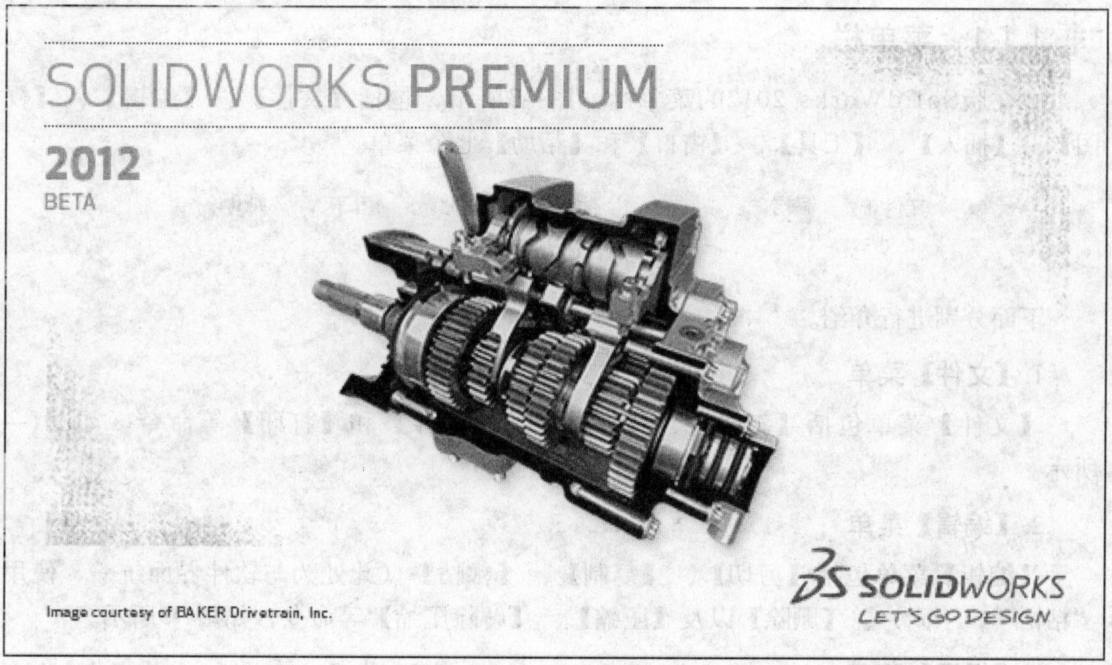

图1-1　启动界面

中文版SolidWorks 2012的用户界面如图1-2所示，主要由菜单栏、工具栏（包括标准工具栏、应用工具栏等）、管理器窗口、图形区域、状态栏和任务窗口六部分组成。

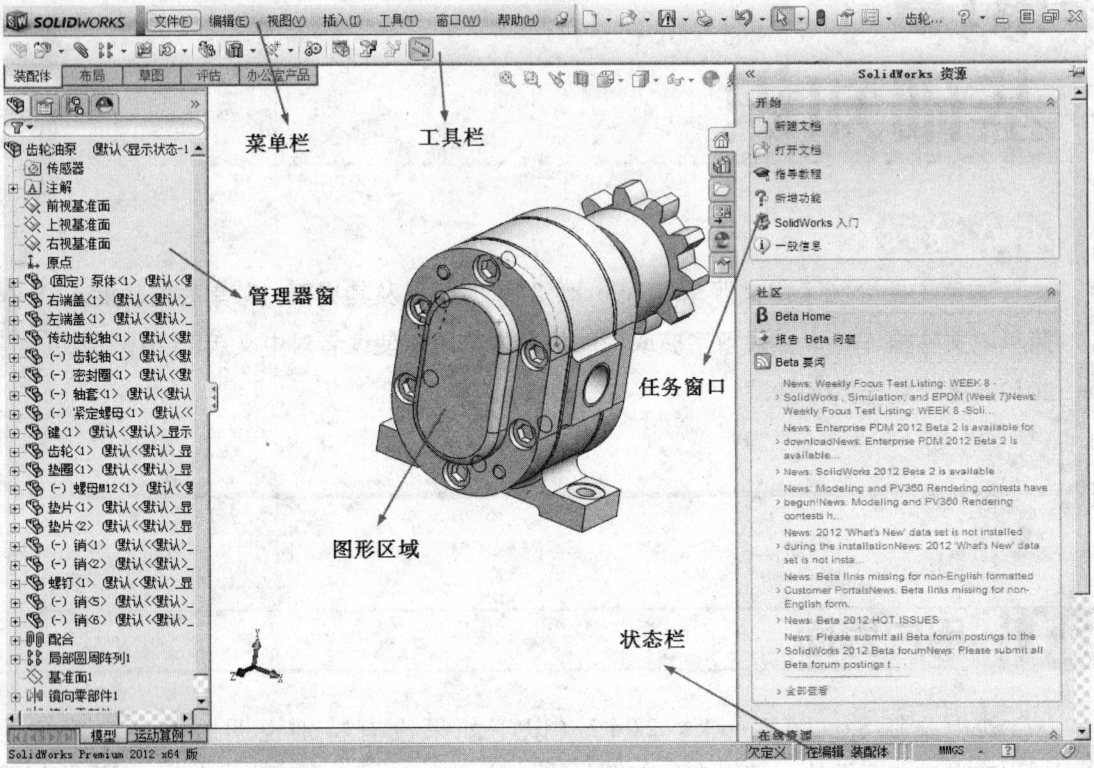

图1-2　用户界面

1.1.1　菜单栏

中文版SolidWorks 2012的菜单栏如图1-3所示，包括【文件】、【编辑】、【视图】、【插入】、【工具】、【窗口】和【帮助】七个菜单。

图1-3　菜单栏

下面分别进行介绍。

1.【文件】菜单

【文件】菜单包括【新建】、【打开】、【保存】和【打印】等命令，如图1-4所示。

2.【编辑】菜单

【编辑】菜单包括【剪切】、【复制】、【粘帖】（此处为与软件界面统一，使用“粘帖”，下同）、【删除】以及【压缩】、【解除压缩】等命令，如图1-5所示。

3.【视图】菜单

【视图】菜单包括显示控制的相关命令，如图1-6所示。

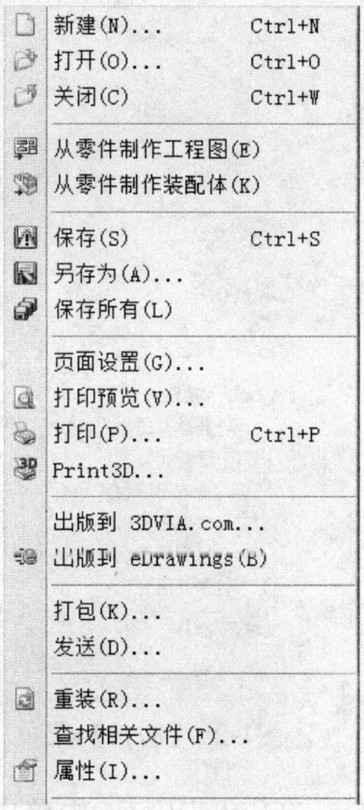

图1-4 【文件】菜单

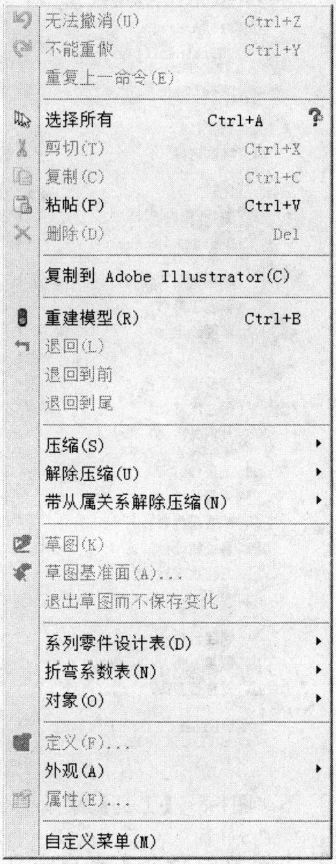

图1-5 【编辑】菜单

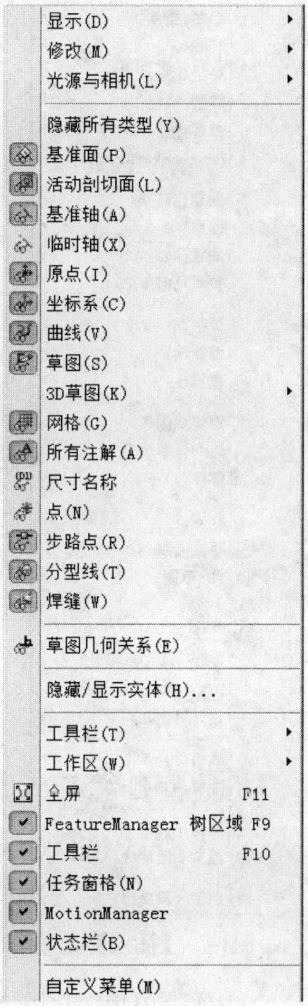

图1-6 【视图】菜单

4.【插入】菜单

【插入】菜单包括【凸台/基体】、【切除】、【特征】、【阵列/镜向】（此处为与软件界面统一，使用“镜向”，下同）、【扣合特征】、【曲面】、【钣金】、【模具】等命令，如图1-7所示。这些命令也可以通过【特征】工具栏中相对应的功能按钮来实现。

5.【工具】菜单

【工具】菜单包括多种工具命令，如【草图绘制实体】、【几何关系】、【测量】、【质量特性】、【对称检查】等，如图1-8所示。

6.【窗口】菜单

【窗口】菜单包括【视口】、【新建窗口】、【层叠】等命令，如图1-9所示。

7.【帮助】菜单

【帮助】菜单如图1-10所示，可以提供各种信息查询，例如，【SolidWorks 帮助】命令可以展开SolidWorks软件提供的在线帮助文件，【API帮助主题】命令可以展开SolidWorks软件提供的API（应用程序界面）在线帮助文件，这些均可作为用户学习中文版SolidWorks 2012的参考。

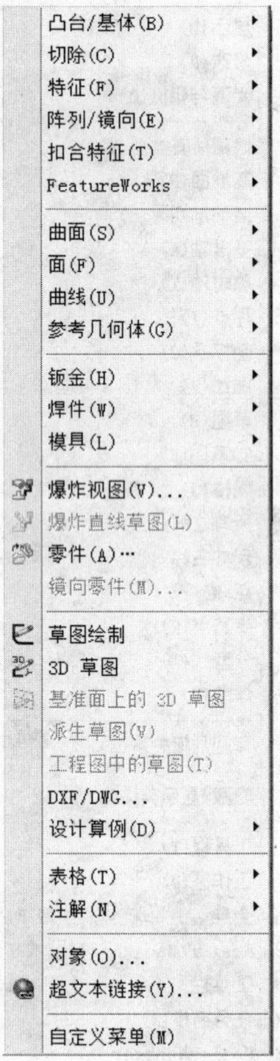

图1-7 【插入】菜单

图1-8 【工具】菜单

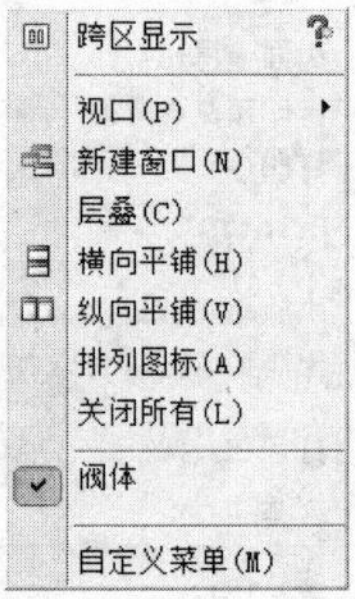

图1-9 【窗口】菜单

此外，用户还可以通过快捷键访问菜单命令或者自定义菜单命令。在SolidWorks中单击鼠标右键，可以激活与上下文相关的快捷菜单，如图1-11所示。快捷菜单可以在图形区域、【FeatureManager（特征管理器）设计树】（以下统称为【特征管理器设计树】）中使用。

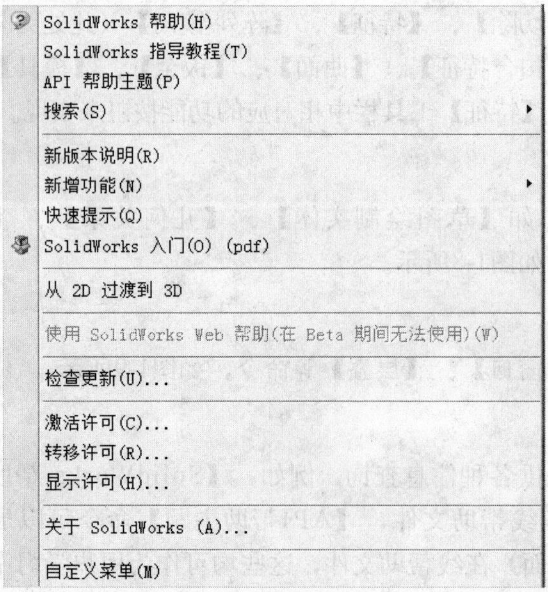

图1-10 【帮助】菜单

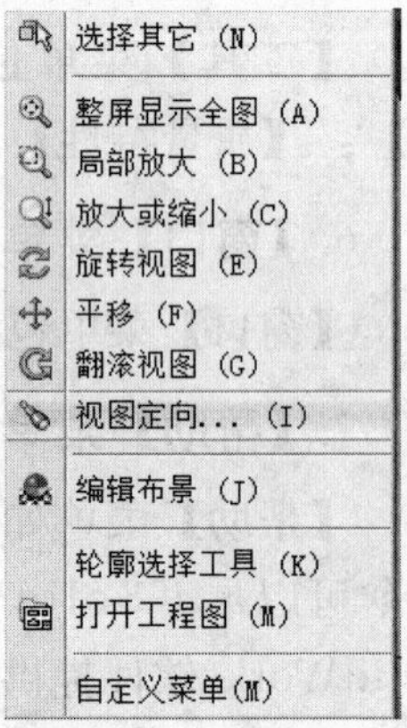

图1-11 快捷菜单

1.1.2 工具栏

工具栏位于菜单栏的下方，一般分为两排，用户可以根据需要自定义工具栏的位置和显示内容。

工具栏上排一般为【标准】工具栏，如图1-12所示；下排一般为【CommandManager（命令管理器）】工具栏，如图1-13所示。用户可以根据需要通过【工具】菜单中的【自定义】命令，在【自定义】对话框中自行定义工具栏的显示。

图1-12 【标准】工具栏

图1-13 【CommandManager（命令管理器）】工具栏

1.1.3 状态栏

状态栏显示了正在操作中的对象所处的状态，如图1-14所示。

图1-14 状态栏

状态栏中提供的信息如下。

- 当用户将鼠标指针拖动到工具按钮上或者单击菜单命令时进行简要说明。
- 如果用户对要求重建的草图或者零件进行更改，显示【重建模型】图标。
- 当用户进行草图相关操作时，显示草图状态及鼠标指针的坐标。
- 为所选实体进行常规测量，如边线长度等。
- 显示用户正在装配体中编辑的零件的信息。
- 在用户使用【系统选项】对话框中的【协作】选项时，显示可以用来访问【重装】对话框的图标。
- 当用户选择了【暂停自动重建模型】命令时，显示“重建模型暂停”。
- 显示或者关闭快速提示，可以单击、、、等图标。
- 如果保存通知以分钟进行，显示最近一次保存后至下次保存前之间的时间间隔。

1.1.4 管理器窗口

管理器窗口包括【特征管理器设计树】、【PropertyManager（属性管理器）】、【ConfigurationManager（配置管理器）】、【公差分析管理器】和【显示管理】五个选项卡，其中【特征管理器设计树】和【属性管理器】使用比较普遍，下面进行详细介绍。

1.【特征管理器设计树】

【特征管理器设计树】可以提供激活零件、装配体或者工程图的大纲视图，使观察零件或者装配体的生成以及检查工程图图纸和视图变得更加容易，如图1-15所示。

【特征管理器设计树】和图形区域为动态链接，可以在任意窗口中选择特征、草图、工程视图和构造几何体。用户可以分割【特征管理器设计树】，显示两个【特征管理器设计树】，或者将【特征管理器设计树】与【属性管理器】或者【配置管理器】进行组合。

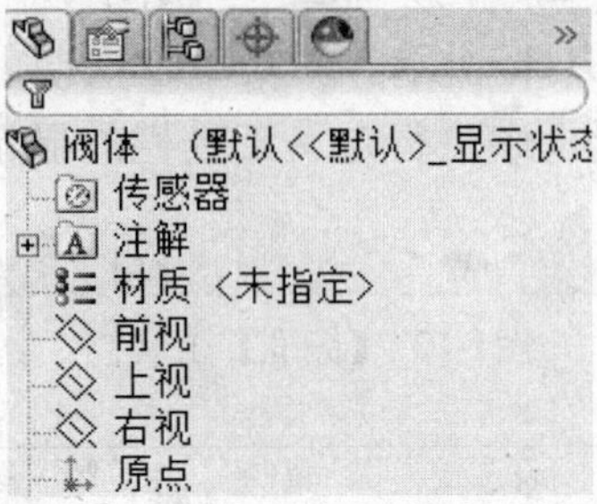

图1-15 【特征管理器设计树】

2.【属性管理器】

当用户选择在【属性管理器】中所定义的实体或者命令时，弹出相应的属性设置框，如图1-16所示。【属性管理器】可以显示草图、零件或者特征的属性。

1）在【属性管理器】中包含【确定】、【取消】、【帮助】、【保持可见】等按钮。

2）【信息】框：引导用户下一步的操作，常常列举实施下一步操作的各种方法，如图1-17所示。

3）选项组框：一组相关的参数设置，带有组标题（如【方向1】等），单击或者箭头图标，可以扩展或者折叠选项组，如图1-18所示。

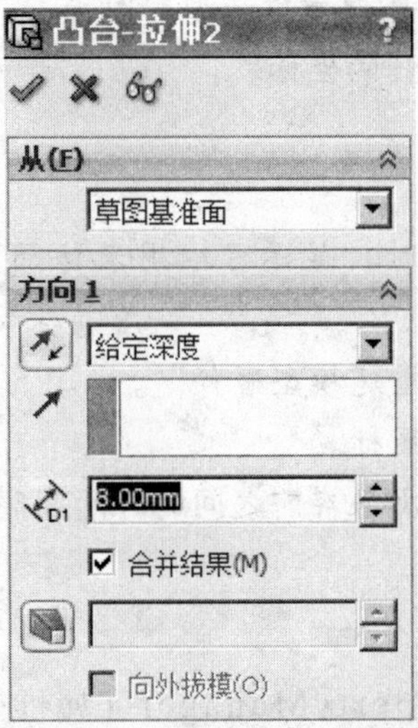

图1-16 【凸台-拉伸】的属性设置

图1-17 【信息】框

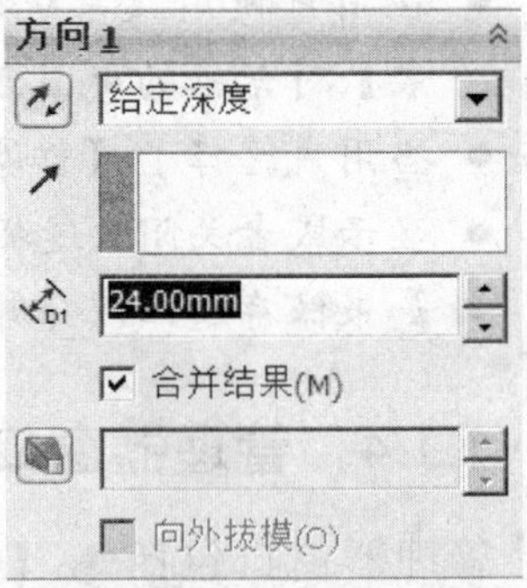

图1-18 选项组框

4）分隔条：分隔条可以控制【属性管理器】窗口的显示，将【属性管理器】与图形区域分开。如果将其来回拖动，则分隔条在【属性管理器】显示的最佳宽度处捕捉到位。当用户生成新文件时，分隔条在最佳宽度处打开。用户可以拖动分隔条以调整【属性管理器】的宽度，如图1-19所示。

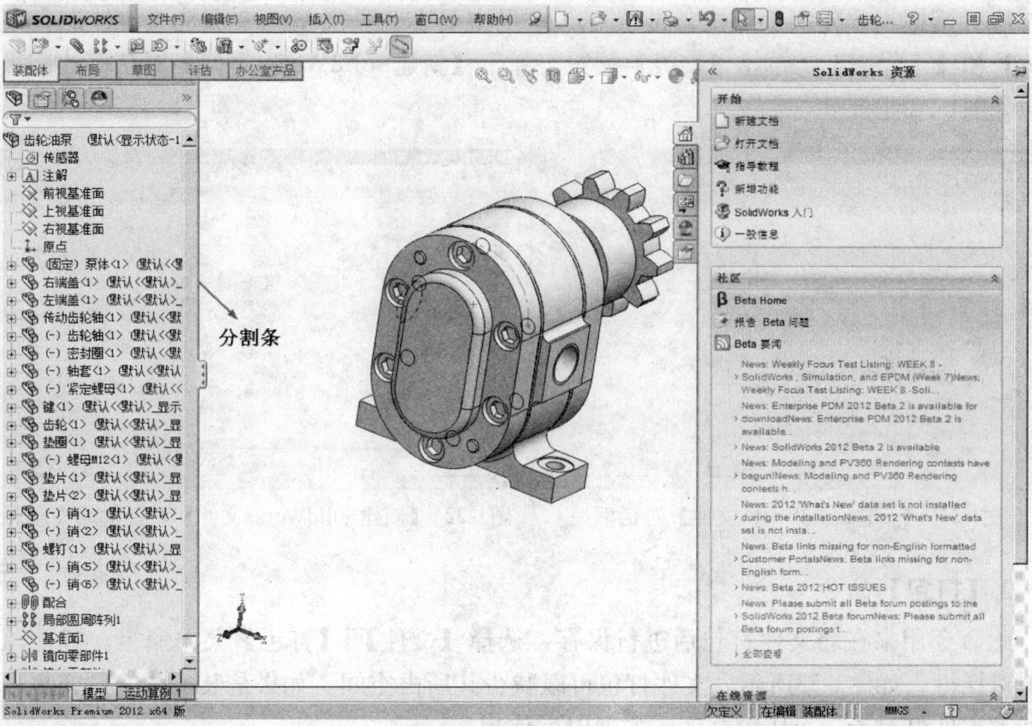

图1-19　分隔条

1.1.5　任务窗口

任务窗口包括【SolidWorks资源】、【设计库】、【文件探索库】、【查看调色板】、【外观/背景】等选项卡，如图1-20所示。

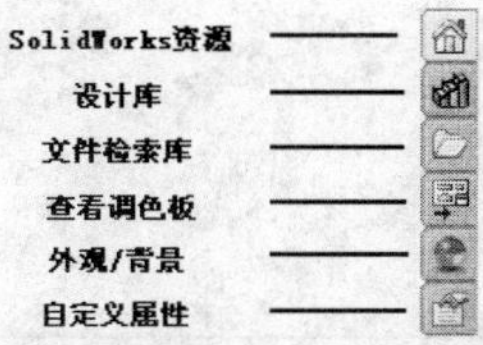

图1-20　任务窗口选项卡图标

1.2 基本操作

本节重点介绍中文版SolidWorks 2012的一些基本操作。

1.2.1　文件的基本操作

文件的基本操作由【文件】菜单下的命令控制。

1.【新建】命令

选择【文件】|【新建】菜单命令，弹出【新建SolidWorks文件】对话框，如图1-21所示。

该对话框用于定义新建文件的类型，这里主要有三种类型，分别是【零件】、【装配体】和【工程图】。单击【高级】按钮，弹出【新建SolidWorks文件】对话框的高级界面，如图1-22所示。

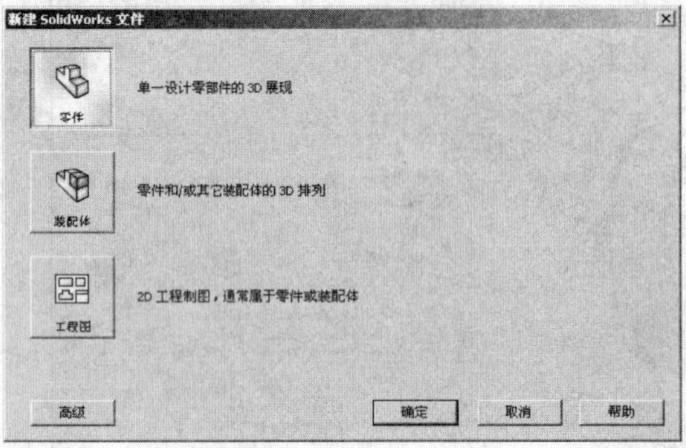

图1-21 【新建SolidWorks文件】对话框

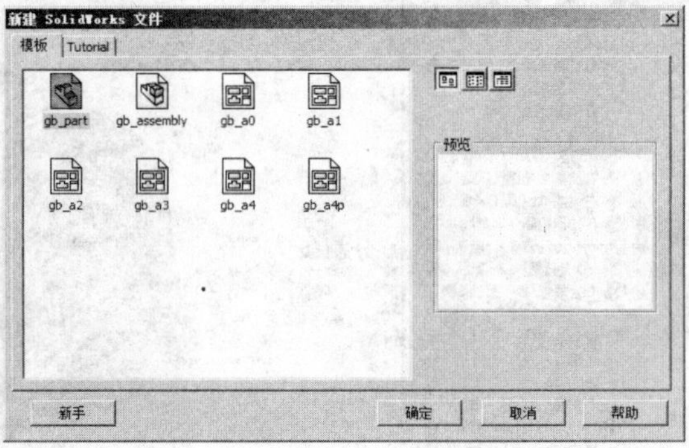

图1-22 【新建SolidWorks文件】对话框的高级界面

2.【打包】命令

此命令用来在将文件打包后进行保存。选择【文件】|【打包】菜单命令，弹出【打包】对话框，如图1-23所示。文件打包可以减少其所占空间。如果是装配体文件，更可以将相关零件打包为一个压缩文件，方便以后使用。

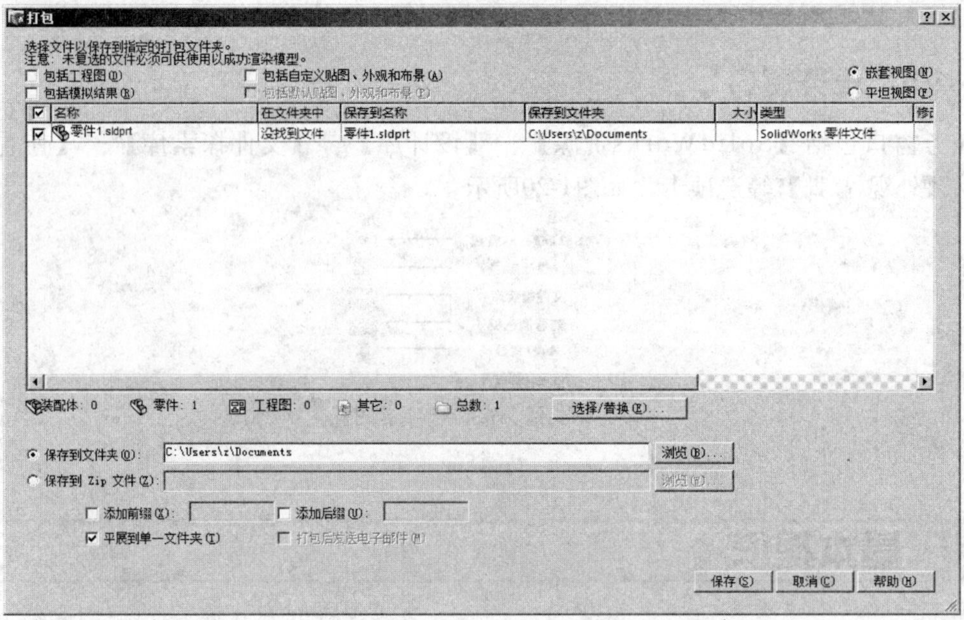

图1-23 【打包】对话框

1.2.2 选择的基本操作

在中文版SolidWorks 2012中，【选择】按钮是使用次数最多的工具之一。在草图绘制、特征生成以及零件、装配体、工程图等相关操作中都会用到它。在进行其他操作时，按键盘上的Esc键可以切换为【选择】操作。

为了帮助选择，在鼠标指针指向实体时，实体会高亮显示，鼠标指针形状根据实体类型的不同而改变。根据鼠标指针形状反馈的信息可以知道其几何关系和实体类型，如顶点、边线、面、端点、中点、重合、交叉线等几何关系，或者直线、矩形以及圆等实体类型。

单击【标准】工具栏中的【选择】按钮，进入选择状态。

1. 选择单个实体

单击图形区域中的实体以将其选择。

2. 选择多个实体

如果需要选择多个实体，在选择第一个实体后，按住键盘上的Ctrl键再次进行选择。

3. 使用选框选择

选择实体时，拖动鼠标指针以定义矩形选框。根据文件类型，在零件、装配体或者工程图中要选择的实体周围拖动出一个矩形选框，完全位于矩形选框内的所有实体被选择。可以使用【选择过滤器】工具栏设置不同的选择类型。选择多组实体时，可以按住键盘上的Ctrl键拖动出多个矩形选框。

默认的几何体框选类型有零件文件的边线、装配体文件的零部件、工程图文件的草图实体及其尺寸和注解。

当选择工程图中的边线和面时，隐藏的边线和面不被选择。

4. 利用鼠标右键进行选择

- 【选择环】：可以使用鼠标右键连续选择相连边线组成的环，然后将如圆角或者倒角之类的特征应用到所选实体中，隐藏的边线在所有视图模式中都被选择；还可以使用鼠标右键单击零件中一圈边线的一条边线，在弹出的菜单中选择【选择环】命令，如图1-24所示，一个环组被选择，此时出现一个控标显示环的方向，如图1-25所示。如果需要将环选择更改为其他相连面的边线，可以单击控标。

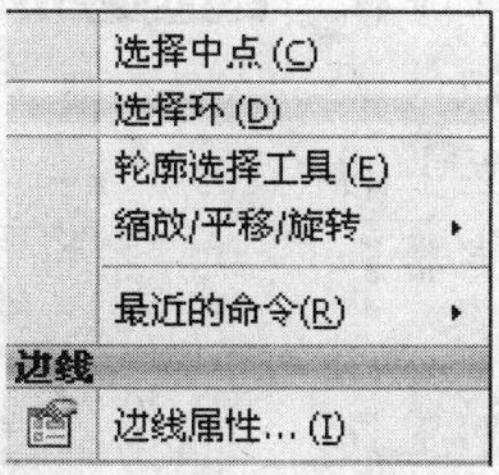

图1-24　选择【选择环】命令

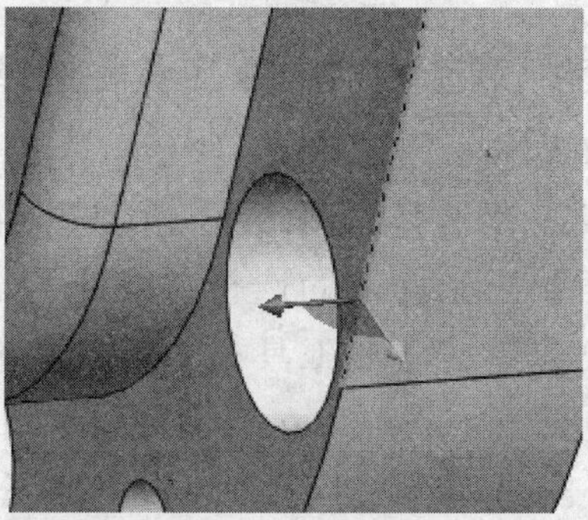

图1-25　出现控标

- 【选择其它】：要选择被其他项目遮住或者隐藏的项目，可以将鼠标指针指向要选择的项目，然后单击鼠标右键，在弹出的快捷菜单中选择【选择其它】命令，如图1-26所示，鼠标指针变为形状，弹出【选择其它】对话框，如图1-27所示。
- 【选择中点】：可以选择实体（如草图、零件的边线等）的中点以生成其他实体，如基准面或者基准轴。用鼠标右键单击以选择边线，在弹出的快捷菜单中选择【选择中点】命令，如图1-28所示。

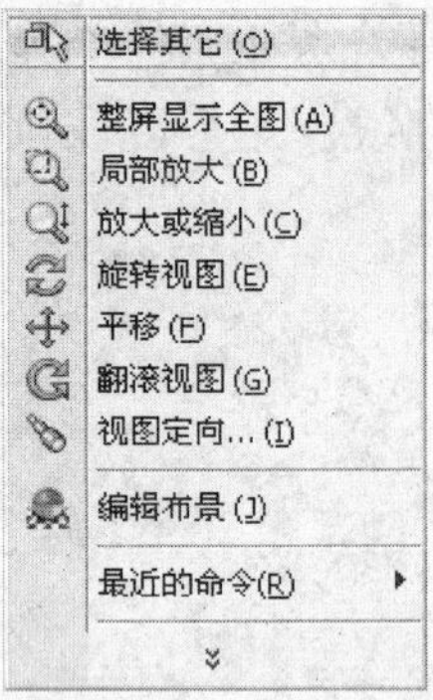

图1-26　选择【选择其它】命令

图1-27　【选择其它】对话框

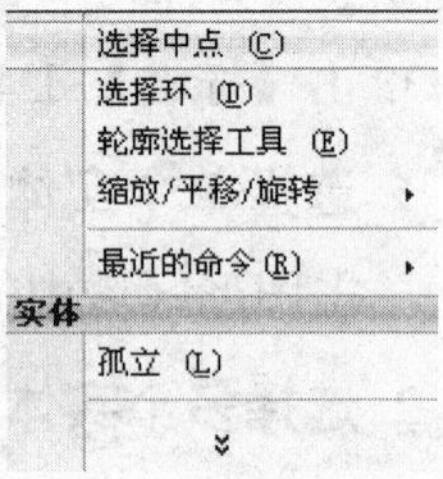

图1-28　选择【选择中点】命令

5. 在【特征管理器设计树】中选择

1）在【特征管理器设计树】中单击相应的名称，可以选择模型中的特征、草图、基准面、基准轴等。

2）在选择的同时按住键盘上的Shift键，可以在【特征管理器设计树】中选择多个连续项目。

3）在选择的同时按住键盘上的Ctrl键，可以在【特征管理器设计树】中选择多个非连续项目。

6. 在草图或者工程图文件中选择

在草图或者工程图文件中可以使用【选择】按钮进行以下操作。

01 选择草图实体。

02 拖动草图实体或者端点以改变草图形状。

03 选择草图实体的边线或者面。

04 拖动选框以选择多个草图实体。

05 选择尺寸并拖动到新的位置。

7. 使用【选择过滤器】工具栏选择

【选择过滤器】工具栏（如图1-29所示）有助于在图形区域或者工程图图纸区域中选择特定项。例如，【过滤面】只允许面的选择。单击【标准】工具栏中的【切换选择过滤器工具栏】按钮，使【选择过滤器】工具栏可见。

图1-29　【选择过滤器】工具栏

如果需要选择特定项目，可以在【选择过滤器】工具栏中单击相应按钮（如【过滤顶点】、【过滤面】、【过滤边线】、【过滤曲面实体】等），当鼠标指针经过时，指定类别的项目会被标识出来，这样就可以过滤掉其他项目，只选择指定的项目。

1.2.3　视图的基本操作

在SolidWorks中，视图的基本操作包括两个方面，一是以不同的视角观察模型而得到的视角视图；二是模型的显示方式视图。【视图】工具栏如图1-30所示。

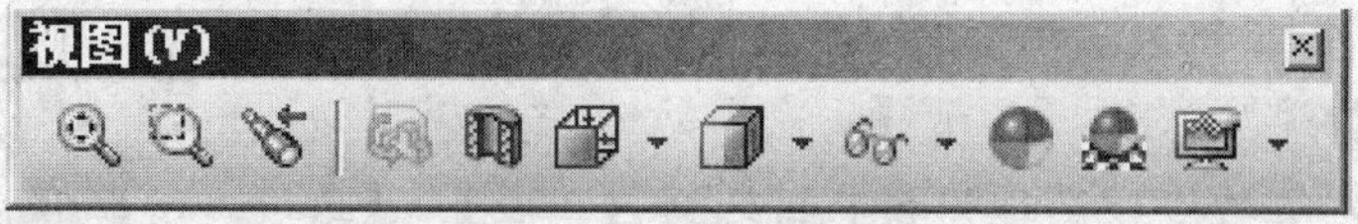

图1-30 【视图】工具栏

1. 视图显示操作

SolidWorks提供了多种视角的视图方向，包括【前视】、【后视】、【左视】、【右视】、【上视】、【下视】、【等轴测】、【上下二等角轴测】和【左右二等角轴测】等。当在设计过程中选定了模型的任意平面后，为了方便观察和设计，可以选择【正视于】（即与屏幕平行）方向。

选择视图类型的方法有以下几种。

1）单击【视图】工具栏中的相应按钮。

2）单击【视图】工具栏中的【视图定向】按钮，在弹出的菜单中选择【视图定向】命令（也可以直接单击【标准视图】工具栏中的【视图定向】按钮，如图1-31所示），弹出【方向】对话框（在设计过程中按键盘上的空格键，也可以弹出【方向】对话框），如图1-32所示。

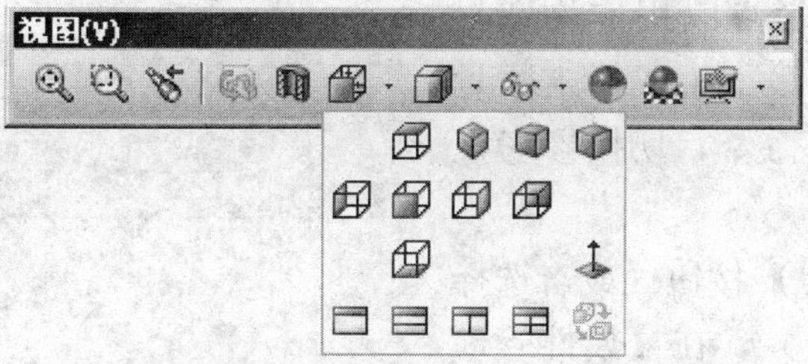

图1-31 选择【视图定向】命令

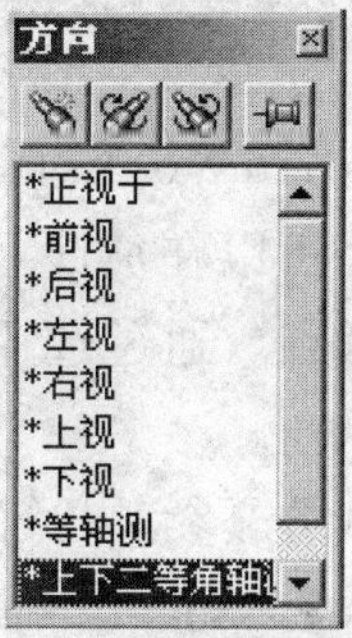

图1-32 【方向】对话框

3）在操作过程中，有时会用到某一个视图方向，而这个方向不属于标准的视图方向，这时需要定义视图方向。

调整好模型角度，单击【标准视图】工具栏中的【视图定向】按钮。

在弹出的【方向】对话框中单击【新视图】按钮，弹出【命名视图】对话框，输入视图名称，单击【确定】按钮保存，如图1-33所示。

图1-33 【命名视图】对话框

2. 模型显示操作

可以通过单击【视图】工具栏中的按钮，实现不同方式下的模型显示。SolidWorks提供了以下几种显示方式。

- 【线架图】：模型采用线框方式显示，无论隐藏线还是可见线都以相同的实线显示，可见性差，但是显示速度快。
- 【隐藏线可见】：实体模型以线框模式显示，隐藏线以灰色线段或者虚线显示。
- 【消除隐藏线】：实体模型以线框模式显示，隐藏线不显示。

- 【带边线上色】：实体模型以渲染模式显示，效果逼真，但速度较慢，显示【上色】方式中的模型边线。如果显示的边线呈现锯齿状，选择【工具】|【选项】菜单命令，弹出【系统选项—常规】对话框，选择【显示/选择】|【反走样边线草图】选项，即可消除边界显示的锯齿。
- 【上色】：着色显示模型。显示的模型通过选择【工具】|【选项】菜单命令，在弹出的【系统选项—常规】对话框的【颜色】选项中进行设置。
- 【透视图】：采用透视方式显示模型，即真实感视图。
- 【上色模式中的阴影】：在模型中加入阴影。
- 【剖面视图】：单击此按钮，在【属性管理器】中弹出【剖面视图】的属性设置，如图1-34所示。

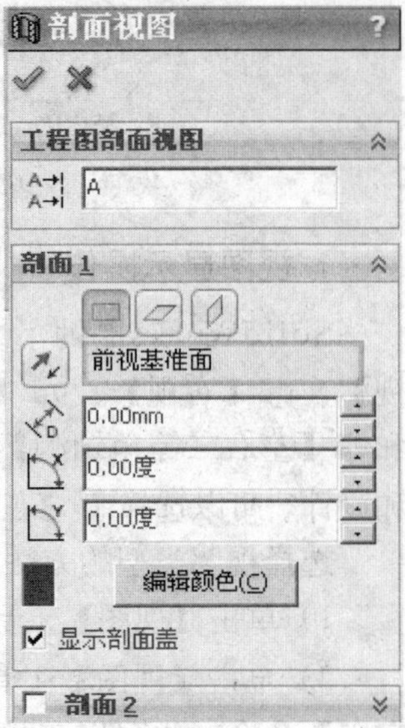

图1-34 【剖面视图】的属性设置

1.3 参考点

SolidWorks可以生成多种类型的参考点以用作构造对象，还可以在彼此间已指定距离分割的曲线上生成指定数量的参考点。通过选择【视图】|【点】菜单命令，切换参考点的显示。

单击【参考几何体】工具栏中的【点】按钮（或者选择【插入】|【参考几何体】|【点】菜单命令），在【属性管理器】中弹出【点】的属性设置，如图1-35所示。

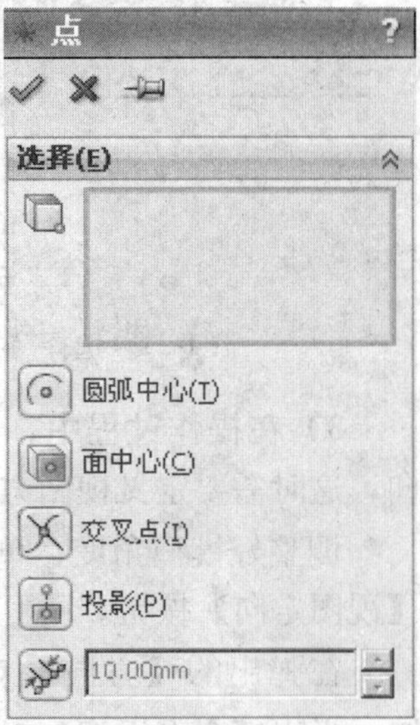

图1-35 【点】的属性设置

在【选择】选项组中单击【参考实体】选择框，在图形区域中选择用以生成点的实体。

- 【圆弧中心】：在圆弧的中心生成参考点。
- 【面中心】：在面的中心生成参考点。
- 【交叉点】：在两条线的交叉点处生成参考点。
- 【投影】：在面的投影处生成参考点。
- 【沿曲线距离或多个参考点】：可以沿边线、曲线或者草图线段生成一组参考点，输入距离或者百分比数值。其中：
  - 【距离】：按照设置的距离生成参考点数。
  - 【百分比】：按照设置的百分比生成参考点数。
  - 【均匀分布】：在实体上均匀分布参考点数。
  - 【参考点数】：设置沿所选实体生成的参考点数。

属性设置完成后，单击【确定】按钮，生成参考点，如图1-36所示。

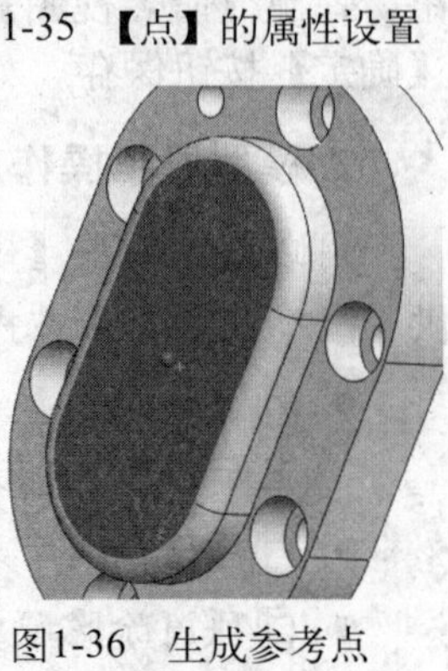
图1-36 生成参考点

1.4 参考基准轴

参考基准轴是参考几何体中的重要组成部分。在生成草图几何体或者圆周阵列时常使用参考基准轴。

参考基准轴的用途较多，概括起来为以下三项。

1）将参考基准轴作为中心线。基准轴可以作为圆柱体、圆孔、回转体的中心线。

2）作为参考轴辅助生成圆周阵列等特征。

3）将基准轴作为同轴度特征的参考轴。当两个均包含基准轴的零件需要生成同轴度特征时，可以选择各个零件的基准轴作为几何约束条件，使两个基准轴在同一轴上。

1.4.1 【基准轴】的属性设置

单击【参考几何体】工具栏中的【基准轴】按钮（或者选择【插入】|【参考几何体】|【基准轴】菜单命令），在【属性管理器】中弹出【基准轴】的属性设置，如图1-37所示。

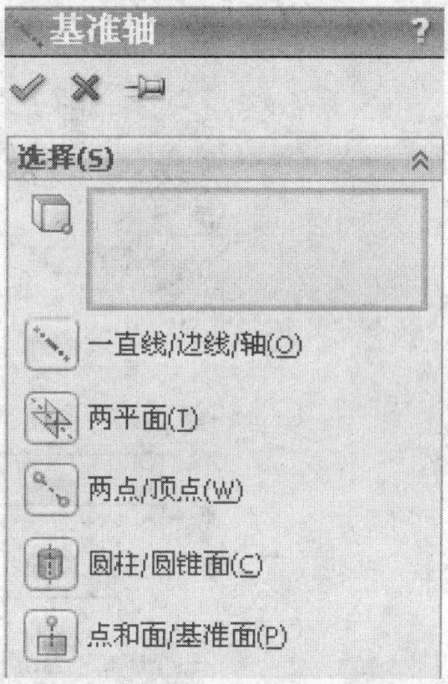

图1-37 【基准轴】的属性设置

在【选择】选项组中进行选择，以生成不同类型的基准轴。

- 【一直线/边线/轴】：选择一条草图直线或者边线作为基准轴。
- 【两平面】：选择两个平面，利用两个面的交叉线作为基准轴。
- 【两点/顶点】：选择两个顶点、两个点或者中点之间的连线作为基准轴。
- 【圆柱/圆锥面】：选择一个圆柱或者圆锥面，利用其轴线作为基准轴。
- 【点和面/基准面】：选择一个平面（或者基准面），然后选择一个顶点（或者点、中点等），由此所生成的轴通过所选择的顶点（或者点、中点等）垂直于所选的平面（或者基准面）。

1.4.2 显示参考基准轴

选择【视图】|【基准轴】菜单命令，可以看到菜单命令左侧的图标下沉，如图1-38所示，表示基准轴可见（再次选择该命令，该图标恢复即为关闭基准轴的显示）。

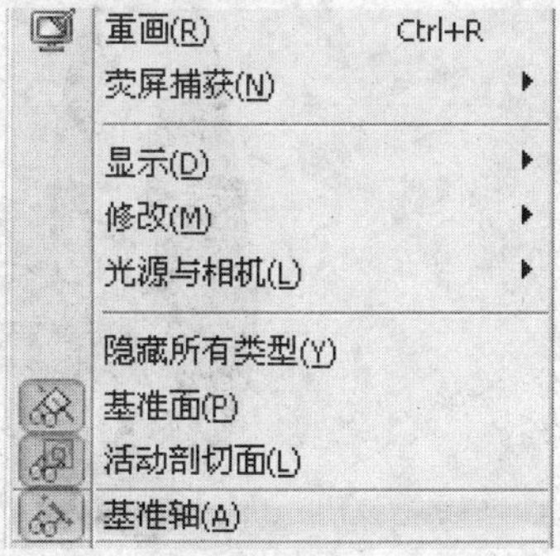

图1-38 选择【基准轴】菜单命令

1.5 参考基准面

在【特征管理器设计树】中默认提供前视、上视以及右视基准面，除了默认的基准面外，可以生成参考基准面。参考基准面用来绘制草图和为特征生成几何体。

1.5.1 参考基准面的属性设置

单击【参考几何体】工具栏中的【基准面】按钮（或者选择【插入】|【参考几何体】|【基准面】菜单命令），在【属性管理器】中弹出【基准面】的属性设置，如图1-39所示。

在【第一参考】选项组中，选择需要生成的基准面类型及项目。

- 【平行】：通过模型的表面生成一个基准面，如图1-40所示。

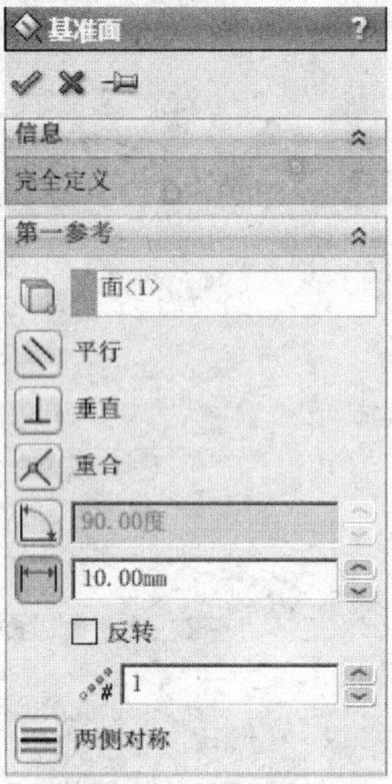

图1-39 【基准面】的属性设置

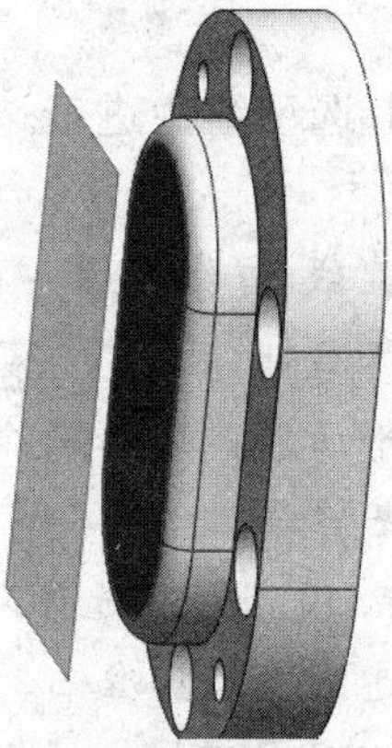

图1-40 通过平面生成一个基准面

- 【垂直】：可以生成垂直于一条边线、轴线或者平面的基准面，如图1-41所示。
- 【重合】：通过一个点、线和面生成基准面。
- 【两面夹角】：通过一条边线（或者轴线、草图线等）与一个面（或者基准面）成一定夹角生成基准面，如图1-42所示。

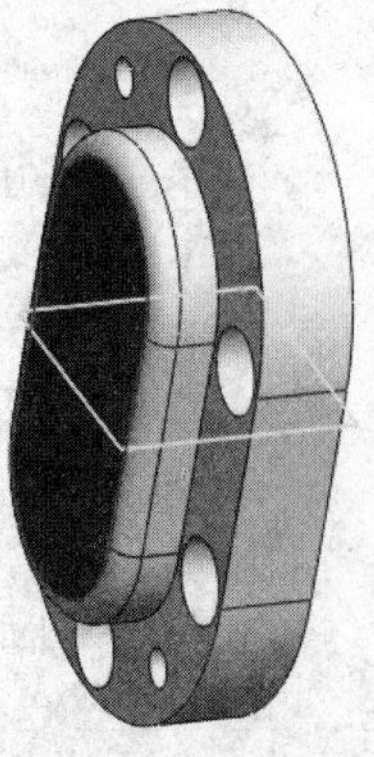

图1-41 垂直于曲线生成基准面

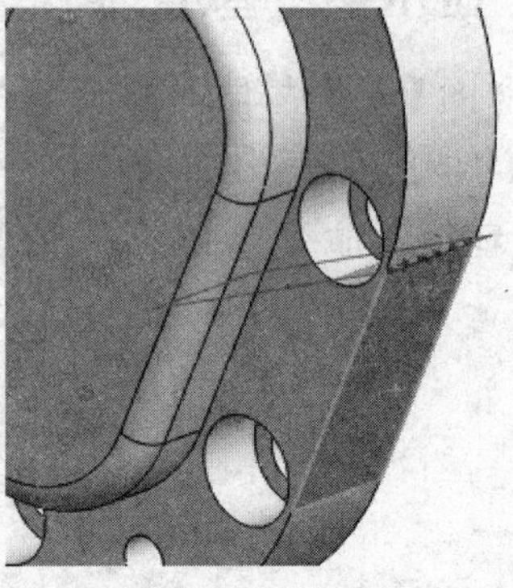

图1-42 两面夹角生成基准面

● 【等距距离】：在平行于一个面（或者基准面）的指定距离生成等距基准面，如图1-43所示。

● 【反转】：选择此复选框，在相反的方向生成基准面。

图1-43　等距距离生成基准面

1.5.2　修改参考基准面

1．修改参考基准面之间的等距距离或者角度

双击基准面，显示等距距离或者角度。双击尺寸或者角度的数值，在弹出的【修改】对话框中输入新的数值，如图1-44所示。也可以在【特征管理器设计树】中用鼠标右键单击已生成的基准面的图标，在弹出的快捷菜单中选择【编辑特征】命令，在【属性管理器】中弹出【基准面】的属性设置，在【选择】选项组中输入新的数值以定义基准面，单击【确定】按钮。

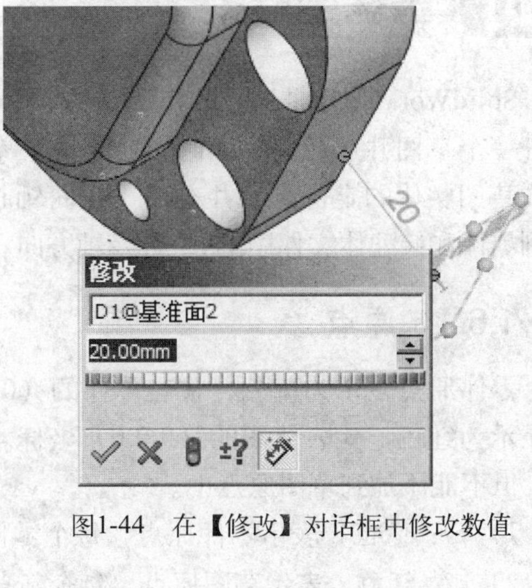

图1-44　在【修改】对话框中修改数值

2．调整参考基准面的大小

可以使用基准面控标和边线来移动、复制基准面或者调整基准面的大小。要显示基准面控标，可以在【特征管理器设计树】中单击已生成的基准面的图标或者在图形区域中单击基准面的名称，也可以选择基准面的边线，然后就可以进行调整了，如图1-45所示。

利用基准面控标和边线可以进行以下操作。

01 拖动边角或者边线控标以调整基准面的大小。

02 拖动基准面的边线以移动基准面。

03 通过在图形区域中选择基准面以复制基准面，然后按住键盘上的Ctrl键并使用边线将基准面拖动至新位置，生成一个等距基准面，如图1-46所示。

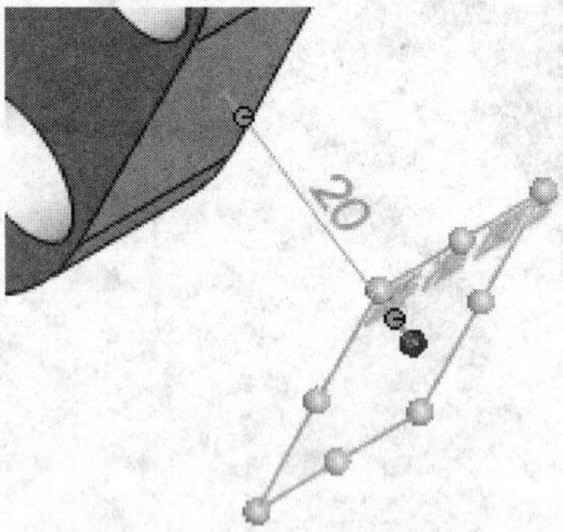

图1-45　显示基准面控标

图1-46　生成等距基准面

1.6 参考坐标系

SolidWorks使用带原点的坐标系统，零件文件包含原有原点。当用户选择基准面或者打开一个草图并选择某一面时，将生成一个新的原点，与基准面或者面对齐。原点可以用作草图实体的定位点，并有助于定向轴心透视图。三维的视图引导可以令用户快速定向到零件和装配体文件中的*x*、*y*、*z*轴方向。

1.6.1 原点

零件原点显示为蓝色，代表零件的（0,0,0）坐标。当草图处于激活状态时，草图原点显示为红色，代表草图的（0,0,0）坐标。可以将尺寸标注和几何关系添加到零件原点中，但不能添加到草图原点中。

1）：蓝色，表示零件原点，每个零件文件中均有一个零件原点。

2）：红色，表示草图原点，每个新草图中均有一个草图原点。

3）：表示装配体原点。

4）：表示零件和装配体文件中的视图引导。

1.6.2 【坐标系】的属性设置

单击【参考几何体】工具栏中的【坐标系】按钮（或者选择【插入】|【参考几何

体】|【坐标系】菜单命令），如图1-47所示，在【属性管理器】中弹出【坐标系】的属性设置，如图1-48所示。

1）【原点】：定义原点。单击其选择框，在图形区域中选择零件或者装配体中的一个顶点、点、中点或者默认的原点。

2）【X轴】、【Y轴】、【Z轴】：定义各轴。单击其选择框，在图形区域中按照以下方法之一定义所选轴的方向。

- 单击顶点、点或者中点，则轴与所选点对齐。
- 单击线性边线或者草图直线，则轴与所选的边线或者直线平行。
- 单击非线性边线或者草图实体，则轴与选择的实体上所选位置对齐。
- 单击平面，则轴与所选面的垂直方向对齐。

3）【反转轴方向】：反转轴的方向。

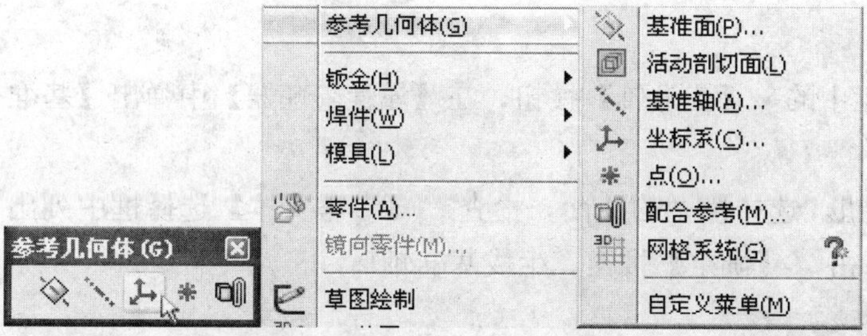

图1-47　单击【坐标系】按钮或者选择【坐标系】菜单命令

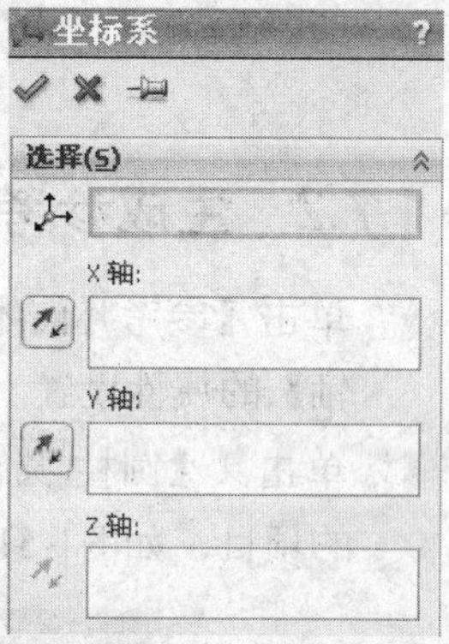

图1-48　【坐标系】的属性设置

坐标系定义完成之后，单击【确定】按钮。

1.7 范例

下面结合现有模型，介绍生成参考几何体的具体方法。

启动中文版SolidWorks 2012，单击【标准】工具栏中的【打开】按钮，弹出【打开】对话框，在本书配套光盘中选择【1.SLDPRT】，单击【打开】按钮，在图形区域中显示出模型，如图1-49所示。

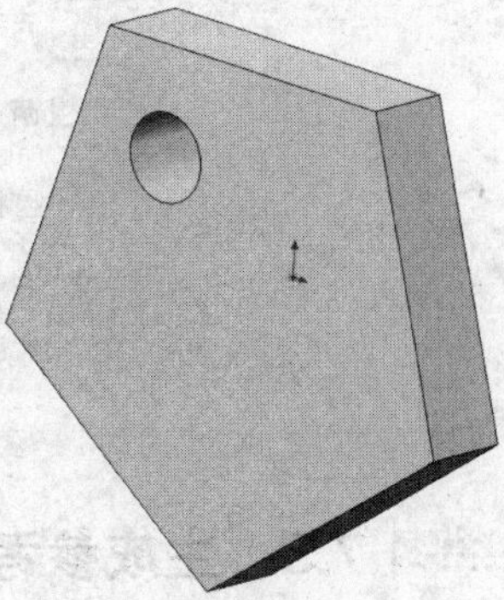

图1-49　模型

1.7.1 生成参考点

01 单击【参考几何体】工具栏中的【点】按钮，在【属性管理器】中弹出【点】的属性设置。

02 单击【面中心】按钮，选择模型的表面，如图1-50所示，单击【确定】按钮，生成参考点。

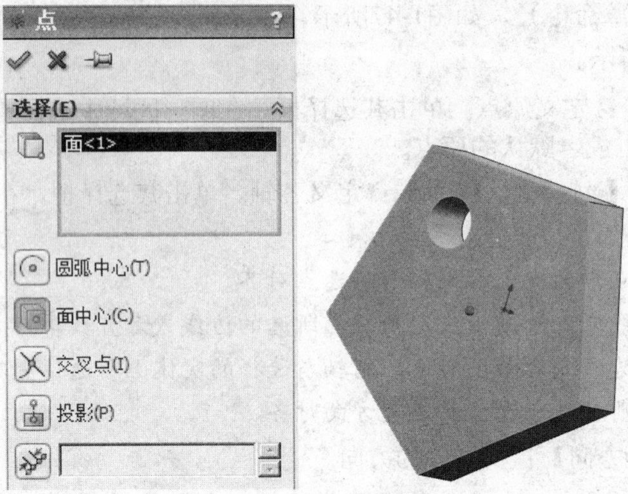

图1-50　选择曲面

1.7.2　生成参考基准轴

01 单击【参考几何体】工具栏中的【基准轴】按钮，在【属性管理器】中弹出【基准轴】的属性设置。

02 单击【圆柱/圆锥面】按钮，选择模型的曲面，检查【参考实体】选择框中列出的项目，如图1-51所示，单击【确定】按钮，生成基准轴1。

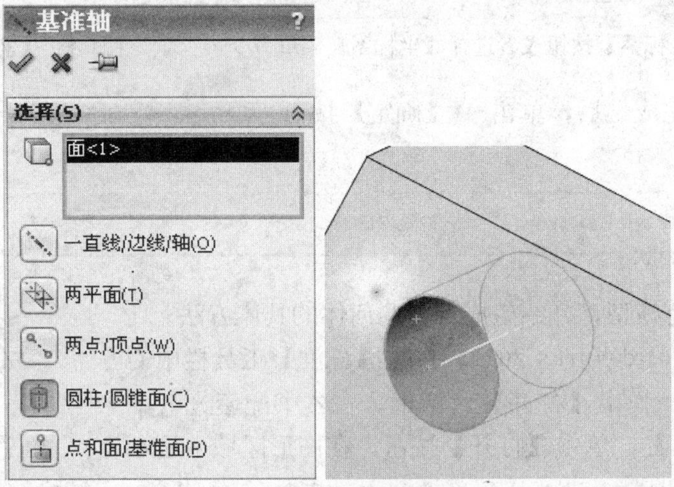

图1-51　选择曲面

1.7.3　生成参考基准面

01 单击【参考几何体】工具栏中的【基准面】按钮，在【属性管理器】中弹出【基准面】的属性设置。

02 单击【两面夹角】按钮，在图形区域中选择模型的上侧面及其上边线，在【参考实体】选择框中显示出选择的项目名称，设置【角度】数值为45.00度，如图1-52所示，在图形区域中显示出新的基准面的预览，单击【确定】按钮，生成基准轴1。

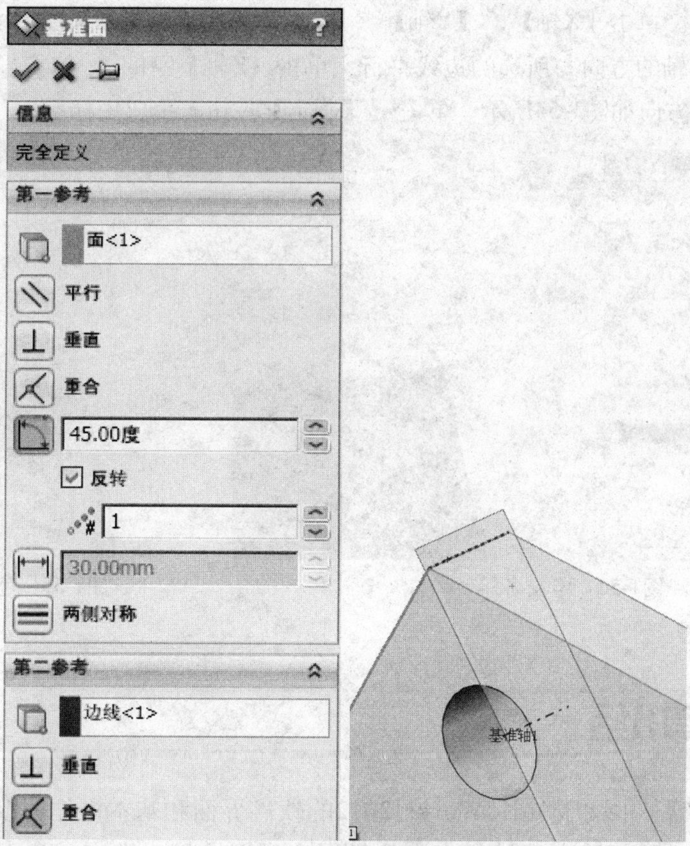

图1-52　单击【两面夹角】按钮

1.7.4　生成参考坐标系

01 生成坐标系。单击【参考几何体】工具栏中的【坐标系】按钮，在【属性管理器】中弹出【坐标系】的属性设置。

02 定义原点。在图形区域中单击模型上方的一个顶点，则点的名称显示在【原点】选择框中，如图1-53所示。

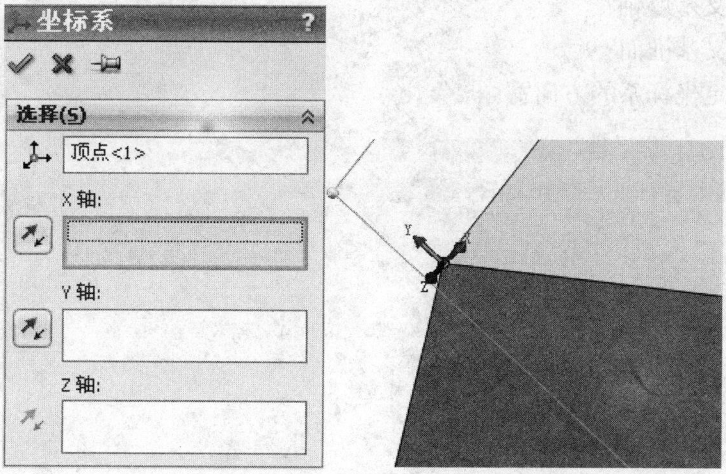

图1-53　定义原点

03 定义各轴。单击【X轴】、【Y轴】、【Z轴】选择框，在图形区域中选择线性边线，指示所选轴的方向与所选的边线平行。单击【Z轴】下的【反转Z轴方向】按钮，反转轴的方向如图1-54所示，单击【确定】按钮，生成坐标系1，如图1-55所示。

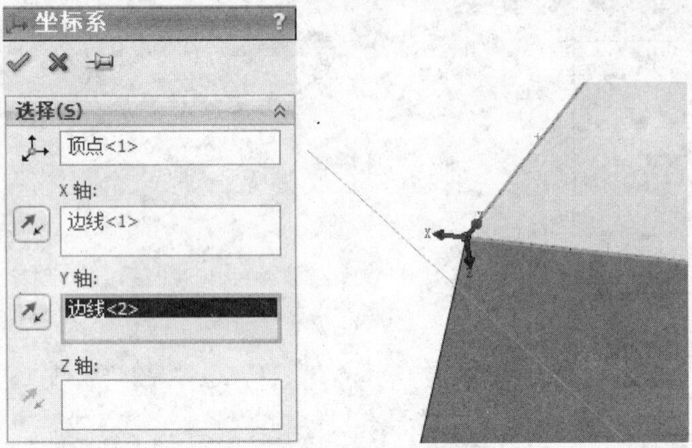

图1-54 定义各轴

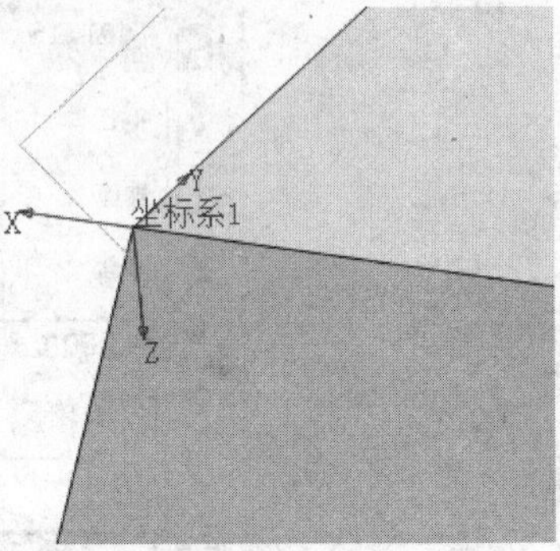

图1-55 生成坐标系1

1.8 本章小结

本章主要介绍了中文版SolidWorks 2012的软件界面和基本操作，以及生成和修改参考几何体的方法，希望读者能够在本章的学习中掌握这部分内容，从而为以后生成实体和曲面打好基础。

1.9 思考题

1）在SolidWorks中，菜单栏包括哪些内容？它们的主要功能是什么？

2）视图种类包括哪些？如何定义新的视图？

3）如何定义基座轴？

4）如何定义基准面？

5）如何指定坐标系的方向？

第2章 草图绘制

本章导读

草图绘制在SolidWorks三维零件的模型生成中是非常重要的。SolidWorks的参变量式设计特性也是在草图绘制中通过指定参数而体现的。初学者往往很难接受必须给予“充分且适当”参数的草图绘制状态，建议读者在学习本章时，注意培养良好的草图绘制习惯，并切实体会截面草图绘制时“参数式”设计的精髓。

2.1 草图绘图的基本方法

绘制草图时的流程很重要，必须考虑先从哪里入手开始绘制复杂的草图，在基准面或者平面上绘制草图时如何选择基准面等因素。

1）生成新文件。单击【标准】工具栏中的【新建】按钮或者选择【文件】|【新建】菜单命令，打开【新建SolidWorks文件】对话框，单击【零件】按钮，再单击【确定】按钮。

2）选择基准面或者某一面后，单击【草图】工具栏中的【草图绘制】按钮或者选择【插入】|【草图绘制】菜单命令，也可以用鼠标右键单击【特征管理器设计树】中的现有草图或者零件的图标，在弹出的快捷菜单中选择【编辑草图】命令。

3）选择切入点。设计零件基体特征时经常会面临这样的选择。在一般情况下，利用一个复杂轮廓草图生成拉伸特征，与利用一个较简单的轮廓草图生成拉伸特征、再添加几个额外的特征，具有相同的结果。

两种方法各自的优越性如下。

- 复杂草图重建时速度比较快。草图圆角的重建速度比圆角特征快，但是复杂草图的绘制和编辑都比较麻烦。
- 简单草图比较容易管理且比较灵活。如果有必要，可以对个别特征重新排序和压缩。

4）绘制草图实体。使用各种草图工具生成草图实体，如直线、矩形、圆、样条曲线等。

5）在【属性管理器】中对所绘制的草图进行属性设置，或者单击【草图】工具栏中的【智能尺寸】按钮和【添加几何关系】按钮添加尺寸和几何关系。

6）关闭草图。完成草图绘制后检查草图，然后单击【草图】工具栏中的【退出草图】按钮，退出草图绘制状态。

2.2 草图元素

下面介绍绘制草图常用的几种几何图形元素的使用方法。

2.2.1 点

1. 命令启动

- 单击【草图】工具栏中的【点】按钮。
- 选择【工具】|【草图绘制实体】|【点】菜单命令。

2. 选项说明

在【属性管理器】中弹出【点】的属性设置，如图2-1所示，鼠标指针变为形状。

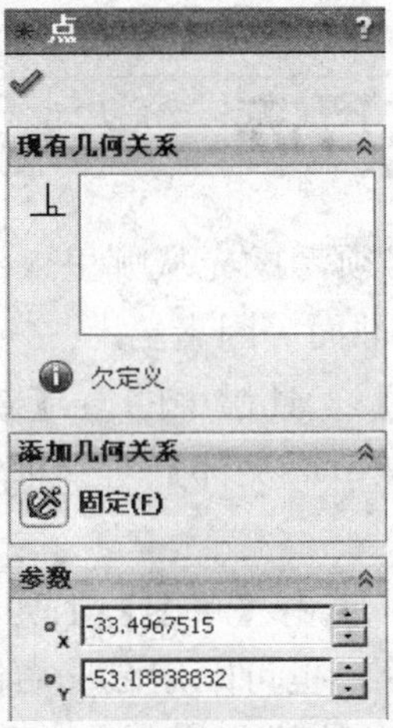

图2-1 【点】的属性设置

（1）【现有几何关系】选项组

该选项组显示现有的几何关系，即草图绘制过程中自动推理或者手动使用【添加几何关系】选项组参数生成的现有几何关系。该选项组还显示所选草图实体的状态信息，如“欠定义”、“完全定义”等。

（2）【添加几何关系】选项组

该选项组可以将新的几何关系添加到所选草图实体中，其中只列举了所选直线实体可以使用的几何关系，如【水平】、【竖直】和【固定】等。

（3）【参数】选项组

- 【X坐标】：点的x坐标。
- 【Y坐标】：点的y坐标。

3. 使用方法

1）单击【草图】工具栏中的【点】按钮或者选择【工具】|【草图绘制实体】|【点】菜单命令，鼠标指针变为形状。

2）在图形区域单击以放置点，【点】命令保持激活，可以继续插入点。要改变【点】的属性，可以选择绘制的点，然后在【点】的属性设置中进行编辑。

2.2.2 直线

1. 命令启动

- 单击【草图】工具栏中的【直线】按钮。
- 选择【工具】|【草图绘制实体】|【直线】菜单命令。

2. 选项说明

在【属性管理器】中弹出【线条属性】的属性设置，如图2-2所示，鼠标指针变为形状。

（1）【现有几何关系】选项组

该选项组显示现有的几何关系，即草图绘制过程中自动推理或者手动使用【添加几何关系】选项组参数生成的现有几何关系。

（2）【添加几何关系】选项组

该选项组可以将新的几何关系添加到所选草图实体中，其中只列举了所选直线实体可以使用的几何关系，如【水平】、【竖直】和【固定】等。

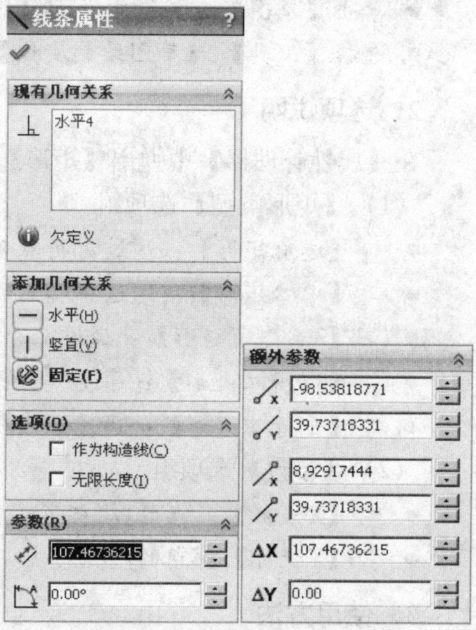

图2-2 【线条属性】的属性设置

（3）【选项】选项组

- 【作为构造线】：可以将实体直线转换为构造几何体的直线。
- 【无限长度】：可以生成一条可剪裁的无限长度的直线。

（4）【参数】选项组

- 【长度】：设置该直线的长度。
- 【角度】：相对于网格线的角度，水平角度为180°，竖直角度为90°，逆时针为正向。

（5）【额外参数】选项组

- 【开始X坐标】：开始点的x坐标。
- 【开始Y坐标】：开始点的y坐标。
- 【结束X坐标】：结束点的x坐标。
- 【结束Y坐标】：结束点的y坐标。
- ΔX【Delta X】：开始点和结束点x坐标之间的偏移。
- ΔY【Delta Y】：开始点和结束点y坐标之间的偏移。

3. 使用方法

1）可以按照下述方法生成单一线条或者直线链。

- 生成单一线条：在图形区域中单击，定义直线的起点位置，将鼠标指针拖动到直线的终点位置释放鼠标。
- 生成直线链：将鼠标指针拖动到直线的终点位置单击，然后将鼠标指针拖动到直线的第二个终点位置再次单击，最后单击鼠标右键，在弹出的快捷菜单中选择【选择】命令或者【结束链】命令结束绘制。

2）单击【确定】按钮，直线绘制完成。

2.2.3 四边形

1. 命令启动

- 单击【草图】工具栏中的【矩形】按钮。
- 选择【工具】|【草图绘制实体】|【矩形】菜单命令。

2. 选项说明

在【属性管理器】中弹出【矩形】的属性设置，如图2-3所示。

（1）【矩形类型】选项组

- 【边角矩形】：通过对角点确定平行四边形。
- 【中心矩形】：通过中心点和一个边点确定矩形。
- 【3点边角矩形】：通过三个边角点确定矩形。
- 【3点中心矩形】：通过一个中心点和两个边角点确定矩形。
- 【平行四边形】：通过三点确定平行四边形。

（2）【参数】选项组

- 【X坐标】：点的x坐标。
- 【Y坐标】：点的y坐标。

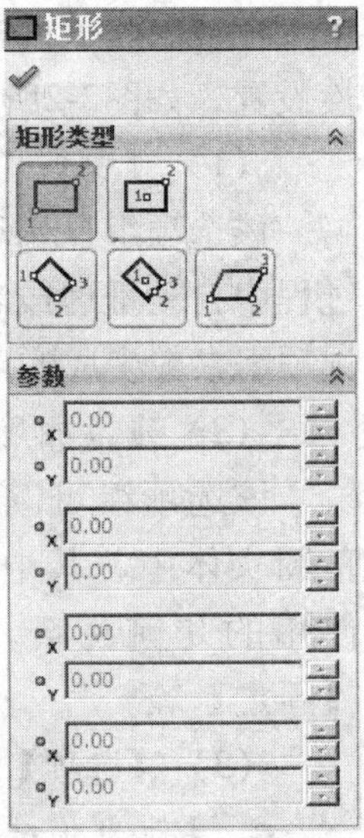

图2-3 【矩形】的属性设置

3. 使用方法

1）单击【草图】工具栏中的【矩形】按钮或者选择【工具】|【草图绘制实体】|【矩形】菜单命令，鼠标指针变为形状。

2）在图形区域中单击以放置矩形的第一个顶点，拖动鼠标指针定义矩形。在拖动鼠标指针时，矩形的尺寸会动态地显示，当矩形的大小和形状符合需要时释放鼠标。

3）要更改矩形的大小和形状，可以选择并拖动一条边或者一个顶点。在【线条属性】或者【点】的属性设置中，【参数】选项组中的参数定义其位置坐标、尺寸等，也可以使用【智能尺寸】按钮定义矩形的位置坐标、尺寸等，单击【确定】按钮，完成矩形的绘制。

2.2.4 多边形

1. 命令启动

选择【工具】|【草图绘制实体】|【多边形】菜单命令。

2. 选项说明

在【属性管理器】中弹出【多边形】的属性设置，如图2-4所示，鼠标指针变为形状。

【参数】选项组包括以下选项。

- 【边数】：多边形的边数。
- 【X坐标】：多边形中心的x坐标值。
- 【Y坐标】：多边形中心的y坐标值。
- 【直径】：多边形内接圆的直径。
- 【角度】：多边形边对应的角度。

图2-4 【多边形】的属性设置

3. 使用方法

1）选择【工具】|【草图绘制实体】|【多边形】菜单命令，鼠标指针变为形状，在【属性管理器】中弹出【多边形】的属性设置。

2）在【参数】选项组中的【边数】数值框中设置多变形的边数，或者在绘制多边形之后修改其边数，单击【内切圆】或者【外接圆】单选按钮，并在【直径】数值框中设置圆直径数值。

3）在图形区域中单击以放置多边形的中心，然后拖动鼠标指针定义多边形。

4）设置多边形的属性，单击【确定】按钮，完成多边形的绘制。

2.2.5 圆

1. 命令启动

- 单击【草图】工具栏中的【圆】按钮。
- 选择【工具】|【草图绘制实体】|【圆】菜单命令。

2. 选项说明

在【属性管理器】中弹出【圆】的属性设置，如图2-5所示，鼠标指针变为形状。

（1）【现有几何关系】选项组

可以显示现有的几何关系以及所选草图实体的状态信息。

（2）【添加几何关系】选项组

可以将新的几何关系添加到所选的草图实体圆中。

（3）【选项】选项组

可以选择【作为构造线】复选框，将实体圆转换为构造几何体的圆。

（4）【参数】选项组

设置圆心的位置坐标和圆的半径尺寸。

- 【X坐标置中】：设置圆心x坐标。
- 【Y坐标置中】：设置圆心y坐标。
- 【半径】：设置圆的半径。

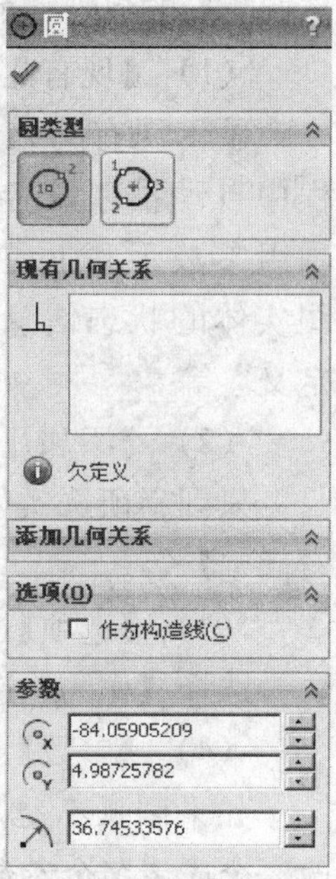

图2-5 【圆】的属性设置

3. 使用方法

1）单击【草图】工具栏中的【圆】按钮。

2）在【圆类型】选项组中，若单击【圆】单选按钮，则在图形区域中单击以放置圆心；若单击【周边圆】单选按钮，则在图形区域中单击以放置圆弧，如图2-6所示。

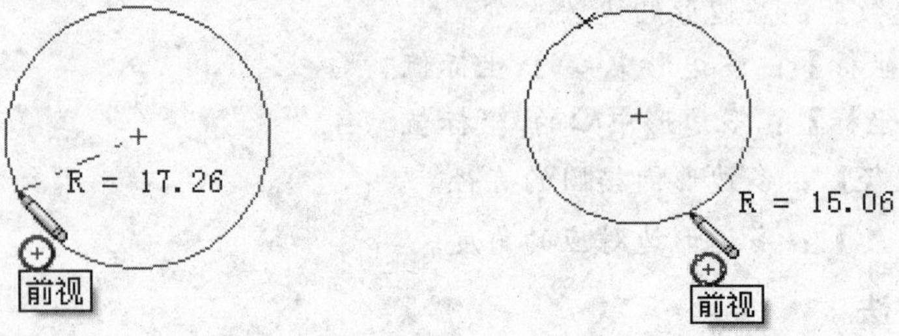

a）中央创建　　b）周边创建

图2-6　选择两种不同的绘制方式

3）拖动鼠标指针以定义半径。设置圆的属性，单击【确定】按钮，完成圆的绘制。

2.2.6　圆弧

1. 命令启动

- 单击【草图】工具栏中的【圆心/起/终点画弧】按钮。
- 选择【工具】|【草图绘制实体】|【圆心/起/终点画弧】菜单命令。

2. 选项说明

在【圆弧】的属性设置中，可以编辑所绘制的【圆心/起/终点画弧】、【切线弧】和【3点圆弧】的属性，如图2-7所示。

图2-7　【圆弧】的属性设置

（1）【现有几何关系】选项组

显示现有的几何关系，即在草图绘制过程中自动推理或者使用【添加几何关系】选项组参数手动生成的几何关系；显示所选草图实体的状态信息，如“欠定义”、“完全定义”等。

（2）【添加几何关系】选项组

只列举所选实体可以使用的几何关系，如【固定】等。

（3）【选项】选项组

选择【作为构造线】选项，可以将实体圆弧转换为构造几何体的圆弧。

（4）【参数】选项组

如果圆弧不受几何关系约束，可以指定以下参数的任何适当组合以定义圆弧。当更改一个或者多个参数时，其他参数会自动更新。

- 【X坐标置中】：设置圆心x坐标。

- 【Y坐标置中】：设置圆心y坐标。
- 【开始X坐标】：设置开始点x坐标。
- 【开始Y坐标】）：设置开始点y坐标。
- 【结束X坐标】）：设置结束点x坐标。
- 【结束Y坐标】）：设置结束点y坐标。
- 【半径】：设置圆弧的半径。
- 【角度】：设置端点到圆心的角度。

3. 使用方法

圆弧有【圆心/起/终点画弧】、【切线弧】和【3点圆弧】三种类型。

（1）圆心/起/终点画弧

1）单击【草图】工具栏中的【圆心/起/终点画弧】按钮或者选择【工具】|【草图绘制实体】|【圆心/起/终点画弧】菜单命令，鼠标指针变为形状。

2）确定圆心，在图形区域中单击以放置圆弧圆心。

3）拖动鼠标指针放置起点、终点。

4）单击鼠标左键，显示圆周参考线。拖动鼠标指针以确定圆弧的长度和方向后单击。

5）设置圆弧属性，单击【确定】按钮，完成圆弧的绘制。

（2）切线弧

1）单击【草图】工具栏中的【切线弧】按钮或者选择【工具】|【草图绘制实体】|【切线弧】菜单命令。

2）在直线、圆弧、椭圆或者样条曲线的端点处单击，在【属性管理器】中弹出【圆弧】的属性设置，鼠标指针变为形状。

3）拖动鼠标指针以绘制所需的形状，然后单击。

4）设置圆弧的属性，单击【确定】按钮，完成圆弧的绘制。

（3）3点圆弧

1）单击【草图】工具栏中的【3点圆弧】按钮或者选择【工具】|【草图绘制实体】|【3点圆弧】菜单命令，在【属性管理器】中弹出【圆弧】的属性设置，鼠标指针变为形状。

2）在图形区域中单击以确定圆弧的起点位置。

3）将鼠标指针拖动到圆弧结束处，再次单击以确定圆弧的终点位置。

4）拖动圆弧以设置圆弧的半径，必要时可以反转圆弧的方向，然后单击。

5）设置圆弧的属性，单击【确定】按钮，完成圆弧的绘制。

2.2.7 椭圆和椭圆弧

1. 命令启动

- 选择【工具】|【草图绘制实体】|【椭圆（长短轴）】菜单命令。

2. 选项说明

在【椭圆】的属性设置中编辑其属性，其中大部分选项组中的属性设置与【圆】的属性设置相似，如图2-8所示，在此不做详述。

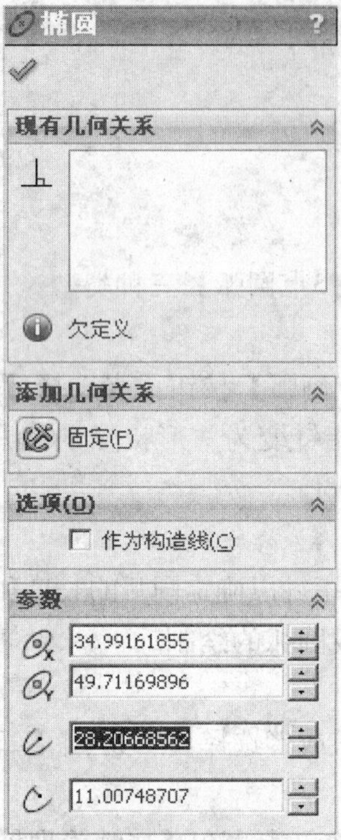

a）椭圆（长短轴）

b）部分椭圆

图2-8 【椭圆】的属性设置

【参数】选项组包括如下选项。

- 【X坐标置中】：设置椭圆圆心的x坐标。
- 【Y坐标置中】：设置椭圆圆心的y坐标。
- 【半径1】：设置椭圆长轴的半径。
- 【半径2】：设置椭圆短轴的半径。

3. **使用方法**

（1）绘制椭圆

1）选择【工具】|【草图绘制实体】|【椭圆（长短轴）】菜单命令，在【属性管理器】中弹出【椭圆】的属性设置，鼠标指针变为形状。

2）在图形区域中单击以放置椭圆中心。

3）拖动鼠标指针并单击以定义椭圆的长轴（或者短轴）。

4）拖动鼠标指针并再次单击以定义椭圆的短轴（或者长轴）。

5）设置椭圆的属性，单击【确定】按钮，完成椭圆的绘制。

（2）绘制椭圆弧

1）选择【工具】|【草图绘制实体】|【部分椭圆】菜单命令，在【属性管理器】中弹出【椭圆】的属性设置，鼠标指针变为形状。

2）在图形区域中单击以放置椭圆的中心位置。

3）拖动鼠标指针并单击以定义椭圆的第一个轴。

4）拖动鼠标指针并单击以定义椭圆的第二个轴，保留圆周引导线。

5）围绕圆周拖动鼠标指针以定义椭圆弧的范围。

6）设置椭圆弧属性，单击【确定】按钮，完成椭圆弧的绘制。

2.2.8 抛物线

1. 命令启动

- 单击【草图】工具栏中的【抛物线】按钮。
- 选择【工具】|【草图绘制实体】|【抛物线】菜单命令。

2. 选项说明

在【属性管理器】中弹出【抛物线】的属性设置，如图2-9所示。

【参数】选项组包括如下选项。

- 【开始X坐标】：设置开始点x坐标。
- 【开始Y坐标】：设置开始点y坐标。
- 【结束X坐标】：设置结束点x坐标。
- 【结束Y坐标】：设置结束点y坐标。
- 【X坐标置中】：将x坐标置中。
- 【Y坐标置中】：将y坐标置中。
- 【极点X坐标】：设置极点x坐标。
- 【极点Y坐标】：设置极点y坐标。

其他属性与【圆】的属性设置相似，在此不做详述。

图2-9 【抛物线】的属性设置

3. 使用方法

1）选择【工具】|【草图绘制实体】|【抛物线】菜单命令，鼠标指针变为形状。

2）在图形区域中单击以放置抛物线的焦点，然后将鼠标指针拖动到起点处，沿抛物线轨迹绘制抛物线，在【属性管理器】中弹出【抛物线】的属性设置。

3）单击鼠标并拖动鼠标指针定义抛物线，设置抛物线的属性，单击【确定】按钮，完成抛物线的绘制。

2.2.9 样条曲线

1. 命令启动

- 单击【草图】工具栏中的【样条曲线】按钮。
- 选择【工具】|【草图绘制实体】|【样条曲线】菜单命令。

2. 选项说明

在【样条曲线】的属性设置中进行设置，如图2-10所示。

【参数】选项组包括如下选项。

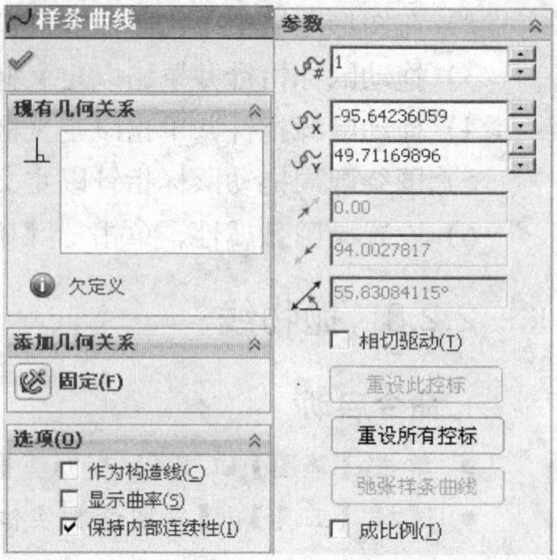

图2-10 【样条曲线】的属性设置

- 【样条曲线控制点数】：滚动查看样条曲线的点时，相应的曲线点序数在框中出现。
- 【X坐标】：设置样条曲线端点的x坐标。
- 【Y坐标】：设置样条曲线端点的y坐标。
- 【相切重量1】、【相切重量2】：相切量。通过修改样条曲线点处的样条曲线曲率度数来控制相切向量。
- 【相切径向方向】：通过修改相对于x、y、z轴的样条曲线倾斜角度来控制相切方向。
- 【相切驱动】：选择此复选框，可以激活【相切重量1】、【相切重量2】和【相切径向方向】等参数。
- 【重设此控标】：将所选样条曲线控标重返到其初始状态。
- 【重设所有控标】：将所有样条曲线控标重返到其初始状态。
- 【驰张样条曲线】：可以显示样条曲线的控制多边形，然后拖动控制多边形上的任何节点以更改其形状，如图2-11所示。
- 【成比例】：成比例的样条曲线在拖动端点时会保持形状，整个样条曲线会按比例调整大小，可以为成比例样条曲线的内部端点标注尺寸和添加几何关系。

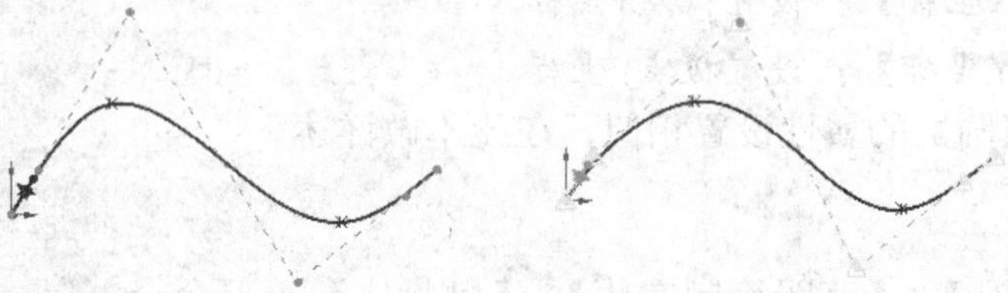
图2-11 控制多边形

3. 使用方法

1）单击【草图】工具栏中的【样条曲线】按钮或者选择【工具】|【草图绘制实体】|【样条曲线】菜单命令，鼠标指针变为形状。

2）在图形区域中单击以放置第一点，然后拖动鼠标指针以定义曲线的第一段。

3）在图形区域中放置第二点，拖动鼠标指针以定义样条曲线的第二段。

4）重复以上步骤直到完成样条曲线。完成绘制时，在最后一个点上双击即可。

4.改变样条曲线

选择样条曲线，控标出现在型值点和线段端点上，可以使用以下方法改变样条曲线。

- 拖动控标以改变样条曲线的形状。
- 添加或者移除样条曲线型值点以改变样条曲线的形状。
- 用鼠标右键单击样条曲线，在弹出的快捷菜单中选择【插入样条曲线型值点】命令。
- 在样条曲线上通过控制多边形来改变样条曲线的形状。

控制多边形是空间中用于操纵对象形状的一系列控制点（即节点）。拖动控制点而不是样条曲线点将使修改区域局部化，使用户可以更精确地控制样条曲线的形状。在打开的草图中用鼠标右键单击样条曲线，在弹出的快捷菜单中选择【显示控制多边形】命令，就可以显示出控制多边形了。控制多边形可以用于在SolidWorks中生成的可调整的样条曲线，而不能用于输入和转换的样条曲线。控制多边形可以在二维或者三维样条曲线中使用。

2.3 草图编辑工具

设计过程中的草图往往不是一次完成的，经常还需要后期的修改或者编辑才能达到令人满意的效果。SolidWorks为用户提供了比较完整的辅助绘图工具，使草图的后期修改更为方便。

2.3.1 移动、复制草图

使用【移动】命令可以将实体移动一定距离，或者以实体上某一点为基准，将实体移至已有的草图点。移动草图的方法如下。

1）选择要移动的草图。

2）选择【工具】|【草图工具】|【移动】菜单命令，在【属性管理器】中弹出【移动】的属性设置。在【参数】选项组中单击【从/到】单选按钮，再单击【起点】中的【基准点】选择框，在图形区域中选择移动的起点，拖动鼠标指针定义草图实体要移动到的位置，如图2-12所示。

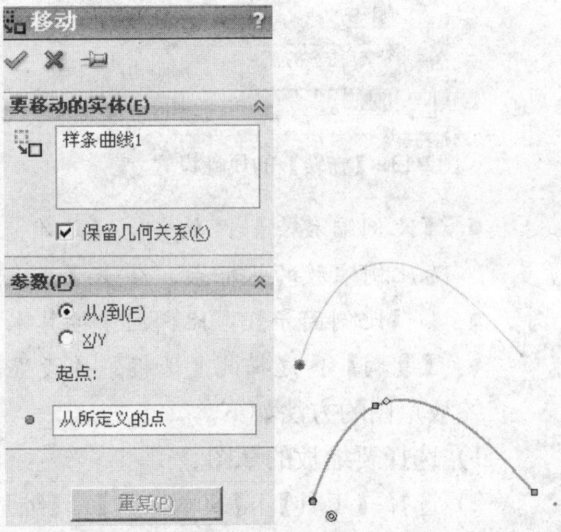

图2-12　移动草图

3）如果单击【重复】按钮，将按照相同距离继续修改草图实体的位置，单击【确定】按钮，草图实体被移动。

【复制】命令的使用方法与【移动】相同，只是多复制出一个实体，在此不做详述。

2.3.2 旋转草图

使用【旋转】命令可以使实体沿旋转中心旋转一定角度。旋转草图的方法如下。

1）选择要旋转的草图。

2）选择【工具】|【草图工具】|【旋转】菜单命令。

3）在【属性管理器】中弹出【旋转】的属性设置。在【参数】选项组中单击【旋转中心】中的【基准点】选择框，然后在图形区域中单击以放置旋转中心。在【基准点】选择框中显示【旋转所定义的点】，如图2-13所示。

4）在【角度】数值框中设置旋转角度，或者将鼠标指针在图形区域中任意拖动，单击【确定】按钮，草图实体被旋转。

2.3.3 缩放草图

使用【按比例缩放】命令可以将实体放大或者缩小一定的倍数，或者生成一系列尺寸成等比例的实体。

选择要按比例缩放的草图，选择【工具】|【草图工具】|【缩放比例】菜单命令，在【属性管理器】中弹出【比例】的属性设置，如图2-14所示。

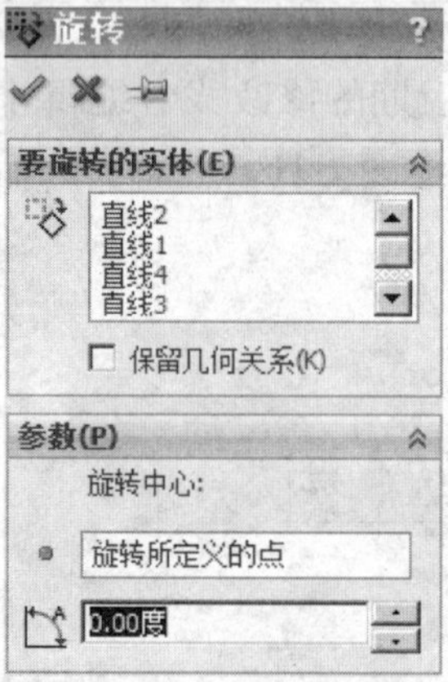

图2-13 【旋转】的属性设置

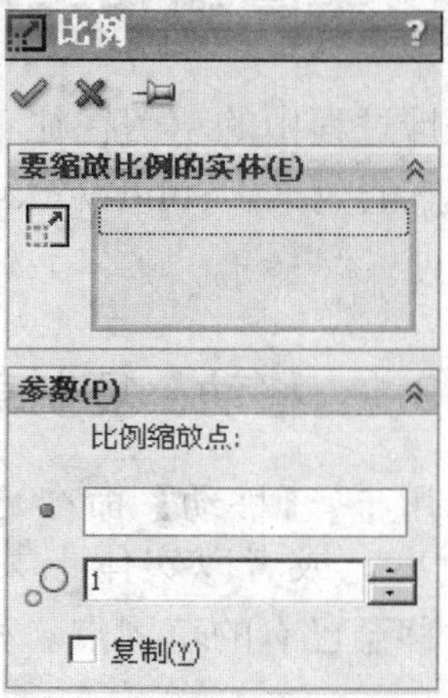

图2-14 【比例】的属性设置

- 【比例缩放点】：单击【基准点】选择框，在图形区域中单击草图的某个点作为比例缩放的基准点，在【基准点】选择框中显示为【缩放所定义的点】。
- 【比例因子】：比例因子按算术方法递增（不按几何体方法）。
- 【复制】：选择此复选框，并设置数值，可以将草图按比例缩放并复制。

缩放草图的方法如下。

1）选择要缩放的草图。

2）选择【工具】|【草图工具】|【缩放比例】菜单命令。

3）在【参数】选项组中单击【比例缩放点】中的【基准点】选择框，然后在图形区域中单击以放置旋转中心。在【比例因子】数值框中输入缩放比例，单击【确定】按钮，草图实体被缩放。

2.3.4 剪裁草图

使用【剪裁】命令可以用来裁剪或者延伸某一草图实体，使之与另一个草图实体重合，或者删除某一草图实体。

单击【草图】工具栏中的【剪裁实体】按钮或者选择【工具】|【草图工具】|【剪裁】菜单命令，在【属性管理器】中弹出【剪裁】的属性设置，如图2-15所示。

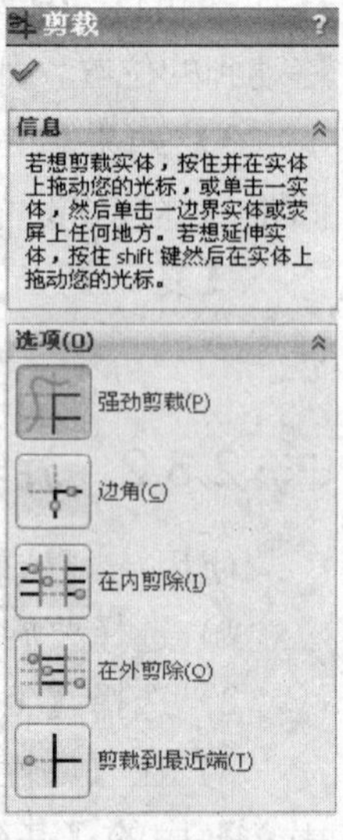

图2-15 【剪裁】的属性设置

在【选项】选项组中可以设置以下参数。

● 【强劲剪裁】：拖动鼠标指针时，剪裁一个或多个草图实体到最近的草图实体处。
● 【边角】：修改所选两个草图实体，直到它们以虚拟边角交叉。
● 【在内剪除】：剪裁位于两个所选边界之间的草图实体。
● 【在外剪除】：剪裁位于两个所选边界之外的开环草图实体。
● 【剪裁到最近端】：删除草图到另一草图实体处。

在草图上移动鼠标指针，直到希望剪裁（或者删除）的草图实体以红色高亮显示，然后单击草图实体。如果草图实体没有和其他草图实体相交，则整个草图实体被删除。草图剪裁也可以删除草图实体剩下的部分。

2.3.5 延伸草图

使用【延伸】命令可以延伸草图实体以增加草图实体的长度，如直线、圆弧或者中心线等。草图延伸通常用于将一个草图实体延伸到另一个草图实体。延伸草图的方法如下。

1）选择【工具】|【草图工具】|【延伸】菜单命令。

2）将鼠标指针拖动到要延伸的草图实体上，如直线、圆弧或者中心线等，所选草图实体显示为红色、绿色的直线或者圆弧，指示草图实体将延伸的方向。

3）如果预览指示的延伸方向错误，将鼠标指针拖动到直线或者圆弧的另一半上并观察新的预览。

4）单击该草图实体接受直线或者圆弧的新预览，草图实体延伸到与下一个可用的草图实体相交。

2.3.6 转换实体引用

使用【转换实体引用】命令可以将其他特征上的边线投影到草图平面上，此边线可以是作为等距的模型边线，也可以是作为等距的外部草图实体。

1）单击【标准】工具栏中的【选择】按钮，在图形区域中选择模型面或者边线、环、曲线、外部草图轮廓线、一组边线、一组曲线等。

2）单击【草图】工具栏中的【草图绘制】按钮，进入草图绘制状态。

3）单击【草图】工具栏中的【转换实体引用】按钮或者选择【工具】|【草图工具】|【转换实体引用】菜单命令，将模型面转换为草图实体，如图2-16所示。

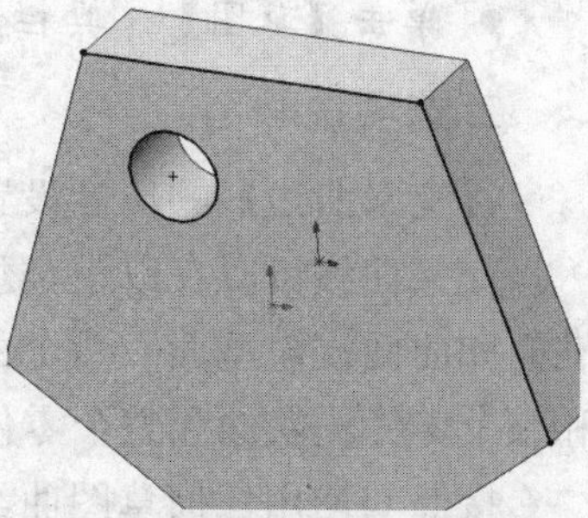

图2-16 将模型面转换为草图实体

2.3.7 等距实体

使用【等距实体】命令可以将其他特征的边线以一定的距离和方向偏移，偏移的特征可以是一个或者多个草图实体、一个模型面、一条模型边线或者外部草图曲线。

【等距实体】的属性设置如图2-17所示。

在【参数】选项组中可以设置以下参数。

- 【等距距离】：设置等距数值，或者在图形区域中移动鼠标指针以定义等距距离。
- 【添加尺寸】：在草图中包含等距距离，不会影响到包含在原有草图实体中的任何尺寸。
- 【反向】：更改单向等距的方向。
- 【选择链】：生成所有连续草图实体的等距实体。
- 【双向】：在两个方向生成等距实体。
- 【制作基体结构】：将原有草图实体转换为构造性直线。
- 【顶端加盖】：通过选择【双向】选项并添加顶盖以延伸原有非相交草图实体，可以单击【圆弧】或者【直线】单选按钮作为延伸顶盖的类型。

图2-17 【等距实体】的属性设置

等距实体的使用方法如下。

1）选择一个草图实体或者多个草图实体、一个模型面、一条模型边线或者外部草图曲线等。

2）单击【草图】工具栏中的【等距实体】按钮或者选择【工具】|【草图工具】|【等距实体】菜单命令。

3）在【参数】选项组中通过双击【等距距离】的尺寸以更改其数值。在双向等距中，可以单独更改两个等距视图的尺寸。单击【确定】按钮，生成等距实体。

2.3.8 交叉曲线

1. 命令启动

- 选择【工具】|【草图工具】|【交叉曲线】菜单命令。
- 单击【草图】工具栏上【转换实体引用】下拉菜单中的【交叉曲线】按钮。

2. 选项说明

【交叉曲线】的属性设置如图2-18所示。

交叉曲线可以在以下类型的交叉处生成草图曲线：基准面和曲面或模型面、两个曲面、曲面和模型面、基准面和整个零件、曲面和整个零件。

按照与使用任何草图曲线相同的方式使用生成的草图交叉曲线，包括执行以下任务。

- 测量零件不同截面处的厚度。
- 生成代表基准面和零件交叉的扫描路径。
- 从输入实体得出剖面以生成参数零件。

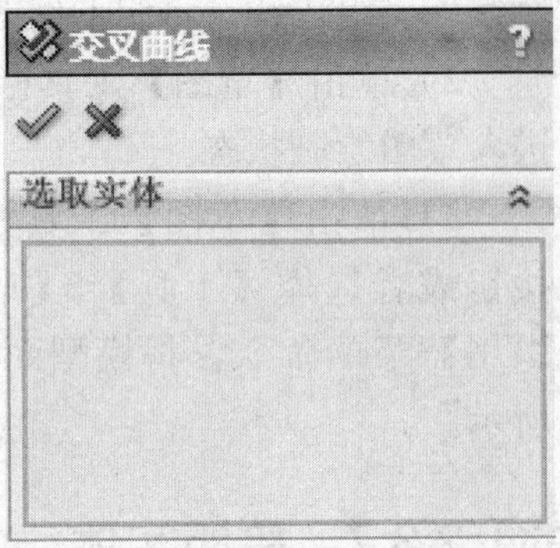

图2-18 【交叉曲线】的属性设置

3. 操作步骤

01 选择【工具】|【草图绘制工具】|【交叉曲线】菜单命令，或者单击【草图】工具栏

上的【交叉曲线】按钮，系统出现【交叉曲线】的属性设置。

02 在【交叉曲线】的属性设置中的【选取实体】选项组中选择与某个面相交的基准面，如图2-19所示。

03 单击零件的面，草图样条曲线在基准面和顶面交叉处出现。

04 旋转零件，然后单击零件的相反一面（内侧），另一条草图样条曲线在内侧的面上出现。

05 单击【交叉曲线】的属性设置中的【确定】按钮，完成交叉曲线的绘制，退出草图绘制模式，结果如图2-20所示。

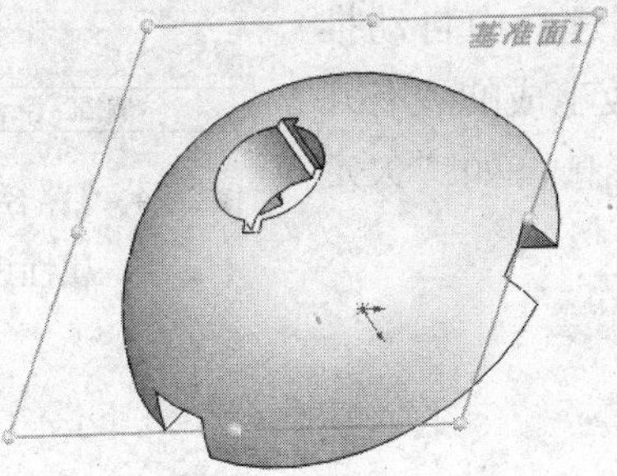

图2-19　绘制前的草图

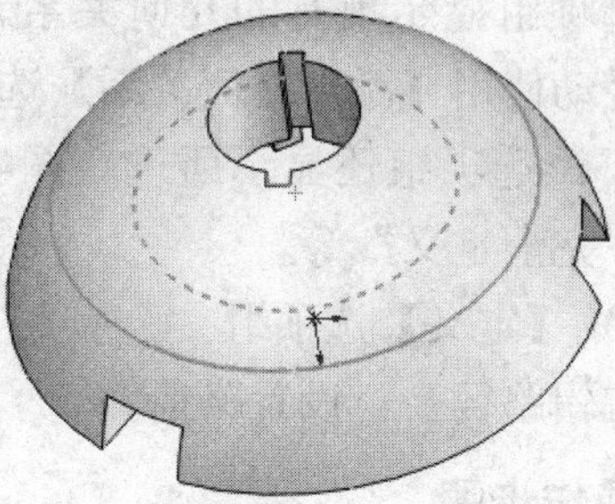

图2-20　绘制后的草图

2.3.9　转折线

1. 命令启动

选择【工具】|【草图工具】|【转折线】菜单命令。

2. 选项说明

【转折线】的属性设置如图2-21所示。

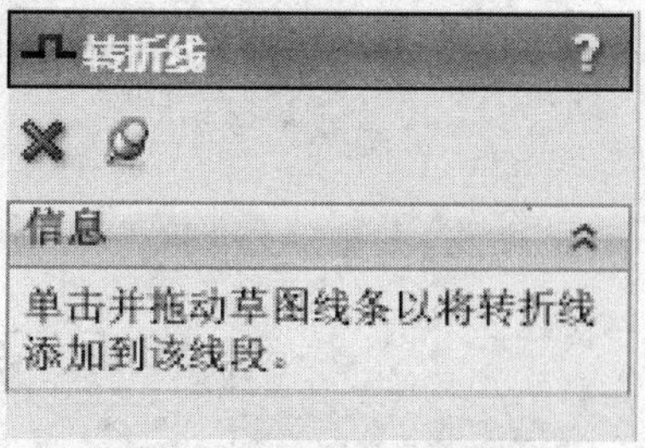

图2-21　【转折线】的属性设置

可在零件、装配体及工程图文件的2D或3D草图中转折草图线。转折线自动限定于与原始草图直线垂直或平行。

3. 操作步骤

01 在草图编辑状态下选择【工具】|【草图工具】|【转折线】菜单命令，系统出现【转折线】的属性设置。

02 单击一直线开始进行转折，选择如图2-22中的长方形的一条边。

03 移动鼠标来预览转折的宽度和深度。

04 再次单击即完成转折，结果如图2-23所示。

图2-22　绘制前的草图

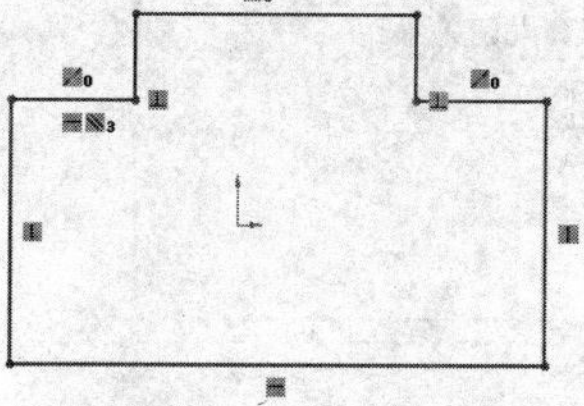

图2-23　绘制后的草图

2.3.10 制作路径

1. 命令启动

选择【工具】|【草图工具】| 【制作路径】菜单命令。

2. 选项说明

【路径属性】的属性设置如图2-24所示。

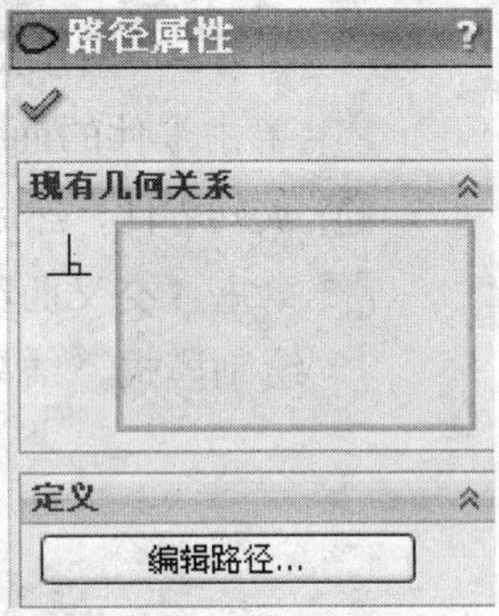

图2-24 【路径属性】的属性设置

（1）【现有几何关系】选项组

该选项组显示现有的几何关系，即草图绘制过程中自动推理或者手动使用【添加几何关系】选项组中的参数生成的现有几何关系。该选项组还显示所选草图实体的状态信息，如“欠定义”、“完全定义”等。

（2）【定义】选项组

【编辑路径】：设置路径。

3. 操作步骤

01 绘制一个模型草图代表凸轮，绘制另一个模型草图代表推杆，如图2-25所示。

02 将每个草图生成单独的块，并将凸轮置于推杆下面。单击【工具】|【块】| 【制作】菜单命令，按照块属性设置管理器提示选择需要制作块的草图，单击【确定】按钮完成设置，如图2-26所示。

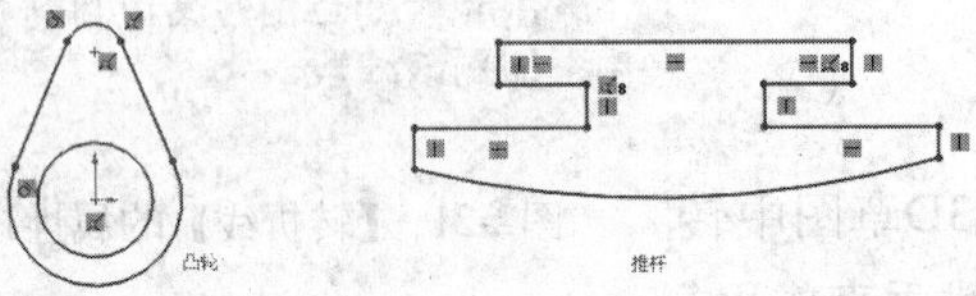

图2-25 草图模型

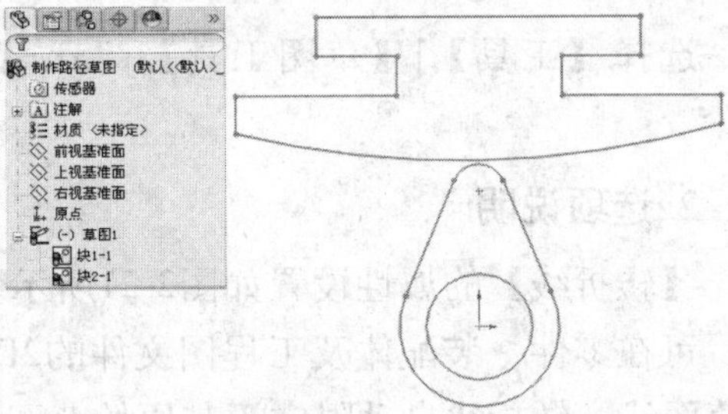

图2-26 制作块

03 选择凸轮上的一段弧，单击【工具】|【草图工具】| 【制作路径】菜单命令，系统弹出【路径属性】的属性设置，单击【定义】选项组下【编辑路径】按钮，如图2-27所示。

04 单击【定义】选项组下【编辑路径】按钮后，弹出【路径】设置对话框，在【所选实体】选项框中选中凸轮草图的外部轮廓曲线，单击【确定】按钮完成设置，如图2-28所示。

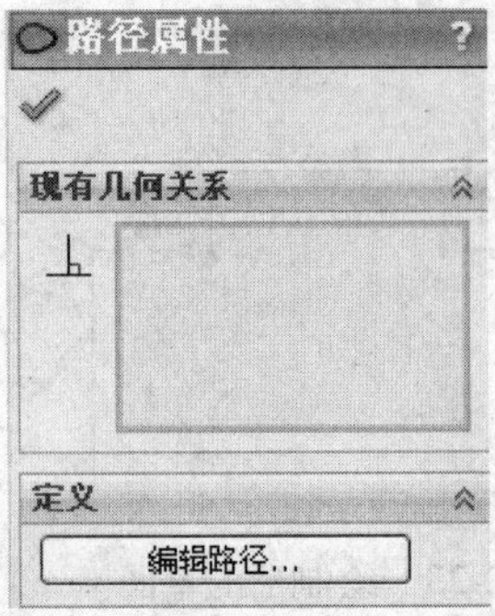

图2-27 【路径属性】的属性设置

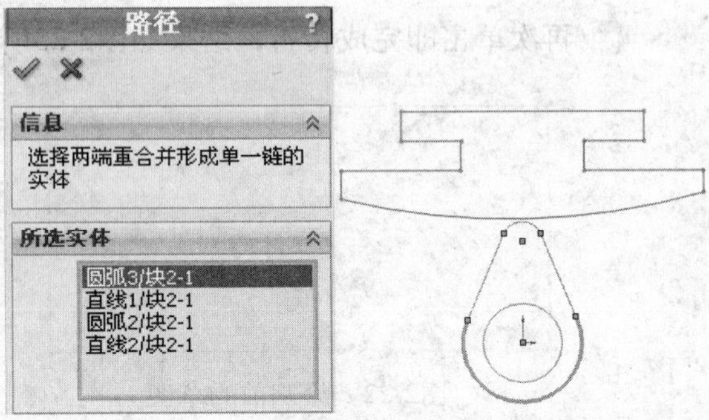

图2-28 路径设置

05 在【尺寸/几何关系】工具栏中单击【添加几何关系】按钮，或者单击【工具】|【几何关系】|【添加】，如图2-29所示。

- 添加几何关系到凸轮和推杆，以防止凸轮和推杆之间发生多余的运动。
- 在凸轮的路径和推杆的底部草图实体之间添加相切几何关系。

06 旋转凸轮即可预览运动，如图2-30所示。

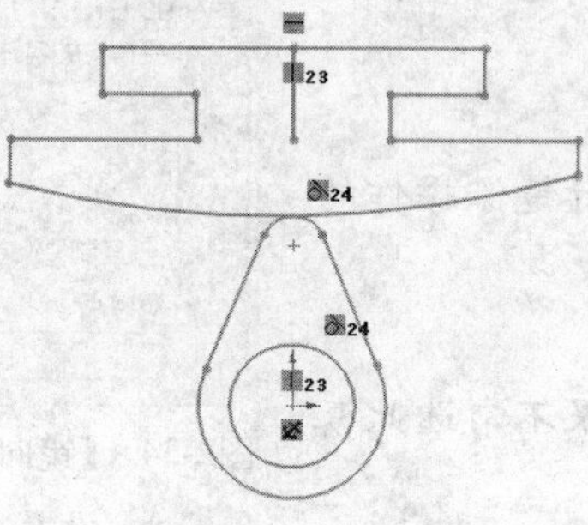

图2-29　几何关系

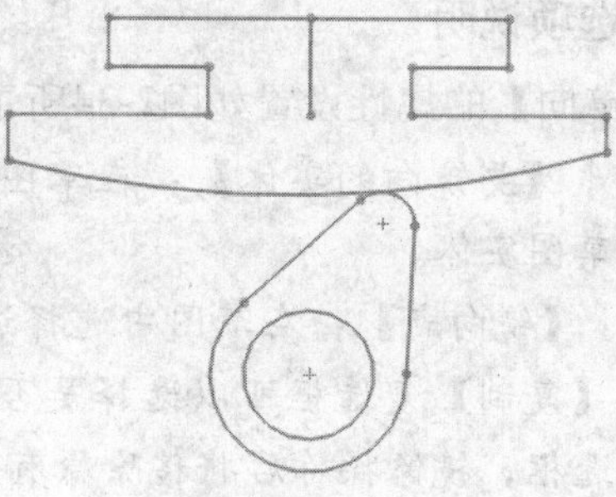

图2-30　旋转凸轮

2.3.11　构造几何线

1. 命令启动

- 选择【工具】|【草图工具】|【构造几何线】菜单命令。
- 右键单击任何草图实体，从弹出的快捷菜单中选择【构造几何线】。

2. 选项说明

【构造几何线】还有属性设置如图2-31所示。

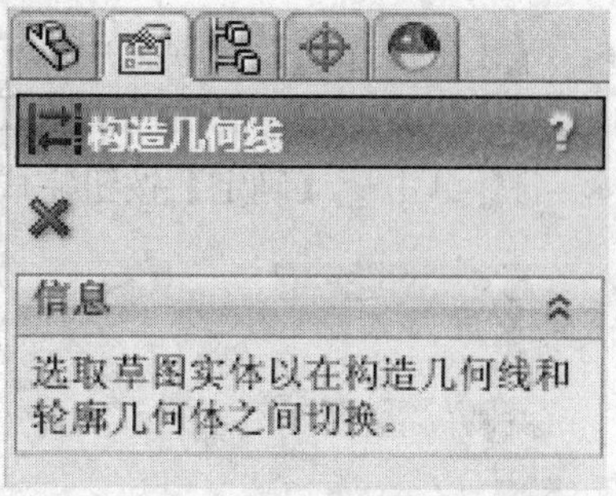

图2-31　【构造几何线】的属性设置

可将草图或工程图中的草图实体转换成构造几何线。构造几何线仅用来协助生成草图实体和几何体，这些项目最终会结合在零件中。点和中心线始终是构造性实体。

3. 操作步骤

01 在草图编辑状态下，选择【工具】|【草图工具】|【构造几何线】菜单命令，系统出现【构造几何线】的属性设置。

02 移动鼠标选择草图中的直线，如图2-32所示。

03 单击即可变为构造几何线，结果如图2-33所示。

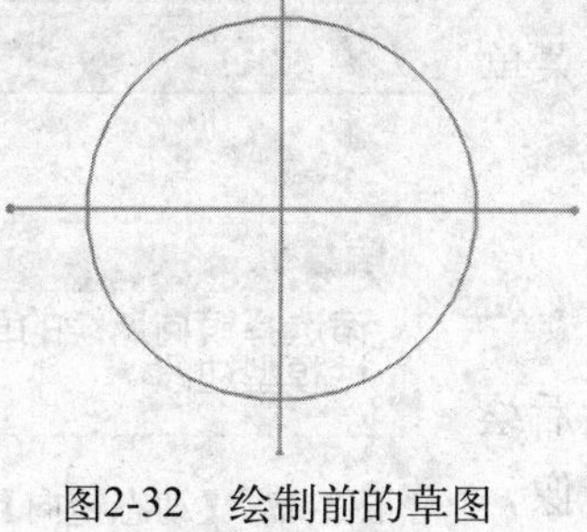

图2-32　绘制前的草图

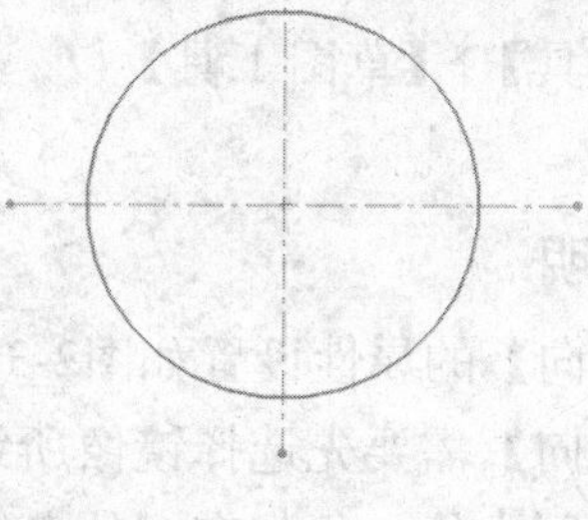

图2-33　绘制后的草图

2.3.12 镜像草图绘制实体

1. 命令启动

- 选择【工具】|【草图工具】|【镜向】菜单命令。
- 单击【草图】工具栏中的【镜向】按钮。

2. 选项说明

【镜向】的属性设置如图2-34所示。

- 【要镜向的实体】：在草图中选择需要进行镜像操作的草图实体。
- 【镜向点】：在草图中选择边线或直线。
- 【复制】复选框可以选择是否复制草图。如果不勾选此复选框，镜像操作后将移除原有草图实体。

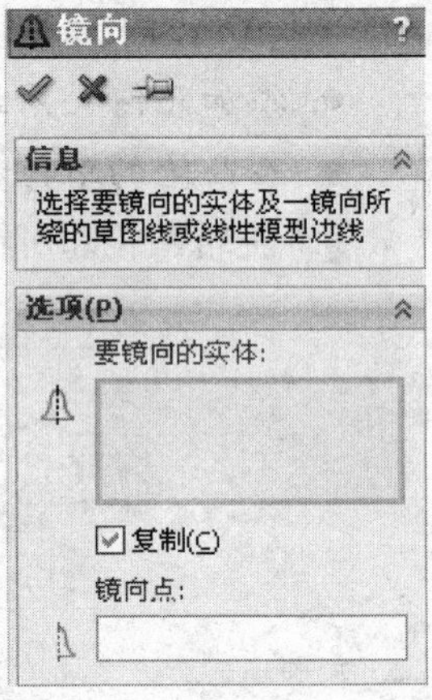

图2-34 【镜向】的属性设置

3.操作步骤

01 在草图编辑状态下，选择【工具】|【草图工具】|【镜向】菜单命令，系统出现【镜向】的属性设置。

02 在【选项】选项组中的【要镜向的实体】选择"圆弧1"，在【镜向点】中选择草图中的竖直线，选择【复制】复选框，如图2-35所示。

03 单击【确定】按钮完成操作，最终效果如图2-36所示。

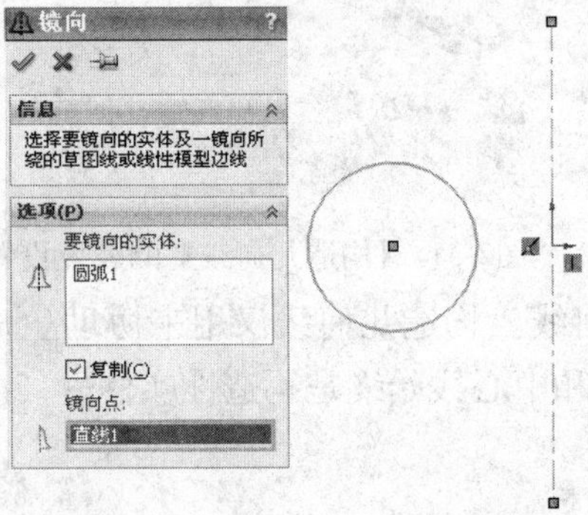

图2-35 镜像属性设置

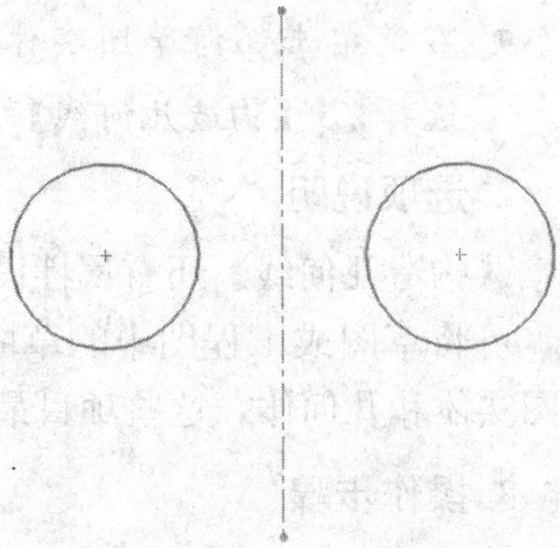
图2-36 最终效果

2.3.13 动态镜像草图绘制实体

1.命令启动

选择【工具】|【草图工具】|【动态镜向】菜单命令。

2.选项说明

【动态镜向】的属性设置如图2-37所示。

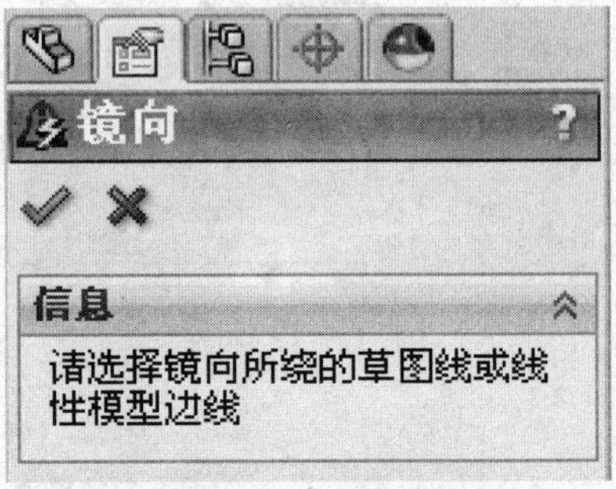

图2-37 【动态镜向】的属性设置

【动态镜向】需要先选择镜像所绕的实体，然后绘制要镜像的草图实体，预先存在的草图实体不可镜像，原始草图实体和镜像草图实体包括在最终结果中。

3. **操作步骤**

01 在草图编辑状态下，选择【工具】|【草图工具】| 【动态镜向】菜单命令。

02 在草图中选择直线或模型边线，如图2-38所示。

03 在镜像直线的一侧生成想镜像的草图实体，实体将在被绘制时镜像，如图2-39所示。

图2-38　选择镜像直线

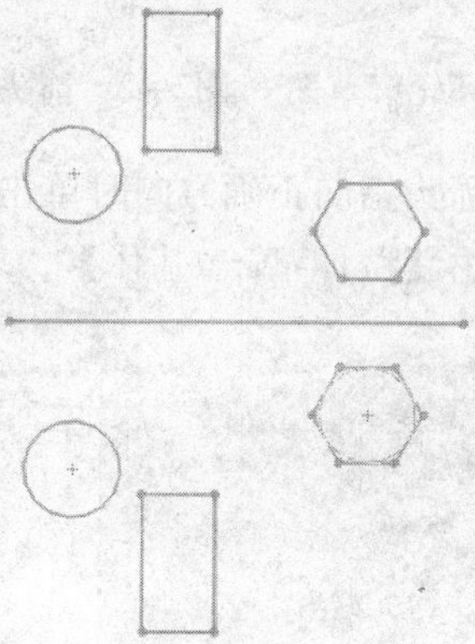

图2-39　动态镜像结果

04 再次单击 【动态镜向】关闭镜像。

2.3.14　封闭草图到模型边线

1. **命令启动**

选择【工具】|【草图工具】|【封闭草图到模型边线】菜单命令。

图2-40　【封闭草图到模型边线】对话框

2. **选项说明**

【封闭草图到模型边线】对话框如图2-40所示。

【封闭草图到模型边线】命令主要是在一个开环轮廓中利用已存在的模型边线来封闭草图。

【反转草图封闭方向】复选框：可以选择草图封闭的方向。

箭头指向正确时单击【是】按钮，如果要取消则单击【否】按钮。

3. **操作步骤**

01 在模型面上绘制一个开环轮廓草图，其端点与模型的边线相重合，如图2-41所示。

02 选择【工具】|【草图工具】|【封闭草图到模型边线】菜单命令，箭头指向草图封闭的方向，如图2-42所示。

03 如果有必要，在对话框中选择【反转草图封闭方向】复选框，可以设置草图封闭的方向，如图2-43所示。

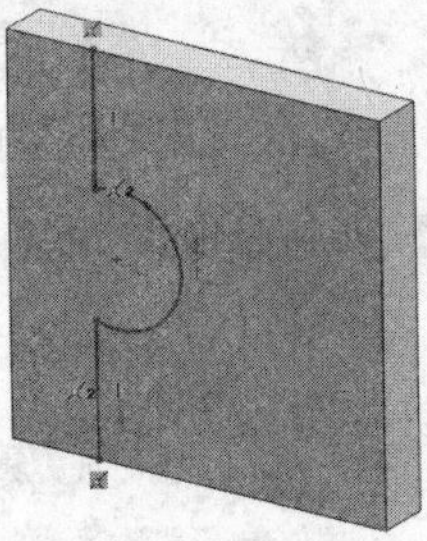
图2-41 开环轮廓草图

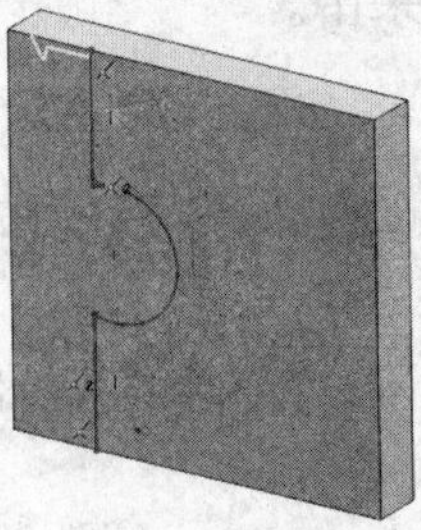
图2-42 箭头指向草图封闭的方向

图2-43 反转草图封闭方向

04 当箭头指向正确方向时单击【是】按钮，生成封闭草图，如图2-44所示。

05 单击【拉伸-凸台/基体】，将刚生成的封闭草图拉身为实体，如图2-45所示。

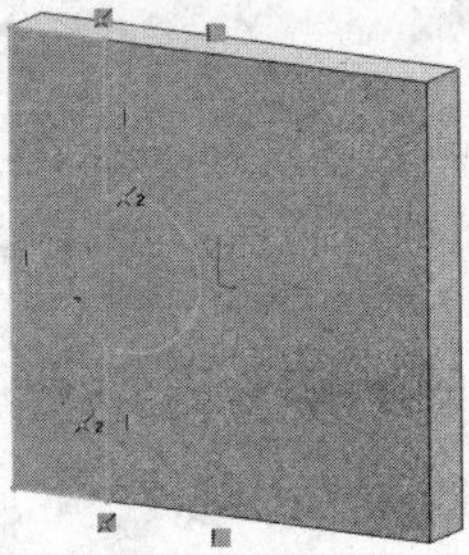
图2-44 生成封闭草图

图2-45 将封闭草图拉伸为实体

2.4 标注尺寸

绘制完成草图后，可以标注草图的尺寸。

2.4.1 线性尺寸

1）单击【尺寸/几何关系】工具栏中的【智能尺寸】按钮或者选择【工具】|【标注尺寸】|【智能尺寸】菜单命令，也可以在图形区域中用鼠标右键单击，然后在弹出的快捷菜单中选择【智能尺寸】命令。默认尺寸类型为平行尺寸。

2）定位智能尺寸项目。移动鼠标指针时，智能尺寸会自动捕捉到最近的方位。当预览显示想要的位置及类型时，可以单击鼠标右键锁定该尺寸。

智能尺寸项目有下列几种。

- 直线或者边线的长度：选择要标注的直线，拖动到标注的位置。
- 直线之间的距离：选择两条平行直线，或者一条直线与一条平行的模型边线。
- 点到直线的垂直距离：选择一个点以及一条直线或者模型上的一条边线。
- 点到点距离：选择两个点，然后为每个尺寸选择不同的位置，生成如图2-46所示的距离尺寸。

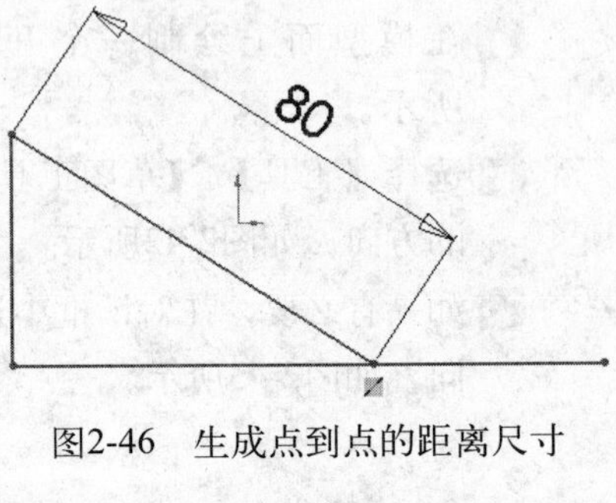

图2-46 生成点到点的距离尺寸

3）单击以确定尺寸数值所要放置的位置。

2.4.2 角度尺寸

要生成两条直线之间的角度尺寸，可以先选择两条草图直线，然后为每个尺寸选择不同的位置。要在两条直线或者一条直线和模型边线之间放置角度尺寸，可以先选择两个草图实体，然后在其周围拖动鼠标指针，显示智能尺寸的预览。由于鼠标指针位置的改变，要标注的角度尺寸数值也会随之改变。

1）单击【尺寸/几何关系】工具栏中的【智能尺寸】按钮。

2）单击其中一条直线。

3）单击另一条直线或者模型边线。

4）拖动鼠标指针显示角度尺寸的预览。单击以确定所需尺寸数值的位置，生成如图2-47所示的角度尺寸。

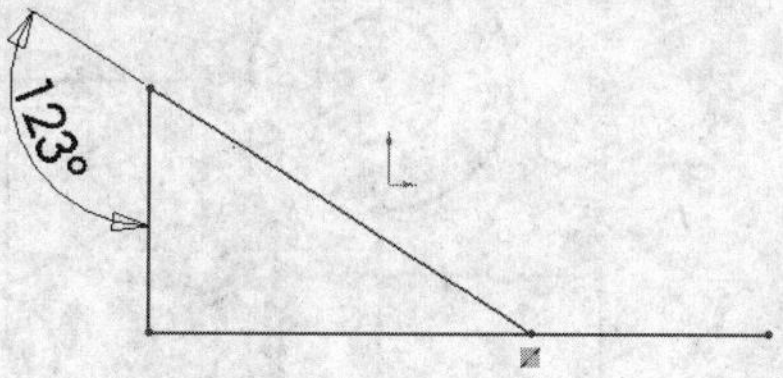

图2-47 生成角度尺寸

2.4.3 圆弧尺寸

标注圆弧尺寸时，默认尺寸类型为半径。如果要标注圆弧的实际长度，可以选择圆弧及其两个端点。

1）单击【尺寸/几何关系】工具栏中的【智能尺寸】按钮。

2）单击圆弧。

3）单击圆弧的两个端点。

4）拖动鼠标指针显示圆弧长度的预览。单击以确定所需尺寸数值的位置，生成如图2-48所示的圆弧尺寸数值。

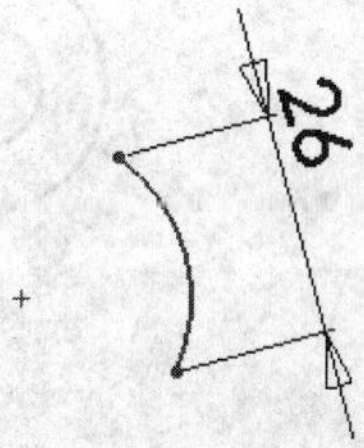

图2-48 生成圆弧尺寸

2.4.4 圆形尺寸

以一定角度放置圆形尺寸，尺寸数值显示为直径尺寸。将尺寸数值竖直或者水平放置，尺寸数值会显示为线性尺寸。如果要修改线性尺寸的角度，则单击该尺寸数值，然后拖动文字上的控标，尺寸以15度的增量进行捕捉。

1）单击【尺寸/几何关系】工具栏中的【智能尺寸】按钮。

2）选择圆形。

3）拖动鼠标指针显示圆形直径的预览。

4）单击以确定所需尺寸数值的位置，生成如图2-49所示的圆形尺寸。

选择【智能尺寸】命令并拖动控标，旋转尺寸数值可以重新调整角度。

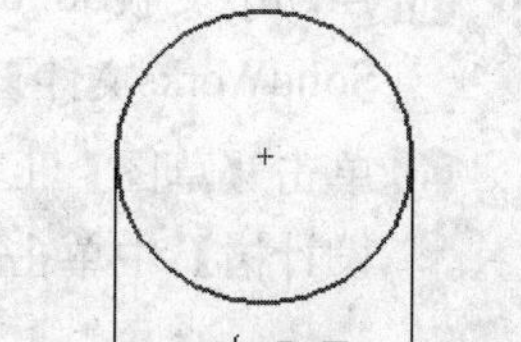

图2-49 生成圆形尺寸

2.4.5 修改尺寸

要修改尺寸，可以双击草图的尺寸，在弹出的【修改】对话框中进行设置，如图2-50所示，然后单击【保存当前的数值并退出此对话框】按钮完成操作。

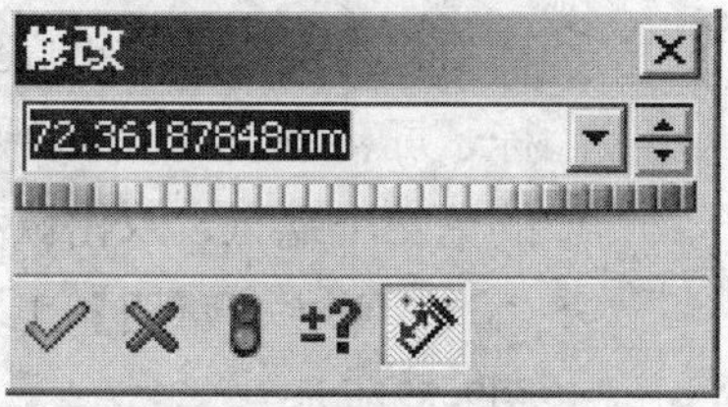

图2-50 【修改】对话框

2.5 范例

下面利用一个具体范例来讲解草图的绘制方法，最终效果如图2-51所示。

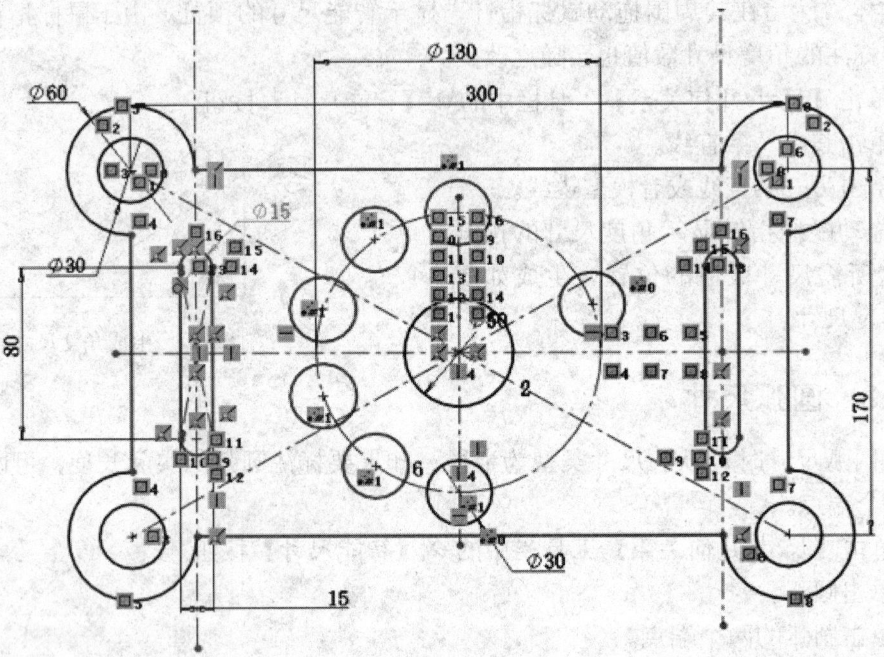

图2-51　草图

主要步骤如下。

1）进入草图绘制状态。

2）绘制草图。

2.5.1　进入草图绘制状态

01 启动中文版SolidWorks 2012，单击【标准】工具栏中的【新建】按钮，弹出【新建SolidWorks文件】对话框，单击【零件】按钮，单击【确定】按钮，生成新文件。

02 单击【草图】工具栏中的【草图绘制】按钮，进入草图绘制状态。在【特征管理器设计树】中单击【前视基准面】图标，使前视基准面成为草图绘制平面。

2.5.2　绘制草图

01 单击【草图】工具栏中的【中心线】按钮，在屏幕左侧将弹出【插入线条】属性栏，在屏幕右侧的绘图区中移动鼠标，当鼠标与屏幕中的原点处于同一水平线时，屏幕中将出现一条水平虚线，此时单击鼠标，将产生中心线的第一个端点；水平移动鼠标，屏幕将出现一条中心线，移动鼠标到原点的右侧，再次单击鼠标，将产生中心线的第二个端点，双击鼠标，则水平的中心线绘制完毕。按同样方法绘制竖直方向的中心线。单击【草图】工具栏中的【中心线】按钮，以关闭中心线，绘制的中心线如图2-52所示。

02 单击【草图】工具栏中的 【中心矩形】按钮，移动鼠标至草图原点，拖动鼠标生成矩形，在【属性管理器】中单击 【确定】按钮，以结束矩形，如图2-53所示。

图2-52　绘制草图中心线

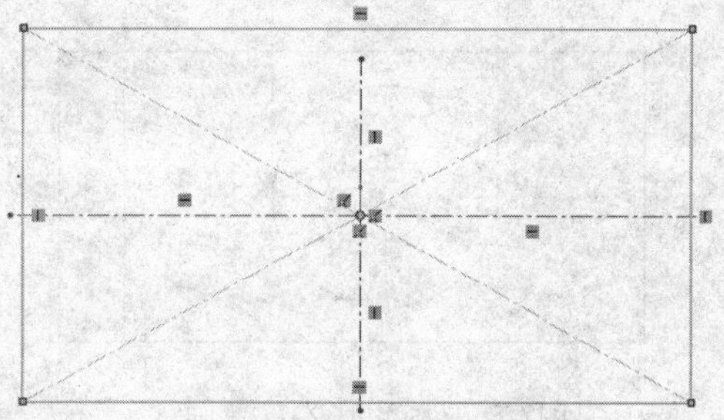

图2-53　绘制中心矩形

2.5.3　标注尺寸

01 单击【草图】工具栏中的 【智能尺寸】按钮，以标注尺寸。选择要标注尺寸的边，注意尺寸的预览。将指针移到放置尺寸的位置，然后单击来添加尺寸，在修改框中输入300，然后单击修改框中的 【确定】按钮，接着单击图形区域。使用同样方法标注另一条边的尺寸，即170，如图2-54所示。

02 单击【草图】工具栏中的 【圆】按钮，在【属性管理器】中弹出【圆】的属性设置。单击【中央创建】单选按钮，在图形区域中绘制圆形草图，移动鼠标至草图原点，拖动鼠标生成圆，注意圆的预览动态跟随指针，单击以结束圆并在【属性管理器】中单击 【确定】按钮，如图2-55所示。

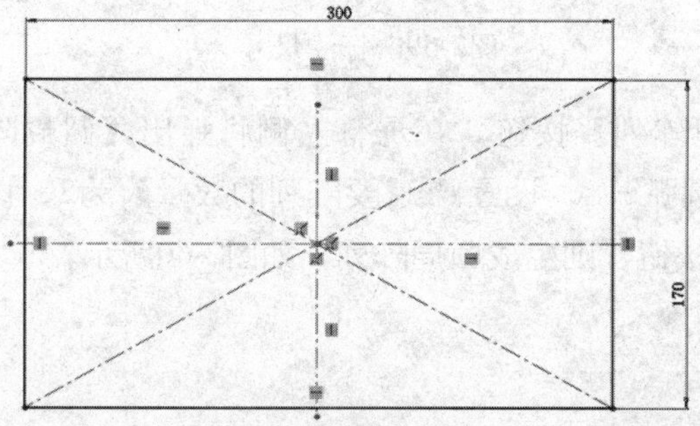

图2-54　标注矩形尺寸

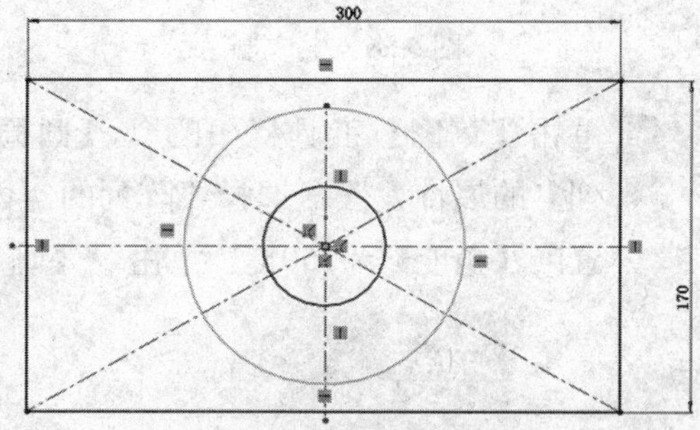

图2-55　在矩形中绘制圆

03 单击【草图】工具栏中的 【智能尺寸】按钮，以标注尺寸。选择要标注尺寸的圆，注意直径尺寸的预览。将指针移到放置尺寸的位置，然后单击来添加尺寸，在修改框中输入130，然后单击修改框中的 【确定】按钮，接着单击图形区域。使用同样方法标注其他圆的尺寸，即50，如图2-56所示。

04 单击草图中的外圆，使之高亮，在【属性管理器】中弹出【圆】的属性设置。单击 【确定】按钮，然后单击图形区域，生成的构造线如图2-57所示。

05 单击【草图】工具栏中的 【圆】按钮，在【属性管理器】中弹出【圆】的属性设置。单击【中央创建】单选按钮，在图形区域中绘制圆形草图，移动鼠标至草图原点中心线以下，拖动鼠标生成圆，注意圆的预览动态跟随指针。单击以结束圆的绘制，并在【属性管理器】中单击✔【确定】按钮，结果如图2-58所示。

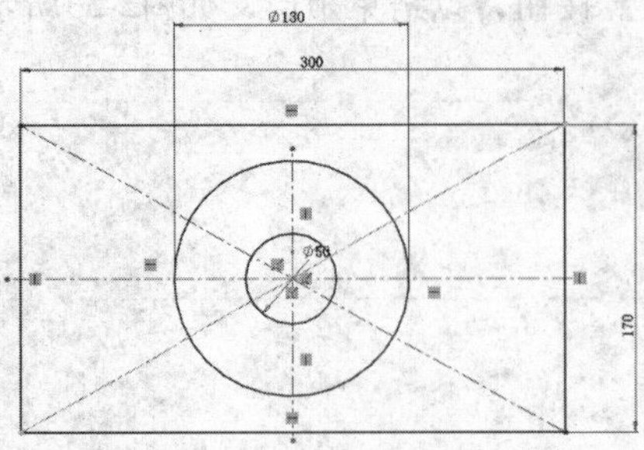

图2-56　标注圆的尺寸

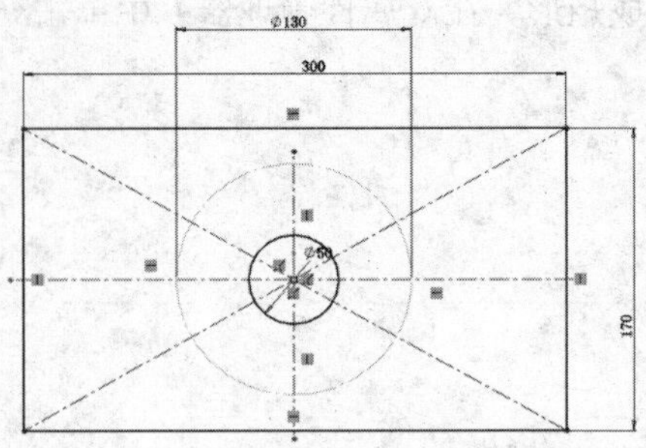

图2-57　生成构造线

06 单击【草图】工具栏中的【智能尺寸】按钮，以标注尺寸。选择要标注尺寸的圆，注意直径尺寸的预览。将鼠标指针移到放置尺寸的位置，然后单击来添加尺寸，在修改框中输入30，然后单击修改框中的✔【确定】按钮，接着单击图形区域，结果如图2-59所示。

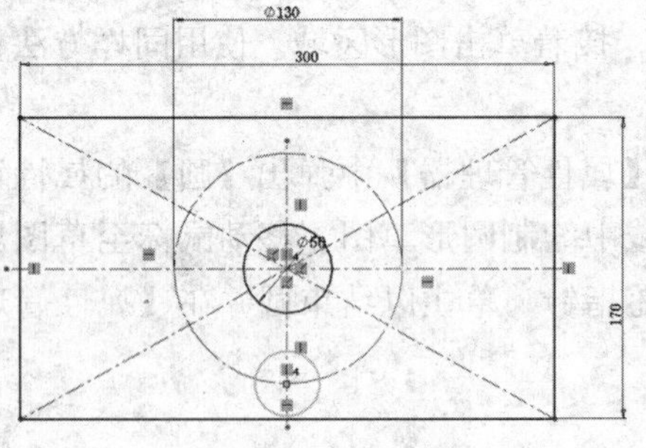

图2-58　生成圆

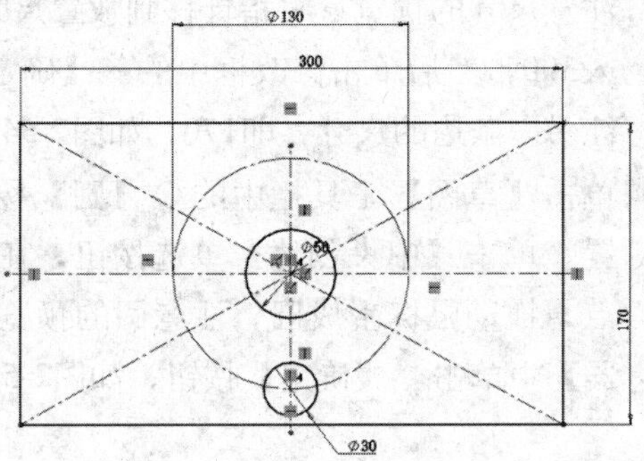

图2-59　标注尺寸

07 单击【草图】工具栏中的【圆周草图阵列】按钮，在屏幕左侧将弹出【圆周阵列】的属性设置，选择要阵列的实体“圆弧3”，设置【要阵列的数量】为2，设置【角度】为250度，单击✔【确定】按钮，则生成圆周阵列，如图2-60所示。

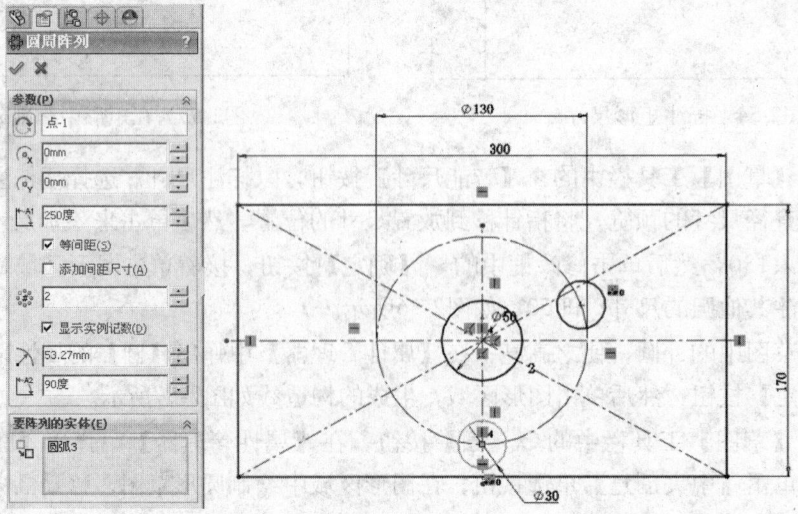

图2-60　圆周阵列生成圆

08 继续生成圆周阵列。单击【草图】工具栏中的【圆周草图阵列】按钮，在屏幕左侧将弹出【圆周阵列】的属性设置，选择要阵列的实体“圆弧3”，选择要阵列的数量6，参数选择180度，单击【确定】按钮，则生成圆周阵列，如图2-61所示。

09 单击【草图】工具栏中的【圆】按钮，在【属性管理器】中弹出【圆】的属性设置。单击【中央创建】单选按钮，在图形区域中绘制圆形草图，移动鼠标至矩形顶点，拖动鼠标生成圆，注意圆的预览动态跟随指针。单击以结束圆的绘制，然后单击【确定】按钮。使用同样方法生成另一个圆，如图2-62所示。

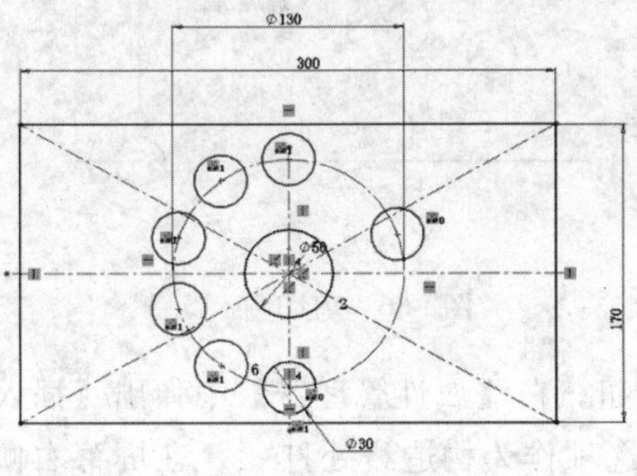

图2-61　生成圆周阵列

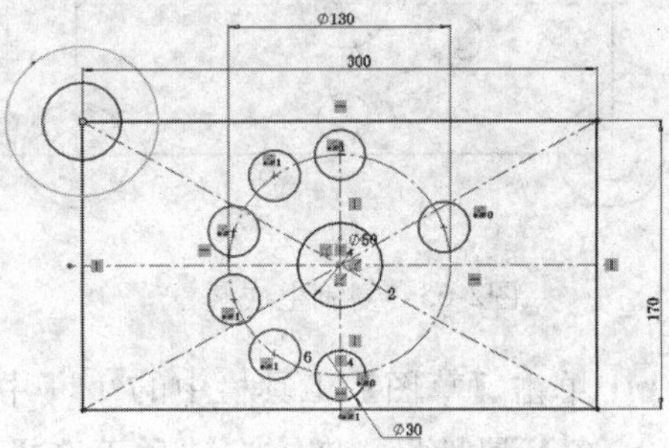

图2-62　生成圆

10 标注尺寸。单击【草图】工具栏中的【智能尺寸】按钮，以标注尺寸。选择要标注尺寸的圆，注意直径尺寸的预览。将鼠标指针移到放置尺寸的位置，然后单击来添加尺寸，在修改框中输入60，然后单击【确定】按钮，接着单击图形区域。使用同样方法标注另一个圆的尺寸，如图2-63所示。

11 生成矩形另一顶点的圆。单击【草图】工具栏中的【镜向实体】按钮，在屏幕左侧【属性管理器】中弹出【镜向】的属性设置。要镜像的实体选择“圆弧10”和“圆弧11”，单击镜像点，然后单击竖直中心线，使之高亮，此时镜像点处显示“直线4”，在【属性管理器】中单击【确定】按钮，以结束镜像，如图2-64所示。

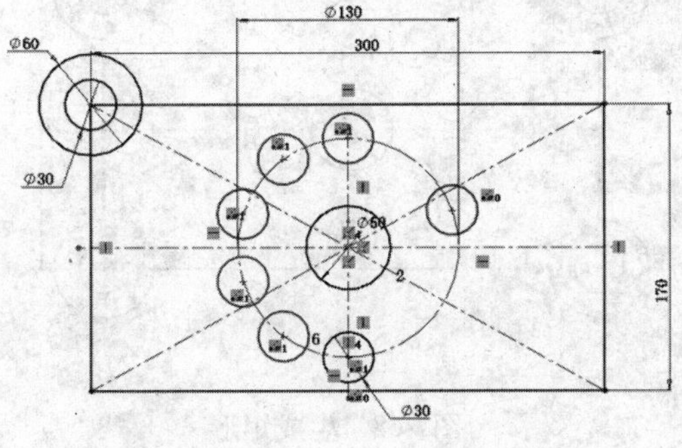

图2-63　标注尺寸

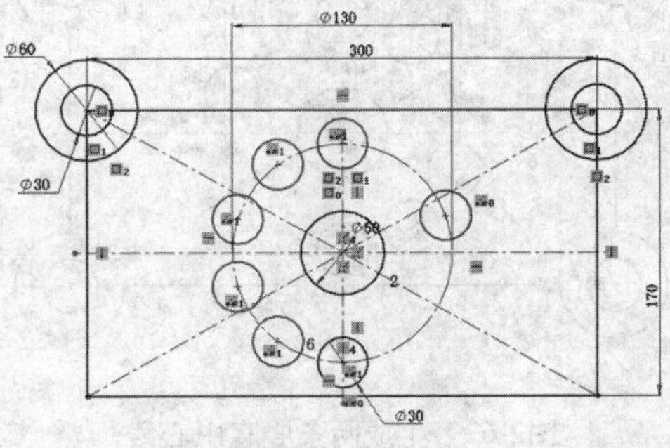

图2-64　镜像生成圆

12 继续生成圆。单击【草图】工具栏中的【复制】按钮，在屏幕左侧【属性管理器】中弹出【复制】的属性设置，选择”圆弧10”、”圆弧11”、”圆弧12”和”圆弧13”作为要复制的实体，单击起点，然后拖动鼠标，沿水平线在矩形的顶点放置圆，单击生成圆。在【属性管理器】中单击【确定】按钮，以结束复制，如图2-65所示。

13 单击【草图】工具栏中的 【剪裁实体】按钮，在【属性管理器】中弹出【剪裁】的属性设置。移动鼠标至剪裁处，单击鼠标剪裁圆弧，在【属性管理器】单击 【确定】按钮，以结束剪裁，如图2-66所示。

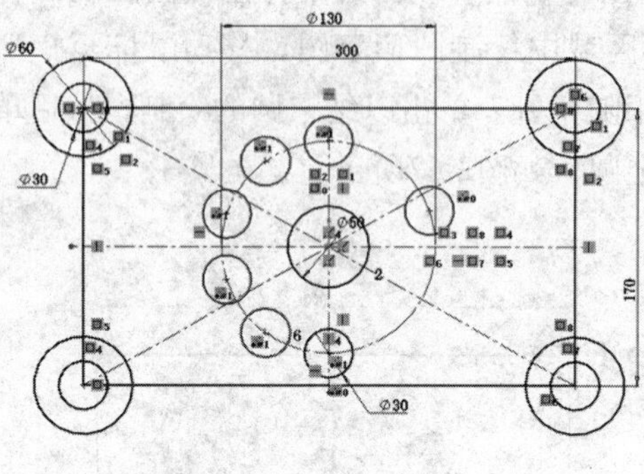

图2-65　复制生成圆

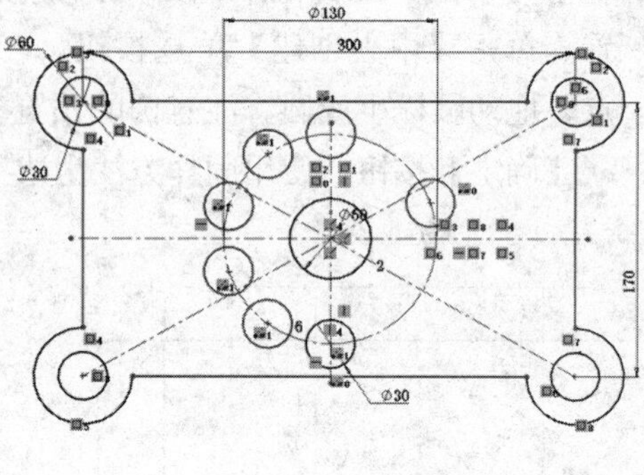

图2-66　剪切圆

14 单击【草图】工具栏中的 【中心线】按钮，在【属性管理器】中弹出【插入线条】属性栏，在方向选项下选择竖直，在选项作为构造线处打 ，在屏幕右侧的绘图区中移动鼠标至矩形上方，单击鼠标生成直线的端点，沿竖直方向拖动鼠标，单击直线的另一端点，则生成一条竖直中心线，在【线条属性】属性栏中单击 按钮，在【插入线条】属性栏中单击 按钮，同样方法生成另一条竖直中心线，如图2-67所示。

15 单击【草图】工具栏中的 【中心矩形】按钮，移动鼠标至草图水平中心线与左侧竖直中心线交汇处，拖动鼠标生成矩形，在【属性管理器】中弹出【矩形】的属性设置，单击 【确定】按钮以结束矩形，如图2-68所示。

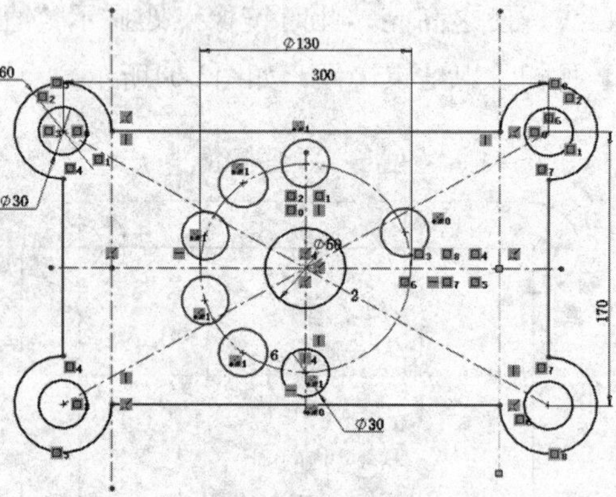

图2-67　生成两条竖直中心线

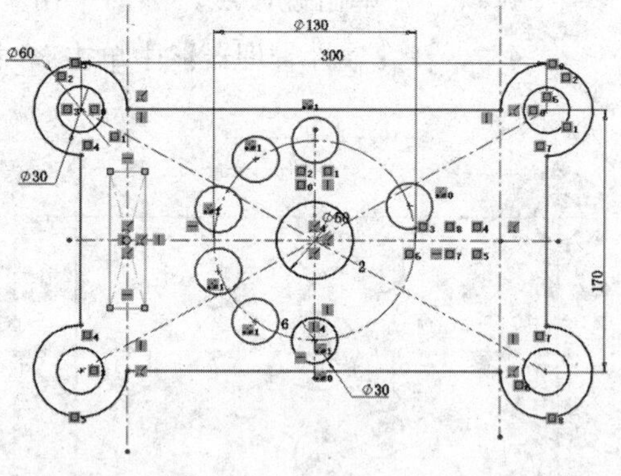

图2-68　生成矩形

16 单击【草图】工具栏中的 【智能尺寸】按钮，以标注尺寸。选择要标注尺寸的边，注意尺寸的预览。将鼠标指针移到放置尺寸的位置，然后单击来添加尺寸，在修改框中输入80，然后单击 【确定】按钮，接着单击图形区域。使用同样方法标注另一条边的尺寸，如图2-69所示。

17 单击【草图】工具栏中的 【圆】按钮，在【属性管理器】中弹出【圆】的属性设置。单击【中央创建】单选按钮，在图形区域中绘制圆形草图，移动鼠标指针至草图原点中心线以下，拖动鼠标生成圆，注意圆的预览动态跟随指针。单击以结束圆并在【属性管理器】中单击✔【确定】按钮，如图2-70所示。

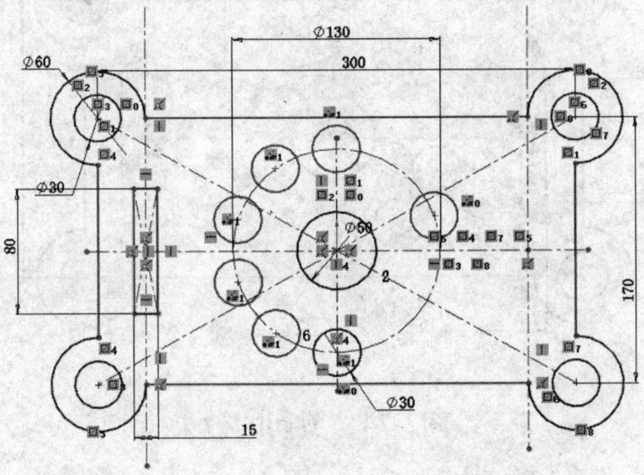

图2-69　标注尺寸

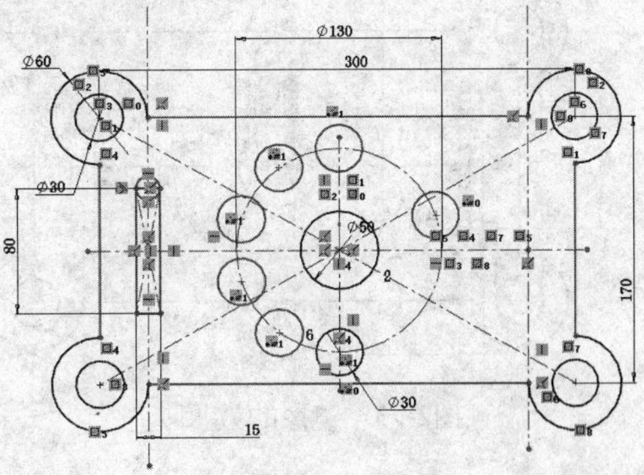

图2-70　生成圆

18 标注尺寸。单击【草图】工具栏中的【智能尺寸】按钮，以标注尺寸。选择要标注尺寸的圆，注意直径尺寸的预览。将鼠标指针移到放置尺寸的位置，然后单击来添加尺寸，在修改框中输入15，然后单击【属性管理器】中的✔【确定】按钮，如图2-71所示。

19 继续生成圆。单击【草图】工具栏中的【复制】按钮，在【属性管理器】中弹出【复制】的属性设置。选择“圆弧18”作为要复制的实体，单击起点，拖动鼠标指针，沿水平线在矩形的另一边放置圆，单击生成圆。在【属性管理器】中单击✔【确定】按钮，以结束复制，如图2-72所示。

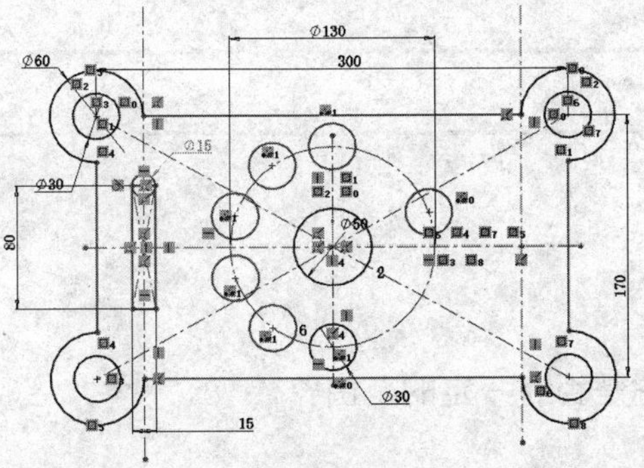

图2-71　标注尺寸

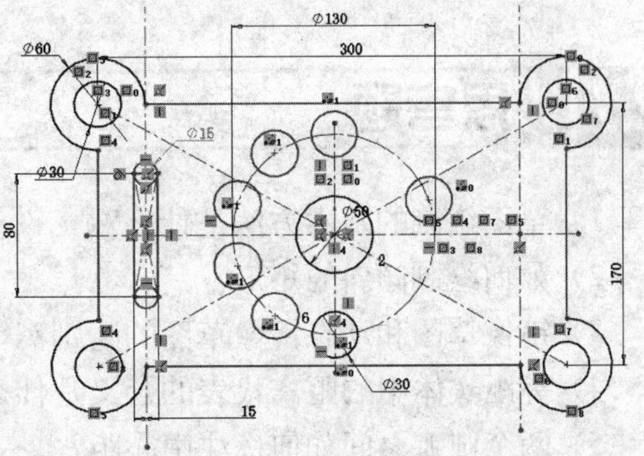

图2-72　复制生成圆

20 生成另一矩形及圆。单击【草图】工具栏中的【镜向实体】按钮，在【属性管理器】中弹出【镜向】的属性设置。要镜向的实体选择“圆弧18”、“圆弧19”、“直线19”、“直线20”、“直线21”和“直线22”，单击镜像点，然后单击竖直中心线，使之高亮，此时镜像点处显示“直线1”，在【属性管理器】中单击✔【确定】按钮，以结束镜像，如图2-73所示。

21 单击【草图】工具栏中的【剪裁实体】按钮，在【属性管理器】中弹出【剪裁】的属性设置。移动鼠标至剪裁处，单击鼠标剪裁圆弧、直线，在【属性管理器】中单击✔【确定】按钮，以结束剪裁，如图2-74所示。

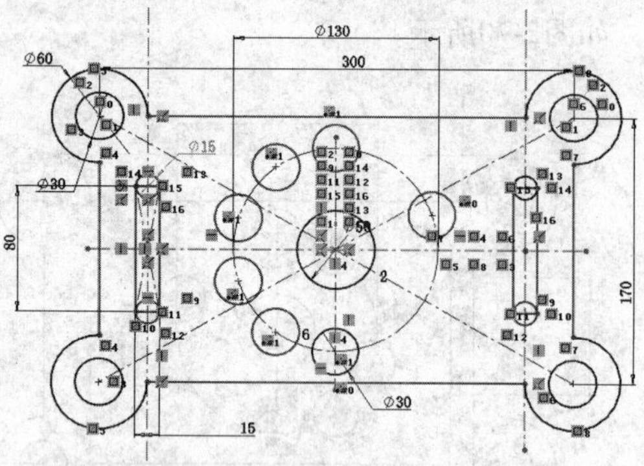

图2-73　镜像的效果

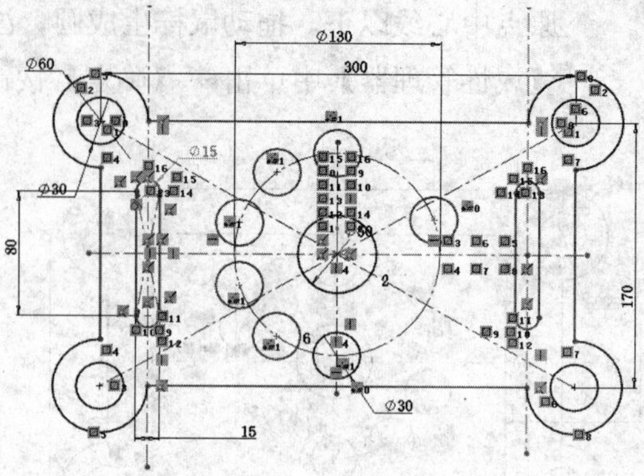

图2-74　剪切的效果

22 至此，草图范例全部完成，将其保存。

2.6 本章小结

本章主要讲解了草图的绘制方法，虽然SolidWorks是三维绘图软件，但是二维的草图绘制在其中起着非常重要的作用。二维草图是三维实体的基础。三维实体可以被视为二维截面在第三度空间中的变化，因此在生成实体之前必须先绘制出实体模型的截面，再利用拉伸、旋转等命令生成三维实体模型。希望读者能够在本章的学习中认真掌握这部分内容。

2.7 思考题

1）草图绘制的基本方法是什么？

2）如何绘制倾斜的矩形？

3）镜像草图和动态镜像草图的区别？

4）等距实体中的距离代表的含义是什么？它是否有一定的范围？

5）两个圆弧之间如何标注中心距？

第3章 基本特征建模

本章导读

在SolidWorks建模中，基本特征包括拉伸凸台/基体特征（简称拉伸特征）、拉伸切除特征、旋转凸台/基体特征（简称旋转特征）、扫描特征、放样特征、筋特征、孔特征、圆角特征、倒角特征和抽壳特征等。

3.1 拉伸凸台/基体特征

3.1.1 拉伸特征的命令启动

- 单击【特征】工具栏中的【拉伸凸台/基体】按钮。
- 选择【插入】|【凸台/基体】|【拉伸】菜单命令。

3.1.2 拉伸特征的选项说明

在【属性管理器】中弹出【拉伸】的属性设置，如图3-1所示。

图3-1 【拉伸】的属性设置

1.【从】选项组

该选项组用来设置特征拉伸的【开始条件】，其选项包括【草图基准面】、【曲面/面/基准面】、【顶点】和【等距】，如图3-2所示。

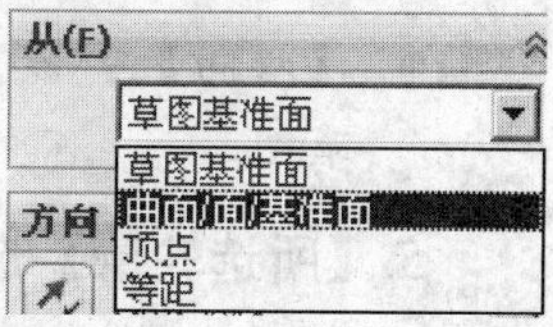

图3-2 【开始条件】选项

- 【草图基准面】：从草图所在的基准面作为基础开始拉伸。
- 【曲面/面/基准面】：从这些实体之一作为基础开始拉伸。
- 【顶点】：从选择的顶点处开始拉伸。
- 【等距】：从与当前草图基准面等

距的基准面上开始拉伸，等距距离可以手动键入。

2.【方向1】选项组

1）【终止条件】：设置特征拉伸的终止条件，其选项如图3-3所示。部分选项的介绍如下。

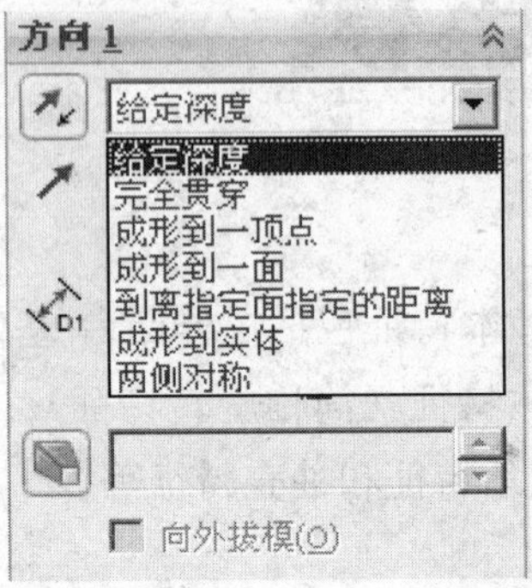

图3-3 【终止条件】选项

- 【给定深度】：设置给定的【深度】数值以终止拉伸。
- 【成形到一顶点】：拉伸到在图形区域中选择的顶点处。
- 【成形到一面】：拉伸到在图形区域中选择的一个面或者基准面处。
- 【到离指定面指定的距离】：拉伸到在图形区域中选择的一个面或者基准面处，然后设置【等距距离】数值。
- 【成形到实体】：拉伸到在图形区域中所选择的实体或者曲面实体处。
- 【两侧对称】：设置【深度】数值，按照所在平面的两侧对称距离生成拉伸特征。

2）【拉伸方向】：在图形区域中选择方向向量，并以垂直于草图轮廓的方向拉伸草图。

3）【拔模开/关】：设置【拔模角度】数值。

3.【方向2】选项组

该选项组中的参数用来设置同时从草图基准面向两个方向拉伸的相关参数，用法和【方向1】选项组基本相同。

4.【薄壁特征】选项组

该选项组中的参数可以控制拉伸的【厚度】（不是【深度】）数值。薄壁特征是做钣金零件的基础。

定义【薄壁特征】拉伸的类型有三种。

- 【单向】：以同一【厚度】数值，沿一个方向拉伸草图。
- 【两侧对称】：以同一【厚度】数值，沿相反方向拉伸草图。
- 【双向】：以不同【方向1厚度】、【方向2厚度】数值，沿相反方向拉伸草图。

5.【所选轮廓】选项组

【所选轮廓】：允许使用部分草图生成拉伸特征。

3.1.3 拉伸凸台/基体特征的案例操作

【案例3-1-3】运用“从草图基准面开始拉伸”，将草图1中已存在的五角星拉伸成一高为10mm的实体。

具体操作步骤如下。

01 打开“3-1-3草图1.SLDPRT”零件图，移动鼠标指针到绘图区域选择“草图1”轮廓，或者在【特征管理树】中选中“草图1”，此时被选中的“草图1”轮廓呈蓝色，如图3-4所示。

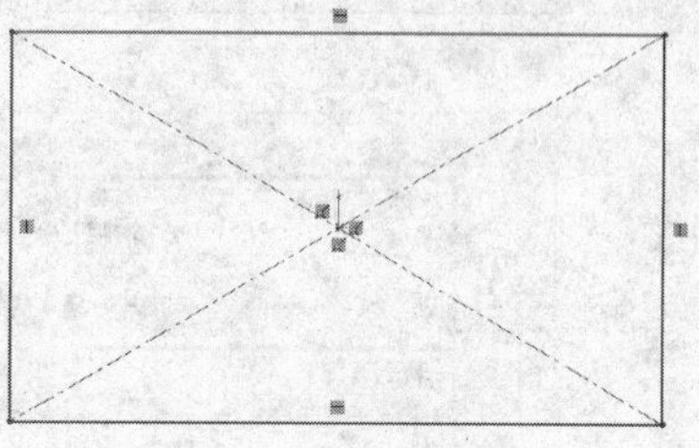

图3-4 选择草图

02 单击【特征】工具栏中的【拉伸凸台/基体】按钮，启动拉伸功能，系统弹出【凸台-拉伸】的属性设置，在【开始条件】（即【从】选项组）的下拉列表中选择【草图基准面】，在【终止条件】（即【方向1】选项组）下拉列表中选择【给定深度】，方向为默认设置，在【深度】数值框中输入10.00mm，如图3-5所示。

03 完成各种设置以后，单击【属性管理器】或者绘图区域中的【确定】按钮，完成拉伸，如图3-6所示。

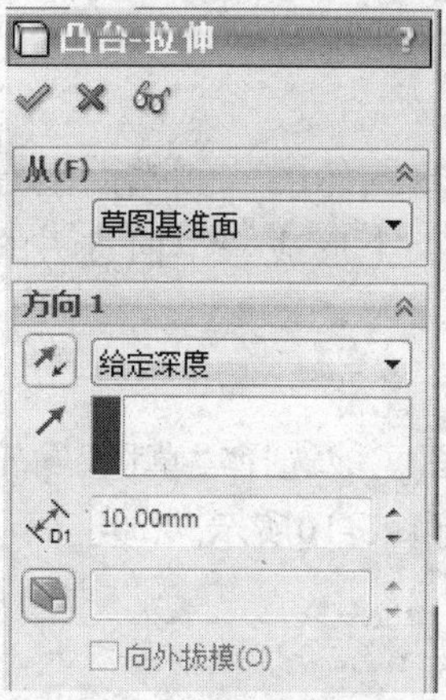

图3-5 【凹台-拉伸】的属性设置

图3-6 拉伸完成

3.2 拉伸切除特征

3.2.1 拉伸切除特征的命令启动

- 单击【特征】工具栏中的【拉伸切除】按钮。
- 选择【插入】|【切除】|【拉伸】菜单命令。

3.2.2 拉伸切除特征的选项说明

在【属性管理器】中弹出【切除-拉伸】的属性设置，如图3-7所示。该属性设置与

【拉伸】的属性设置基本一致。不同的地方是，在【方向1】选项组中多了【反侧切除】复选框。

【反侧切除】（仅限于拉伸的切除）：移除轮廓外的所有部分，如图3-8所示。在默认情况下，从轮廓内部移除，如图3-9所示。

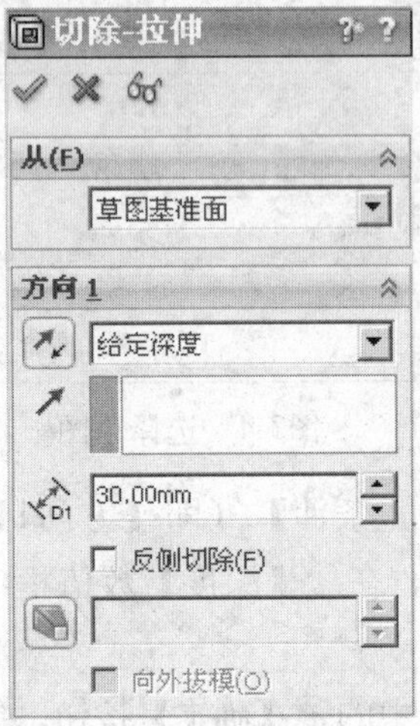

图3-7 【切除-拉伸】的属性设置

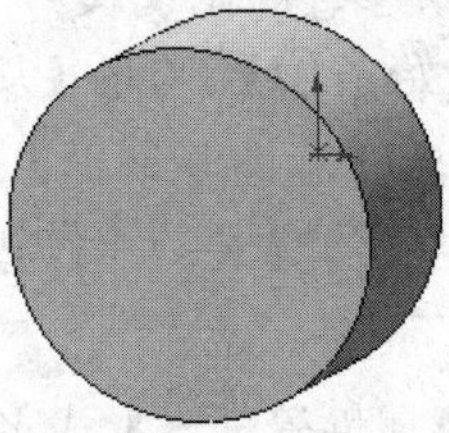

图3-8　反侧切除

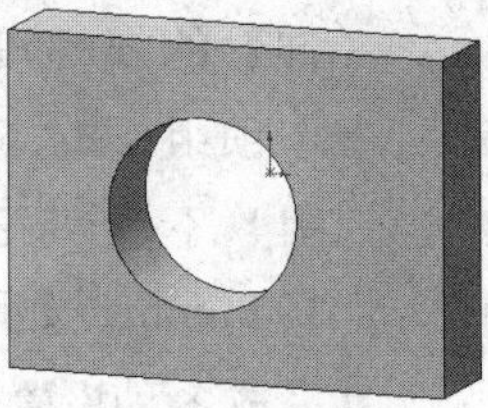

图3-9　默认切除

3.2.3　拉伸切除特征的案例操作

【案例3-2-3】运用“从草图基准面开始拉伸”，在一个五角星实体的一侧端面上有一个半径为10mm的草图圆，将此草图轴向拉伸10mm，在实体端面上形成一个凹进去的深为10mm的孔。

具体操作步骤如下。

01 打开“3-2-3草图1.SLDPRT”零件图，移动鼠标指针到绘图区域选择“草图2”轮廓，或者在【特征管理树】中选中“草图2”，打开的草图如图3-10所示。

图3-10　选择草图

02 单击【特征】工具栏中的【拉伸切除】按钮，启动拉伸切除功能，系统弹出【切除-拉伸】的属性设置，在【开始条件】下拉列表中选择【草图基准面】，在【终止条件】下拉列表中选择【给定深度】，方向向下，在【深度】数值框中输入10.00mm，如图3-11所示。

03 完成各种设置以后，单击【属性管理器】或者绘图区域中的【确定】按钮，完成拉伸切除，如图3-12所示。

图3-11　拉伸切除属性设置

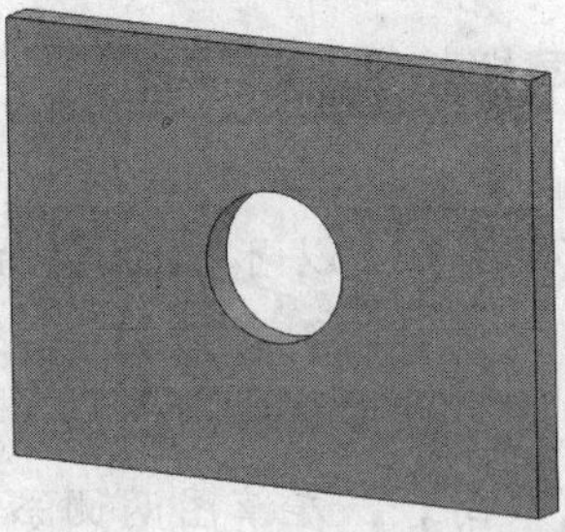

图3-12　拉伸切除完成

3.3 旋转凸台/基体特征

3.3.1　旋转特征的命令启动

- 单击【特征】工具栏中的【旋转凸台/基体】按钮。
- 选择【插入】|【凸台/基体】|【旋转】菜单命令。

3.3.2　旋转特征的选项说明

在【属性管理器】中弹出【旋转】的属性设置，如图3-13所示。

1.【旋转参数】选项组

1）【旋转轴】：选择旋转所围绕的轴，此轴可以为中心线、直线或者边线。

2）【旋转类型】：从草图基准面中定义旋转方向，其选项如图3-14所示。

- 【给定深度】：从草图以单一方向生成旋转。
- 【成形到一顶点】：从草图基准面生成旋转到指定顶点。
- 【成形到一面】：从草图基准面生成旋转到指定曲面。
- 【到离指定面指定的距离】：从草图基准面生成旋转到指定曲面的指定等距。
- 【两侧对称】：从草图基准面

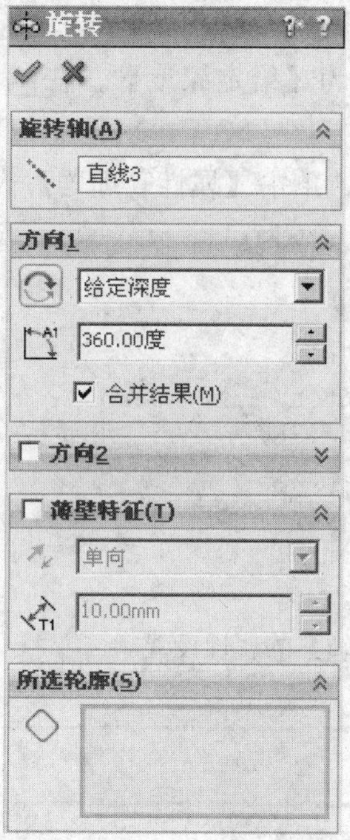

图3-13　【旋转】的属性设置

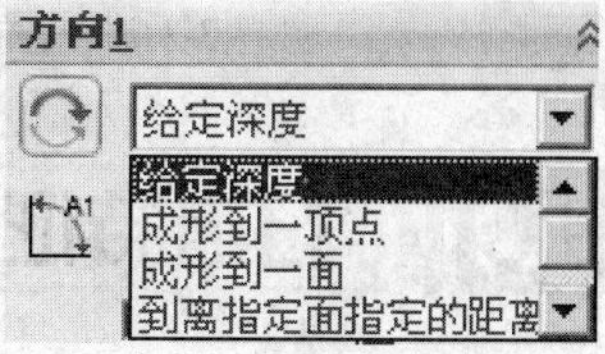

图3-14　【旋转类型】选项

以顺时针和逆时针方向生成旋转相同角度。

3）【反向】：单击该按钮，反转旋转方向。

4）【角度】：设置旋转角度，默认的角度为360.00度。

2.【薄壁特征】选项组

【类型】：设置旋转厚度的方向。

- 【单向】：以同一【方向1厚度】数值，从草图沿单一方向添加薄壁特征的体积。
- 【两侧对称】：以同一【方向1厚度】数值，并以草图为中心，在草图两侧使用均等厚度的体积添加薄壁特征。
- 【双向】：在草图两侧添加不同厚度的薄壁特征的体积。

3.【所选轮廓】选项组

在使用多轮廓生成旋转特征时使用此选项。

3.3.3 旋转凸台/基体特征的案例操作

【案例3-3-3】运用“给定深度”，将一个多边形绕着指定的旋转轴沿一个方向旋转360度形成实体。

具体操作步骤如下。

01 打开“3-3-3草图1.SLDPRT”零件图，移动鼠标指针到绘图区域选择“草图1”轮廓，或者在【特征管理树】中选中“草图1”，此时被选中的“草图1”轮廓呈现蓝色，如图3-15所示。

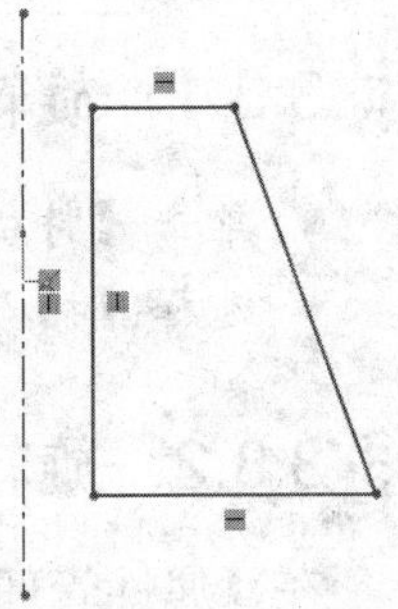

图3-15 选择草图

02 单击【特征】工具栏中的【旋转凸台/基体】按钮，启动旋转功能，系统弹出【旋转】的属性设置，在【旋转轴】选项组中选择草图中的中心线为旋转轴，在【方向1】选项组中选择旋转类型为【给定深度】，在【旋转角度】数值框中输入360.00度，如图3-16所示。

03 完成各种设置以后，单击【属性管理器】或者绘图区域中的【确定】按钮，完成旋转，如图3-17所示。

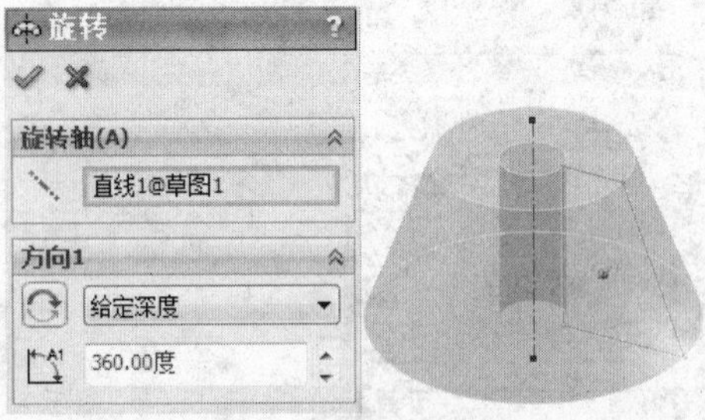

图3-16 【旋转】的属性设置

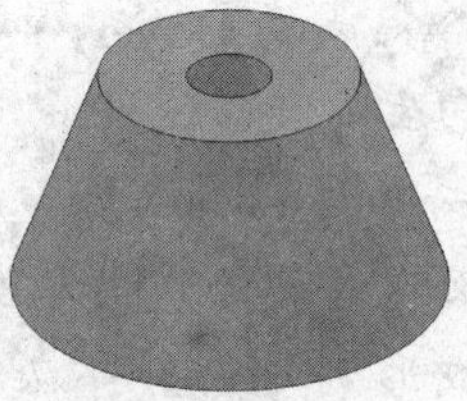

图3-17 旋转完成

3.4 扫描特征

扫描特征是通过沿着一条路径移动轮廓以生成基体、凸台、切除或者曲面的一种特征。

1）对于基体或者凸台扫描特征，轮廓必须是闭环的；对于曲面扫描特征，轮廓可以是闭环的，也可以是开环的。

2）路径可以是开环或者闭环。

3）路径可以是一个草图、一条曲线或者一组模型边线中包含的一组草图曲线。

4）路径的起点必须位于轮廓的基准面上。

5）不论是截面、路径或者所形成的实体，都不能出现自相交叉的情况。

扫描特征可以使用引导线以生成多轮廓特征及薄壁特征。

3.4.1 扫描特征的命令启动

- 单击【特征】工具栏中的【扫描】按钮。
- 选择【插入】|【凸台/基体】|【扫描】菜单命令。

3.4.2 扫描特征的选项说明

在【属性管理器】中弹出【扫描】的属性设置，如图3-18所示。

1.【轮廓和路径】选项组

- 【轮廓】：设置用来生成扫描的草图轮廓。
- 【路径】：设置轮廓扫描的路径。

注意 不论是轮廓、路径或者所形成的实体，都不能自相交叉。

2.【选项】选项组

1）【方向/扭转控制】：控制轮廓在沿路径扫描时的方向，其选项如图3-19所示。

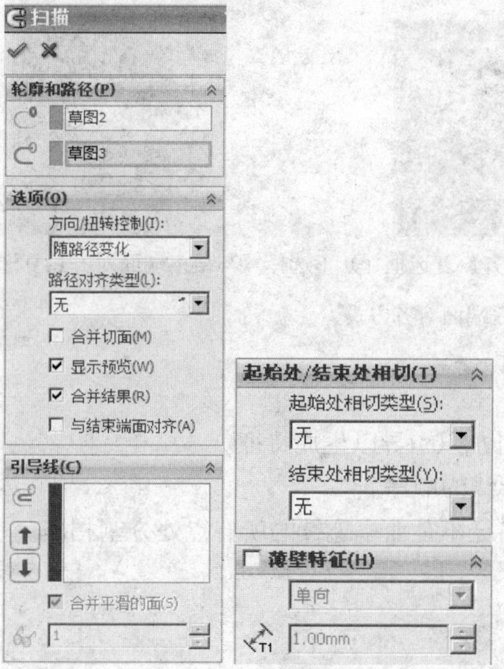

图3-18 【扫描】的属性设置

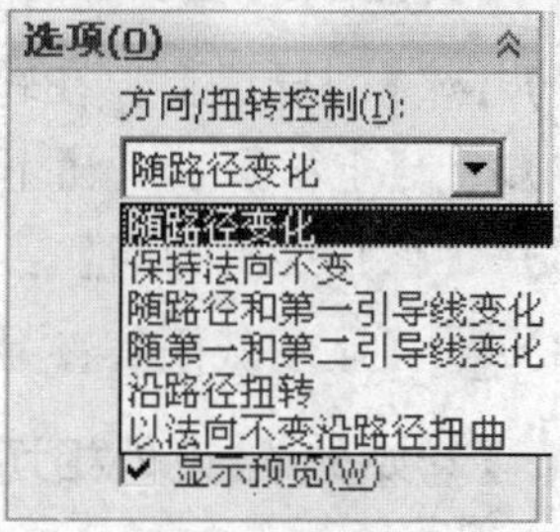

图3-19 【方向/扭转控制】选项

- 【随路径变化】：轮廓相对于路径时刻保持处于同一角度。
- 【保持法向不变】：使轮廓总是与起始轮廓保持平行。
- 【随路径和第一引导线变化】：中间轮廓的扭转由路径到第一条引导线的向量决定。
- 【随第一和第二引导线变化】：中间轮廓的扭转由第一条引导线到第二条引导线的向量决定。
- 【沿路径扭转】：沿路径扭转轮廓。
- 【以法向不变沿路径扭曲】：在沿路径扭曲时，保持与开始轮廓平行而沿路径扭转轮廓。

2）【路径对齐类型】：当路径上出现少许波动或者不均匀波动使轮廓不能对齐时，可以将轮廓稳定下来。

- 【无】：垂直于轮廓而对齐轮廓，不进行纠正。
- 【最小扭转】：阻止轮廓在随路径变化时自我相交。
- 【方向向量】：按照所选择的向量方向对齐轮廓。
- 【所有面】：当路径包括相邻面时，使扫描轮廓在几何关系可能的情况下与相邻面相切。

3）【合并切面】：如果扫描轮廓具有相切线段，可以使所产生的扫描中的相应曲面相切，保持相切的面可以是基准面、圆柱面或者锥面。

4）【显示预览】：显示扫描的上色预览。

5）【合并结果】：将多个实体合并成一个实体。

6）【与结束端面对齐】：将扫描轮廓延伸到路径所遇到的最后一个面。此复选框常用于螺旋线，如图3-20所示。

a）螺旋线结构　b）选择【与结束端面对齐】复选框　c）不选择【与结束端面对齐】复选框时

图3-20　螺旋线端面对齐方式

3.【引导线】选项组

1）【引导线】：在轮廓沿路径扫描时加以引导以生成特征。

2）【上移】、【下移】：调整引导线的顺序。

3）【合并平滑的面】：在引导线或者路径不是曲率连续的所有点处分割扫描。

4）【显示截面】：显示扫描的截面。

4.【起始处/结束处相切】选项组

1）【起始处相切类型】中的选项如图3-21所示。

- 【无】：不应用相切。
- 【路径相切】：垂直于起始点路径而生成扫描。

2）【结束处相切类型】：与起始处相切类型的选项相同，在此不做详述。

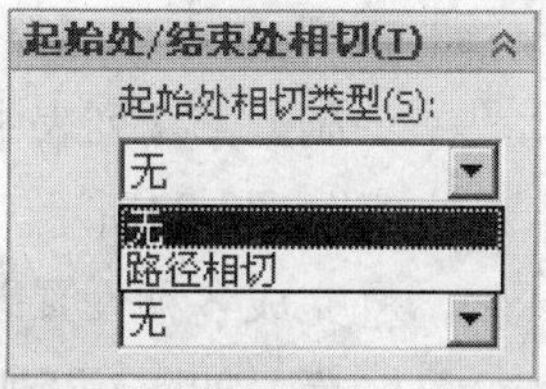

图3-21 【起始处相切类型】选项

5.【薄壁特征】选项组

生成薄壁特征扫描，如图3-22所示。

a）使用实体特征的扫描　　b）使用薄壁特征的扫描

图3-22 生成薄壁特征扫描

【类型】：设置薄壁特征扫描的类型，包括以下三种。

- 【单向】：设置同一【厚度】数值，以单一方向从轮廓生成薄壁特征。
- 【两侧对称】：设置同一【厚度】数值，以两个方向从轮廓生成薄壁特征。
- 【双向】：设置不同【厚度1】、【厚度2】数值，以相反的两个方向从轮廓生成薄壁特征。

3.4.3 扫描特征的案例操作

【案例3-4-3】将一个长方形草图截面沿着指定的路径进行扫描，并使截面与路径的角度始终保持不变。

具体操作步骤如下。

01 打开“3-4-3草图1.SLDPRT”零件图，该零件图中包含两个草图：其中“草图1”为扫描的路径，“草图2”为需要扫描的截面轮廓，如图3-23中蓝色长方形所示。

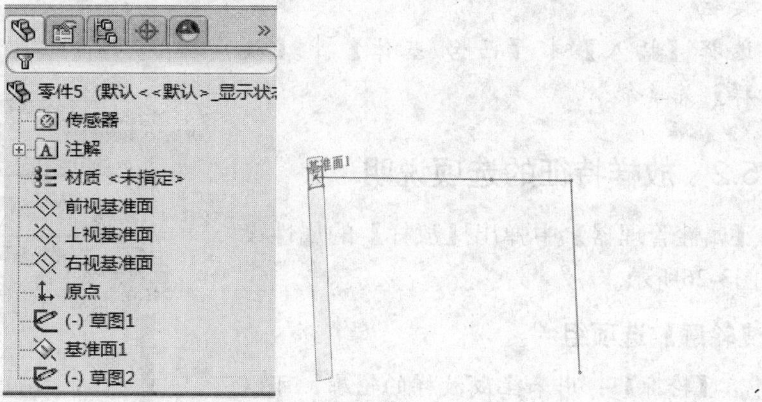

图3-23 打开草图

02 单击【特征】工具栏中的【扫描凸台/基体】按钮，启动扫描功能，系统弹出【扫描】的属性设置，在【轮廓和路径】选项组下的【轮廓】选择框中选择“草图

2”，在【路径】选择框中选择“草图1”。在【选项】选项组下的【方向/扭转控制】下拉列表中选择【随路径变化】，在【路径对齐类型】下拉列表中选择“无”，如图3-24所示。

03 完成各种设置以后，单击【属性管理器】或者绘图区域中的【确定】按钮，完成扫描，如图3-25所示。

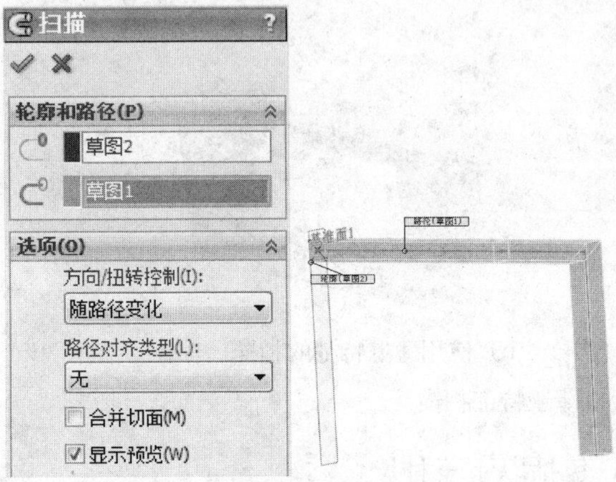

图3-24 【扫描】的属性设置

图3-25 扫描完成

3.5 放样特征

放样特征通过在轮廓之间进行过渡以生成特征，放样的对象可以是基体、凸台、切除或者曲面，可以使用两个或者多个轮廓生成放样，但仅第一个或者最后一个对象的轮廓可以是点。

3.5.1 放样特征的命令启动

- 单击【特征】工具栏中的【放样】按钮。
- 选择【插入】|【凸台/基体】|【放样】菜单命令。

3.5.2 放样特征的选项说明

在【属性管理器】中弹出【放样】的属性设置，如图3-26所示。

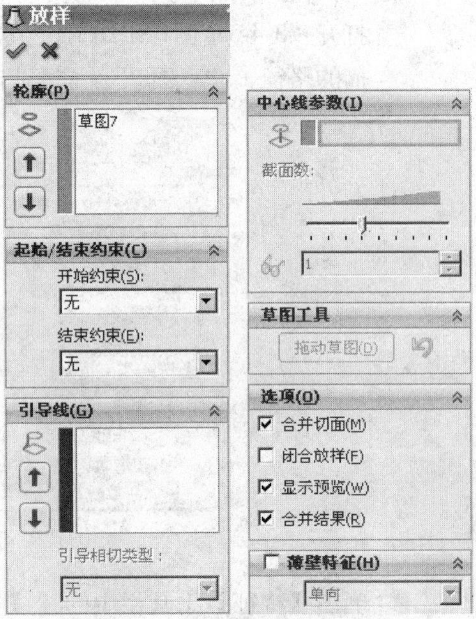

图3-26 【放样】的属性设置

1.【轮廓】选项组

- 【轮廓】：用来生成放样的轮廓，可以选择要放样的草图轮廓、面或者边线。
- 【上移】、【下移】：调整轮廓的顺序。

> **注意** 如果放样预览显示放样不理想，重新选择或者将草图重新组序以在轮廓上连接不同的点。

2.【起始/结束约束】选项组

1）【开始约束】、【结束约束】：应用约束以控制开始和结束轮廓的相切，其选项如图3-27所示。

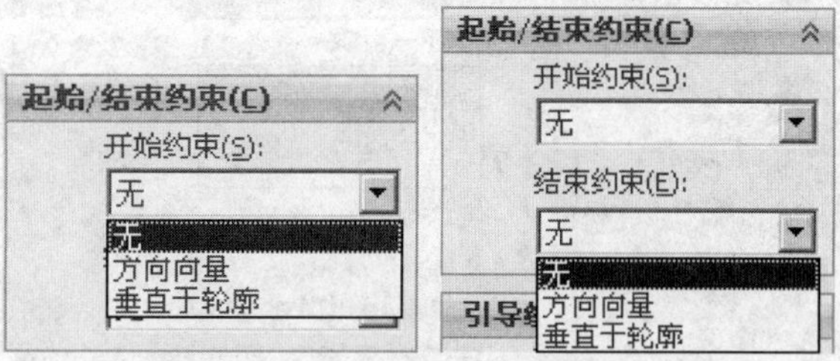

图3-27　【开始约束】、【结束约束】选项

- 【无】：不应用相切约束（即曲率为零）。
- 【方向向量】：根据所选的方向向量应用相切约束。
- 【垂直于轮廓】：应用在垂直于开始或者结束轮廓处的相切约束。

2）【方向向量】：按照所选择的方向向量应用相切约束，如图3-28所示。

3）【拔模角度】：为起始或者结束轮廓应用拔模角度，如图3-29所示。

4）【起始/结束处相切长度】：控制对放样的影响量，如图3-30所示。

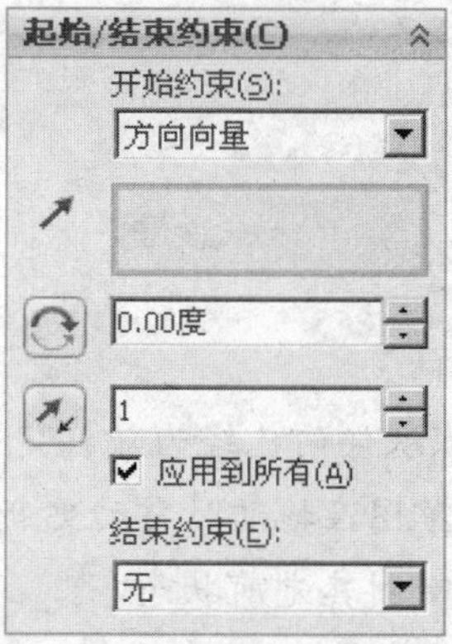

图3-28　设置【开始约束】为【方向向量】时的参数

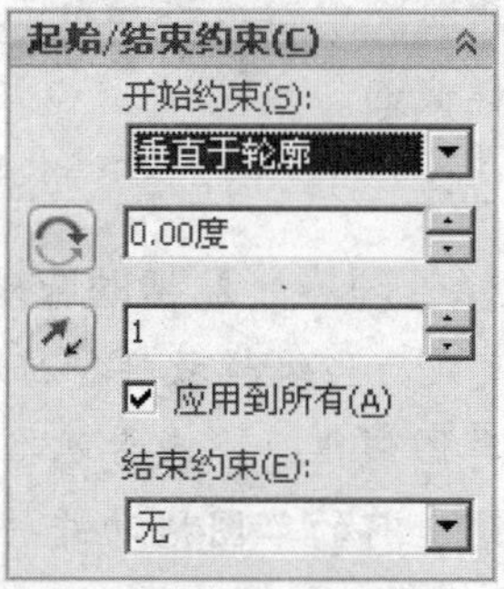

图3-29　【拔模角度】参数

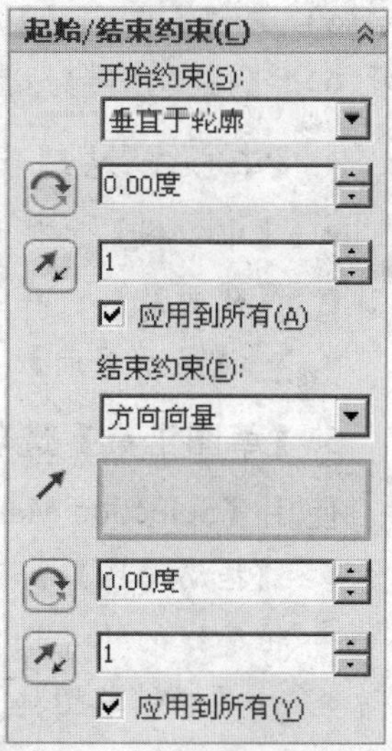

图3-30　【起始/结束处相切长度】参数

5）【应用到所有】：显示一个为整个轮廓控制所有约束的控标；取消选择此复选框，显示可允许单个线段控制约束的多个控标。

3.【引导线】选项组

1）【引导线感应类型】：控制引导线对放样的影响力，其选项如图3-31所示。

- 【到下一引线】：只将引导线延伸到下一引导线。
- 【到下一尖角】：只将引导线延伸到下一尖角。
- 【到下一边线】：只将引导线延伸到下一边线。
- 【整体】：将引导线影响力延伸到整个放样。

2）【引导线】：选择引导线来控制放样。

3）【上移】、【下移】：调整引导线的顺序。

4）【草图<n>-相切】：控制放样与引导线相交处的相切关系（n为所选引导线标号）。其选项如图3-32所示。

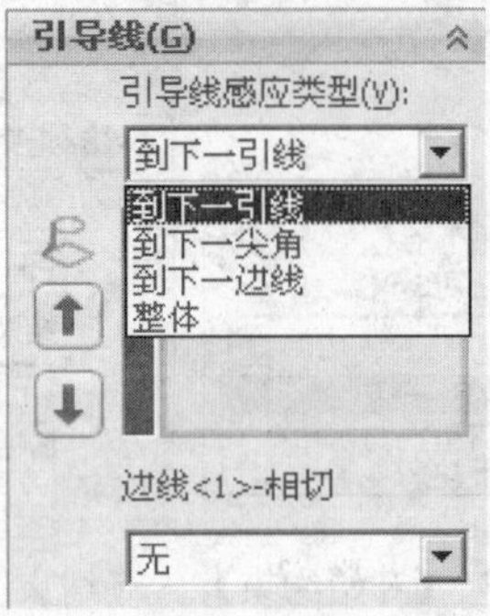

图3-31 【引导线感应类型】选项

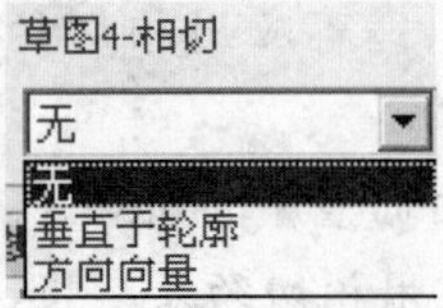

图3-32 【边线<n>-相切】选项

- 【无】：不应用相切约束。
- 【垂直于轮廓】：与轮廓线相垂直。
- 【方向向量】：根据所选的方向向量应用相切约束。

5）【方向向量】：根据所选的方向向量应用相切约束。

6）【拔模角度】：只要几何关系成立，将拔模角度沿引导线应用到放样。

4.【中心线参数】选项组

- 【中心线】：使用中心线引导放样形状。
- 【截面数】：在轮廓之间并围绕中心线添加截面。
- 【显示截面】：显示放样截面。

5.【草图工具】选项组

使用【Selection Manager（选择管理器）】帮助选择草图实体。

- 【拖动草图】：激活拖动模式，当编辑放样特征时，可以从任何已经为放样定义了轮廓线的3D草图中拖动3D草图线段、点或者基准面，3D草图在拖动时自动更新。
- 【撤销草图拖动】：撤销先前的草图拖动并将预览返回到其先前状态。

6.【选项】选项组

【选项】选项组如图3-33所示。

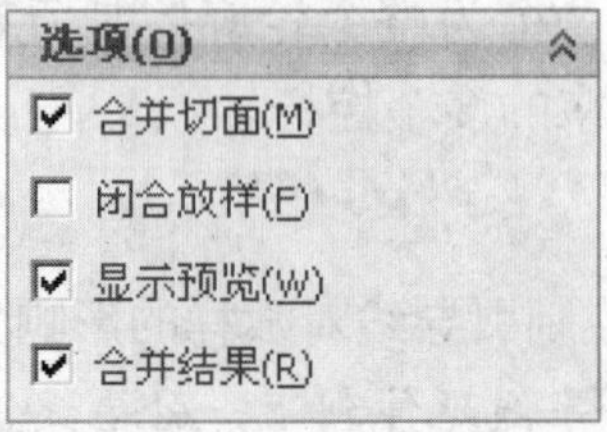

图3-33 【选项】选项组

- 【合并切面】：如果对应的线段相切，则保持放样中的曲面相切。
- 【闭合放样】：沿放样方向生成闭合实体，选择此复选框会自动连接最后一个和第一个草图实体。

- 【显示预览】：显示放样的上色预览；取消选择此复选框，则只能查看路径和引导线。
- 【合并结果】：合并所有放样要素。

7.【薄壁特征】选项组

选择类型以生成薄壁放样特征，如图3-34所示。

图3-34 【薄壁特征】类型选项

- 【单向】：设置同一【厚度】数值，以单一方向从轮廓生成薄壁特征。
- 【两侧对称】：设置同一【厚度】数值，以两个方向从轮廓生成薄壁特征。
- 【双向】：设置不同【厚度1】、【厚度2】数值，以两个相反的方向从轮廓生成薄壁特征。

3.5.3 放样特征的案例操作

【案例3-5-3】不应用任何相切约束对两个正三角形进行放样，结果实体的轮廓线为直线。

具体操作步骤如下。

01 打开“3-5-3草图1.SLDPRT”零件图，其中的草图1为放样开始轮廓，如图3-35中大圆形所示；草图2为放样结束轮廓，如图3-35中小圆形所示。

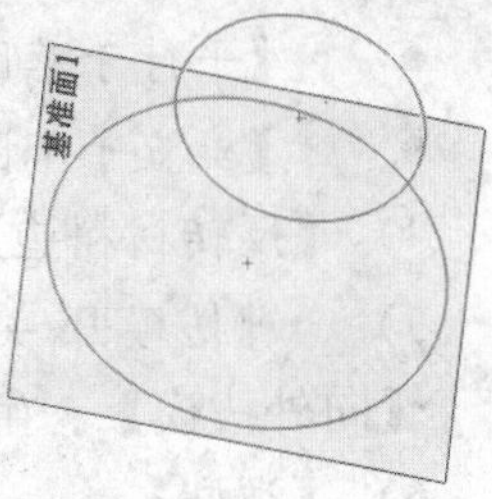

图3-35 打开草图

02 单击【特征】工具栏中的【放样】按钮，启动放样功能，系统弹出【放样】的属性设置，在【轮廓】选项组中的【轮廓】选择框中选择“草图1”和“草图2”。在【起始/结束约束】选项组中的【开始约束】下拉列表中选择“无”，在【结束约束】下拉列表中选择“无”，如图3-36所示。

03 完成各种设置以后，单击【属性管理器】或者绘图区域中的【确定】按钮，完成放样，如图3-37所示。

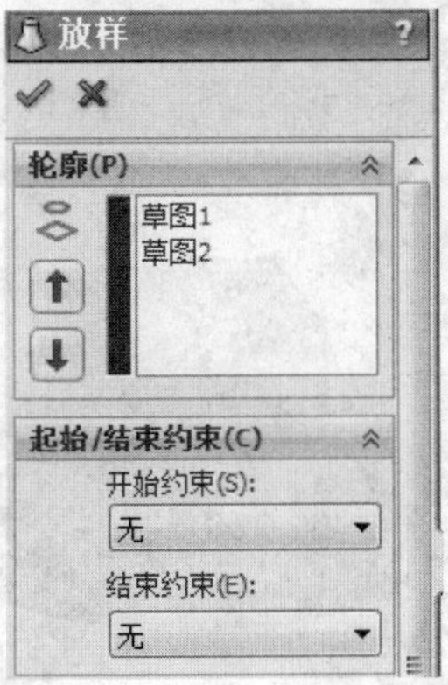

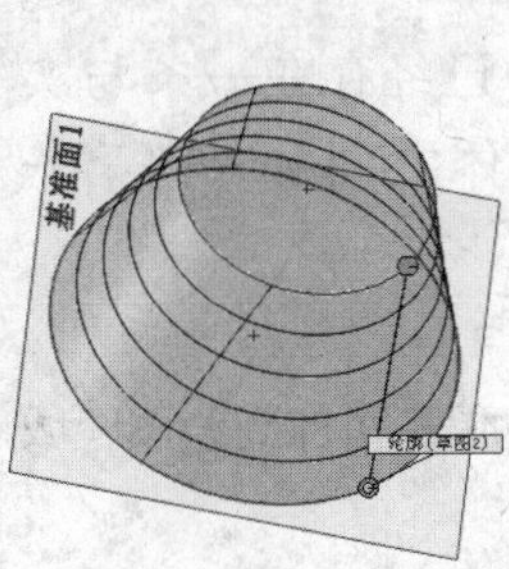

图3-36 【放样】的属性设置

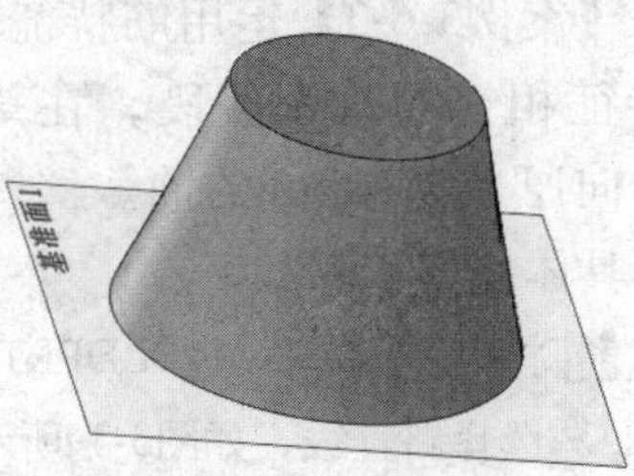

图3-37 放样完成

3.6 筋特征

筋特征在轮廓与现有零件之间指定方向和厚度以进行延伸，可以使用单一或者多个草图生成筋特征，也可以使用拔模生成筋特征，或者选择要拔模的参考轮廓。

3.6.1 筋特征的命令启动

- 单击【特征】工具栏中的【筋】按钮。
- 选择【插入】|【特征】|【筋】菜单命令。

3.6.2 筋特征的选项说明

在【属性管理器】中弹出【筋】的属性设置，如图3-38所示。

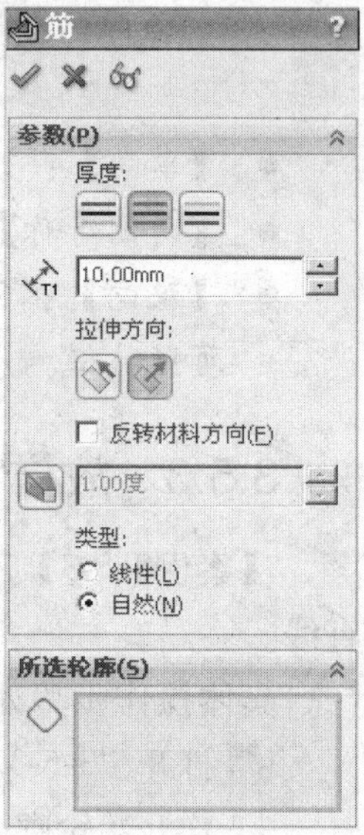

图3-38 【筋】的属性设置

1.【参数】选项组

1）【厚度】：在草图边缘添加筋的厚度。

- 【第一边】：只延伸草图轮廓到草图的一边。
- 【两侧】：均匀延伸草图轮廓到草图的两边。
- 【第二边】：只延伸草图轮廓到草图的另一边。

2）【筋厚度】：设置筋的厚度。

3）【拉伸方向】：设置筋的拉伸方向。

- 【平行于草图】：平行于草图生成筋拉伸。
- 【垂直于草图】：垂直于草图生成筋拉伸。

4）【反转材料边】：更改拉伸的方向。

5）【拔模开/关】：添加拔模特征到筋，可以设置【拔模角度】。

【向外拔模】：生成向外拔模角度。

6）【类型】

- 【线性】：生成与草图方向相垂直的筋。
- 【自然】：生成沿草图轮廓延伸方向的筋。

2.【所选轮廓】选项组

【所选轮廓】参数用来列举生成筋特征的草图轮廓。

3.6.3 筋特征的案例操作

【案例3-6-3】运用筋特征功能，草图中已经存在一条与实体特征相交的草图线段，在草图轮廓与实体之间加入向第一边方向厚度为10mm的筋。

具体操作步骤如下。

图3-39 选择草图

01 打开“3-6-3草图1.SLDPRT”零件图，移动鼠标指针到绘图区域选择斜直线，如图3-39所示。

02 单击【特征】工具栏中的【筋】按钮，启动筋功能，系统弹出【筋】的属性设置，在【参数】选项组下选择生筋方式为【第一边】，输入【筋厚度】值为10mm，选择拉伸方向为【平行于草图】，如图3-40所示。

03 完成各种设置以后，单击【属性管理器】或者绘图区域中的【确定】按钮，完成筋特征，如图3-41所示。

图3-40 【筋】的属性设置

图3-41 筋特征完成

3.7 孔特征

孔特征是在模型上生成各种类型的孔。在平面上放置孔并设置深度，可以通过标注尺寸的方法定义它的位置。

3.7.1 孔特征的命令启动

选择【插入】|【特征】|【孔】|【简单直孔】菜单命令。

3.7.2 孔特征的选项说明

1. 简单直孔

在【属性管理器】中弹出【孔】的属性设置，如图3-42所示。

(1) 【从】选项组

【从】选项组如图3-43所示。

- 【草图基准面】：从草图所在的同一基准面开始生成简单直孔。
- 【曲面/面/基准面】：从这些实体之一开始生成简单直孔。
- 【顶点】：从所选择的顶点位置处开始生成简单直孔。
- 【等距】：从与当前草图基准面等距的基准面上生成简单直孔。

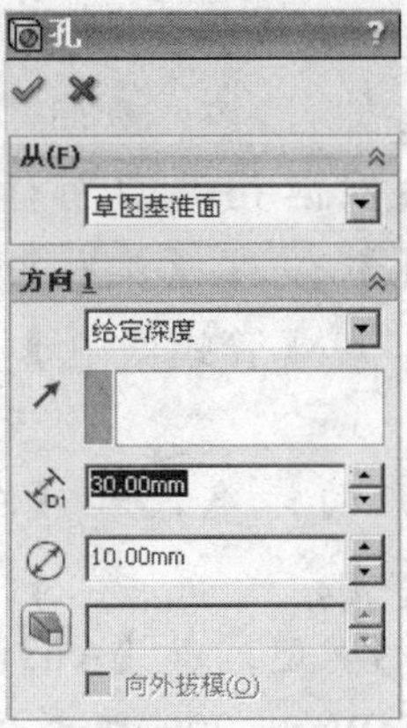

图3-42 【孔】的属性设置

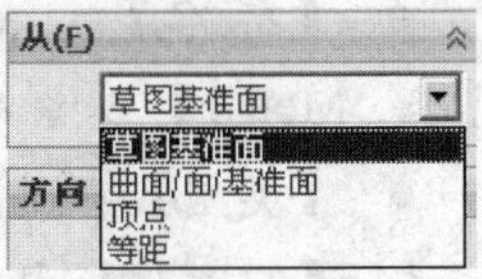

图3-43 【从】选项组

（2）【方向1】选项组

1）终止条件：其选项如图3-44所示。

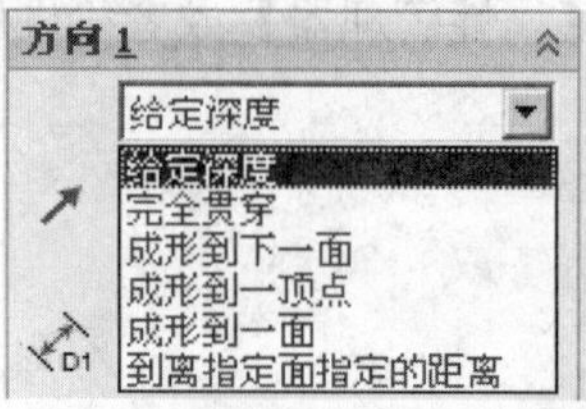

图3-44 【终止条件】选项

- 【给定深度】：从草图的基准面以指定的距离延伸特征。
- 【完全贯穿】：从草图的基准面延伸特征直到贯穿所有现有的几何体。
- 【成形到下一面】：从草图的基准面延伸特征到下一面以生成特征。
- 【成形到一顶点】：从草图基准面延伸特征到某一平面，这个平面平行于草图基准面且穿越指定的顶点。
- 【成形到一面】：从草图的基准面延伸特征到所选的曲面以生成特征。
- 【到离指定面指定的距离】：从草图的基准面到某面的特定距离处生成特征。

2）【拉伸方向】：用于在除了垂直于草图轮廓以外的其他方向拉伸孔。

3）【深度】或者【等距距离】：在设置特征的距离。

4）【孔直径】：设置孔的直径。

5）【拔模开/关】：添加拔模到孔，可以设置【拔模角度】。

2. 异型孔

单击【特征】工具栏中的【异型孔向导】按钮或者选择【插入】|【特征】|【孔】|【向导】菜单命令，在【属性管理器】中弹出【孔规格】的属性设置，如图3-45所示。

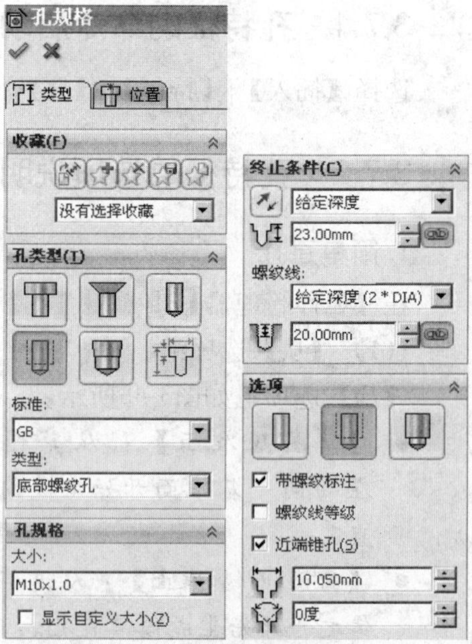

图3-45 【孔规格】的属性设置

1）【孔规格】的属性设置包括以下两个选项卡。

- 【类型】：设置孔类型参数。
- 【位置】：使用尺寸和其他草图绘制工具定位孔中心。

2）【孔规格】选项组。

【孔规格】选项组会根据孔类型而有所不同，孔类型包括【柱孔】、【锥孔】、【孔】、【螺纹孔】、【管螺纹孔】、【旧制孔】。

- 【标准】：选择孔的标准，如【Ansi Metric】或者【JIS】等。
- 【类型】：选择孔的类型，以【Ansi Inch】标准为例，其选项如图3-46所示。【旧制孔】为在SolidWorks 2000版本之前生成的孔，在此不做详述。

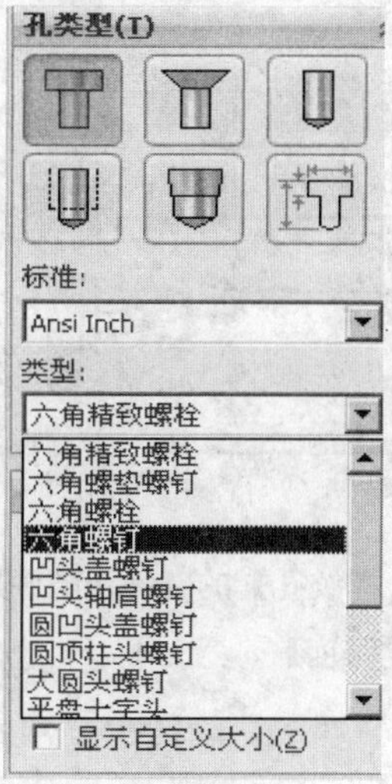

a）柱孔

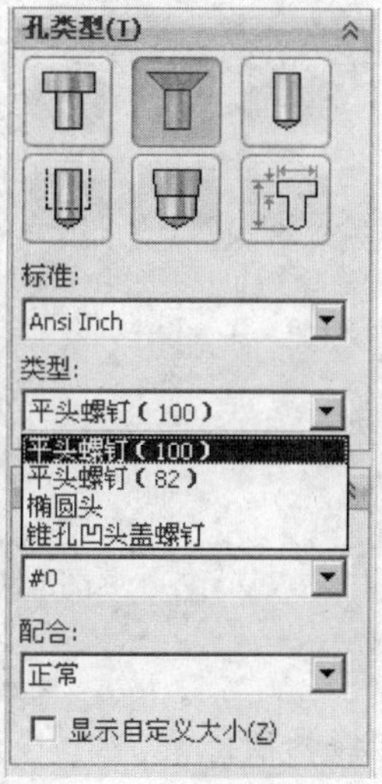

b）锥孔

c）孔

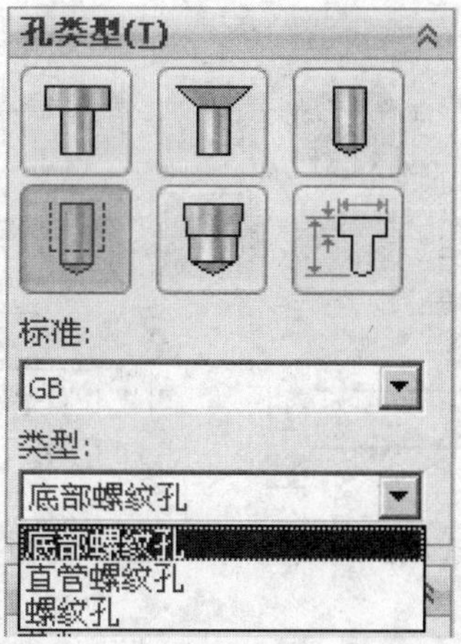

d）螺纹孔

e）管螺纹孔

图3-46 【类型】选项

- 【大小】：为螺纹件选择尺寸大小。
- 【配合】：为扣件选择配合形式，其选项如图3-47所示。

3）【终止条件】选项组如图3-48所示。

【终止条件】选项组中的参数根据孔类型的变化而有所不同。

- 【盲孔深度】：设定孔的深度。对于【螺纹孔】，可以设置【螺纹线类型】和【螺纹线深度】，如图3-49所示；对于【管螺纹孔】，可以设置【螺纹线深

图3-47 【配合】选项

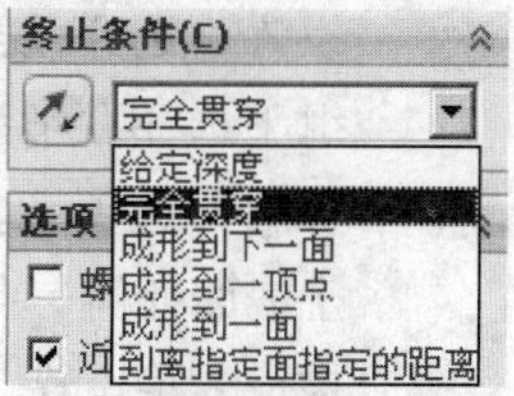

图3-48 【终止条件】选项组中的选项

度】，如图3-50所示。

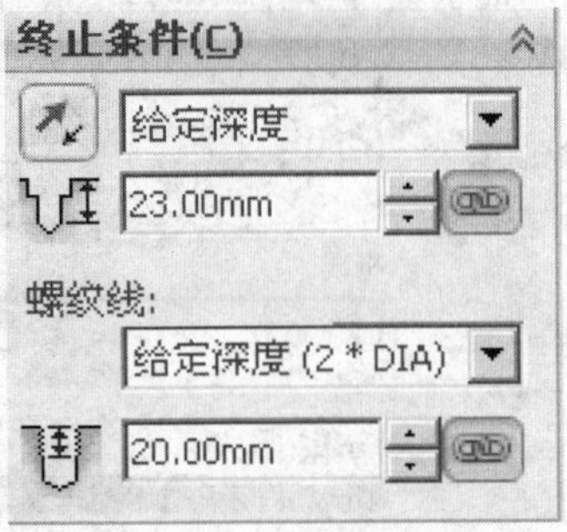

图3-49 设置【螺纹孔】的【终止条件】为【给定深度】

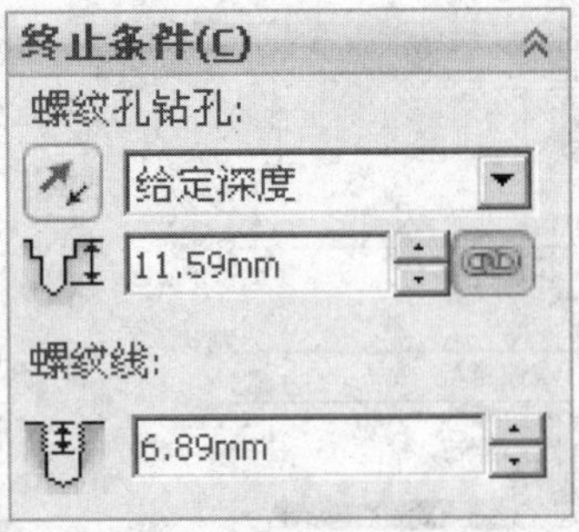

图3-50 设置【管螺纹孔】的【终止条件】为【给定深度】

- 【顶点】：将孔特征延伸到选择的顶点处。
- 【面/曲面/基准面】：将孔特征延伸到选择的面、曲面或者基准面处。
- 【等距距离】：将孔特征延伸到从所选面、曲面或者基准面设置等距距离的平面处。

4）【选项】选项组如图3-51所示。

【选项】选项组包括【带螺纹标注】、【螺纹线等级】、【近端锥孔】、【近端锥孔直径】、【近端锥孔角度】等选项，可以根据孔类型的不同而发生变化。

5）【自定义大小】选项组如图3-52所示。

【自定义大小】选项组会根据孔类型的不同而发生变化。

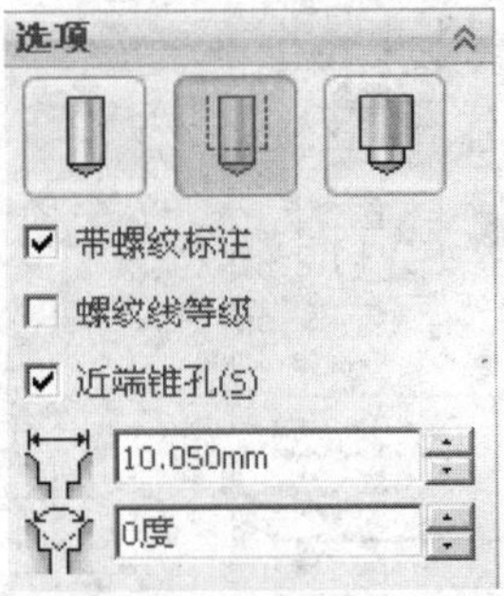

图3-51 【选项】选项组

图3-52 【自定义大小】选项组

3.7.3 孔特征的案例操作

【案例3-7-3】将运用打孔特征功能，在立方体表面任意位置打一个贯通的柱孔。

具体操作步骤如下。

01 打开“3-7-3草图1.SLDPRT”零件图，如图3-53所示。

图3-53 打开草图

02 单击【特征】工具栏中的【异型孔向导】按钮，启动打孔功能，系统弹出【孔规格】的属性设置，选择【类型】选项卡，在【孔类型】选项组下选择孔类型为【柱形沉头孔】。选择【孔位置】选项卡，然后在图形区域中选择圆柱体的上表面任何一点，其他设置如图3-54所示。

03 完成各种设置以后，单击【属性管理器】或者绘图区域中的【确定】按钮，完成孔特征，如图3-55所示。

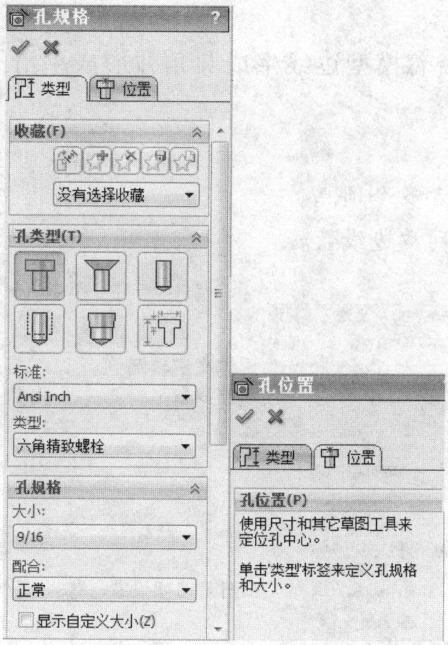

图3-54 【孔】的属性设置

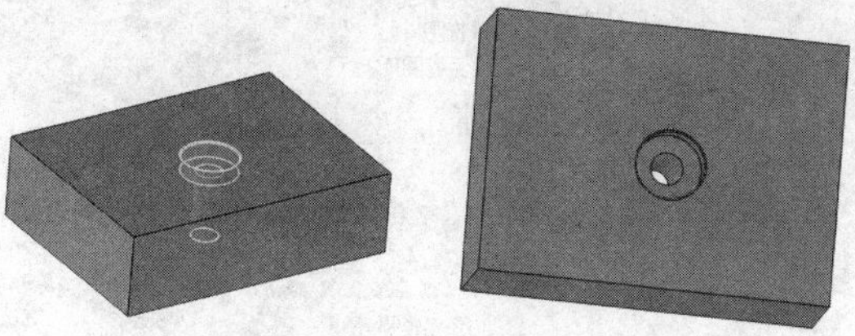

图3-55 孔特征完成

3.8 圆角特征

3.8.1 圆角特征的命令启动

- 单击【特征】工具栏中的【圆角】按钮。
- 选择【插入】|【特征】|【圆角】菜单命令。

3.8.2 圆角特征的选项说明

在【属性管理器】中弹出【圆角】的属性设置。在【手工】模式中，【圆角类型】选项组如图3-56所示。

图3-56 【圆角类型】选项组

1. 等半径

在整个边线上生成具有相同半径的圆角。属性设置如图3-57所示。

1）【圆角项目】选项组包括如下选项。

- 【半径】：设置圆角的半径。
- 【边线、面、特征和环】：在图形区域中选择要进行圆角处理的实体。
- 【多半径圆角】：以不同边线的半径生成圆角。
- 【切线延伸】：将圆角延伸到所有与所选面相切的面。
- 【完整预览】：显示所有边线的圆角预览。
- 【部分预览】：只显示一条边线的圆角预览。

● 【无预览】：可以缩短复杂模型的重建时间。

2）【逆转参数】选项组：在混合曲面之间沿着模型边线生成圆角并形成平滑的过渡。

● 【距离】：在顶点处设置圆角逆转距离。

● 【逆转顶点】：在图形区域中选择一个或者多个顶点。

● 【逆转距离】：以相应的【距离】数值列举边线数。

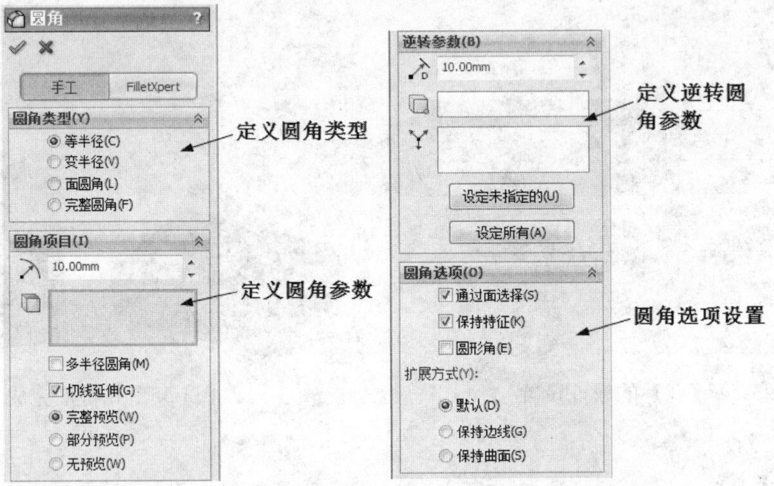

图3-57 单击【等半径】单选按钮后的属性设置

3）【圆角选项】选项组包括如下选项。

● 【通过面选择】：应用通过隐藏边线的面选择边线。

● 【保持特征】：保持切除或者凸台特征使其可见。

● 【圆形角】：生成含圆形角的等半径圆角。

4）【扩展方式】选项组：控制在单一闭合边线上圆角与边线汇合时的方式。

● 【默认】：由应用程序选择【保持边线】或者【保持曲面】选项。

● 【保持边线】：模型边线保持不变，而圆角则进行调整。

● 【保持曲面】：圆角边线调整为连续和平滑，而模型边线更改以与圆角边线匹配。

2. 变半径

生成含可变半径值的圆角，使用控制点帮助定义圆角。单击【变半径】单选按钮，属性设置如图3-58所示。

1）【圆角项目】选项组：该选项组中的五个选项的含义与【等半径】类型的【圆角项目】相应选项的含义相同，在此不做赘述。

2）【变半径参数】选项组包括如下选项。

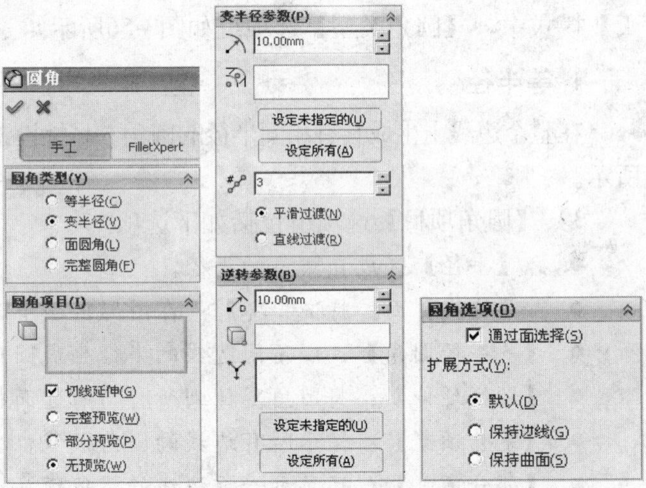

图3-58 单击【变半径】单选按钮后的属性设置

- 【半径】：设置圆角半径。
- 【附加的半径】：列举选择的边线顶点，并列举在图形区域中选择的控制点。
- 【实例数】：设置边线上的控制点数。
- 【平滑过渡】：当一条圆角边线接合于一个邻近面时，圆角半径从某一半径平滑地转换为另一半径。
- 【直线过渡】：圆角半径从某一半径线性转换为另一半径线性，但是不将切边与邻近圆角相匹配。

3. 面圆角

用于混合非相邻、非连续的面。单击【面圆角】单选按钮，属性设置如图3-59所示。

1）【圆角项目】选项组包括如下选项。

- 【半径】：设置圆角半径。
- 【面组1】：在图形区域中选择要混合的第一个面或者第一组面。
- 【面组2】：在图形区域中选择要与【面组1】混合的面。

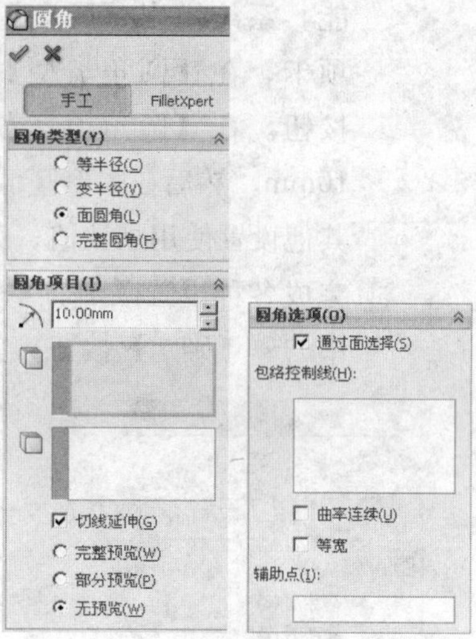

图3-59　单击【面圆角】单选按钮后的属性设置

2）【圆角选项】选项组包括如下选项。

- 【通过面选择】：应用通过隐藏边线的面选择边线。
- 【包络控制线】：圆角的半径由控制线和要圆角化的边线之间的距离来控制。
- 【曲率连续】：解决不连续问题并在相邻曲面之间生成更平滑的曲率。
- 【等宽】：生成等宽的圆角。
- 【辅助点】：在可能不清楚在何处发生面混合时解决模糊选择的问题。

4. 完整圆角

生成相切于三个相邻面组（一个或者多个面相切）的圆角。单击【完整圆角】单选按钮，属性设置如图3-60所示，其【圆角项目】选项组中有以下三个选项。

图3-60　单击【完整圆角】单选按钮后的属性设置

- 【边侧面组1】：选择第一个边侧面。
- 【中央面组】：选择中央面。
- 【边侧面组2】：选择与【边侧面组1】相反的面组。

3.8.3　圆角特征的案例操作

【案例3-8-1】将运用圆角特征功能，在三角形实体一条边线上生成半径为10mm的等半径的圆角特征。

具体操作步骤如下。

01 打开“3-8-1草图1.SLDPRT”零件图，如图3-61所示。

02 单击【特征】工具栏中的【圆角】按钮，启动圆角功能，系统弹出【圆角】的属性设置，选择【手工】选项卡，在【圆角类型】选项组下单击【等半径】单选按钮。在【圆角项目】选项组下输入【半径】值为10mm，然后在图形区域中选择三角形实体上一条边线，其他设置使用默认值，如图3-62所示。

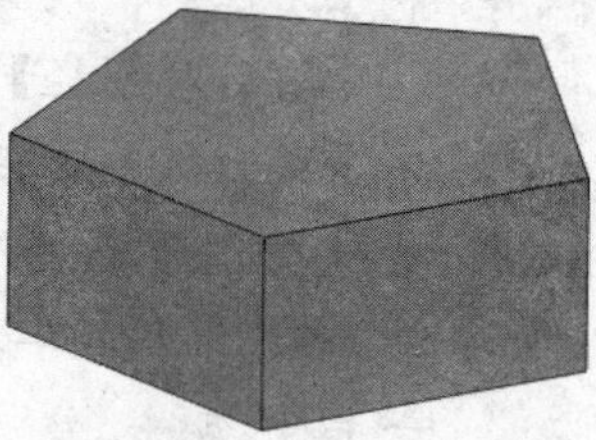

图3-61 打开草图

03 完成各种设置以后，单击【属性管理器】或者绘图区域中的【确定】按钮，完成圆角特征，如图3-63所示。

图3-62 圆角属性设置

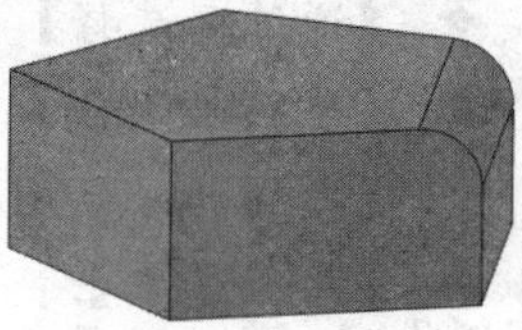

图3-63 圆角特征完成

【案例3-8-2】将运用圆角特征功能，在三角形实体一条边线上生成半径不等的圆角特征。

具体操作步骤如下。

01 打开“3-8-2草图2.SLDPRT”零件图，如图3-64所示。

02 单击【特征】工具栏中的【圆角】按钮，启动圆角功能，系统弹出【圆角】的属性设置，选择【手工】选项卡，在【圆角类型】选项组下单击【变半径】单选按钮，然后在图形区域中选择长方体上一条边线，如图中蓝色边线所示。在【变半径参数】选项组下输入【实例数】值为3，在【附加的半径】中单击各个变半径特征点，然后在【半径】数值框中输入对应点处的半径值，具体半径值如图3-65所示，其他设置使用默认值。

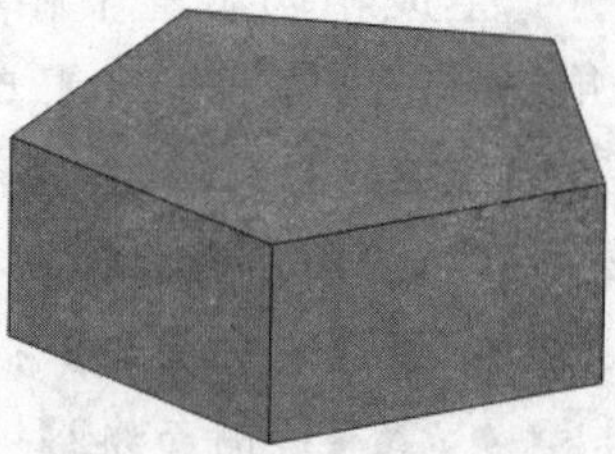

图3-64 打开草图

03 完成各种设置以后，单击【属性管理器】或者绘图区域中的【确定】按钮，完成圆角特征，如图3-66所示。

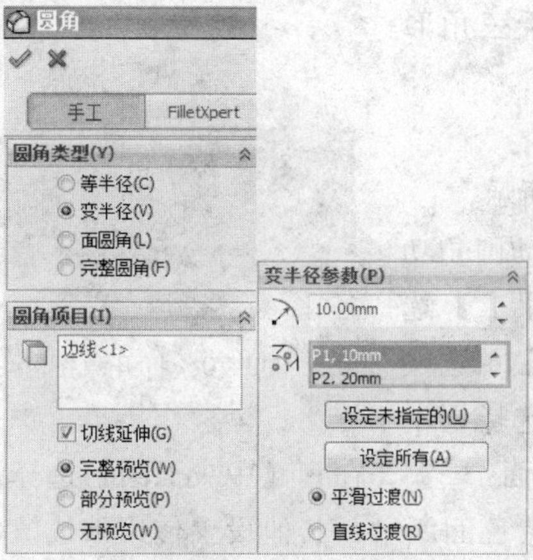

图3-65　圆角属性设置

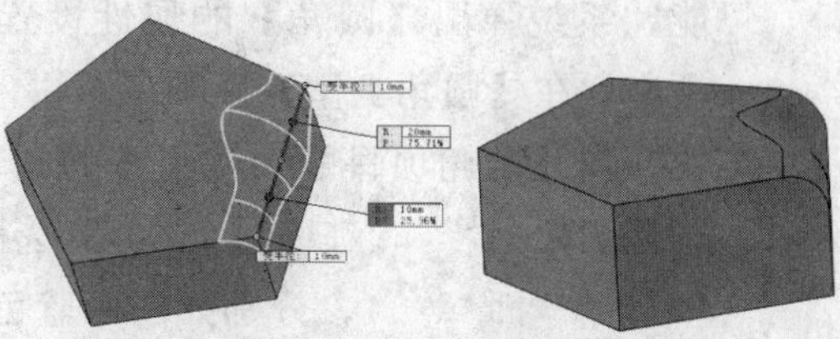

图3-66　圆角特征完成

【案例3-8-3】将运用圆角特征功能，对三角形实体两个面的交线生成半径为10mm的等半径的圆角特征。

具体操作步骤如下。

01 打开“3-8-3草图3.SLDPRT”零件图，如图3-67所示。

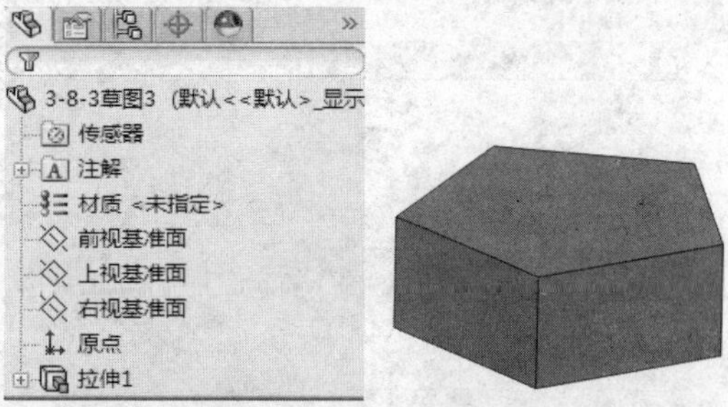

图3-67　打开草图

02 单击【特征】工具栏中的【圆角】按钮，启动圆角功能，系统弹出【圆角】的属性设置，选择【手工】选项卡，在【圆角类型】选项组下单击【面圆角】单选按钮。在【圆角项目】选项组下输入【半径】值为10mm，然后在图形区域中选择三角形实体上相邻的两个面，如图中红色和蓝色面所示，其他设置使用默认值，如图3-68所示。

03 完成各种设置以后，单击【属性管理器】或者绘图区域中的【确定】按钮，完成圆角特征，如图3-69所示。

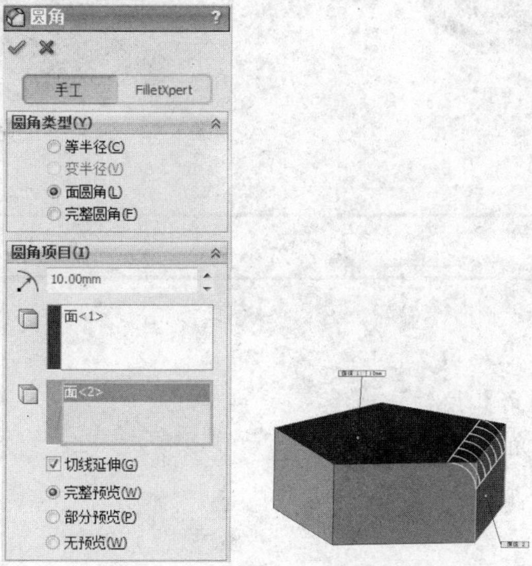

图3-68　【圆角】的属性设置

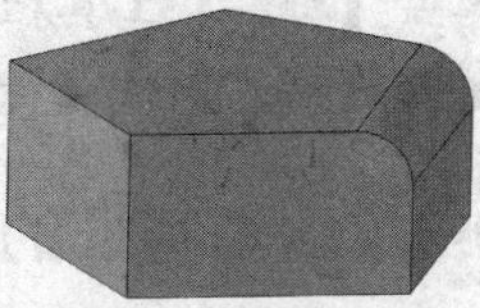

图3-69　圆角特征完成

【案例3-8-4】将运用圆角特征功能，生成相切于三角形实体三个相邻面组的圆角。

具体操作步骤如下。

图3-70　打开草图

01 打开“3-8-4草图4.SLDPRT”零件图，如图3-70所示。

02 单击【特征】工具栏中的【圆角】按钮，启动圆角功能，系统弹出【圆角】的属性设置，选择【手工】选项卡，在【圆角类型】选项下单击【完整圆角】单选按钮。在【圆角项目】选项组下的【面组1】选择框中选择“面<1>”，在【面组2】选框中选择“面<3>”，在【中央面组】选择框中选择“面<2>”，分别如图中蓝色、红色和紫色面所示，其他设置使用默认值，如图3-71所示。

03 完成各种设置以后，单击【属性管理器】或者绘图区域中的【确定】按钮，完成圆角特征，如图3-72所示。

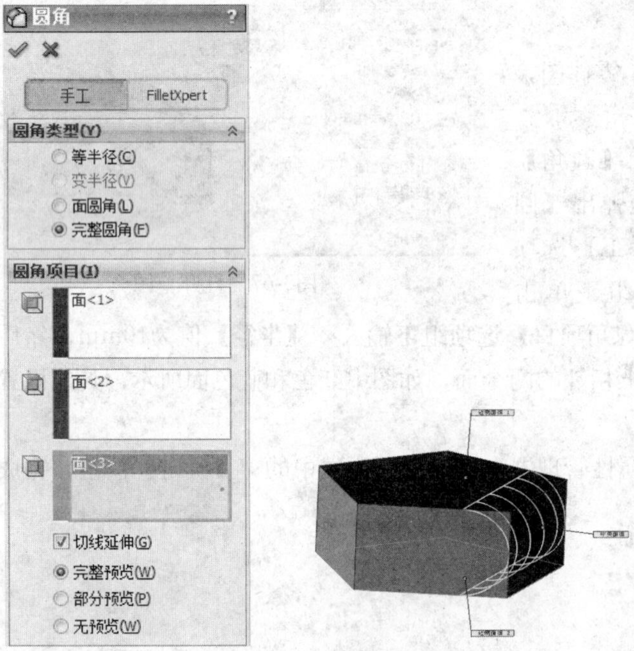

图3-71 【圆角】的属性设置

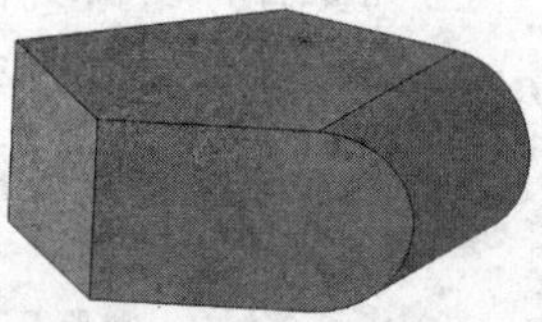

图3-72　圆角特征完成

3.9 倒角特征

3.9.1　倒角特征的命令启动

- 单击【特征】工具栏中的【倒角】按钮。
- 选择【插入】｜【特征】｜【倒角】菜单命令。

3.9.2　倒角特征的选项说明

在【属性管理器】中弹出【倒角】的属性设置，如图3-73所示。

- 【边线和面或顶点】：在图形区域中选择需要倒角的实体。
- 【角度距离】：在所选倒角边线的一侧输入距离值和角度值。
- 【距离-距离】：在所选倒角边线的一侧输入两个距离值。
- 【顶点】：在所选顶点的每侧输入三个距离值，或单击相等距离并指定一个单一数值。
- 【距离】：边线一侧的倒角距离。
- 【角度】：倒角的角度。

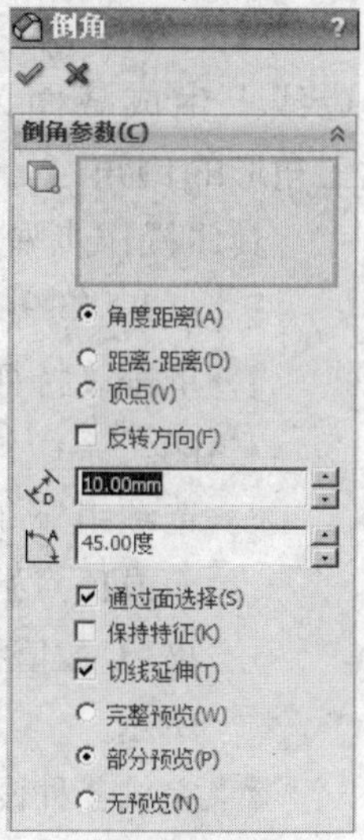

图3-73 【倒角】的属性设置

3.9.3 倒角特征的案例操作

【案例3-9-1】将运用倒角特征功能，在三角形实体一条边线上生成截面为一条直角边为20mm、斜边与这条直角边夹角为45.00度的直角三角形的倒角。

具体操作步骤如下。

01 打开“3-9-1章图1.SLDPRT”零件图，如图3-74所示。

图3-74 打开草图

02 单击【特征】工具栏中的【倒角】按钮，启动倒角功能，系统弹出【倒角】的属性设置。在【倒角参数】选项组下单击选择【角度距离】单选按钮，在（边线和面或顶点）选择框中选择长方体“边线<1>”，如图中蓝色线所示，在【距离】数值框中输入10.00mm，在【角度】数值框中输入45.00度，如图3-75所示。

03 完成各种设置以后，单击【属性管理器】或者绘图区域中的【确定】按钮，完成倒角特征，如图3-76所示。

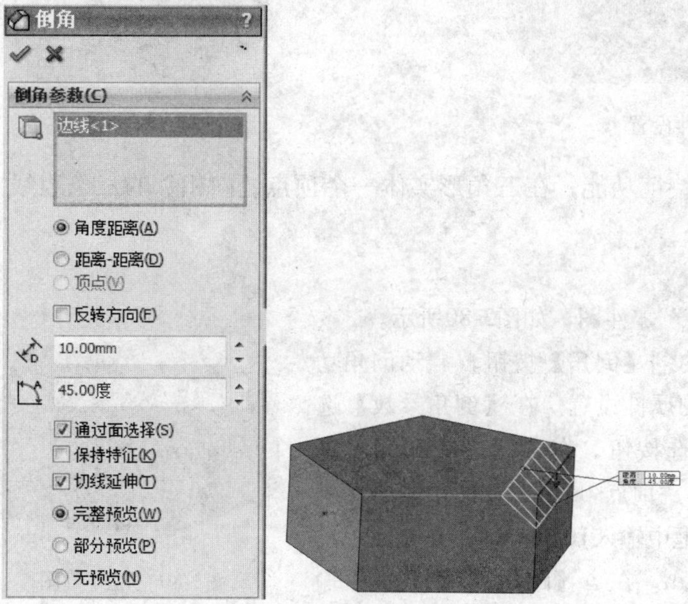

图3-75 【倒角】的属性设置

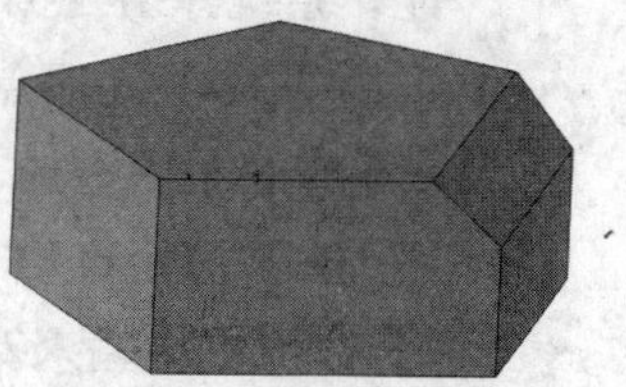

图3-76 倒角特征完成

【案例3-9-2】将运用倒角特征功能，在三角形实体一条边线上生成截面为两个直角边分别为10mm和20mm的直角三角形的倒角。

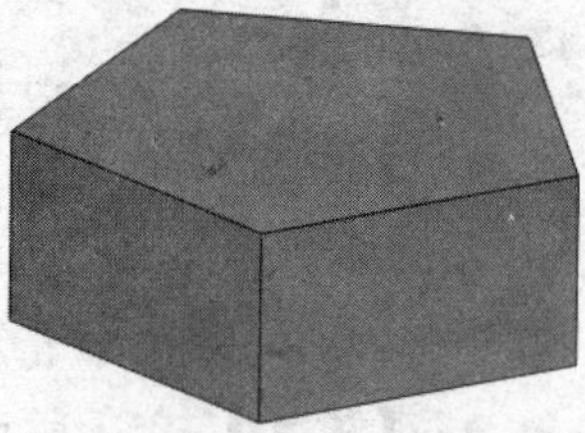

图3-77　打开草图

具体操作步骤如下。

01 打开“3-9-2草图2.SLDPRT”零件图，如图3-77所示。

02 单击【特征】工具栏中的【倒角】按钮，启动倒角功能，系统弹出【倒角】的属性设置。在【倒角参数】选项组下单击【距离-距离】单选按钮，在【边线和面或顶点】选择框中选择长方体“边线<1>”，如图中蓝色线所示，在图标【距离1】数值框中输入5.00mm ，在图标【距离2】数值框中输入10.00mm，如图3-78所示。

03 完成各种设置以后，单击【属性管理器】或者绘图区域中的【确定】按钮，完成倒角特征，如图3-79所示。

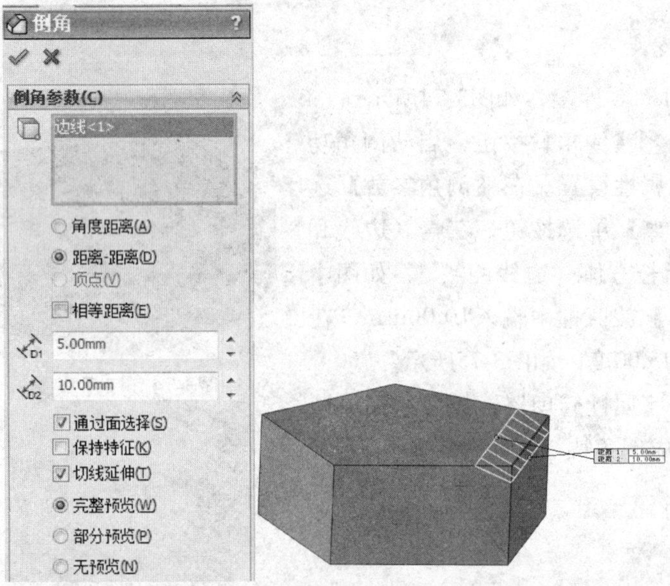

图3-78【倒角】的属性设置

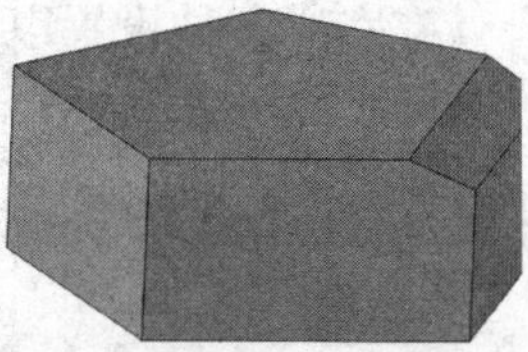

图3-79　倒角特征完成

【案例3-9-3】将运用倒角特征功能，在三角形实体一个顶点处向相邻的三条边线方向生成倒角。

具体操作步骤如下。

01 打开“3-9-3草图.SLDPRT”零件图，如图3-80所示。

02 单击【特征】工具栏中的【倒角】按钮，启动倒角功能，系统弹出【倒角】的属性设置。在【倒角参数】选项组下单击【顶点】单选按钮，在【边线和面或顶点】选择框中选择长方体“顶点<1>”，如图中蓝色点所示。在【距离1】数值框中输入10.00mm ，在【距离2】数值框中输入20.00mm，在【距离3】数值框中输入30.00mm，如图3-81所示。

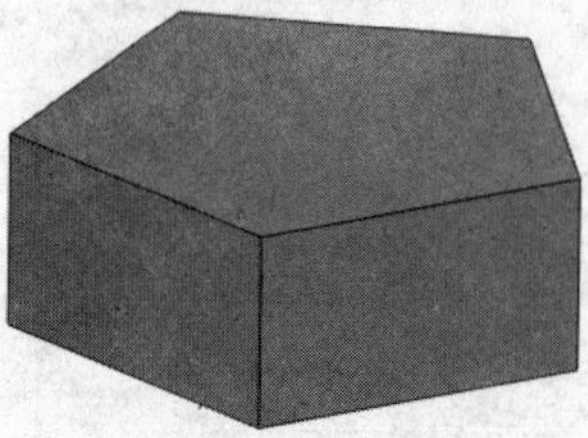

图3-80　打开草图

03 完成各种设置以后，单击【属性管理器】或者绘图区域中的✔【确定】按钮，完成倒角特征，如图3-82所示。

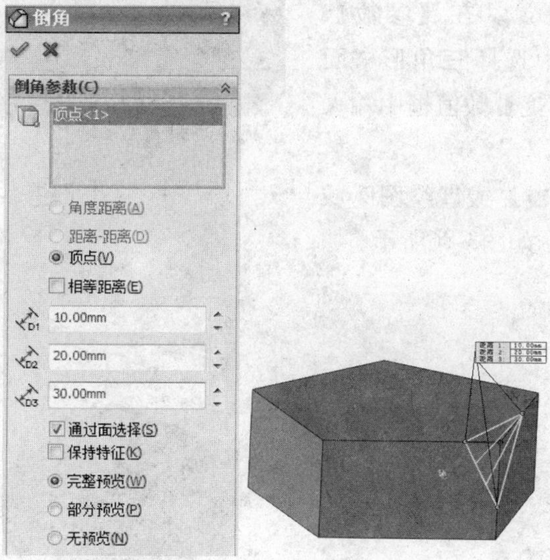

图3-81【倒角】的属性设置

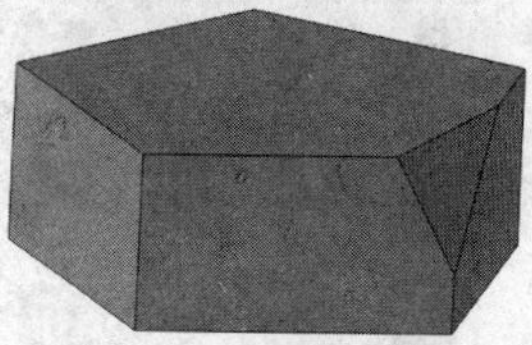

图3-82　倒角特征完成

3.10 抽壳特征

3.10.1　抽壳特征的命令启动

- 单击【特征】工具栏中的【抽壳】按钮。
- 选择【插入】|【特征】|【抽壳】菜单命令。

3.10.2　抽壳特征的选项说明

在【属性管理器】中弹出【抽壳】的属性设置，如图3-83所示。

图3-83【抽壳】的属性设置

1.【参数】选项组

- 【厚度】：设置保留面的厚度。
- 【移除的面】：在图形区域中可以选择一个或者多个面。
- 【壳厚朝外】：增加模型的外部尺寸。
- 【显示预览】：显示抽壳特征的预览。

2.【多厚度设定】选项组

【多厚度面】：在图形区域中选择一个面，为所选面设置【多厚度】数值。

3.10.3　抽壳特征的案例操作

【案例3-10-3】运用抽壳功能将六边形实体抽壳生成一个壁厚为10mm的开放空腔。具体操作步骤如下。

01 打开“3-10-3草图1.SLDPRT”零件图，如图3-84所示。

图3-84 打开草图

02 单击【特征】工具栏中的【抽壳】按钮，启动抽壳功能，系统弹出【抽壳】的属性设置。在【参数】选项组下的【移除的面】选择框中选择三角形“面<1>”，如图中蓝色面所示，在【厚度】数值框中输入10.00mm，如图3-85所示。

03 完成各种设置以后，单击【属性管理器】或者绘图区域中的【确定】按钮，完成抽壳特征，如图3-86所示。

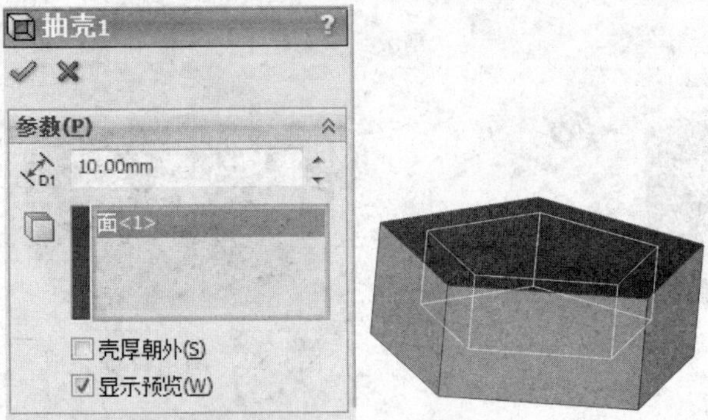

图3-85 【抽壳】的属性设置

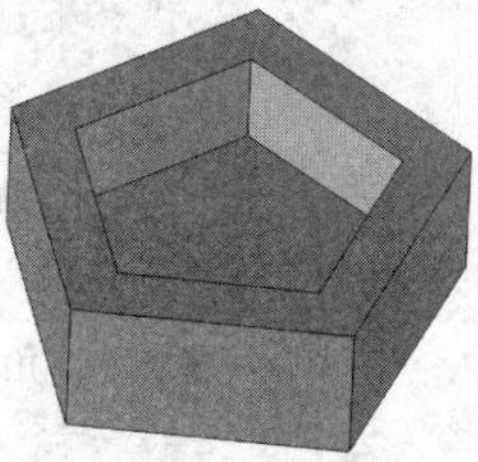

图3-86 抽壳特征完成

3.11 范例

下面应用本章所讲解的知识完成一个模型的范例，最终效果如图3-87所示。

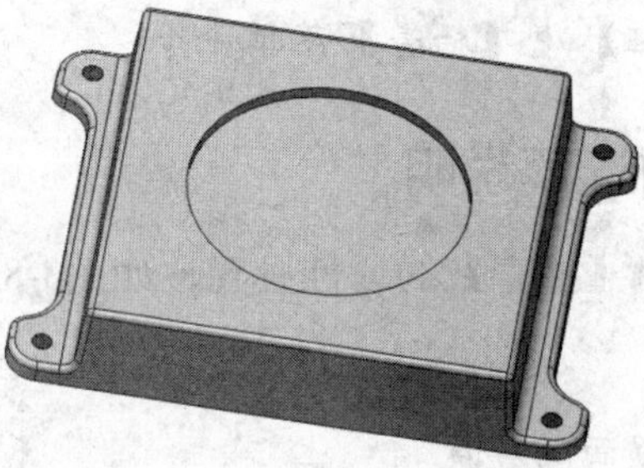

图3-87 模型

主要步骤如下。

1）生成基体部分。

2）生成两侧部分。

3）生成其余部分。

3.11.1 生成基体部分

01 启动中文版SolidWorks 2012，单击【标准】工具栏中的【新建】按钮，弹出【新建SolidWorks文件】对话框，单击【零件】按钮，单击【确定】按钮，如图3-88所示。

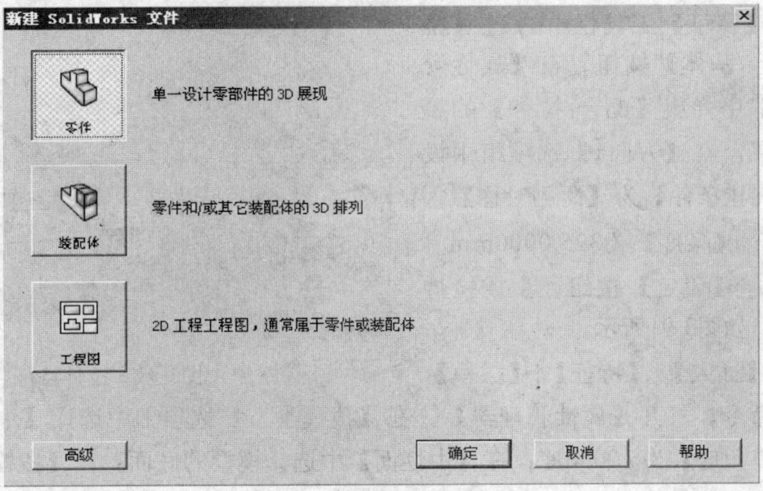

图3-88 新建零件窗体

02 选择【文件】|【另存为】菜单命令，弹出【另存为】对话框，在【文件名】文本框中输入【03】，单击【保存】按钮，如图3-89所示。

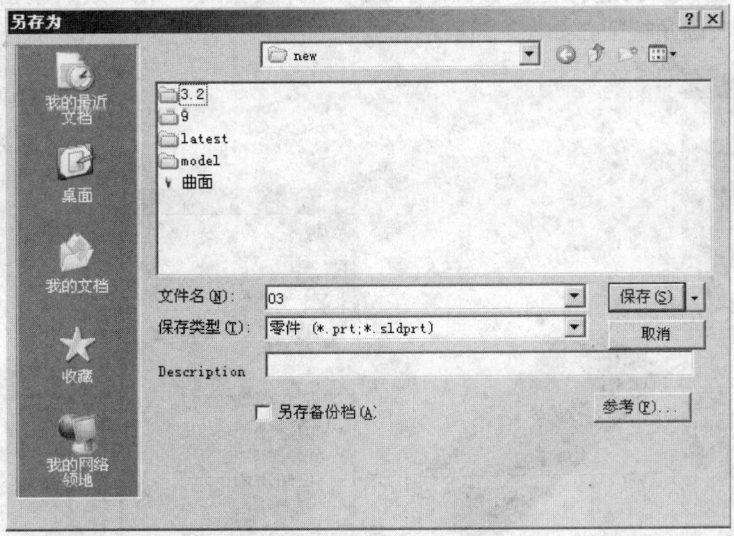

图3-89 【另存为】对话框

03 单击【特征管理器设计树】中的【前视基准面】图标，使其成为草图绘制平面。单击【标准视图】工具栏中的【正视于】按钮，并单击【草图】工具栏中的【草图绘制】按钮，进入草图绘制状态。使用【草图】工具栏中的【直线】、【智能尺寸】按钮绘制如图3-90所示的草图。单击【退出草图】按钮，退出草图绘制状态。

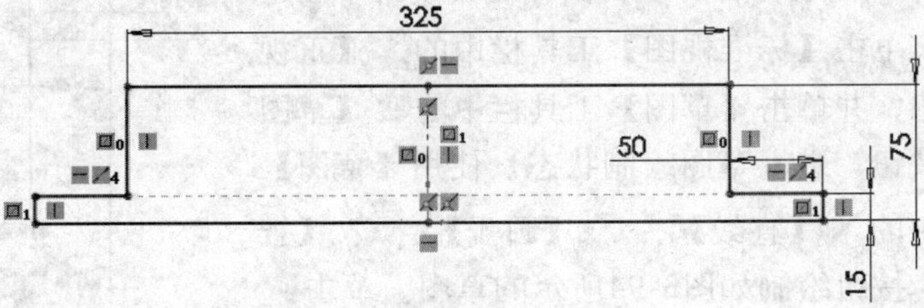

图3-90 绘制草图并标注尺寸

04 单击【特征】工具栏中的【拉伸凸台/基体】按钮，在【属性管理器】中弹出【凸台-拉伸】的属性设置。在【方向1】选项组中设置【终止条件】为【两侧对称】，设置【深度】为325.0000mm，单击【确定】按钮，生成拉伸特征，如图3-91所示。

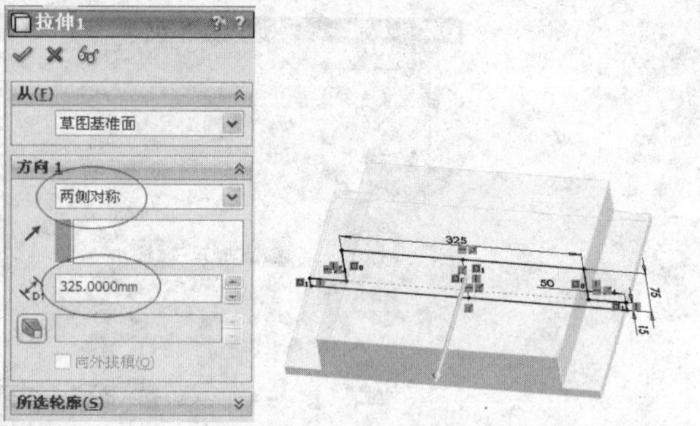

图3-91　拉伸特征

05 选择【插入】|【特征】|【拔模】菜单命令，打开【属性管理器】，在【拔模类型】选项卡中选择【中性面】；设置【拔模角度】为5.0000度；在【中性面】中选择模型的底面；在【拔模面】选择框中选择模型的侧面，如图3-92所示。

06 单击【特征】工具栏中的【圆角】按钮，在【属性管理器】中弹出【圆角】的属性设置。在【圆角项目】选项组中设置【半径】为25.0000mm，单击【边线、面、特征和环】选择框，在图形区域中选择模型的四条边线，单击【确定】按钮，生成圆角特征，如图3-93所示。

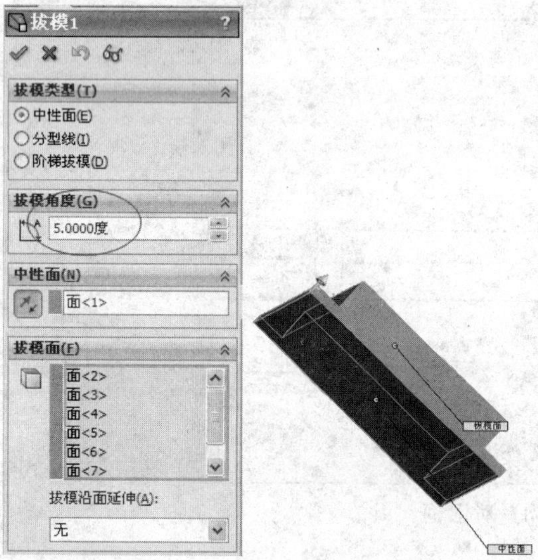

图3-92　拔模特征

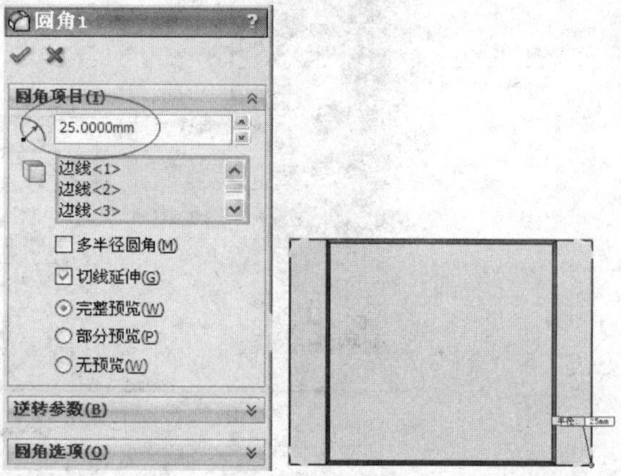

图3-93　生成圆角特征

3.11.2　生成两侧部分

01 单击实体一侧小台阶的上表面，使其成为草图绘制平面。单击【标准视图】工具栏中的【正视于】按钮，并单击【草图】工具栏中的【草图绘制】按钮，进入草图绘制状态。使用【草图】工具栏中的【直线】、【圆弧】、【智能尺寸】按钮绘制如图3-94所示的草图。单击【退出草图】按钮，退出草图绘制状态。

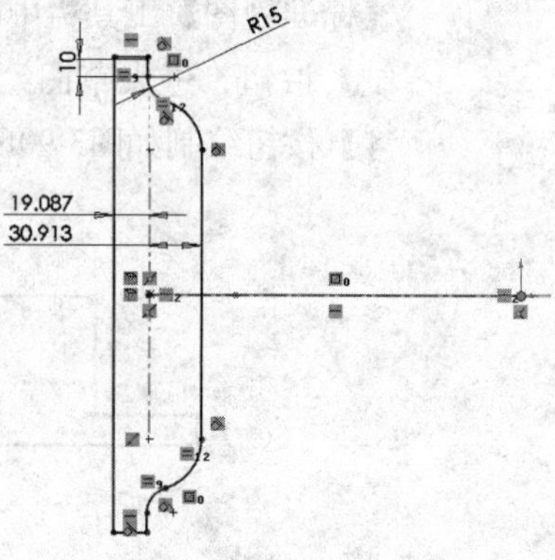

图3-94　绘制草图并标注尺寸

02 单击【特征】工具栏中的【切除-拉伸】按钮，在【属性管理器】中弹出【拉伸】的属性设置。在【方向1】选项组中设置【终止条件】为【完全贯穿】，设置【拔模角度】为5.0000度，单击【确定】按钮，生成拉伸切除特征，如图3-95所示。

03 单击【特征】工具栏中的【镜向】按钮，在【属性管理器】中弹出【镜像】的属性设置。在【镜向面/基准面】选项组中单击【镜向面/基准面】选择框，在绘图区中选择“右视基准面”；在【要镜向的特征】选项组中，在绘图区中选择“拉伸2”特征，单击【确定】按钮，生成镜像特征，如图3-96所示。

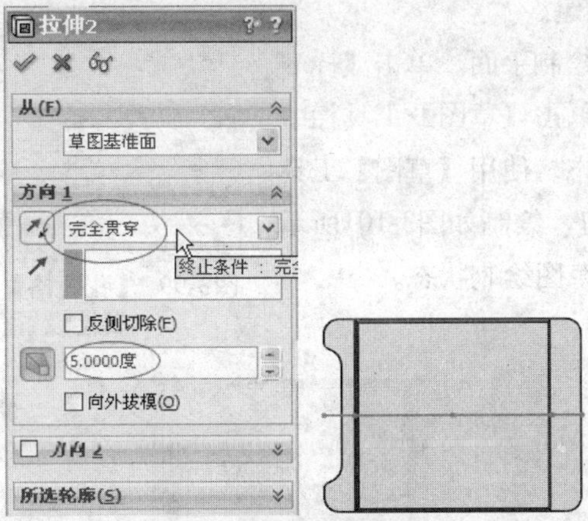

图3-95 拉伸切除特征

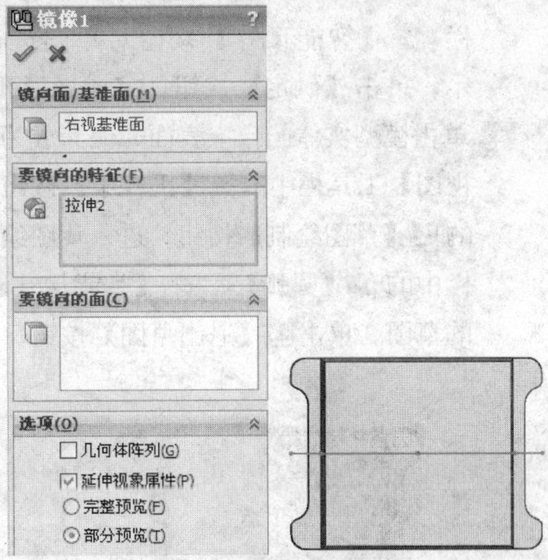

图3-96 生成镜像特征

04 单击【特征】工具栏中的【圆角】按钮，在【属性管理器】中弹出【圆角】的属性设置。在【圆角项目】选项组中设置【半径】为10.0000mm，单击【边线、面、特征和环】选择框，在图形区域中选择模型的两条边线，单击【确定】按钮，生成圆角特征，如图3-97所示。

05 单击【特征】工具栏中的【圆角】按钮，在【属性管理器】中弹出【圆角】的属性设置。在【圆角项目】选项组中设置【半径】为5.0000mm，单击【边线、面、特征和环】选择框，在图形区域中选择模型的上缘所有边线，单击【确定】按钮，生成圆角特征，如图3-98所示。

图3-97 生成圆角特征

图3-98 生成圆角特征

3.11.3 生成其余部分

01 选择【插入】|【特征】|【孔】|【向导】菜单命令，打开【属性管理器】，在【类型】选项卡中选择【柱孔】，在【标准】中选择“Ansi Metric”，在【类型】中选择“钻孔大小”，在【大小】中选择“Ø15.0”，如图3-99所示。

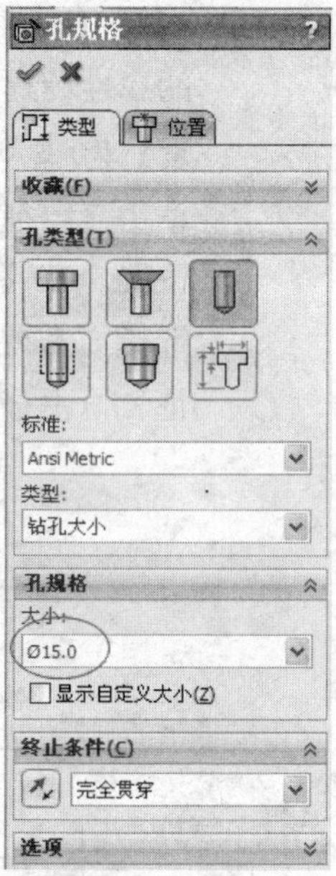

图3-99 【孔规格】的属性设置

02 单击【位置】选项卡，在绘图区中模型的上表面准备打孔的位置单击四个点，将产生四个异形孔的预览，利用【草图】工具栏【智能尺寸】按钮对草图进行标注尺寸，如图3-100所示，单击【确定】按钮，完成异形孔的创建。

03 单击模型实体凸台上表面，使其成为草图绘制平面。单击【标准视图】工具栏中的【正视于】按钮，并单击【草图】工具栏中的【草图绘制】按钮，进入草图绘制状态。使用【草图】工具栏中的【圆弧】、【智能尺寸】按钮，绘制如图3-101所示的草图。单击【退出草图】按钮，退出草图绘制状态。

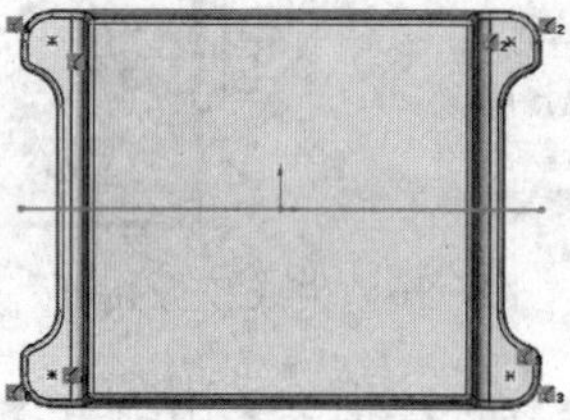
图3-100 生成异形孔

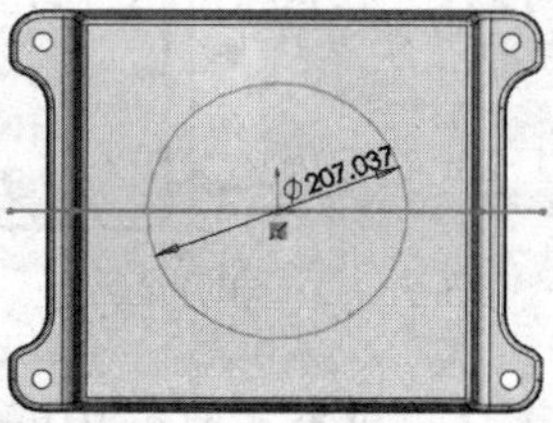

图3-101 绘制草图并标注尺寸

04 单击【特征】工具栏中的【切除-拉伸】按钮，在【属性管理器】中弹出【切除-拉伸】的属性设置。在【方向1】选项组中设置【终止条件】为【给定深度】，设置【深度】为10.0000mm，单击【确定】按钮，生成拉伸切除特征，如图3-102所示。

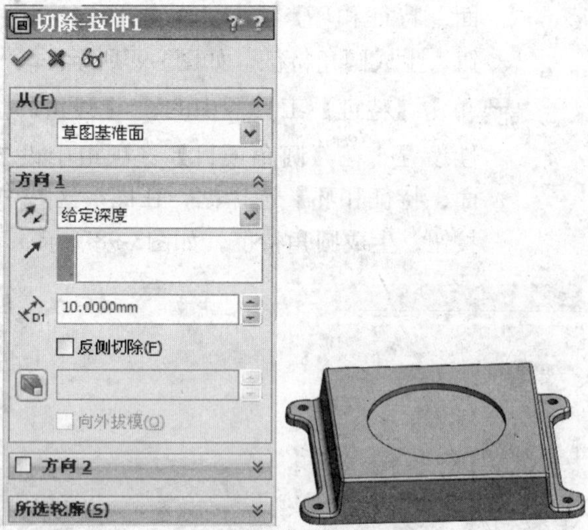

图3-102 拉伸切除特征

05 选择【插入】|【特征】|【孔】|【向导】菜单命令，打开【属性管理器】，在【类型】选项卡中选择【柱孔】，在【标准】中选择“Ansi Metric”，在【类型】中选择“钻孔大小”，在【大小】中选择“Ø15.0”，如图3-103所示。

06 单击【位置】选项卡，在绘图区中模型的下表面需要打孔的位置单击四个点，将产生四个异形孔的预览，利用【草图】工具栏【智能尺寸】按钮对草图进行标注尺寸，如图3-104所示，单击【确定】按钮，完成异形孔的创建。

07 单击【特征】工具栏中的【圆角】按钮，在【属性管理器】中弹出【圆角】的属性设置。在【圆角项目】选项组中设置【半径】为5.0000mm，单击【边线、面、特征和环】选择框，在图形区域中选择模型下表面柱孔的四条轮廓边线，单击【确定】按钮，生成圆角特征，如图3-105所示。

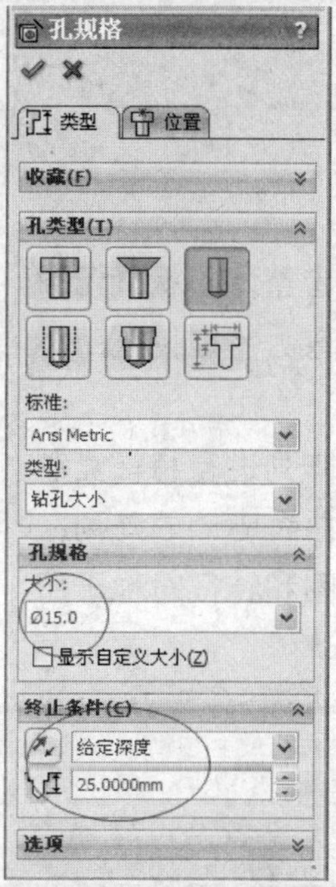

图3-103 【孔规格】的属性设置

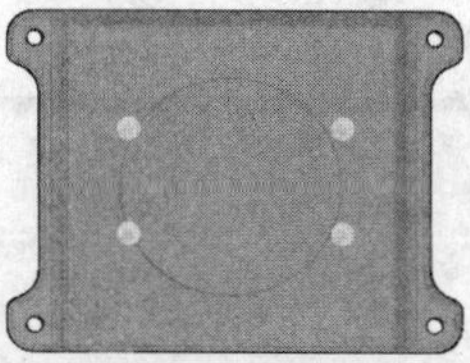

图3-104 生成异形孔

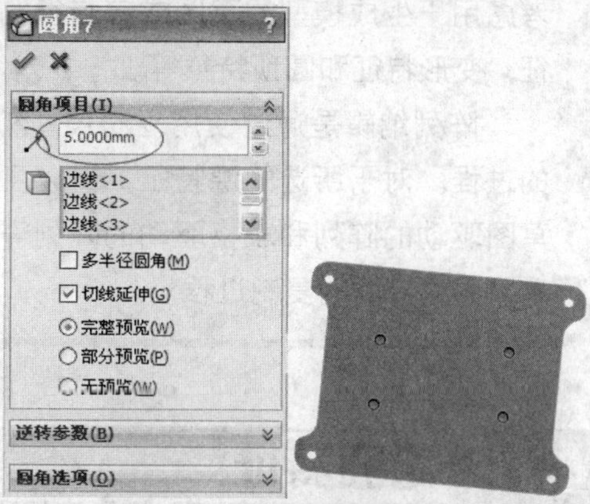

图3-105 生成圆角特征

3.12 本章小结

拉伸特征是将草图沿某一方向进行拉伸操作；拉伸切除特征是将草图沿某一方向进行拉伸切除操作；旋转特征是将草图沿某一轴线进行旋转操作；扫描特征和放样特征都可以生成表面复杂的模型。扫描特征通过沿着一条路径移动草图轮廓生成基体、凸台、切除或者曲面；放样特征与扫描特征的区别在于放样特征至少需要两个或者更多封闭的草图轮廓，而且所有的草图轮廓不必都处于平行的面上；筋特征生成相当于机械零件中的加强筋，孔特征可以在模型表面生成直孔。灵活使用这些特征，对建立机械零件模型非常有用。

3.13 思考题

1）拉伸切除特征中的反侧切除是什么意思？
2）旋转特征中的薄壁是何含义？
3）扫描特征中的路径草图是否能自交叉？
4）放样特征中的轮廓能否是特征的表面？
5）如何制作螺钉孔？

第4章 高级特征建模

本章导读

零件高级特征建模可以改变复杂曲面和实体模型的局部或者整体形状，无须考虑用于生成模型的草图或者特征约束，其应用到的特征包括弯曲特征、压凹特征、变形特征和圆顶特征等。

阵列编辑是通过使用驱动尺寸和将增量进行更改并指定给阵列进行特征复制的过程。对于所选的源特征，可以生成线性阵列、圆周阵列、曲线驱动的阵列、草图驱动的阵列和表格驱动的阵列等。镜像编辑是将所选的草图和特征对称于所选平面或者面的复制过程。

4.1 弯曲特征

弯曲特征以直观的方式对复杂的模型进行变形。

4.1.1 弯曲特征的命令启动

选择【插入】|【特征】|【弯曲】菜单命令。

4.1.2 弯曲特征的属性设置

1. 折弯

在【弯曲输入】选项组中单击【折弯】单选按钮，属性设置如图4-1所示。

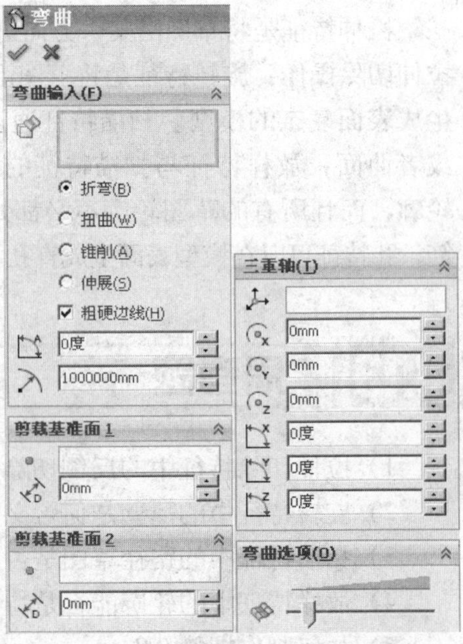

图4-1 单击【折弯】单选按钮

(1) 【弯曲输入】选项组

- 【粗硬边线】：生成如圆锥面、圆柱面以及平面等的分析曲面，通常会形成剪裁基准面与实体相交的分割面。
- 【角度】：设置折弯角度。
- 【半径】：设置折弯半径。

(2) 【剪裁基准面1】选项组

- 【为剪裁基准面1选择一参考实体】：将剪裁基准面1的原点锁定到模型上的所

选点。

- 【基准面1剪裁距离】：沿三重轴的剪裁基准面轴（蓝色Z轴），从实体的外部界限移动到剪裁基准面上的距离。

（3）【剪裁基准面2】选项组

【剪裁基准面2】选项组的属性设置与【剪裁基准面1】选项组基本相同，在此不做详述。

（4）【三重轴】选项组

- 【为枢轴三重轴参考选择一坐标系特征】：将三重轴的位置和方向锁定到坐标系上。
- 【X旋转原点】、【Y旋转原点】、【Z旋转原点】：沿指定轴移动三重轴位置（相对于三重轴的默认位置）。
- 【X旋转角度】、【Y旋转角度】、【Z旋转角度】：此角度表示围绕零部件坐标系的旋转角度，且按照z、y、x顺序进行旋转。

（5）【弯曲选项】选项组

【弯曲精度】：控制曲面品质，提高品质还将会提高弯曲特征的成功率。

2. 扭曲

在【弯曲输入】选项组中单击【扭曲】单选按钮，属性设置如图4-2所示。

【角度】：设置扭曲的角度。

其他选项组的属性设置不做详述。

3. 锥削

在【弯曲输入】选项组中单击【锥削】单选按钮，属性设置如图4-3所示。

【锥剃因子】：设置锥削量。

其他选项组的属性设置不做详述。

4. 伸展

在【弯曲输入】选项组中单击【伸展】单选按钮，属性设置如图4-4所示。

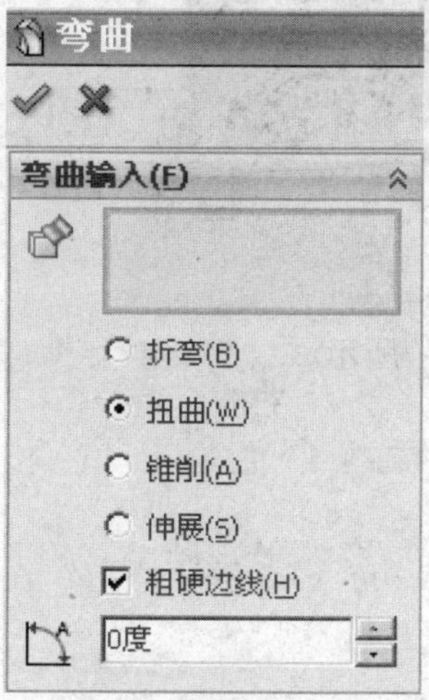

图4-2　单击【扭曲】单选按钮

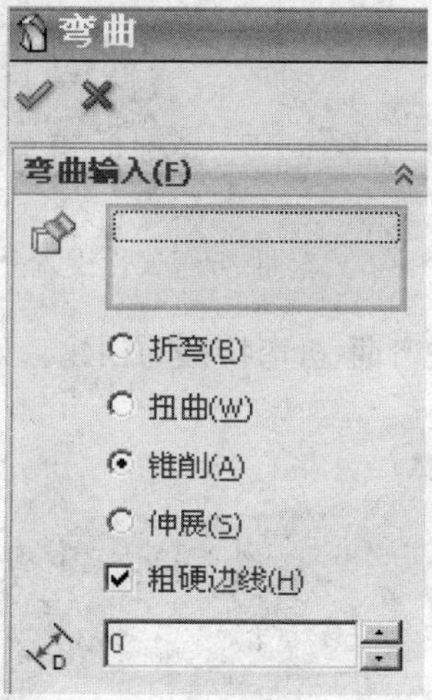

图4-3　单击【锥削】单选按钮

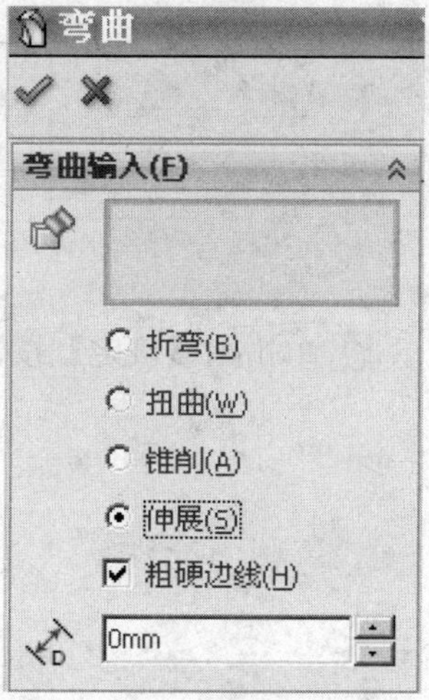

图4-4　单击【伸展】单选按钮

【伸展距离】：设置伸展量。

其他选项组的属性设置不做详述。

4.1.3 生成弯曲特征的案例操作

【案例4-1-3】通过将一个实体零件绕一折弯轴折弯实现创建复杂的曲面形状。

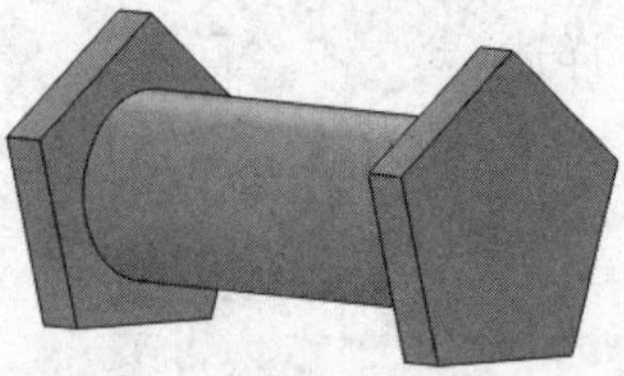

图4-5 打开草图

具体操作步骤如下。

01 打开“4-1-3草图1.SLDPRT”零件图，如图4-5所示。

02 单击【特征】工具栏中的【弯曲】按钮或执行【插入】|【特征】|【弯曲】命令，系统弹出【弯曲】的属性设置。

03 设置弯曲属性参数。在【弯曲输入】选项组中的【弯曲的实体】选择框中选择整个实体模型，单击【折弯】单选按钮，在【角度】文本框中输入30度，选中【粗硬边线】复选框。在【剪裁基准面1】和【剪裁基准面2】选项组中的【基准面剪裁距离】文本框中都输入0。在【三重轴】选项组中的【Z旋转角度】文本框中输入270度，其余文本框都输入0。如图4-6所示。

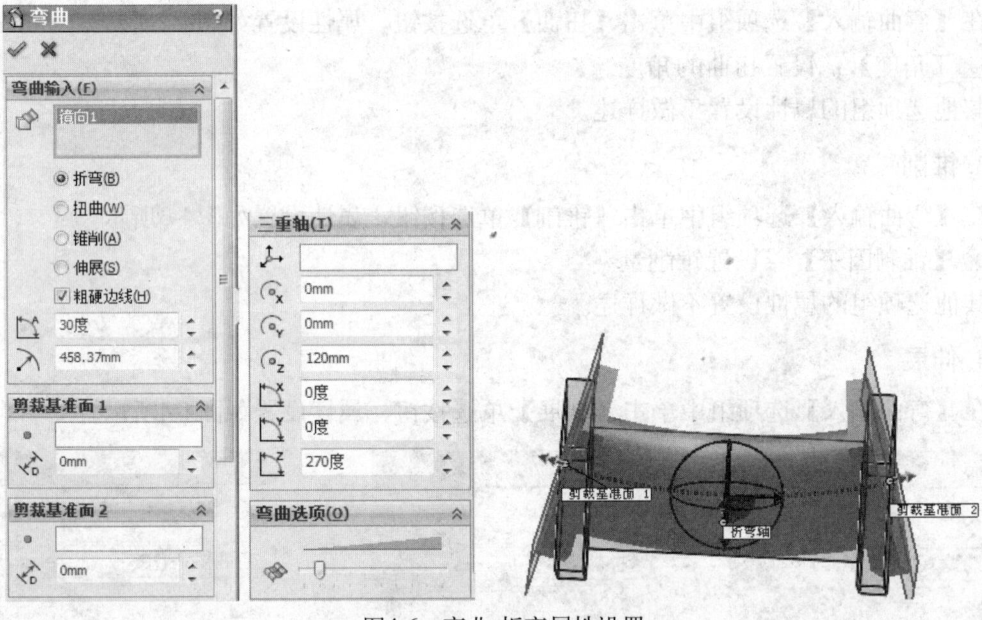

图4-6 弯曲-折弯属性设置

04 单击【确定】按钮，完成弯曲-折弯特征的创建，如图4-7所示。

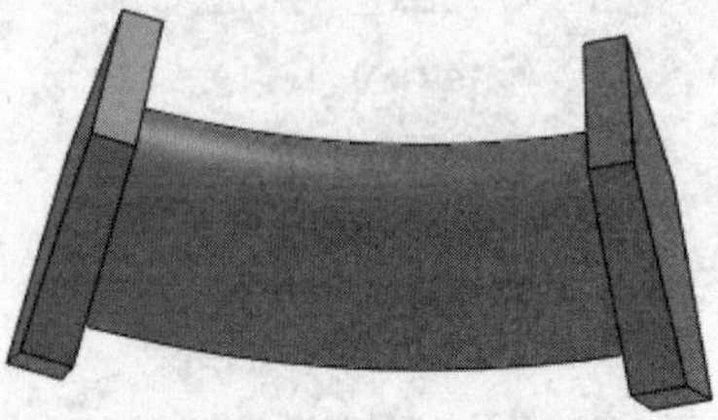

图4-7 创建弯曲-折弯特征

4.2 压凹特征

压凹特征是通过使用厚度和间隙而生成的特征。根据所选实体类型，指定目标实体和工具实体之间的间隙数值，并为压凹特征指定厚度数值。

4.2.1 压凹特征的命令启动

选择【插入】|【特征】|【压凹】菜单命令。

4.2.2 压凹特征的属性设置

在【属性管理器】中弹出【压凹】的属性设置，如图4-8所示。

(1) 【选择】选项组

- 【目标实体】：选择要压凹的实体或者曲面实体。
- 【保留选择】、【移除选择】：选择要保留或者移除的模型边界。
- 【切除】：单击此单选按钮，则移除目标实体的交叉区域。
- 【工具实体区域】：选择一个或者多个实体。

(2) 【参数】选项组

- 【厚度】（仅限实体）：确定压凹特征的厚度。
- 【间隙】：确定目标实体和工具实体之间的间隙。

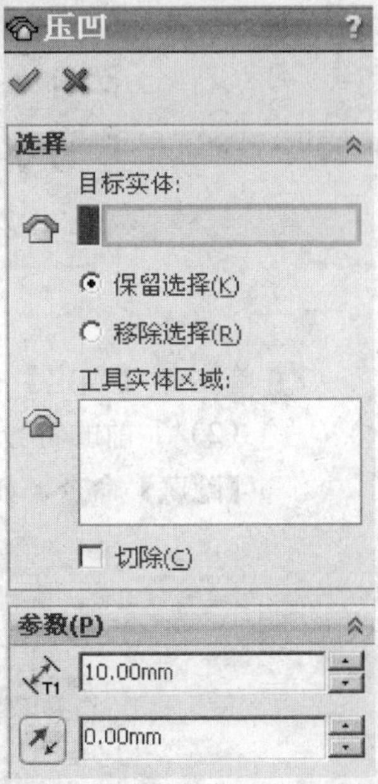

图4-8 【压凹】的属性设置

4.2.3 生成压凹特征的案例操作

【案例4-2-3】在目标实体上生成与所选工具实体的轮廓非常接近的等距凸起特征。具体操作步骤如下。

01 打开“4-2-3草图.SLDPRT”零件图，如图4-9所示。

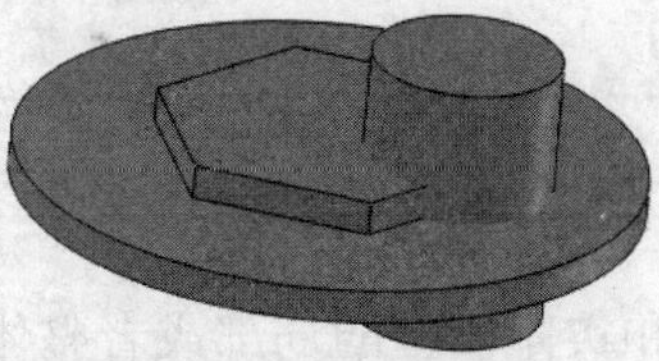

图4-9 打开草图

02 单击【特征】工具栏中的【压凹】按钮或执行【插入】|【特征】|【压凹】命令，系统弹出【压凹】的属性设置。

03 在【选择】选项组中的【目标实体】选择框中选择实体为目标实体，在【工具实体区域】选择框中选择实体为工具实体，同时单击【移除选择】单选按钮。在【参数】选项组中的【厚度】文本框中输入10.00mm，其他属性设置如图4-10所示。

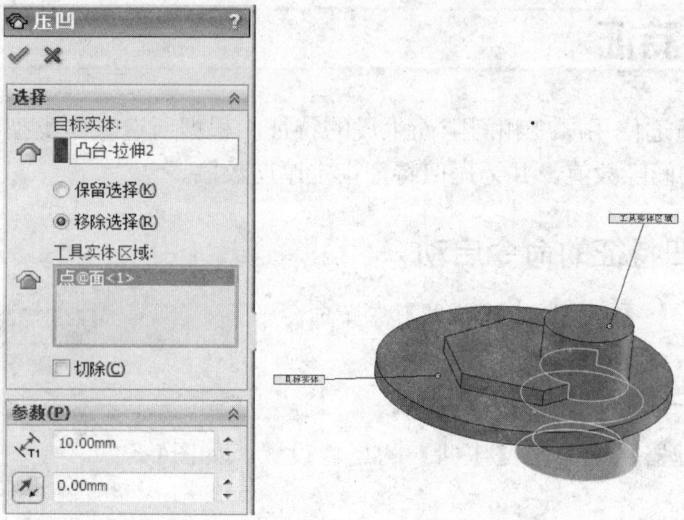

图4-10 【压凹】的属性设置

04 单击✔【确定】按钮，完成压凹特征的创建。在【管理器设计树】中单击“实体（2）”前的符号，展开实体，右击“凸台-拉伸3”特征，从弹出的快捷菜单中选择【隐藏】命令，如图4-11所示。

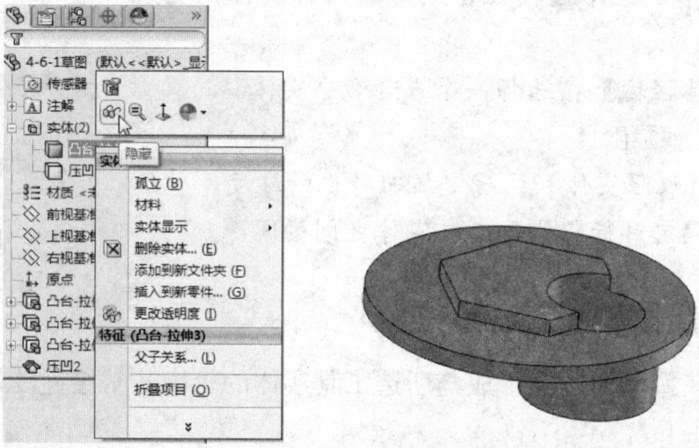

图4-11 创建压凹特征

4.3 变形特征

变形特征是改变复杂曲面和实体模型的局部或者整体形状，无须考虑用于生成模型的草图或者特征约束。

4.3.1 变形特征的命令启动

变形有三种类型，包括【点】、【曲线到曲线】和【曲面推进】。

1. 点

点变形是改变复杂形状最简单的方法。选择模型面、曲面、边线、顶点上的点，或者选择空间中的点，然后设置用于控制变形的距离和球形半径数值。

选择【插入】|【特征】|【变形】菜单命令，在【属性管理器】中弹出【变形】的属性设置。在【变形类型】选项组中单击【点】单选按钮，其属性设置如图4-12所示。

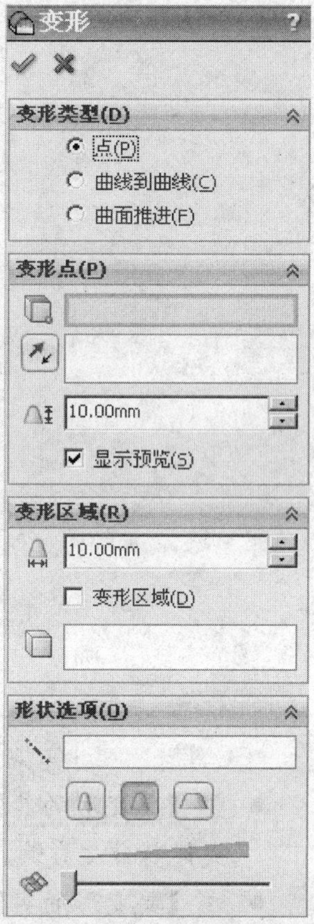

图4-12　单击【点】单选按钮后的属性设置

（1）【变形点】选项组

- 【变形点】：设置变形的中心，可以选择平面、边线、顶点上的点或者空间中的点。
- 【变形方向】：选择线性边线、草图直线、平面、基准面或者两个点作为变形方向。
- 【变形距离】：指定变形的距离（即点位移）。
- 【显示预览】：使用线框视图或者上色视图预览结果。

（2）【变形区域】选项组

- 【变形半径】：更改通过变形点的球状半径数值。
- 【变形区域】：选择此复选框，可以激活【固定曲线/边线/面】和【要变形的其他面】选项，如图4-13所示。
- 【要变形的实体】：在使用空间中的点时，允许选择多个实体或者一个实体。

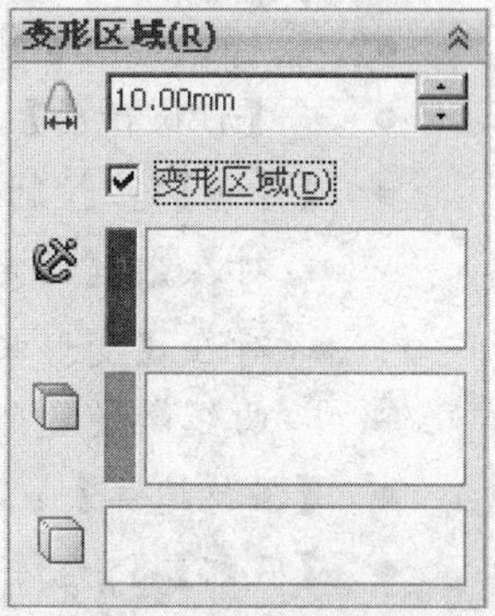

图4-13　选择【变形区域】复选框

（3）【形状选项】选项组

- 【变形轴】：通过生成平行于一条线性边线或者草图直线的折弯轴以控制变形形状。
- 、、【刚度】：控制变形过程中变形形状的刚性。刚度有三种层次，即【刚度－最小】、【刚度－中等】、【刚度－最大】。
- 【形状精度】：控制曲面品质。

2. 曲线到曲线

曲线到曲线变形是改变复杂形状更为精确的方法。通过将几何体从初始曲线映射到目标曲线组而完成。

在【变形类型】选项组中单击【曲线到曲线】单选按钮，属性设置如图4-14所示。

1）【变形曲线】选项组

- 【初始曲线】：设置变形特征的初始曲线。
- 【目标曲线】：设置变形特征的目标曲线。
- 【组[n]】（*n*为组的标号）：允许添加、删除以及循环选择组以进行修改。
- 【显示预览】：使用线框视图或者上色视图预览结果。

2）【变形区域】选项组

- 【固定的边线】：防止所选曲线、边线或者面被移动。
- 【统一】：在变形操作过程中保持原始形状的特性。
- 【固定曲线/边线/面】：防止所选曲线、边线或者面被变形和移动。
- 如果【初始曲线】位于闭合轮廓内，则变形将受此轮廓约束。
- 如果【初始曲线】位于闭合轮廓外，则轮廓内的点将不会变形。

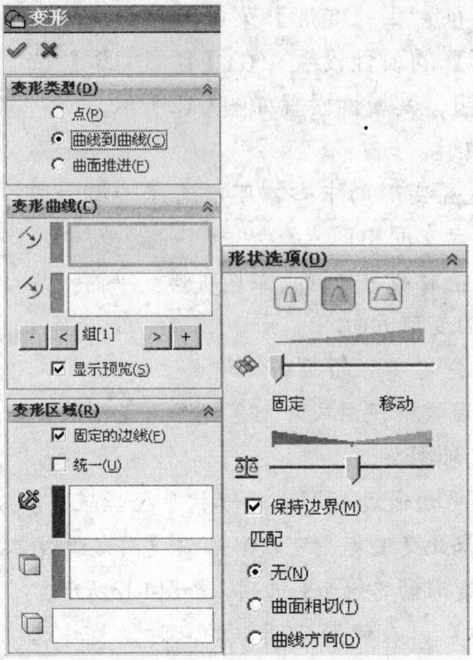

图4-14 单击【曲线到曲线】单选按钮后的属性设置

- 【要变形的其他面】：允许添加要变形的特定面，如果未选择任何面，则整个实体将会受影响。
- 【要变形的实体】：如果【初始曲线】不是实体面或者曲面中草图曲线的一部分，则使用此选项。

3）【形状选项】选项组

- 、、【刚度】：控制变形过程中变形形状的刚性。
- 【形状精度】：控制曲面品质。
- 【重量】：控制下面两个影响系数。
  - 对在【固定曲线/边线/面】中指定的实体衡量变形。
  - 对在【变形曲线】选项组中指定为【初始曲线】和【目标曲线】的边线和曲线衡量变形。
- 【保持边界】：确保所选边界作为【固定曲线/边线/面】是固定的。
- 【匹配】：允许应用这些条件，将变形曲面或者面匹配到目标曲面或者面边线。
  - 【无】：不应用匹配条件。
  - 【曲面相切】：使用平滑过渡匹配面和曲面的目标边线。
  - 【曲线方向】：使用【目标曲线】的法线形成变形。

3. 曲面推进

曲面推进变形通过使用工具实体的曲面推进目标实体的曲面以改变其形状。目标实体曲面近似于工具实体曲面，但在变形前后每个目标曲面之间保持一对一的对应关系。

在【变形类型】选项组中单击【曲面推进】单选按钮，属性设置如图4-15所示。

（1）【推进方向】选项组

- 【变形方向】：设置推进变形的方向。

- 【显示预览】：使用线框视图或者上色视图预览结果。

（2）【变形区域】选项组

- 【要变形的其他面】：允许添加要变形的特定面，仅变形所选面。
- 【要变形的实体】：即目标实体，决定要被工具实体变形的实体。
- 【要推进的工具实体】：设置对【要变形的实体】进行变形的工具实体。【要推进的工具实体】的选项如图4-16所示。

图4-15　单击【曲面推进】单选按钮后的属性设置

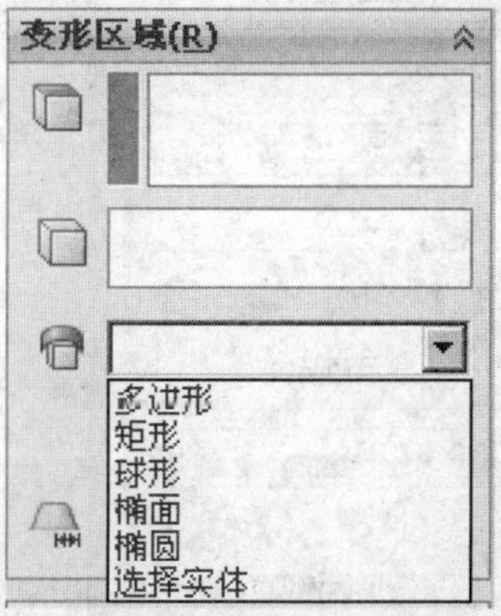

图4-16　【要推进的工具实体】选项

- 【变形误差】：为工具实体与目标面或者实体的相交处指定圆角半径数值。

（3）【工具实体位置】选项组

以下选项允许通过输入正确的数值重新定位工具实体，此方法比使用三重轴更精确。

- 【Delta X】、【Delta Y】、【Delta Z】：沿*x*、*y*、*z*轴移动工具实体的距离。
- 【X旋转角度】、【Y旋转角度】、【Z旋转角度】：围绕*x*、*y*、*z*轴以及旋转原点旋转工具实体的旋转角度。
- 【X旋转原点】、【Y旋转原点】、【Z旋转原点】：定位由图形区域中三重轴表示的旋转中心。

4.3.2　生成变形特征的案例操作

【案例4-3-2】选择模型面、曲面、边线或顶点上的一点，或选择空间中的一点，然后选择用于控制变形的距离和球形半径，实现改变复杂曲面或实体模型的局部或整体形状。

具体操作步骤如下。

01 打开“4-3-2章图1.SLDPRT”零件图，如图4-17所示。

02 单击【特征】工具栏中的【变形】按钮或执行【插入】|【特征】|【变形】命令，系统弹出【变形】的

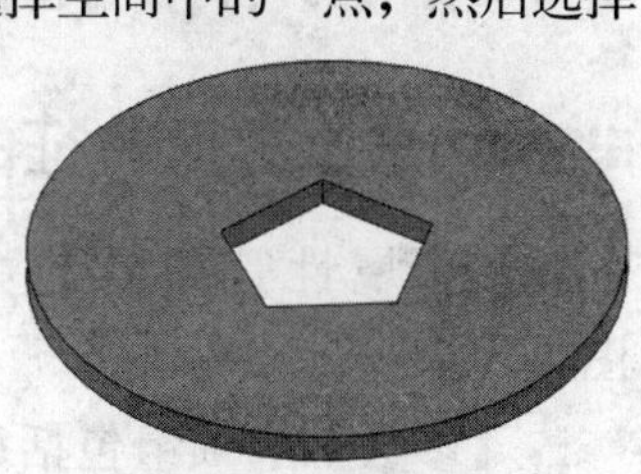

图4-17　打开草图

属性设置。

03 设置变形属性参数，在【变形类型】选项组中单击【点】单选按钮。在【变形点】选项组中单击【变形点】选择框，然后选择图形区域中模型上表面中的一点。在【变形方向】选择框中选择模型竖直方向的一条边线。在【变形距离】文本框中输入15.00mm。在【变形区域】选项组中单击【要变形的实体】选择框，然后选择整个模型实体，在【变形半径】文本框中输入80.00mm，如图4-18所示。

04 单击【确定】按钮，完成变形-点特征的创建，如图4-19所示。

图4-18　变形-点属性设置

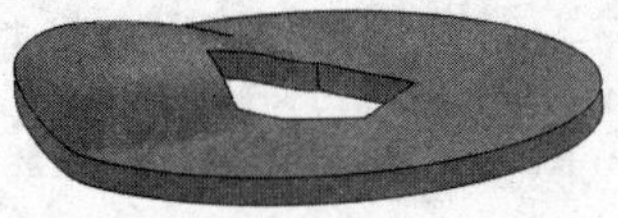

图4-19　创建变形-点特征

4.4 圆顶特征

圆顶特征可以在同一模型上同时生成一个或者多个圆顶。

4.4.1 圆顶特征的命令启动

选择【插入】|【特征】|【圆顶】菜单命令。

4.4.2 圆顶特征的属性设置

在【属性管理器】中弹出【圆顶】的属性设置，如图4-20所示。

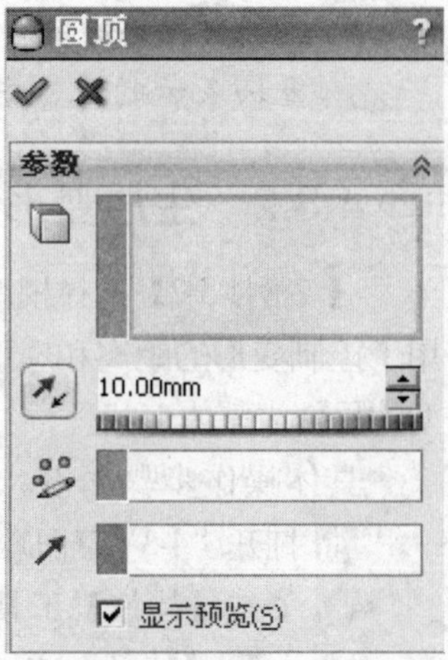

图4-20　【圆顶】的属性设置

【参数】选项组包括如下选项。

- 【到圆顶的面】：选择一个或者多个平面或者非平面。

- 【距离】：设置圆顶扩展的距离。
- 【反向】：单击该按钮，可以生成凹陷圆顶（默认为凸起）。
- 【约束点或草图】：选择一个点或者草图，通过对其形状进行约束以控制圆顶。当使用一个草图为约束时，【距离】不可用。
- 【方向】：从图形区域选择方向向量以垂直于面以外的方向拉伸圆顶。

4.4.3 生成圆顶特征的案例操作

【案例4-4-3】添加一个圆顶特征到所选平面上。

具体操作步骤如下。

01 打开“4-4-3草图.SLDPRT”零件图，如图4-21所示。

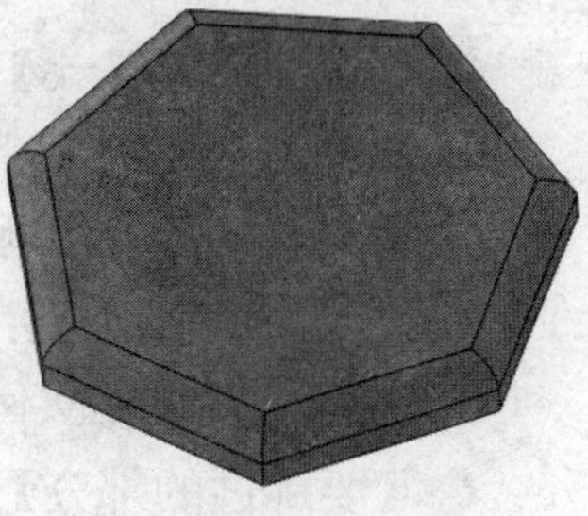

图4-21 打开草图

02 单击【特征】工具栏中的【圆顶】按钮或执行【插入】|【特征】|【圆顶】命令，系统弹出【圆顶】的属性设置。

03 在【参数】选项组中单击【到圆顶的面】选择框，然后选择模型实体的上表面和圆角面，在【距离】文本框中输入15.00mm，其他属性设置如图4-22所示。

04 单击【确定】按钮，完成圆顶特征的创建，如图4-23所示。

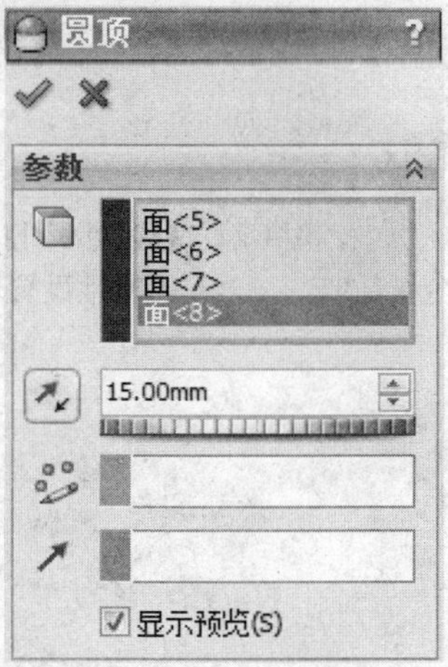

图4-22 【圆顶】的属性设置

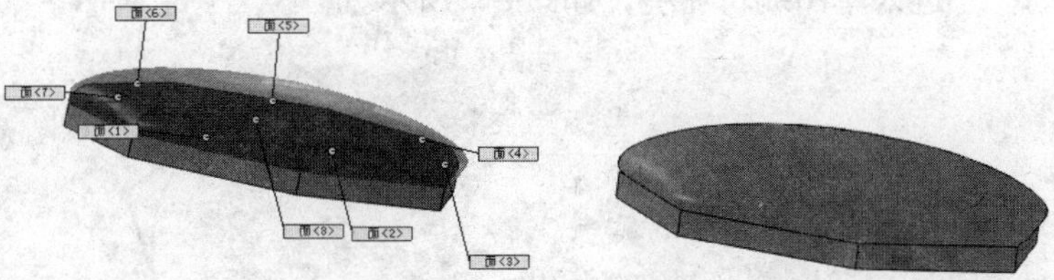

图4-23 创建圆顶特征

4.5 草图阵列

4.5.1 草图线性阵列

1. 草图线性阵列的命令启动

选择【工具】|【草图工具】|【线性阵列】菜单命令。

2. 草图线性阵列的属性设置

在【属性管理器】中弹出【线性阵列】的属性设置，如图4-24所示。

(1) 【方向1】、【方向2】选项组

【方向1】选项组显示了沿x轴线性阵列的特征参数；【方向2】选项组显示了沿y轴线性阵列的特征参数。

- 【反向】：可以改变线性阵列的排列方向。
- 、【间距】：线性阵列x、y轴相邻两个特征参数之间的距离。
- 【添加间距尺寸】：形成线性阵列后，在草图上自动标注特征尺寸。
- 【数量】：经过线性阵列后草图最后形成的总个数。
- 、【角度】：线性阵列的方向与x、y轴之间的夹角。

(2) 【可跳过的实例】选项组

【要跳过的部分】：生成线性阵列时跳过在图形区域中选择的阵列实例。

其他属性设置不做详述。

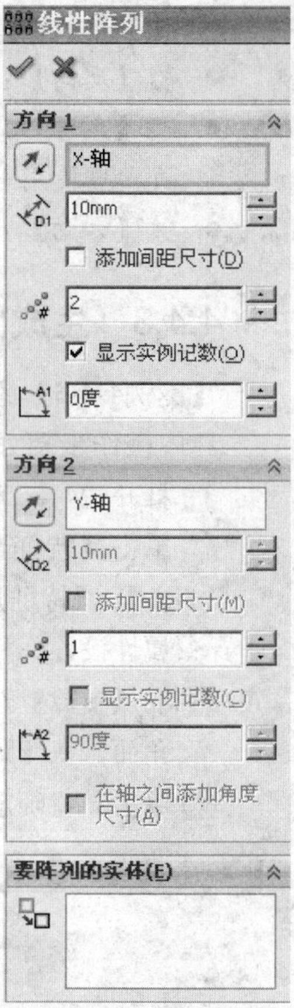

图4-24 【线性阵列】的属性设置

3. 生成草图线性阵列的案例操作

【案例4-5-1】在已经存在的草图基础上，将草图以线性排列方式进行复制，使原草图产生多个副本。

具体操作步骤如下。

01 打开“4-5-1草图.SLDPRT”零件图，移动鼠标指针到绘图区域选择“草图1”轮廓，或者在【特征管理树】中选中“草图1”右击，在弹出的快捷菜单中选择【编辑草图】命令，进入草图编辑环境，如图4-25所示。

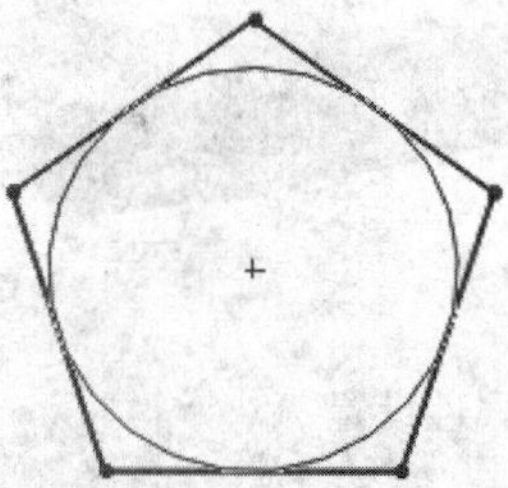

图4-25 打开草图

02 单击【草图】工具栏中的【线性草图阵列】按钮或执行【工具】|【草图工具】|【线性草图阵列】命令，系统弹出【线性阵列】的属性设置。

03 设置线性草图阵列属性参数。在【方向1】选项组下的【方向1】选择框中选择【X-轴】，在【间距】文本框中输入70mm，在【数量】文本框中输入3，在【角度】文本框中输入0度。在【方向2】选项组中的【方向2】选择框中选择【Y-轴】，在【间距）文本框中输入70mm，在【数量】文本框中输入3，在【角度】文本框中输入90度。在【要阵列的实体】选项组下的【要阵列的实体】选择框中选择图形区域中的草图。如图4-26所示。

04 单击【确定】按钮，完成草图线性阵列特征的创建，如图4-27所示。

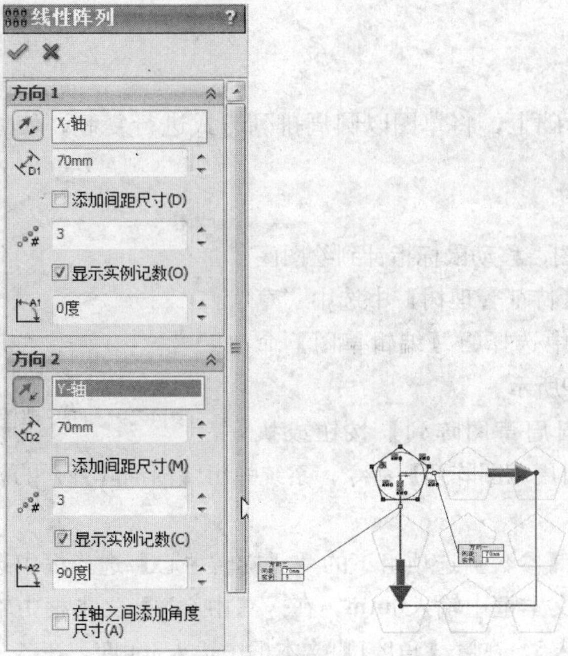

图4-26　草图线性阵列属性设置

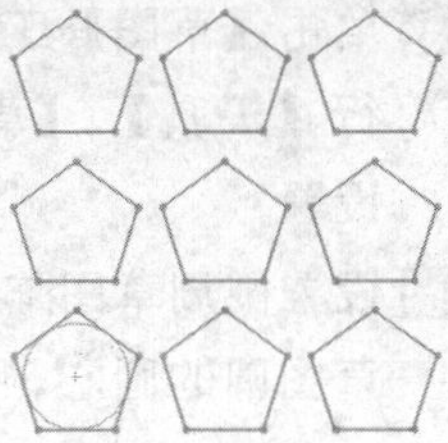
图4-27　创建草图线性阵列特征

4.5.2　草图圆周阵列

1. 草图圆周阵列的命令启动

选择【工具】｜【草图工具】｜【圆周阵列】菜单命令。

2. 草图圆周阵列的属性设置

在【属性管理器】中弹出【圆周阵列】的属性设置，如图4-28所示。

(1)【参数】选项组

- 【反向旋转】：草图圆周阵列围绕原点旋转的方向。
- 【中心X】：草图圆周阵列旋转中心的横坐标。
- 【中心Y】：草图圆周阵列旋转中心的纵坐标。
- 【数量】：经过圆周阵列后草图最后形成的总个数。
- 【半径】：圆周阵列的旋转半径。
- 【圆弧角度】：圆周阵列旋转中心与要阵列的草图重心之间的夹角。
- 【等间距】：圆周阵列中草图之间的夹角是相等的。
- 【添加间距尺寸】：形成圆周阵列后，在草图上自动标注出特征尺寸。

(2)【可跳过的实例】选项组

【要跳过的部分】：生成圆周阵列时跳过在图形区域中选择的阵列实例。

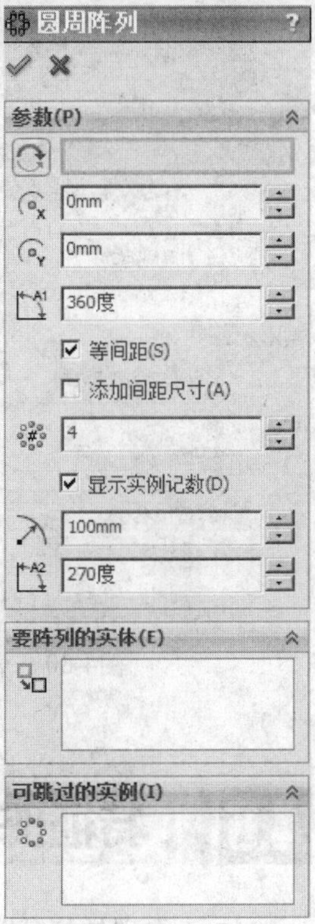

图4-28　【圆周阵列】的属性设置

其他属性设置不做述。

3. 生成草图圆周阵列的案例操作

【案例4-5-2】在已经存在的草图基础上，将草图以圆周排列方式进行复制，使原草图产生多个副本。

具体操作步骤如下。

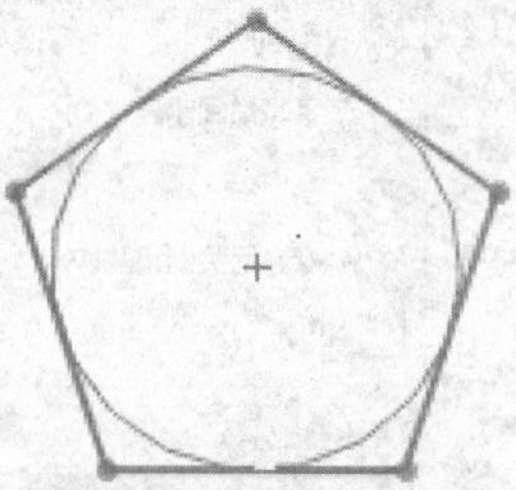

图4-29　打开草图

01 打开“4-5-2草图.SLDPRT”零件图，移动鼠标指针到绘图区域选择“草图1”轮廓，或者在【特征管理树】中选中“草图1”右击，在弹出的快捷菜单中选择【编辑草图】命令，进入草图编辑环境，如图4-29所示。

02 单击【草图】工具栏中的【圆周草图阵列】按钮或执行【工具】|【草图工具】|【圆周草图阵列】命令，系统弹出【圆周阵列】的属性设置。

03 设置圆周草图阵列属性参数。在【参数】选项组下的【旋转中心】选择框中选择草图圆的圆心，在【中心X】文本框中输入0mm，在【中心Y】文本框中输入0mm，在【数量】文本框中输入5，在【角度1】文本框中输入360度，在【角度2】文本框中输入358.32度。在【要阵列的实体】选项组下的【要阵列的实体】选择框中选择图形区域中的草图，如图4-30所示。

04 单击【确定】按钮，完成草图圆周阵列特征的创建，如图4-31所示。

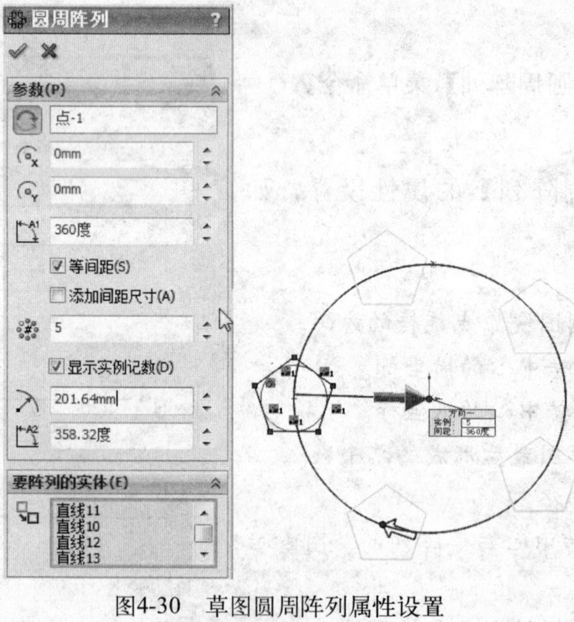

图4-30　草图圆周阵列属性设置

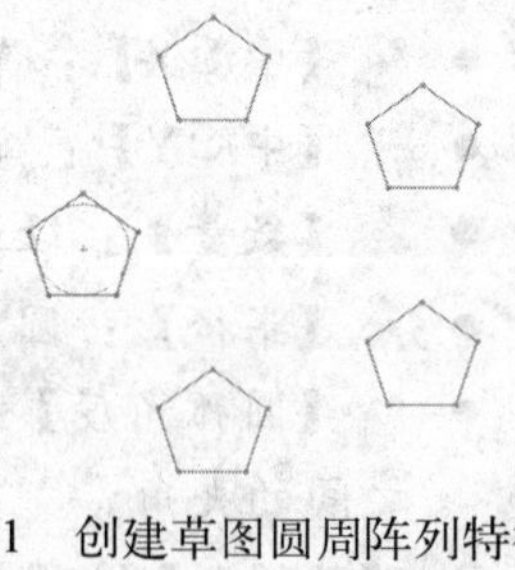

图4-31　创建草图圆周阵列特征

4.6 特征阵列

特征阵列包括线性阵列、圆周阵列、表格驱动的阵列、草图驱动的阵列和曲线驱动的阵列等。选择【插入】|【阵列/镜向】菜单命令，弹出特征阵列的菜单，如图4-32所示。

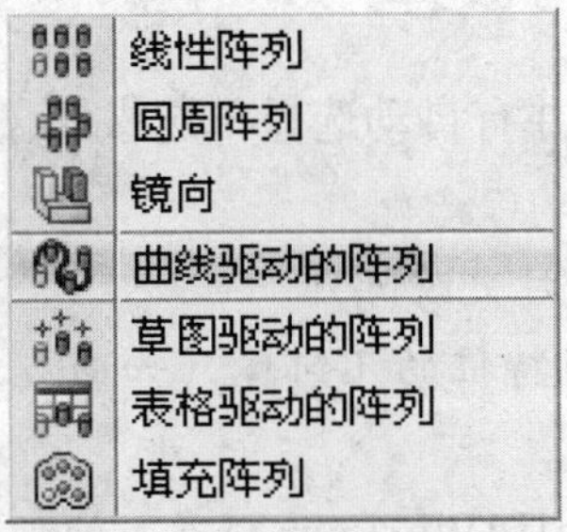

图4-32　特征阵列的菜单

4.6.1　特征线性阵列

特征的线性阵列是在一个或者几个方向上生成多个指定的源特征。

1. 特征线性阵列的命令启动

- 单击【特征】工具栏中的【线性阵列】按钮。
- 选择【插入】|【阵列/镜向】|【线性阵列】菜单命令。

2. 特征线性阵列的属性设置

在【属性管理器】中弹出【线性阵列】的属性设置，如图4-33所示。

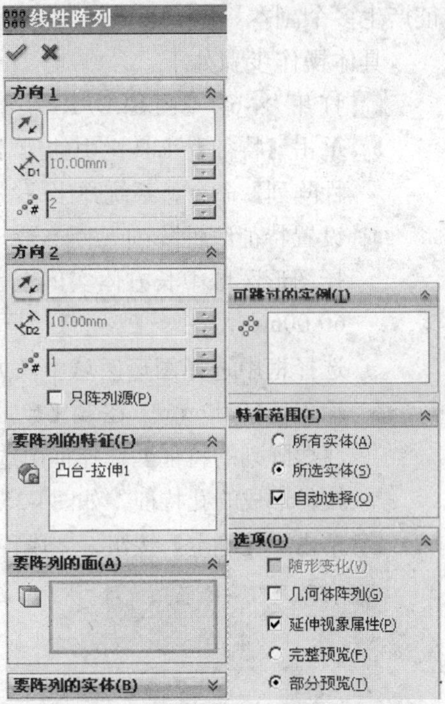

图4-33　【线性阵列】的属性设置

（1）【方向1】、【方向2】选项组

分别指定两个线性阵列的方向。

- 【阵列方向】：设置阵列方向，可以选择线性边线、直线、轴或者尺寸。
- 【反向】：改变阵列方向。
- 、【间距】：设置阵列实例之间的间距。
- 【实例数】：设置阵列实例之间的数量。
- 【只阵列源】：只使用源特征而不复制【方向1】选项组的阵列实例在【方向2】选项组中生成的线性阵列。

（2）【要阵列的特征】选项组

可以使用所选择的特征作为源特征以生成线性阵列。

（3）【要阵列的面】选项组

可以使用构成源特征的面生成阵列。

（4）【要阵列的实体】选项组

可以使用在多实体零件中选择的实体生成线性阵列。

（5）【可跳过的实例】选项组

可以在生成线性阵列时跳过在图形区域中选择的阵列实例。

（6）【特征范围】选项组

包括所有实体、所选实体，并有自动选择单选按钮。

（7）【选项】选项组

- 【随形变化】：允许重复时更改阵列。
- 【几何体阵列】：只使用特征的几何体（如面、边线等）生成线性阵列，而不阵列和求解特征的每个实例。
- 【延伸视象属性】：将SolidWorks的颜色、纹理和装饰螺纹数据延伸到所有阵列实例。

3. 生成特征线性阵列的案例操作

【案例4-6-1】将源特征以线性排列方式进行复制，使源特征产生多个副本。

具体操作步骤如下。

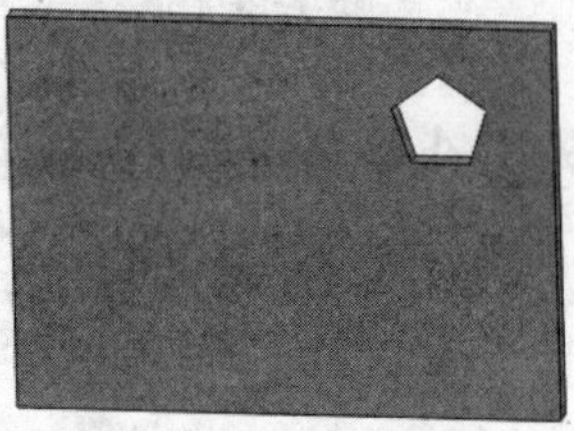
图4-34　打开草图

01 打开“4-6-1草图.SLDPRT”零件图，如图4-34所示。

02 单击【特征】工具栏中的【线性阵列】按钮或执行【插入】|【阵列/镜像】|【线性阵列】命令，系统弹出【线性阵列】的属性设置。

03 设置特征线性阵列属性参数。在【方向1】选项组下的旁的“方向1”选择框中选择图形区域中长方体实体上表面的一条较长的边线，在【间距】文本框中输入值60.00mm，在【数量】文本框中输入3。在【方向2】选项组下的旁的“方向2”选择框中选择图形区域中长方体实体上表面的另一条边线，在【间距】文本框中输入值60.00mm，在【数量】文本框中输入2。在【要阵列的特征】选项组下的【要阵列的特征】选择框中选择【管理器设计树】中的“切除-拉伸1”特征，即切除拉伸形成的孔特征，如图4-35所示。

04 单击【确定】按钮，完成特征线性阵列的创建，如图4-36所示。

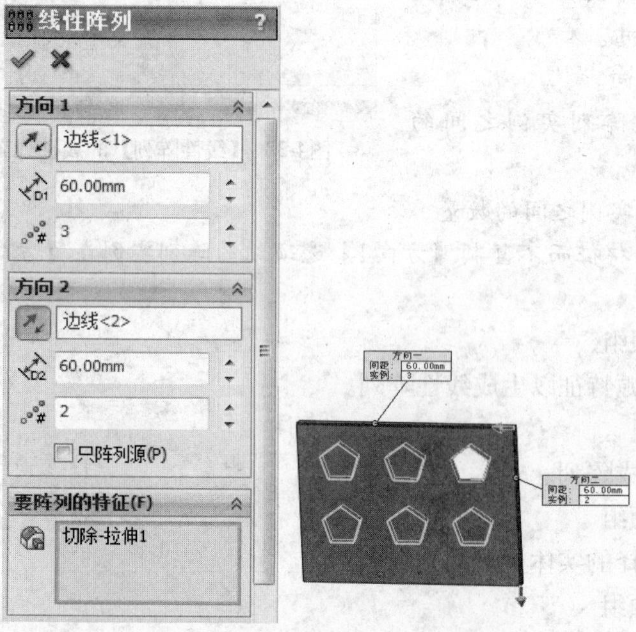

图4-35　特征线性阵列属性设置

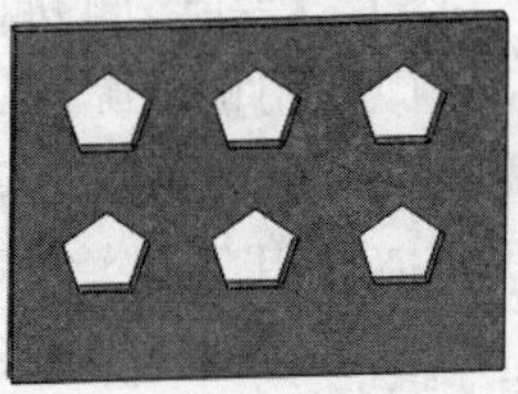
图4-36　创建特征线性阵列

4.6.2 特征圆周阵列

特征圆周阵列是将源特征围绕指定的轴线复制多个特征。

1. 特征圆周阵列的命令启动

- 单击【特征】工具栏中的【圆周阵列】按钮。
- 选择【插入】|【阵列/镜向】|【圆周阵列】菜单命令。

2. 特征圆周阵列的属性设置

在【属性管理器】中弹出【圆周阵列】的属性设置，部分选项介绍如下。

- 【阵列轴】：在图形区域中选择轴、模型边线或者角度尺寸，作为生成圆周阵列所围绕的轴。
- 【反向】：改变圆周阵列的方向。
- 【角度】：设置每个实例之间的角度。
- 【实例数】：设置源特征的实例数。
- 【等间距】：自动设置总角度为360度。

3. 生成特征圆周阵列的案例操作

【案例4-6-2】将源特征以圆周排列方式进行复制，使源特征产生多个副本。

图4-37　打开草图

具体操作步骤如下。

01 打开“4-6-2草图.SLDPRT”零件图，如图4-37所示。

02 单击【特征】工具栏中的【圆周阵列】按钮或执行【插入】|【阵列/镜向】|【圆周阵列】命令，系统弹出【圆周阵列】的属性设置。

03 设置特征圆周阵列属性参数。在【参数】选项组下的旁的“阵列轴”选择框中选择【管理器设计树】中的“基准轴1”，在【角度】文本框中输入值360.00度，在【数量】文本框中输入12。在【要阵列的特征】选项组下的【要阵列的特征】选择框中选择【管理器设计树】中的“切除-拉伸1”特征，如图4-38所示。

04 单击【确定】按钮，完成特征圆周阵列特征的创建，如图4-39所示。

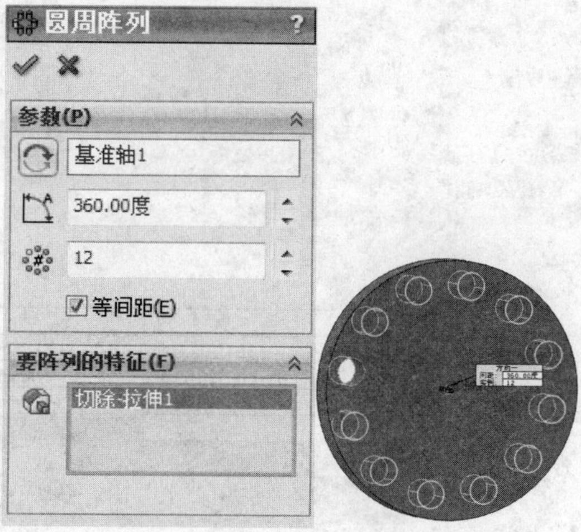

图4-38　特征圆周阵列属性设置

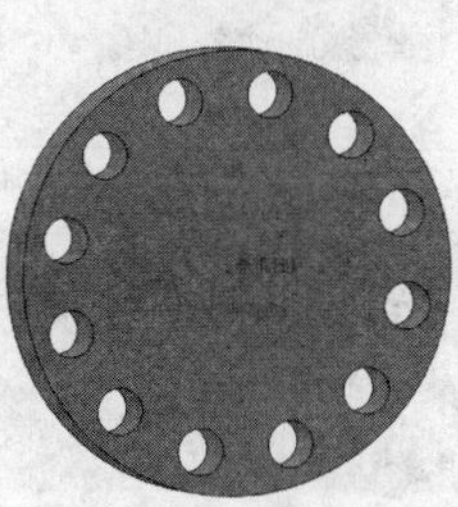

图4-39　创建特征圆周阵列特征

4.6.3 表格驱动的阵列

【表格驱动的阵列】命令可以使用x、y坐标来对指定的源特征进行阵列。

1. 表格驱动的阵列的命令启动

选择【插入】|【阵列/镜向】|【表格驱动的阵列】菜单命令。

2. 表格驱动的阵列的属性设置

弹出【由表格驱动的阵列】对话框，如图4-40所示。

1）【读取文件】：输入含x、y坐标的阵列表或者文字文件。

2）【参考点】：指定在放置阵列实例时x、y坐标所适用的点，参考点的x、y坐标在阵列表中显示为点o。

- 【所选点】：将参考点设置到所选顶点或者草图点。
- 【重心】：将参考点设置到源特征的重心。

3）【坐标系】：设置用来生成表格阵列的坐标系。

4）【要复制的实体】：根据多实体零件生成阵列。

5）【要复制的特征】：根据特征生成阵列，可以选择多个特征。

6）【要复制的面】：根据构成特征的面生成阵列。

7）【几何体阵列】：只使用特征的几何体（如面和边线等）生成阵列。

8）【延伸视象属性】：将SolidWorks的颜色、纹理和装饰螺纹数据延伸到所有阵列实体。

如果要为表格驱动的阵列的每个实例输入x、y坐标，双击数值框输入坐标值即可，如图4-41所示。

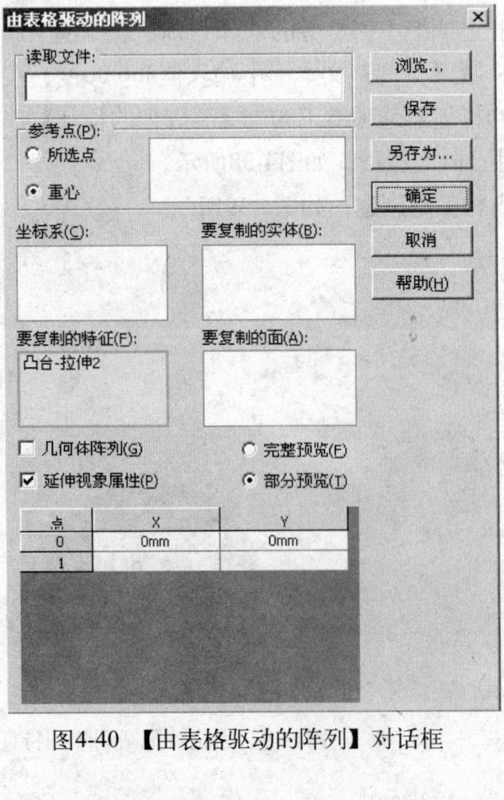

图4-40 【由表格驱动的阵列】对话框

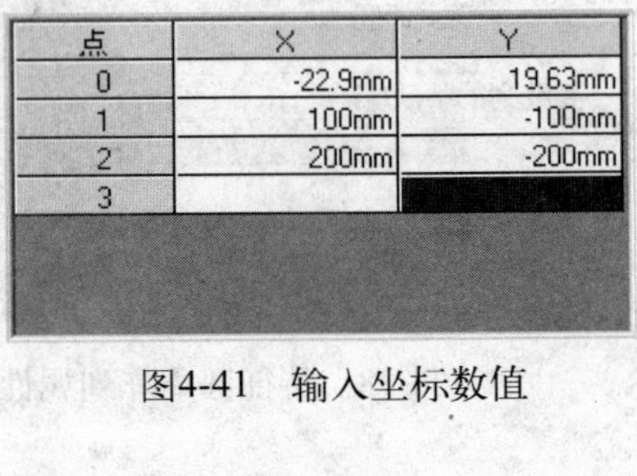

图4-41 输入坐标数值

3. **生成表格驱动的阵列的案例操作**

【案例4-6-3】通过手动向表格中输入坐标点值，使源特征在这些输入坐标处复制产生多个副本。

具体操作步骤如下。

01 打开“4-6-3草图.SLDPRT”零件图，如图4-42所示。

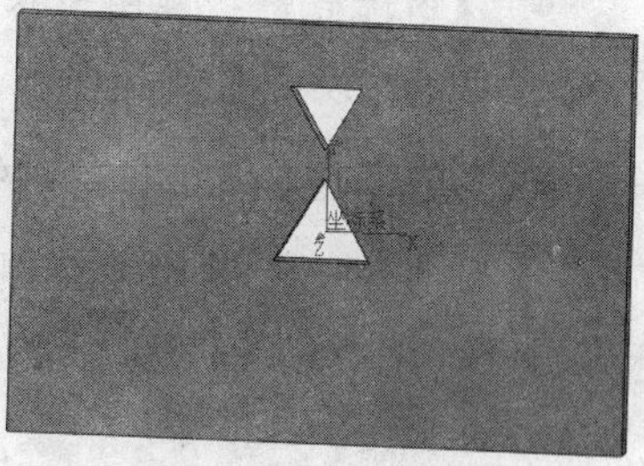

图4-42　打开草图

02 单击【特征】工具栏中的【表格驱动的阵列】按钮或执行【插入】|【阵列/镜向】|【表格驱动的阵列】命令，系统弹出【由表格驱动的阵列】对话框。

03 在【参考点】选项下单击【重心】单选按钮，在【坐标系】文本框中选择【管理器设计树】中生成的坐标系“坐标系1”，在【要复制的特征】文本框中选择管理器设计树中的拉伸切除特征“拉伸2”，在坐标表格中输入各个阵列特征位置点处的坐标值，具体值如图4-43中所示。

04 单击【确定】按钮，完成表格驱动阵列特征的创建，如图4-44所示。

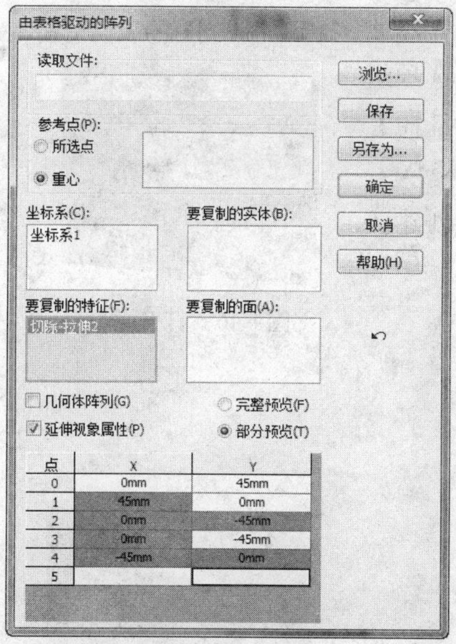

图4-43　表格驱动阵列属性设置

图4-44　创建表格驱动阵列特征

4.6.4　草图驱动的阵列

草图驱动的阵列是通过草图中的特征点复制源特征的一种阵列方式。

1. **草图驱动的阵列的命令启动**

选择【插入】|【阵列/镜向】|【草图驱动的阵列】菜单命令。

2. **草图驱动的阵列的属性设置**

在【属性管理器】中弹出【由草图驱动的阵列】的属性设置，如图4-45所示。

1）【参考草图】：在【特征管理器设计树】中选择草图用作阵列。

2）【参考点】：进行阵列时所需的位置点。

- 【重心】：根据源特征的类型决定重心。
- 【所选点】：在图形区域中选择一个点作为参考点。

其他属性设置不做详述。

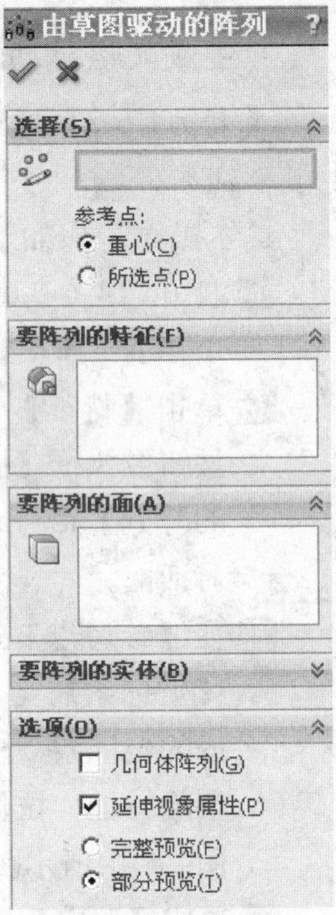

图4-45 【由草图驱动的阵列】的属性设置

3. 生成草图驱动的阵列的案例操作

【案例4-6-4】将源特征复制到指定位置，指定位置以草图点的形式表示，使源特征产生多个副本。

具体操作步骤如下。

01 打开“4-6-4草图.SLDPRT”零件图，其中四个蓝色点即为要阵列的特征放置点，如图4-46所示。

图4-46 打开草图

02 单击【特征】工具栏中的【草图驱动的阵列】按钮或执行【插入】|【阵列/镜像】|【草图驱动的阵列】命令，系统弹出【由草图驱动的阵列】的属性设置。

03 在【选择】选项组下的【参考草图】选择框中选择【管理器设计树】中的“草图3”，如图4-47中四个蓝色点所示，单击【重心】单选按钮。在【要阵列的特征】选项组下的【要阵列的特征】选择框中选择【管理器设计树】中的“切除-拉伸1”。

04 单击【确定】按钮，完成草图驱动阵列特征的创建，如图4-48所示。

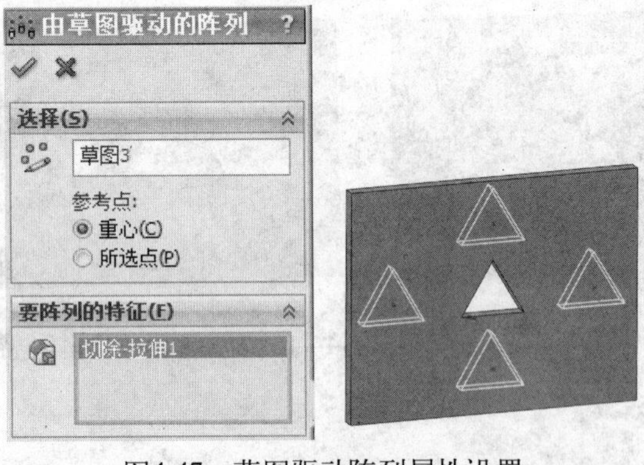

图4-47 草图驱动阵列属性设置

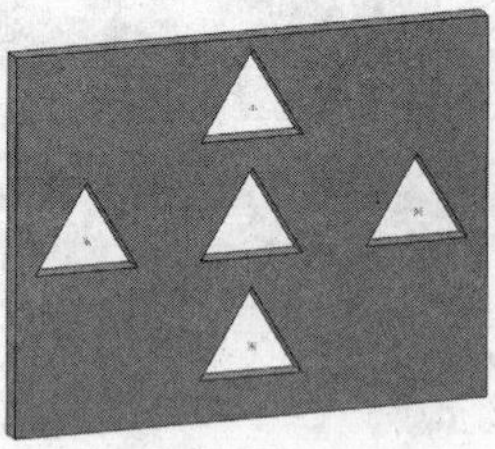

图4-48 创建草图驱动阵列特征

4.6.5 曲线驱动的阵列

曲线驱动的阵列是通过草图中的平面或者3D曲线复制源特征的一种阵列方式。

1. 曲线驱动的阵列的命令启动

选择【插入】|【阵列/镜向】|【曲线驱动的阵列】菜单命令。

2. 曲线驱动的阵列的属性设置

在【属性管理器】中弹出【曲线驱动的阵列】的属性设置，如图4-49所示。

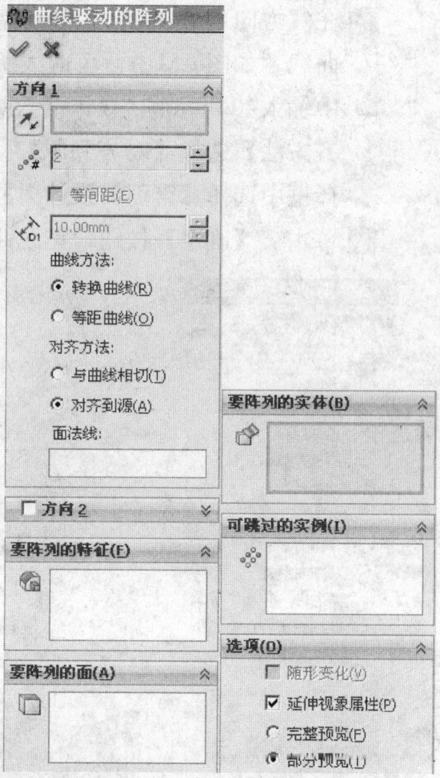

图4-49 【曲线驱动的阵列】的属性设置

1）【阵列方向】：选择曲线、边线、草图实体作为阵列的路径。

2）【反向】：改变阵列的方向。

3）【实例数】：为阵列中源特征的实例数设置数值。

4）【等间距】：使每个阵列实例之间的距离相等。

5）【间距】：沿曲线为阵列实例之间的距离设置数值。

6）【曲线方法】：使用所选择的曲线定义阵列的方向。

- 【转换曲线】：为每个实例保留从所选曲线原点到源特征的距离。
- 【等距曲线】：为每个实例保留从所选曲线原点到源特征的垂直距离。

7）【对齐方法】：使用所选择的对齐方法将特征进行对齐。

- 【与曲线相切】：对齐所选择的与曲线相切的每个实例。
- 【对齐到源】：对齐每个实例以与源特征的原有对齐匹配。

8）【面法线】：选择3D曲线所处的面以生成曲线驱动的阵列。

其他属性设置不做详述。

3. 生成曲线驱动的阵列的案例操作

【案例4-6-5】将源特征复制到与指定曲线等距的位置，方向也由曲线控制，使源特征产生多个副本。

具体操作步骤如下：

01 打开“4-6-5草图.SLDPRT”零件图，如图4-50所示。

图4-50　打开草图

02 单击【特征】工具栏中的【曲线驱动的阵列】按钮或执行【插入】|【阵列/镜向】|【曲线驱动的阵列】命令，系统弹出【曲线驱动的阵列】的属性设置。

03 在【方向1】选项组下的旁的“阵列方向”选择框中选择实体模型上表面上的一条曲线，如图4-51中蓝色曲线所示，取消选中【等间距】复选框，在【间距】文本框中输入40.00mm，在【数量】文本框中输入5，单击【转换曲线】单选按钮，【对齐方法】选择【对齐到源】。在【要阵列的特征】选项组下的【要阵列的特征】选择框中选择【管理器设计树】中的“切除-拉伸1”。

04 单击【确定】按钮，完成曲线驱动阵列特征的创建，如图4-52所示。

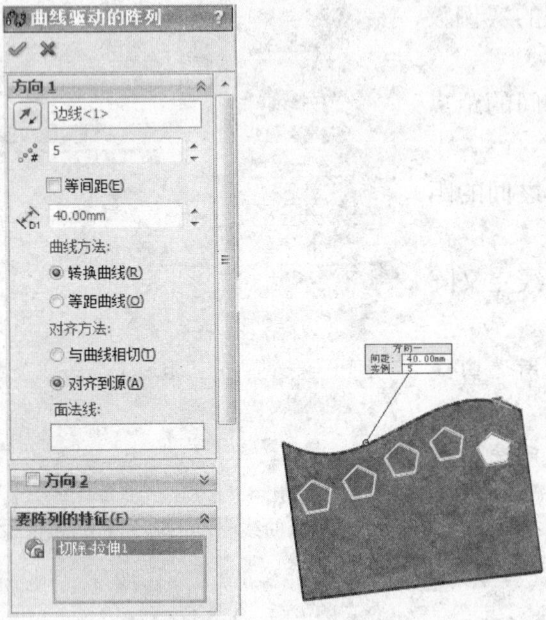

图4-51 【曲线驱动的阵列】的属性设置

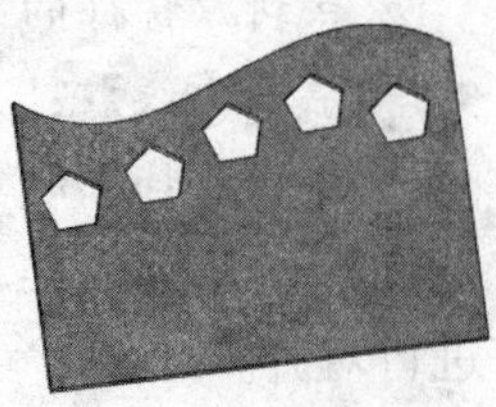

图4-52 创建曲线驱动阵列特征

4.6.6 填充阵列

填充阵列是在限定的实体平面或者草图区域中进行的阵列复制。

1. 填充阵列的命令启动

选择【插入】|【阵列/镜向】|【填充阵列】菜单命令。

2. 填充阵列的属性设置

在【属性管理器】中弹出【填充阵列】的属性设置，如图4-53所示。

(1)【填充边界】选项组

【选择面或共平面上的草图、平面曲线】：定义要使用阵列填充的区域。

(2)【阵列布局】选项组

定义填充边界内实例的布局阵列，阵列实例以源特征为中心呈同轴心分布。

1) 【穿孔】：为钣金穿孔式阵列生成网格，其参数如图4-54所示。

- 【实例间距】：设置实例中心之间的距离。
- 【交错断续角度】：设置各实例行之间的交错断续角度。
- 【边距】：设置填充边界与最远端实例之间的边距。
- 【阵列方向】：设置方向参考。

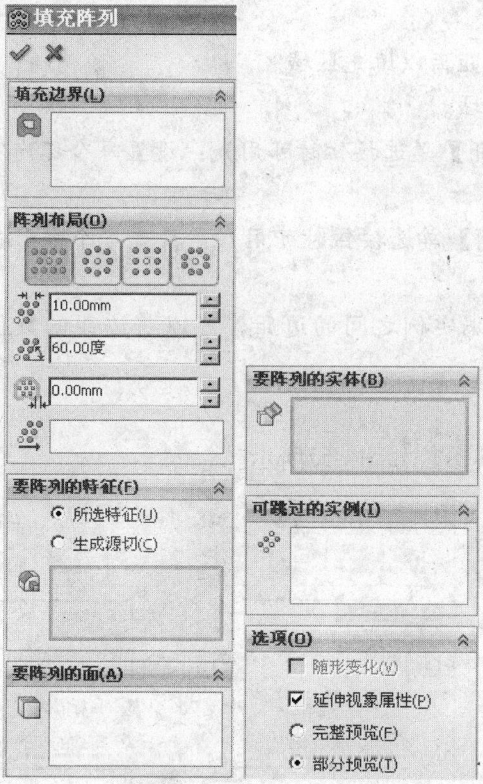

图4-53 【填充阵列】的属性设置

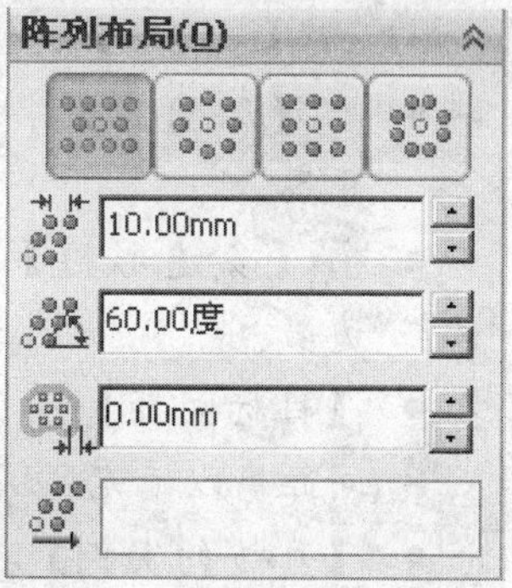

图4-54 单击【穿孔】按钮

2）【圆周】：生成圆周形阵列，其参数如图4-55所示。

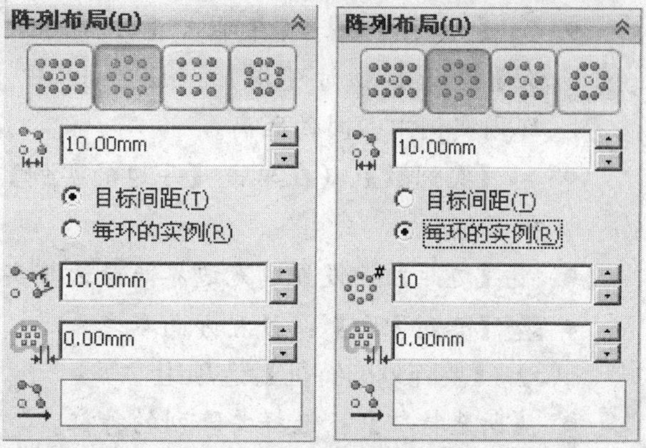

图4-55 单击【圆周】按钮

- 【环间距】：设置实例环间的距离。
- 【目标间距】：设置每个环内实例间距离以填充区域。
- 【每环的实例】：使用实例数填充区域。
- 【实例间距】：设置每个环内实例中心间的距离。
- 【实例数】（在单击【每环的实例】单选按钮时可用）：设置每环的实例数。
- 【边距】：设置填充边界与最远端实例之间的边距。
- 【阵列方向】：设置方向参考。

3）【方形】：生成方形阵列，其参数如图4-56所示。

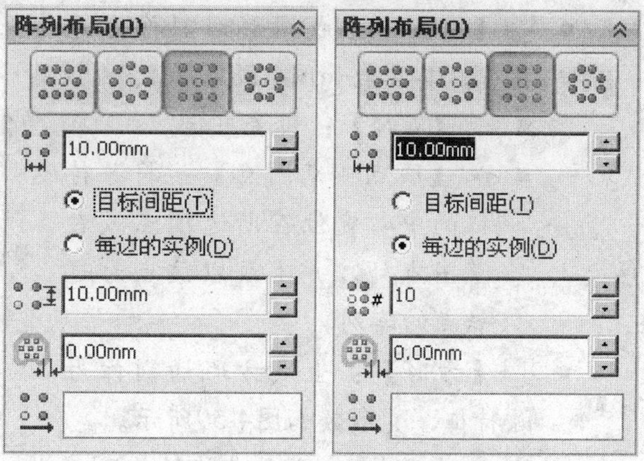

图4-56 单击【方形】按钮

- 【环间距】：设置实例环间的

距离。

- 【目标间距】：设置每个环内实例间距离以填充区域。
- 【每边的实例】：使用实例数填充区域。
- 【实例间距】（在单击【目标间距】单选按钮时可用）：设置每个环内实例中心间的距离。
- 【实例数】（在单击【每边的实例】单选按钮时可用）：设置每个方形各边的实例数。
- 【边距】：设置填充边界与最远端实例之间的边距，可以将边距的数值设置为0。
- 【阵列方向】：设置方向参考。

4）【多边形】：生成多边形阵列，其参数如图4-57所示。

- 【环间距】：设置实例环间的距离。
- 【多边形边】：设置阵列中的边数。
- 【目标间距】：设置每个环内实例间距离以填充区域。
- 【每边的实例】：使用实例数（每个多边形的各边）填充区域。
- 【实例间距】（在单击【目标间距】单选按钮时可用）：设置每个环内实例中心间的距离。

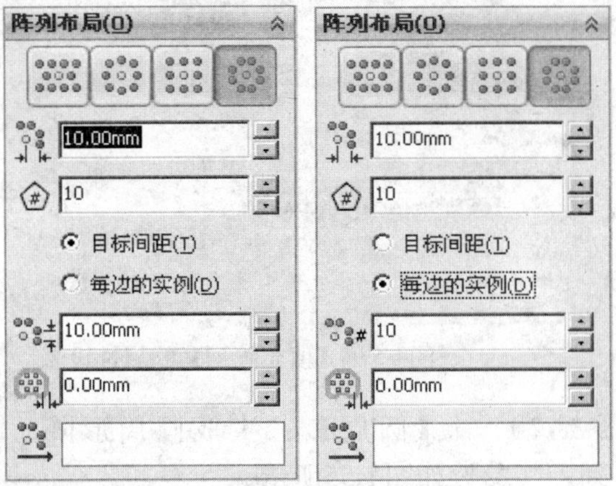

图4-57　单击【多边形】按钮

- 【实例数】（在单击【每边的实例】单选按钮时可用）：设置每个多边形每边的实例数。
- 【边距】：设置填充边界与最远端实例之间的边距。
- 【阵列方向】：设置方向参考。

（3）【要阵列的特征】选项组

- 【所选特征】：选择要阵列的特征。
- 【生成源切】：为要阵列的源特征自定义切除形状。
- 【圆】：生成圆形切割作为源特征，其参数如图4-58所示。
  - ■ 【直径】：设置直径。
  - ■ 【顶点或草图点】：将源特征的中心定位在所选顶点或者草图点处，并生成以该点为起始点的阵列。
- 【方形】：生成方形切割作为源特征，其参数如图4-59所示。
  - ■ 【尺寸】：设置各边的长度。

图4-58　单击【圆】按钮

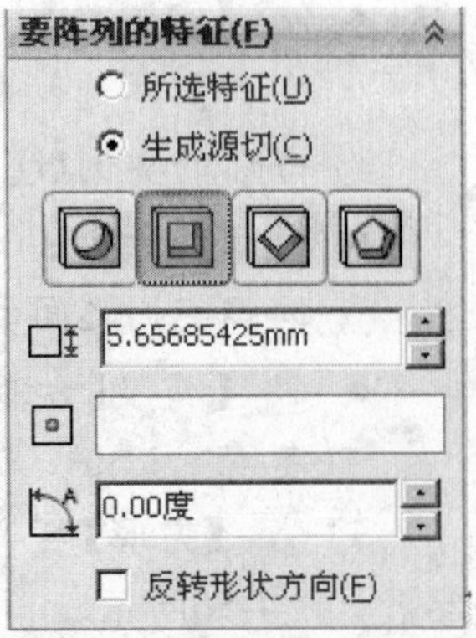

图4-59　单击【方形】按钮

■ 【顶点或草图点】：将源特征的中心定位在所选顶点或者草图点处，并生成以该点为起始点的阵列。

■ 【旋转】：逆时针旋转每个实例。

● 【菱形】：生成菱形切割作为源特征，其参数如图4-60所示。

■ 【尺寸】：设置各边的长度。

■ 【对角】：设置对角线的长度。

■ 【顶点或草图点】：将源特征的中心定位在所选顶点或者草图点处。

■ 【旋转】：逆时针旋转每个实例。

● 【多边形】：生成多边形切割作为源特征，其参数如图4-61所示。

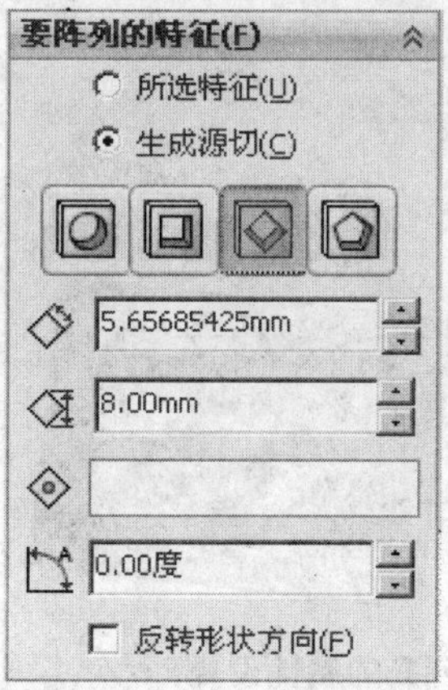

图4-60　单击【菱形】按钮

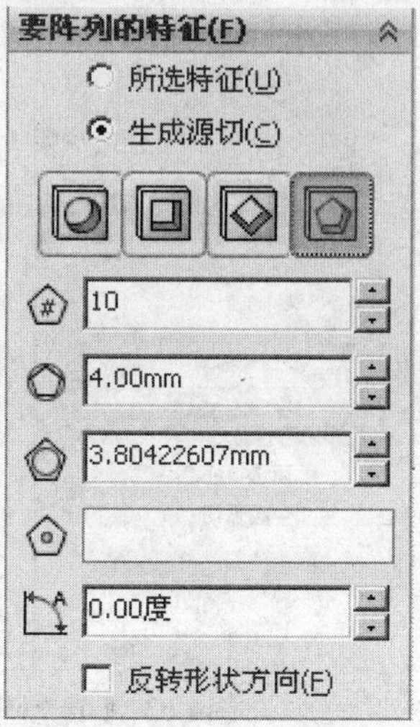

图4-61　单击【多边形】按钮

■ 【多边形边】：设置边数。

■ 【外径】：根据外径设置阵列大小。

■ 【内径】：根据内径设置阵列大小。

■ 【顶点或草图点】：将源特征的中心定位在所选顶点或者草图点处。

■ 【旋转】：逆时针旋转每个实例。

● 【反转形状方向】：围绕在填充边界中所选择的面反转源特征的方向。

3. 生成填充阵列的案例操作

【案例4-6-6】将源特征填充到指定的封闭草图区域内，使源特征产生多个副本。具体操作步骤如下。

01 打开“4-6-6草图.SLDPRT”零件图，如图4-62所示。

图4-62　打开草图

02 单击【特征】工具栏中的【填充阵列】按钮或执行【插入】|【阵列/镜向】|【填充阵列】命令，系统弹出【填充阵列】的属性设置。

03 设置填充阵列属性参数。在【填充边界】选项组下的【草图、平面曲线】选择框中选择实体模型上表面的正六边形草图。在【阵列布局】选项组下，布局方式选择【穿孔】选项，在【实例间距】文本框中输入23. 00mm，在【交错断续角度】文本框中输入60.00度，在【边距】文本框中输入值0.00mm。在【要阵列的特征】选项组下单击【所选特征】单选按钮，在【要阵列的特征】选择框中选择【管理器设计树】中的“切除-拉伸1”，如图4-63所示。

04 单击【确定】按钮，完成填充阵列特征的创建，如图4-64所示。

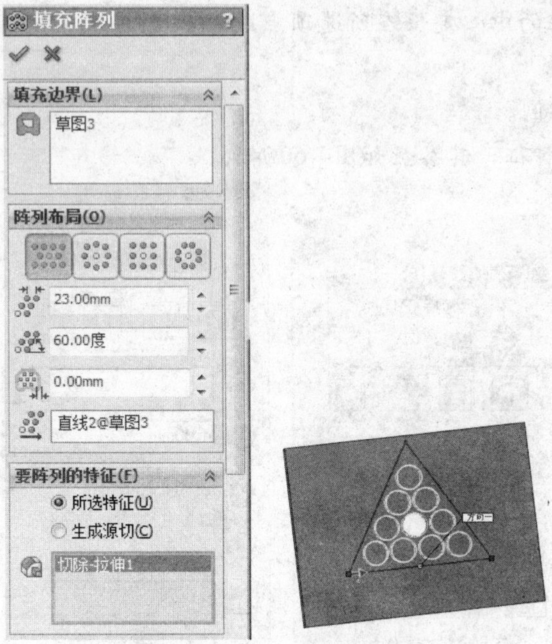

图4-63 【填充阵列】的属性设置

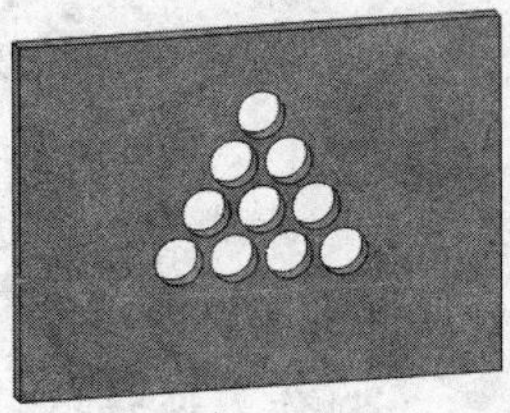

图4-64 创建填充阵列特征

4.7 镜像

镜像特征是沿面或者基准面镜像以生成一个特征（或者多个特征）的复制操作。

1. 镜像特征的命令启动

- 单击【特征】工具栏中的【镜向】按钮。
- 选择【插入】|【阵列/镜向】|【镜向】菜单命令。

2. 镜像特征的属性设置

在【属性管理器】中弹出【镜向】的属性设置，如图4-65所示。

1）【镜向面/基准面】选项组：在图形区域中选择一个面或基准面作为镜像面。

2）【要镜向的特征】选项组：单击模型中一个或者多个特征。

3）【要镜向的面】选项组：在图形区域中单击构成要镜像的特征的面。

其他属性设置不做详述。

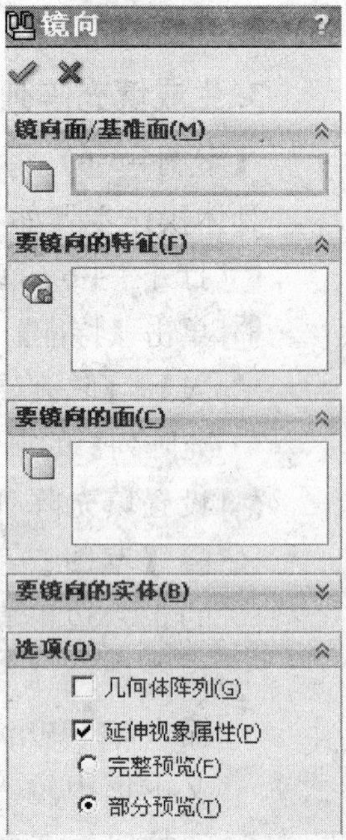

图4-65 【镜向】的属性设置

3. 生成镜像特征的案例操作

【案例4-7】将源特征相对一个平面进行镜像，从而得到源特征的一个副本。

具体操作步骤如下。

01 打开“4-7草图.SLDPRT”零件图，如图4-66所示。

02 单击【特征】工具栏中的【镜向】按钮或执行【插入】|【阵列/镜向】|【镜向】命令，系统弹出【镜向】的属性设置。

03 在【镜向面/基准面】选项组下的（镜向面/基准面）选择框中选择【管理器设计树】中的“右视基准面”。在【要镜向的特征】选项组下的【要镜向的特征】选择框中选择【管理器设计树】中的 “拉伸2”，如图4-67中蓝色凸台实体所示。

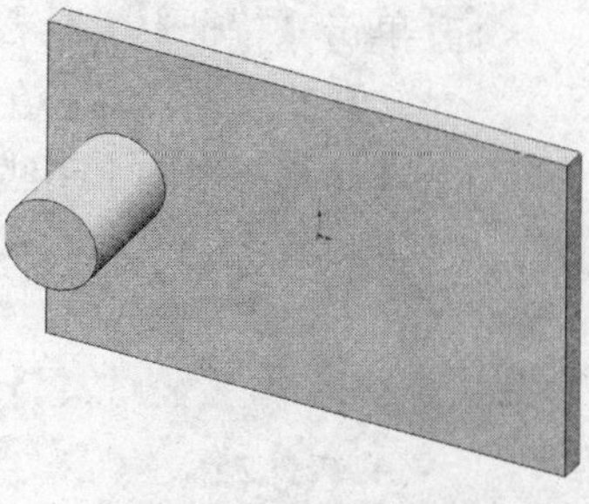

图4-66　打开草图

04 单击【确定】按钮，完成镜像特征的创建，如图4-68所示。

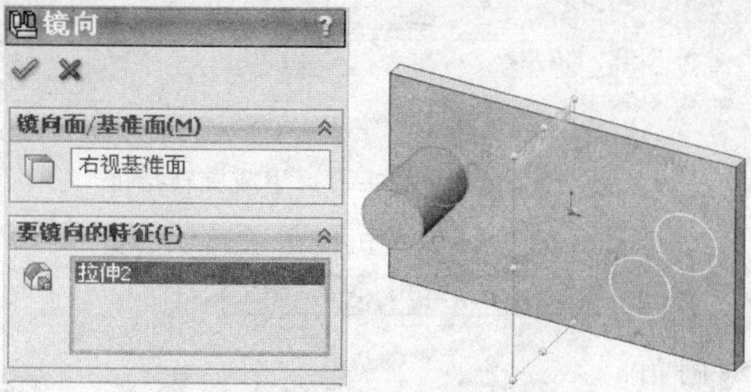

图4-67　特征镜像属性设置

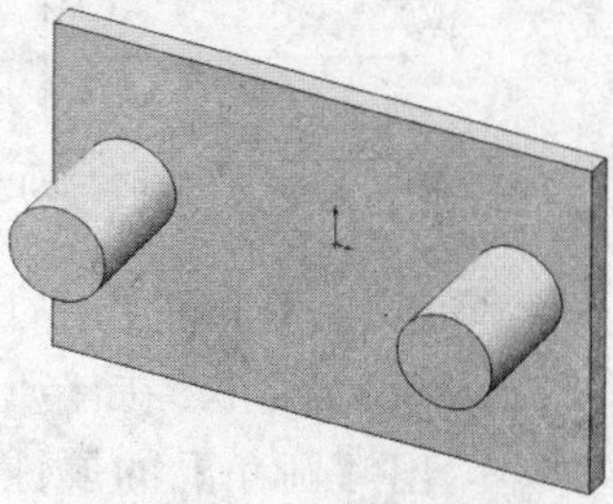

图4-68　创建镜像特征

4.8 范例

下面应用本章所介绍的知识完成方锥的建模，最终效果如图4-69所示。

主要步骤如下。

1）生成基体部分。

2）生成筋板部分。

3）生成其余部分。

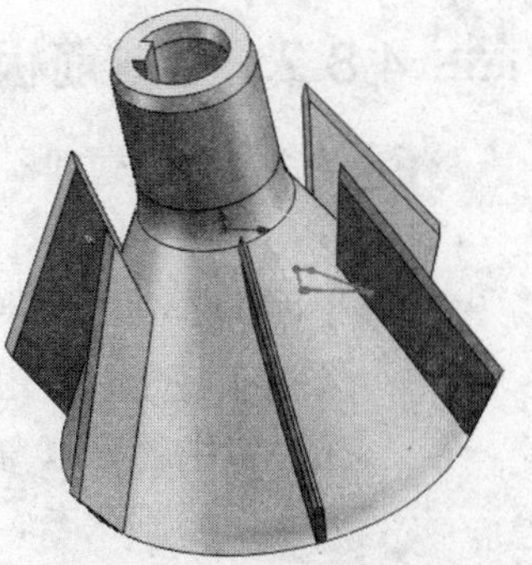

图4-69　方锥模型

4.4.1　生成基体部分

01 启动中文版SolidWorks 2012，单击【标准】工具栏中的【新建】按钮，弹出【新建SolidWorks文件】对话框，单击【零件】按钮，单击【确定】按钮。选择【文件】|【另存为】菜单命令，弹出【另存为】对话框，在【文件名】文本框中输入“04”，单击【保存】按钮。

02 单击【特征管理器设计树】中的【前视基准面】图标，使其成为草图绘制平面。单击【标准视图】工具栏中的【正视于】按钮，并单击【草图】工具栏中的【草图绘制】按钮，进入草图绘制状态。单击【草图】工具栏中的【矩形】按钮和【智能尺寸】按钮，绘制草图并标注尺寸如图4-70所示。

03 单击【特征】工具栏中的【旋转凸台/基体】按钮，在【属性管理器】中弹出【旋转】的属性设置。在【旋转参数】选项组中单击【旋转轴】选择框，在图形区域中选择草图中的水平线，单击【确定】按钮，生成旋转特征，如图4-71所示。

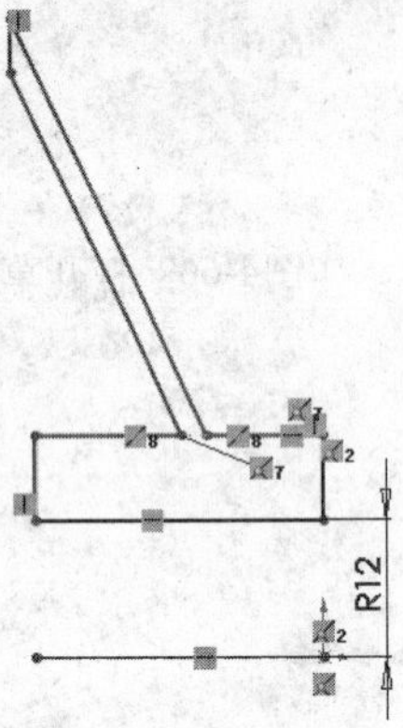

图4-70　绘制草图并标注尺寸

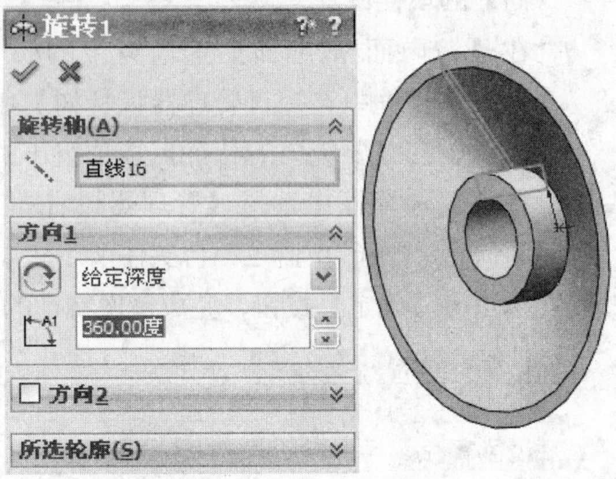

图4-71　生成旋转特征

04 单击【特征】工具栏中的【圆角】按钮，在【属性管理器】中弹出【圆角】的属性设置。在【圆角项目】选项组中设置【半径】为3.00mm，单击【边线、面、特征和环】选择框，在图形区域中选择模型的一条边线，单击【确定】按钮，生成圆角特征，如图4-72所示。

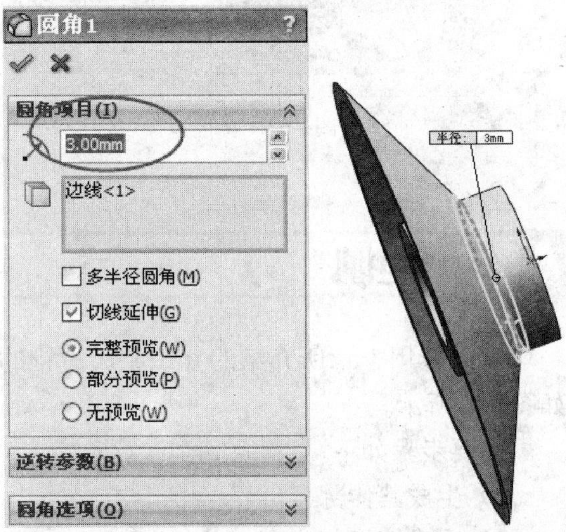

图4-72　生成圆角特征

4.8.2　生成筋板部分

01 单击【特征管理器设计树】中的【前视基准面】图标，使其成为草图绘制平面。单击【标准视图】工具栏中的【正视于】按钮，并单击【草图】工具栏中的【草图绘制】按钮，进入草图绘制状态。使用【草图】工具栏中的【直线】按钮绘制如图4-73所示的草图。单击【退出草图】按钮，退出草图绘制状态。

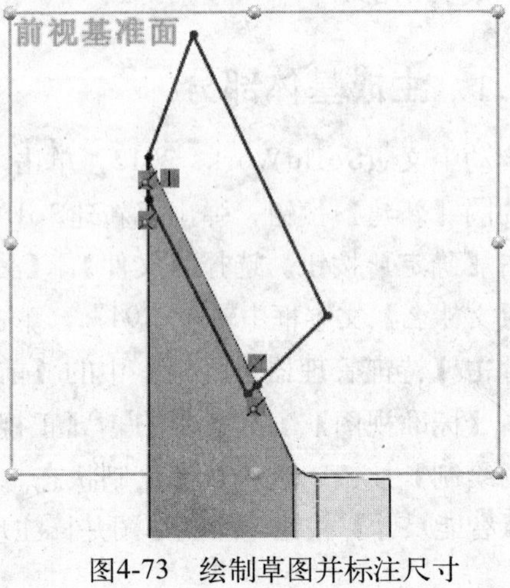

图4-73　绘制草图并标注尺寸

02 单击【特征】工具栏中的【拉伸凸台/基体】按钮，在【属性管理器】中弹出【拉伸】的属性设置。在【方向1】选项组中设置【终止条件】为【给定深度】，设置【深度】为1.25mm，并选中【合并结果】复选框；在【方向2】选项组中设置【终止条件】为【给定深度】，设置【深度】为1.25mm，单击【确定】按钮，生成拉伸特征，如图4-74所示。

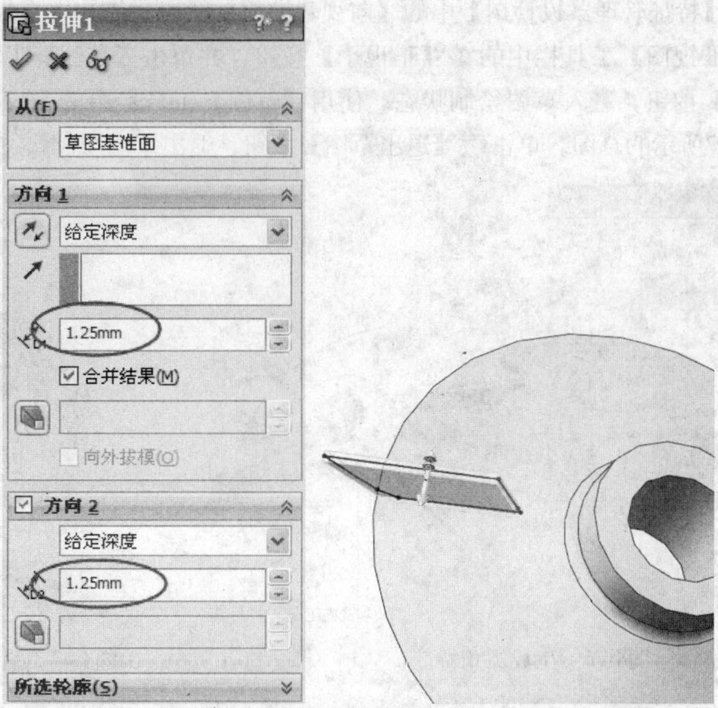

图4-74　拉伸特征

03 单击【特征】工具栏中的【圆周阵列】按钮，在【属性管理器】中弹出【圆周阵列】的属性设置。在【参数】选项组中单击【阵列轴】选择框，在【特征管理器设计树】中单击【基准轴1】图标，设置【实例数】为6，选择【等间距】复选框。在【要阵列的特征】选项组中单击【要阵列的特征】选择框，在图形区域中选择模型的“拉伸1”特征，单击【确定】按钮，生成特征圆周阵列，如图4-75所示。

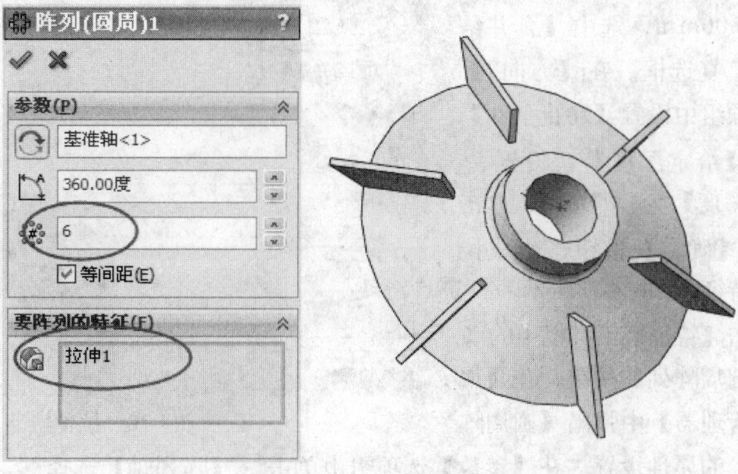

图4-75　生成特征圆周阵列

04 单击【特征】工具栏中的【圆角】按钮，在【属性管理器】中弹出【圆角】的属性设置。在【圆角项目】选项组中设置【半径】为3.00mm，单击【边线、面、特征和环】选择框，在图形区域中选择模型的一条边线，单击✔【确定】按钮，生成圆角特征，如图4-76所示。

05 单击【特征管理器设计树】中的【前视基准面】图标，使其成为草图绘制平面。单击【标准视图】工具栏中的【正视于】按钮，并单击【草图】工具栏中的【草图绘制】按钮，进入草图绘制状态。使用【草图】工具栏中的【直线】按钮绘制如图4-77所示的草图。单击【退出草图】按钮，退出草图绘制状态。

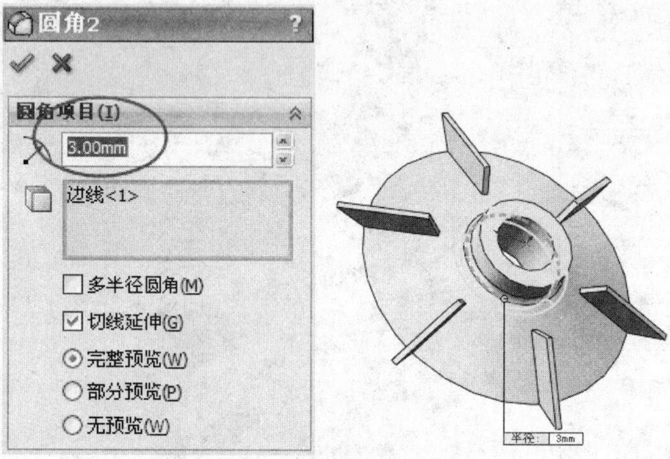

图4-76　生成圆角特征

图4-77　绘制草图并标注尺寸

06 单击【特征】工具栏中的【拉伸凸台/基体】按钮，在【属性管理器】中弹出【拉伸】的属性设置。在【方向1】选项组中设置【终止条件】为【给定深度】，设置【深度】为1.00mm，选中【合并结果】复选框。在【方向2】选项组中设置【终止条件】为【给定深度】，设置【深度】为1.00mm，单击✔【确定】按钮，生成拉伸特征，如图4-78所示。

图4-78　拉伸特征

07 单击【特征】工具栏中的【圆周阵列】按钮，在【属性管理器】中弹出【圆周阵列】的属性设置。在【参数】选项组中单击【阵列轴】选择框，在【特征管理器设计树】中单击【基准轴1】图标，设置【实例数】为6，选择【等间距】复选框。在【要阵列的特征】选项组中单击【要阵列的特征】选择框，在图形区域中选择模型的“拉伸2”特征，单击✔【确定】按钮，生成特征圆周阵列，如图4-79所示。

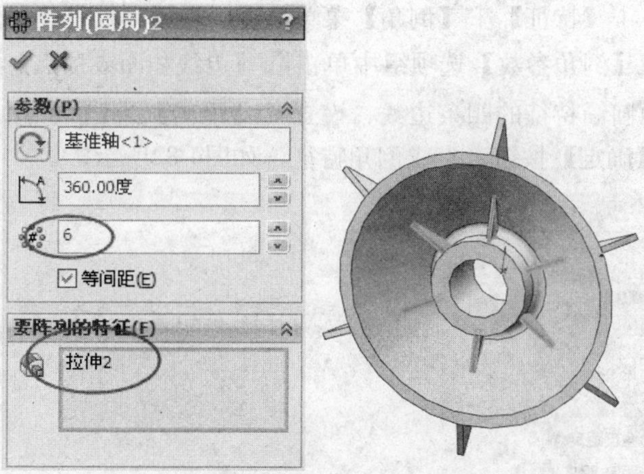

图4-79　生成特征圆周阵列

4.8.3　生成其余部分

01 单击【特征管理器设计树】中的【前视基准面】图标，使其成为草图绘制平面。单击【标准视图】工具栏中的【正视于】按钮，并单击【草图】工具栏中的【草图绘制】按钮，进入草图绘制状态。使用【草图】工具栏中的【直线】和【智能尺寸】按钮绘制如图4-80所示的草图。单击【退出草图】按钮，退出草图绘制状态。

02 单击【特征】工具栏中的【拉伸凸台/基体】按钮，在【属性管理器】中弹出【拉伸】的属性设置。在【方向1】选项组中设置【终止条件】为【给定深度】，设置【深度】为4.00mm，选中【合并结果】复选框；在【方向2】选项组中设置【终止条件】为【给定深度】，设置【深度】为4.00mm，单击【确定】按钮，生成拉伸特征，如图4-81所示。

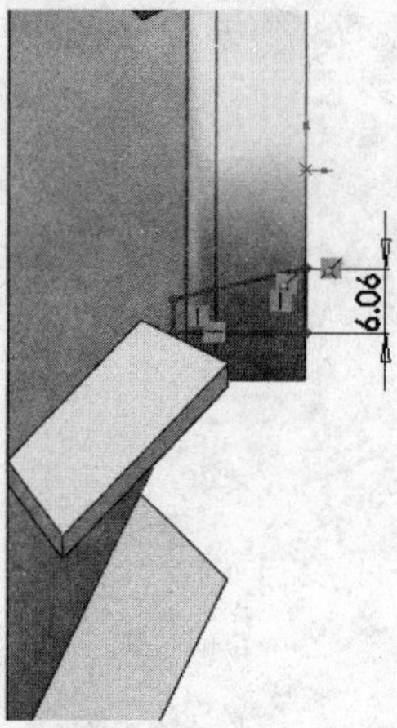

图4-80　绘制草图并标注尺寸

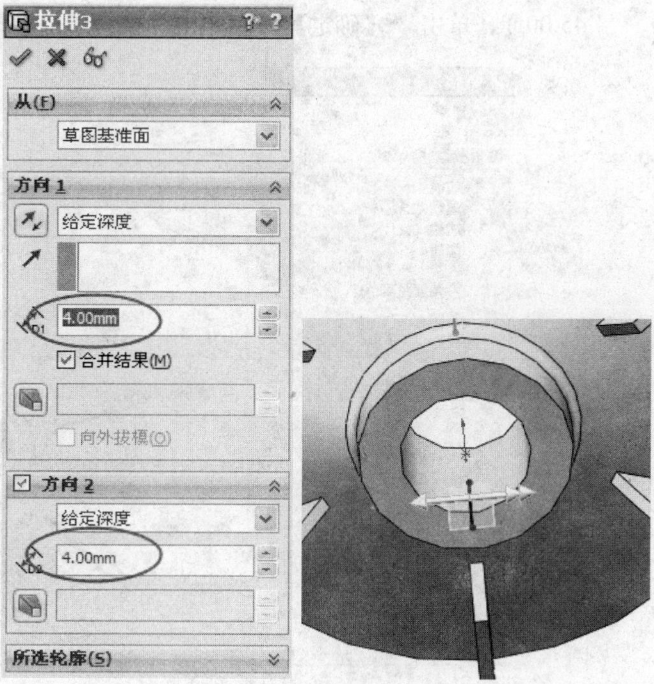

图4-81　拉伸特征

03 选择【插入】|【特征】|【倒角】菜单命令，在【属性管理器】中弹出【倒角】的属性设置。在【倒角参数】选项组中单击【边线和面或顶点】选择框，在绘图区域中选择模型中圆筒特征的四条边线，设置【距离】为1.00mm，【角度】为45.00度，单击【确定】按钮，生成倒角特征，如图4-82所示。

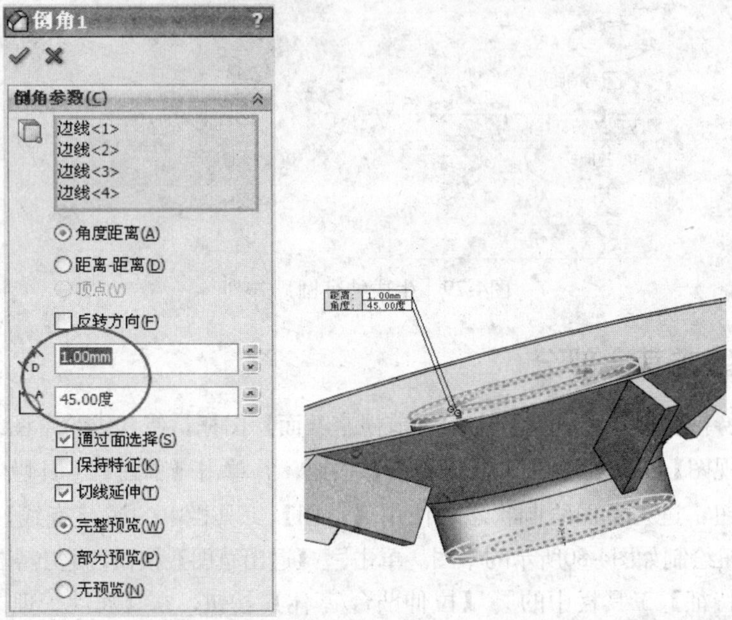

图4-82 生成倒角特征

04 选择【插入】|【特征】|【倒角】菜单命令，在【属性管理器】中弹出【倒角】的属性设置。在【倒角参数】选项组中单击【边线和面或顶点】选择框，在绘图区域中选择模型中圆周阵列1特征的12条边线，设置【距离】为2.00mm，【角度】为45.00度，单击【确定】按钮，生成倒角特征，如图4-83所示。

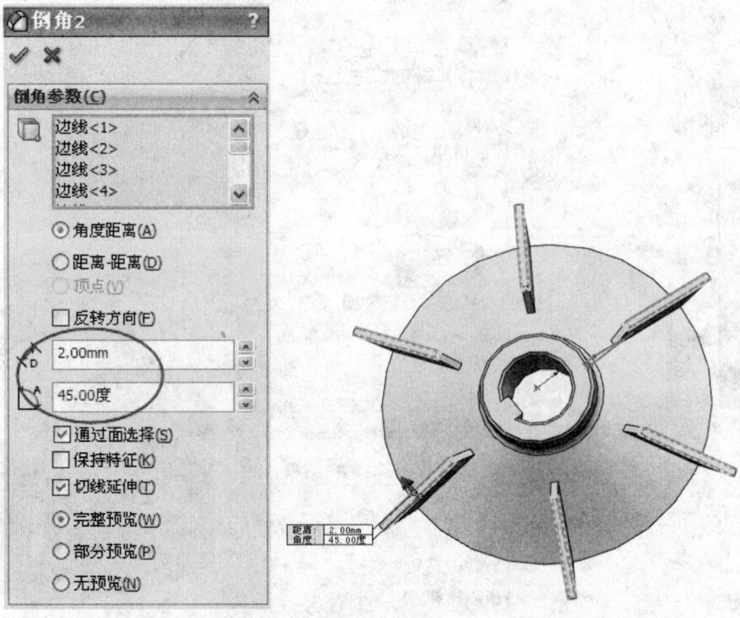

图4-83 生成倒角特征

05 单击模型，使其处于被选择状态。选择【插入】|【特征】|【弯曲】菜单命令，在【属性管理器】中弹出【弯曲】的属性设置。在【弯曲输入】选项组中单击【伸展】单选按钮，设置【伸展距离】为100mm，单击【确定】按钮，生成弯曲特征，如图4-84所示。

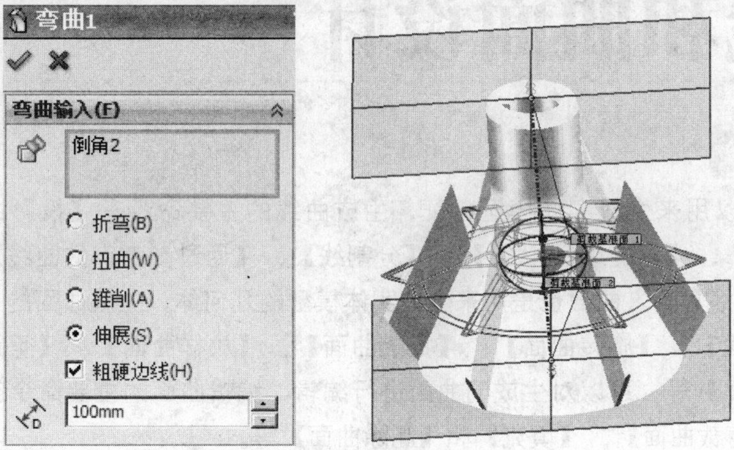

图4-84　生成弯曲特征

4.9 本章小结

零件高级特征建模可以改变复杂曲面和实体模型的局部或者整体形状，包括弯曲特征、压凹特征、变形特征、拔模特征和圆顶特征等。使用这些特征在生成设计草图或者对复杂模型进行几何修改时很有用。

4.10 思考题

1）弯曲特征是否需要制作草图？
2）压凹特征能否在一个实体模型中制作？
3）线性阵列的方向如何指定？
4）圆周阵列的基准轴是否需要事先建立？
5）变形特征包括哪些？

第5章 曲线和曲面设计

本章导读

曲线可以用来生成实体模型特征，生成曲线的主要命令有【投影曲线】、【组合曲线】、【螺旋线/涡状线】、【分割线】、【通过参考点的曲线】和【通过*xyz*点的曲线】等。曲面也是用来生成实体模型的几何体，生成曲面的主要命令有【拉伸曲面】、【旋转曲面】、【扫描曲面】、【放样曲面】、【等距曲面】和【延展曲面】等。可以对生成的曲面进行编辑，编辑曲面的主要命令有【延伸曲面】、【剪裁曲面】、【填充】和【删除曲面】等。

5.1 曲线

曲线是组成不规则实体模型的最基本要素，SolidWorks提供了绘制曲线的工具栏和菜单命令。

5.1.1 投影曲线

投影曲线通过将绘制的曲线投影到模型面上的方式生成一条三维曲线。

1. 命令启动

- 单击【曲线】工具栏中的【投影曲线】按钮。
- 选择【插入】|【曲线】|【投影曲线】菜单命令。

2. 选项说明

在【属性管理器】中弹出【投影曲线】的属性设置，如图5-1所示。在【选择】选项组中可以选择两种投影类型，即【面上草图】和【草图上草图】。

- 【要投影的一些草图】：在图形区域或者【特征管理器设计树】中选择曲线草图。

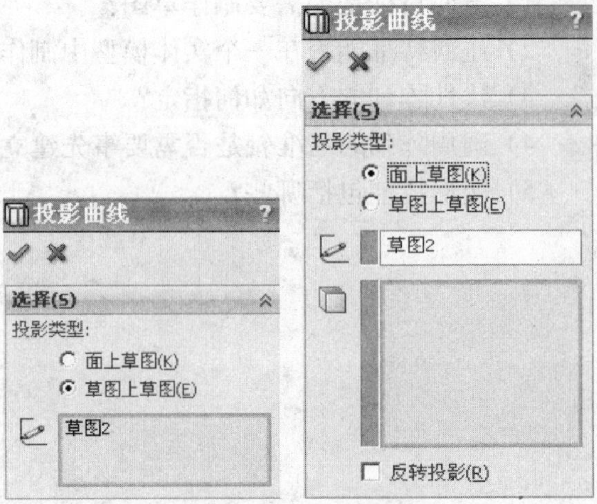

a) 【草图上草图】投影类型 b) 【面上草图】投影类型

图5-1 【投影曲线】的属性设置

- 【投影面】：在实体模型上选择想要投影草图的面。
- 【反转投影】：设置投影曲线的方向。

3. 投影曲线的操作案例

【案例5-1-1】将在基准面上绘制的曲线投影到选定的模型面上。

具体操作步骤如下。

01 打开“5-1-1草图1.SLDPRT”零件图，移动鼠标指针到绘图区域选择“草图5”轮廓，或者在【特征管理树】中选中“草图5”，这就是要投影到面上的曲线，如图5-2所示。

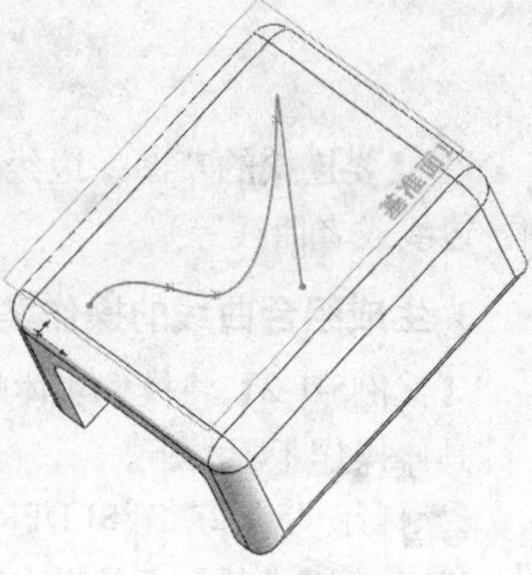

图5-2　打开草图

02 单击【曲线】工具栏中的【投影曲线】按钮或执行【插入】|【曲线】|【投影曲线】命令，系统弹出【投影曲线】的属性设置，如图5-3所示。

03 在【选择】选项组下的【投影类型】选择【面上草图】选项，在【要投影的草图】选择框中选择“草图5”，在【投影面】选择框中选择“面<1>”，同时选中【反转投影】复选框。单击【确定】按钮，完成“投影曲线-面上草图”特征的创建，如图5-4所示。

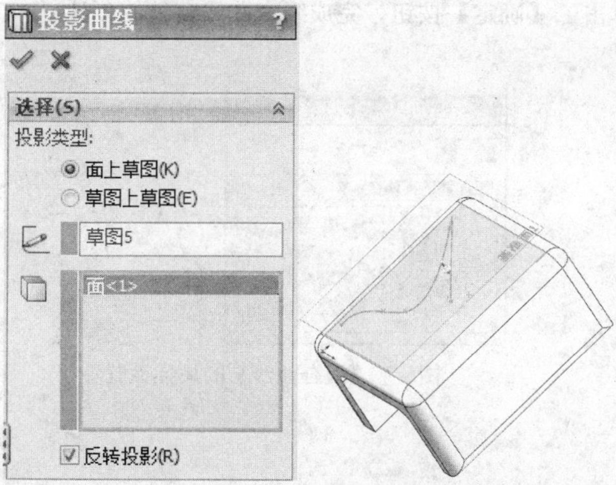

图5-3　“投影曲线-面上草图”属性设置

图5-4　创建投影曲线-面上草图特征

5.1.2　组合曲线

组合曲线通过将曲线、草图几何体和模型边线组合为一条单一曲线而生成。

1. 命令启动

- 单击【曲线】工具栏中的【组合曲线】按钮。
- 选择【插入】|【曲线】|【组合曲线】菜单命令。

2. 选项说明

在【属性管理器】中弹出【组合曲线】的属性设置，如图5-5所示。

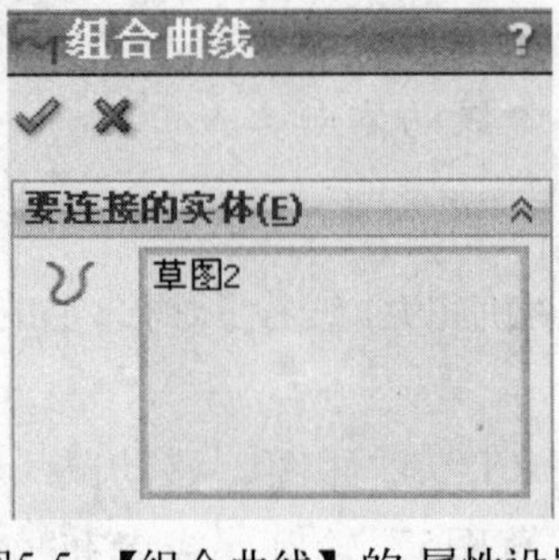

图5-5 【组合曲线】的 属性设置

【要连接的草图、边线以及曲线】：在图形区域中选择要组合曲线的项目（如草图、边线或者曲线等）。

3. 生成组合曲线的操作案例

【案例5-1-2】将模型实体的多个边线连接成一个整体形成一条曲线。

具体操作步骤如下。

01 打开“5-1-2草图.SLDPRT”零件图，如图5-6所示。

02 单击【曲线】工具栏中的【组合曲线】按钮或执行【插入】|【曲线】|【组合曲线】命令，系统弹出【组合曲线】的属性设置，如图5-7所示。

03 在【要连接的实体】选项组下单击【要连接的草图、边线以及曲线】按钮，然后在图形区域中选择实体的边线。单击【确定】按钮，完成组合曲线特征的创建。

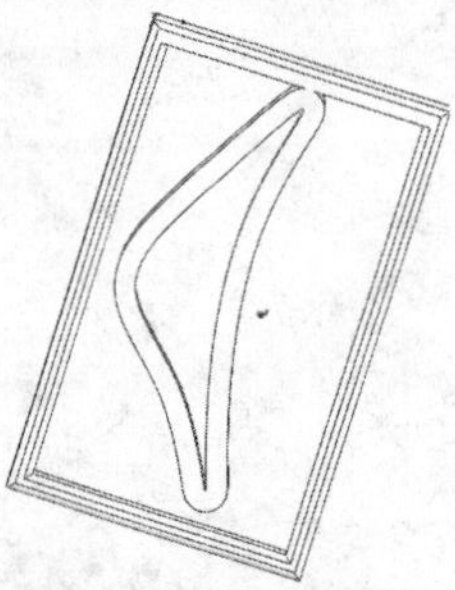

图5-6 打开草图

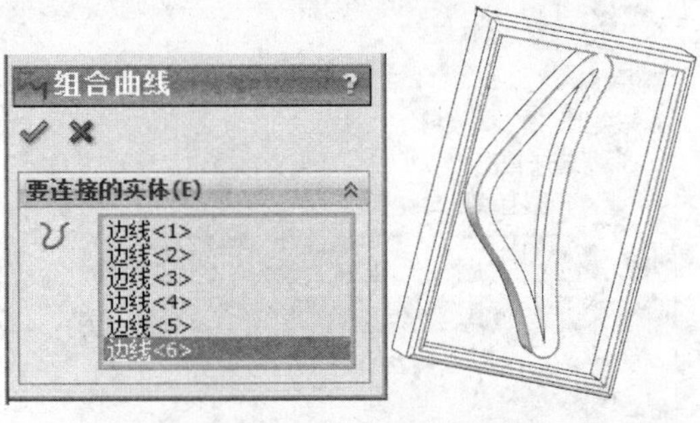

图5-7 【组合曲线】的属性设置

5.1.3 螺旋线和涡状线

螺旋线和涡状线可以作为扫描特征的路径或者引导线，也可以作为放样特征的引导线。

1. 命令启动

单击【曲线】工具栏中的【螺旋线/涡状线】按钮或者选择【插入】|【曲线】|【螺旋线/涡状线】菜单命令。

2. 选项说明

在【属性管理器】中弹出【螺旋线/涡状线】的属性设置。

（1）【定义方式】选项组

用来定义生成螺旋线和涡状线的方式，可以根据需要进行选择，如图5-8所示。

- 【螺距和圈数】：通过定义螺距和圈数生成螺旋线，其属性设置如图5-9所示。

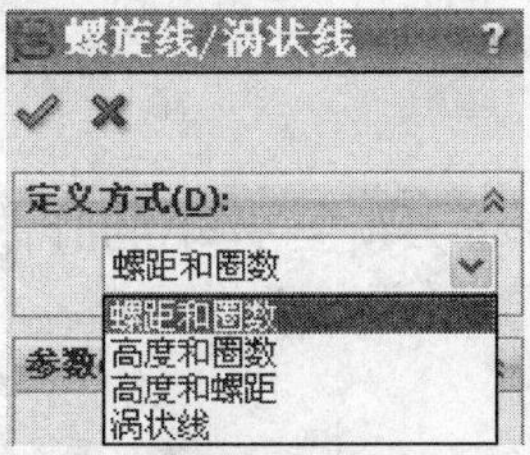

图5-8 【定义方式】选项

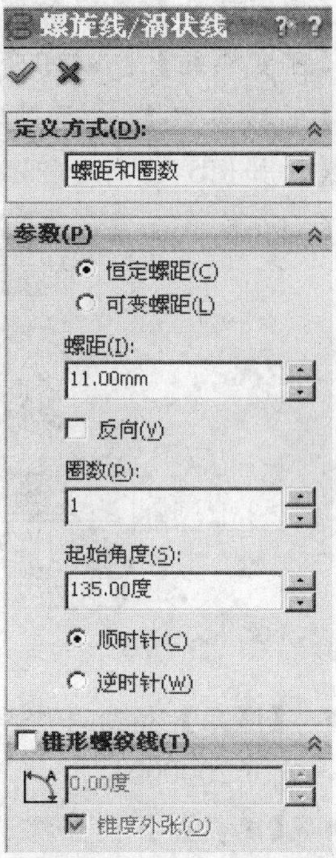

图5-9 选择【螺距和圈数】选项后的属性设置

- 【高度和圈数】：通过定义高度和圈数生成螺旋线，其属性设置如图5-10所示。
- 【高度和螺距】：通过定义高度和螺距生成螺旋线，其属性设置如图5-11所示。
- 【涡状线】：通过定义螺距和圈数生成涡状线，其属性设置如图5-12所示。

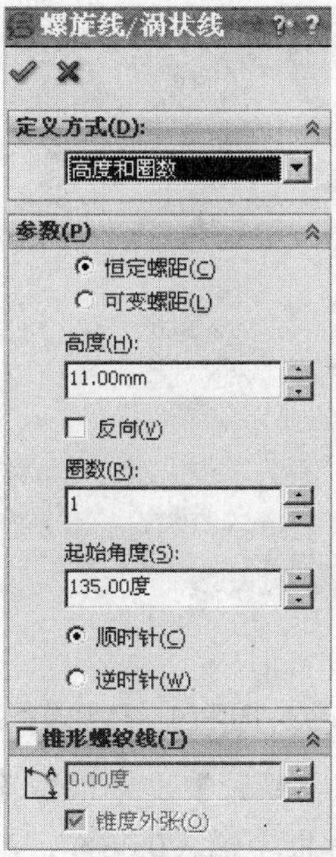

图5-10 选择【高度和圈数】选项后的属性设置

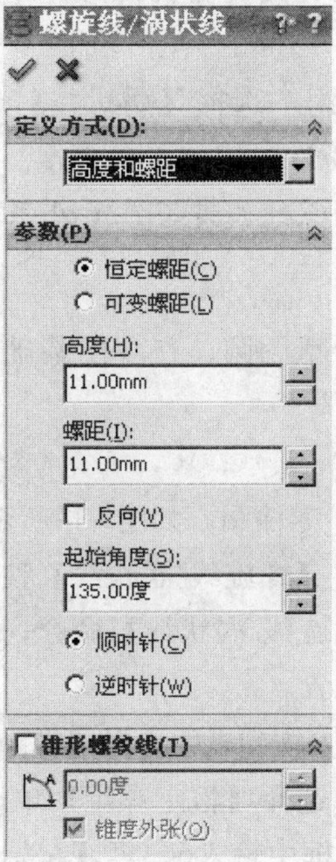

图5-11 选择【高度和螺距】选项后的属性设置

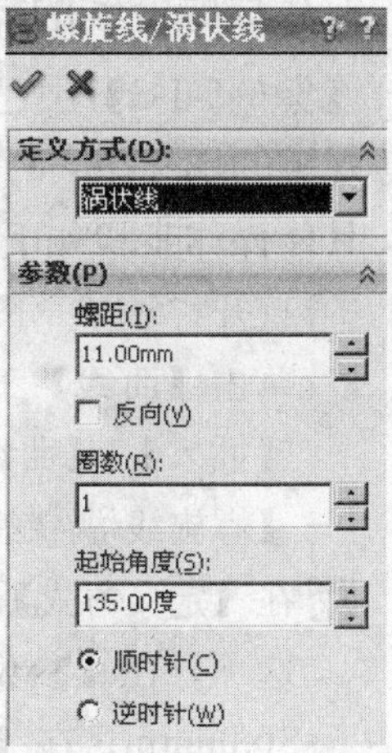

图5-12 选择【涡状线】选项后的属性设置

（2）【参数】选项组

- 【恒定螺距】：以恒定螺距方式生成螺旋线。
- 【可变螺距】：以可变螺距方式生成螺旋线。
- 【区域参数】：通过指定圈数或者高度、直径以及螺距率生成可变螺距螺旋线，如图5-13所示。

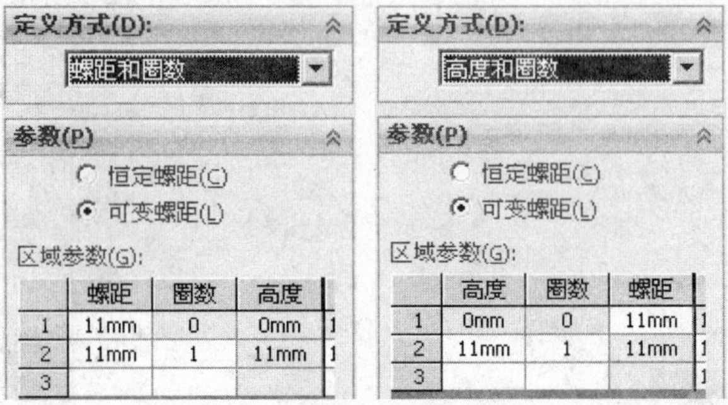

图5-13 【区域参数】设置

- ■ 【螺距】：为每个螺距设置半径更改比率。设置的数值必须至少为0.001，且不大于200000。
- ■ 【圈数】：设置螺旋线及涡状线的旋转数。
- ■ 【高度】：设置生成螺旋线的高度。
- 【反向】：用来反转螺旋线及涡状线的旋转方向。
- 【起始角度】：设置在绘制的草图圆上开始初始旋转的位置。
- 【顺时针】：设置生成的螺旋线及涡状线的旋转方向为顺时针。
- 【逆时针】：设置生成的螺旋线及涡状线的旋转方向为逆时针。

（3）【锥形螺纹线】选项组

此选项组在【定义方式】选项组中选择【涡状线】选项时不可用。

- 【锥形角度】：设置生成锥形螺纹线的角度。
- 【锥度外张】：设置生成的螺纹线是否锥度外张。

3. 生成螺旋线的操作案例

【案例5-1-3】中已知存在一个草图圆，在草图基础上创建一个等螺距的螺旋线。

具体操作步骤如下。

图5-14 打开草图

01 打开“5-1-3草图1.SLDPRT”零件图，如图5-14所示。

02 单击【曲线】工具栏中的【螺旋线/涡状线】按钮或执行【插入】|【曲线】|【螺旋线/涡状线】命令，系统弹出【螺旋线/涡状线】的属性设置。

03 在【定义方式】选项组下的下拉列表中选择【螺距和圈数】选项。在【参数】选项组中选择【恒定螺距】单选按钮，在【螺距】文本框中输入30.00mm，在【圈数】文本框中输入6，再【起始角度】文本框中输入0.00度，单击【顺时针】单选按钮，如图5-15所示。

04 单击【确定】按钮，完成螺旋线-恒定螺距特征的创建，如图5-16所示。

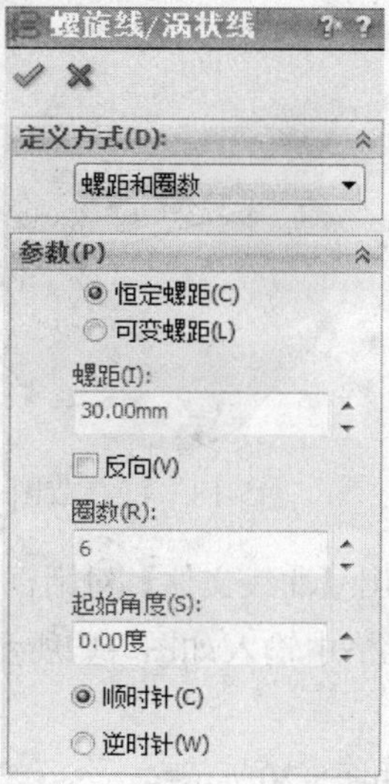

图5-15　螺旋线-恒定螺距属性设置

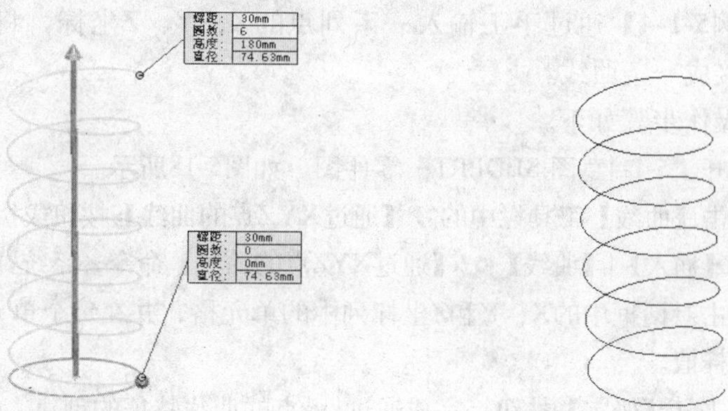

图5-16　创建螺旋线-恒定螺距特征

5.1.4　通过*xyz*点的曲线

在SolidWorks中，用户既可以自定义样条曲线通过的点，也可以利用点坐标文件生成样条曲线。

1. 命令启动

- 单击【曲线】工具栏中的【通过XYZ点的曲线】按钮。
- 选择【插入】｜【曲线】｜【通过XYZ点的曲线】菜单命令。

2. 选项说明

弹出【曲线文件】对话框，如图5-17所示。

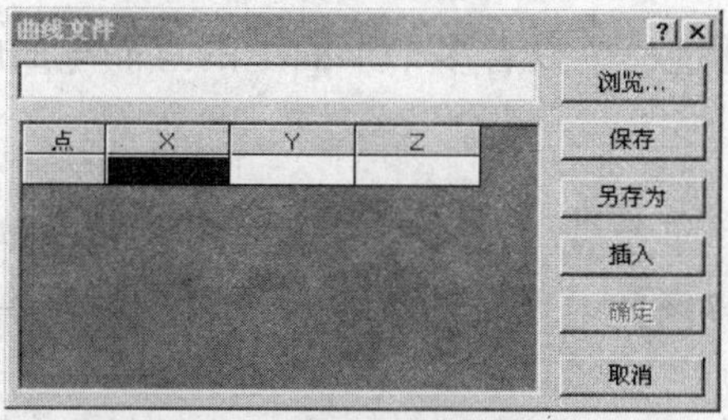

图5-17　【曲线文件】对话框

1）【点】、【X】、【Y】、【Z】：【点】的列坐标定义生成曲线的点的顺序；【X】、【Y】、【Z】的列坐标对应点的坐标值。双击每个单元格，即可激活该单元格，然后输入数值即可。

2）【浏览】：单击【浏览】按钮，可以输入存在的曲线文件，根据曲线文件直接生成曲线。

3）【保存】：单击【保存】按钮，选择想要保存的位置，然后在【文件名】文本框中输入文件名称。如果没有指定扩展名，SolidWorks 应用程序会自动添加*.SLDCRV扩展名。

4）【插入】：用于插入新行。如果要在某一行之上插入新行，只要单击该行，然后单击【插入】按钮即可。

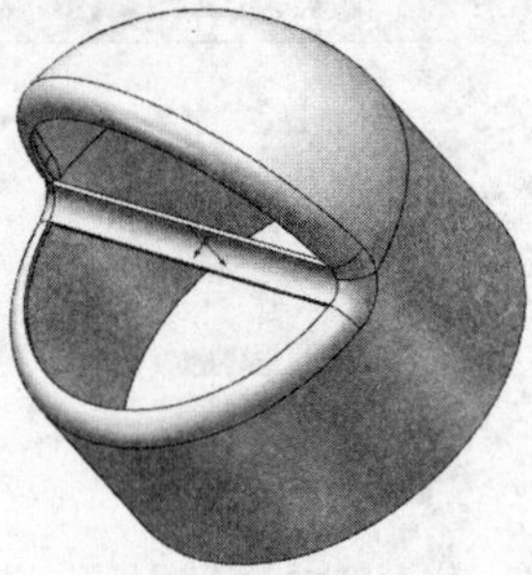

图5-18　打开草图

3. 生成通过*xyz*点的曲线的操作案例

【案例5-1-4】通过手工输入一系列点的X、Y、Z坐标，将这些点连接成一条曲线。

具体操作步骤如下。

01 打开“5-1-4草图.SLDPRT”零件图，如图5-18所示。

02 单击【曲线】工具栏中的【通过XYZ点的曲线】按钮或执行【插入】|【曲线】|【通过XYZ点的曲线】命令，系统弹出【曲线文件】对话框。

03 双击对话框中的X、Y和Z坐标列中的单元格，并在每个单元格中输入如图5-19所示的坐标值。

04 单击【确定】按钮，完成通过*xyz*点的曲线特征的创建，如图5-20所示。

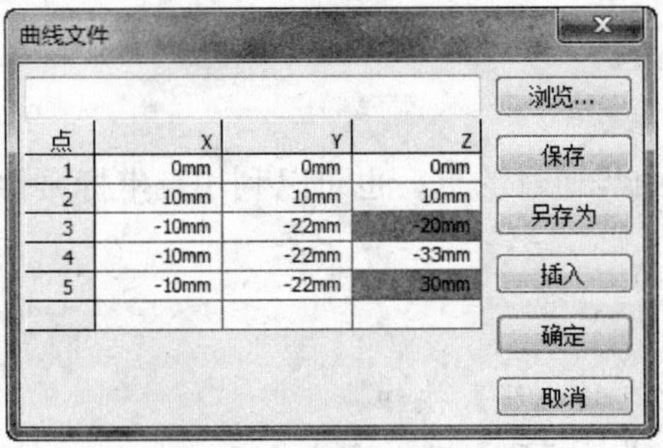

图5-19　【曲线文件】对话框

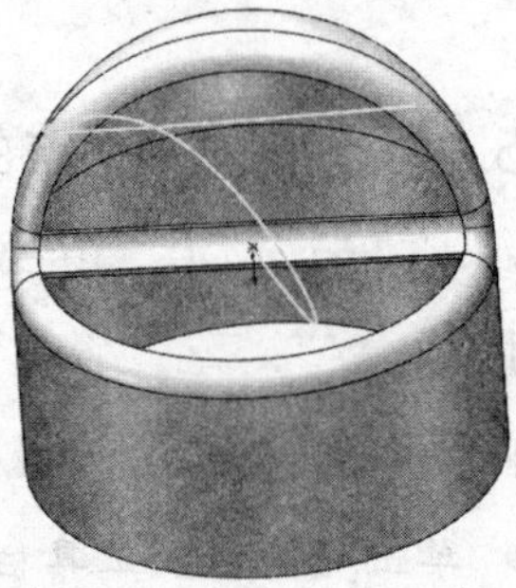

图5-20　创建*xyz*点的曲线

5.1.5　通过参考点的曲线

通过参考点的曲线是通过一个或者多个平面上的点而生成的曲线。

1. 命令启动

- 单击【曲线】工具栏中的【通过参考点的曲线】按钮。
- 单击【插入】|【曲线】|【通过参考点的曲线】菜单命令。

2. 选项说明

在【属性管理器】中弹出【通过参考点的曲线】的属性设置，如图5-21所示。

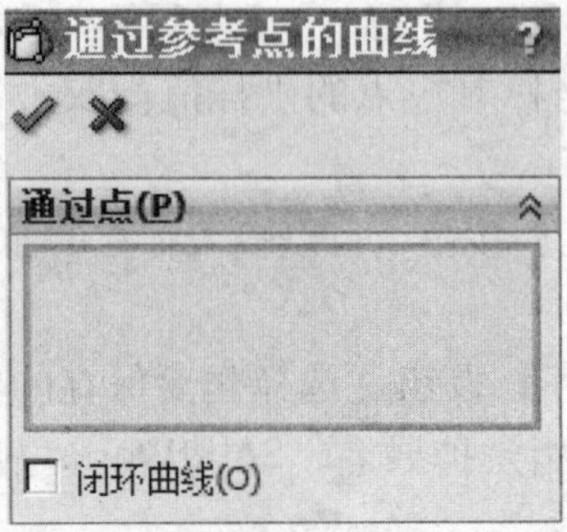

图5-21【通过参考点的曲线】属性设置

- 【通过参考点的曲线】：选择通过一个或者多个平面上的点。
- 【闭环曲线】：定义生成的曲线是否闭合。选择此复选框，则生成的曲线自动闭合。

3. 生成通过参考点的曲线的操作案例

【案例5-1-5】通过将实体上的多个点连接起来，形成空间曲线。

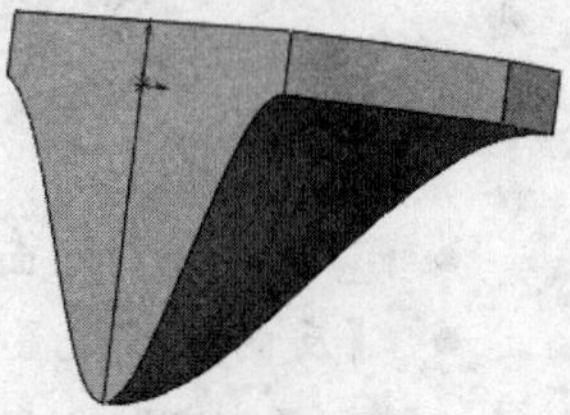

图5-22　打开草图

具体操作步骤如下。

01 打开“5-1-5草图.SLDPRT”零件图，如图5-22所示。

02 单击【曲线】工具栏中的【通过参考点的曲线】按钮或执行【插入】|【曲线】|【通过参考点的曲线】命令，系统弹出【通过参考点的曲线】属性设置。

03 在【通过点】选项组下的选择框中依次单击六边形凸台上的顶点，如图5-23所示，同时选中【闭环曲线】复选框。单击【确定】按钮，完成通过参考点的曲线特征的创建，如图5-24所示。

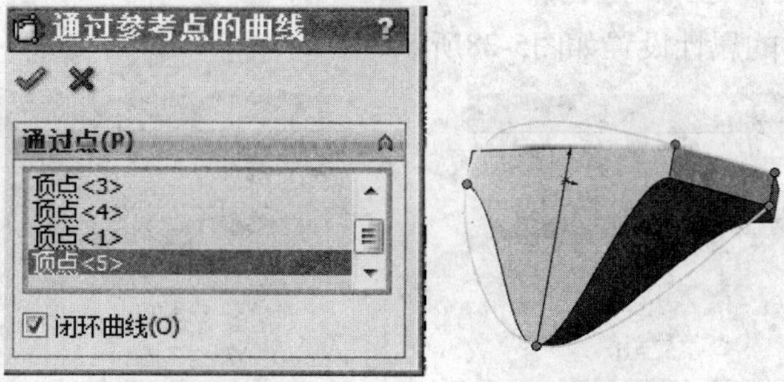

图5-23　【通过参考点的曲线】的属性设置

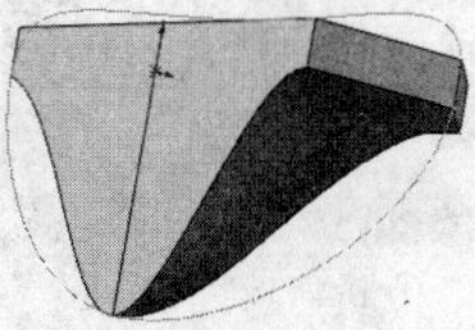

图5-24　创建通过参考点的曲线

5.1.6　分割线

分割线通过将实体投影到曲面或者平面上而生成。

1. 命令启动

- 单击【曲线】工具栏中的【分割线】按钮。
- 选择【插入】|【曲线】|【分割线】菜单命令。

2. 选项说明

在【属性管理器】中弹出【分割线】的属性设置。在【分割类型】选项组中选择生成的分割线的类型，如图5-25所示。

- 【轮廓】：在圆柱形零件上生成分割线。
- 【投影】：将草图线投影到表面上生成分割线。
- 【交叉点】：以交叉实体、曲面、面、基准面或者曲面样条曲线分割面。

1）单击【轮廓】单选按钮后的属性设置如图5-26所示。

- 【拔模方向】：在图形区域或者【特征管理器设计树】中选择通过模型轮廓投影的基准面。

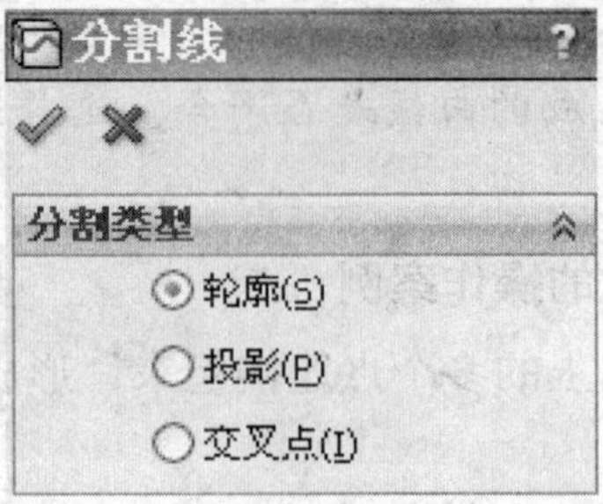

图5-25 【分割类型】选项组

- 【要分割的面】：选择一个或者多个要分割的面。
- 【反向】：设置拔模方向。若选择此复选框，则以反方向拔模。
- 【角度】：设置拔模角度，主要用于制造工艺方面的考虑。

2）单击【投影】单选按钮后的属性设置如图5-27所示。

- 【要投影的草图】：在图形区域或者【特征管理器设计树】中选择草图作为要投影的草图。
- 【单向】：以单方向进行分割以生成分割线。

3）单击【交叉点】单选按钮后的属性设置如图5-28所示。

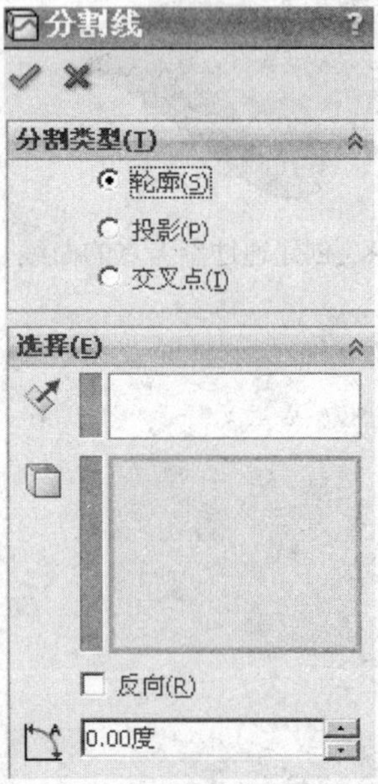

图5-26 单击【轮廓】单选按钮后的属性设置

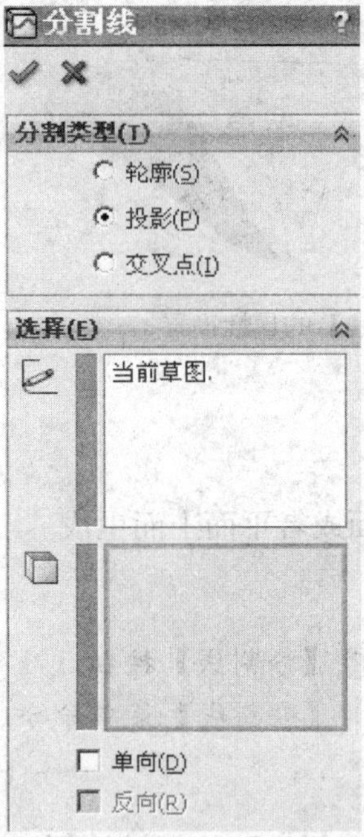

图5-27 单击【投影】单选按钮后的属性设置

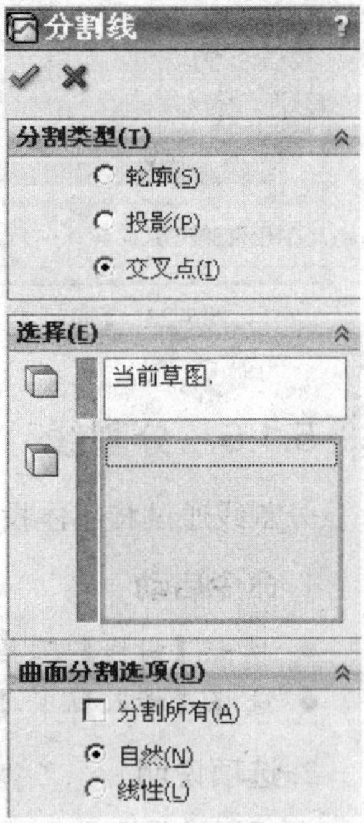

图5-28 单击【交叉点】单选按钮后的属性设置

- 【分割所有】：分割线穿越曲面上所有可能的区域，即分割所有可以分割的曲面。
- 【自然】：按照曲面的形状进行分割。
- 【线性】：按照线性方向进行分割。

3. 生成分割线的操作案例

【案例5-1-6】利用基准面和空间曲面之间存在的交线，自动把曲面分割成几个部分。

具体操作步骤如下。

01 打开“5-1-6草图1.SLDPRT”零件图，如图5-29所示。

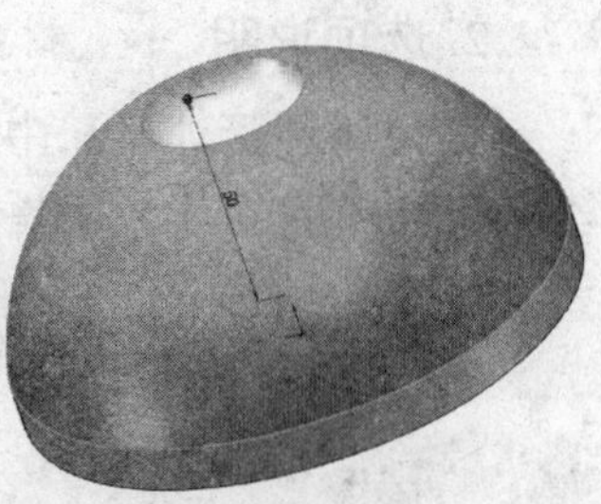

图5-29 打开草图

02 单击【曲线】工具栏中的【分割线】按钮或执行【插入】|【曲线】|【分割线】命令，系统弹出【分割线】的属性设置。

03 在【分割类型】选项组下单击【轮廓】单选按钮。在【选择】选项组下的【拔模方向】选择框中选择【管理器设计树】中的“右视基准面”，在【要分割的面】选择框中选择如图5-30中所示的曲面，其他设置使用系统默认参数。

04 单击【确定】按钮，完成分割线-轮廓特征的创建，如图5-31所示。

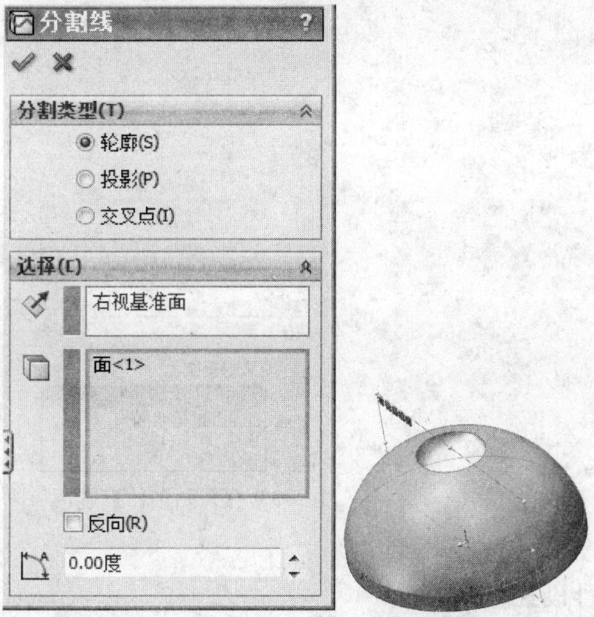

图5-30 【分割线】的属性设置

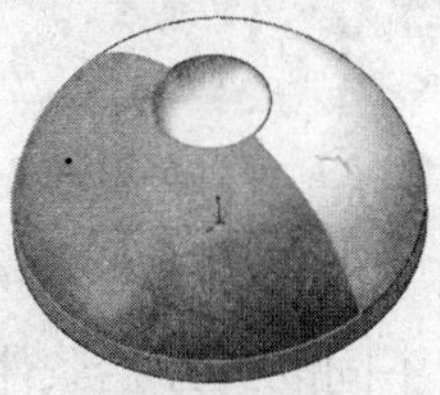

图5-31 创建分割线-轮廓特征

5.2 曲面

曲面是一种可以用来生成实体特征的几何体（如圆角曲面等）。一个零件中可以有多个曲面实体。

5.2.1 拉伸曲面

拉伸曲面是将一条曲线拉伸为曲面。

1. 命令启动

- 单击【曲面】工具栏中的【拉伸曲面】按钮。
- 选择【插入】|【曲面】|【拉伸曲面】菜单命令。

2. 选项说明

在【属性管理器】中弹出【曲面-拉伸】的属性设置，如图5-32所示。在【从】选项组中选择不同的【开始条件】，如图5-33所示。

图5-32 【曲面-拉伸】的属性设置

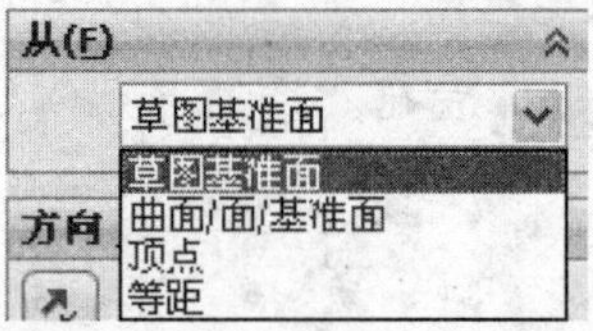

图5-33 【开始条件】选项

（1）【从】选项组

不同的【开始条件】对应不同的属性设置。

- 【草图基准面】如图5-34所示。
- 【曲面/面/基准面】如图5-35所示。

【选择一曲面/面/基准面】：选择一个面作为拉伸曲面的开始条件。

图5-34 设置【开始条件】为【草图基准面】

图5-35 设置【开始条件】为【曲面/面/基准面】

- 【顶点】如图5-36所示。

【选择一顶点】：选择一个顶点作为拉伸曲面的开始条件。

- 【等距】如图5-37所示。

【输入等距值】：从与当前草图基准面等距的基准面上开始拉伸曲面，在数值框中可以输入等距数值。

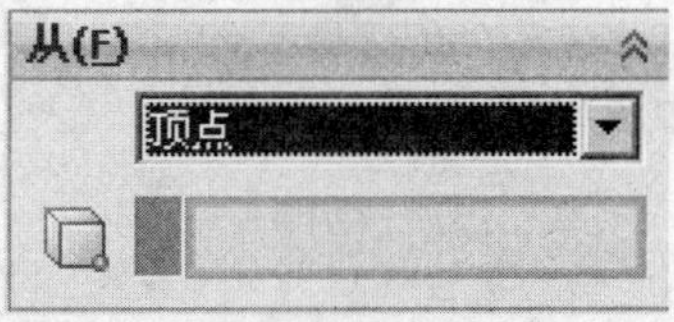

图5-36　设置【开始条件】为【顶点】

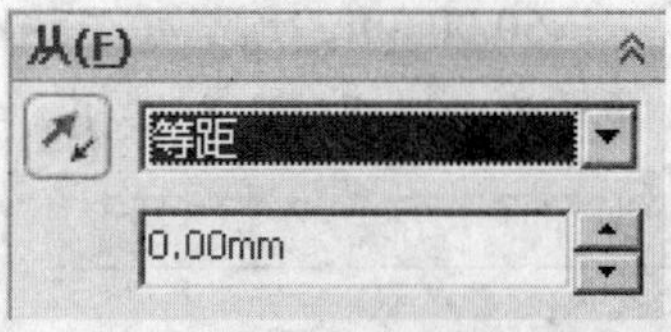

图5-37　设置【开始条件】为【等距】

（2）【方向1】、【方向2】选项组

- 【终止条件】：决定拉伸曲面的方式，如图5-38所示。

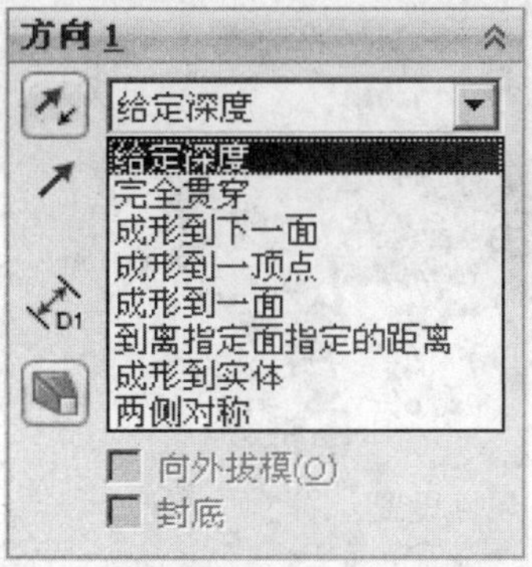

图5-38　【终止条件】选项

- 【反向】：可以改变曲面拉伸的方向。
- 【拉伸方向】：在图形区域中选择方向向量以垂直于草图轮廓的方向拉伸草图。
- 【深度】：设置曲面拉伸的深度。
- 【拔模开/关】：设置拔模角度，主要用于制造工艺的考虑。
- 【向外拔模】：设置拔模的方向。

其他属性设置不做详述。

（3）【所选轮廓】选项组

在图形区域中选择草图轮廓和模型边线，使用部分草图生成曲面拉伸特征。

3. 生成拉伸曲面的操作案例

【案例5-2-1】已知存在一个草图曲线，沿着垂直于草图基准面的方向拉伸曲线，形成一个空间曲面。

具体操作步骤如下。

01 打开“5-2-1草图1.SLDPRT”零件图，选择“草图1”，如图5-39所示。

02 单击【曲面】工具栏中的【拉伸曲面】按钮或执行【插入】|【曲面】|【拉伸曲面】命令，系统弹出【曲面-拉伸】的属性设置。

03 在【从】选项组下的下拉列表中选择【草图基准面】选项。在【方向1】选项组下的【终止条件】下拉列表中选择【给定深度】选项，在【深度】文本框中输入

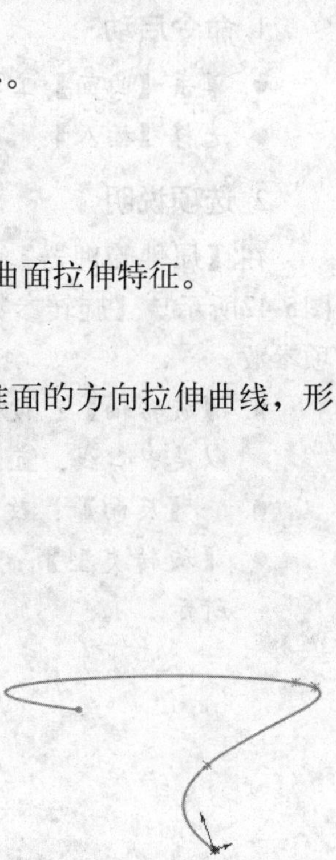

图5-39　打开草图

60.00mm，预览如图5-40所示。

04 单击✔【确定】按钮，完成拉伸曲面特征的创建，如图5-41所示。

图5-40 【曲面-拉伸】属性设置

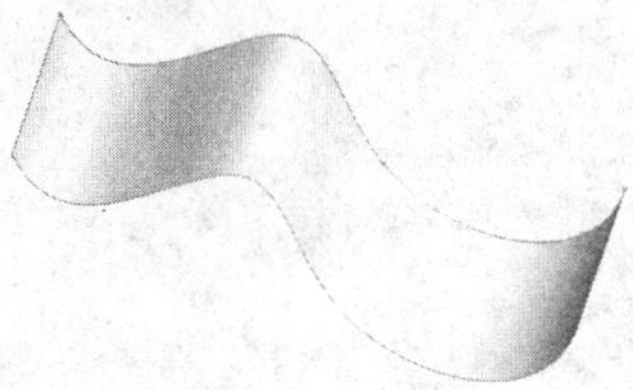

图5-41 创建拉伸曲面特征

5.2.2 旋转曲面

从交叉或者非交叉的草图中选择不同的草图并用所选轮廓生成的旋转的曲面，即为旋转曲面。

1. 命令启动

- 单击【曲面】工具栏中的【旋转曲面】按钮。
- 选择【插入】|【曲面】|【旋转曲面】菜单命令。

2. 选项说明

在【属性管理器】中弹出【曲面-旋转】的属性设置，如图5-42所示。【旋转参数】选项组用来设置生成旋转曲面的各项参数。

- 【旋转轴】：设置曲面旋转所围绕的轴，所选择的轴可以是中心线、直线，也可以是一条边线。
- 【反向】：改变旋转曲面的方向。
- 【旋转类型】：设置生成旋转曲面的类型，如图5-43所示。

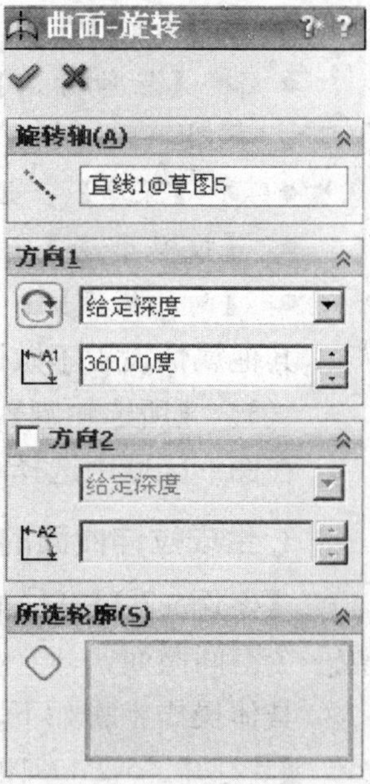

图5-42 【曲面-旋转】的属性设置

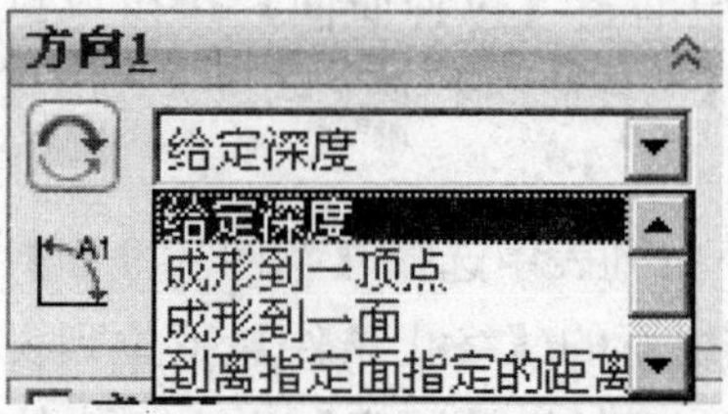

图5-43 【旋转类型】选项

■ 【给定深度】：从草图以单一方向生成旋转。
■ 【成形到顶点】：从草图基准面生成旋转到指定顶点。
■ 【成形到一面】：从草图基准面生成旋转到指定曲面。
■ 【到离指定面指定的距离】：从草图基准面生成旋转到指定曲面的指定等距。
■ 【两侧对称】：从草图基准面以顺时针和逆时针方向生成旋转。

● 【角度】：设置旋转曲面的角度。

3. **生成旋转曲面的操作案例**

【案例5-2-2】将已存在的曲线草图绕中心线按给定深度旋转形成曲面。

具体操作步骤如下。

01 打开“5-2-2草图2.SLDPRT”零件图，选择“草图1”，如图5-44中蓝色曲线所示。

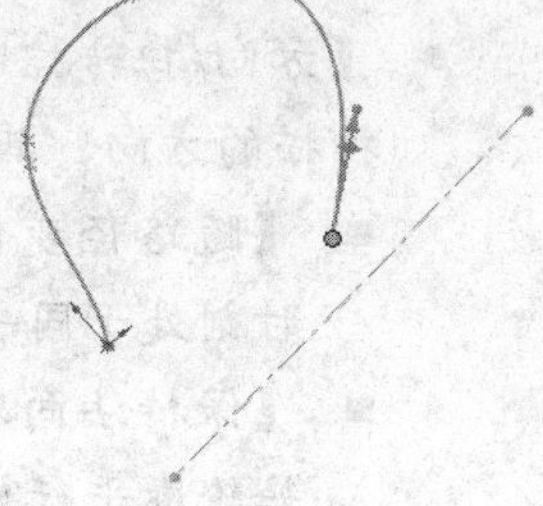

图5-44　打开草图

02 单击【曲面】工具栏中的【旋转曲面】按钮或执行【插入】|【曲面】|【旋转曲面】命令，系统弹出【曲面-旋转】的属性设置。

03 在【旋转轴】选项组下，系统自动选择草图中的中心线为【旋转轴】，在【方向1】选项组中的【旋转类型】下拉列表中选择【给定深度】选项，在【角度】文本框中输入360.00度，预览如图5-45所示。

04 单击【确定】按钮，完成旋转曲面特征的创建，如图5-46所示。

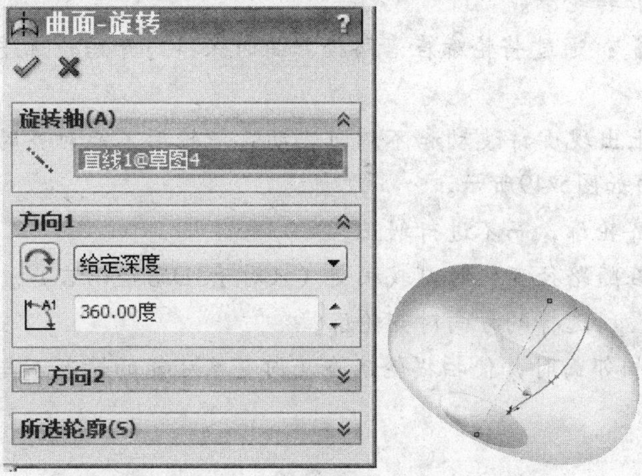

图5-45　【曲面-旋转】的属性设置

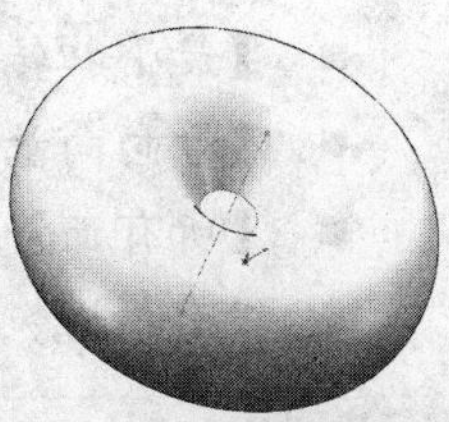

图5-46　创建旋转曲面特征

5.2.3　扫描曲面

利用轮廓和路径生成的曲面被称为扫描曲面。

1. **命令启动**

● 单击【曲面】工具栏中的【扫描曲面】按钮。
● 选择【插入】｜【曲面】｜【扫描曲面】菜单命令。

2. 选项说明

在【属性管理器】中弹出【曲面-扫描】的属性设置，如图5-47所示。

(1) 【轮廓和路径】选项组

- 【轮廓】：设置扫描曲面的草图轮廓，扫描曲面的轮廓可以是开环的，也可以是闭环的。
- 【路径】：设置扫描曲面的路径。

(2) 【选项】选项组

- 【方向/扭转控制】：控制轮廓沿路径扫描的方向，其选项如图5-48所示。
  - 【随路径变化】：轮廓相对于路径时刻处于同一角度。
  - 【保持法向不变】：轮廓时刻与开始轮廓平行。
  - 【随路径和第一引导线变化】：中间轮廓的扭转由路径到第一条引导线的向量决定。
  - 【随第一和第二引导线变化】：中间轮廓的扭转由第一条引导线到第二条引导线的向量决定。
  - 【沿路径扭转】：沿路径扭转轮廓。
  - 【以法向不变沿路径扭曲】：通过将轮廓在沿路径扭曲时保持与开始轮廓平行而沿路径扭转轮廓。

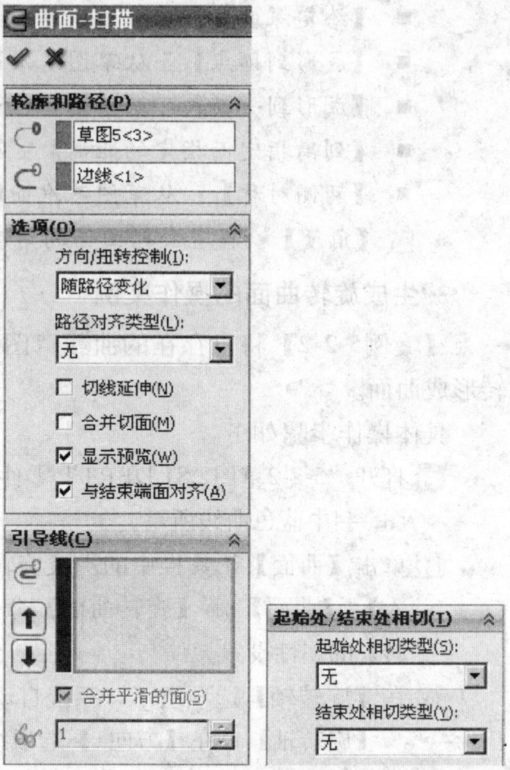

图5-47 【曲面-扫描】的属性设置

- 【路径对齐类型】：当路径上出现少许波动和不均匀波动，使轮廓不能对齐时，可以将轮廓稳定下来，其选项如图5-49所示。
  - 【无】：垂直于轮廓且对齐轮廓，而不进行纠正。
  - 【最小扭转】：阻止轮廓在随路径变化时自我相交（只对于3D路径而言）。
  - 【方向向量】：以方向向量所选择的方向对齐轮廓。
  - 【所有面】：当路径包括相邻面时，使扫描轮廓在几何关系可能的情况下与相邻面相切。

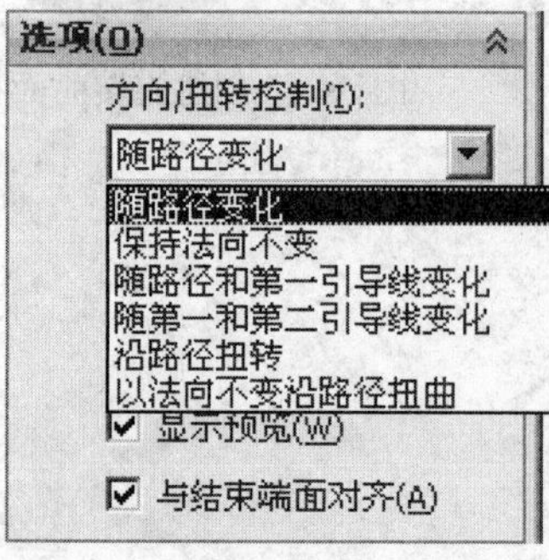

图5-48 【方向/扭转控制】选项

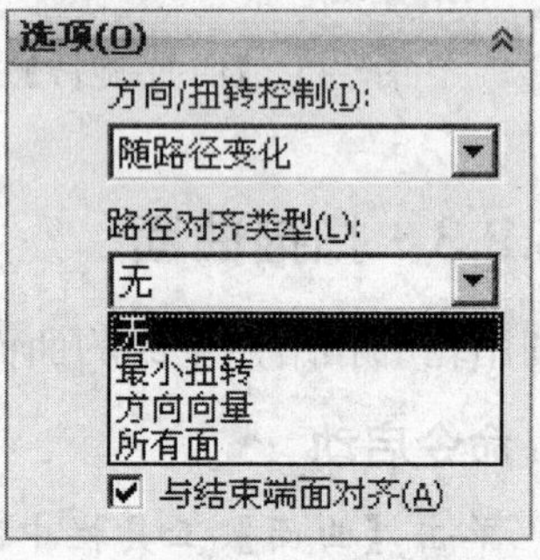

图5-49 【路径对齐类型】选项

- 【切线延伸】：沿切线方向进行延伸。
- 【合并切面】：在扫描曲面时，如果扫描轮廓具有相切线段，可以使所产生的扫描中的相应曲面相切。
- 【显示预览】：以上色方式显示扫描结果的预览。
- 【与结束端面对齐】：将扫描轮廓延续到路径所遇到的最后面。

(3) 【引导线】选项组

- 【引导线】：在轮廓沿路径扫描时加以引导。
- 【上移】：调整引导线的顺序，使指定的引导线上移。
- 【下移】：调整引导线的顺序，使指定的引导线下移。
- 【合并平滑的面】：改进通过引导线扫描的性能，并在引导线或者路径不是曲率连续的所有点处进行分割扫描。
- 【显示截面】：显示扫描的截面，单击箭头可以进行滚动预览。

(4) 【起始处/结束处相切】选项组

- 【起始处相切类型】如图5-50所示。
  - 【无】：不应用相切。
  - 【路径相切】：路径垂直于开始点处而生成扫描。
- 【结束处相切类型】如图5-51所示。
  - 【无】：不应用相切。
  - 【路径相切】：路径垂直于结束点处而生成扫描。

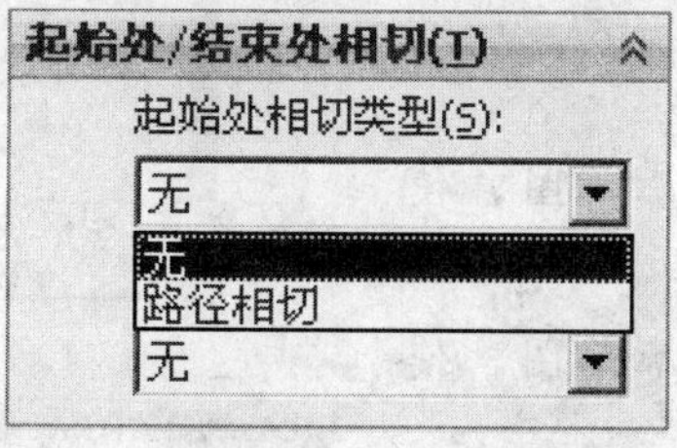

图5-50 【起始处相切类型】选项

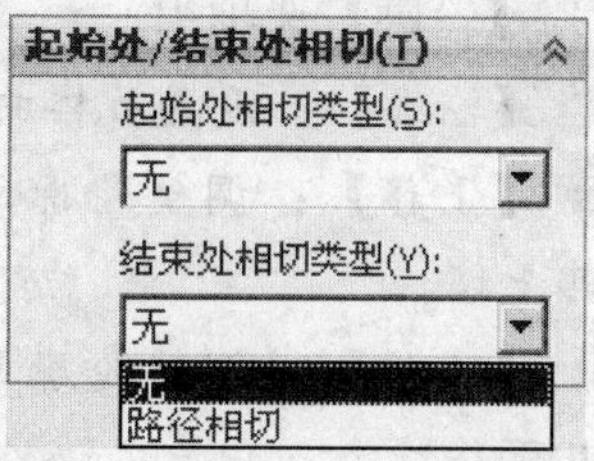

图5-51 【结束处相切类型】选项

3. 生成扫描曲面的操作案例

【案例5-2-3】将已存在的曲线草图轮廓随路径变化，生成复杂形状的面。

具体操作步骤如下。

01 打开“5-2-3草图.SLDPRT”零件图，如图5-52所示。

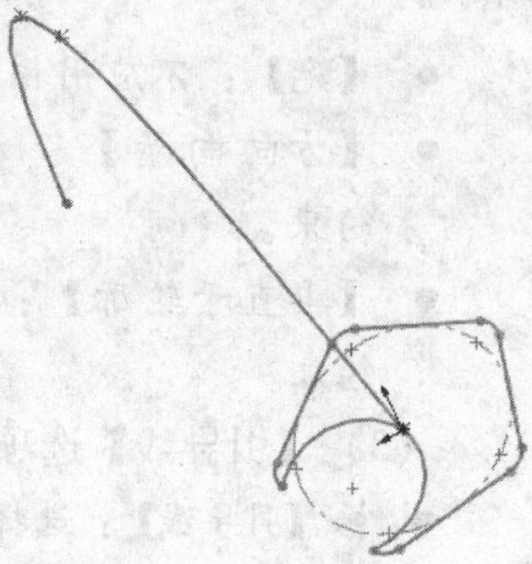

图5-52 打开草图

02 单击【曲面】工具栏中的【扫描曲面】按钮或执行【插入】|【曲面】|【扫描曲面】命令，系统弹出【曲面-扫描】的属性设置。

03 在【轮廓和路径】选项组下的【轮廓】选择框中选择“草图2”，即图形区域中的草图圆，在【路径】选择框中选择“草图1”，即图形区域中的圆弧，预览如图5-53所示。

04 单击【确定】按钮，完成扫描曲面特征的创建，如图5-54所示。

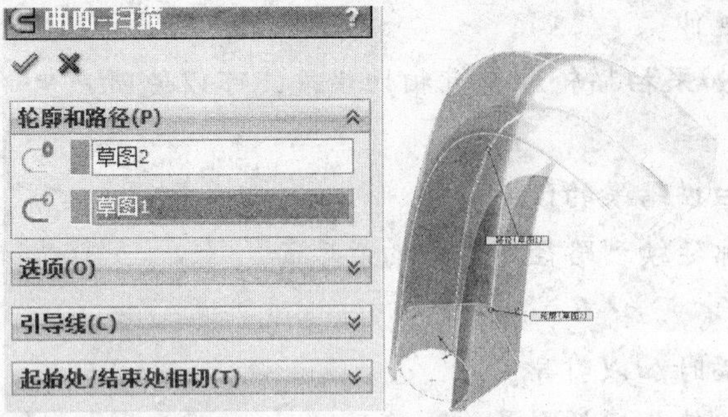

图5-53 【曲面-扫描】的属性设置

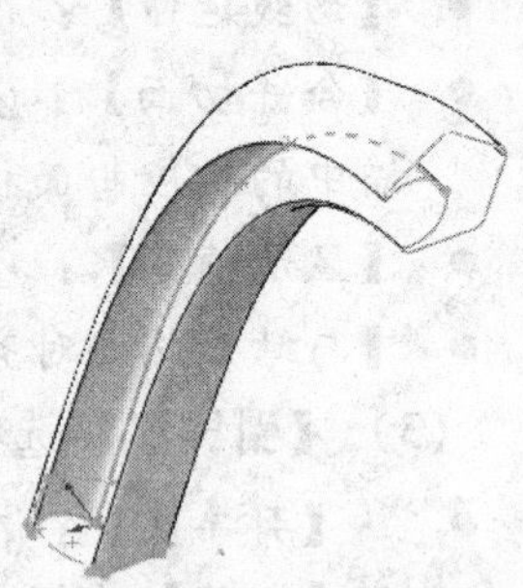

图5-54 创建扫描曲面特征

5.2.4 放样曲面

通过曲线之间的平滑过渡生成的曲面被称为放样曲面。

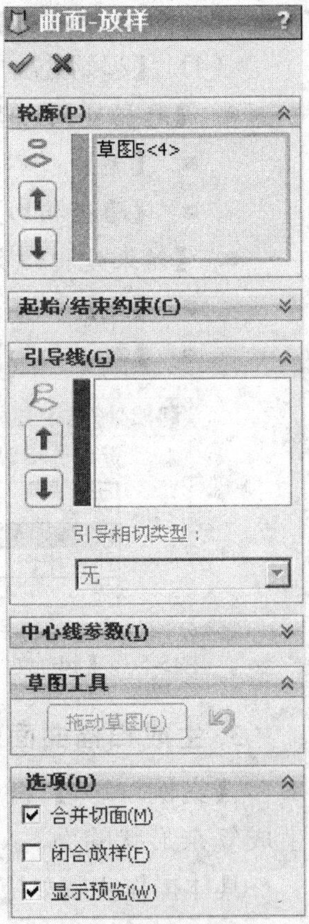

图5-55 【曲面-放样】的属性设置

1. 命令启动

- 单击【曲面】工具栏中的【放样曲面】按钮。
- 选择【插入】|【曲面】|【放样曲面】菜单命令。

2. 选项说明

在【属性管理器】中弹出【曲面-放样】的属性设置，如图5-55所示。

（1）【轮廓】选项组

- 【轮廓】：设置放样曲面的草图轮廓。
- 【上移】：调整轮廓草图的顺序，选择轮廓草图，使其上移。
- 【下移】：调整轮廓草图的顺序，选择轮廓草图，使其下移。

（2）【起始/结束约束】选项组

【开始约束】和【结束约束】有相同的选项，如图5-56所示。

- 【无】：不应用相切约束，即曲率为零。
- 【方向向量】：根据方向向量所选实体而应用相切约束。
- 【垂直于轮廓】：应用垂直于开始或者结束轮廓的相切约束。

（3）【引导线】选项组

- 【引导线】：选择引导线以控制放样曲面。
- 【上移】：调整引导线的顺序，选择引导线，使其上移。
- 【下移】：调整引导线的顺序，选择引导线，使其下移。

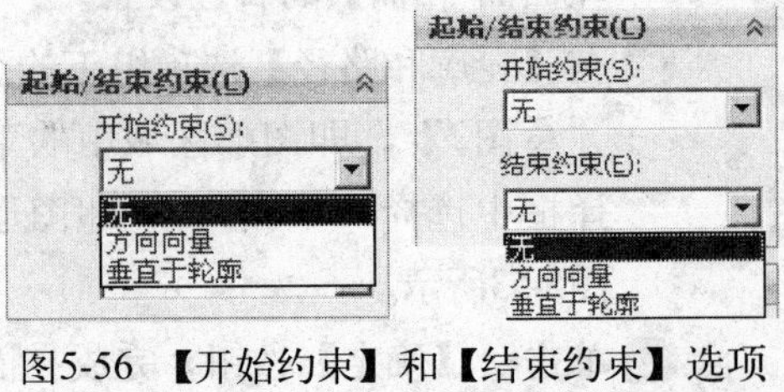

图5-56 【开始约束】和【结束约束】选项

- 【引导线相切类型】：控制放样与引导线相遇处的相切。
  - 【无】：不应用相切约束。
  - 【垂直于轮廓】：垂直于引导线的基准面应用相切约束。
  - 【方向向量】：为方向向量所选实体应用相切约束。
  - 【与面相切】：在位于引导线路径上的相邻面之间添加边侧相切，从而在相邻面之间生成更平滑的过渡。

(4) 【中心线参数】选项组

- 【中心线】：使用中心线引导放样形状，中心线可以和引导线是同一条线。
- 【截面数】：在轮廓之间围绕中心线添加截面。
- 【显示截面】：显示放样截面，单击箭头显示截面数。

(5) 【草图工具】选项组

用于在从同一草图（特别是3D草图）中的轮廓中定义放样截面和引导线。

- 【拖动草图】：激活草图拖动模式。
- 【撤销草图拖动】：撤销先前的草图拖动操作并将预览返回到其先前状态。

(6) 【选项】选项组

- 【合并切面】：在生成放样曲面时，如果对应的线段相切，则使在所生成的放样中的曲面保持相切。
- 【闭合放样】：沿放样方向生成闭合实体，选择此复选框，会自动连接最后一个和第一个草图。
- 【显示预览】：显示放样的上色预览。

3. 生成放样曲面的操作案例

【案例5-2-4】将两个不同的轮廓通过引导线连接生成复杂曲面。

具体操作步骤如下。

01 打开“5-2-4草图.SLDPRT”零件图，如图5-57中蓝色曲线所示。

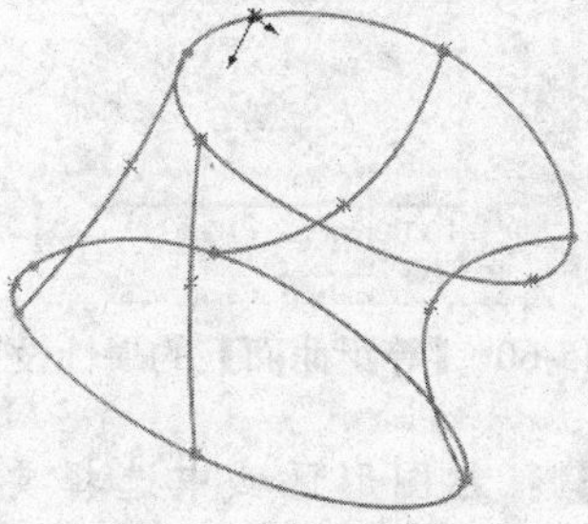

图5-57　打开草图

02 单击【曲面】工具栏中的【放样曲面】按钮或执行【插入】|【曲面】|【放样曲面】命令，系统弹出【曲面-放样】的属性设置。

03 在【轮廓】选项组下的【轮廓】选择框中选择“草图1”和“草图2”，即图形区域中的两个圆；在【引导线】选项组下的【引导线选择框中选择图形区域中轮廓之间的四条空间曲线，预览如图5-58所示。

04 单击【确定】按钮，完成放样曲面特征的创建，如图5-59所示。

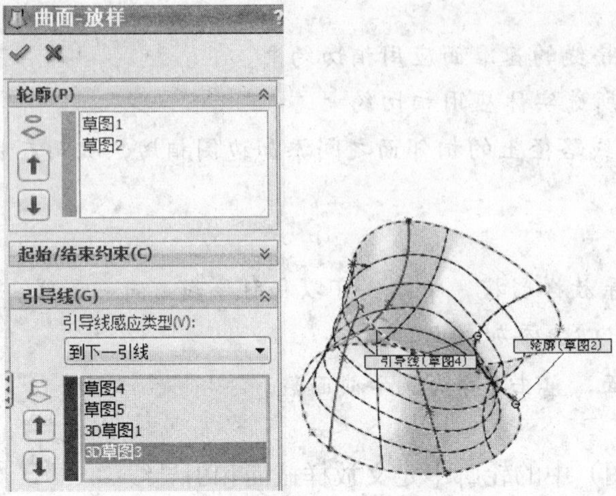

图5-58 【曲面-放样】的属性设置

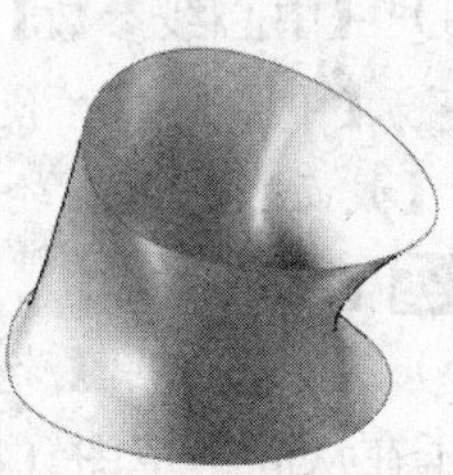

图5-59 创建放样曲面特征

5.2.5 等距曲面

将已经存在的曲面以指定距离生成的另一个曲面被称为等距曲面。

1. 命令启动

- 单击【曲面】工具栏中的【等距曲面】按钮。
- 选择【插入】|【曲面】|【等距曲面】菜单命令。

2. 选项说明

在【属性管理器】中弹出【等距曲面】的属性设置，如图5-60所示。

图5-60 【等距曲面】的属性设置

- 【要等距的曲面或面】：在图形区域中选择要等距的曲面或者平面。
- 【等距距离】：可以输入等距距离数值。
- 【反转等距方向】：改变等距的方向。

3. 生成等距曲面的操作案例

【案例5-2-5】将选定的曲面沿其法线方向偏移生成曲面。

具体操作步骤如下。

01 打开“5-2-5草图.SLDPRT”零件图，如图5-61所示。

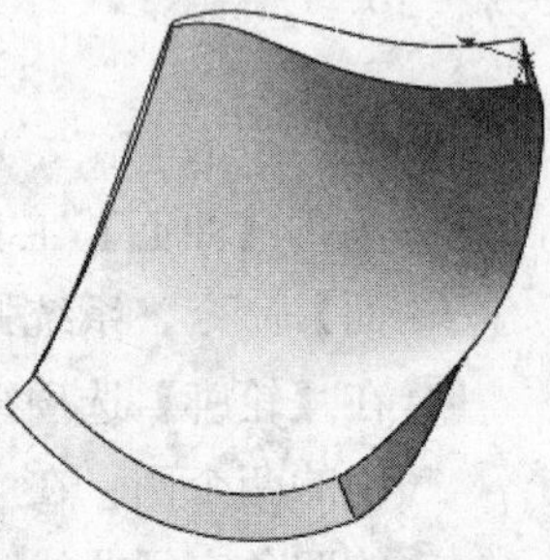

图5-61 打开草图

02 单击【曲面】工具栏中的【等距曲面】按钮或执行【插入】|【曲面】|【等距曲面】命令，系统弹出【曲面-等距】的属性设置。

03 在【等距参数】选项组下的【要等距的曲面或面】选择框中选择图中曲面。在【距离】文本框中输入2.00mm，预览如图5-62所示。

04 单击【确定】按钮，完成等距曲面特征的创建，如图5-63所示。

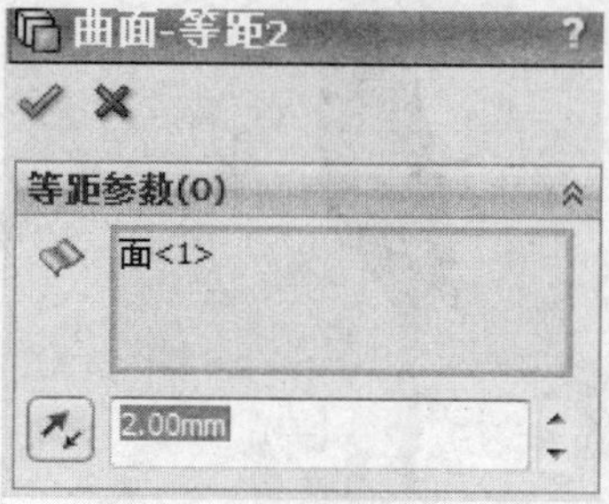

图5-62 【曲面-等距】的属性设置

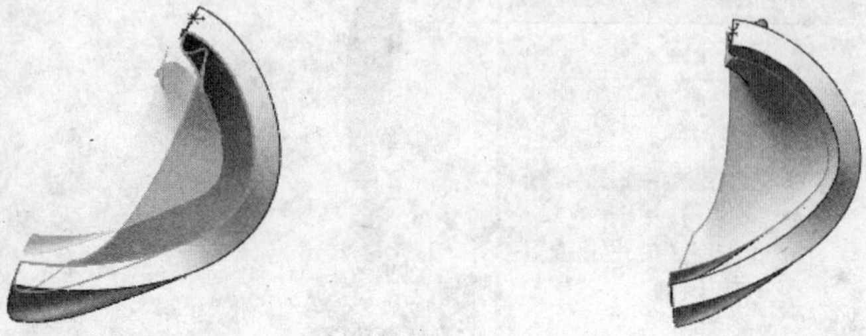

图5-63 创建等距曲面特征

5.2.6 延展曲面

通过沿所选平面方向延展实体或者曲面的边线而生成的曲面被称为延展曲面。

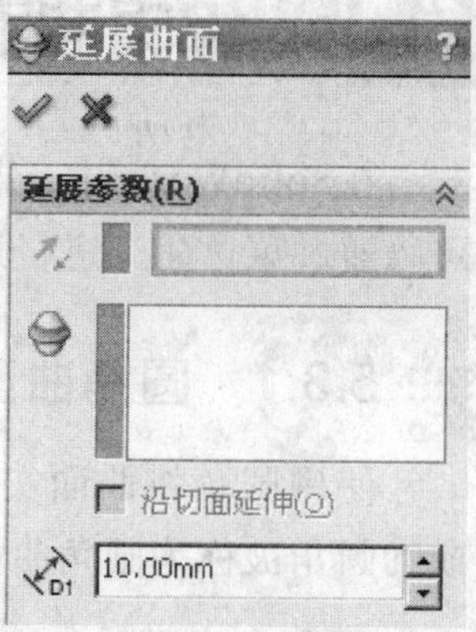

图5-64 【延展曲面】的属性设置

1. 命令启动

- 选择【插入】|【曲面】|【延展曲面】菜单命令。

2. 选项说明

在【属性管理器】中弹出【延展曲面】的属性设置，如图5-64所示。

- 【沿切面延展】：在图形区域中选择一个面或者基准面。
- 【反转延展方向】：改变曲面延展的方向。
- 【要延展的边线】：在图形区域中选择一条边线或者一组连续边线。
- 【沿切面延伸】：使曲面沿模型中的相切面继续延展。
- 【延展距离】：设置延展曲面的宽度。

3. 生成延展曲面的操作案例

【案例5-2-6】通过沿所选平面方向延展实体的边线来生成曲面。

具体操作步骤如下。

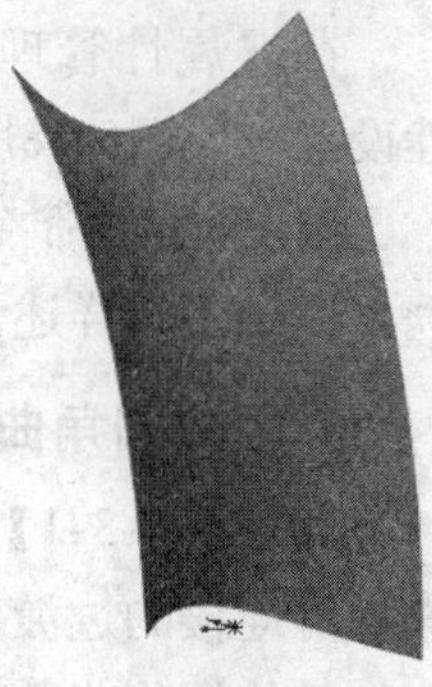

图5-65 打开草图

01 打开“5-2-6草图.SLDPRT”零件图，如图5-65所示。

02 单击【曲面】工具栏中的【延展曲面】按钮或执行【插入】|【曲面】|【延展曲面】命令，系统弹出【延展曲面】的属性设置。

03 在【延展参数】选项组下的【沿切面延展】选择框中选择“前

视基准面”，在【要延展的边线】选择框中选择如图5-66所示的红色边线，在【距离】文本框中输入4.00mm，同时单击【反向】按钮，使曲面延展方向沿法向朝外。

04 单击【确定】按钮，完成延展曲面特征的创建，如图5-67所示。

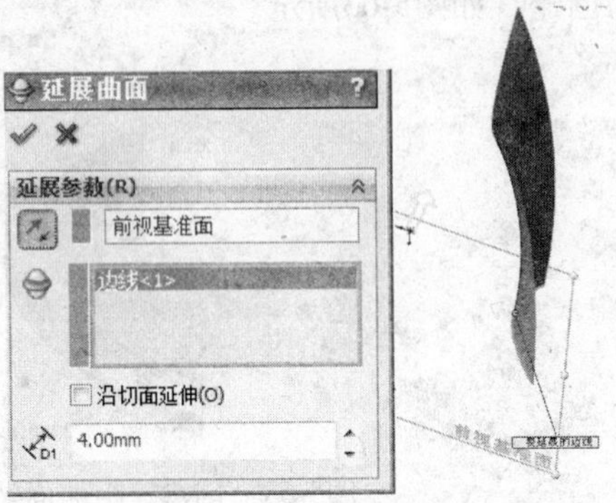

图5-66 【延展曲面】的属性设置

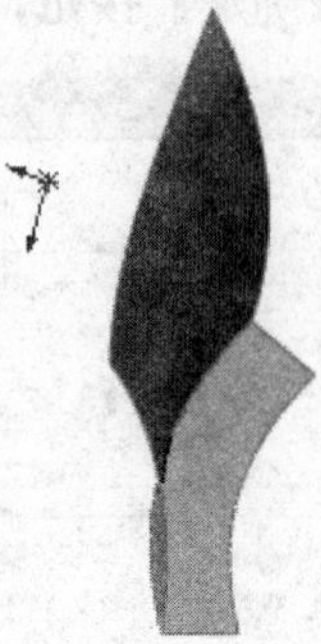

图5-67 创建延展曲面特征

5.3 编辑曲面

在SolidWorks中，既可以生成曲面，也可以对生成的曲面进行编辑。编辑曲面的命令可以通过菜单命令进行选择，也可以通过工具栏进行调用。

5.3.1 圆角曲面

使用圆角将曲面实体中以一定角度相交的两个相邻面之间的边线进行平滑过渡，生成的圆角被称为圆角曲面。

1. 命令启动

- 单击【曲面】工具栏中的【圆角】按钮。
- 选择【插入】|【曲面】|【圆角】菜单命令。

2. 选项说明

在【属性管理器】中弹出【圆角】的属性设置，如图5-68所示。

圆角曲面命令与圆角特征命令基本相同，在此不做详述。

3. 生成圆角曲面的操作实例

【案例5-3-1】在指定的两组曲面之间建立光滑连接的过渡曲面。

具体操作步骤如下。

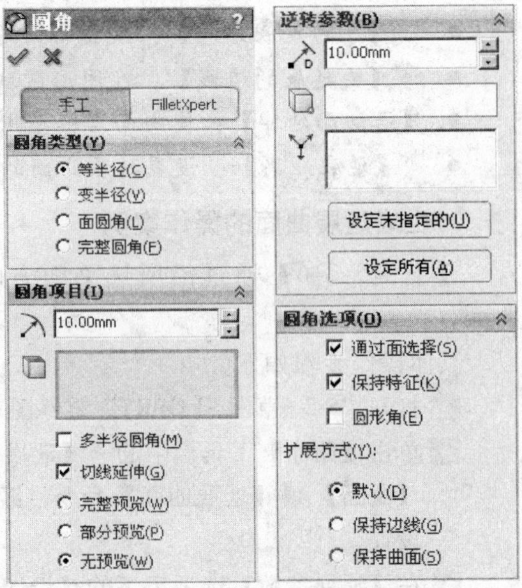

图5-68 【圆角】的属性设置

01 打开“5-3-1草图.SLDPRT”零件图，如图5-69所示。

02 单击【曲面】工具栏中的【圆角】按钮或执行【插入】|【曲面】|【圆角】命令，系统弹出【圆角】的属性设置。

03 在【圆角类型】选项组下单击【等半径】单选按钮。在【圆角项目】选项组下的【边线、面、特征和环】选择框中选择如图5-70中所示的四条边线，在【半径】文本框中输入2.00mm。

04 单击【确定】按钮，完成圆角曲面特征的创建，如图5-71所示。

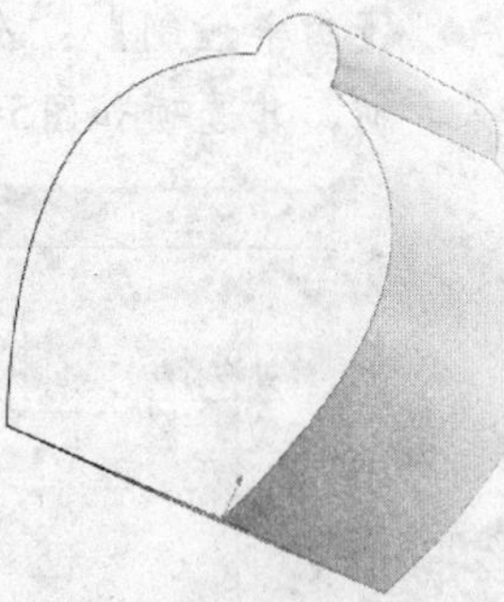

图5-69 打开草图

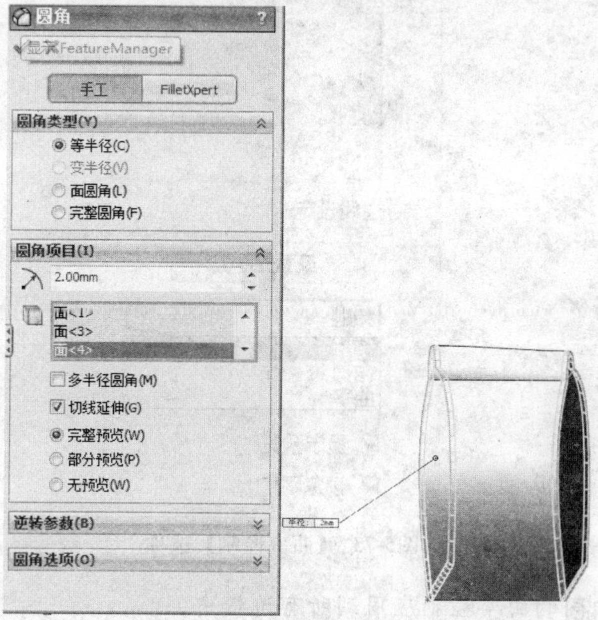

图5-70 【圆角】的属性设置

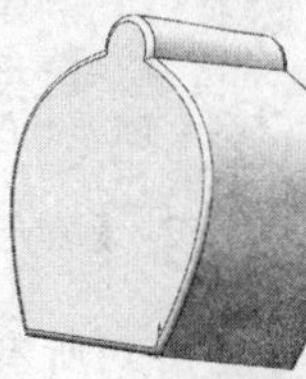

图5-71 创建圆角曲面特征

5.3.2 填充曲面

在现有模型边线、草图或者曲线定义的边界内生成带任何边数的曲面修补，被称为填充曲面。

1. 命令启动

- 单击【曲面】工具栏中的【填充曲面】按钮。
- 选择【插入】|【曲面】|【填充】菜单命令。

2. 选项说明

在【属性管理器】中弹出【填充曲面】的属性设置，如图5-72所示。

（1）【修补边界】选项组

- 【修补边界】：定义所应用的修补边线。
- 【交替面】：只在实体模型上生成修补时使用，用于控制修补曲率的反转边界面。

- 【曲率控制】：在生成的修补上进行控制，可以在同一修补中应用不同的曲率控制，其选项如图5-73所示。

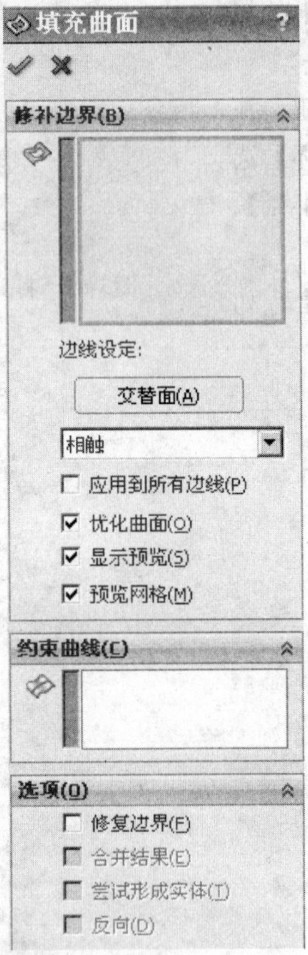

图5-72 【填充曲面】的属性设置

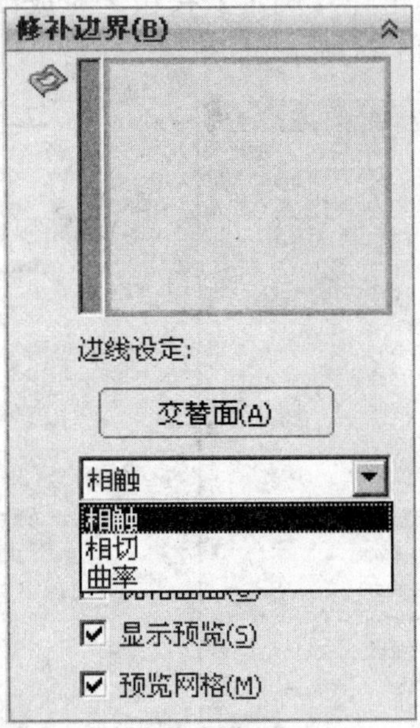

图5-73 【曲率控制】选项

- 【应用到所有边线】：可以将相同的曲率控制应用到所有边线中。
- 【优化曲面】：用于对曲面进行优化。
- 【显示预览】：以上色方式显示曲面填充预览。
- 【预览网格】：在修补的曲面上显示网格线以直观地观察曲率的变化。

（2）【约束曲线】选项组

【约束曲线】：在填充曲面时添加斜面控制。

（3）【选项】选项组

- 【修复边界】：可以自动修复填充曲面的边界。
- 【合并结果】：如果边界至少有一个边线是开环薄边，那么选择此复选框，则可以用边线所属的曲面进行缝合。
- 【尝试形成实体】：如果边界实体都是开环边线，可以选择此复选框生成实体。
- 【反向】：此选项用于纠正填充曲面时不符合填充需要的方向。

3. 生成填充曲面的操作案例

【案例5-3-2】根据模型的边线在其内部构建任意边数的曲面修补。

具体操作步骤如下。

01 打开“5-3-2草图.SLDPRT”零件图，如图5-74所示。

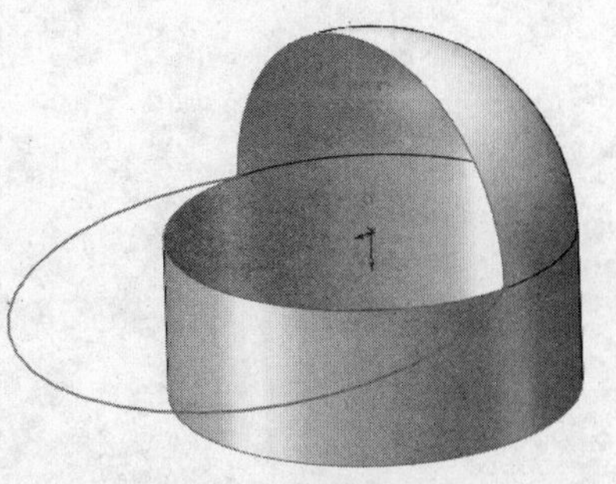

图5-74　打开草图

02 单击【曲面】工具栏中的【填充】按钮或执行【插入】|【曲面】|【填充】命令，系统弹出【填充曲面】的属性设置。

03 在【修补边界】选项组下的【修补边界】选择框中选择曲面中心漏洞的边线，在【曲率控制】下拉列表中选择【相触】选项，预览如图5-75所示。

04 单击【确定】按钮，完成填充曲面特征的创建，如图5-76所示。

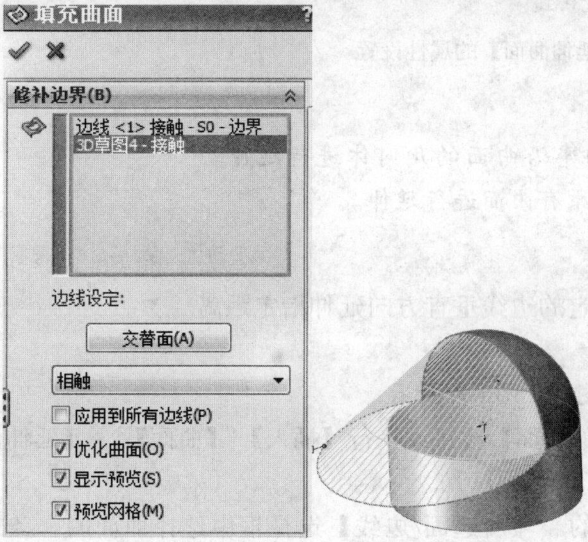

图5-75　【填充曲面】的属性设置

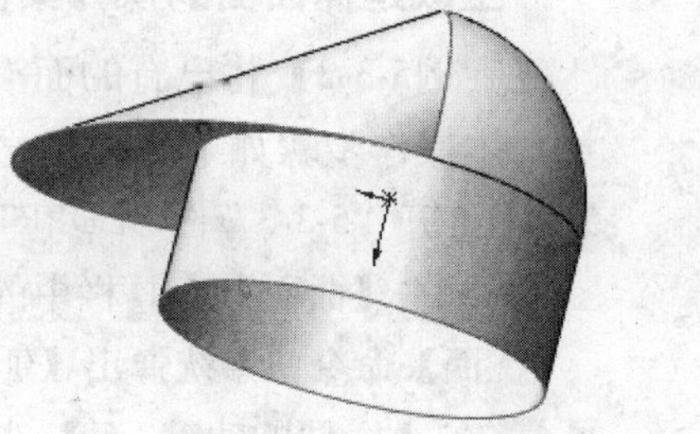

图5-76　创建填充曲面特征

5.3.3　延伸曲面

将现有曲面的边缘沿着切线方向进行延伸所形成的曲面被称为延伸曲面。

1. 命令启动

- 单击【曲面】工具栏中的【延伸曲面】按钮。
- 选择【插入】|【曲面】|【延伸曲面】菜单命令。

2. 选项说明

在【属性管理器】中弹出【延伸曲面】的属性设置，如图5-77所示。

（1）【拉伸的边线/面】选项组

【所选面/边线】：在图形区域中选择延伸的边线或者面。

（2）【终止条件】选项组

- 【距离】：按照设置的【距离】数值确定延伸曲面的距离。
- 【成形到某一面】：在图形区域中选择某一面，将曲面延伸到指定的面。
- 【成形到某一点】：在图形区域中选择某一顶点，将曲面延伸到指定的点。

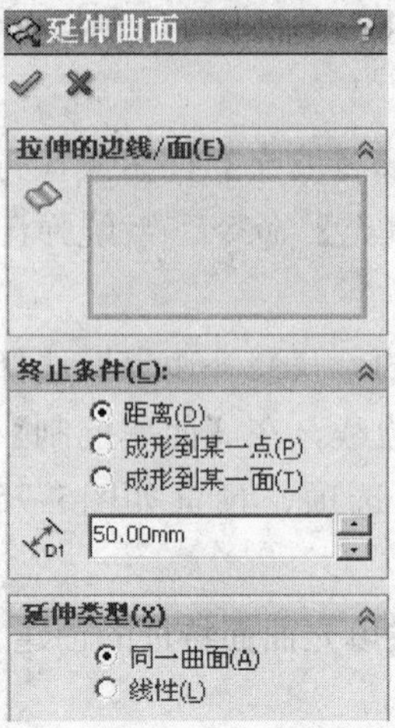

图5-77 【延伸曲面】的属性设置

（3）【延伸类型】选项组

- 【同一曲面】：以原有曲面的曲率沿曲面的几何体进行延伸。
- 【线性】：沿指定的边线相切于原有曲面进行延伸。

3. 生成延伸曲面的操作案例

【案例5-3-3】将已有的面沿着与选定的边线垂直方向延伸指定距离。

具体操作步骤如下。

01 打开“5-3-3草图.SLDPRT”零件图，如图5-78所示。

02 单击【曲面】工具栏中的【延伸曲面】按钮或执行【插入】|【曲面】|【延伸曲面】命令，系统弹出【延伸曲面】的属性设置。

03 在【拉伸的边线/面】选项组下的【所选面/边线】选择框中选择曲面的一条边线，在【终止条件】选项组下单击【距离】单选按钮，在【距离】文本框中输入40.00mm，如图5-79所示。

04 单击【确定】按钮，完成延伸曲面特征的创建，如图5-80所示。

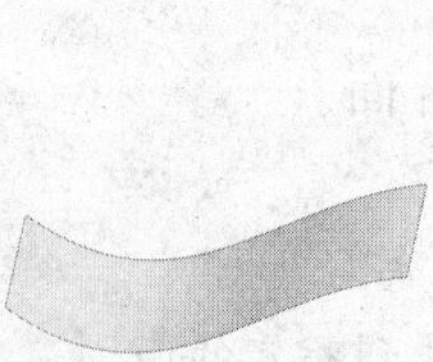

图5-78 打开草图

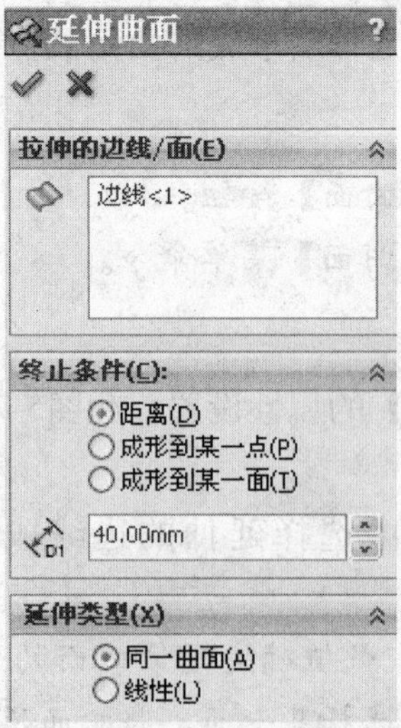

图5-79 【延伸曲面】的属性设置

图5-80 创建延伸曲面特征

5.3.4 剪裁曲面

可以使用曲面、基准面或者草图作为剪裁工具剪裁相交曲面，也可以将曲面和其他曲面配合使用，相互作为剪裁工具。

1. 命令启动

- 单击【曲面】工具栏中的【剪裁曲面】按钮。
- 选择【插入】|【曲面】|【剪裁曲面】菜单命令。

2. 选项说明

在【属性管理器】中弹出【剪裁曲面】的属性设置，如图5-81所示。

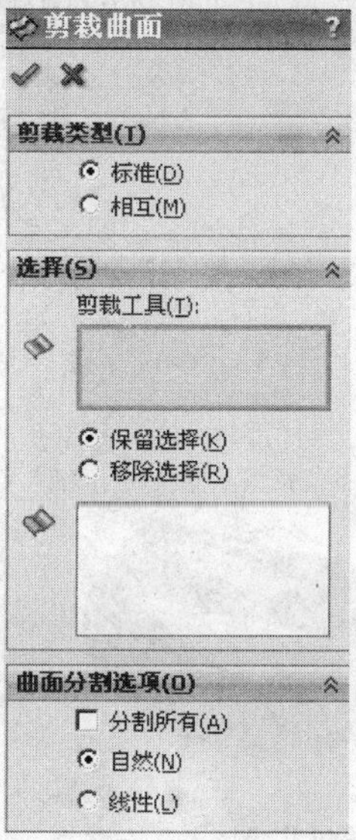

图5-81 【剪裁曲面】的属性设置

（1）【剪裁类型】选项组

- 【标准】：使用曲面、草图实体、曲线或者基准面等剪裁曲面。
- 【相互】：使用曲面本身剪裁多个曲面。

（2）【选择】选项组

- 【剪裁工具】：在图形区域中选择曲面、草图实体、曲线或者基准面作为剪裁其他曲面的工具。
- 【保留选择】：设置剪裁曲面中选择的部分为要保留的部分。
- 【移除选择】：设置剪裁曲面中选择的部分为要移除的部分。

（3）【曲面分割选项】选项组

- 【分割所有】：显示曲面中的所有分割。
- 【自然】：强迫边界边线随曲面形状变化。
- 【线性】：强迫边界边线随剪裁点的线性方向变化。

3. 生成剪裁曲面的操作案例

【案例5-3-4】通过闭合曲线将相交的曲面进行剪裁，切除曲面上与曲线相交的区域。具体操作步骤如下。

01 打开“5-3-4草图.SLDPRT”零件图，如图5-82所示。

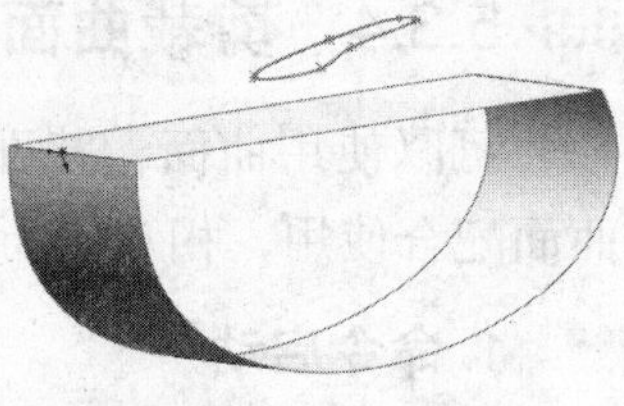

图5-82　打开草图

02 单击【曲面】工具栏中的【剪裁曲面】按钮或执行【插入】|【曲面】|【剪裁曲面】命令，系统弹出【剪裁曲面】的属性设置。

03 在【剪裁类型】选项组下单击【标准】单选按钮。在【选择】选项组下的【剪裁曲面、基准面或草图】选择框中选择图形区域中的封闭空间曲线“草图2”，单击【保留选择】单选按钮，在【保留的部分】选择框中选择图形区域中的“曲面-延伸1-剪裁1”，如图5-83所示。

04 单击【确定】按钮，完成剪裁曲面特征的创建，如图5-84所示。

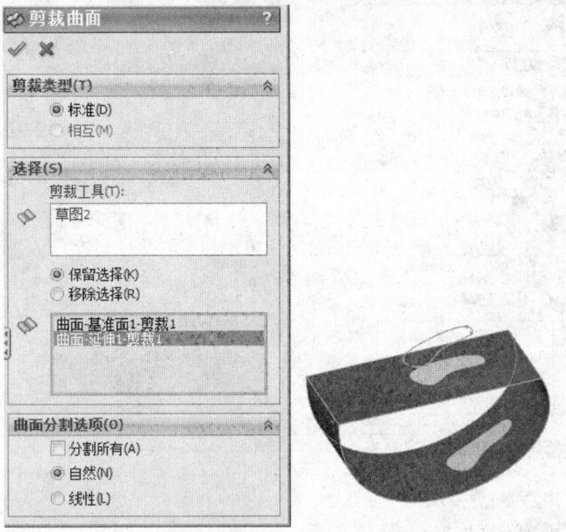

图5-83　【剪裁曲面】的属性设置

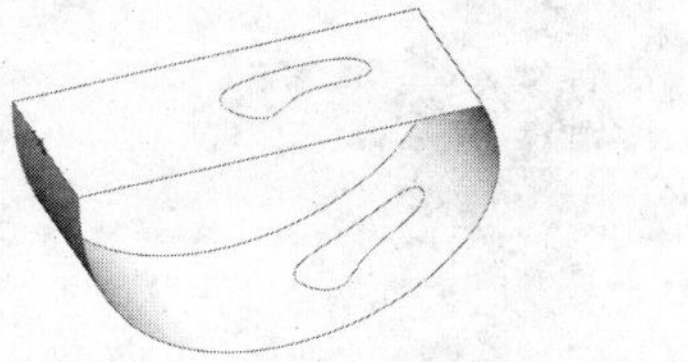

图5-84　创建剪裁曲面特征

5.3.5　删除面

删除面是将存在的面删除并进行编辑。

1. 命令启动

- 单击【曲面】工具栏中的【删除面】按钮。
- 选择【插入】|【面】|【删除】菜单命令。

2. 选项说明

在【属性管理器】中弹出【删除面】的属性设置，如图5-85所示。

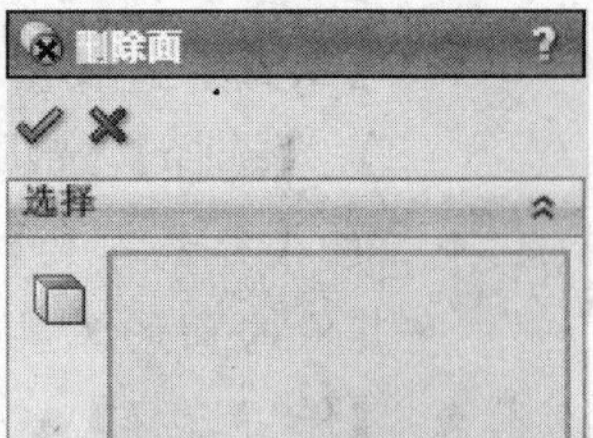

图5-85　【删除面】的属性设置

（1）【选择】选择组

【要删除的面】：在图形区域中选择要删除的面。

（2）【选项】选项组

- 【删除】：从曲面实体删除面或者从实体中删除一个或者多个面以生成曲面。
- 【删除并修补】：从曲面实体或者实体中删除一个面，并自动对实体进行修补和剪裁。

● 【删除并填充】：删除存在的面并生成单一面，可以填补任何缝隙。

3. 删除面的操作案例

【案例5-3-5】对于一个由几个独立的小曲面连接组成的曲面，删除其中一个小曲面。具体操作步骤如下。

01 打开“5-3-5草图.SLDPRT”零件图，如图5-86所示。

图5-86 打开草图

02 单击【曲面】工具栏中的【删除面】按钮或执行【插入】|【面】|【删除】命令，系统弹出【删除面】的属性设置。

03 在【选择】选项组下的【要删除的面】选择框中选择图形区域中文字所包括的面域。在【选项】选项组下单击【删除】单选按钮，如图5-87所示。

04 单击【确定】按钮，完成删除面特征的创建，如图5-88所示。

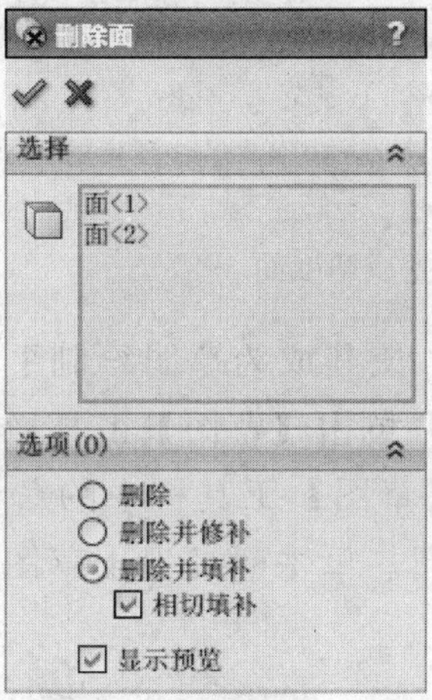

图5-87 【删除面】的属性设置

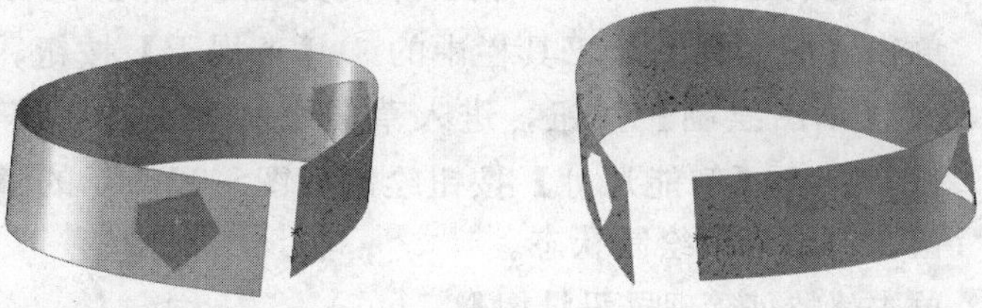

图5-88 创建删除面特征

5.4 范例

下面应用本章所讲解的知识完成一个瓶盖模型的范例，最终效果如图5-89所示。

主要步骤如下。

1）生成外环部分。

2）生成顶盖部分。

图5-89 曲面模型

5.4.1 生成外环部分

01 单击【特征管理器设计树】中的【前视基准面】图标，使前视基准面成为草图绘制平面。单击【标准视图】工具栏中的【正视于】按钮，并单击【草图】工具栏中的【草图绘制】按钮，进入草图绘制状态。使用【草图】工具栏中的【圆弧】、【智能尺寸】按钮绘制如图5-90所示的草图。单击【退出草图】按钮，退出草图绘制状态。

02 单击【参考几何体】工具栏中的【基准面】按钮，在【属性管理器】中弹出【基准面】的属性设置。在【第一参考】中，在图形区域中选择前视基准面，单击【距离】按钮，在文本框中输入19.00mm，如图5-91所示，在图形区域中显示出新建基准面的预览，单击【确定】按钮，生成基准面。

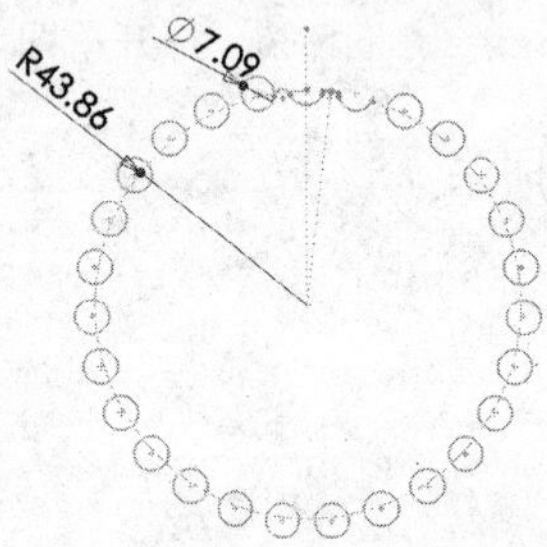

图5-90　绘制草图并标注尺寸

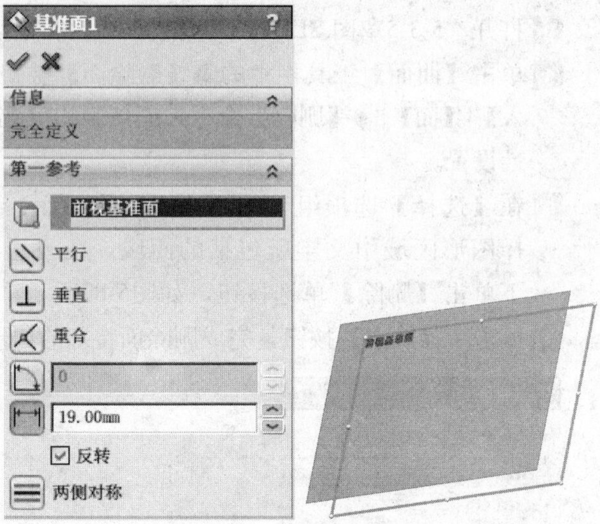

图5-91　生成基准面

03 单击【特征管理器设计树】中的【基准面1】图标，使其成为草图绘制平面。单击【标准视图】工具栏中的【正视于】按钮，并单击【草图】工具栏中的【草图绘制】按钮，进入草图绘制状态。使用【草图】工具栏中的【圆弧】、【智能尺寸】按钮绘制如图5-92所示的草图。单击【退出草图】按钮，退出草图绘制状态。

04 单击【特征管理器设计树】中的【前视基准面】图标，使其成为草图绘制平面。单击【标准视图】工具栏中的【正视于】按钮，并单击【草图】工具栏中的【草图绘制】按钮，进入草图绘制状态。使用【草图】工具栏中的【圆弧】、【智能尺寸】按钮绘制如图5-93所示的草图。单击【退出草图】按钮，退出草图绘制状态。

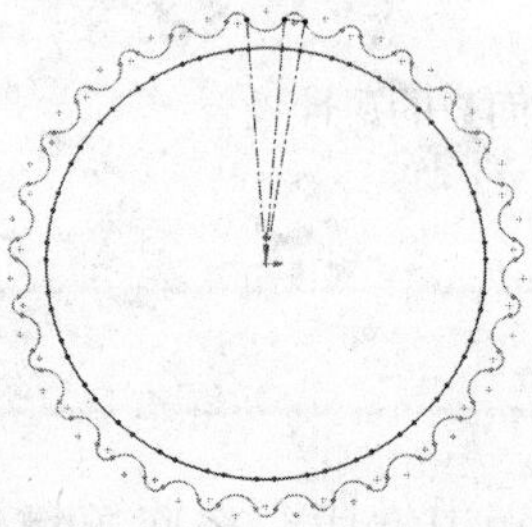
图5-92　绘制草图并标注尺寸

图5-93　绘制草图并标注尺寸

05 单击【曲面】工具栏中的【放样曲面】按钮，在【轮廓】中选择“草图3”和“草图2”，单击【确定】按钮，如图5-94所示。

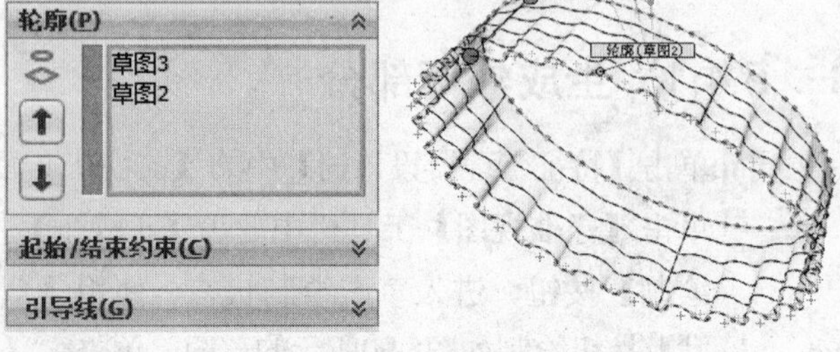

图5-94　放样曲面

5.4.2 生成顶盖部分

01 单击【参考几何体】工具栏中的【基准面】按钮，在【属性管理器】中弹出【基准面】的属性设置。在【第一参考】中，在图形区域中选择“基准面1”，单击【距离】按钮，在文本框中输入2.00mm，勾选【反转】复选框，如图5-95所示，在图形区域中显示出新建基准面的预览，单击【确定】按钮，生成基准面。

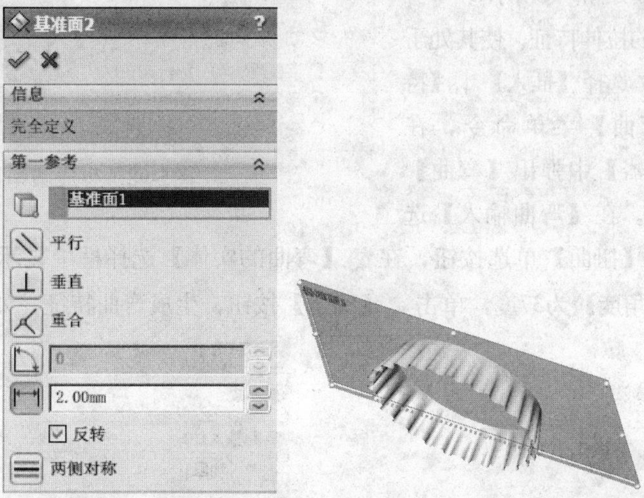

图5-95　生成基准面

02 单击【曲面】工具栏中的【平面区域】按钮，在【属性管理器】中弹出【平面区域】的属性设置。单击【边界实体】选择框，在图形区域中选择圆边线，如图5-96所示，单击【确定】按钮，生成平面区域特征。

03 单击【曲面】工具栏中的【缝合曲面】按钮，在【属性管理器】中弹出【缝合曲面】的属性设置。单击【选择】选择框，在图形区域中选择两个曲面，如图5-97所示，单击【确定】按钮，生成缝合曲面特征。

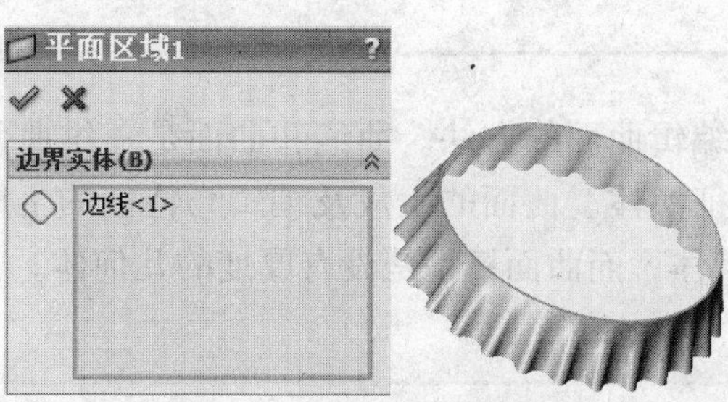

图5-96　生成平面区域特征

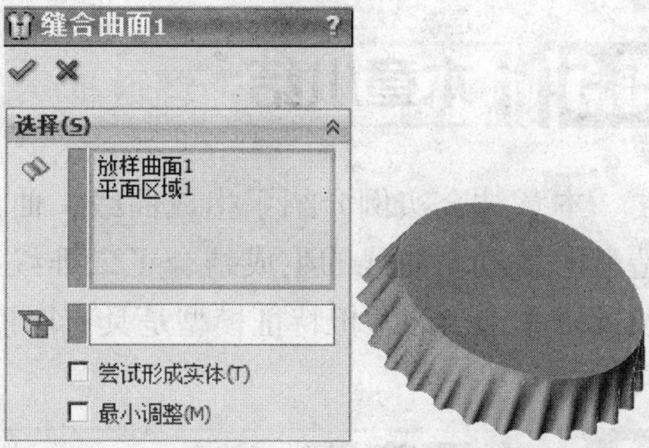

图5-97　缝合曲面

04 单击【特征】工具栏中的【圆角】按钮，在【属性管理器】中弹出【圆角】的属性设置。在【圆角项目】选项组中设置【半径】为1.00mm，单击【边线、面、特征和环】选择框，在图形区域中选择模型的一条边线，单击【确定】按钮，生成圆角特征，如图5-98所示。

05 选择【插入】|【凸台/基体】|【加厚】菜单命令，在【属性管理器】中弹出【加厚】的属性

设置，在【加厚参数】选项组中的【要加厚的曲面】选择框中选择“圆角1”，在【厚度】文本框中输入0.50mm，勾选【合并结果】复选框。单击【确定】按钮，加厚曲面如图5-99所示。

06 单击模型中的拉伸特征，使其处于被选择状态。选择【插入】｜【特征】｜【弯曲】菜单命令，在【属性管理器】中弹出【弯曲】的属性设置。在【弯曲输入】选项组中单击【扭曲】单选按钮，在【弯曲的实体】选择框中显示出实体的名称，设置【扭曲角度】为37度，单击【确定】按钮，生成弯曲特征，如图5-100所示。

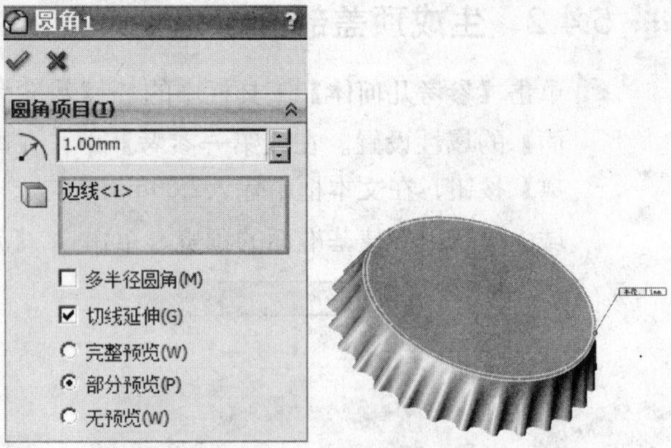

图5-98　生成圆角特征

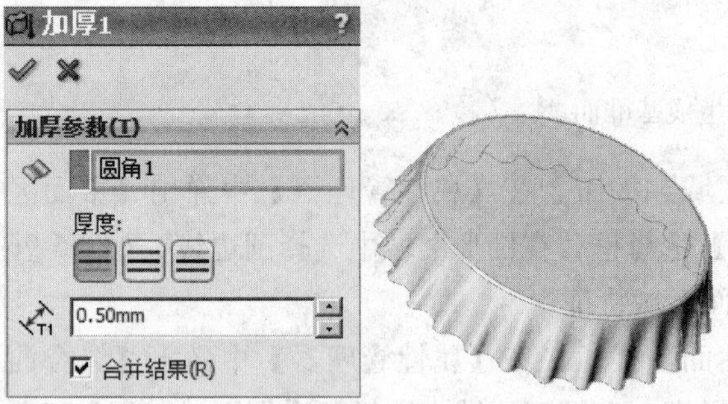

图5-99　加厚曲面

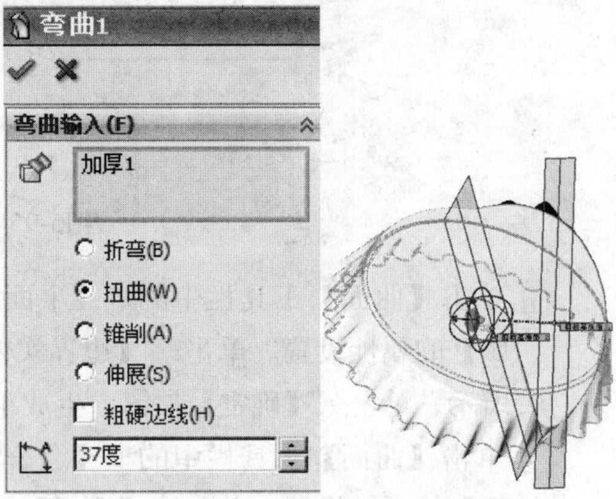

图5-100　生成弯曲特征

5.5 本章小结

本章结合实例介绍了生成曲线、曲面以及编辑曲面的方法。曲线和曲面是三维曲面造型的基础。曲线的生成结合了二维线条及特征实体。曲面的生成及编辑与特征的生成及编辑非常类似，但特征模型是具有厚度的几何体，而曲面模型是没有厚度的几何体。

5.6 思考题

1）生成螺旋线有几种方式？

2）分割线的主要作用是什么？

3）旋转曲面特征的旋转轴是否一定是直线？

4）放样曲面中的引导线有哪些作用？

5）延伸曲面和延展曲面的主要区别是什么？

第6章 装配体设计

本章导读

装配体是SolidWorks三大基本功能之一。装配体文件的首要功能是描述产品零件之间的配合关系。除此之外，装配体窗口还提供了干涉检查、爆炸视图、压缩状态和装配统计等功能。

6.1 装配体

SolidWorks可以创建由许多零部件所组成的复杂装配体，这些零部件可以是零件或其他装配体，称为子装配体，对于大多数的操作，两种零部件的行为方式是相同的。添加零部件到装配体，在装配体和零部件之间生成一连接。装配体的文档名称扩展名为.sldasm。

从零件生成装配体的步骤如下。

01 在【标准】工具栏单击【从零件/装配体制作装配体】按钮，或者单击【文件】|【从零件制作装配体】。装配体会在【插入零部件】的属性设置打开的同时打开。

02 在图形区域中单击将零件添加到装配体。SolidWorks使第一个零部件固定。

6.1.1 生成装配体的途径

1. 自下而上

"自下而上"设计法是比较传统的方法。先设计并造型零部件，然后将其插入到装配体中，使用配合定位零部件。如果需要更改零部件，必须单独编辑零部件，更改可以反映在装配体中。

"自下而上"设计法对于先前制造、现售的零部件，或者如金属器件、皮带轮、马达等标准零部件而言属于优先技术。这些零部件不根据设计的改变而更改其形状和大小，除非选择不同的零部件。

2. 自上而下

在自上而下装配体设计中，零件的一个或多个特征由装配体中的某项定义，如布局草图或另一零件的几何体。设计意图（特征大小、装配体中零部件的放置，与其他零件的靠近等）来自顶层（装配体）并下移（到零件中），因此称为“自上而下”。

例如，当使用【拉伸】命令在塑料零件上生成定位销时，可选择成形到面选项并选择线路板的底面（不同零件）。该选择将使定位销长度刚好接触线路板，即使线路板在将来设计更改中移动，这样销钉的长度在装配体中定义，而不被零件中的静态尺寸所定义。

可使用一些或所有自上而下设计法中某些方法。

- “单个特征”可通过参考装配体中的其他零件自上而下设计。在自下而上设计中，零件在单独窗口中建造，此窗口中只可看到零件。然而，SolidWorks也允许在装配体窗口中操作时编辑零件，这可使所有其他零部件的几何体供参考之用（例如，复制或标注尺寸）。
- “完整零件”可通过在关联装配体中创建新零部件而以自上而下方法建造。所建造的零部件实际上附加（配合）到装配体中的另一现有零部件，所建造的零部件的几何体基于现有零部件。该方法对于像托架和器具之类的零件较有用，它们大多或完全依赖其他零件来定义其形状和大小。
- “整个装配体”亦可自上而下设计，先通过建造定义零部件位置、关键尺寸等的布局草图。接着使用以上方法之一建造3D零件，这样3D零件遵循草图的大小和位置。

注意事项如下。

- 只要在使用自上而下技术生成零件或特征时，都将为所参考的几何体生成外部参考引用。
- 在某些情况下，带有大量关联特征（此构成自上而下设计的基础）的装配体可能比无关联特征的同一装配体需要更长时间重建。
- 在创建关联特征时，记住不生成有冲突的配合很重要，因为此类配合可引起重建时间较长及不可预料的几何体行为。

6.1.2 插入零部件的属性设置

选择【文件】|【从零件制作装配体】菜单命令，装配体文件会在【插入零部件】的属性设置中显示出来，如图6-1所示。

（1）【要插入的零件/装配体】选项组

通过单击【浏览】按钮打开现有零件文件。

（2）【选项】选项组

- 【生成新装配体时开始命令】：当生成新装配体时，选择此复选框以打开此属性设置。

图6-1 【插入零部件】的属性设置

- 【图形预览】：在图形区域中看到所选文件的预览。

在图形区域中单击，将零件添加到装配体。在默认情况下，装配体中的第一个零部件是固定的，但是可以随时使之浮动。

6.2 移动并旋转零部件

6.2.1 移动零部件

方法一：以三重轴移动零部件

1）右击零部件，在弹出的快捷菜单中选择【以三重轴移动】命令，如图6-2所示。

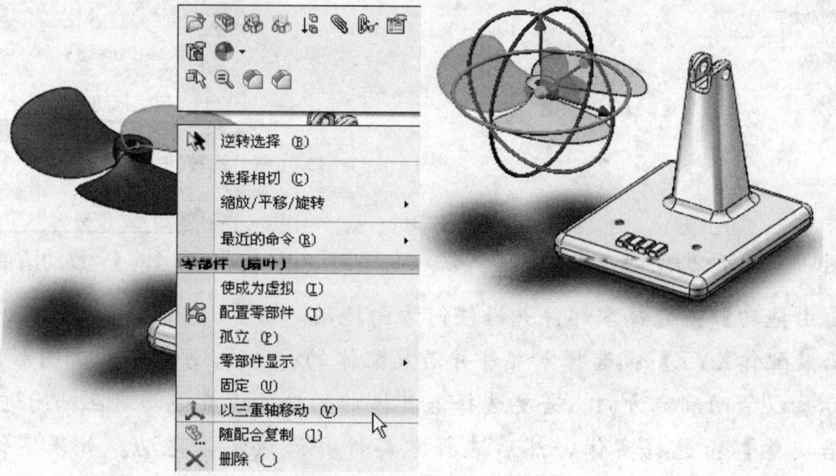

图6-2　选择【以三重轴移动】命令

2）拖动三重轴单元。

- 拖动臂杆可沿臂杆轴拖动零部件。
- 拖动侧翼可沿侧翼平面拖动零部件。

3）若想输入特定坐标或距离，右击中心球面，然后从以下选择。

- 【显示转化XYZ框】：将零部件移动到一特定*xyz*坐标。
- 【显示转化三角形XYZ框】：按特定量移动零部件。

4）在图形区域中单击以关闭三重轴。

要移动或对齐三重轴，方法如下。

- 拖动中央球形可来回拖动三重轴。
- Alt+拖动中央球形或臂杆将三重轴丢放在边线或面上，以使三重轴对齐该边线或面。
- 右击中心球并选择对齐到、与零部件原点对齐或与装配体原点对齐。

方法二：以【属性管理器】移动零部件。

1）在【装配体】工具栏单击【移动零部件】按钮，或执行【工具】|【零部件】|【移动】命令。

在【属性管理器】中打开【移动零部件】的属性设置，鼠标指针变成✥形状，如图6-3所示。

2）在图形区域中选择一个或多个零部件。

3）从移动清单中选择一项目，以下列方法之一移动零部件，如图6-4所示。

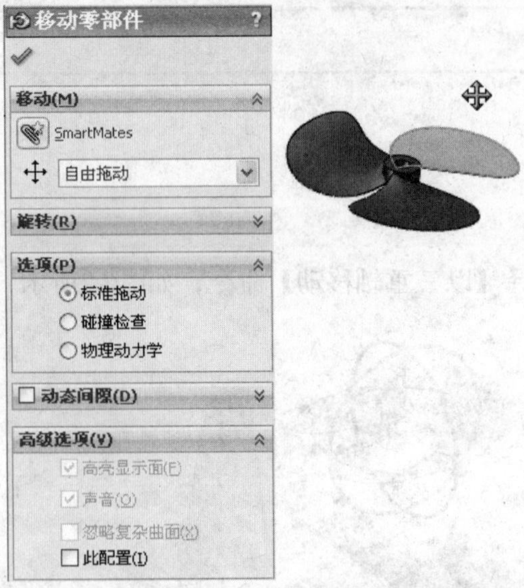

图6-3 【移动零部件】的属性设置

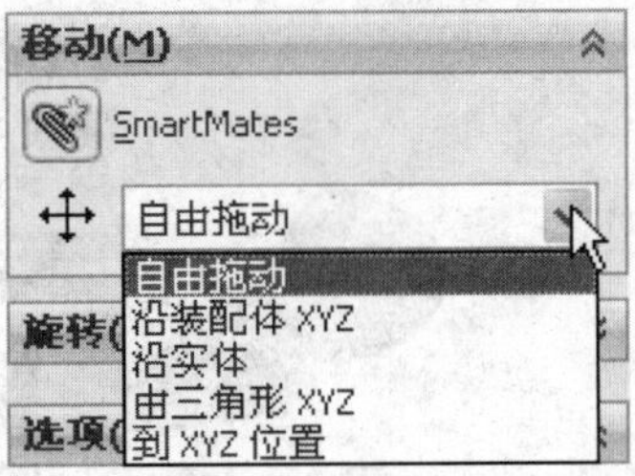

图6-4 移动清单

- 【自由拖动】：选择零部件并沿任何方向拖动。
- 【沿装配体XYZ】：选择零部件并沿装配体的*x*、*y*或*z*方向拖动。图形区域中显示坐标系以帮助确定方向，若要选择沿其拖动的轴，请在拖动前在轴附近单击。
- 【沿实体】：选择实体，然后选择零部件并沿该实体拖动。如果实体是一条直线、边线或轴，所移动的零部件具有一个自由度，如果实体是一个基准面或平面，所移动的零部件具有两个自由度。
- 【由三角形XYZ】：在【属性管理器】中输入*x*、*y*或*z*值，然后单击【应用】按钮，零部件按照指定的数值移动。
- 【到XYZ位置】：选择零部件的一点，在【属性管理器】中输入*x*、*y*或*z*坐标，然后单击【应用】按钮，零部件的点移动到指定的坐标。如果选择的项目不是顶点或点，则零部件的原点会被置于所指定的坐标处。

在【移动零部件工具】保持激活状态时，可以一个接一个地选择和移动零部件。

4）在【高级选项】下，选择【此配置】将零部件的移动只应用到激活的配置，如图6-5所示。

5）完成后，单击✔【确定】按钮或再次单击【移动零部件】按钮。

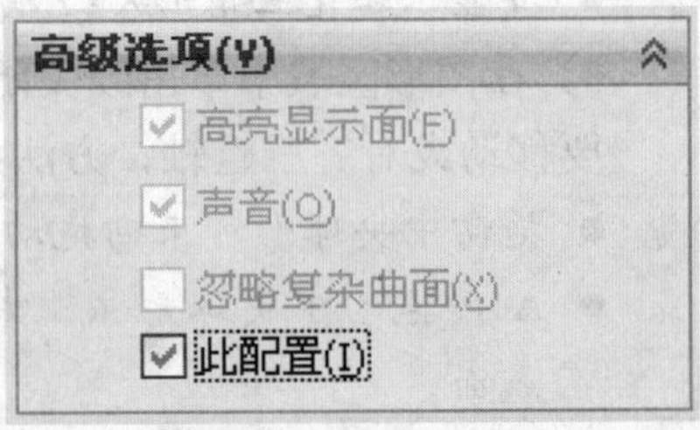

图6-5 此配置选择

注意事项如下。

- 可在移动零部件时添加SmartMates。
- 无法移动一个位置已固定或完全定义的零部件。
- 只能在配合关系允许的自由度范围内移动该零部件。

6.2.2 旋转零部件

方法一：以三重轴旋转零部件

1）右击零部件，在弹出的快捷菜单中选择【以三重轴移动】命令。

2）选择一个环并移动，如图6-6所示。

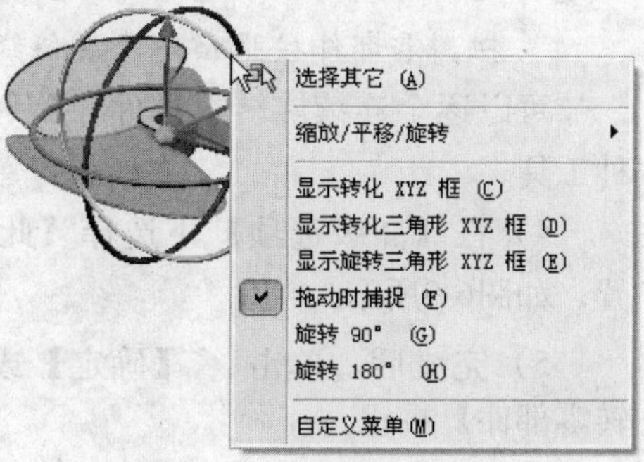

图6-6　三重轴移动零部件

- 如果要进行捕捉，请右击所选的环，从弹出的快捷菜单中选择【拖动时捕捉】命令。
- 若想以预设增量进行旋转，右击所选环，从弹出的快捷菜单中选择【旋转90°】或【旋转180°】命令。
- 若想输入特定增量，右击中心球形，然后在弹出的快捷菜单中选择【显示旋转三角形XYZ框】命令。

3）在图形区域中单击以关闭三重轴。

要移动或对齐三重轴时，需要注意以下事项。

- 拖动中央球形可来回拖动三重轴。
- Alt+拖动中央球形或臂杆将三重轴丢放在边线或面上，以使三重轴对齐该边线或面。
- 右击中心球，从弹出的快捷菜单中选择【对齐到】、【与零部件原点对齐】或【与装配体原点对齐】命令。

方法二：以【属性管理器】旋转零部件

1）在【装配体】工具栏中单击【旋转零部件】按钮，或执行【工具】|【零部件】|【旋转】命令。

在【属性管理器】中打开【旋转零部件】的属性设置，如图6-7所示，鼠标指针变成形状。

2）在图形区域中选择一个或多个零部件。

3）从【旋转】清单中选择一项目，使用以下方法之一旋转零部件，如图6-8所示。

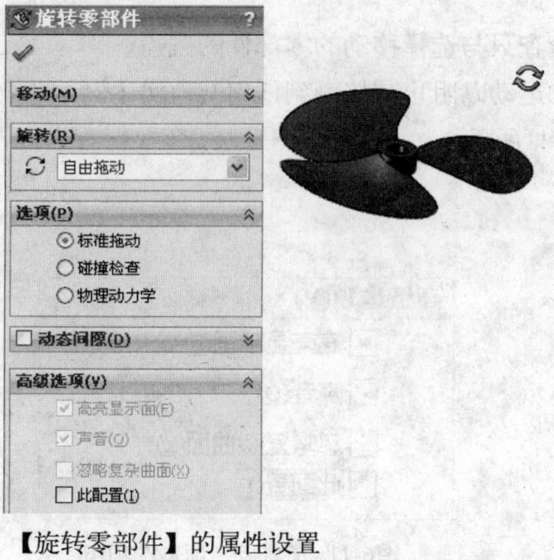

图6-7　【旋转零部件】的属性设置

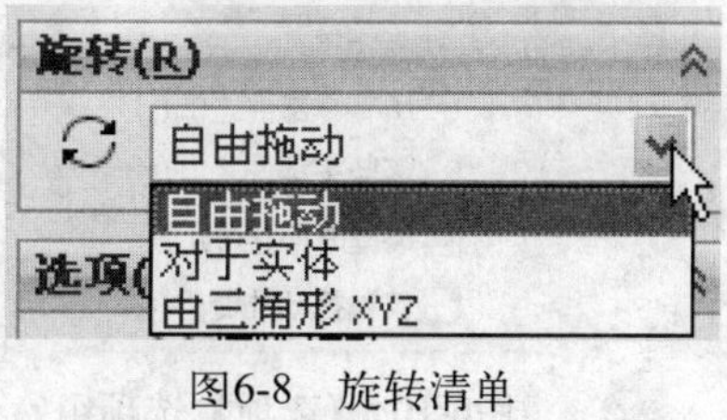

图6-8　旋转清单

- 【自由拖动】：选择零部件并沿任何方向拖动。
- 【对于实体】：选择一条直线、边线或轴，然后围绕所选实体拖动零部件。
- 【由三角形XYZ】：在【属性管理器】中输入x、y或z值，然后单击【应用】按钮，零部件按照指定角度值绕装配体的轴移动。

可以逐个连续旋转零部件，旋转工具会保持为激活状态，直到再次单击或选择另一种工具。

4）在【高级选项】下选择【此配置】复选框，将零部件的旋转只应用到激活的配置，如图6-9所示。

5）完成后，单击【确定】或再次单击【旋转零部件】按钮。

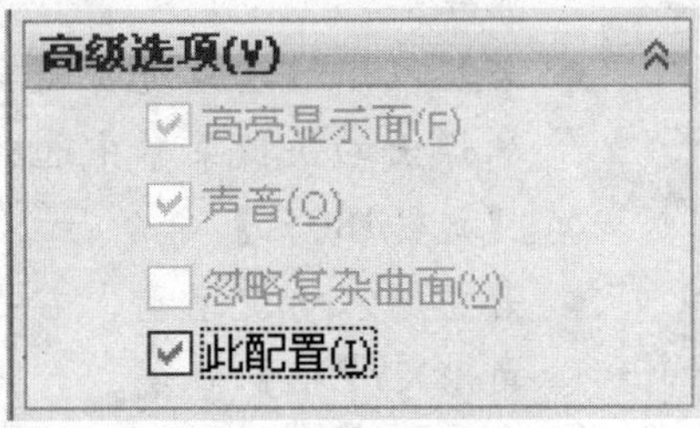

图6-9　此配置选择

注意事项如下。

- 无法旋转一个位置已固定或完全定义的零部件。
- 只能在配合关系允许的自由度范围内旋转该零部件。

6.2.3　移动时检测碰撞

可以在移动或旋转零部件时检查其与其他零部件之间的冲突。软件可以检查与整个装配体或所选的零部件组之间的碰撞。

移动或旋转零部件时检查碰撞步骤如下。

01 在【装配体】工具栏中单击【移动零部件】按钮或【旋转零部件】按钮。

02 在【属性管理器】中的【选项】下单击【碰撞检查】单选按钮，如图6-10所示。

03 在【检查范围】下选择如下选项。

- 【所有零部件之间】：如果移动的零部件接触到装配体中任何其他的零部件，会检查出碰撞。
- 【这些零部件之间】：选择供碰撞检查的零部件框中的零部件，然后单击恢复拖动。

04 选择【仅被拖动的零件】的零件来检查只与选择移动的零部件的碰撞。

05 选择【碰撞时停止】来停止零部件的运动以阻止其接触到任何其他实体。

06 【高级选项】选项组下的选项如图6-11所示。

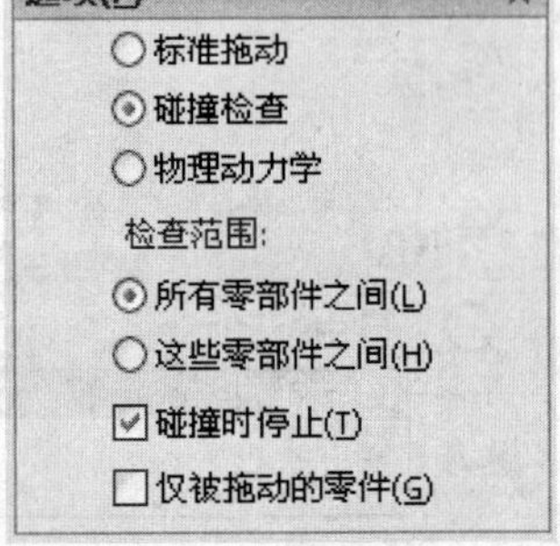

图6-10　【选项】选项组

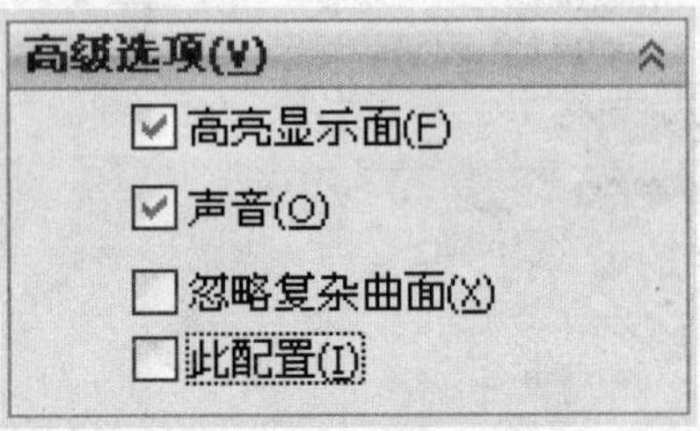

图6-11　【高级选项】选项组

- 【高亮显示面】：接触移动的零部件的面被高亮显示。
- 【声音】：发现碰撞时电脑会发出声音。
- 【忽略复杂曲面】：只在平面、圆柱面、圆锥面、球面以及环面发现碰撞。
- 【此配置】复选框不适用于碰撞检查、物质动力或动态间隙。它只适用于移动零部件或旋转零部件。

07 移动或旋转零部件来检查碰撞。

08 单击✔【确定】来完成并退出。

6.2.4 移动时的逼真运动

物理动力学是碰撞检查中的一个选项，允许以逼真方式查看装配体零部件的移动。启用“物理动力学”后，当拖动一个零部件时，此零部件就会向其接触的零部件施加一个力，结果就会在接触的零部件所允许的自由度范围内移动和旋转接触的零部件。当碰撞时，拖动的零部件就会在其允许的自由度范围内旋转或向约束的或部分约束的零部件相反的方向滑动，使拖动得以继续。

物理动力学贯穿到整个装配体。拖动的零部件可以推动一个零部件的侧面、后面向前移动，并推动另一个零部件的侧面，如此类推，对于只有几个自由度的装配体，物理动力学效果最佳并且也是具有意义的。在运行“物理动力学”之前，添加所有相应的配合。

使用物理动力学移动零部件的步骤如下。

01 单击【装配体】工具栏中的【移动零部件】按钮或【旋转零部件】按钮。

02 在【属性管理器】中的【选项】下单击【物理动力学】单选按钮，如图6-12所示。

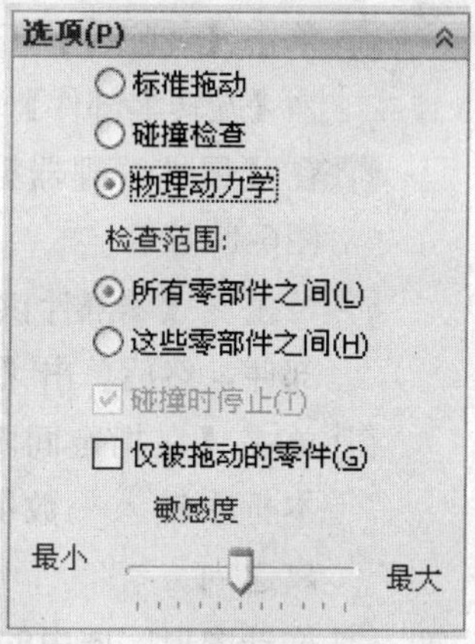

图6-12 单击【物理动力学】单选按钮

03 移动【敏感度】滑杆来更改物理动力学，以检查碰撞所使用的频度。将滑杆移到右边来增加灵敏度。当设定到最高灵敏度时，软件每隔0.02mm就检查一次碰撞。当设定到最低灵敏度时，检查间歇为20mm。

04 如有必要，指定参与碰撞的零部件。

- 单击这些零部件。
- 为供碰撞检查的零部件选取零部件。
- 单击恢复拖动。

在碰撞检查中选择具体的零部件可提高物理动力学的性能。只选择与正在测试的运动直接涉及的那些零部件。

05 选择【仅被拖动的零件】来检查只与选择移动的零部件的碰撞。

06 在图形区域中拖动零部件。

当物理动力学检测到一碰撞时，将在碰撞的零件之间添加一相触力并允许拖动继续。只要两个零件相触，力将保留。当两个零件不再相触时，力被移除。

07 单击✔【确定】按钮。

如果拖动的零部件与另一零部件存在初始碰撞，SolidWorks在图形区域中显示一信息，碰撞中所涉及的所有零部件变成透明。

欲激活初始碰撞零部件之间的碰撞。

- 拖动的零部件，直到不再干涉时为止。
- 释放拖动。
- 再次拖动。

当单击一零部件将之拖动时，一质量中心符号出现在零部件的质量中心。如果单击符号并拖动零部件，将在拖动质量中心。如果在符号外单击然后拖动，将在拖动所单击的实体上的点。如果在质量中心外拖动，给零部件应用了一动量臂，这将使零部件在允许的自由度内旋转。

注意 质量中心符号在移动时出现，但不在旋转时出现。旋转零部件中的自由拖动选项定义为绕质量中心旋转。

6.2.5 移动时计算间隙

可以在移动或旋转零部件时动态检查零部件之间的间隙。当移动或旋转零部件时，出现一个尺寸指示所选零部件之间的最小距离，另外，可阻止两个零部件在相互间指定距离内移动或旋转。

动态地检查零部件之间的间隙的步骤如下。

01 单击【装配体】工具栏中的【移动零部件】按钮或【旋转零部件】按钮。

02 在【属性管理器】中选择【动态间隙】复选框，如图6-13所示。

图6-13 动态间隙

03 单击【零部件供碰撞检查】按钮，选择要检查的零部件，然后单击【恢复拖动】按钮。

04 单击【在指定间隙停止】按钮，然后在后面的文本框中输入一数值以阻止所选零部件移动到指定距离之内。

05 拖动图形区域中的所选零部件之一。

注意尺寸出现在图形区域和【属性管理器】中。该尺寸是所选零部件之间的最小距离。当拖动零部件时尺寸动态地更新。

在【属性管理器】中，数值出现在括弧中，这是拖动时所发现的最小距离。

06 在【高级选项】下选择如下选项。

- 【声音】：当在指定间隙停止框中的最小距离达到时，电脑会发出声音。
- 【忽略复杂曲面】：只在平面、圆柱面、圆锥面、球面以及环面发现碰撞。
- 【此配置】复选框不适用于碰撞检查、物质动力或动态间隙，只适用于移动零部件或旋转零部件。

07 单击【确定】按钮来完成并推出。

6.3 配合

6.3.1 配合概述

配合在装配体零部件之间生成几何关系。当添加配合时，定义零部件线性或旋转运动所允许的方向，可在其自由度之内移动零部件，从而直观化装配体的行为。

配合关系作为一个系统整体求解。添加配合的顺序无关紧要，所有的配合均在同时解出。

6.3.2 固定零部件的位置

建议至少有一个装配体零部件是固定的，或者与装配体基准面或原点具有配合关系。这可为其余的配合提供参考，而且可以防止零部件在添加配合关系时意外地移动。

- 在【特征管理器设计树】中，一个固定的零部件有一个（固定）的符号会出现在名称之前。
- 在【特征管理器设计树】中，一个浮动且欠定义的零部件有一个(-)的符号会出现在名称之前。
- 完全定义零部件则没有任何前缀。

固定或浮动装配体零部件的步骤如下。

01 在图形区域或【特征管理器设计树】中的零部件名称上右击零部件。

02 在弹出的快捷菜单中选择【固定】或【浮动】命令。

03 在带有多个配置的装配体中选择【此配置】、【所有配置】或【指定配置】选项。

6.3.3 【配合】的属性设置

1. 命令启动

- 单击装配体工具栏中的【配合】按钮。
- 选择菜单栏中【插入】|【配合】命令。

2. 选项说明

【配合】属性管理器如图6-14所示。下面介绍各选项的具体说明。

【配合】的属性设置在添加或编辑配合时出现。

（1）【配合选择】选项组

【要配合的实体】。选择想配合在一起的面、边线、基准面、等等。

【多配合模式】。单击以单一操作将多个

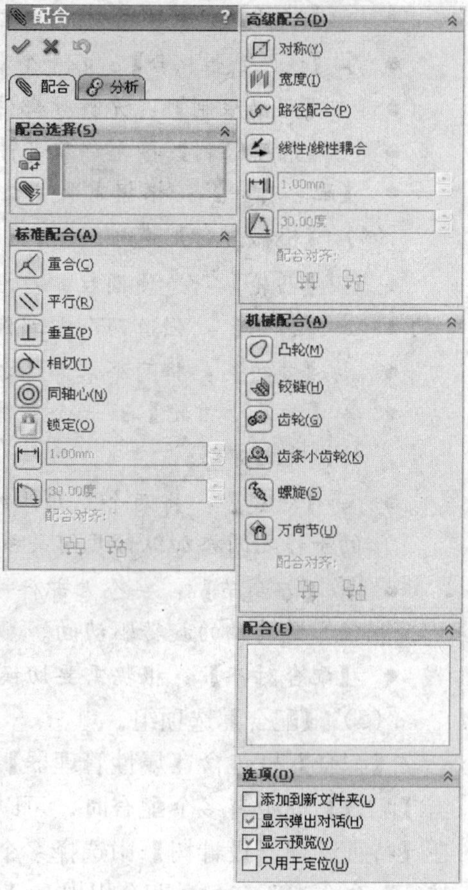

图6-14 【配合】的属性设置

零部件与一普通参考配合。

(2) 【标准配合】选项组

所有配合类型会始终显示在【属性管理器】中，但只有适用于当前选择的配合才可供使用。

- 【重合】：将所选面、边线及基准面定位（相互组合或与单一顶点组合），这样它们共享同一个无限基准面。
- 【平行】：放置所选项，这样它们彼此间保持等间距。
- 【垂直】：将所选项以彼此间90度角度而放置。
- 【相切】：将所选项以彼此间相切而放置（至少有一选择项必须为圆柱面、圆锥面或球面）。
- 【同轴心】：将所选项放置于共享同一中心线。
- 【锁定】：保持两个零部件之间的相对位置和方向。
- 【距离】：将所选项以彼此间指定的距离而放置。
- 【角度】：将所选项以彼此间指定的角度而放置。
- 【配合对齐】：根据需要切换配合对齐。

(3) 【高级配合】选项组

- 【对称】：迫使两个相同实体绕基准面或平面对称。
- 【宽度】：将标签置于凹槽宽度内。
- 【路径】：将零部件上所选的点约束到路径。
- 【线性/线性耦合】：在一个零部件的平移和另一个零部件的平移之间建立几何关系。
- 【距离限制】：允许零部件在距离配合的一定数值范围内移动。
- 【角度限制】：允许零部件在角度配合的一定数值范围内移动。
- 【配合对齐】：根据需要调整配合对齐的方向。

(4) 【机械配合】选项组

- 【凸轮】：迫使圆柱、基准面或点与一系列相切的拉伸面重合或相切。
- 【齿轮】：强迫两个零部件绕所选轴彼此相对而旋转。
- 【铰链】：将两个零部件之间的移动限制在一定的旋转范围内。
- 【齿条小齿轮】：一个零件（齿条）的线性平移引起另一个零件（齿轮）的周转，反之亦然。
- 【螺旋】：将两个零部件约束为同心，还在一个零部件的旋转和另一个零部件的平移之间添加纵倾几何关系。
- 【万向节】：一个零部件（输出轴）绕自身轴的旋转是由另一个零部件（输入轴）绕其轴的旋转驱动的。
- 【配合对齐】：根据需要切换配合对齐。

(5) 【配合】选项组

【配合】框包含【属性管理器】打开时添加的所有配合，或正在编辑的所有配合。当【配合】框中有多个配合时，可以选择其中一个进行编辑。要同时编辑多个配合，请在【特征管理器设计树】中选择多个配合，然后右击，从弹出的快捷菜单中选择【编辑特征】命令，所有配合即会出现在【配合】框中。

(6) 【选项】选项组

- 【添加到新文件夹】：选择该复选框后，新的配合会出现在【特征管理器设计树】中的配合文件夹中。取消选择该复选框后，新的配合会出现在配合文件夹中。
- 【显示弹出对话】：选择该复选框后，当添加标准配合时会出现配合弹出对话。取消选择该复选框后，需要在【属性管理器】中添加标准配合。
- 【显示预览】：选择该复选框后，在为有效配合选择了足够对象后便会出现配合预览。
- 【只用于定位】：选择该复选框后，零部件会移至配合指定的位置，但不会将配合添加到【特征管理器设计树】中。

6.3.4 【配合】的属性设置——【分析】标签

1. 命令启动

- 单击【装配体】工具栏中的【配合】按钮，然后选择【分析】标签。
- 选择菜单栏中【插入】|【配合】命令，然后选择【分析】标签。

2. 选项说明

【配合】的属性设置——【分析】标签如图6-15所示。下面介绍各选项具体说明。

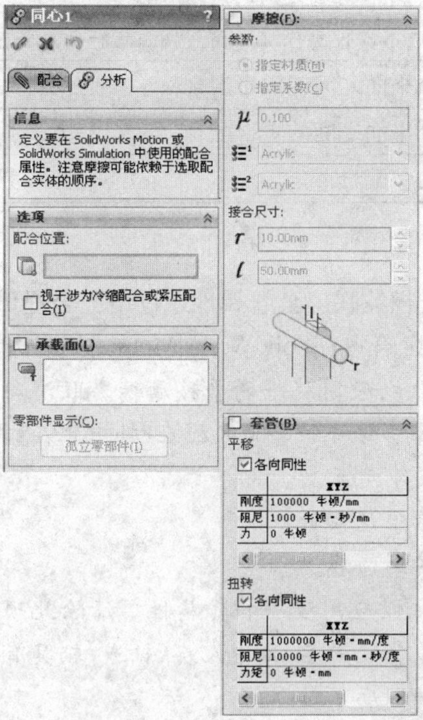

图6-15 【配合】的属性设置——【分析】标签

(1) 【选项】选项组

- 【配合位置】：以选定的点覆盖默认的配合位置，配合位置点决定零件如何彼此间移动。
- 【视干涉为冷缩配合或紧压配合】：在SolidWorks Simulation中视迫使干涉的配合为冷缩配合。

（2）【承载面】选项组

可以将额外的面与配合相关联，以指定哪些面将分担载荷（不可用于对称、宽度、路径或凸轮配合）。

- 【承载面/边线】：在图形区域，从被配合引用的任何零部件选取面。
- 【孤立零部件】：单击以显示且仅显示被配合所参考引用的零部件。单击【退出孤立】（孤立弹出工具栏）返回至原有的显示状态。

（3）【摩擦】选项组

- 【参数】：选择如何指定配合的摩擦属性。
  - 【指定材质】：从清单 1 和 2 中选择零部件的材质。
  - 【指定系数】：通过键入数值或在【滑性】和【粘性】之间移动滑杆，来指定 μ【动态摩擦系数】。
- 【接合尺寸】：可用的尺寸会因几何体和配合类型的不同而有所不同，如表6-1所示。

表6-1　接合尺寸表

几何体	尺寸	配合类型
球形		● 任何两个顶点、草图点或参考点之间的重合配合 ● 两个球面之间的同轴心配合
圆柱形		● 两个圆柱面之间的同轴心配合 ● 两个线性实体（边线、轴、临时轴或草图直线）之间的重合配合
平移		两个平面之间的重合配合
平面		两个平面之间的重合配合
万向节		万向节配合

（4）【套管】选项组

可以将套管属性与配合相关联。套管属性通过给配合提供弹簧和阻尼特性而使之具有一些柔性。带有套管属性的配合可在SolidWorks Motion分析中产生更逼真的力分布。

- 【各向同性】：选取以应用统一的平移属性。取消勾选此复选框可指定各方向的不同属性。例如，悬挂臂杆的套管装配在z轴中比在x轴或y轴中具有不同属性。
- 【刚度】：输入平移刚度系数。
- 【阻尼】：输入平移阻尼系数。
- 【力】：输入所应用的预载。
- 【各向同性】：选取以应用统一扭转属性。清除此项可指定各方向的不同属性。例如，悬挂臂杆的套管装配在z轴中比在x轴或y轴具有不同属性。
- 【刚度】：输入扭转刚度系数。
- 【阻尼】：输入扭转阻尼系数。
- 【扭矩】：输入所应用的预载。

6.3.5　配合类型

1. 角度配合

可在表6-2所示组合中添加角度配合。必须在【配合】属性管理器中的角度框内输入一角度值。默认值为所选实体之间的当前角度。其中圆柱指的是圆柱的轴，拉伸指的是拉伸实体或曲面特征的单一面，不可使用拔模拉伸。

表6-2　角度配合组合

	圆锥	圆柱	拉伸	直线	平面
圆锥	√	√		√	
圆柱	√	√	√	√	
拉伸	√	√	√	√	
直线	√	√	√	√	
平面					√

2. 重合配合

可以在下列组合之间添加重合配合，如表6-3所示。

表6-3　重合配合组合

	圆形/圆弧边线	圆锥	坐标系	曲线	圆柱	拉伸	直线	原点	基准面	点	球面	曲面
圆形/圆弧边线	√	√			√				√	√		
圆锥	√	√								√		
坐标系			√					√				
曲线										√		
圆柱	√						√			√		
拉伸										√		
直线					√		√		√	√		
原点			√					√				
基准面	√						√		√	√		
点	√	√		√	√	√	√		√	√	√	√
球面										√		
曲面										√		

3. 同心配合

可以在下列组合之间添加同心配合，如表6-4所示。

表6-4　同心配合组合

	圆形/圆弧边线	圆锥	圆柱	直线	点	球形
圆形/圆弧边线	√	√	√	√		
圆锥	√	√	√	√	√	
圆柱	√	√	√	√	√	√
直线	√	√	√			√
点		√	√			√
球形			√	√	√	√

4. 距离配合

可在表6-5所示组合之间添加距离配合。必须在【配合】属性管理器的距离框中输入距离值。默认值为所选实体之间的当前距离。注意，两个圆锥之间的配合必须使用同样半角的圆锥，直线在此实例中也可指轴。

表6–5　距离配合组合

	圆锥	曲线	圆柱	直线	基准面	点	球形
圆锥	√						
曲线						√	
圆柱			√	√	√	√	
直线			√	√	√	√	√
基准面			√	√	√	√	√
点		√	√	√	√	√	√
球形				√	√	√	√

5. **锁定配合**

锁定配合保持两个零部件之间的相对位置和方向，零部件相对于对方被完全约束。

6. **平行和垂直配合**

可在表6-6所示组合中添加平行和垂直配合。

表6–6　平行和垂直配合组合

	圆锥	圆柱	拉伸	直线	平面
圆锥	√	√		√	
圆柱	√	√	√	√	
拉伸	√	√	√	√	
直线	√	√	√	√	√
平面				√	√

7. **相切配合**

可在表6-7所示组合之间添加相切配合。

表6–7　相切配合组合

	凸轮	圆锥	圆柱	拉伸	直线	平面	球面	曲面
凸轮			√			√		
圆锥				√		√	√	
圆柱	√		√	√	√	√	√	√
拉伸			√			√		
直线			√				√	
平面	√	√	√	√			√	√
球面		√	√		√	√	√	
曲面			√			√		

8. **高级配合**

（1）限制配合

限制配合允许零部件在距离配合和角度配合的一定数值范围内移动，指定一开始距离或角度以及最大和最小值。

添加限制配合的步骤如下。

01 在【装配体】工具栏中单击【配合】按钮，或者选择【插入】|【配合】菜单命令。

02 在【配合选择】下，为【要配合的实体】选择要配合在一起的实体。

03 在【属性管理器】中，在【高级配合】下面进行相应设置，如图6-16所示。

- 单击【距离】按钮或【角度】按钮，通过设定【距离】或【角度】来定义开始距离或角度。
- 设定【最大值】和【最小值】来定义限制配合的最大和最小范围。

04 单击【确定】按钮。

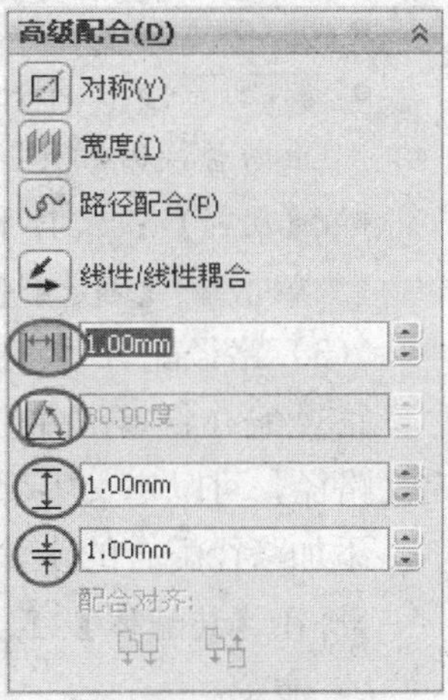

图6-16　限制配合

（2）线性/线性耦合配合

线性/线性耦合配合在一个零部件的平移和另一个零部件的平移之间建立几何关系。当生成线性/线性耦合配合时，可相对于地面或相对于参考零部件设置每个零部件的运动。

添加线性/线性耦合配合的步骤如下。

01 在【装配体】工具栏中单击【配合】按钮，或者选择【插入】|【配合】菜单命令。

02 在【属性管理器】中，在【高级配合】下面单击【线性/线性耦合】按钮。

03 在【配合选择】下选取如图6-17所示内容。

- 【要配合的实体】：指定第一个配合零部件及其运动方向。
- 【配合实体1的参考零部件】：为第一个配合零部件指定参考零部件。
- 【要配合的实体】：指定第二个配合零部件及其运动方向。
- 【配合实体2的参考零部件】：为第二个配合零部件指定参考零部件。如果留为空白，运动将相对于装配体原点。

可为每个配合零部件选取相同的参考零部件。

04 在【高级配合】下为【比率】输入如图6-18所示的值。

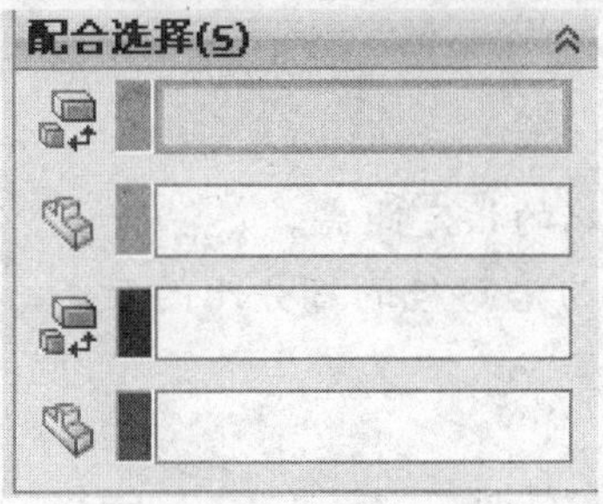

图6-17　配合选择

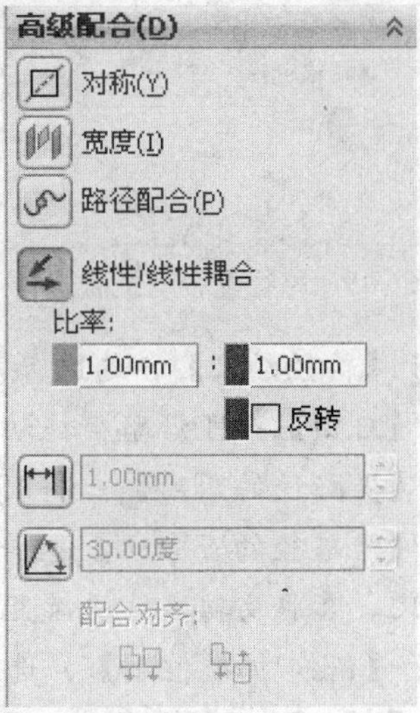

图6-18　线性/线性耦合配合

- 1.00mm 第一个比率条目：指定第一个配合零部件沿其运动方向的位移。
- 1.00mm 第二个比率条目：在第一个配合零部件被在第一个比率条目中所指定的距离替换时指定第二个配合零部件沿其运动方向的位移。
- 【反转】：反转第二个配合零部件相对于第一个配合零部件的运动方向。

05 单击【确定】按钮，一个【线性/线性耦合】配合添加到装配体。

（3）路径配合

路径配合将零部件上所选的点约束到路径，可以在装配体中选择一个或多个实体来定义路径，可以定义零部件在沿路径经过时的纵倾、偏转和摇摆。

添加路径配合的步骤如下。

01 在【装配体】工具栏中单击【配合】按钮，或者选择【插入】|【配合】菜单命令。

02 在【属性管理器】中，在【高级配合】下面单击【路径配合】。

03 在【配合选择】下进行如图6-19所示的设置

- 针对【零部件顶点】，选取要附加到路径的零部件顶点。
- 对于【路径选择】，选取相邻曲线、边线和草图实体。为便于选择，单击【SelectionManager】按钮。

04 在【高级配合】下进行如图6-20所示的设置。

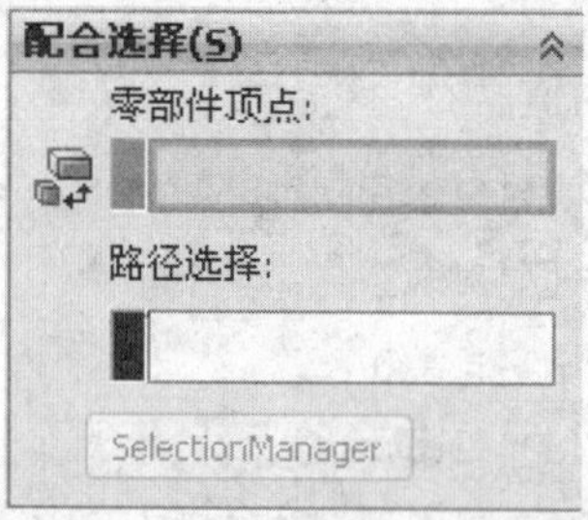

图6-19　路径配合的配合选择

图6-20　路径配合

- 对于【路径约束】，选取如下选项。
  - 【自由】：可沿路径拖动零部件。
  - 【沿路径的距离】：将顶点约束到路径末端的指定距离。
  - 【沿路径的百分比】：将顶点约束到指定为沿路径的百分比的距离，输入百分比。选取反转尺寸更改距离从哪端进行测量。
- 对于【俯仰/偏航控制】，选取如下选项。
  - 【自由】：零部件的俯仰和偏航不受约束。

■ 【随路径变化】：将零部件的一个轴约束为与路径相切，选取x、y或z。

● 对于【滚转控制】，选取如下选项。

■ 【自由】：零部件的滚转不受约束。

■ 【上向量】：约束零部件的一个轴以与选取的向量对齐。为【上向量】选取线性边线或平面，选取x、y或z。

05 单击✔【确定】按钮。

（4）对称配合

对称配合强制使两个相似的实体相对于零部件的基准面或平面或者装配体的基准面对称。对称配合中可使用以下实体。

● 点，例如，顶点或草图点。
● 直线，例如，边线、轴或草图直线。
● 基准面或平面。
● 相等半径的球体。
● 相等半径的圆柱。

请注意以下有关对称配合的事项。

● 对称配合不会相对于对称基准面镜像整个零部件。
● 对称配合只将所选实体与另一实体相关联。

添加对称配合的步骤如下。

01 在【装配体】工具栏中单击【配合】按钮，或者选择【插入】|【配合】菜单命令。

02 在【高级配合】下单击【对称】按钮。

03 在【配合选择】下进行如图6-21所示的设置。

● 为【对称基准面】选取基准面。
● 在【要配合的实体】中单击，然后选取两个要对称的实体。

04 单击✔【确定】按钮。

（5）宽度配合

宽度配合使标签位于凹槽宽度内的中心。凹槽宽度参考可以包含如下平面。

● 两个平行平面。
● 两个非平行平面（带或不带拔模）。

标签参考可以包含如下平面或轴。

● 两个平行平面。
● 两个非平行平面（带或不带拔模）。
● 一个圆柱面或轴。

添加宽度配合的步骤如下。

01 在【装配体】工具栏中单击【配合】按钮，或者选择【插入】|【配合】菜单命令。

02 在【高级配合】下单击【宽度】按钮。

03 在【配合选择】下进行如图6-22所示设置。

● 为【宽度选择】选择两个平面。
● 为【薄片选择】选择两个平面，或一个圆柱面或轴。

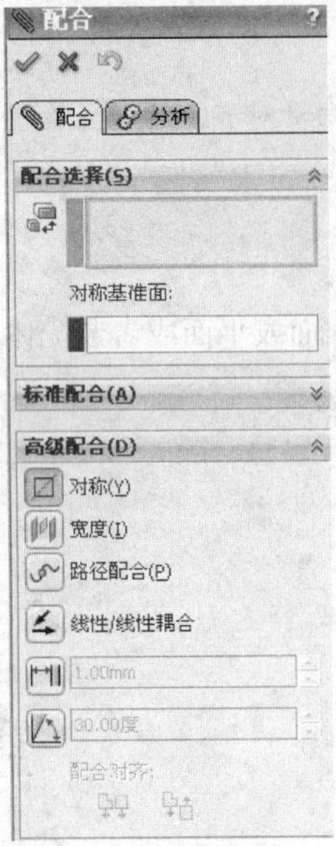

图6-21　对称配合

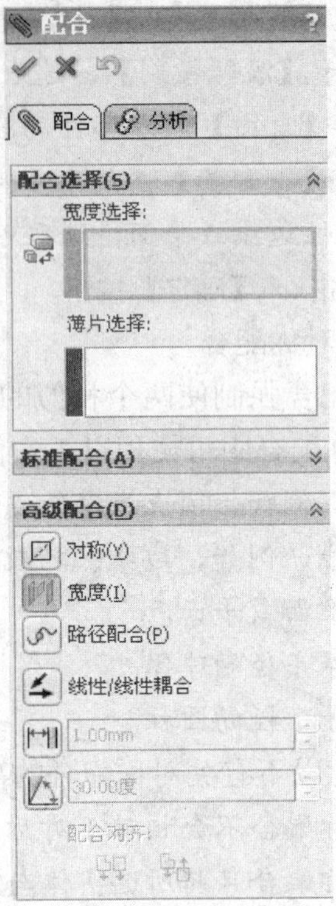

图6-22　宽度配合

04 单击【确定】按钮。

零部件将对齐，以使标签位于凹槽各面的中心。标签可以沿凹槽的中心基准面平移以及绕与中心基准面垂直的轴旋转，宽度配合可以防止标签侧向平移或旋转。

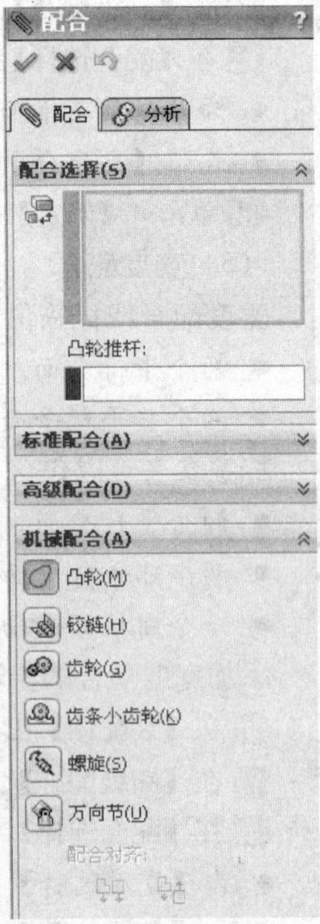

图6-23　选择相切面

9. 机械配合

（1）齿轮推杆配合

凸轮推杆配合为一相切或重合配合类型。它可允许将圆柱、基准面或点与一系列相切的拉伸曲面相配合，如同在凸轮上可看到的。可从直线、圆弧以及样条曲线制作凸轮的轮廓，只要它们保持相切并形成一闭合的环。

添加一凸轮推杆配合步骤如下。

01 在【装配体】工具栏中单击【配合】按钮，或者选择【插入】|【配合】菜单命令。

02 在【属性管理器】中的【机械配合】下单击【凸轮】按钮。

03 在【配合选择】下，为【要配合的实体】在凸轮上选择相切面，如图6-23所示。

右击面之一，然后单击选择相切，这将以一个步骤选择所有相切面。

04 单击【凸轮推杆】选择框，然后在凸轮推杆上选择一个面或顶点。

05 单击✔【确定】按钮。

（2）齿轮配合

齿轮配合会强迫两个零部件绕所选轴相对旋转。齿轮配合的有效旋转轴包括圆柱面、圆锥面、轴和线性边线。而且：

- 可配合任何想彼此相对旋转的两个零部件，不必配合两个齿轮。
- 与其他配合类型类似，齿轮配合无法避免零部件之间的干涉或碰撞。要防止干涉，请使用碰撞检查或干涉检查。

添加齿轮配合的步骤如下。

01 在【装配体】工具栏中单击【配合】按钮，或者选择【插入】|【配合】菜单命令。

02 在【属性管理器】中的【机械配合】下单击【齿轮】按钮。

03 【在配合选择】下，为【要配合的实体】在两个齿轮上选择旋转轴，如图6-24所示。

04 在【机械配合】下进行如下设置。

- 【比率】：软件根据所选择的圆柱面或圆形边线的相对大小来指定齿轮比率，此数值为参数值。
- 选择【反转】复选框来更改齿轮彼此相对旋转的方向。

05 单击✔【确定】按钮。

图6-24　齿轮配合

（3）铰链配合

铰链配合将两个零部件之间的移动限制在一定的旋转范围内。其效果相当于同时添加同心配合和重合配合，此外还可以限制两个零部件之间的移动角度。

铰链配合的优点如下。

- 建模时，只需应用一个配合（如果没有铰链配合，则需应用两个配合）。
- 如果运行分析（例如，使用 SolidWorks Simulation进行分析），则反作用力和结果会与铰链配合相关联，而不是与某个特定的同心配合或重合配合相关联。

添加铰链配合的步骤如下。

01 在【装配体】工具栏中单击【配合】按钮，或者选择【插入】|【配合】菜单命令。

02 在【属性管理器】中的【机械配合】下单击【铰链】按钮。

03 在【配合选择】下进行选择并设定选项如图6-25所示。

- 【同轴心选择】：选择两个实体。有效选择与同心配合的有效选择相同。
- 【重合选择】：选择两个实体。有效的选择包括一个基准面或平面以及基准面或平面、边（E）、点。
- 【指定角度限制】：选择此项可限制两个零件之间的旋转角度。
- 【角度选择】：选择两个面。
- 【角度】：指定两个面之间的名义角度。
- 【最大值】：角度的最大值。

- ≑【最小值】：角度的最小值。

04 单击✔【确定】按钮。

【铰链】随即显示在【特征管理器设计树】的配合文件夹中。

（4）齿条和齿轮配合

通过齿条和小齿轮配合，某个零部件（齿条）的线性平移会引起另一零部件（小齿轮）做圆周旋转，反之亦然。

与其他配合类型类似，齿条和小齿轮配合无法避免零部件之间的干涉或碰撞，要防止干涉，请使用碰撞检查或干涉检查。

添加齿条和小齿轮配合的步骤如下。

01 在【装配体】工具栏中单击【配合】按钮，或者选择【插入】|【配合】菜单命令。

02 在【属性管理器】中的【机械配合】下单击【齿条小齿轮】按钮。

03 在【配合选择】下进行如图6-26所示的设置。

图6-25　铰链配合

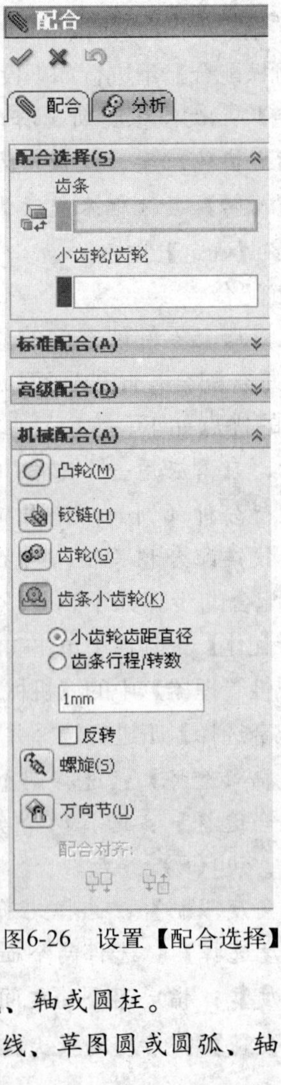

图6-26　设置【配合选择】

- 为【齿条】选择线性边线、草图直线、中心线、轴或圆柱。
- 为【小齿轮/齿轮】选择圆柱面、圆形或圆弧边线、草图圆或圆弧、轴或旋转曲面。

04 在【机械配合】下进行如下设置。

在小齿轮的每次完全旋转中，齿条的平移距离等于转数乘以小齿轮的直径。可以选择以下项之一来指定直径或距离。

- 【小齿轮齿距直径】：所选小齿轮的直径出现在方框中。
- 【齿条行程/转数】：所选小齿轮直径与转数的乘积出现在方框中，可以修改方框中的值。要恢复为默认值，请删除修改值。
- 【反转】：选择可更改齿条和小齿轮相对移动的方向。

05 单击✔【确定】按钮。

（5）螺旋配合

螺旋配合将两个零部件约束为同心，还在一个零部件的旋转和另一个零部件的平移之间添加纵倾几何关系。一零部件沿轴方向的平移会根据纵倾几何关系引起另一个零部件的旋转。同样，一个零部件的旋转可引起另一个零部件的平移，与其他配合类型类似，螺旋配合无法避免零部件之间的干涉或碰撞。

添加螺旋配合的步骤如下。

01 在【装配体】工具栏中单击【配合】按钮，或者选择【插入】|【配合】菜单命令。

02 在【属性管理器】中的【机械配合】下单击【螺旋】按钮。

03 在【配合选择】下进行如图6-27所示的设置，为【要配合的实体】在两个零部件上选择旋转轴。

04 在【机械配合】下进行如下相应设置。

- 【圈数】/mm：为其他零部件平移的每个长度单位设定一个零部件的圈数。
- 【距离/圈数】：为其他零部件的每个圈数设定一个零部件平移的距离。
- 【反转】：相对于彼此间更改零部件的移动方向。

05 单击✔【确定】按钮。

（6）万向节配合

在万向节配合中，一个零部件（输出轴）绕自身轴的旋转是由另一个零部件（输入轴）绕其轴的旋转驱动的，设置界面如图6-28所示。

图6-27　螺旋配合

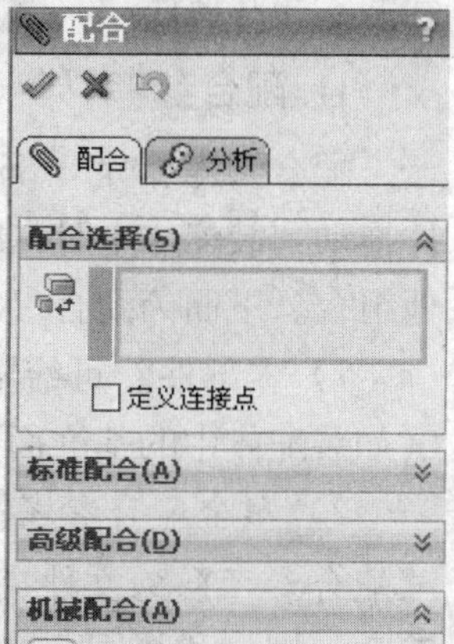

图6-28　万向节配合

10. SmartMasts概述

SmartMates功能通过不使用【配合】属性管理器来创建常用的配合而节省时间。

SmartMates步骤如表6-8所示。

表6–8　SmartMates步骤

所需配合动作	操作方法
配合两个已位于装配体中的零部件	按住Alt键将一个零件的面拖动到另一个零件的面上
在加入到装配体中时配合新零部件	在装配体中将零件从一个窗口拖动到另一个窗口
在插入到装配体中时完全配合常用的零部件	从资源管理器或设计库中将带有配合参考的零件拖动到装配体中。此方法可完全配合新零部件，但必须事先设置配合参考

（1）SmartMates类型

SolidWorks应用程序所添加的配合根据情形而定。

- 在大部分情况下，应用程序生成一个配合。所创建的SmartMate类型根据用来拖动零部件及拖放零部件的几何体类型而定。
- 应用程序在某些条件下生成多个配合。

如果应用程序发现要配合的圆形边线，则生成栓和孔SmartMate。

除栓和孔SmartMate外，如果应用程序发现圆形边线及在两个零部件上匹配的圆周阵列，则会添加同心配合以将阵列排列在法兰上（对于管道配件很有用）。

（2）配合参考

对于每次都以同样方法配合的零件，可设定配合参考以定义所使用的配合及正被配合的零件几何体。

11. 配合参考

配合参考指定零部件的一个或多个实体供自动配合所用。当将带有配合参考的零部件拖动到装配体中时，SolidWorks软件会尝试查找具有同一配合参考名称与配合类型的其他组合。下面为配合参考的一些注意事项。

1）零部件。可给零件和装配体添加配合参考。在装配体中，可以选择装配体几何体（如装配体中的基准面）或零部件几何体（如零部件的面）。

2）多个配合参考。零部件可包含一个以上配合参考。【特征管理器设计树】中的【配合参考】文件夹包含所有的配合参考。例如，在装配体中的零部件可有两个配合参考：螺栓和垫圈。当将带有命名为螺栓的配合参考的扣件拖入装配体中时，配合将以相同的配合参考名称添加到实体之间。

3）多个配合实体。每个配合参考可包含多至三个配合实体：主要、第二和第三参考实体。其中的每个实体均可具有一个指定的配合类型和对齐。若要使用用两个零部件自动配合，其配合参考必须具有相同的名称、实体数、对应实体的配合类型。

4）SmartMates。当【SmartMates】属性管理器打开时，软件会在添加几何体SmartMates之前通过配合参考添加配合。

定义配合参考的步骤如下。

01 在零件或装配体中单击【参考几何体】工具栏中的【配合参考】按钮，或选择【插入】|【参考几何体】|【配合参考】菜单命令，即会出现【配合参考】的属性设置，如图6-29所示。

02 在【参考名称】下为配合参考输入一名称。

03 在【主要参考实体】下进行如下设置。

- 为【主要参考实体】选择一个面、边线、顶点或基准面。当将零部件拖到装配体中时，实体为可能的配合所用。
- 选择【配合参考类型】和【配合参考对齐】为参考实体定义默认的配合。

04 如有必要，重复步骤3以添加第二和第三实体。

05 单击【确定】按钮。

配合参考添加到【特征管理器设计树】的【配合参考】文件夹中。

从现有配合捕获配合参考的步骤如下。

01 在关联装配体中编辑零部件。

02 单击【配合参考】按钮。

03 在【属性管理器】中的【要捕获的参考】下选择一实体或配合。实体、配合以及配合的对齐会出现在【主要参考实体】下。

图6-29 【配合参考】的属性设置

04 在【参考名称】下输入一个名称，然后单击【确定】按钮将配合参考添加到零部件中。

6.3.6 直观显示配合系统

可使用查看配合窗口、查看配合错误窗口以及配合标注来直观操作，并解疑配合。

1. 查看配合

可为装配体中的一个或多个零部件显示一配合列表。从列表中选取配合以显示配合标注，图标表示处于接地路径中的配合。这些配合将零件相对于装配体原点而定位，它们先显示在列表中，有一水平栏将之与其他配合分开。

在图形区域中选定零部件的配合体系中所涉及到的零部件稍微透明。当在查看配合窗口中选取配合时：

- 配合几何体高亮显示。
- 配合标注出现，它们有助于直观配合并进行普通的配合功能。

查看配合的步骤如下。

01 根据想查看的配合而选取零部件。

- 查看装配体一个零部件或子装配体的一个零部件的配合，用右键单击零部件。
- 查看一个以上零部件的配合，按住Ctrl键单击零部件，然后用右键单击。
- 查看将子装配体定位于装配体中的配合，右击【特征管理器设计树】中的子装配体。

02 单击【查看配合】按钮，【查看配合】窗口出现，如图6-30所示。

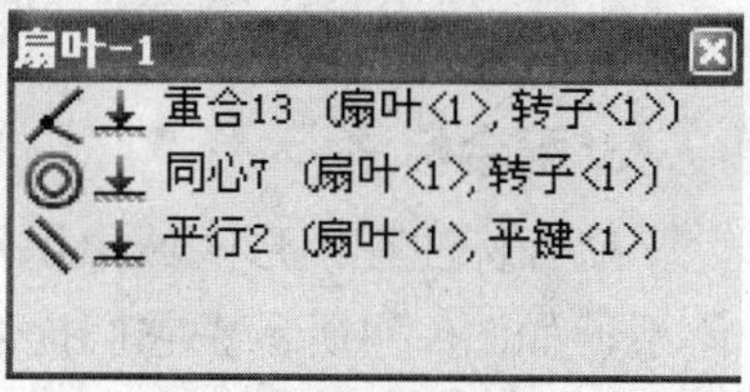

图6-30 查看配合窗口

03 在查看配合窗口中选取一个或多个配合。

选定配合出现标注。每个配合都有一个标注，带有指向配合实体的引线，如图6-31所示。

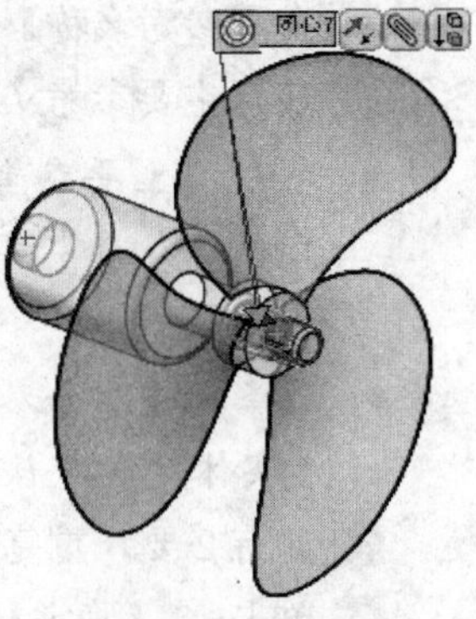

图6-31 配合标注

2. 查看有问题的配合

可在装配体中显示一个所有有问题的配合的列表，从列表中选取配合以显示配合标注。在图形区域中，有问题的配合中所涉及到的零部件稍微透明。

当在查看配合错误窗口中选取配合时：

- 配合几何体高亮显示。
- 配合标注出现。它们有助于直观配合并解疑配合错误。

显示一个有问题配合的列表步骤如下。

01 执行以下操作之一。

- 用右键单击包含有问题的配合的任何零部件，然后在弹出的快捷菜单中选择【查看配合错误】命令。
- 在状态栏中单击配合状态（⚠过定义或⊗无法找到解）。

查看配合错误窗口出现，如图6-32所示。

02 在窗口中进行以下操作。

- 将指针移到某个配合上，工具提示说明配合警告或错误，配合几何体在图形区域中高亮显示。
- 选择一个或多个配合，为选定配合出现标注。每个配合都有一个标注，带有指向配合实体的引线，如图6-33所示。

图6-32 配合错误窗口

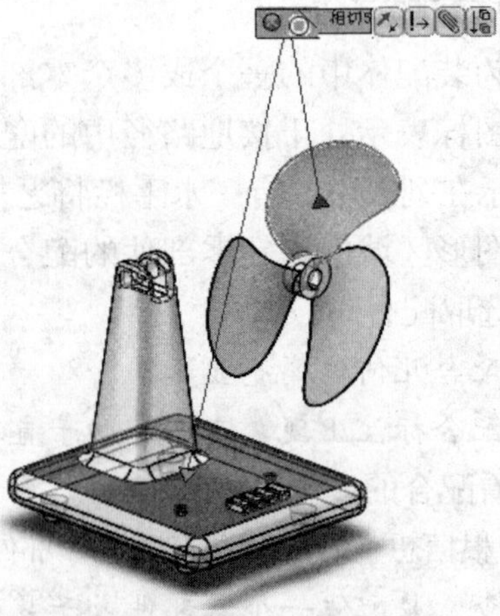

图6-33 错误配合标注

3. 配合标注

配合标注在图形区域中识别配合的实体以帮助直观配合体系，如图6-34所示。它们提供工具来执行普通配合功能并解疑配合错误。

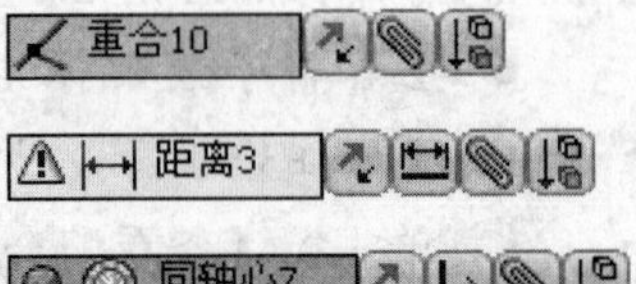

图6-34 配合标注

查看配合标注的方法如下。

1）右击一个零部件，然后在弹出的快捷菜单中单击【查看配合】按钮或选择【查看配合错误】命令。

2）在出现的窗口中选取一个或多个配合。

被选定的配合出现标注。每个配合都有一个标注，带有指向配合实体的引线。引线上的箭头（和）指向接地路径的方向。

在标注中，单击以执行以下配合功能。

- 【反转配合对齐】：与配合面正交而切换向量的对齐，向量可指向同一方向（同向对齐）或相反方向（反向对齐）。
- 【反转尺寸】（只针对距离和角度配合）：反转应用尺寸的方向。
- 【编辑】：打开【配合】属性管理器，这样可编辑配合。
- 【压缩】：压缩配合以防止配合被解出。

对于有问题的配合，标注中显示错误和警告图标。

- 【警告】：配合令人满意，但涉及过定义装配体。
- 【错误】：配合不令人满意。

可以在标注中单击【强迫配合】按钮以强制配合进行求解，从而断开另一配合。可以执行强迫配合的迭代来帮助查找有问题的配合。

6.3.7 解决配合问题

1. 配合错误

【特征管理器设计树】中的配合符号和错误信息如表6-9所示。

表6-9 【特征管理器设计树】中的配合符号和错误信息

图标	错误信息	说明	操作方法
无	无	配合没问题	不需要操作
配合类型以灰色显示，例如，同轴心	无	配合没问题。配合中所用零件之一已压缩，所以配合临时不处于活动状态。配合在解除压缩零件时将重新激活	不需要操作
⚠	此配合过定义装配体。考虑删除一些过定义配合。 或此配合不能解出，可考虑： ● 删除此配合。 ● 以拖动将装配体移向所需解算。 ● 添加更多配合以进一步定义装配体。 ● 更改配合方案	潜在原因如下。 ● 装配体中另一配合正尝试违背该配合（捣乱配合显示⚠符号） ● 配合与现存的距离或角度配合彼此间冗余 ● 配合尝试找出固定的零部件。	查找其他具有⊗符号的配合。如果找到，先调查这些配合，因为它们常引起该错误

（续表）

图标	错误信息	说明	操作方法
⊗	各种信息，例如，此配合的实体之一被压缩、无效或不再存在	配合因为实体之一（面、边线、基准面等）不再位于模型中而悬空。此一般由编辑、压缩或删除一零件特征引起，或由以另一遗失配合特征的零件替换一零件而引起	如果有相同实体可供使用，编辑配合并选择新实体，或使用替换配合实体。否则，删除配合并创建另一个不同的配合来执行同一功能
	圆柱不同心。中心之间的距离为 <n mm>	该配合正尝试以不可能的移动方式移动零部件，因为零部件或为固定或被其他配合约束	

2. MateXpert

MateXpert为在装配体中识别出配合问题的工具。可以详细检查不满意的配合，并确定过定义装配体的配合组。

SolidWorks 2001以后的软件版本可能会发现在SolidWorks早期版本中未检测到的配合错误，这些主要是配合和关联中特征之间的冲突。

以下图标表示装配体中的错误或警告。

- 表示模型有错：此图标出现在【特征管理器设计树】顶层的文件名称以及包含错误的零部件上。当它显示在【配合】文件夹上时，它表示一个或多个配合未满足。
- ⚠表示模型有警告：此图标出现在【特征管理器设计树】顶层的文件名称以及包含发出警告的特征的零部件上。此图标出现在【配合】文件夹上时，表示所有的配合都满足，但有一个或多个配合过定义。

在【特征管理器设计树】中单击⊞按钮看，展开【配合】文件夹。以下错误图标出现在配合图标旁边，表示配合的状态。

- （无）表示配合状态为满足。
- ⊗表示配合状态为未满足。
- ⚠表示配合状态为满足，但过定义了装配体。

诊断配合问题的步骤如下。

01 选择【工具】|【MateXpert】菜单命令，或右击一装配体、【配合】文件夹或【配合】文件夹中的任何配合，然后在弹出的快捷菜单中选择【MateXpert】命令，在【属性管理器】中打开【MateXpert】的属性设置，如图6-35所示。

02 在【MateXpert】的属性设置中的【分析问题】下单击【诊断】按钮，一个或多个带问题的配合子集组出现。在图形区域中，与当前子集合组不关联的零部件变为透明。有关配合问题的信息出现，如图6-36所示。

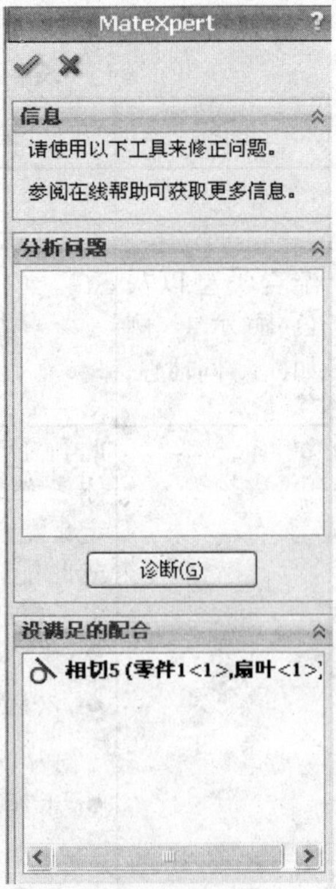

图6-35 【MateXpert】的属性设置

03 在【没满足的配合】下单击一配合，未解出的配合中的实体在图形区域中高亮显示。一信息会告诉配合的实体当前未对齐的距离或角度，如图6-37所示。

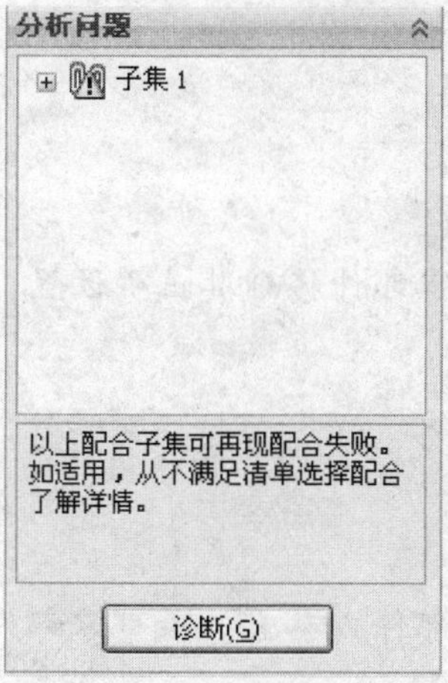

图6-36　分析问题

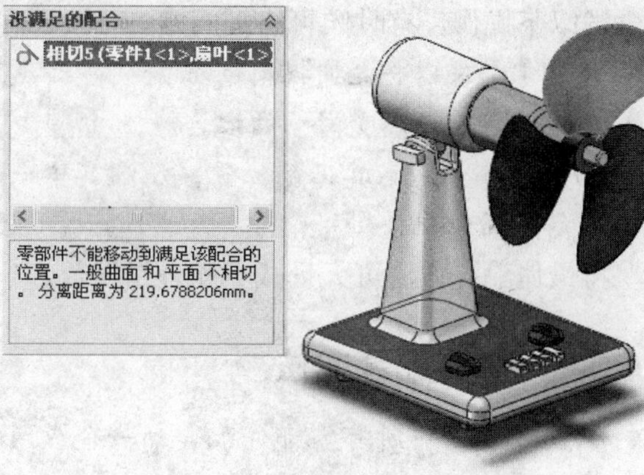

图6-37　没满足的配合

同时出现在【分析问题】和【没满足的配合】下的配合以粗体显示。

04 右击【属性管理器】中的一配合，然后在弹出的快捷菜单中选择如下命令。

- 【压缩】。
- 【编辑配合】。打开【配合】属性管理器，这样可编辑配合。
- 【切换对齐】。切换对齐和反向对齐之间的配合对齐。

如果配合悬空，可在此将之压缩或进行编辑，或关闭【属性管理器】，然后使用替换配合实体将之修复。

05 单击✔【确定】按钮。

MateXpert一次只分析一个【配合】文件夹。子装配体【配合】文件夹不包括在顶层装配体【配合】文件夹的分析中。可单独分析任何子装配体中的【配合】文件夹。

3. 修复配合问题的技巧

许多过定义及冗余配合问题可通过以下步骤解决。

01 使用MateXpert来识别并自动修复简单问题。即使MateXpert不能修复问题，它常可通过识别出问题中直接涉及到哪些配合而缩小问题范围。

02 在【特征管理器设计树】中，在【配合】文件夹中查找红色错误符号⊗。

- 红色错误符号表示配合无法移动零部件，原因是因为其他配合或因为零部件固定。如果红色配合反映出设计意图（也就是说想保留该配合）为压缩零部件上的其他配合（使用查看配合来查找），以允许红色配合解出。
- 在压缩有冲突的配合后，拖动零部件来查看有哪些自由度可供使用，这将为显示那些配合可在无冲突的情形下添加或解除压缩。
- 临时压缩无关零部件，这将压缩相应配合并进一步缩小问题范围。
- 查找不应为固定的固定零部件，浮动这些零部件。

也可使用配合标注和查看配合错误来帮助识别并解决配合问题。可以在红色配合的标注中单击强迫配合以迫使配合求解，从而断开另一配合。

03 如果无红色错误符号出现，一般有冗余距离或角度配合，或者存在不应固定的零部件。使用步骤2中方法，但集中在距离和角度配合或固定零部件上。

04 逻辑上应能奏效的配合偶尔不能将自身解出。

尝试以下操作，有时候可修复问题。

- 拖动零部件以将之捕捉到位。
- 压缩并解除压缩受影响的配合。
- 如果零部件远离其正确位置，压缩其中一些配合，将零部件移到其正确位置，然后解除压缩配合。

坚持最佳配合方法可大量减少配合错误数。

6.3.8 最佳配合方法

- 只要可能，将所有零部件配合到一个或两个固定的零部件或参考。长串零部件解出的时间更长，更易产生配合错误。
- 不生成环形配合，它们在以后添加配合时可导致配合冲突。
- 避免冗余配合，尽管SolidWorks允许某些冗余配合（除距离和角度外都允许），这些配合解出的时间更长，使配合方案更难懂，如果出现问题，则更难诊断。
- 拖动零部件以测试其可用自由度。
- 尽量少用限制配合，因为它们解出的时间更长。
- 一旦出现配合错误，尽快修复，添加配合决不会修复先前配合问题。
- 在添加配合前将零部件拖动到大致正确位置和方向，因为这会给配合解算应用程序更佳机会将零部件捕捉到正确位置。
- 如果零部件引起问题，与其诊断每个配合，不如删除所有配合并重新创建。
- 只要可能，在装配体中完全定义每个零件的位置，除非需要该零件移动以直观装配体运动。
- 偶尔拖动零部件将之捕捉到位并修复配合错误。
- 压缩并解除压缩带有错误的配合，以修复配合错误。
- 当给具有关联特征（其几何体参考装配体中其他零部件的特征）的零件生成配合时，避免生成圆形参考。

6.4 干涉检查

在一个复杂的装配体中，如果用视觉检查零部件之间是否存在干涉的情况是件困难的事情。在SolidWorks中，装配体可以进行干涉检查，其功能如下。

- 决定零部件之间的干涉。
- 显示干涉的真实体积为上色体积。
- 更改干涉和不干涉零部件的显示设置以便于查看干涉。
- 选择忽略需要排除的干涉，如紧密配合、螺纹扣件的干涉等。
- 选择将实体之间的干涉包括在多实体零件中。

- 选择将子装配体看成单一零部件，这样子装配体零部件之间的干涉将不报告出。
- 将重合干涉和标准干涉区分开。

6.4.1 干涉检查的命令启动

- 单击【装配体】工具栏中的【干涉检查】按钮。
- 选择【工具】|【干涉检查】菜单命令。

6.4.2 干涉检查的属性设置

【干涉检查】的属性设置如图6-38所示。

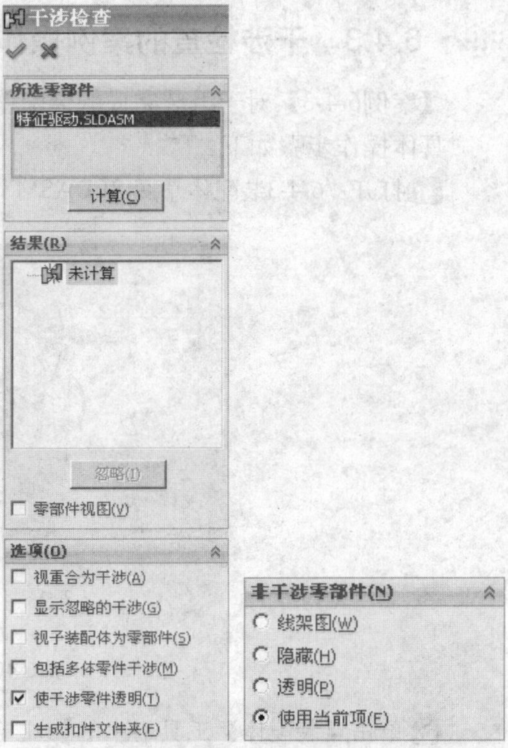

图6 38 【干涉检查】的属性设置

1. 【所选零部件】选项组

- 【要检查的零部件】：显示为干涉检查所选择的零部件。
- 【计算】：单击此按钮，检查干涉情况。

检测到的干涉显示在【结果】选项组中，干涉的体积数值显示在每个列举项的右侧，如图6-39所示。

图6-39 被检测到的干涉

2. 【结果】选项组

- 【忽略】、【解除忽略】：为所选干涉在【忽略】和【解除忽略】模式之间进行转换。
- 【零部件视图】：按照零部件名称而非干涉标号显示干涉。

3. 【选项】选项组

- 【视重合为干涉】：将重合实体报告为干涉。
- 【显示忽略的干涉】：显示在【结果】选项组中被设置为忽略的干涉。
- 【视子装配体为零部件】：取消选择此复选框时，子装配体被看作单一零部件，子装配体零部件之间的干涉将不被报告。
- 【包括多体零件干涉】：报告多实体零件中实体之间的干涉。
- 【使干涉零件透明】：以透明模式显示所选干涉的零部件。
- 【生成扣件文件夹】：将扣件（如螺母和螺栓等）之间的干涉隔离为在【结果】选项组中的单独文件夹。

4. 【非干涉零部件】选项组

以所选模式显示非干涉的零部件，包括【线架图】、【隐藏】、【透明】和【使用当前项】。

6.4.3 干涉检查的案例操作

【案例6-4-3】对于组装完成的装配体，检查各个零部件之间的干涉情况。

具体操作步骤如下。

01 打开“6-4-3装配体草图.SLDASM”装配体，如图6-40所示。

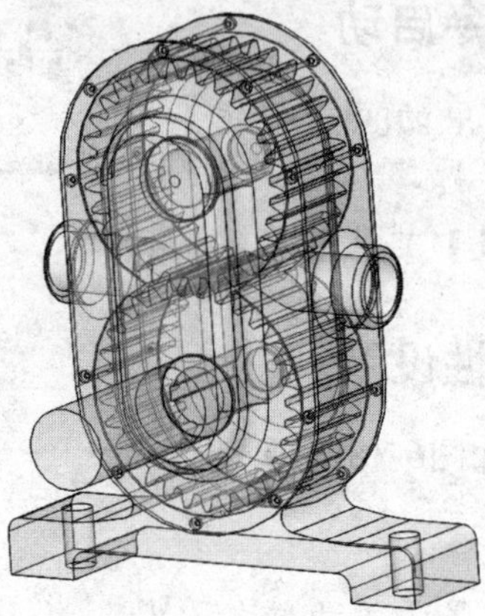

图6-40　打开装配体

02 单击【装配体】工具栏中的【干涉检查】按钮或执行【工具】|【干涉检查】命令，系统弹出【干涉检查】的属性设置。

03 设置装配体干涉检查属性如图6-41所示。在【所选零部件】选项组中，系统默认选择整个装配体为检查对象。在【选项】选项组中选中【使干涉零件透明】复选框。在【非干涉零部件】选项组中选中【使用当前项】复选框。

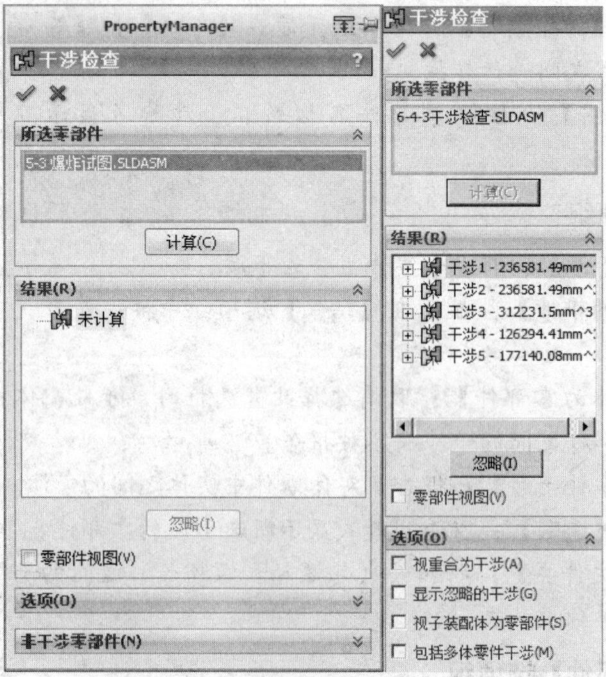

图6-41　【干涉检查】的属性设置

04 完成上述操作之后，单击【所选零部件】选项组中的【计算】按钮，此时在【结果】

选项组中显示出检查结果，如图6-42所示。

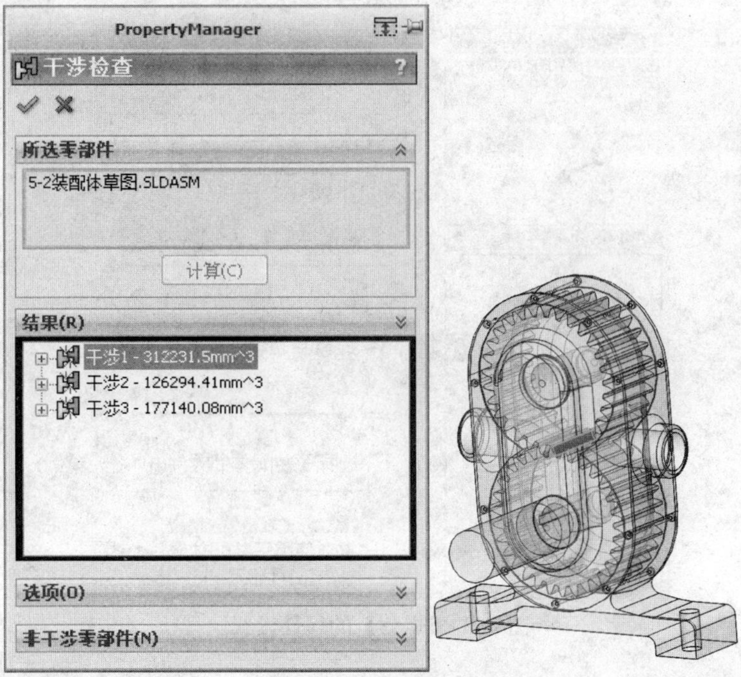

图6-42　干涉检查结果

6.5 爆炸视图

出于制造的目的，经常需要分离装配体中的零部件以形象地分析它们之间的相互关系。装配体的爆炸视图可以分离其中的零部件以便查看该装配体。

一个爆炸视图由一个或者多个爆炸步骤组成，每一个爆炸视图保存在所生成的装配体配置中，而每一个配置都可以有一个爆炸视图。可以通过在图形区域中选择和拖动零部件的方式生成爆炸视图。在爆炸视图中可以进行如下操作。

- 自动均分爆炸成组的零部件（如硬件和螺栓等）。
- 附加新的零部件到另一个零部件的现有爆炸步骤中。如果要添加一个零部件到已有爆炸视图的装配体中，这个方法很有用。
- 如果子装配体中有爆炸视图，则可以在更高级别的装配体中重新使用此爆炸视图。

6.5.1　爆炸视图的命令启动

- 单击【装配体】工具栏中的【爆炸视图】按钮。
- 选择【插入】|【爆炸视图】菜单命令。

6.5.2　爆炸视图的属性设置

【爆炸】的属性设置如图6-43所示。

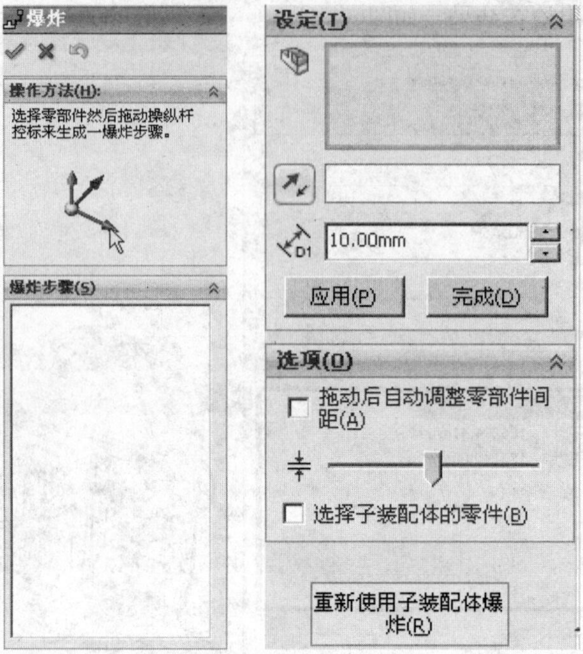

图6-43 【爆炸】的属性设置

1.【爆炸步骤】列表框

可以显示现有的爆炸步骤。

【爆炸步骤】：爆炸到单一位置的一个或者多个所选零部件。

2.【设定】选项组

- 【爆炸步骤的零部件】：显示当前爆炸步骤所选的零部件。
- 【爆炸方向】：显示当前爆炸步骤所选的方向。
- 【反向】：改变爆炸的方向。
- 【爆炸距离】：显示当前爆炸步骤零部件移动的距离。
- 【应用】：单击以预览对爆炸步骤的更改。
- 【完成】：单击以完成新的或者已经更改的爆炸步骤。

3.【选项】选项组

- 【拖动后自动调整零部件间距】：沿轴心自动均匀地分布零部件组的间距。
- 【调整零部件链之间的间距】：调整零部件之间的距离。
- 【选择子装配体的零件】：选择此复选框，可以选择子装配体的单个零件；取消选择此复选框，可以选择整个子装配体。
- 【重新使用子装配体爆炸】：使用先前在所选子装配体中定义的爆炸步骤。

6.5.3 生成爆炸视图的操作案例

【案例6-5-3】将装配体中的各零部件沿着直线运动，使各个零部件从装配体中分离出来。具体操作步骤如下。

01 打开“6-5-3装配体草图.SLDASM”装配体，如图6-44所示。

02 单击【装配体】工具栏中的【爆炸视图】按钮或执行【插入】|【爆炸视图】命令，系统弹出【爆炸】的属性设置。

03 创建第一个零部件的爆炸视图。在【设定】选项组中定义要爆炸的零件，在【爆炸步骤的零部件】选择框中选择图形区域中如图6-45所示的零件为要移动的零件。确定爆炸方向。选取z轴为移动方向，单击【反向】按钮使移动方向朝外。在【爆炸距离】文本框中输入2000mm，单击【应用】按钮，出现预览视图，再单击【完成】按钮，完成第一个零部件的爆炸视图。

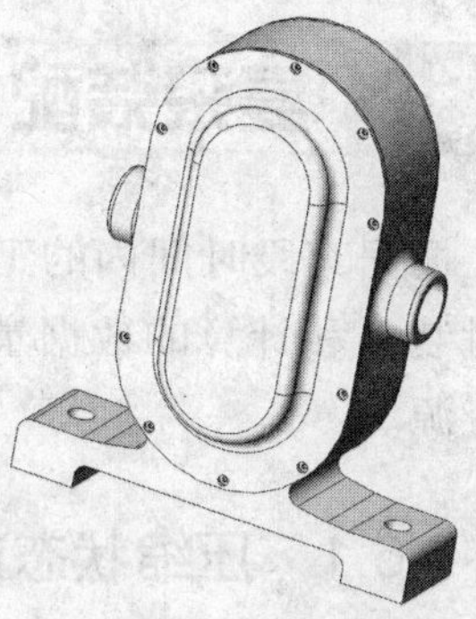

图6-44 打开装配体

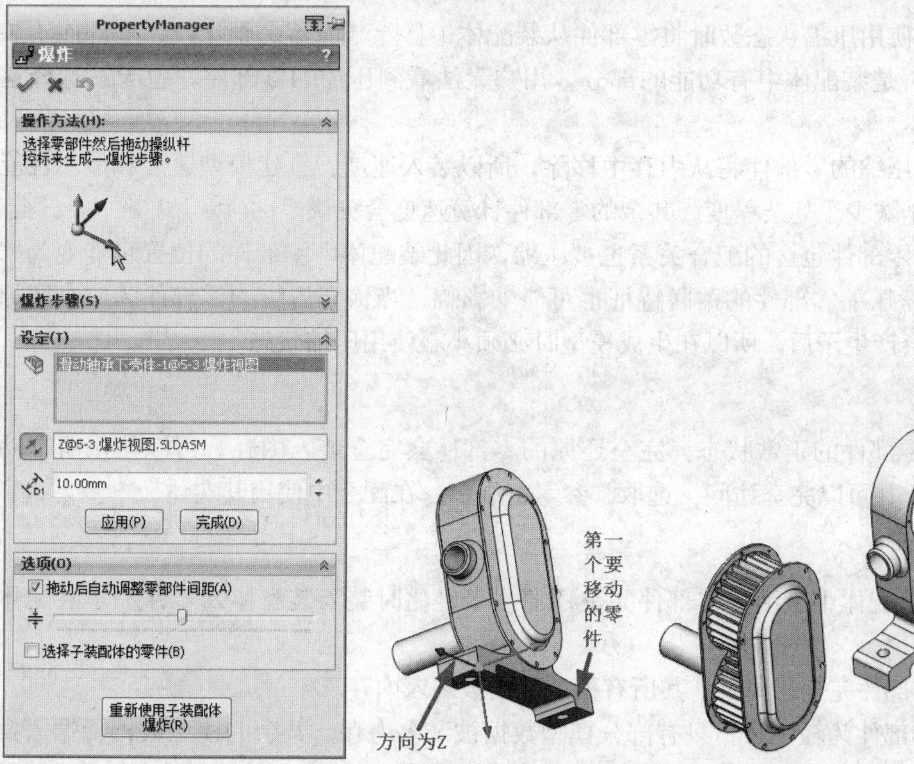

图6-45 创建第一个零部件的爆炸视图

04 按照以上步骤，继续为第二个零部件创建爆炸视图，设置爆炸距离为1200mm，爆炸方向沿着z轴，如图6-46所示。

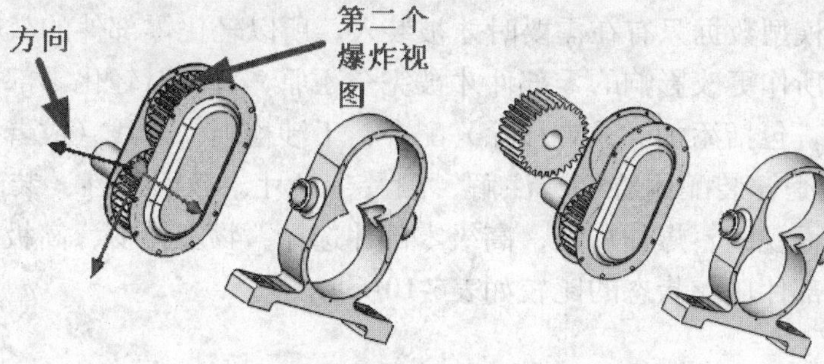

图6-46 创建第二个零部件的爆炸视图

6.6 复杂装配体中零部件的压缩状态

根据某段时间内的工作范围，可以指定合适的零部件压缩状态，这样可以减少工作时装入和计算的数据量，装配体的显示和重建速度会更快，也可以更有效地使用系统资源。

6.6.1 压缩状态的种类

装配体零部件共有以下三种压缩状态。

1. 压缩

1）可以使用压缩状态暂时将零部件从装配体中移除（而不是删除），零部件不装入内存，也不再是装配体中有功能的部分，用户无法看到压缩的零部件，也无法选择这个零部件的实体。

2）一个压缩的零部件将从内存中移除，所以装入速度、重建模型速度和显示性能均有提高，由于减少了复杂程度，其余的零部件计算速度会更快。

3）压缩零部件包含的配合关系也被压缩，因此装配体中零部件的位置可能变为“欠定义”，参考压缩零部件的关联特征也可能受影响，当恢复压缩的零部件为完全还原状态时，可能会产生矛盾，所以在生成模型时必须小心使用压缩状态。

2. 还原

装配体零部件的正常状态。完全还原的零部件会完全装入内存，可以使用所有功能及模型数据，并可以完全访问、选取、参考、编辑、在配合中使用其实体。

3. 轻化

可以在装配体中激活的零部件完全还原或者轻化时装入装配体，零件和子装配体都可以为轻化。

1）当零部件完全还原时，其所有模型数据被装入内存。

2）当零部件为轻化时，只有部分模型数据被装入内存，其余的模型数据根据需要被装入。

通过使用轻化零部件，可以显著提高大型装配体的性能，将轻化的零部件装入装配体比将完全还原的零部件装入同一装配体速度更快，因为计算的数据少，包含轻化零部件的装配体重建速度也更快。

零部件的完整模型数据只有在需要时才被装入，所以轻化零部件的效率很高。只有受当前编辑进程中所作更改影响的零部件才被完全还原，可以对轻化零部件不还原而进行多项装配体操作，包括添加（或者移除）配合、干涉检查、边线（或者面）选择、零部件选择、碰撞检查、装配体特征、注解、测量、尺寸、截面属性、装配体参考几何体、质量属性、剖面视图、爆炸视图、高级零部件选择、物理模拟、高级显示（或者隐藏）零部件等。零部件压缩状态的比较如表6-10所示。

表6-10　压缩状态比较表®

	还原	轻化	压缩	隐藏
装入内存	是	部分	否	是
可见	是	是	否	否
在【特征管理器设计树】中可以使用的特征	是	否	否	否
可以添加配合关系的面和边线	是	是	否	否
解出的配合关系	是	是	否	是
解出的关联特征	是	是	否	是
解出的装配体特征	是	是	否	是
在整体操作时考虑	是	是	否	是
可以在关联中编辑	是	是	否	否
装入和重建模型的速度	正常	较快	较快	正常
显示速度	正常	正常	较快	较快

6.6.2　生成压缩状态的操作步骤

1. 压缩零部件

1）在装配体窗口中，在【特征管理器设计树】中单击零部件名称或者在图形区域中选择零部件。

2）右击【特征管理器设计树】中的零件名称，弹出的快捷菜单如图6-47所示。

3）在弹出的快捷菜单中选择【压缩】命令，选择的零部件被压缩，如图6-48所示。

图6-47　快捷菜单

图6-48　压缩零部件

6.7 装配体统计

装配体统计可以在装配体中生成零部件和配合报告。

6.7.1　装配体统计的信息

在装配体窗口中。选择【工具】|【AssemblyXpert】菜单命令，弹出【AssemblyXpert】对话框，如图6-49所示。

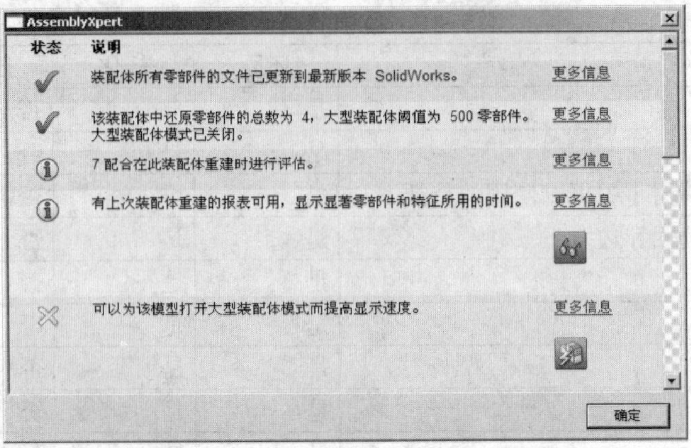

图6-49 【AssemblyXpert】对话框

6.7.2 生成装配体统计的操作案例

【案例6-7-2】将使用AssemblyXpert 分析装配体的性能，报告装配体中零部件和配合的统计，并会建议采取一些可行的操作来改进性能。

具体操作步骤如下。

01 打开“6-7-2装配体草图.SLDASM”装配体，如图6-50所示。

02 单击【装配体】工具栏中的【AssemblyXpert】按钮或执行【工具】|【AssemblyXpert】命令，系统弹出【AssemblyXpert】对话框，如图6-51所示。

03 在【AssemblyXpert】对话框中，图标下列出了装配体的所有相关统计信息。

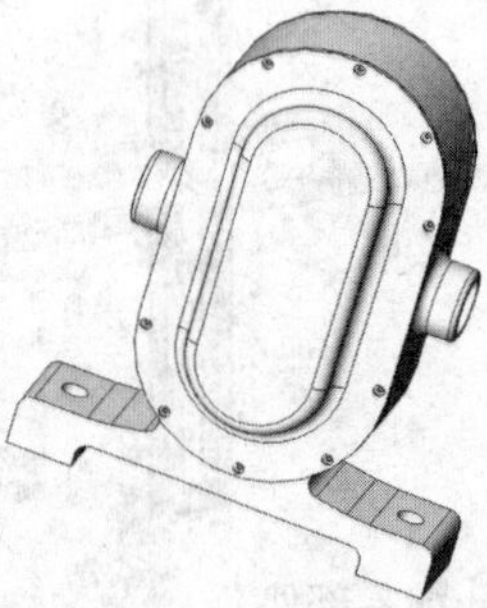

图6-50 打开装配体

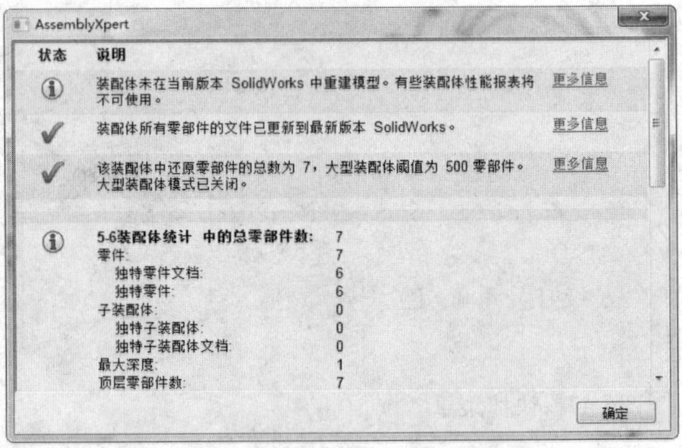

图6-51 【AssemblyXpert】对话框

6.8 范例

双滑块机构模型如图6-52所示。

主要步骤如下。

1）插入十字滑槽零件。

2）插入滑块零件。

3）插入连杆及其配件。

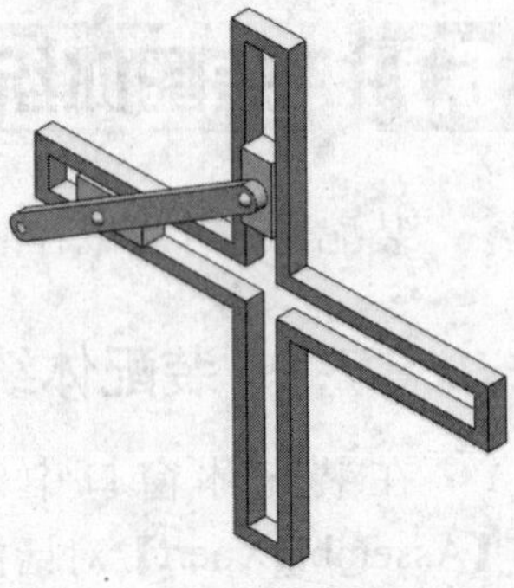

图6-52 双滑块机构模型

6.8.1 插入十字滑槽零件

01 启动中文版SolidWorks 2012，单击【标准】工具栏中的【新建】按钮，弹出【新建SolidWorks文件】对话框，单击【装配体】按钮，如图6-53所示，单击【确定】按钮。

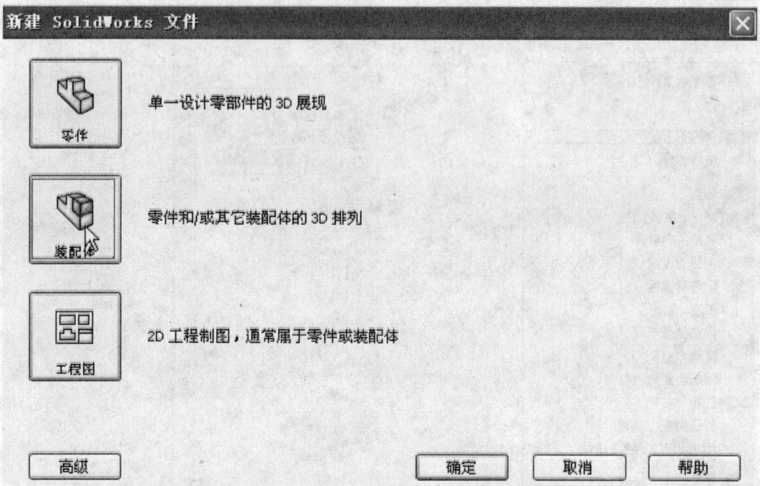

图6-53 新建装配体窗体

02 在【属性管理器】中打开【开始装配体】的属性设置，单击【浏览】按钮，在弹出的【打开】对话框中选择零件【十字滑槽.SLDPRT】，单击【打开】按钮，如图6-54所示，然后单击【开始装配体】的属性设置中的【确定】按钮。在主界面中选择【文件】|【另存为】菜单命令，弹出【另存为】对话框，在【文件名】文本框中输入装配体名称“双滑块”，单击【保存】按钮。

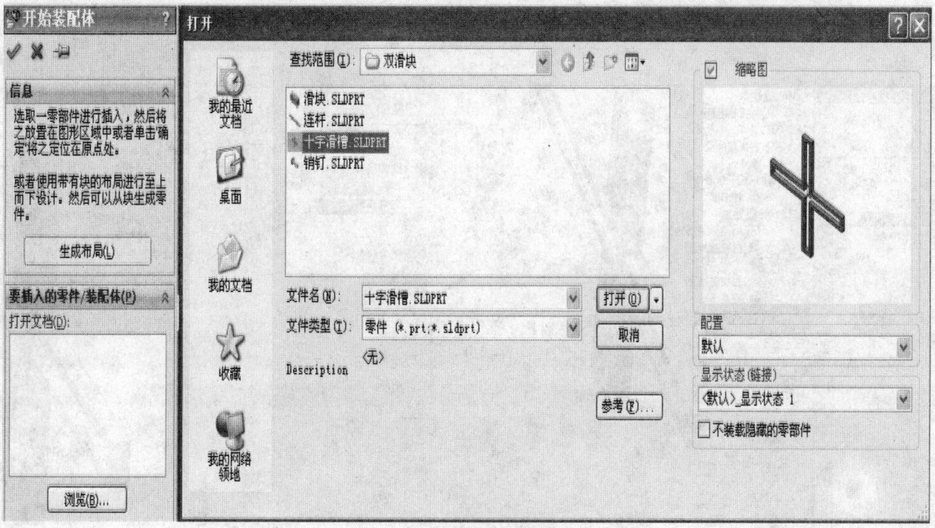

图6-54 插入第一个零件

03 在【特征管理器设计树】中右击刚刚插入的滑槽零件，在快捷菜单中选择【浮动】命令，如图6-55所示。

04 单击【装配体】工具栏中的【配合】按钮，弹出【重合】的属性设置。单击【标准配合】选项组下的【重合】按钮。单击【配合选择】选项组下的文本框，然后在图形区域的【特征管理器设计树】中选择如图6-56所示的装配体环境下的前视基准面和滑槽零件下的前视基准面，其他选项保持默认，单击【确定】按钮，完成前视基准面重合的配合。

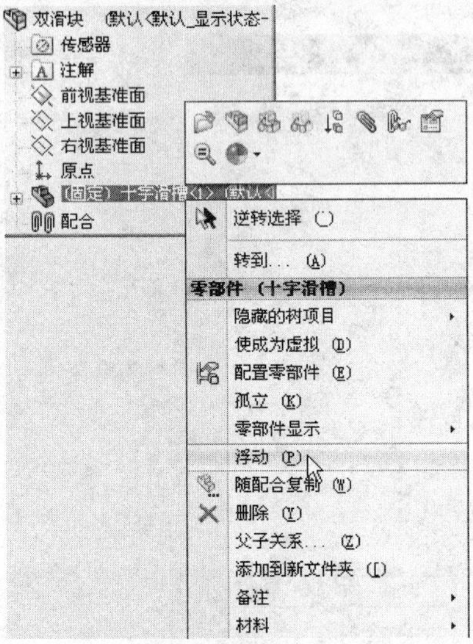

图6-55　选择【浮动】命令

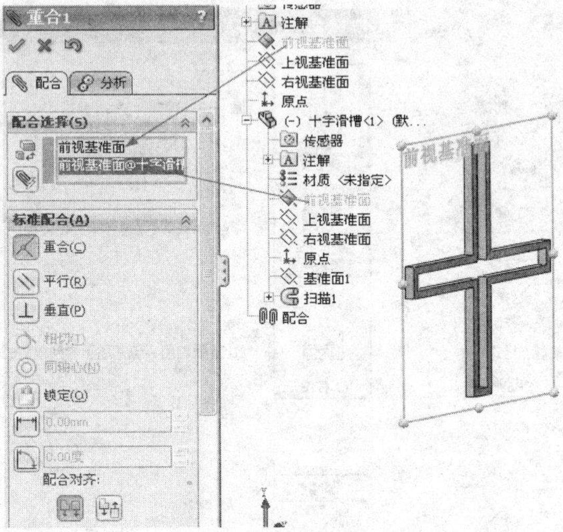

图6-56　重合配合

05 继续进行配合约束。在【标准配合】选项组下单击【重合】按钮。在【配合选择】文本框中选择如图6-57所示的装配体环境下的上视基准面和滑槽零件的上视基准面，单击【确定】按钮，完成上视基准面重合的配合。

06 继续进行配合约束。在【标准配合】选项组下单击【重合】按钮。在【配合选择】文本框中选择如图6-58所示的装配体环境下的右视基准面和滑槽零件的右视基准面，单击【确定】按钮，完成右视基准面重合的配合。

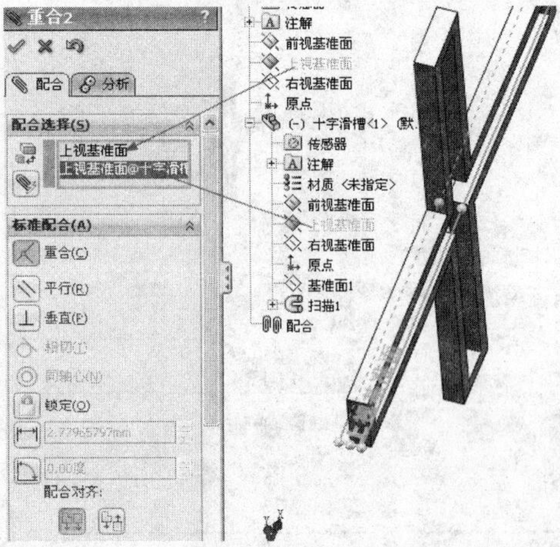

图6-57　重合配合

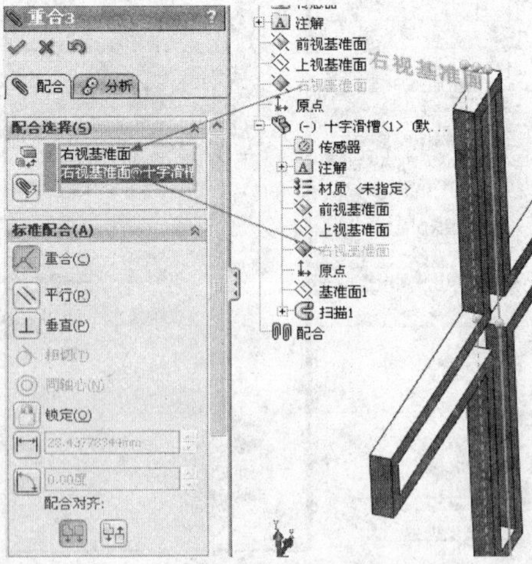

图6-58　重合配合

07 在装配体的【特征管理器设计树】中展开零件【十字滑槽】下的特征树，展开【双滑块中的配合】前的图标，可以查看如图6-59所示的滑槽零件在装配体环境中所添加的配合类型。

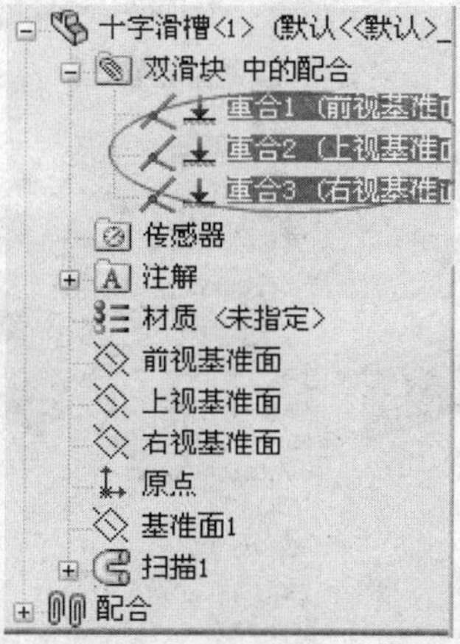

图6-59　查看零件配合

6.8.2 插入滑块零件

01 单击【装配体】工具栏中的【插入零部件】按钮，弹出【插入零部件】的属性设置。单击【浏览】按钮，选择零件【滑块】，单击【打开】按钮，在图形区域合适位置单击以插入滑块，如图6-60所示。

02 为了便于进行配合约束，先移动滑块到接近滑槽的位置，单击【装配体】工具栏中的【移动零部件】下拉按钮，在弹出的下拉菜单中选择【移动零部件】选项，弹出【移动零部件】的属性设置，此时鼠标变为形状，移动滑块到如图6-61所示位置，然后单击【确定】按钮。

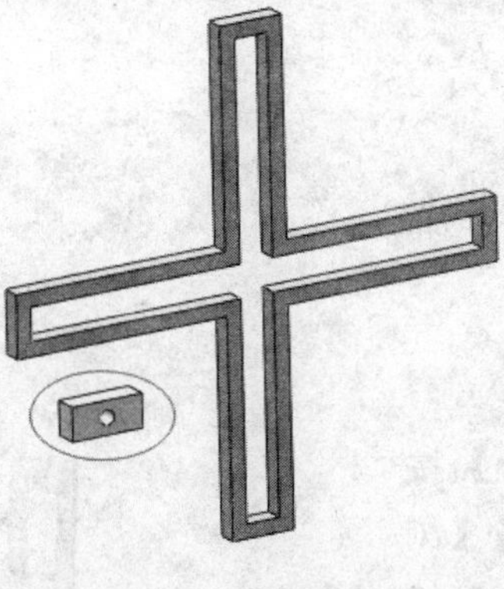

图6-60　插入滑块

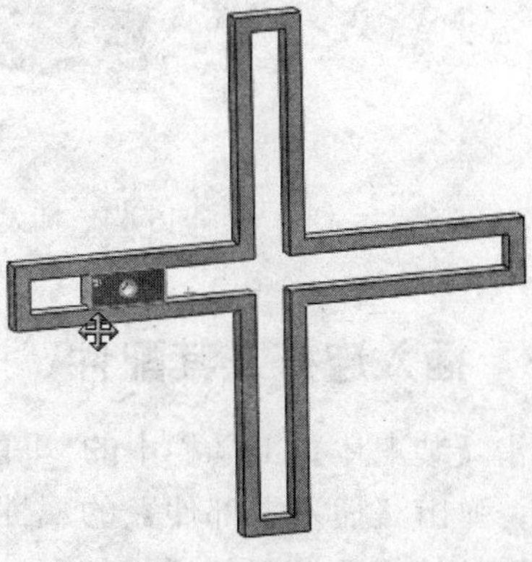

图6-61　移动零件

03 单击【装配体】工具栏中的【配合】按钮，弹出【重合】的属性设置。在【标准配合】选项组下单击【重合】按钮。单击【配合选择】选项组下的文本框，然后在图形区域中选择十字滑槽后表面和滑块后表面，其他选项保持默认，如图6-62所示。单击【确定】按钮，完成重合的配合。

04 继续进行配合操作。在【高级配合】选项组下单击【对称】按钮。在【配合选择】选项组下的【要配合实体】的文本框中选择滑块上下两个表面，在【对称基准面】文本框中选择十字滑槽的上视基准面，如图6-63所示，其他选项保持默认，单击【确定】按钮，完成对称的配合。

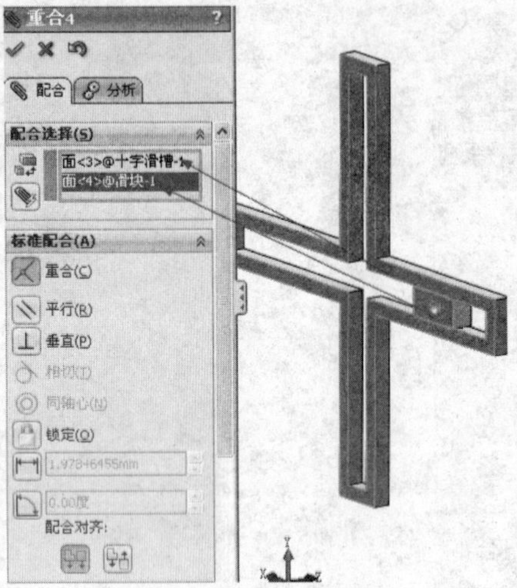

图6-62 同轴心配合

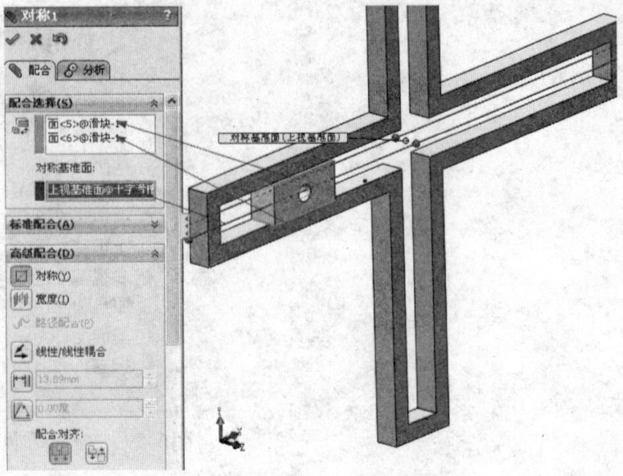

图6-63 对称配合

05 插入同样的滑块零件，添加与前一个滑块相同的重合和对称配合约束，使滑块后表面和十字滑槽后表面重合，滑块两个侧表面和十字滑槽的右视基准面重合，最终位置如图6-64所示。

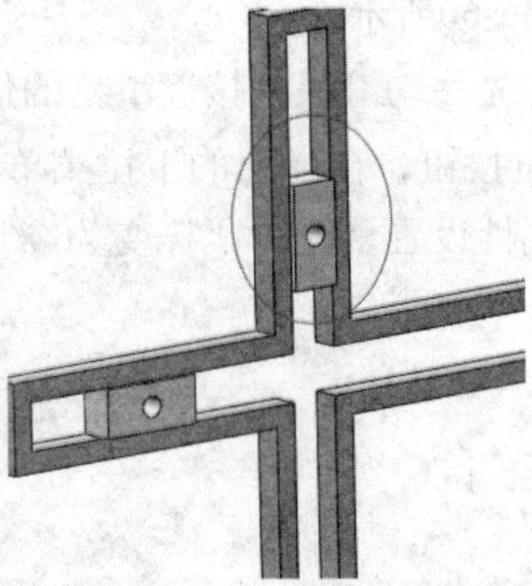

图6-64 插入第二个滑块并添加配合

6.8.3 插入连杆及其配件

01 单击【装配体】工具栏中的【插入零部件】按钮，弹出【插入零部件】的属性设置。单击【浏览】按钮，选择零件【连杆】，单击【打开】按钮，在图形区域中合适位置单击插入。使用【装配体】工具栏中的【移动零部件】功能拖动零件到接近配合位置，如图6-65所示。

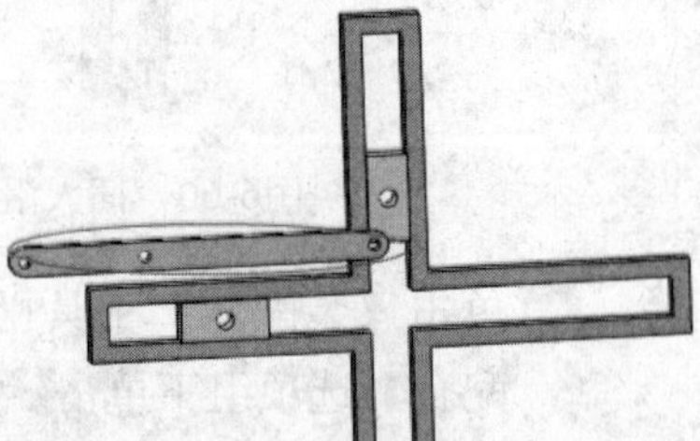

图6-65 添加连杆零件

02 单击【装配体】工具栏中的【配合】按钮，弹出【同心】的属性设置。在【标准配合】选项组下单击【同轴心】按钮。单击【配合选择】选项组下的文本框，然后在图形区域中选择连杆右侧通孔和竖直滑槽中滑块上的通孔，如图6-66所示，单击【确定】按钮，完成同轴心的配合。

03 继续进行添加配合操作，为连杆中部的通孔和水平滑槽中滑块上的通孔添加同轴心配合，如图6-67所示。

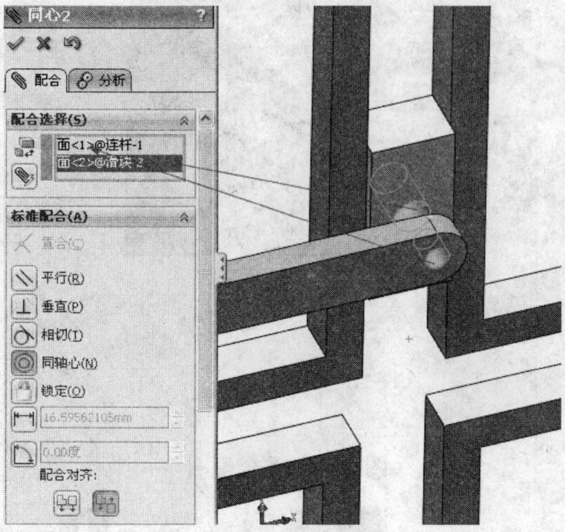

图6-66　同轴心配合

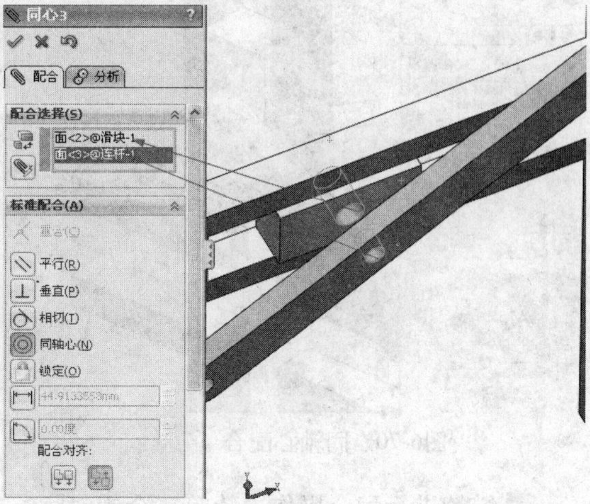

图6-67　同轴心配合

04 继续进行添加配合操作，在【标准配合】选项组下单击【重合】按钮，在【配合选择】选项组下的文本框中选择任意滑块前表面和连杆后表面，如图6-68所示的面，单击【确定】按钮，完成重合的配合。

05 插入两个零件【销钉】作为连杆的配件，放置到装配体环境中空白位置，如图6-69所示。

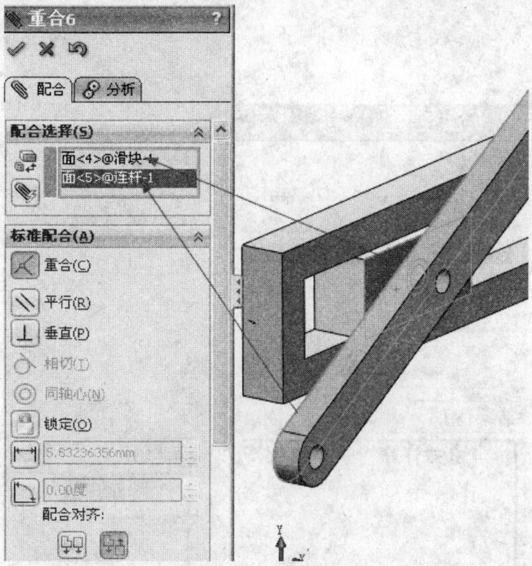

图6-68　重合配合

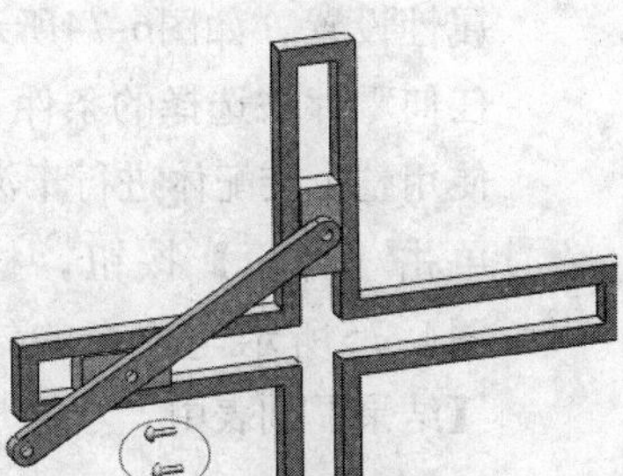

图6-69　插入两个配件

06 单击【装配体】工具栏中的【配合】按钮，弹出【同心】的属性设置，在【标准配合】选项组下单击【同轴心】按钮，在【配合选择】选项组下的文本框中选择连杆右侧通孔和销钉外圆柱面，如图6-70所示。

07 继续进行配合操作，单击【重合】按钮，在【配合选择】选项组下的文本框中选择连杆前表面和销钉一个平面，如图6-71所示。

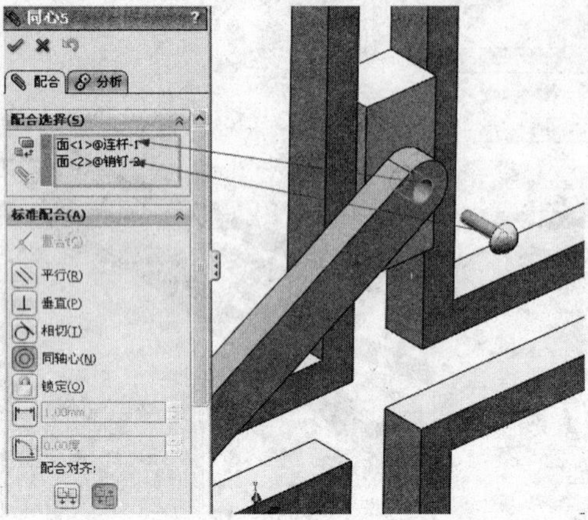

图6-70　同轴心配合

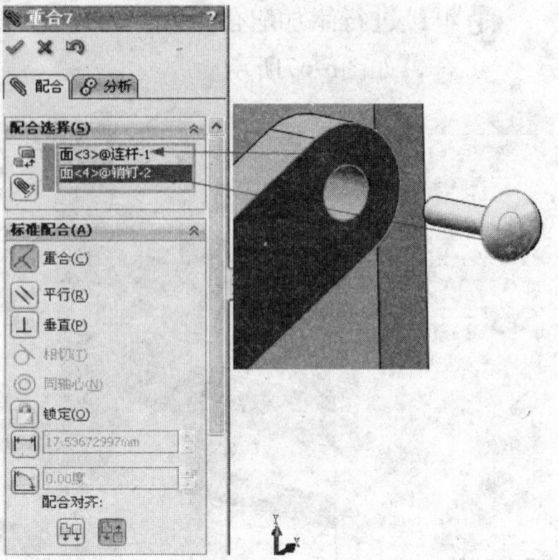

图6-71　重合配合

08 继续进行配合操作，为第二个销钉添加与前一个同样的同轴心和重合配合，使得销钉和连杆中部通孔同轴心，和连杆前表面重合，添加完配合后的两个销钉位置如图6-72所示。

09 至此，一个双滑块机构装配体创建完成，如图6-73所示。

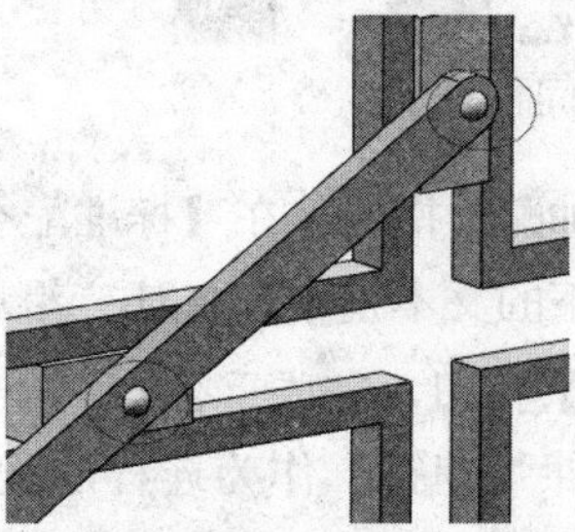

图6-72　销钉添加配合

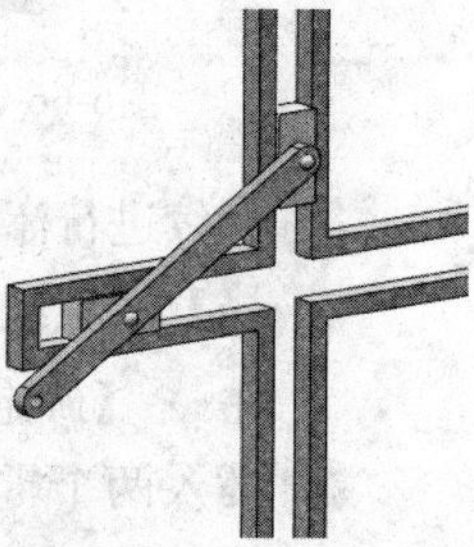

图6-73　完成转配体

6.8.4　干涉检查

01 在【工具】菜单栏中单击【干涉检查】按钮，弹出【干涉检查】的属性设置，如图6-74所示，在没有任何零件被选择的条件下，系统将使用整个装配体进行干涉检查。

02 单击【计算】按钮，检查结果如图6-75所示，检查的结果列出在【结果】列表中。

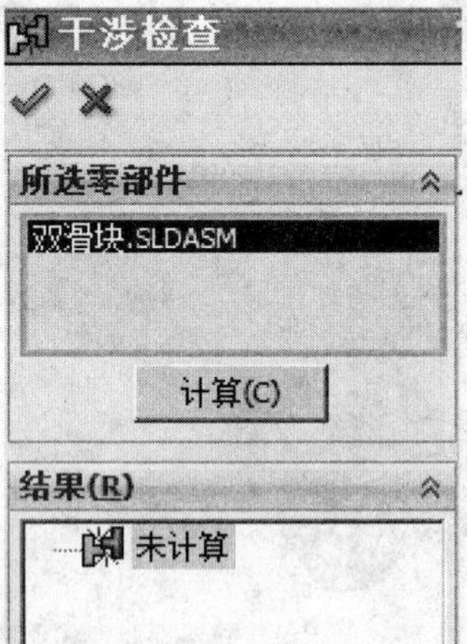

图6-74　【干涉检查】的属性设置

图6-75　再次进行干涉检查

6.8.5　计算装配体质量特性

01 选择【工具】|【质量特性】菜单命令，弹出【质量特性】对话框，系统将根据零件材料属性设置和装配单位设置计算装配体的各种质量特性，如图6-76所示。

02 图形区域显示了装配体的重心位置，重心位置的坐标以装配体的原点为零点，如图6-77所示。单击【关闭】按钮完成计算。

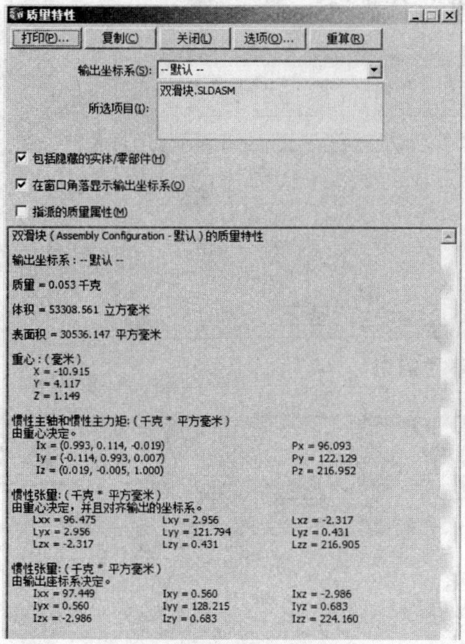

图6-76 计算质量特性

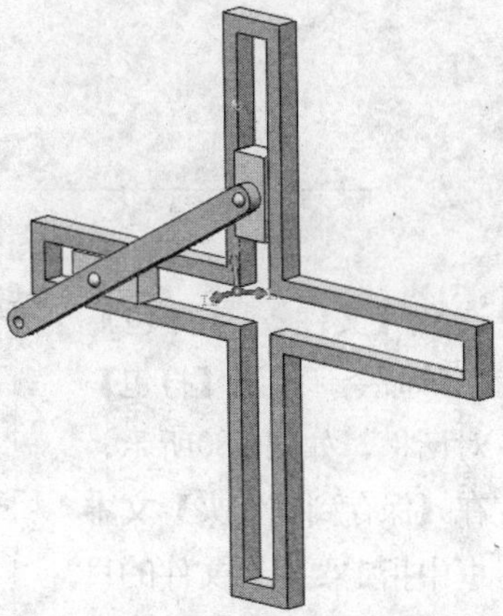

图6-77 重心位置

6.8.6 装配体信息和相关文件

01 选择【工具】|【AssemblyXpert】菜单命令，弹出【AssemblyXpert】对话框，如图6-78所示，在【AssemblyXpert】对话框中显示了零件或子装配的统计信息。

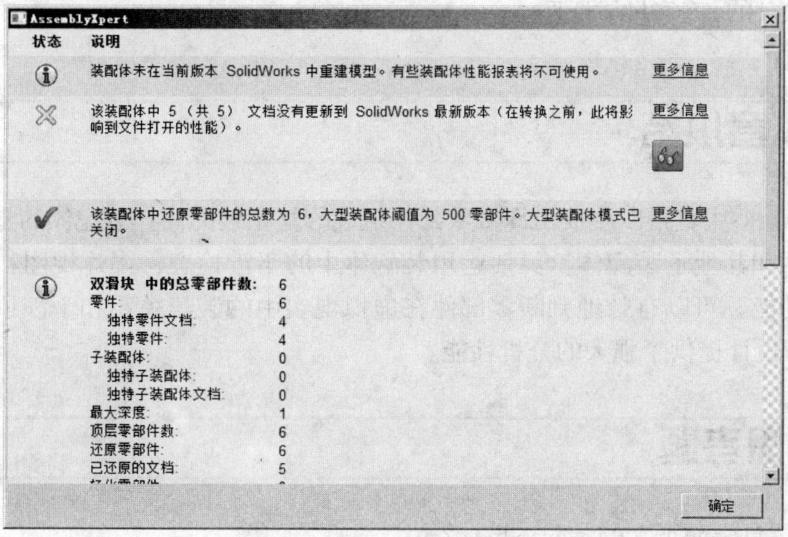

图6-78 装配体统计信息

02 选择【文件】|【查找相关文件】菜单命令，弹出【查找参考引用】对话框，如图6-79所示。在【查找参考引用】对话框中显示了装配体文件所使用的零件文件、装配体文件的文件详细位置和名称。通过此对话框，用户还可以进行如下操作。

- 打印：将查找结果通过打印机输出。

- 复制清单：将查找结果清单复制到Windows粘贴板上。
- 复制文件：将查找结果中的文件复制到其他位置。

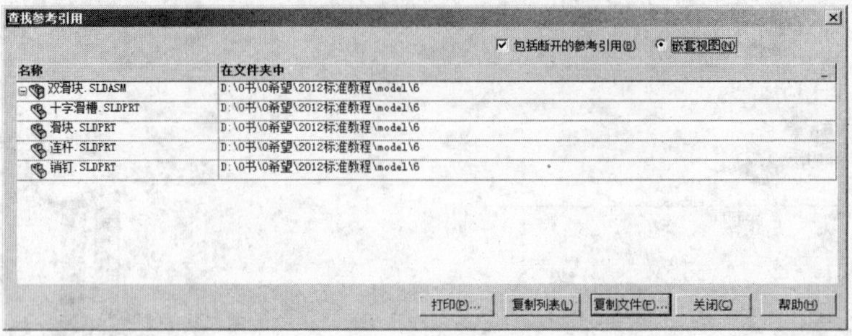

图6-79　查找参考引用

03 选择【文件】|【打包】菜单命令，弹出【打包】对话框，如图6-80所示，在【保存到文件夹】文本框中指定要保存文件的目录，也可以单击【浏览】按钮查找目录位置。如果用户希望将打包的文件直接保存为压缩文件（*.zip），单击【保存到zip】单选按钮，并指定压缩文件的名称和目录即可。

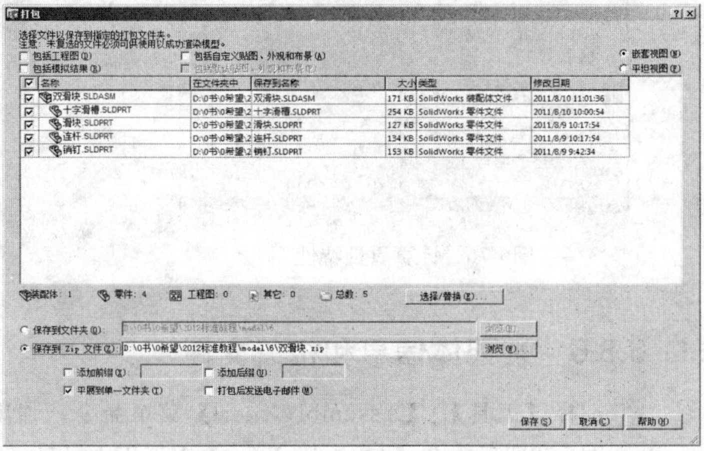

图6-80　装配体文件打包

6.9 本章小结

在SolidWorks中，可以生成由许多零部件组成的复杂装配体。装配体的零部件可以包括独立的零件和其他子装配体。灵活运用装配体中的干涉检查、爆炸视图、压缩状态和装配统计等功能，可以有效地判断零部件在虚拟现实中的装配关系和干涉位置等，这为装配体的虚拟设计提供了强大的分析性能。

6.10 思考题

1）何为“自上而下”的装配体设计？

2）如何在移动中进行碰撞检测？

3）配合的主要作用是什么？

4）干涉检查的目的是什么？

5）如何制作爆炸视图？

第7章 工程图设计

本章导读

工程图是用来表达三维模型的二维图样，通常包含一组视图、完整的尺寸、技术要求、标题栏等内容。在工程图设计中，可以利用SolidWorks设计的实体零件和装配体直接生成所需视图，也可以基于现有的视图生成新的视图。

SolidWorks在工程图与零部件或者装配体三维模型之间提供全相关的功能，即对零部件或者装配体三维模型进行修改时，所有相关的工程视图将自动更新以反映零部件或者装配体的形状和尺寸变化；反之，当在一个工程图中修改零部件或者装配体尺寸时，系统也自动将相关的其他工程视图及三维零部件或者装配体中相应结构的尺寸进行更新。

7.1 图纸格式

图纸格式主要用于保存图纸中相对不变的部分，如图框、标题栏和明细栏等。

当生成新的工程图时，必须选择图纸格式。图纸格式可以采用标准图纸格式，也可以自定义和修改图纸格式。通过对图纸格式的设置，有助于生成具有统一格式的工程图。

7.1.1 图纸格式的属性设置

1. 标准图纸格式

SolidWorks提供了各种标准图纸大小的图纸格式。可以在【图纸格式/大小】对话框的【标准图纸大小】列表框中进行选择。单击【浏览】按钮，可以加载用户自定义的图纸格式。【图纸格式/大小】对话框如图7-1所示。

【显示图纸格式】：显示边框、标题栏等。

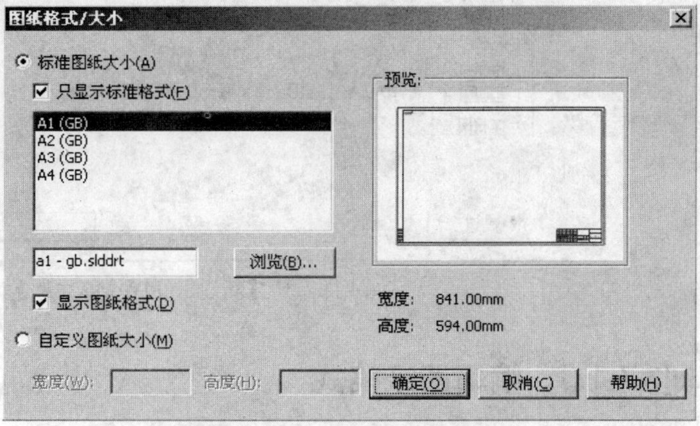

图7-1 【图纸格式/大小】对话框

2. 无图纸格式

【自定义图纸大小】选项可以定义无图纸格式，即选择无边框、无标题栏的空白图纸。此选项要求指定纸张大小，也可以定义用户自己的格式，如图7-2所示。

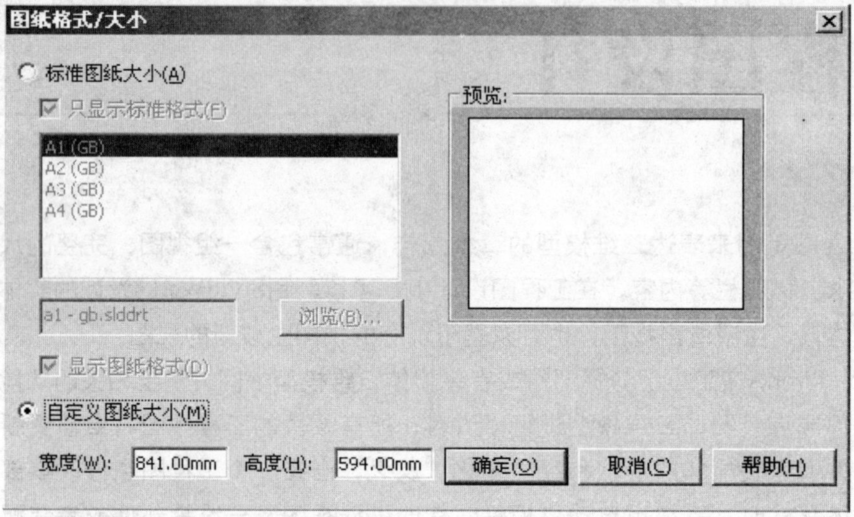

图7-2 单击【自定义图纸大小】单选按钮

7.1.2 使用图纸格式的操作步骤

01 单击【标准】工具栏中的 【新建】按钮，弹出如图7-3所示的【新建SolidWorks文件】对话框。

02 单击【工程图】按钮，单击【确定】按钮，弹出【图纸格式/大小】对话框，根据需要设置参数，单击【确定】按钮。

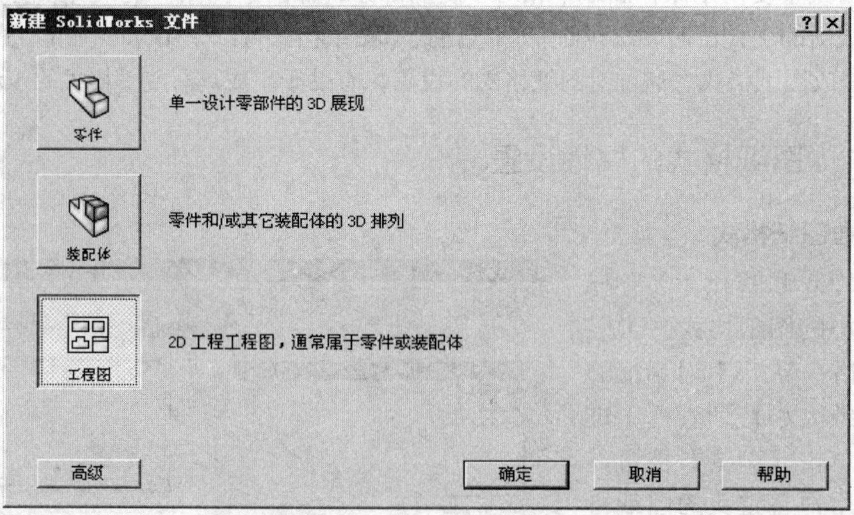

图7-3 【新建SolidWorks文件】对话框

7.1.3 编辑图纸格式

生成一个工程图文件后，可以随时对图纸大小、图纸格式、绘图比例、投影类型等图纸细节进行修改。

在【特征管理器设计树】中右击图标，或者在工程图纸的空白区域右击，在弹出的快捷菜单中选择【属性】命令，弹出【图纸属性】对话框，如图7-4所示。

【图纸属性】对话框中部分选项的介绍如下。

- 【投影类型】：为标准三视图投影选择【第一视角】或者【第三视角】（我国采用的是【第一视角】）。
- 【下一视图标号】：指定将使用在下一个剖面视图或者局部视图的字母。
- 【下一基准标号】：指定要用作下一个基准特征符号的英文字母。
- 【使用模型中此处显示的自定义属性值】：如果在图纸上显示了一个以上的模型，且工程图中包含链接到模型自定义属性的注释，则选择希望使用到的属性所在的模型视图；如果没有另外指定，则将使用插入到图纸的第一个视图中的模型属性。

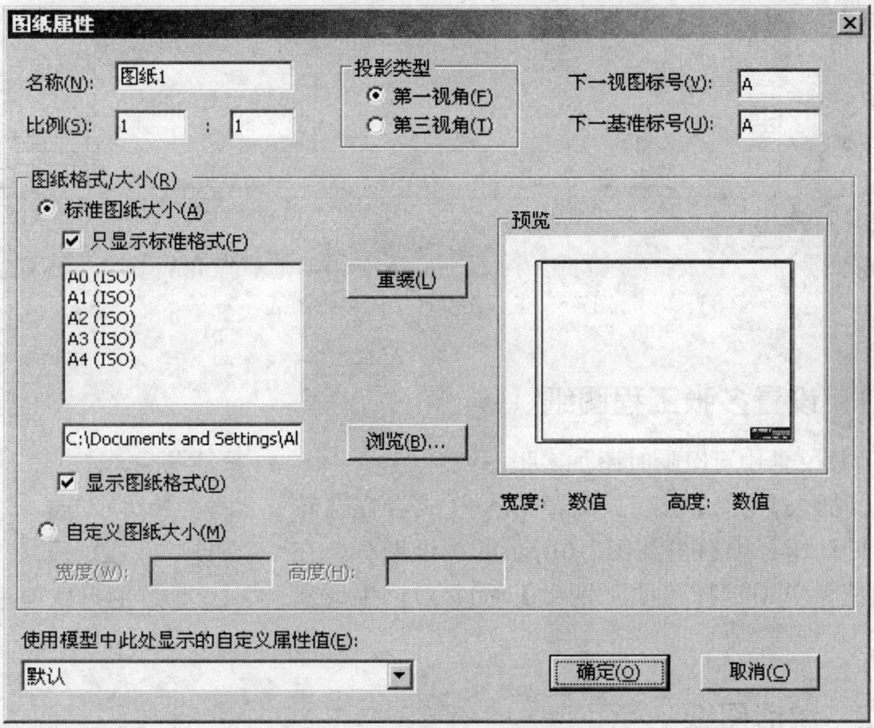

图7-4 【图纸属性】对话框

7.2 工程图文件

工程图文件是SolidWorks设计文件的一种。在一个SolidWorks工程图文件中，可以包含多张图纸，这使得用户可以利用同一个文件生成一个零件的多张图纸或者多个零件的工程图，如图7-5所示。

工程图文件窗口可以分成两部分。左侧区域为文件的管理区域，显示了当前文件的所有图纸、图纸中包含的工程视图等内容；右侧图纸区域可以认为是传统意义上的图纸，包含了图纸格式、工程视图、尺寸、注解、表格等工程图样所必需的内容。

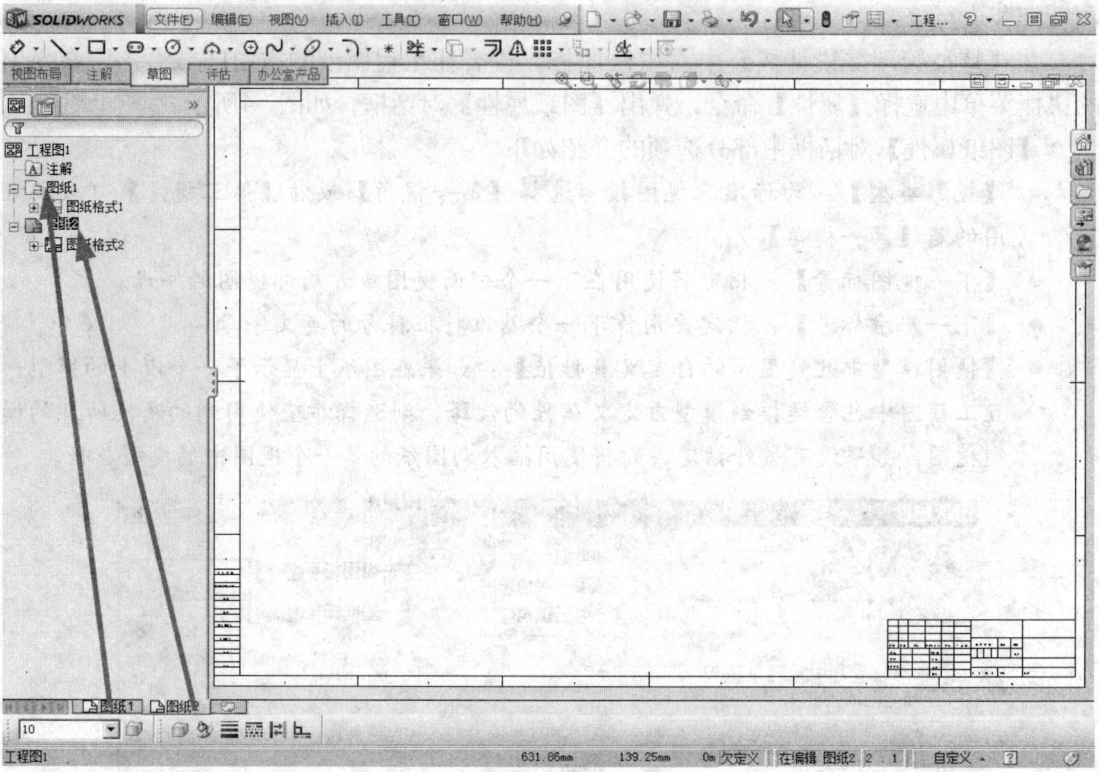

图7-5　工程图文件中的多张图纸

7.2.1　设置多张工程图纸

在工程图文件中可以随时添加多张图纸。

选择【插入】|【图纸】菜单命令（或者在【特征管理器设计树】中右击如图7-6所示的图纸图标，在弹出的快捷菜单中选择【添加图纸】命令），生成新的图纸。

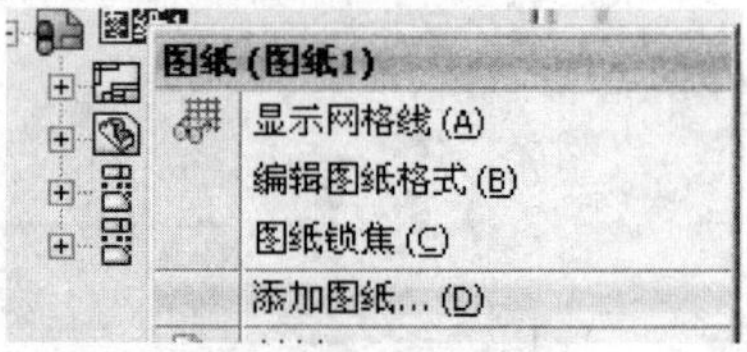

图7-6　快捷菜单

7.2.2　激活图纸

如果需要激活图纸，可以采用如下方法之一。

- 在图纸区域下方单击要激活的图纸的图标。
- 右击图纸区域下方要激活的图纸的图标，在弹出的快捷菜单中选择【激活】命令，如图7-7所示。
- 右击【特征管理器设计树】中的图纸图标，在弹出的快捷菜单中选择【激活】命令，如图7-8所示。

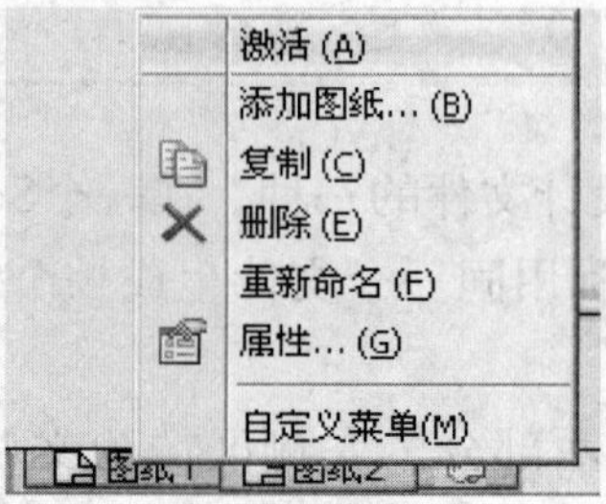

图7-7　快捷菜单

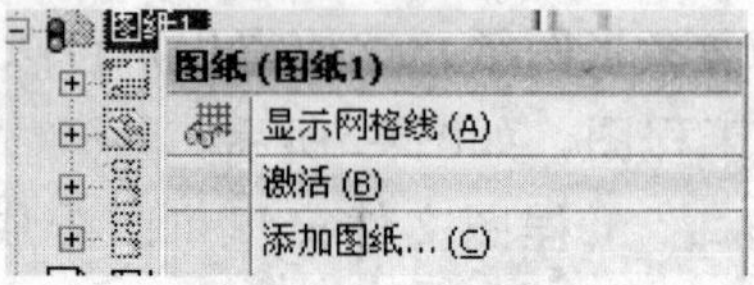

图7-8　快捷菜单

7.2.3 删除图纸

1）右击【特征管理器设计树】中要删除的图纸图标，在弹出的快捷菜单中选择【删除】命令。

2）弹出【确认删除】对话框，单击【是】按钮即可删除图纸，如图7-9所示。

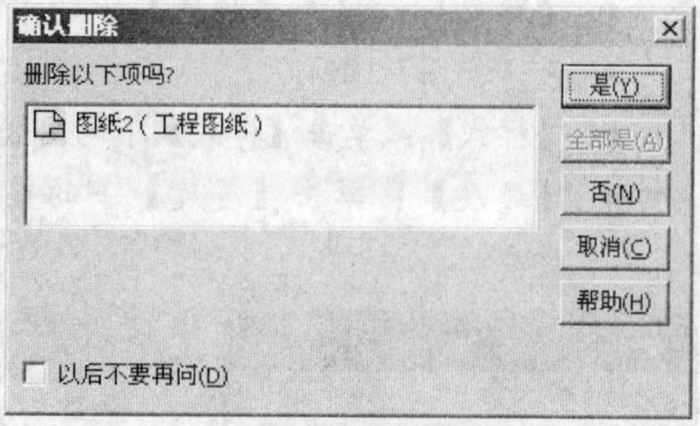

图7-9 【确认删除】对话框

7.3 图层与线型

7.3.1 图层设置

在工程图文件中，可以根据用户需求建立图层，并为每个图层上生成的新实体指定线条颜色、线条粗细和线条样式。新的实体会自动添加到激活的图层中。图层可以被隐藏或者显示。另外，还可以将实体从一个图层移动到另一个图层。创建好工程图的图层后，可以分别为每个尺寸、注解、表格和视图标号等局部视图选择不同的图层设置。

草图实体使用图层的所有属性。【图层】工具栏如图7-10所示。

图7-10 【图层】工具栏

如果将*.DXF或者*.DWG文件输入到SolidWorks工程图中，会自动生成图层。在最初生成*.DXF或者*.DWG文件的系统中指定的图层信息（如名称、属性和实体位置等）将被保留。

如果输出带有图层的工程图作为*.DXF或者*.DWG文件，则图层信息包含在文件中。当在目标系统中打开文件时，实体都位于相同图层上，并且具有相同的属性，除非使用映射功能将实体重新导向新的图层。

在工程图中单击【图层】工具栏中的【图层属性】按钮，可以进行相关的图层操作。

1. 建立图层

1）在工程图中单击【图层】工具栏中的【图层属性】按钮，弹出如图7-11所示的【图层】对话框。

2）单击【新建】按钮，输入新图层的名称。

3）更改图层默认图线的颜

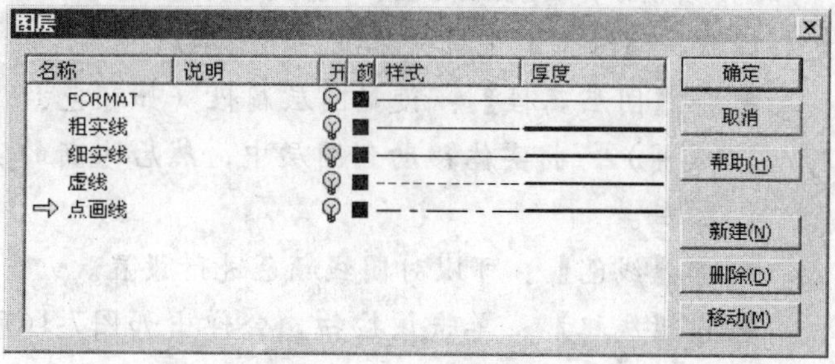

图7-11 【图层】对话框

色、样式和粗细等。

- 【颜色】：单击【颜色】下的方框，弹出【颜色】对话框，可以选择或者设置颜色，如图7-12所示。
- 【样式】：单击【样式】下的图线，在弹出的菜单中选择图线样式，如图7-13所示。
- 【厚度】：单击【厚度】下的直线，在弹出的菜单中选择图线的粗细，如图7-14所示。

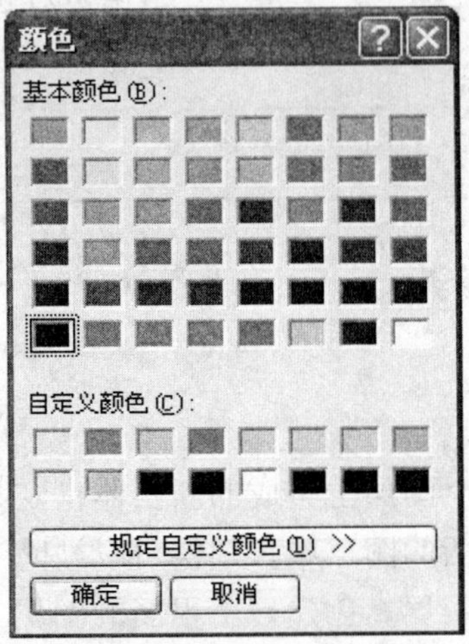

图7-12 【颜色】对话框

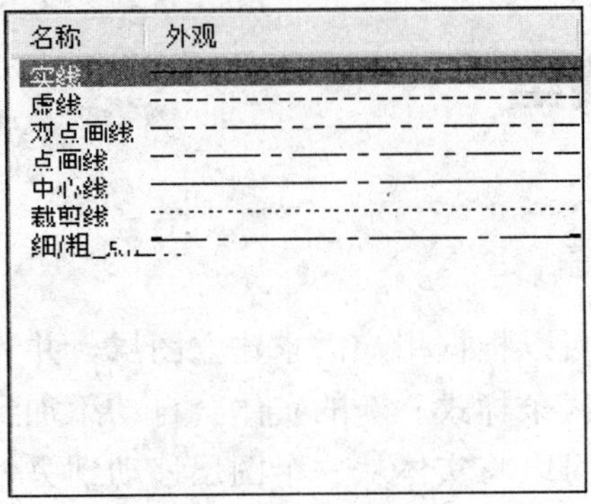

图7-13 选择样式

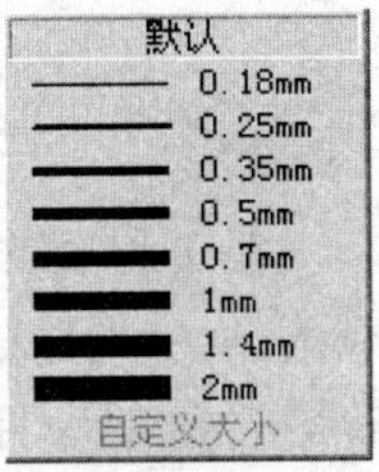

图7-14 选择厚度

4）单击【确定】按钮，可以为文件建立新的图层。

2. 图层操作

1）⇨图标所指示的图层为激活的图层。如果要激活图层，单击图层左侧，则所添加的新实体会出现在激活的图层中。

2）图标表示图层打开或者关闭的状态。当灯泡为黄色时，图层可见。单击某一图层的图标，则可以显示或者隐藏该图层。

3）如果要删除图层，选择图层，然后单击【删除】按钮。

4）如果要移动实体到激活的图层，选择工程图中的实体，然后单击【移动】按钮，即可将其移动至激活的图层。

5）如果要更改图层名称，单击图层名称，输入所需的新名称即可。

7.3.2 线型设置

对于视图中图线的线色、线粗、线型、颜色显示模式等，可以利用【线型】工具栏进行设置。【线型】工具栏如图7-15所示。

图7-15 【线型】工具栏

- 【图层属性】：设置图层属性（如颜色、厚度、样式等），将实体移动到图层中，然后为新的实体选择图层。
- 【线色】：可以对图线颜色进行设置。
- 【线粗】：单击该按钮，会弹出如图7-16所示的【线粗】菜单，可以对图线粗细进行设置。

● 【线条样式】：单击该按钮，会弹出如图7-17所示的【线条样式】菜单，可以对图线样式进行设置。

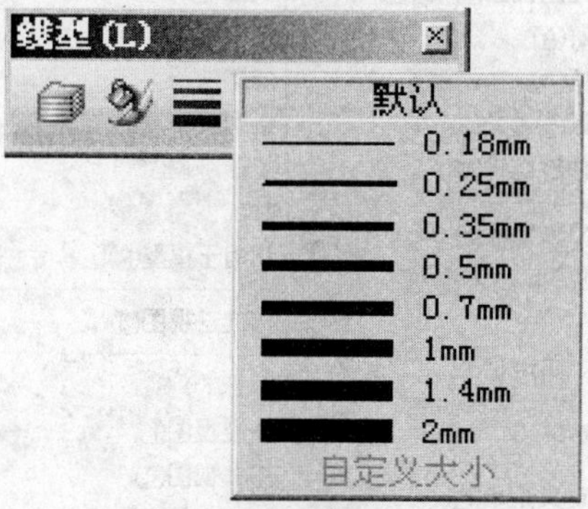

图7-16 【线粗】菜单

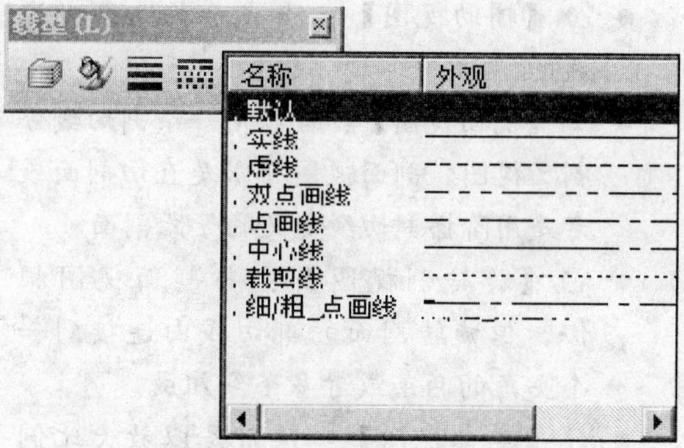

图7-17 【线条样式】菜单

● 【颜色显示模式】：单击该按钮，线色会在所设置的颜色中进行切换。

在工程图中如果需要对线型进行设置，一般在绘制草图实体之前，先利用【线型】工具栏中的【线色】、【线粗】和【线条样式】按钮对将要绘制的图线设置所需的格式，这样可以使被添加到工程图中的草图实体均使用指定的线型格式，直到重新设置另一种格式为止。

7.4 工程视图

工程视图是指在图纸中生成的所有视图。在SolidWorks中，用户可以根据需要生成各种零件模型的表达视图，如投影视图、剖面视图、局部放大视图、轴测视图等，如图7-18所示。

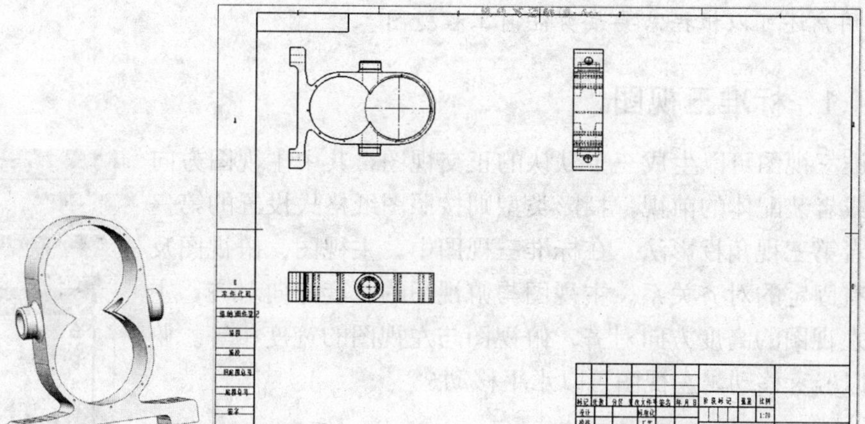

图7-18 工程视图

新建工程图文件，完成图纸格式的设置后，就可以生成工程视图了。选择【插入】|【工程视图】菜单命令，弹出工程视图菜单，如图7-19所示，根据需要，可以选择相应的命令生成工程视图。

- 【投影视图】：指从主、俯、左三个方向插入视图。
- 【辅助视图】：垂直于所选参考边线的视图。
- 【剖面视图】：可以用一条剖切线分割父视图。剖面视图可以是直切剖面或者是用阶梯剖切线定义的等距剖面。
- 【旋转剖视图】：与剖面视图相似，但旋转剖面的剖切线由连接到一个夹角的两条或者多条线组成。
- 【局部视图】：通常是以放大比例显示一个视图的某个部分，可以是正交视图、空间（等轴测）视图、剖面视图、剪裁视图、爆炸装配体视图或者另一局部视图等。

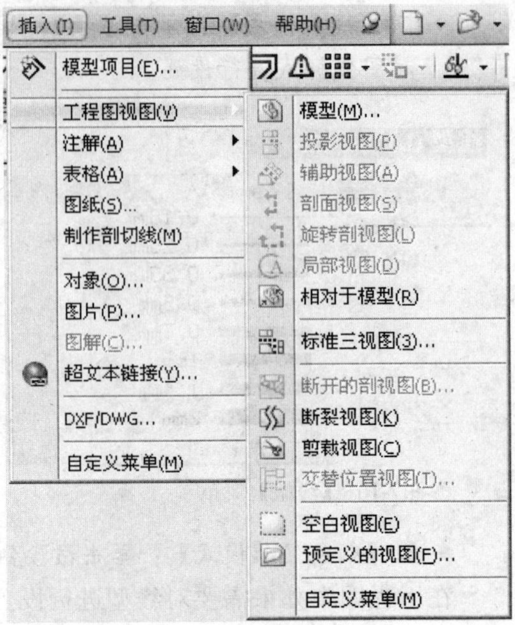

图7-19 工程视图菜单

- 【相对于模型】：正交视图，由模型中两个直交面或者基准面及各自的具体方位的规格定义。
- 【标准三视图】：前视视图为模型视图，其他两个视图为投影视图，使用在图纸属性中所指定的第一视角或者第三视角投影法。
- 【断开的剖视图】：是现有工程视图的一部分，而不是单独的视图。可以用闭合的轮廓（通常是样条曲线）定义断开的剖视图。
- 【断裂视图】：也称为中断视图。断裂视图可以将工程图视图以较大比例显示在较小的工程图纸上。与断裂区域相关的参考尺寸和模型尺寸反映实际的模型数值。
- 【剪裁视图】：除了局部视图、已用于生成局部视图的视图或者爆炸视图外，用户还可以根据需要裁剪任何工程视图。

7.4.1 标准三视图

标准三视图可以生成三个默认的正交视图，其中主视图方向为零件或者装配体的前视，投影类型则按照图纸格式设置的第一视角或者第三视角投影法。在标准三视图中，主视图、俯视图及左视图有固定的对齐关系。主视图与俯视图的长度方向对齐，主视图与左视图的高度方向对齐，俯视图与左视图的宽度相等。俯视图可以竖直移动，左视图可以水平移动。

图7-20 【标准三视图】的属性设置

标准三视图的属性设置

单击【工程图】工具栏中的【标准三视图】按钮（或者选择【插入】|【工程视图】|【标准三视图】菜单命令），在【属性管理器】中弹出【标准三视图】的属性设置，如图7-20所示，鼠标指针变为形状。

7.4.2 相对视图

如果需要零件视图正确、清晰地表达零件的形状结构，使用模型视图和投影视图生成的工程视图可能会不符合实际情况，此时可以利用相对视图自行定义主视图，解决零件视图定向与工程视图投影方向的矛盾。

【相对视图】的属性设置

选择【插入】|【工程视图】|【相对于模型】菜单命令，在【属性管理器】中弹出【相对视图】的属性设置，如图7-21所示，鼠标指针变为形状。

- 【第一方向】：选择方向（如图7-22所示），然后单击【第一方向的面/基准面】选择框，在图纸区域中选择一个面或者基准面。
- 【第二方向】：选择方向，然后单击【第二方向的面/基准面】选择框，在图纸区域中选择一个面或基准面。

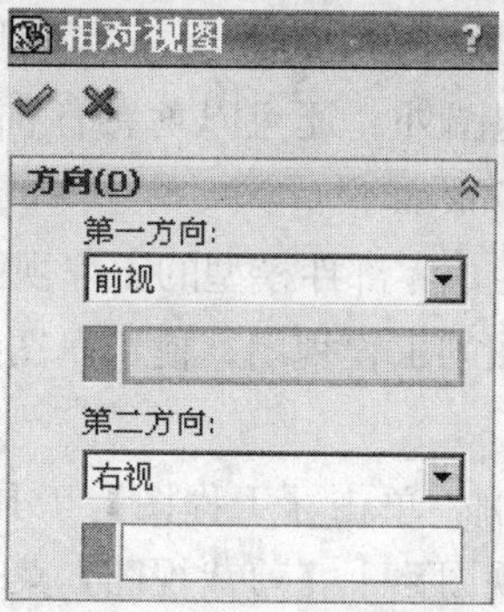

图7-21 【相对视图】的属性设置

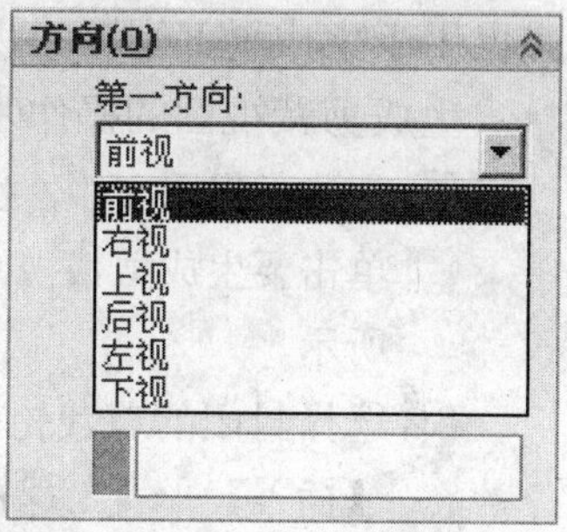

图7-22 【第一方向】选项

7.4.3 投影视图

投影视图是根据已有视图利用正交投影生成的视图。投影视图的投影方法是根据在【图纸属性】对话框中所设置的第一视角或者第三视角投影类型而确定。

【投影视图】的属性设置

单击【工程图】工具栏中的【投影视图】按钮（或者选择【插入】|【工程视图】|【投影视图】菜单命令），在【属性管理器】中弹出【投影视图】的属性设置，如图7-23所示，鼠标指针变为形状。

(1) 【箭头】选项组

【标号】：表示按相应父视图的投影方向得到的投影视图的名称。

(2) 【显示样式】选项组

【使用父关系样式】：取消选择此复选框，可以选择与父视图不同的显示样式，显示样式包括【线架图】、【隐藏线可见】、【消除隐藏线】、【带边线上色】和【上色】。

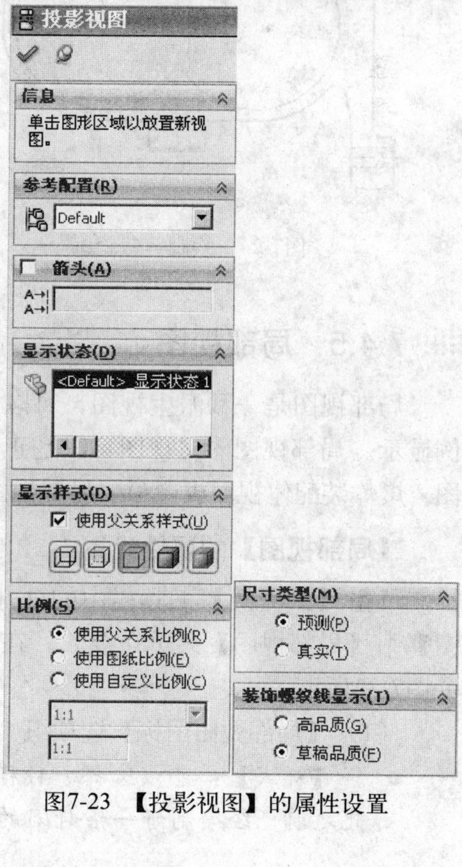

图7-23 【投影视图】的属性设置

(3) 【比例】选项组

- 【使用父关系比例】：可以应用为父视图所使用的相同比例。
- 【使用图纸比例】：可以应用为工程图图纸所使用的相同比例。
- 【使用自定义比例】：可以根据需要应用自定义的比例。

7.4.4 剪裁视图

剪裁视图通过隐藏除了所定义区域之外的所有内容而集中于工程图视图的某部分，未剪裁的部分使用草图（通常是样条曲线或其他闭合的轮廓）进行闭合。除了局部视图或已用于生成局部视图的视图外，还可以剪裁任何工程视图。

生成剪裁视图的操作步骤如下。

01 新建工程图文件，生成零部件模型的工程视图。

02 单击要生成剪裁视图的工程视图，使用草图绘制工具绘制一条封闭的轮廓，如图7-24所示。

03 选择封闭的剪裁轮廓，单击【工程图】工具栏中的【剪裁视图】按钮（或者选择【插入】|【工程视图】|【剪裁视图】菜单命令），此时，剪裁轮廓以外的视图消失，生成剪裁视图，如图7-25所示。

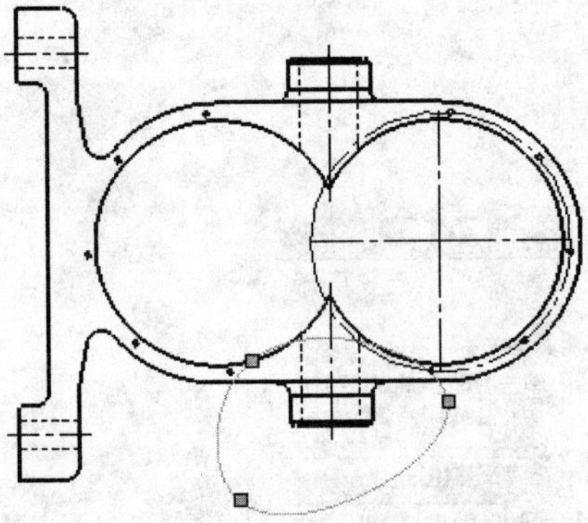

图7-24 绘制剪裁轮廓

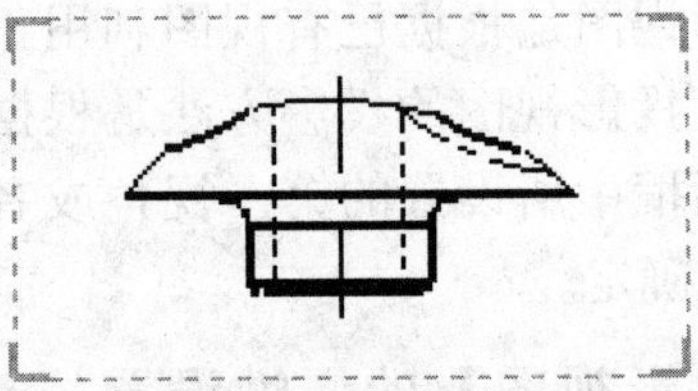

图7-25 生成剪裁视图

7.4.5 局部视图

局部视图是一种派生视图，可以用来显示父视图的某一局部形状，通常采用放大比例显示。局部视图的父视图可以是正交视图、空间（等轴测）视图、剖面视图、剪裁视图、爆炸装配体视图或者另一局部视图，但不能在透视图中生成模型的局部视图。

【局部视图】的属性设置

单击【工程图】工具栏中的【局部视图】按钮（或者选择【插入】|【工程视图】|【局部视图】菜单命令），在【属性管理器】中弹出【局部视图】的属性设置，如图7-26所示。

(1) 【局部视图图标】选项组

- 【样式】：可以选择一种样式，如图7-27所示，也可以单击【轮廓】（必须在此之前已经绘制好一条封闭的轮廓曲线）或者【圆】单选按钮，各样式的效果如

图7-28所示。

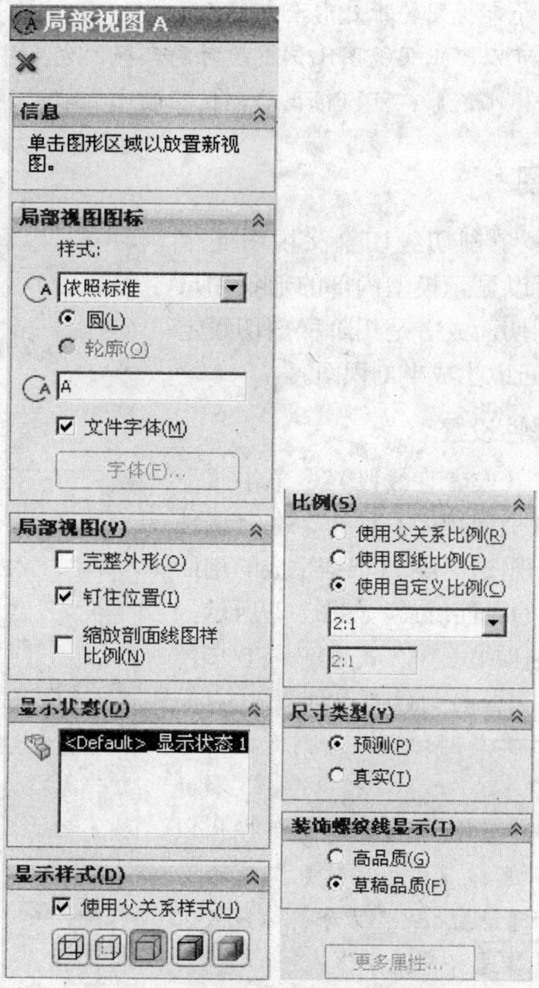

图7-26 【局部视图】的属性设置

- 【标号】：编辑与局部视图相关的字母。
- 【字体】：如果要为局部视图标号选择文件字体以外的字体，取消选择【文件字体】复选框，然后单击【字体】按钮。

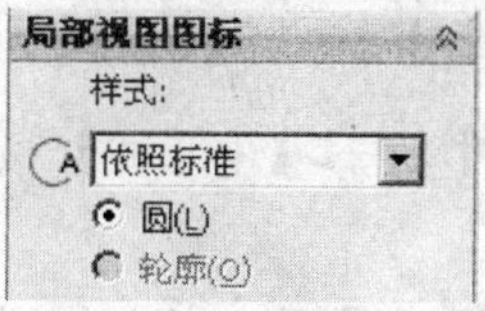

图7-27 【样式】选项

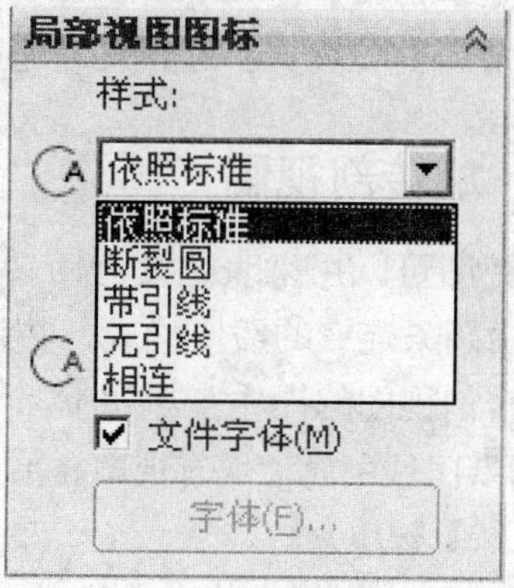

图7-28 样式效果

（2）【局部视图】选项组

- 【完整外形】：局部视图轮廓外形全部显示。
- 【钉住位置】：可以阻止父视图比例更改时局部视图发生移动。
- 【缩放剖面线图样比例】：可以根据局部视图的比例缩放剖面线图样比例。

7.4.6 剖面视图

剖面视图是通过一条剖切线切割父视图而生成，属于派生视图，可以显示模型内部的形状和尺寸。剖面视图可以是剖切面或者是用阶梯剖切线定义的等距剖面视图，并可以生成半剖视图。

【剖面视图】的属性设置

选择绘制的中心线（或者直线段），单击【工程图】工具栏中的【剖面视图】按钮，在【属性管理器】中弹出【剖面视图B-B】（根据生成的剖面视图，字母顺序排序）的属性设置，如图7-29所示。

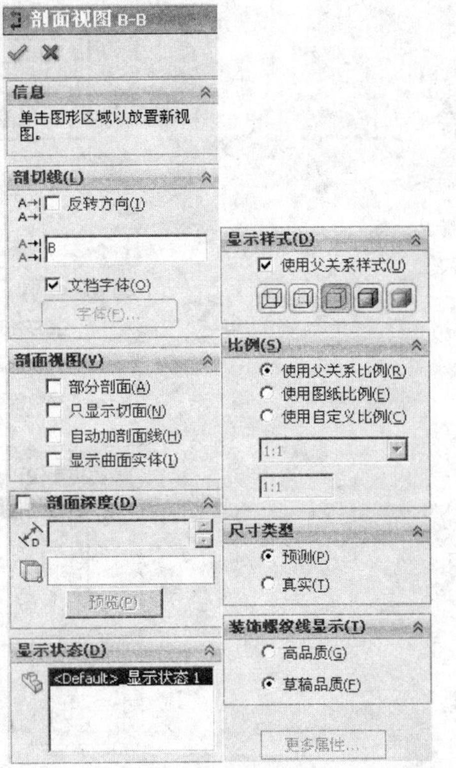

图7-29 【剖面视图B-B】的属性设置

（1）【剖切线】选项组

- 【反转方向】：反转剖切的方向。
- 【标号】：编辑与剖切线或者剖面视图相关的字母。
- 【字体】：如果剖切线标号选择文件字体以外的字体，取消选择【文档字体】复选框，然后单击【字体】按钮，可以为剖切线或者剖面视图相关字母选择其他字体。

（2）【剖面视图】选项组

- 【部分剖面】：当剖切线没有完全切透视图中模型的边框线时，会弹出剖切线小于视图几何体的提示信息，并询问是否生成局部剖视图。
- 【只显示切面】：只有被剖切线切除的曲面出现在剖面视图中。
- 【自动加剖面线】：选择此复选框，系统可以自动添加必要的剖面（切）线。

7.4.7 旋转剖视图

旋转剖视图可以用来表达具有回转轴的零件模型的内部形状，生成旋转剖视图的剖切线，必须由两条连续的线段构成，并且这两条线段必须具有一定的夹角。

生成旋转剖视图的操作步骤如下。

01 在图纸区域中激活现有视图。单击【草图】工具栏中的【中心线】按钮（或者【直线】按钮）。

02 根据需要绘制相交的中心线（或者直线段）。一般情况下，交点与回转轴重合，如图7-30所示，同时选择一条中心线（或者直线段）。

03 单击【工程图】工具栏中的【旋转剖视图】按钮，在【属性管理器】中弹出【旋转剖视图A-A】的属性设置。在图纸区域中拖动鼠标指针，显示视图的预览。单击鼠标左键，将旋转剖视图放置在合适位置，单击【确定】按钮，生成旋转剖视图，如图7-31所示。

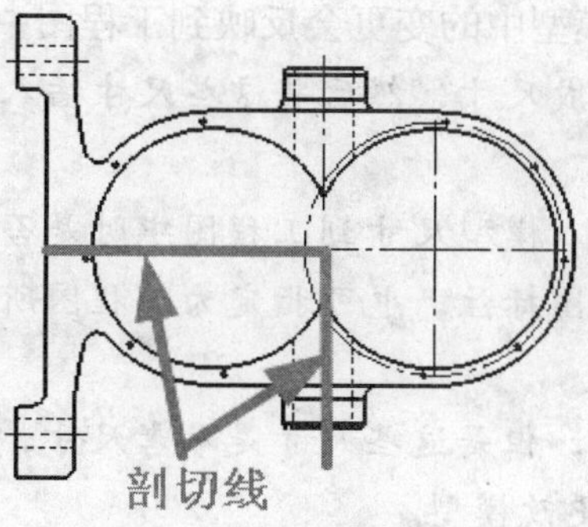

图7-30　绘制剖切线

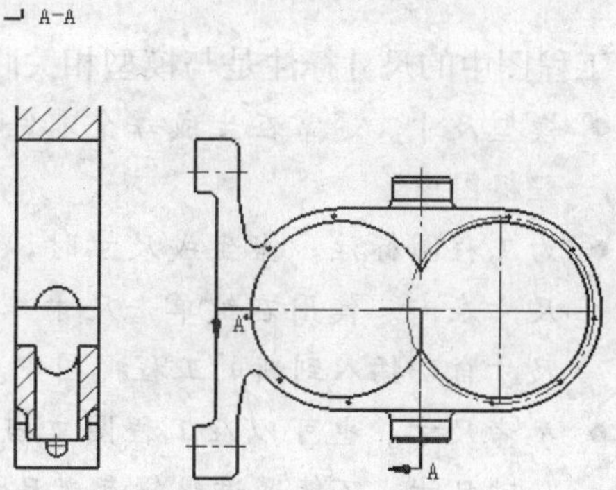

图7-31　生成旋转剖视图

7.4.8　断裂视图

对于一些较长的零件（如轴、杆、型材等），如果沿着长度方向的形状统一（或者按一定规律）变化时，可以用折断显示的断裂视图来表达，这样就可以将零件以较大比例显示在较小的工程图纸上。断裂视图可以应用于多个视图，并可根据要求撤销断裂视图。

【断裂视图】的属性设置

单击【工程图】工具栏中的【断裂视图】按钮（或者选择【插入】|【工程视图】|【断裂视图】菜单命令），在【属性管理器】中弹出【断裂视图】的属性设置，如图7-32所示。

- 【添加竖直折断线】：生成断裂视图时，将视图沿水平方向断开。
- 【添加水平折断线】：生成断裂视图时，将视图沿竖直方向断开。
- 【缝隙大小】：改变折断线缝隙之间的间距量。
- 【折断线样式】：定义折断线的类型，如图7-33所示，其效果如图7-34所示。

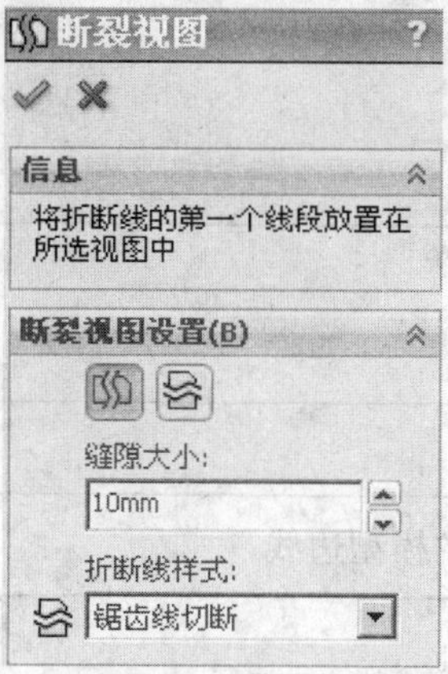

图7-32　【断裂视图】的属性设置

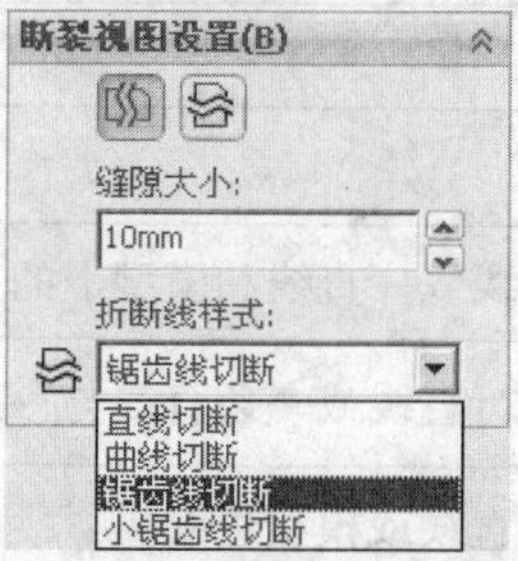

图7-33　【折断线样式】选项

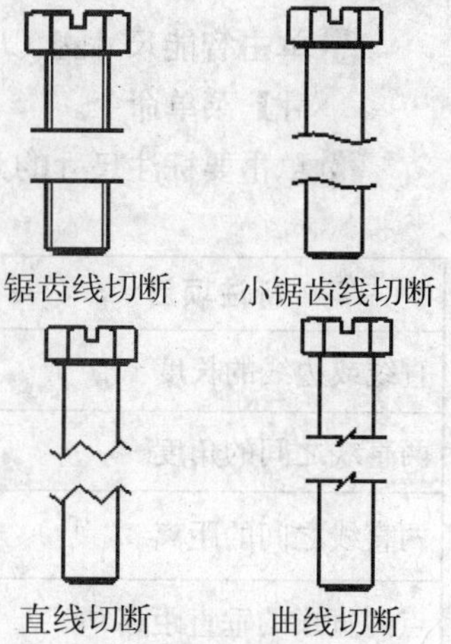

图7-34　不同折断线样式的效果

7.5 注释

7.5.1 绘制草图尺寸

工程图中的尺寸标注是与模型相关联的，而且模型中的变更会反映到工程图中。

- 模型尺寸。通常在生成每个零件特征时即生成尺寸，然后将这些尺寸插入各个工程视图中。
- 为工程图标注。当生成尺寸时，可指定在插入模型尺寸到工程图中时是否应包括尺寸在内。使用右键单击尺寸并选择为工程图标注，也可指定为工程图所标注的尺寸自动插入到新的工程视图中。
- 参考尺寸。也可以在工程图文档中添加尺寸，但是这些尺寸是参考尺寸，并且是从动尺寸，不能通过编辑参考尺寸的数值而更改模型。
- 颜色。在默认情况下，模型尺寸为黑色。还包括零件或装配体文件中以蓝色显示的尺寸（例如，拉伸深度）。参考尺寸以灰色显示，并默认带有括号。可在工具、选项、系统选项、颜色中为各种类型尺寸指定颜色，并在工具、选项、文件属性、尺寸标注中指定添加默认括号。
- 箭头。尺寸被选中时尺寸箭头上出现圆形控标。当单击箭头控标时（如果尺寸有两个控标，可以单击任一个控标），箭头向外或向内反转。右击控标时，箭头样式清单出现。可以使用此方法单独更改任何尺寸箭头的样式。
- 选择。可通过单击尺寸的任何地方，包括尺寸和延伸线和箭头来选择尺寸。
- 隐藏和显示尺寸。可使用【工程图】工具栏上的隐藏/显示注解或视图菜单来隐藏和显示尺寸。也可以右击尺寸，在弹出的快捷菜单中选择【隐藏】命令来隐藏尺寸。
- 隐藏和显示直线。若要隐藏一尺寸线或延伸线，右击直线，在弹出的快捷菜单中选择【隐藏尺寸线】或【隐藏延伸线】命令。若想显示隐藏线，右击尺寸或一可见直线，在弹出的快捷菜单中选择【显示尺寸线】或【显示延伸线】命令。

7.5.2 添加尺寸标注的操作步骤

01 单击智能尺寸（尺寸/几何关系工具栏），或单击【工具】|【标注尺寸】|【智能尺寸】菜单命令。

02 单击要标注尺寸的几何体，如表7-1所示。

表7-1 标注尺寸

标注项目	形式
直线或边线的长度	直线
两直线之间的角度	两条直线或一直线和模型上的一边线
两直线之间的距离	两条平行直线或一条直线与一条平行的模型边线
点到直线的垂直距离	点以及直线或模型边线

（续表）

标注项目	形式
两点之间的距离	两个点
圆弧半径	圆弧
圆弧真实长度	圆弧及两个端点
圆的直径	圆周
一个或两个实体为圆弧或圆时的距离	圆心或圆弧/圆的圆周及其他实体 (直线、边线、点等)
线性边线的中点	右击要标注中点尺寸的边线，在弹出的快捷菜单中选择【中点】命令，接着选择第二个要标注尺寸的实体

03 单击以放置尺寸。

利用注释工具可以在工程图中添加文字信息和一些特殊要求的标注形式。注释文字可以独立浮动，也可以指向某个对象（如面、边线或者顶点等）。注释中可以包含文字、符号、参数文字或者超文本链接。如果注释中包含引线，则引线可以是直线、折弯线或者多转折引线。

7.5.3 【注释】的属性设置

单击【注解】工具栏中的A【注释】按钮或者选择【插入】|【注解】|【注释】菜单命令，在【属性管理器】中弹出【注释】的属性设置，如图7-35所示。

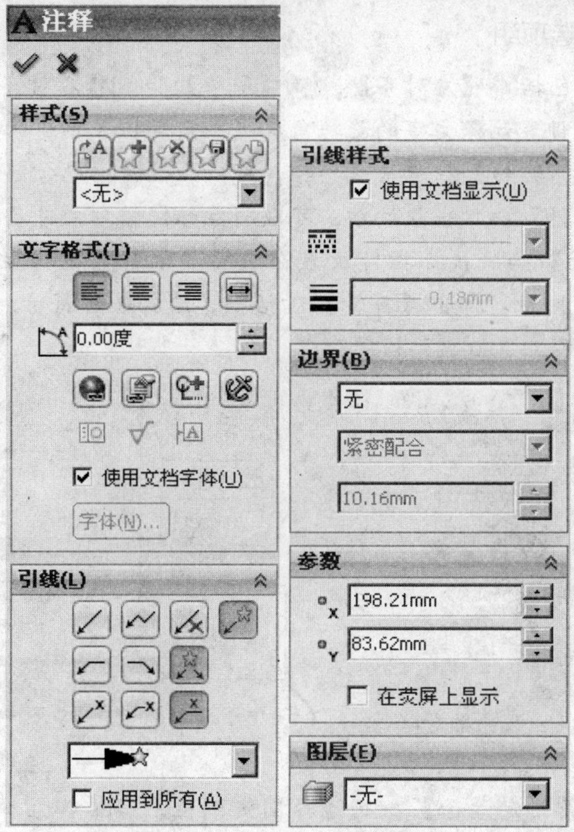

图7-35 【注释】的属性设置

1. 【样式】选项组

- 【将默认属性应用到所选注释】：将默认类型应用到所选注释中。
- 【添加或更新常用类型】：单击该按钮，在弹出的对话框中输入新名称，然后单击【确定】按钮，即可将常用类型添加到文件中，如图7-36所示。

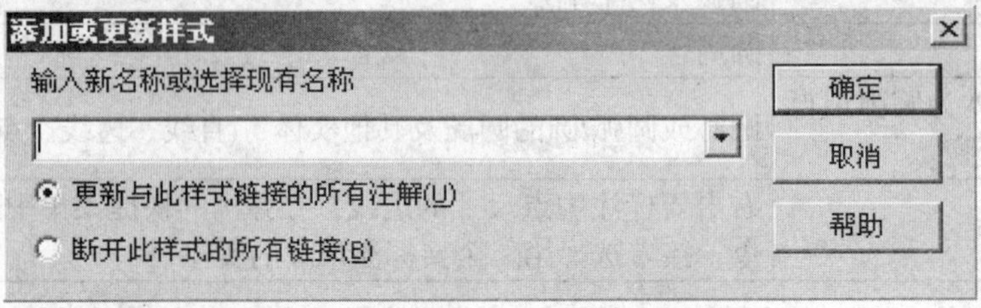

图7-36 【添加或更新常用类型】对话框

- 【删除常用类型】：从【设定当前常用类型】中选择一种样式，单击该按钮，即可将常用类型删除。
- 【保存常用类型】：在【设定当前常用类型】中显示一种常用类型，单击该按钮，在弹出的【另存为】对话框中选择保存该文件的文件夹，编辑文件名，最后单击【保存】按钮。
- 【装入常用类型】：单击该按钮，在弹出的【打开】对话框中选择合适的文件夹，然后选择一个或者多个文件，单击【打开】按钮，装入的常用尺寸出现在【设定当前常用类型】列表中。

2. 【文字格式】选项组

- 文字对齐方式包括【左对齐】、【居中】和【右对齐】。
- 【角度】：设置注释文字的旋转角度（正角度值表示逆时针方向旋转）。
- 【插入超文本链接】：单击该按钮，可以在注释中包含超文本链接。
- 【链接到属性】：单击该按钮，可以将注释链接到文件属性。
- 【添加符号】：将鼠标指针放置在需要显示符号的【注释】文字框中，单击【添加符号】按钮，弹出【符号】对话框，选择一种符号，单击【确定】按钮，符号显示在注释中，如图7-37所示。

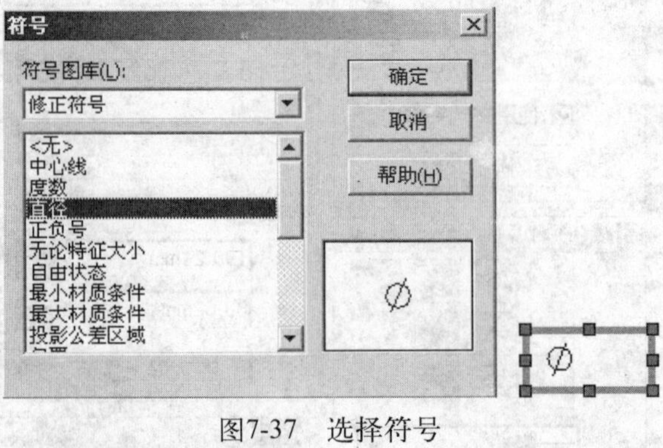

图7-37 选择符号

- 【锁定/解除锁定注释】：将注释固定到位。当编辑注释时，可以调整其边界框，但不能移动注释本身（只可用于工程图）。

- 【插入形位公差】：可以在注释中插入形位公差符号。
- 【插入表面粗糙度符号】：可以在注释中插入表面粗糙度符号。
- 【插入基准特征】：可以在注释中插入基准特征符号。
- 【使用文档字体】：选择该复选框，使用文件设置的字体；取消选择该复选框，【字体】按钮处于可选择状态。单击【字体】按钮，弹出【选择字体】对话框，可以选择字体样式、大小及效果。

3.【引线】选项组

- 单击【引线】、【多转折引线】、【无引线】或者【自动引线】按钮，确定是否选择引线。
- 单击【引线靠左】、【引线向右】、【引线最近】按钮，确定引线的位置。
- 单击【直引线】、【折弯引线】、【下划线引线】按钮，确定引线样式。
- 从【箭头样式】中选择一种箭头样式，如图7-38所示。如果选择【智能箭头】样式，则应用适当的箭头（如根据出详图标准，将●应用到面上、▶应用到边线上等）到注释中。
- 【应用到所有】：将更改应用到所选注释的所有箭头。如果所选注释有多条引线，而自动引线没有被选择，则可以为每个单独引线使用不同的箭头样式。

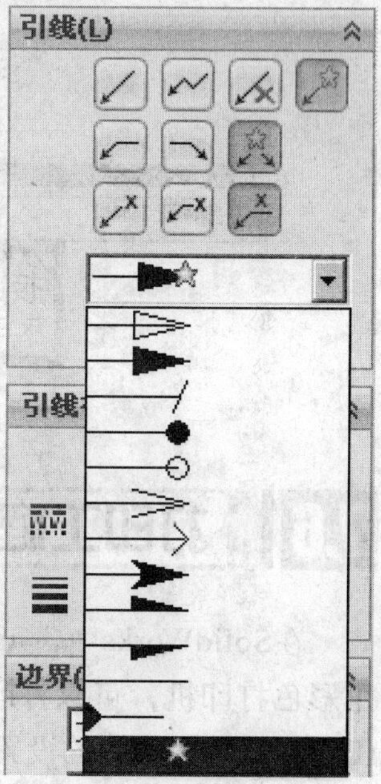

图7-38 【箭头样式】选项

4.【边界】选项组

- 【样式】：指定边界（包含文字的几何形状）的形状或者无，如图7-39所示。
- 【大小】：指定文字是否为【紧密配合】、【用户定义】或者固定的字符数，如图7-40所示。

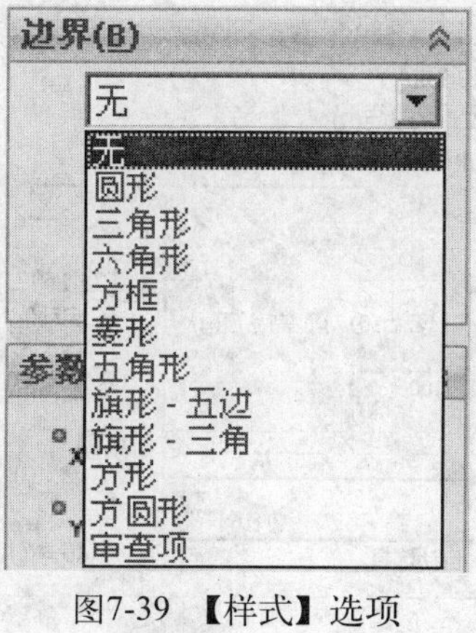

图7-39 【样式】选项

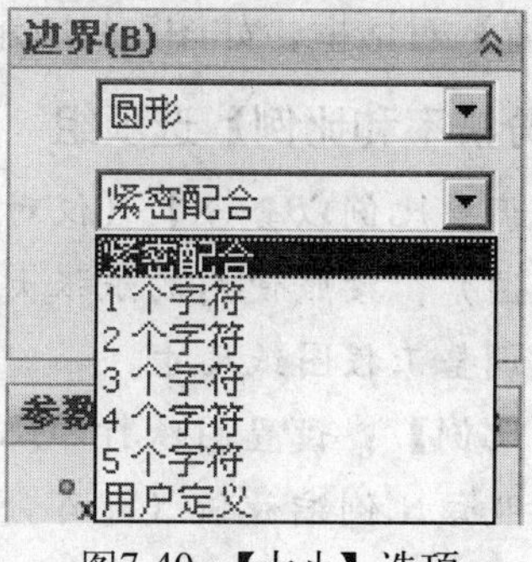

图7-40 【大小】选项

5.【图层】选项组

用来指定注释所在的图层。

7.5.4 添加文字注释的操作步骤

01 单击【注解】工具栏中的【注释】按钮（或者选择【插入】|【注解】|【注释】菜单命令），鼠标指针变为形状，在【属性管理器】中弹出【注释】的属性设置。

02 在图纸区域中拖动鼠标指针定义文字框，在文字框中输入相应的注释文字。

03 如果有多处需要注释文字，只需在相应位置单击（如图7-41所示，左图为无引线注释文字，右图为带引线的注释文字）即可添加新注释，单击【确定】按钮，注释添加完成。

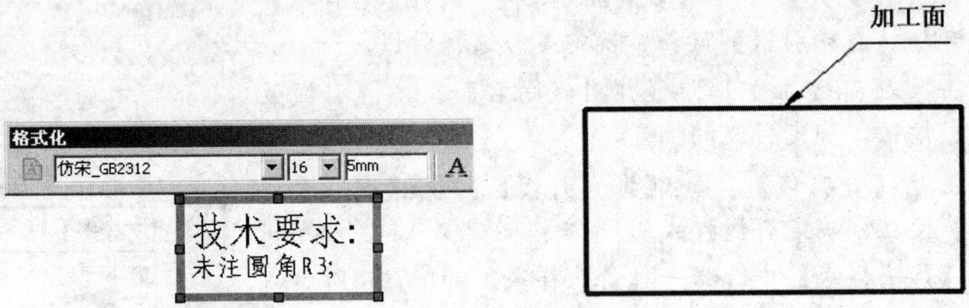

图7-41 添加注释

7.6 打印工程图

在SolidWorks中，可以打印整个工程图纸，也可以只打印图纸中所选的区域。如果使用彩色打印机，可以打印彩色的工程图（默认设置为使用黑白打印），也可以为单独的工程图纸指定不同的设置。

在打印图纸时，要求用户正确安装并设置打印机、页面和线粗等。

7.6.1 页面设置

打印工程图前，需要对当前文件进行页面设置。

打开需要打印的工程图文件，选择【文件】|【页面设置】菜单命令，弹出【页面设置】对话框，如图7-42所示。

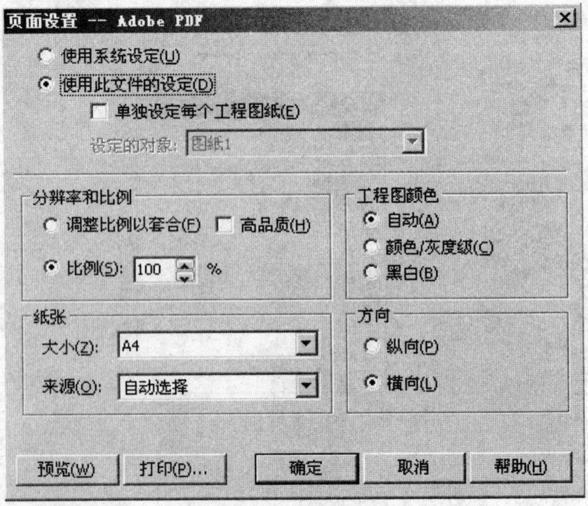

图7-42 【页面设置】对话框

1.【分辨率和比例】选项组

- 【调整比例以套合】（仅对于工程图）：按照使用的纸张大小自动调整工程图纸尺寸。
- 【比例】：设置图纸打印比例，按照该比例缩放值（即百分比）打印文件。
- 【高品质】（仅对于工程图）：SolidWorks软件为打印机和纸张大小组合决定最优分辨率，生成Raster输出并进行打印。

2.【纸张】选项组

- 【大小】：设置打印文件的纸张大小。
- 【来源】：设置纸张所处的打印机纸匣。

3.【工程图颜色】选项组

- 【自动】：如果打印机或者绘图机驱动程序报告能够进行彩色打印，发送彩色数据，否则发送黑白数据。
- 【颜色/灰度级】：忽略打印机或者绘图机驱动程序的报告结果，发送彩色数据到打印机或者绘图机。黑白打印机通常以灰度级打印彩色实体。当彩色打印机或者绘图机使用自动设置进行黑白打印时，使用此选项。
- 【黑白】：不论打印机或者绘图机的报告结果如何，发送黑白数据到打印机或者绘图机。

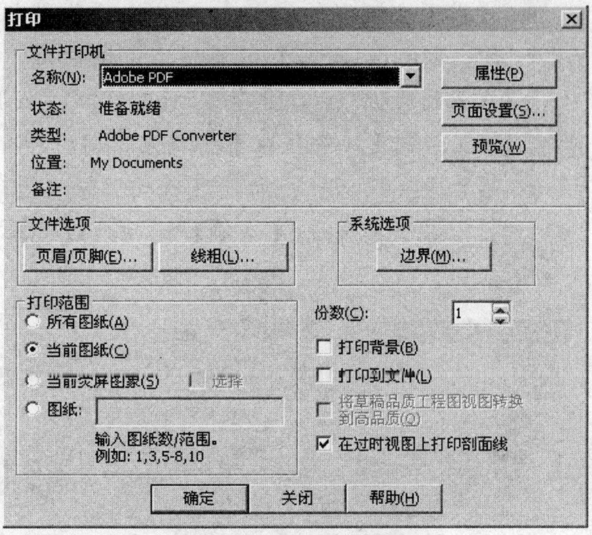

图7-43 【打印】对话框

7.6.2 线粗设置

选择【文件】|【打印】菜单命令，弹出【打印】对话框，如图7-43所示。

在【打印】对话框中，单击【线粗】按钮，在弹出的【线粗】对话框中设置打印时的线粗，如图7-44所示。

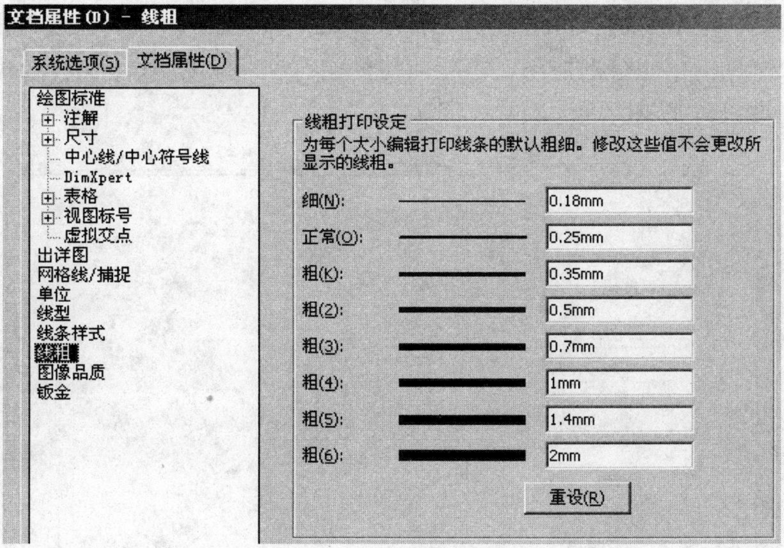

图7-44 【线粗】对话框

7.6.3 打印出图

完成页面设置和线粗设置后，就可以进行打印出图的操作了。

1. 整个工程图图纸

选择【文件】|【打印】菜单命令，弹出【打印】对话框。在对话框中的【打印范围】选项组中单击【所有图纸】或【图纸】单选按钮并输入想要打印的页数，单击【确定】按钮打印文件。

2. 打印工程图所选区域

1）选择【文件】|【打印】菜单命令，弹出【打印】对话框。在对话框中的【打印范围】选项组中单击【选择】单选按钮，单击【确定】按钮，弹出【打印所选区域】对话框，如图7-45所示。

- 【模型比例（1：1）】：此选项为默认选项，表示所选的区域按照实际尺寸打印，即mm（毫米）的模型尺寸按照mm（毫米）打印。
- 【图纸比例（2：1）】：所选区域按照其在整张图纸中的显示比例进行打印。如果工程图大小和纸张大小相同，将打印整张图纸。
- 【自定义比例】：所选区域按照定义的比例因子打印，如图7-46所示，输入比例因子数值，单击【确定】按钮。改变比例因子时，图纸区域中的选择框将发生变化。

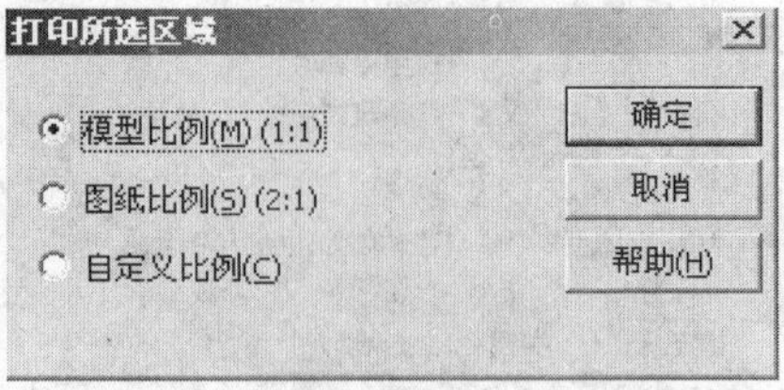

图7-45 【打印所选区域】对话框

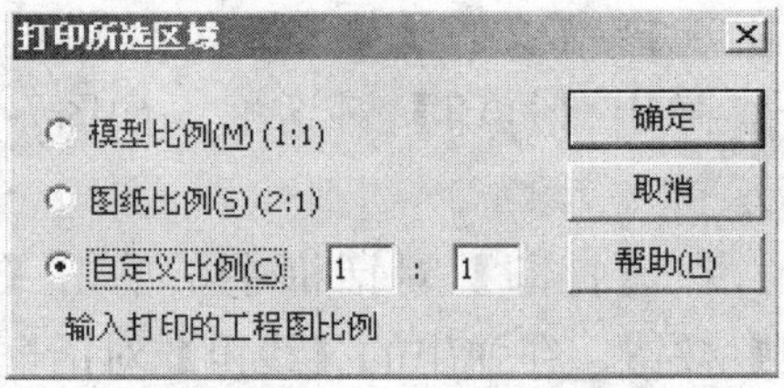

图7-46 单击【自定义比例】单选按钮

2）拖动选择框到需要打印的区域。可以移动、缩放视图，或者在选择框显示时更换图纸。此外，选择框只能整框拖动，不能拖动单独的边来控制所选区域，如图7-47所示。单击【确定】按钮，完成所选区域的打印。

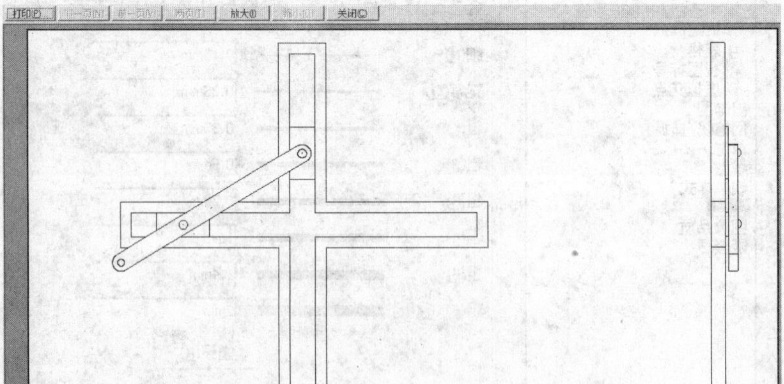

图7-47 拖动选择框

7.7 范例

本例将生成一个柱塞（如图7-48所示）的工程图，如图7-49所示。

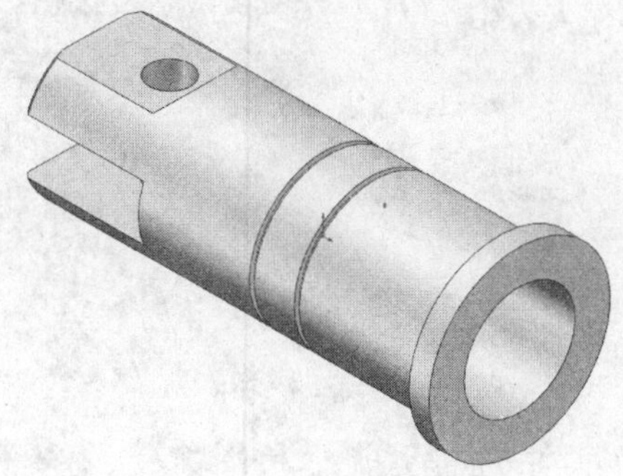

图7-48　柱塞零件模型

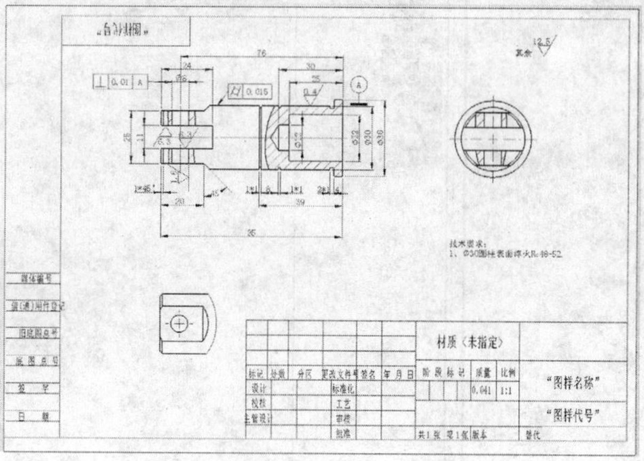

图7-49　柱塞零件工程图

7.7.1　建立工程图前的准备工作

（1）打开零件

在光盘中找到“大范例\7\柱塞.SLDPRT”文件，双击将其打开，或启动中文版SolidWorks 2012。选择【文件】|【打开】菜单命令，在弹出的【打开】对话框中选择“柱塞.SLDPRT”。

（2）新建工程图纸

选择【文件】|【新建】菜单命令，弹出【新建SolidWorks文件】对话框，如图7-50所示，单击【高级】按钮，可选择SolidWorks自带的图纸模板，如图7-51所示，例如，本例选取国标A4图纸格式。当然也可新建完成以后再更改图纸格式。

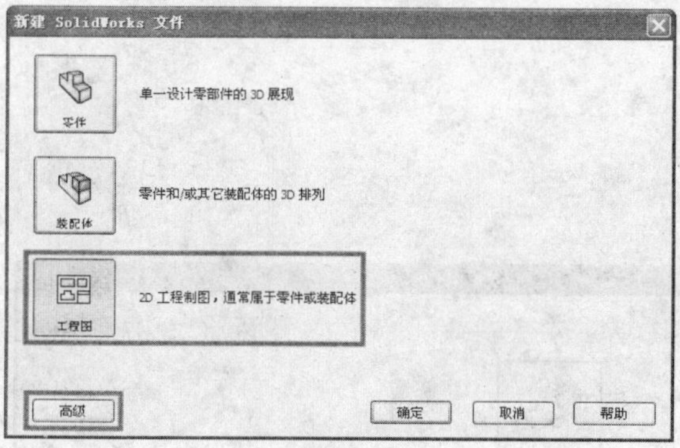

图7-50　【新建SolidWorks文件】对话框

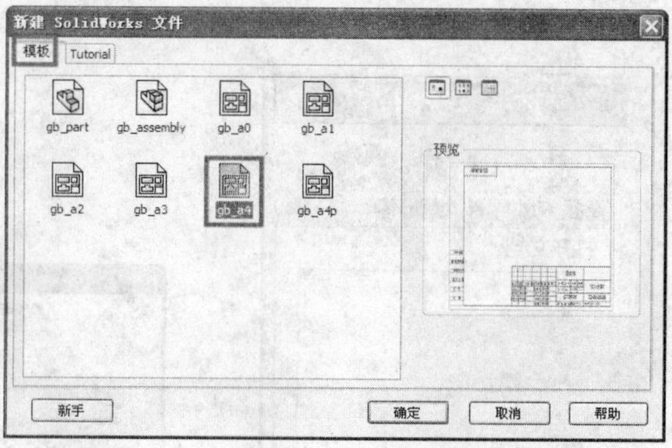

图7-51　模板选取

（3）设置绘图标准

工程图的绘制要严格按照国标绘图标准，如尺寸公差的标注、箭头的表示方法等，好在SolidWorks提供了一套完成的国标方案。

01 选择【工具】|【选项】菜单命令，弹出【系统选项】对话框，如图7-52所示，单击

【文档属性】选项卡。

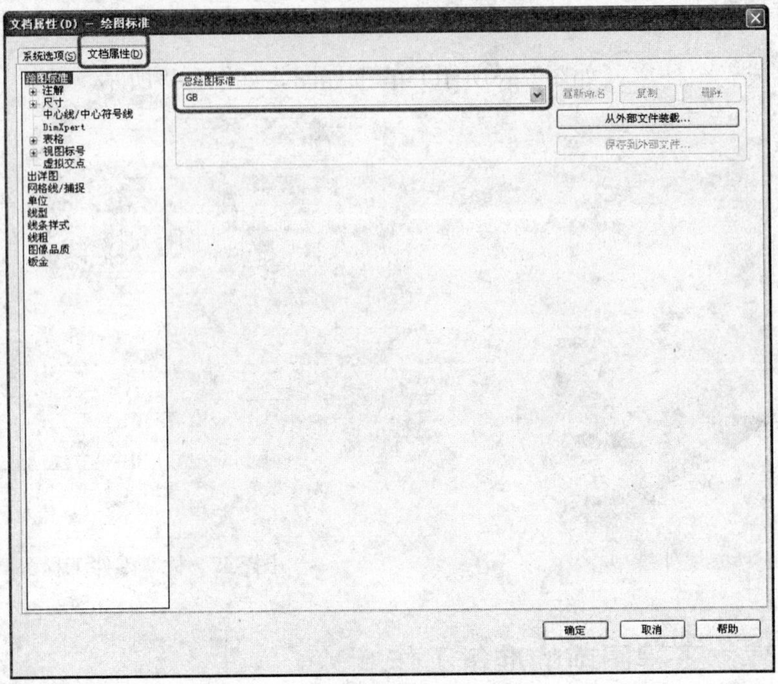

图7-52 【文档属性】对话框

02 将【总汇图标准】设置为“GB”（国标），单击【确定】按钮结束。

7.7.2 插入视图

（1）插入标准三视图

01 常规的工程视图为标准的三视图，选择【插入】|【工程图视图】|【标准三视图】菜单命令，弹出【标准三视图】的属性设置，如图7-53所示。

02 在【打开文档】列表框中选择柱塞，如果【打开文档】列表框中没有柱塞，则需要单击【浏览】按钮，选择柱塞文件，如图7-54所示。

图7-53 【标准三视图】的属性设置

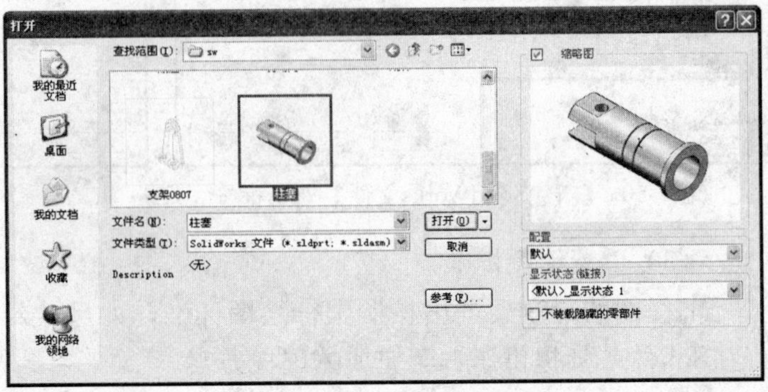

图7-54 【打开】对话框

03 单击✔【确定】按钮完成设置。

（2）显示工程视图

01 插入完标准三视图后，如图7-55所示。

02 将实体视图改为工程视图，单击图中的主视图，将【工程图视图1】的属性设置，如图7-56所示。

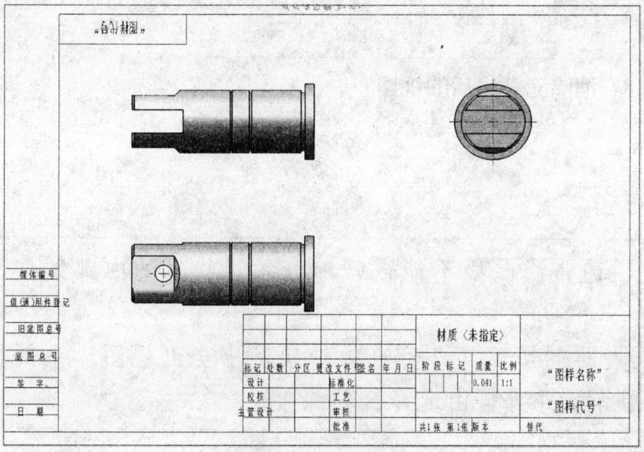

图7-55　标准三视图

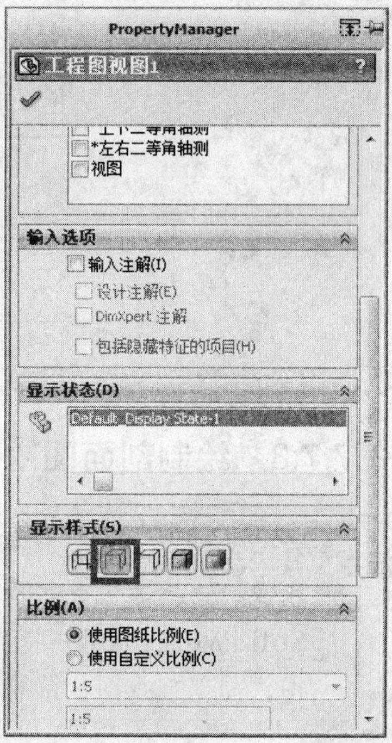

图7-56　【工程图视图1】的属性设置

03 在【显示样式】选项组中单击▣【隐藏线可见】按钮。

04 单击✔【确定】按钮完成设置。隐藏线可见后的视图如图7-57所示。

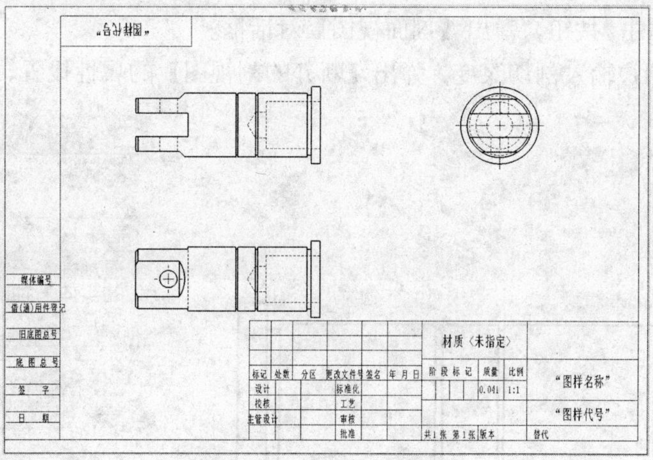

图7-57　三视图工程图

注意　如果是稍复杂的零件或装配体，为避免视图杂乱可单击▣【消除隐藏线】按钮应用相关剖视图来完善视图，消除隐藏线后的视图如图7-58所示。

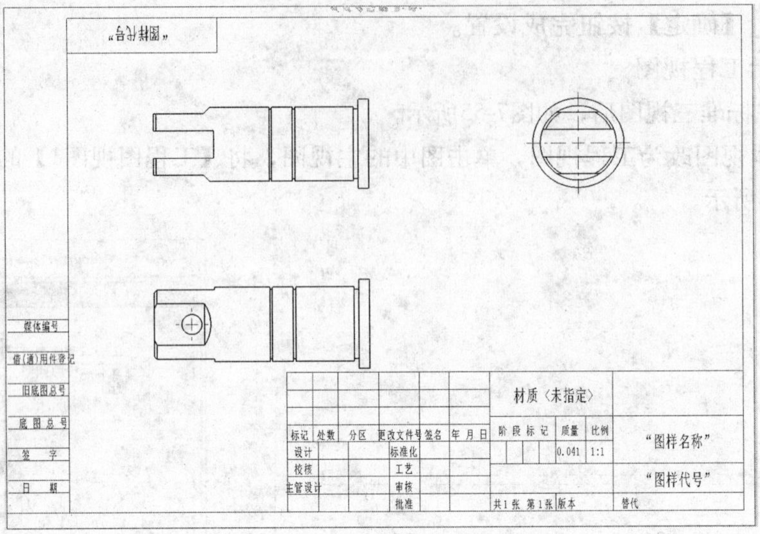

图7-58　消除隐藏线后的视图

7.7.3　绘制剖面图

> **注意** 在装配体中或复杂的零件中，通常隐藏线不能很好地表示出物体的内部结构，因此，还需要借助剖面图。
> SolidWorks为用户提供了强大的剖切工具，可自由地绘制出全剖视图、半剖视图、局部剖视图、阶梯剖视图等，并可自由选择剖切深度。

（1）绘制主视图的断开剖视图

01 单击【命令管理器】工具栏中的【草图】选项卡，在曲线～下拉菜单中选择【样条曲线】，然后绘制一条闭环曲线，如图7-59所示。

02 选择刚刚绘制的闭环曲线，然后单击【命令管理器】工具栏在那个的【视图布局】选项卡，单击击按钮，弹出【剖面视图】对话框。

03 此时会让用户输入剖切深度，弹出【断开的剖视图】的属性设置，如图7-60所示。

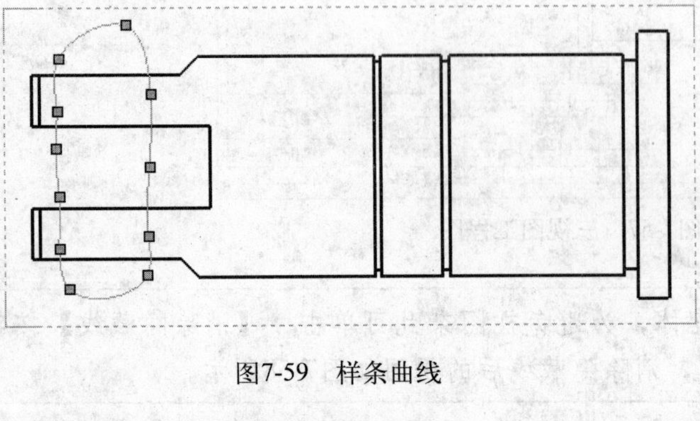

图7-59　样条曲线

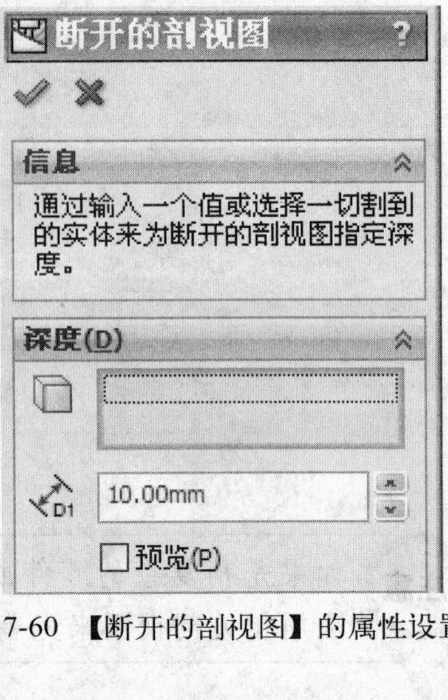

图7-60　【断开的剖视图】的属性设置

注意 SolidWorks绘制剖切图既可手动输入剖切深度，也可通过选择隐藏线来让程序自动将深度剖切至隐藏线所在的面，需要激活图中的□右边的框体（默认是被激活的）。

04 从主视图中选择一条隐藏线，如图7-61所示。

05 单击✔【确定】按钮完成设置。生成的剖切图如图7-62所示。

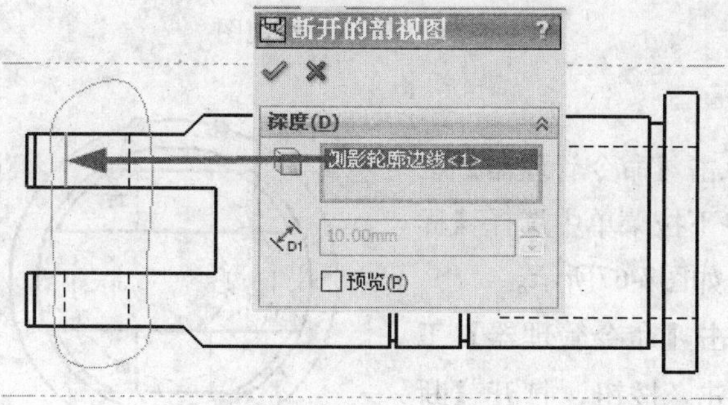

图7-61 选择一条隐藏线

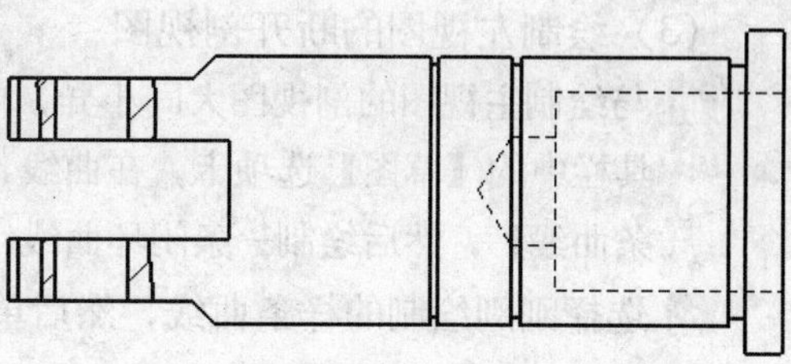

图7-62 断开剖视图

（2）绘制主视图的第二个断开剖视图

01 与绘制第一个断开剖视图一样，单击【命令管理器】工具栏中的【草图】选项卡，在曲线下拉菜单中选择【样条曲线】，然后绘制一条闭环曲线，如图7-63所示。

02 选择闭环曲线，然后单击【命令管理器】工具栏中的【视图布局】选项卡，单击按钮，弹出【剖面视图】对话框。

03 此时会让用户输入剖切深度，打开【断开的剖视图】的属性设置，如图7-64所示。

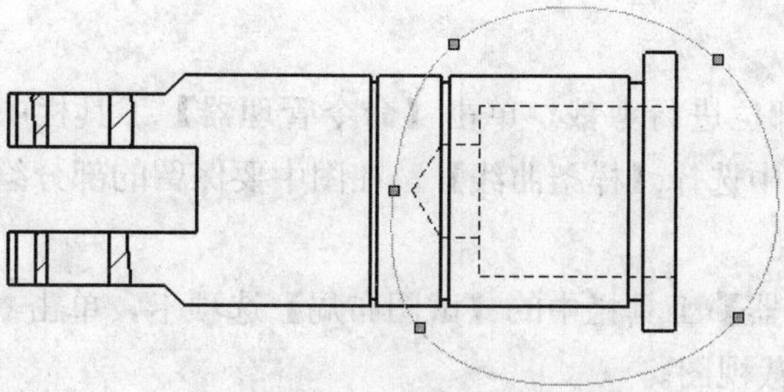

图7-63 样条曲线

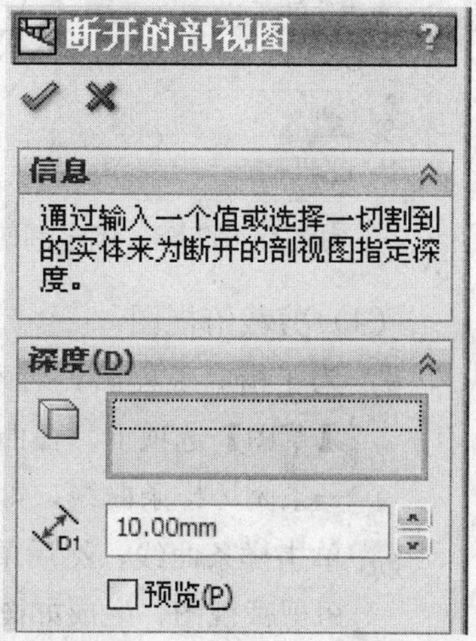

图7-64 【断开的剖视图】的属性设置

04 从主视图中选择一条隐藏线，如图7-65所示。

05 单击✔【确定】按钮完成设置。生成的剖切图如图7-66所示。

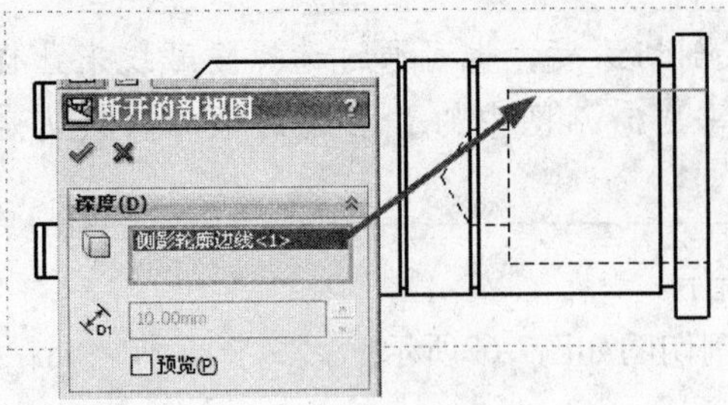

图7-65　选择一条隐藏线

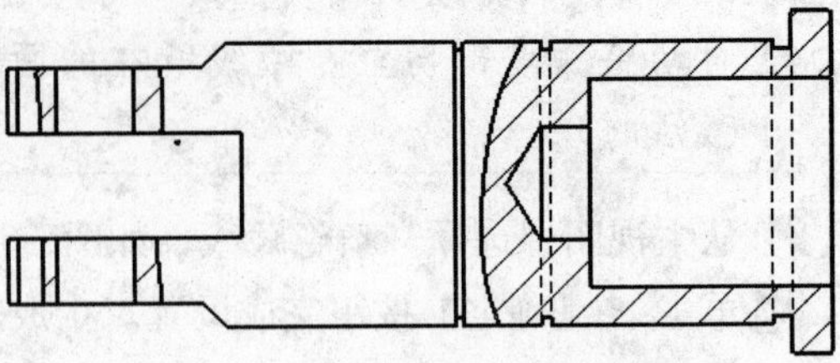

图7-66　断开的剖视图

（3）绘制左视图的断开剖视图

01 与绘制主视图的剖视图大同小异，单击【命令管理器】工具栏中的【草图】选项卡，在曲线~下拉菜单中选择【样条曲线】，然后绘制一条闭环曲线，如图7-67所示。

02 选择刚刚绘制的样条曲线，然后单击【命令管理器】工具栏中的【视图布局】选项卡，单击按钮，打开【断开的剖视图】的属性设置。

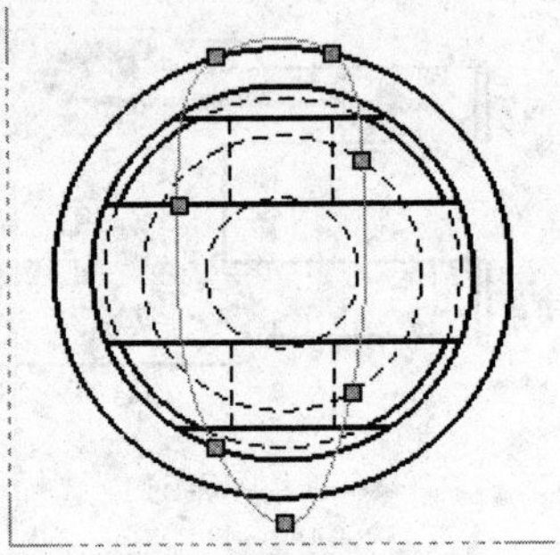

图7-67　绘制样条曲线

03 从左视图中选择一条隐藏线，确定剖切深度如图7-68所示。

04 单击【确定】按钮完成设置，生成如图7-69所示的剖切图。

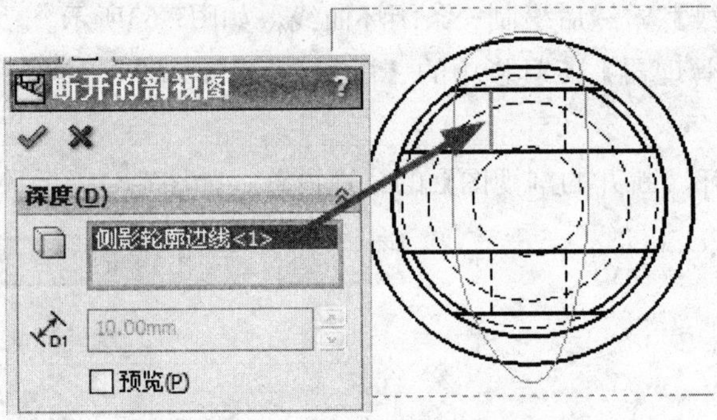

图7-68　确定剖切深度

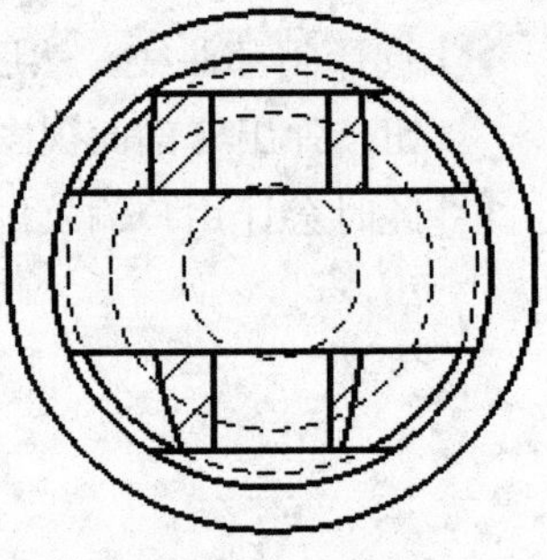

图7-69　剖切图

（4）剪裁俯视图

01 为了精简工程图，对不需要的视图部位进行剪裁。单击【命令管理器】工具栏中的【草图】选项卡，在曲线~下拉菜单中选择【样条曲线】，在图中要保留的部分绘制一条闭环样条曲线，如图7-70所示。

02 单击样条曲线，然后单击【命令管理器】工具栏中的【试图布局】选项卡，单击按钮剪裁视图，生成如图7-71所示的剪裁视图。

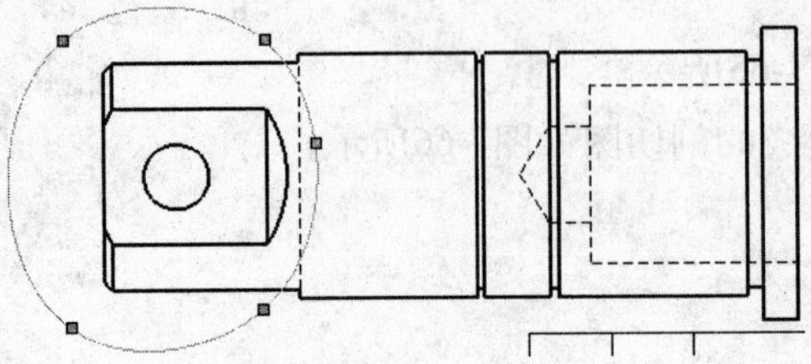

图7-70　样条曲线

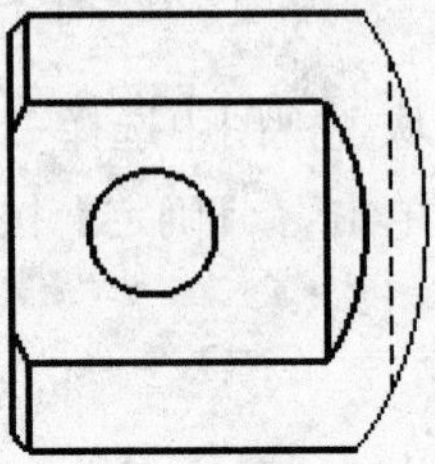

图7-71　剪裁视图

(5) 消除隐藏线

注意 如上文所述，剖视图的出现是为了弥补隐藏线对内部结构表达的不足，所以绘制完剖切图后需要删除隐藏线。

01 单击主视图，弹出【工程图视图1】的属性设置，如图7-72所示。

02 在【显示样式】选项组中单击【显出隐藏线】按钮，然后单击【确定】按钮完成设置。最后的视图如图7-73所示。

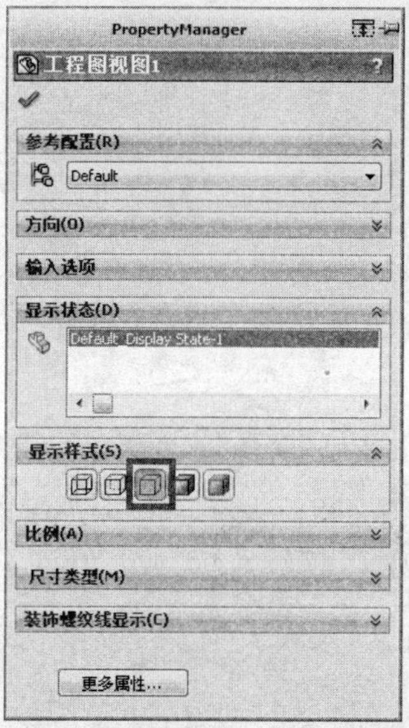

图7-72 【工程图视图1】的属性设置

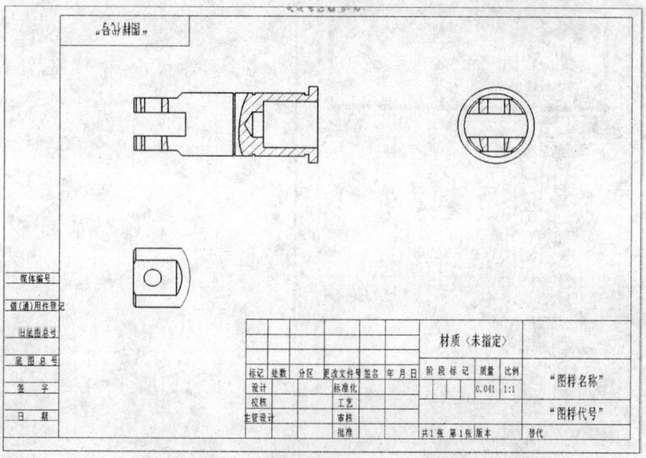

图7-73 消除隐藏线后的视图

7.7.4 标注尺寸

(1) 使用自动标注为工程图标注尺寸

注意 SolidWorks可方便地为工程图生成自动标注、公差等注解。

01 单击【命令管理器】工具栏中的【注解】选项卡，然后单击按钮，弹出【模型项目】的属性设置，如图7-74所示。

02 在【来源】中选择【整个模型】，选择【将项目输出到所有视图】和【消除重复】复选框，在【尺寸】选项组中单击【为工程图标注】、【没为工程图标注】、【实例\圈数计数】、【异型孔向导轮廓】按钮。

03 单击【确定】按钮完成设置。

注意 自动标完的工程图尺寸线较为凌乱，需要自己稍作调整，因此，可以按Ctrl+Z键退回到为标注尺寸的上一步，从而选择手动为零件标注。

(2) 标注中心线

注意 在工程图中有圆柱面或圆锥面需要标注中心线，以方便标注尺寸和标识。

01 单击【命令管理器】工具栏中的 中心线 按钮，弹出【中心线】的属性设置，如图7-75所示。

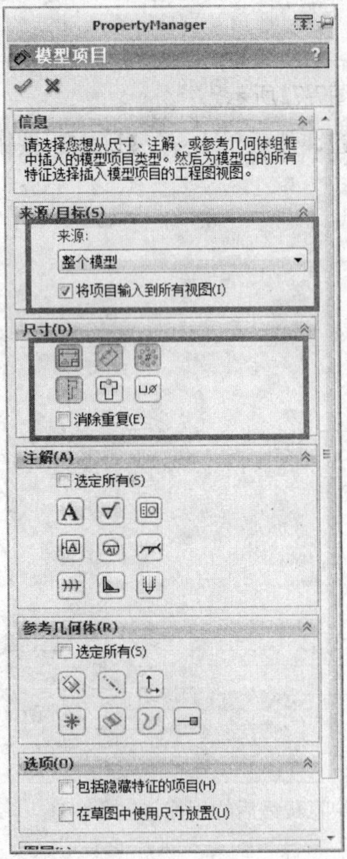

图7-74 【模型项目】的属性设置

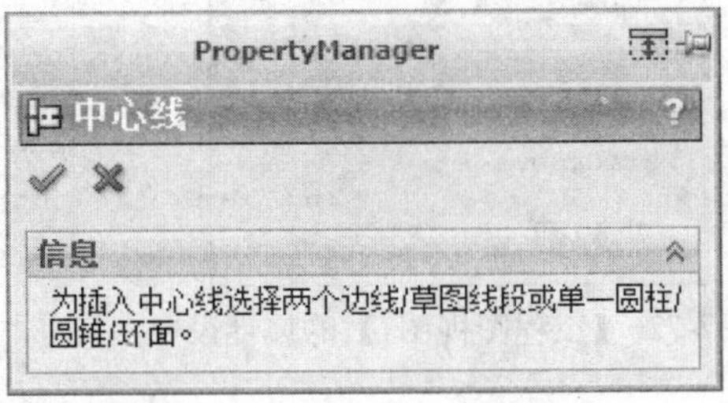

图7-75 【中心线】的属性设置

02 单击竖直的轮廓，如图7-76所示。

03 标注后的中心线如图7-77所示。

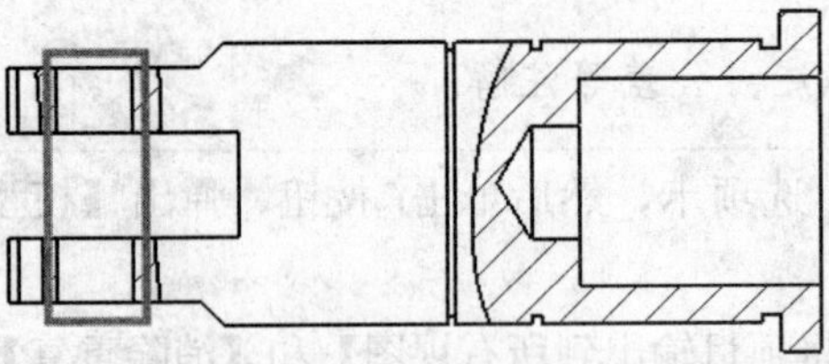

图7-76 标注中心线

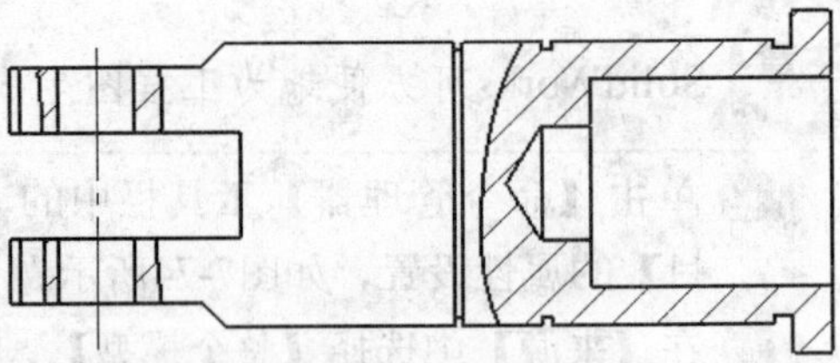

图7-77 标注后的中心线

04 以此类推，将整个工程图的孔\轴类部件全部标上中心线。

注意 隐藏的中心线也要标出， 需要单击【隐藏线】按钮显示出标注。

(3) 标注中心符号线

注意 中心号符号线与中心线类似，是标志圆的符号，由两个相互垂直的点划线构成。

01 单击【命令管理器】工具栏中的 中心符号线 按钮，弹出【中心符号线】的属性设置，如图7-78所示，在【选项】选项组中单击【单一中心线符号】按钮。

02 单击圆的轮廓线，如图7-79所示。

03 标注完成后的效果如图7-80所示。

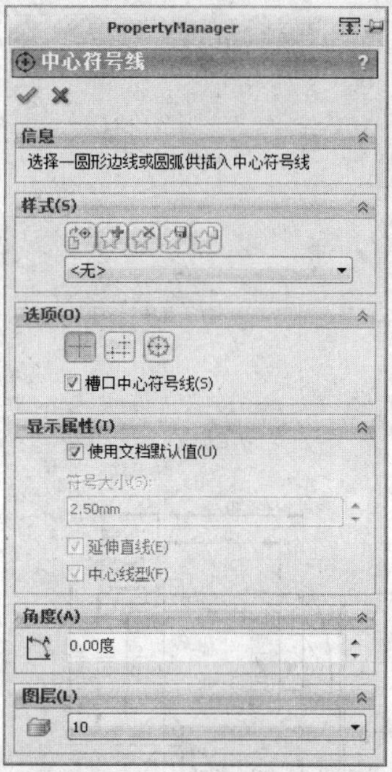

图7-78 【中心符号线】的属性设置

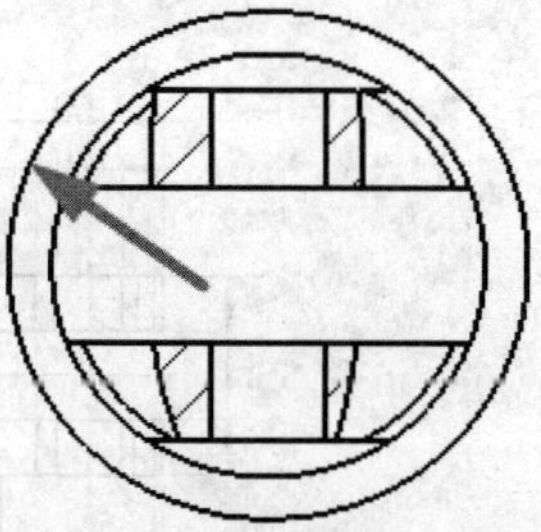

图7-79 单击圆的轮廓线

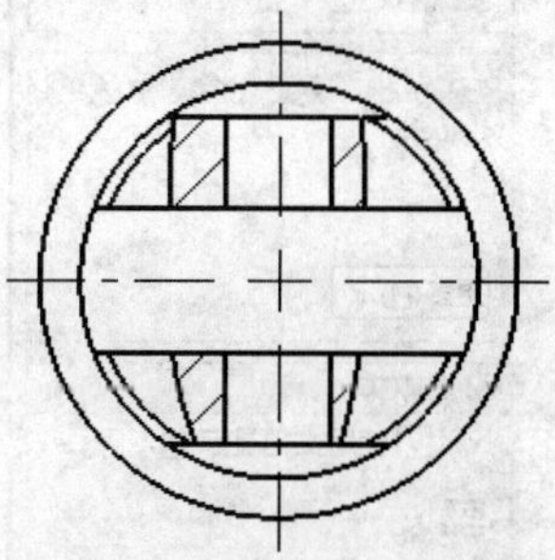

图7-80 标注后的中心线符号

(4) 手工为零件标注简单尺寸

01 单击【命令管理器】工具栏中的【注解】选项卡，单击按钮。

02 单击要标注的图线，类似实体模型标注一样手工为工程图标注，如图7-81所示。

03 按照上述方法继续为工程图进行简单标注，标注完的主视图如图7-82所示。

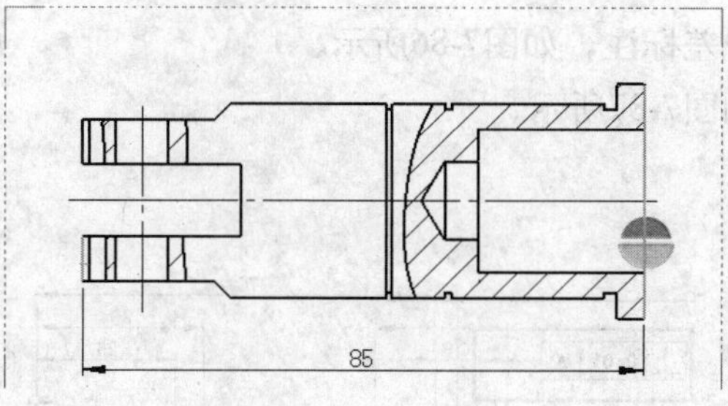

图7-81 手工标注

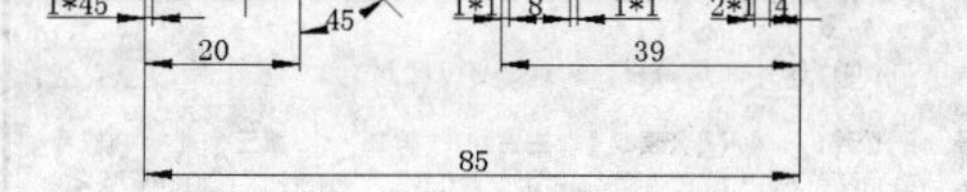

图7-82 标注完尺寸的主视图

注意 此按钮可为尺寸线找到合适的放置位置

(5) 添加基准特征

01 单击【命令管理器】工具栏中的【注解】选项卡，单击 基准特征 按钮，弹出【基准特征】的属性设置，如图7-83所示。

02 在属性设置框中设定标号，填写A，在图纸上找到放置基准特征的面，单击放置。完成后的效果如图7-84所示。

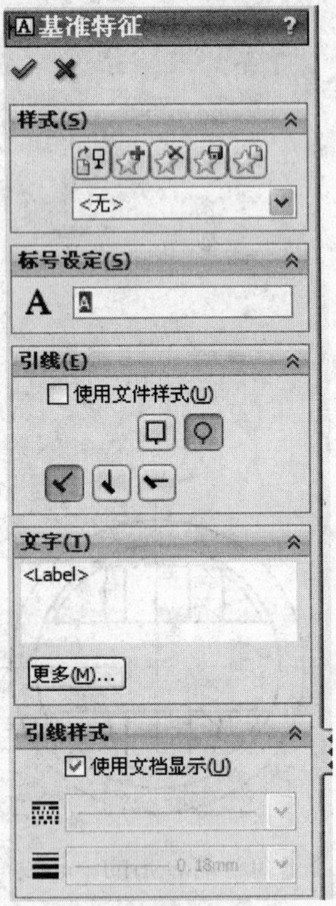

图7-83 【基准特征】的属性设置

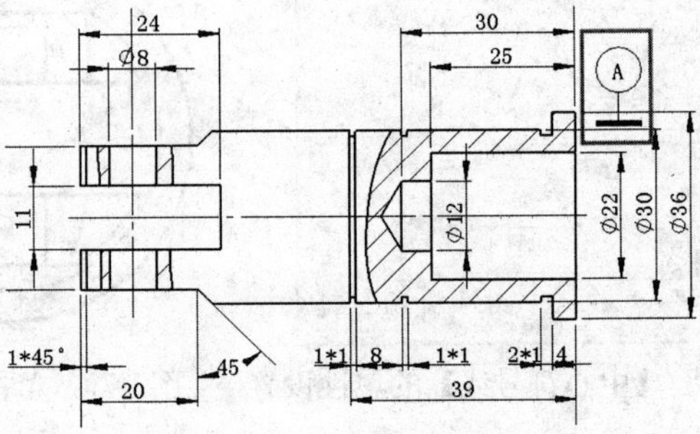

图7-84 放置基准特征标号

(6) 添加形位公差

01 单击要标注形位公差的位置，单击【命令管理器】工具栏中的 形位公差 按钮，弹出【属性】对话框。

02 在【符号】下拉列表中选择⊥，在【公差1】内输入0.01，在公差2前的方框内打钩，在【主要】中输入A。如图7-85所示。

03 在工程图纸上调整位置，单击以放置公差标注，如图7-86所示。

04 按上述方法继续添加其他形位公差，如图7-87所示。

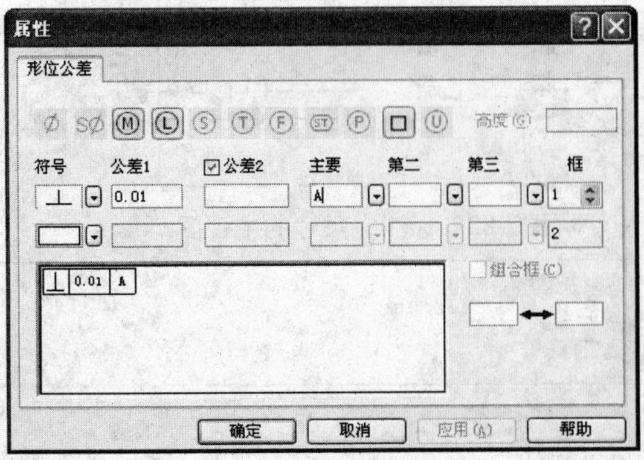

图7-85 【属性】对话框

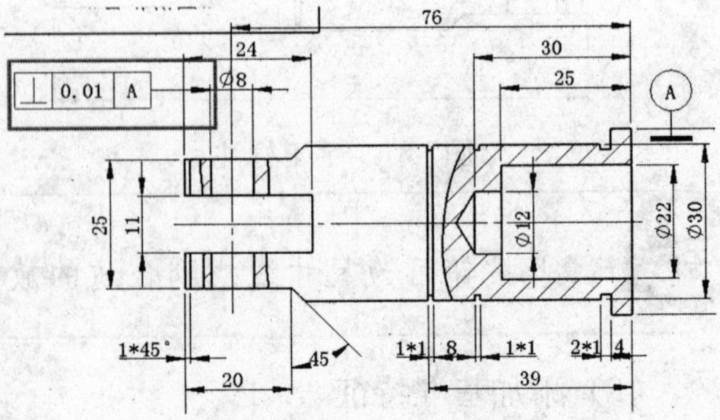

图7-86 形位公差标注

（7）添加表面粗糙度

01 单击【命令管理器】工具栏中的 √表面粗糙度符号 按钮，弹出【表面粗糙度】的属性设置，如图7-88所示。

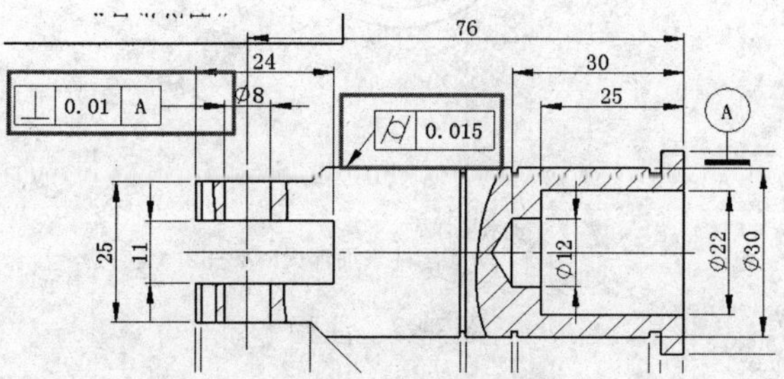

图7-87　添加完成的形位公差

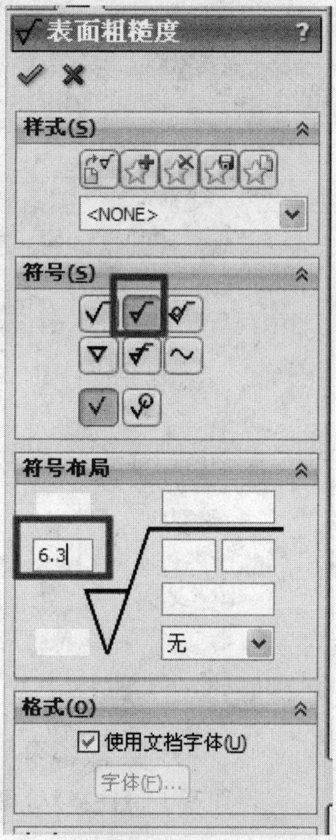

图7-88　【表面粗糙度】的属性设置

02 在【符号】选项组中选择所需要的符号，并在符号布局内填写表面粗糙度，根据标注位置调整角度大小，在图纸上需要标注的位置单击放置粗糙度符号，单击✔【确定】按钮完成设置，如图7-89所示。

03 修改表面粗糙度对话框内填写的数字，继续在工程图中放置粗糙度标注，如图7-90所示。

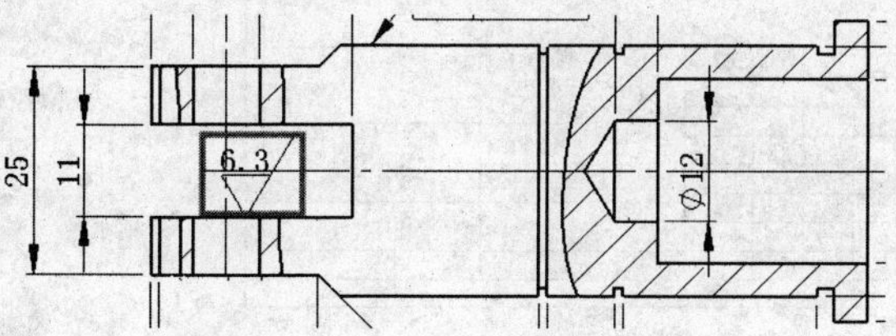

图7-89　表面粗糙度

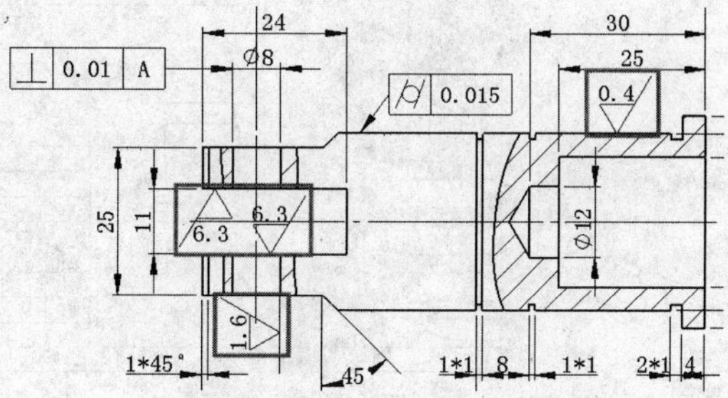

图7-90　标注完成的表面粗糙度

（8）添加注释

01 单击要标注形位公差的位置，单击【命令管理器】工具栏中的 A注释 按钮，弹出【注释】的属性设置，如图7-91所示。

02 在图纸上单击，输入技术要求，如图7-92所示。单击✔【确定】按钮完成设置。

03 其他的尺寸标注以此类推，全部标完尺寸、中心线和中心线符号后的效果如图7-93所示。

图7-91 【注释】的属性设置

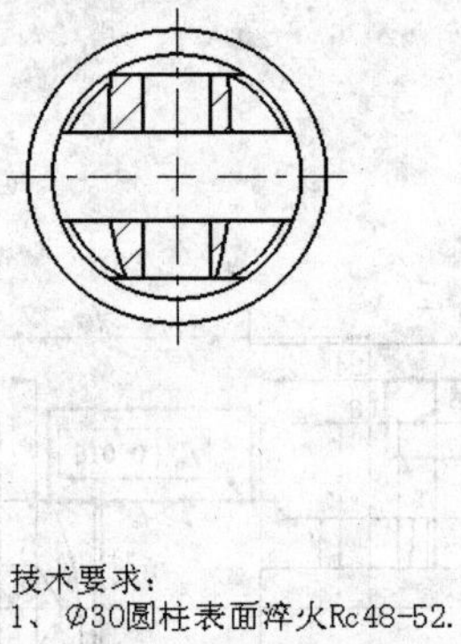

图7-92 注释

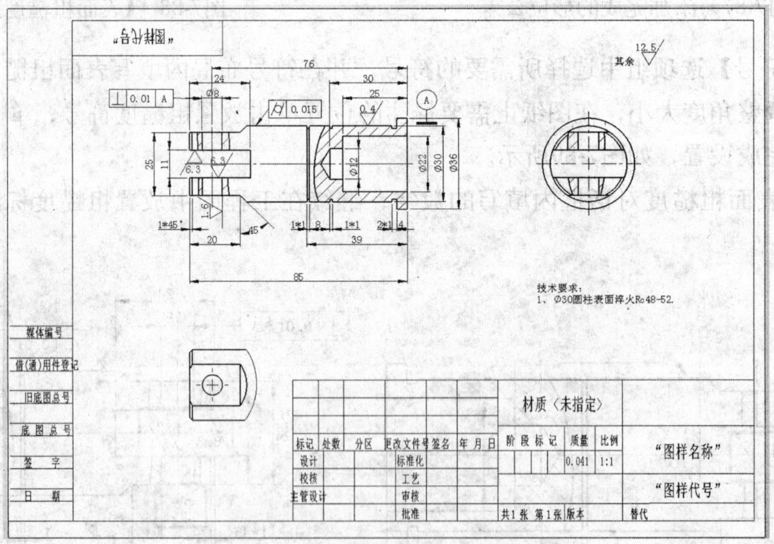

图7-93 标注完尺寸的工程图

7.7.5 保存

（1）常规保存

如同编辑其他的文档一样，单击工具栏中的【保存】按钮即可保存文件。

（2）保存分离的工程图

注意 SolidWorks在常规的保存中已将工程图与所建立的实体模型形成映射，即当实体模型做出修改时，工程图文件也会随之做出相应更改，而当需要复制工程图文件时，也必须要复制与之对应的实体模型，但是，并不是所有情况下都需要与模型关联，因此，SolidWorks为方便用户使用，同样可以保存分离的工程图。

01 选择【文件】|【另存为】菜单命令，弹出【另存为】对话框，如图7-94所示。

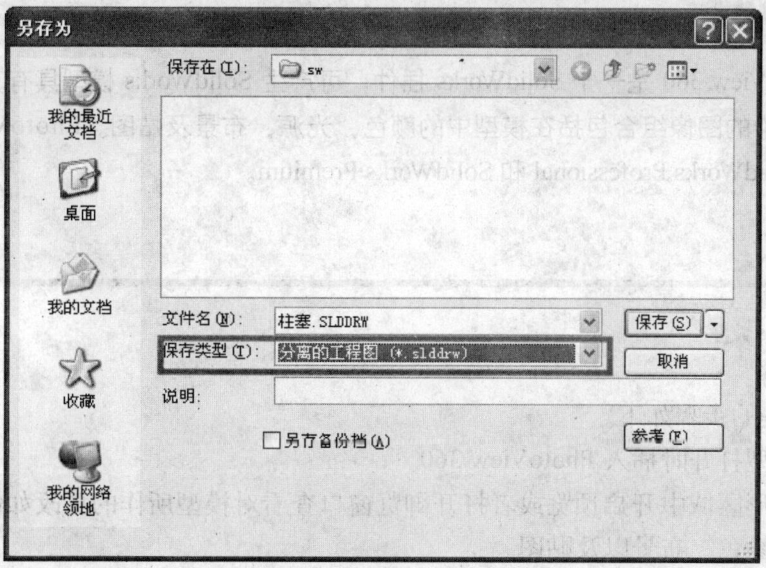

图7-94 【另存为】对话框

02 在【保存类型】中选择“分离的工程图.slddrw”。

7.8 本章小结

生成工程图是SolidWorks一项非常实用的功能，掌握好生成工程视图和工程图文件的基本操作，可以快速、正确地为零件的加工等工程活动提供合格的工程图样。需要注意的是，用户在使用SolidWorks软件时，一定要注意与我国技术制图国家标准的联系和区别，以便正确使用软件提供的各项功能。

7.9 思考题

1）如何添加新图纸？
2）如何设置线条的颜色？
3）剪裁视图是否需要事先绘制封闭的曲线？
4）旋转剖视图能否用三段相互形成一定角度的直线来生成？
5）如何生成孔的中心线？

第8章 以PhotoView 360进行渲染

本章导读

PhotoView 360 是一个 SolidWorks 插件，可产生 SolidWorks 模型具有真实感的渲染。渲染的图像组合包括在模型中的颜色、光源、布景及贴图。PhotoView 360 可用于 SolidWorks Professional 和 SolidWorks Premium。

图片渲染的步骤如下。

1）在模型打开时插入 PhotoView 360。

2）在图形区域中开启预览或者打开御览窗口查看对模型所作的更改如何影响渲染。

3）编辑颜色、布景以及贴图。

4）编辑光源。

5）编辑 PhotoView 选项。

6）当准备就绪时，进行最终渲染。

7）在渲染帧对话框中保存图像。

8.1 布景

布景是由环绕SolidWorks模型的虚拟框或者球形组成，可以调整布景壁的大小和位置。此外，可以为每个布景壁切换显示状态和反射度，并将背景添加到布景。

注意 SolidWorks文件只可指定一个布景。

选择【工具】|【插件】菜单命令，弹出【插件】对话框，单击【PhotoView 360】前后的方框，单击【确定】按钮，激活PhotoView 360插件，在软件中显示出此插件的相关菜单命令。

单击【PhotoView 360】工具栏中的【编辑布景】按钮（或者选择【PhotoView 360】|【编辑布景】菜单命令），弹出【编辑布景】的属性设置，如图8-1所示。

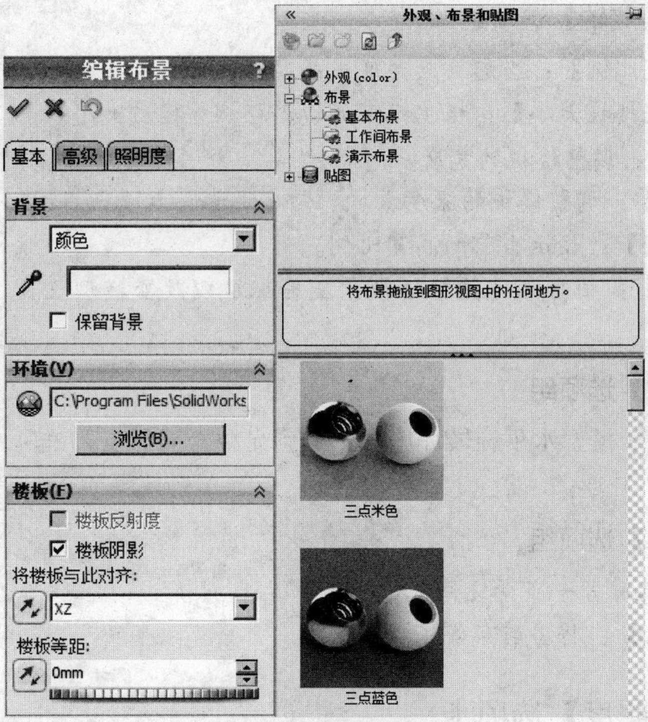

图8-1 【编辑布景】的属性设置

8.1.1 【基本】选项卡

【基本】选项卡如图8-2所示。

图8-2 【基本】选项卡

1. 【背景】选项组

- 【背景类型】：设置背景的类型。
- 【背景颜色】：在【背景类型】设定到【颜色】时可供使用，将背景设定到单一颜色。
- 【保留背景】在背景类型是彩色、渐变或图像时可供使用。

2. 【环境】选项组

选取任何球状映射为布景环境的图像。

3. 【楼板】选项组

- 【楼板反射度】：在楼板上显示模型反射。
- 【楼板阴影】：在楼板上显示模型所投射的阴影。
- 【将楼板与此对齐】：将楼板与基准面对齐。
- 【楼板等距】：将模型高度设定到楼板之上或之下。
- 【反转等距方向】交换楼板和模型的位置。

8.1.2 【高级】选项卡

【高级】选项卡如图8-3所示。

1. 【楼板大小/旋转】选项组

- 【固定高宽比例】：当您更改宽度或高度时均匀缩放楼板。
- 【自动调整楼板大小】：根据模型的边界框调整楼板大小。
- 【宽度】：调整楼板的宽度。
- 【深度】：调整楼板的深度。
- 【高宽比例】：显示当前的高宽比例。
- 【旋转】：相对环境旋转楼板，旋转环境以改变模型上的反射。

2. 【环境旋转】选项组

环境旋转相对于模型水平旋转环境，影响到光源、反射及背景的可见部分。

3. 【布景文件】选项组

- 【浏览】选取另一布景文件进行使用。
- 【保存布景】：将当前布景保存到文件。

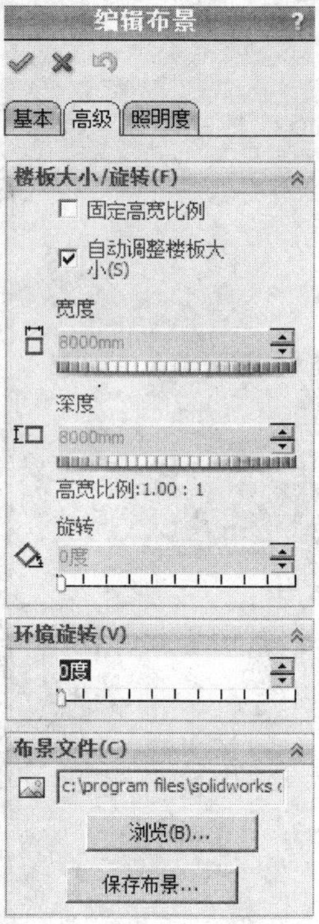

图8-3 【高级】选项卡

8.1.3 【照明度】选项卡

【照明度】选项卡如图8-4所示。

【PhotoView照明度】选项组包括如下选项。

- 【背景明暗度】：只在PhotoView中设定背景的明暗度。
- 【渲染明暗度】：设定由HDRI（高动态范围图像）环境在渲染中所促使的明暗度。
- 【布景反射度】：设定由HDRI（高动态范围图像）环境所提供的反射量。

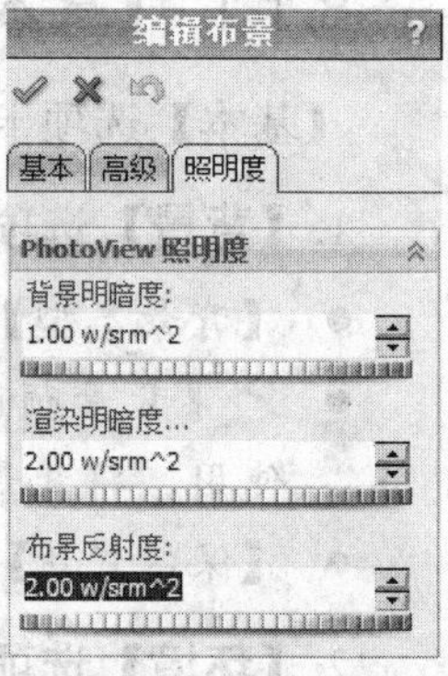

图8-4 【照明度】选项卡

8.2 光源

SolidWorks提供三种光源类型，即线光源、点光源和聚光源。

8.2.1 线光源

在【特征管理器设计树】中展开【光源、相机与布景】文件夹，右击【线光源】图标，在弹出的快捷菜单中选择【编辑线光源】命令，如图8-5所示。在【属性管理器】中弹出【线光源】的属性设置（根据生成的线光源的数字顺序排序），如图8-6所示。

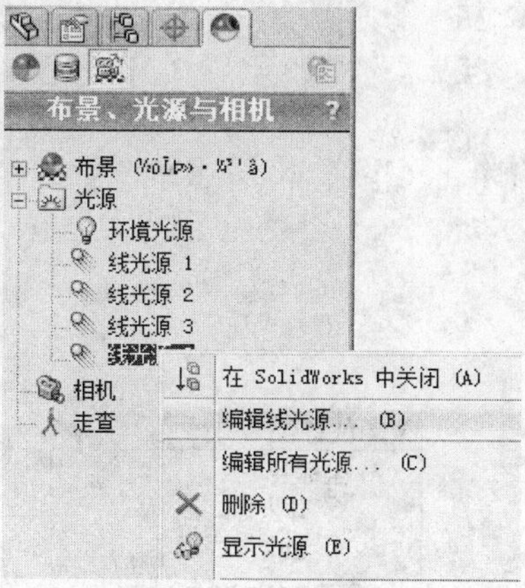

图8-5　选择【属性】命令

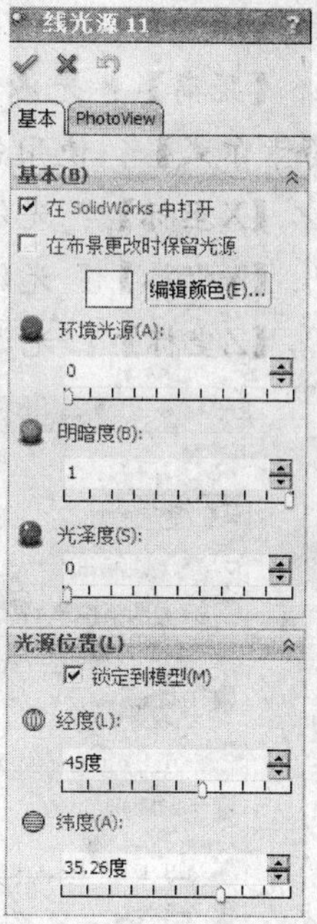

图8-6　【线光源】的属性设置

1.【基本】选项组

- 【在 SolidWorks 中打开】：打开或关闭模型中的光源。
- 【在布景更改时保留光源】：在布景变化后，保留模型中的光源。
- 【环境光源】：设置光源的强度，移动滑杆或者在0～1之间输入数值。
- 【明暗度】：设置光源的明暗度，移动滑杆或者在0～1之间输入数值。
- 【光泽度】：设置光泽表面在光线照射处显示强光的能力。

2.【光源位置】选项组

- 【锁定到模型】：选择此复选框，相对于模型的光源位置被保留；取消选择此复选框，光源在模型空间中保持固定。
- 【经度】：光源的经度坐标。
- 【纬度】：光源的纬度坐标。

8.2.2　点光源

在【特征管理器设计树】中展开【光源、相机与布景】文件夹，右击【点光源】图标，在弹出的快捷菜单中选择【属性】命令，在【属性管理器】中弹出【点光源】的属性设置（根据生成的点光源的数字顺序排序），如图8-7所示。

（1）【基本】选项组

【基本】选项组与【线光源1】的属性设置相同，在此不做详述。

（2）【光源位置】选项组

【坐标系】：选择坐标系类型，包括如下两种类型。

- 【球坐标】：使用球形坐标系指定光源的位置，如图8-8所示。
    - ■ 【经度】：光源的经度坐标。

- 【纬度】：光源的纬度坐标。
- 【距离】：光源的距离。

● 【笛卡尔式】：使用笛卡尔式坐标系指定光源的位置。

- 【X坐标】：光源的x坐标。
- 【Y坐标】：光源的y坐标。
- 【Z坐标】：光源的z坐标。

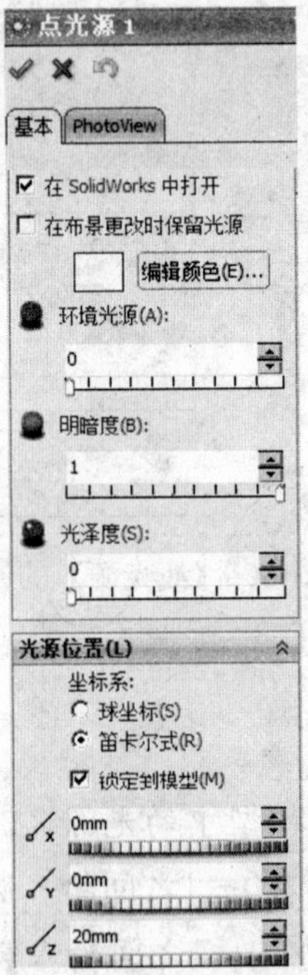

图8-7 【点光源1】的属性设置

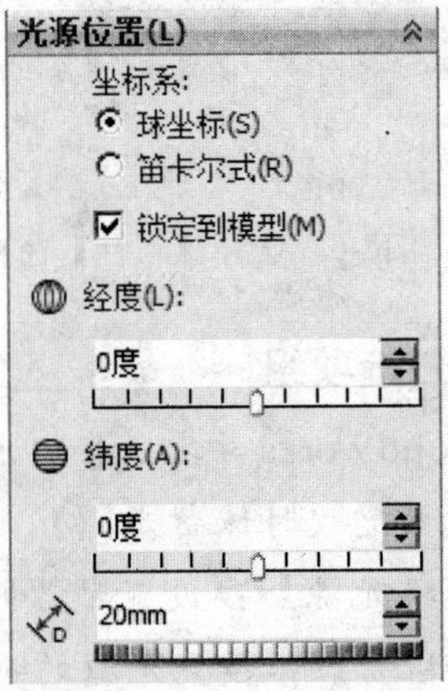

图8-8 单击【球坐标】单选按钮

● 【锁定到模型】：选择此复选框，相对于模型的光源位置被保留；取消选择此复选框，则光源在模型空间中保持固定。

8.2.3 聚光源

在【特征管理器设计树】中展开【光源、相机与布景】文件夹，右击【聚光源1】图标，在弹出的快捷菜单中选择【属性】命令，在【属性管理器】中弹出【聚光源】的属性设置（根据生成的聚光源的数字顺序排序），如图8-9所示。

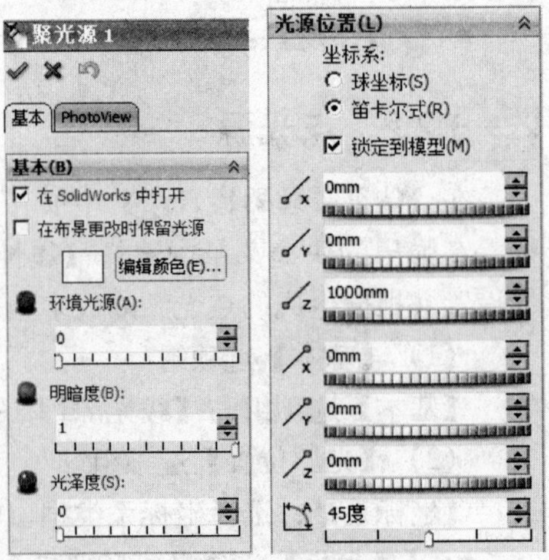

图8-9 【聚光源】的属性设置

1. 【基本】选项组

【基本】选项组与【线光源】的属性设置相同，在此不做详述。

2. 【光源位置】选项组

【坐标系】：选择坐标系类型。

● 【笛卡尔式】：使用笛卡尔式坐标系指定

光源的位置。

- 【X坐标】：光源的x坐标。
- 【Y坐标】：光源的y坐标。
- 【Z坐标】：光源的z坐标。
- 【目标X坐标】：聚光源在模型上所投射到的点的x坐标。
- 【目标Y坐标】：聚光源在模型上所投射到的点的y坐标。
- 【目标Z坐标】：聚光源在模型上所投射到的点的z坐标。
- 【圆锥角】：设置光束传播的角度，较小的角度生成较窄的光束。

● 【锁定到模型】：选择此复选框，相对于模型的光源位置被保留；取消选择此复选框，光源在模型空间中保持固定。

8.3 颜色

颜色是模型表面的材料属性，添加颜色是使模型表面具有某种材料的表面属性。

单击【PhotoView360】工具栏中的【编辑外观】按钮（或者选择【PhotoView360】|【编辑外观】菜单命令），在【属性管理器】中弹出【颜色】的属性设置，如图8-10所示。

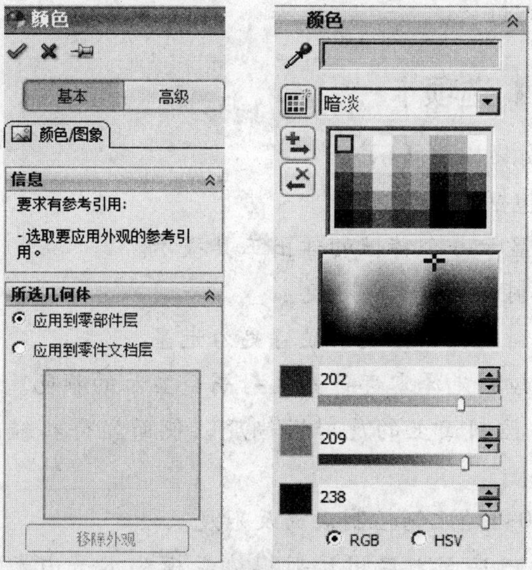

图8-10 【颜色】的属性设置

8.3.1 【颜色/图象】选项卡

【所选几何体】选项组包括如下选项。

● 【应用到零部件层】（仅用于装配体）：单击该单选按钮，则进行设置时，对于所选择的实体，更改颜色以所指定的配置应用到零部件文件。

● 【应用到零件文档层】：单击该单选按钮，则进行设置时，对于所选择的实体，更改颜色以所指定的配置应用到零件文件。

8.3.2 【映射】选项卡

【映射】选项卡如图8-11所示。

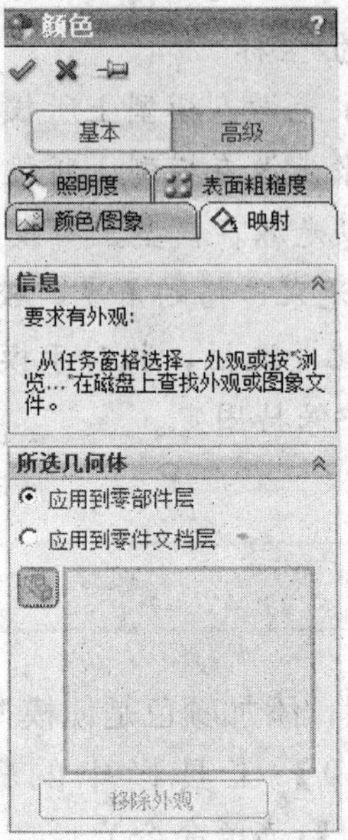

图8-11 【映射】选项卡

其属性设置在此不做详述。

8.3.3 【照明度】选项卡

【照明度】选项卡如图8-12所示。

【照明度】选项组包括如下选项。

- 【动态帮助】：显示每个特性的弹出工具提示。
- 【漫射量】：控制面上的光线强度。
- 【光泽量】：控制高亮区，使面显得更为光亮。
- 【光泽颜色】：控制光泽零部件内反射高亮显示的颜色。
- 【光泽传播】：控制面上的反射模糊度，使面显得粗糙或光滑。
- 【反射量】：以0~1的比例控制表面反射度。
- 【模糊反射度】：在面上启用反射模糊，模糊水平由光泽传播控制。
- 【透明量】：控制面上的光通透程度，该值降低，不透明度升高。

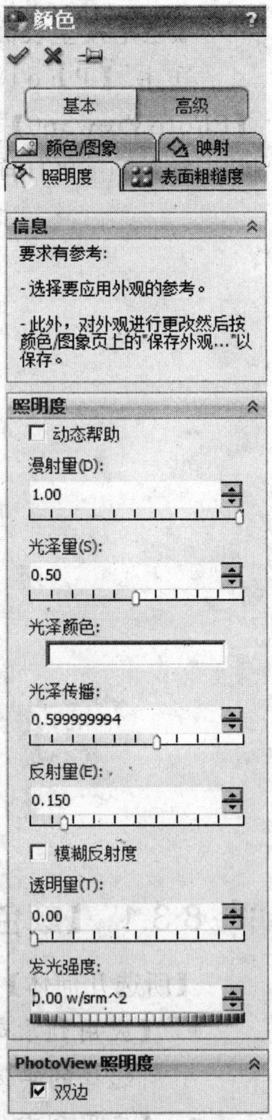

图8-12 【照明度】选项卡

8.3.4 【表面粗糙度】选项卡

【表面粗糙度】选项卡如图8-13所示。

(1) 【表面粗糙度】选项组

设置表面粗糙度的类型。

(2) 【PhotoView表面粗糙度】选项组

- 【隆起映射】：设置一不平均的表面来进行映射。
- 【隆起强度】：设置不平均表面的高度。
- 【位移映射】：在模型表面添加纹理。
- 【位移距离】：设置纹理位移的距离。

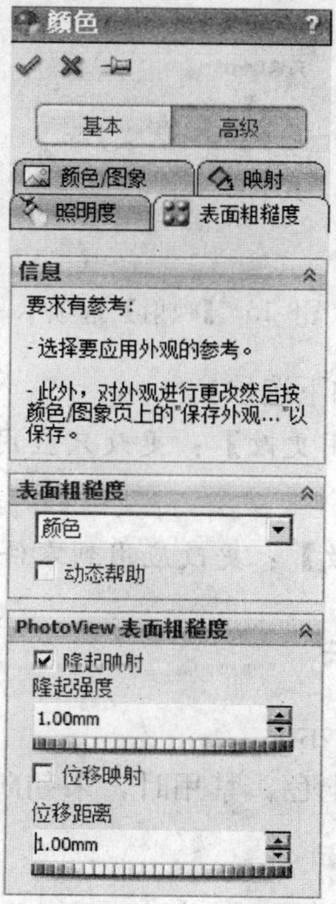

图8-13 【表面粗糙度】选项卡

8.4 贴图

贴图是在模型的表面附加某种平面图形，一般多用于商标和标志的制作。

选择【PhotoView 360】|【编辑贴图】菜单命令，在【属性管理器】中弹出【贴图】的属性设置，如图8-14所示。

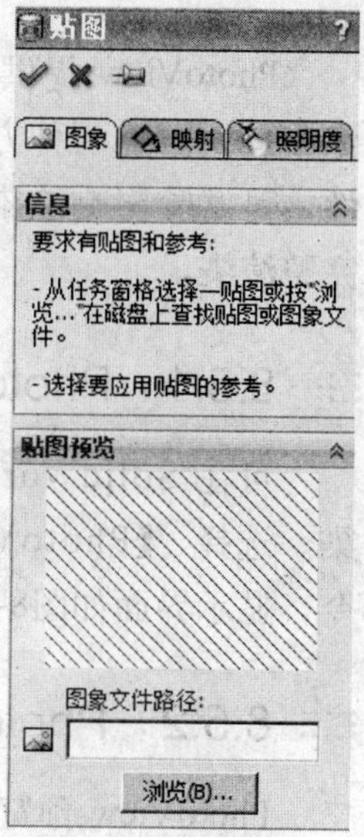

图8-14 【贴图】的属性设置

8.4.1 【图象】选项卡

【贴图预览】选项组包括如下选项。

(1) 【图象文件路径】：显示图像的路径。

(2) 【浏览】：单击此按钮，选择图像文件。

8.4.2 【映射】选项卡

【映射】选项卡如图8-15所示。

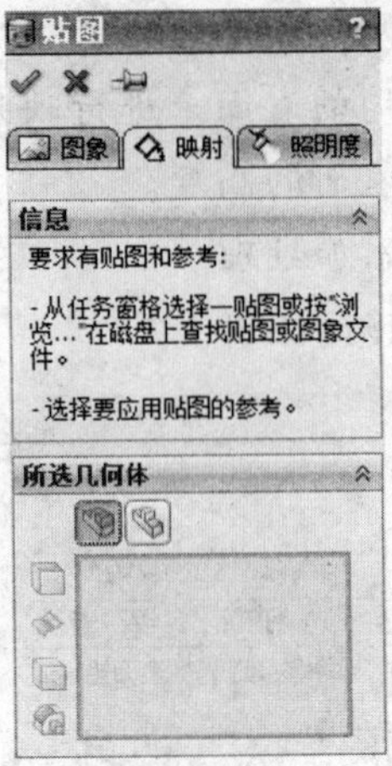

图8-15 【映射】选项卡

【所选几何体】选项组包括如下选项。

- 【在装配体零部件层应用更改】：更改只应用到装配体文档中的零部件。
- 【在零件文档层应用更改】：更改应用到零件文档。

8.4.3 【照明度】选项卡

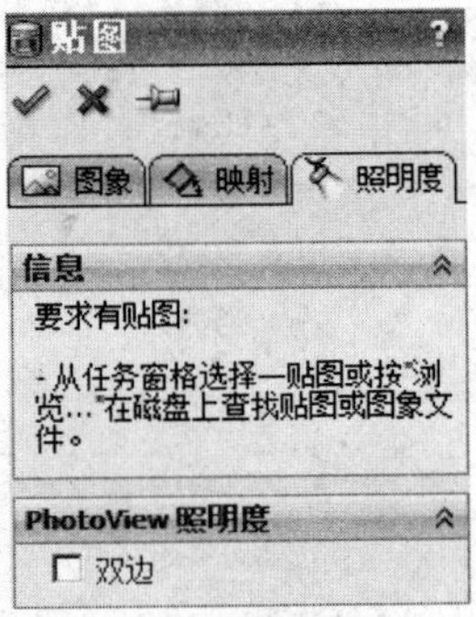

图8-16 【照明度】选项卡

【照明度】选项卡如图8-16所示。

【双边】：对面的两侧启用上色，禁用时，未朝向相机的面将不可见。

8.5 预览渲染

PhotoView 提供两种方法预览渲染：在图形区域内（整合预览）及在单独窗口内（预览窗口）。这两种方法都可在进行完整渲染之前帮助快速评估更改。由于更新具有连续性，可试验影响渲染的控件但不必完全理解每个控件的目的。当对设定满意时，可进行完整渲染。

8.5.1 PhotoView 整合预览

可在 SolidWorks 图形区域内预览当前模型的渲染。选择【PhotoView 360】|【整合预览】菜单命令，显示界面如图8-17所示。

图8-17 整合预览

8.5.2 PhotoView 预览窗口

PhotoView 预览窗口是 SolidWorks 主窗口之外的单独窗口。要显示该窗口，选择【PhotoView 360】|【预览窗口】菜单命令，显示界面如图8-18所示。

图8-18　预览窗口

窗口中包括如下按钮。

- 【暂停】：停止预览窗口的所有更新。
- 【重设】：更新预览窗口并恢复 SolidWorks 更新传送。

8.6 PhotoView 选项

PhotoView选项PropertyManager为PhotoView 360控制设定，包括输出图像品质和渲染品质。

在插入了PhotoView 360后，选择【PhotoView360】|【选项】菜单命令，以打开选项管理器，如图8-19所示。

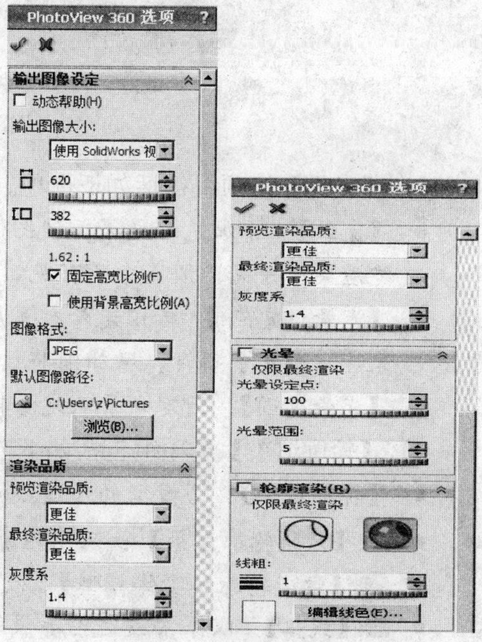

图8-19 【选项】选项卡

1）【输出图像设定】选项组包括如下选项。

- 【动态帮助】：显示每个特性的弹出工具提示。
- 【输出图像大小】：预设图像大小。
- 【输出图像大小—图像宽度】：以像素设定输出图像的宽度。
- 【输出图像大小—图像高度】：以像素设定输出图像的高度。
- 【固定高宽比例】：保留输出图像中宽度到高度的当前比率。
- 【使用相机高宽比例】：将输出图像的高宽比设定到相继视野的高宽比。
- 【使用背景高宽比例】：将最终渲染的高宽比设定为背景图像的高宽比。
- 【图像格式】：为渲染的图像更改文件类型。
- 【默认图像路径】：为使用排定的渲染设定默认路径。

2）【渲染品质】选项组包括如下选项。

- 【预览渲染品质】：为预览设定品质等级。高品质图像需要更多时间才能渲染。
- 【最终渲染品质】：为最终渲染设定品质等级。

> **注意** 通常而言，最佳和最大之间区别很小。最大设定在渲染封闭空间或内部布景时最有效。

渲染品质和渲染时间范例如图8-20所示。

a）好，29 秒

b）更好，54 秒

c）最好，2 分 19 秒

d）最大，6 分 45 秒

图8-20　渲染时间

3）【光晕】选项组包括如下选项。

- 【光晕】: 添加光晕效果，使图像中发光或反射的对象周围发出强光。光晕仅在最终渲染中可见，预览中不可见。
- 【光晕设定点:】 标识光晕效果应用的明暗度或发光度等级。降低百分比可将该效果应用到更多项目，增加则将该效果应用于更少的项目。
- 【光晕范围】: 设定光晕从光源辐射的距离。

4）【轮廓渲染】选项组包括如下选项。

- 【轮廓渲染】: 给模型的外边线添加轮廓线。
- 【只随轮廓渲染】: 只以轮廓线进行渲染，保留背景或布景显示和景深设定。
- 【渲染轮廓和实体模型】: 以轮廓线渲染图像。
- 【线粗】: 以像素设定轮廓线的粗细。
- 【编辑线色】: 设定轮廓线的颜色。

8.7 范例

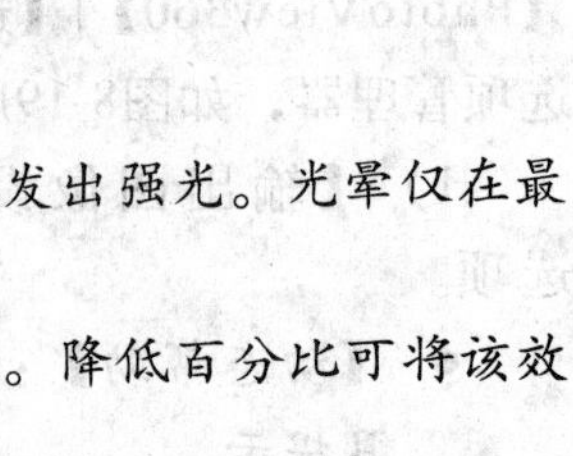

图8-21　车轮模型

轮胎模型如图8-21所示。

主要步骤如下。

1）转换文件格式。

2）设置光源。

3）设置模型外观。

4）设置外部环境。

5）设置贴图。

6）完善其他设定。

7）输出图像。

8.7.1 转换文件格式

01 打开SolidWorks 2012，选择【文件】|【打开】菜单命令，在弹出的窗口中选择浏览到的模型文件“车轮.SLDPRT”。单击【保存】按钮，将模型文件保存为最新版本，如图8-22所示。

02 由于在SolidWorks 2012中，PhotoView 360是一个插件，因此在模型打开时需插入PhotoView 360才能进行渲染。选择【工具】|【插件】菜单命令，勾选PhotoView 360，如图8-23所示。

图8-22 更新模型版本

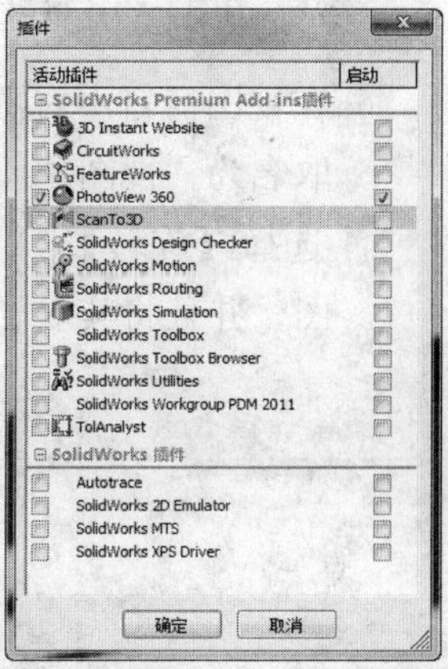

图8-23 启动PhotoView 360插件

03 在菜单栏中找到并单击【适合视图】按钮，将模型位置调整至全屏窗口，以便全局观察模型，为后续的调整模型位置做好准备，如图8-24所示。

04 在视图窗口中右击，选择视图定向，单击【上视】，切换到上视图方向，如图8-25所示。

图8-24 适合视图显示

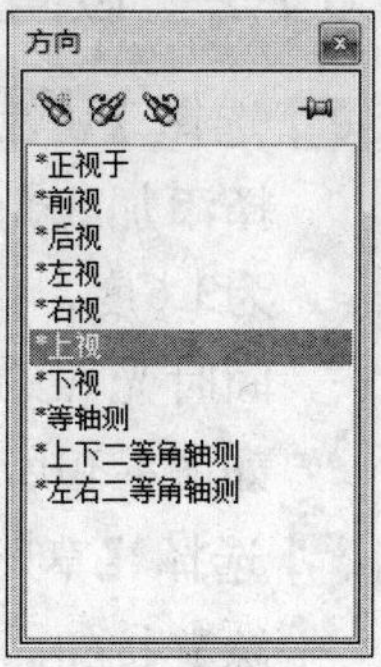

图8-25 切换上视图

05 在视图窗口中右击，选择 旋转视图(E) 【旋转】按钮，调整模型视图位置，将其旋转到如图8-26所示的大致位置。

06 在视图窗口中右击，单击 放大或缩小(C) 按钮，放大图形；单击 平移(F) 按钮，将模型位置调整到适当位置，如图8-27所示。

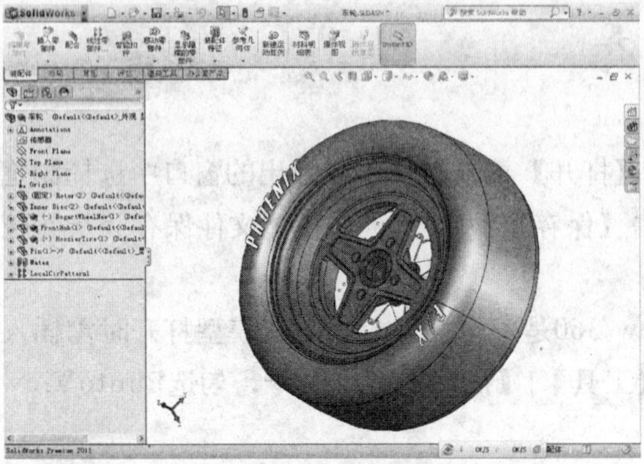

图8-26　旋转模型

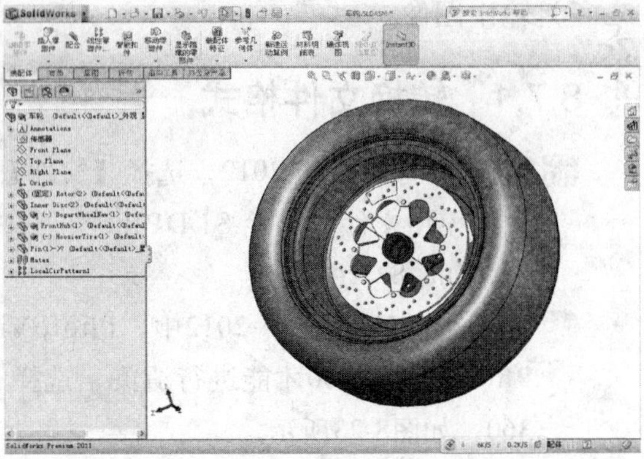

图8-27　放大/移动模型

07 在视图窗口中右击，选择视图定向，单击【新视图】按钮，将该方向视图保存，并取名为“视图1”，单击【确定】按钮保存，如图8-28所示。

08 选择【旋转】|【缩放】|【平移】菜单命令，重复上述操作，建立几个新的方向视图，并且将其取名并保存为自定义视图，如图8-29所示。

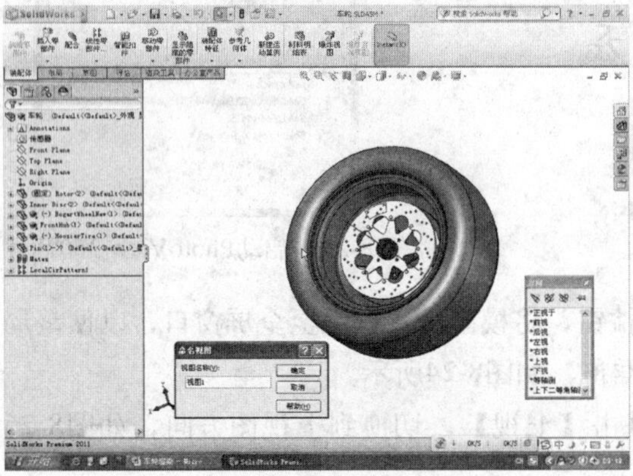

图8-28　保存视图

图8-29　新建其他视图

8.7.2　设置光源

01 选择【属性管理器设计树】中的标签，右击【光源、相机与布景】文件夹，选择添加线光源，打开【线光源】的属性设置。在【光源位置】中设置【经度】为3.6度，【纬度】为-18度，右侧绘图区也将显示出虚拟的线光源灯泡位置，同时光照的效果也出现在预览窗口中，单击【确定】按钮，完成线光源的设置，如图8-30所示。

02 选择【草图】工具栏中【视图】，单击【光源与相机】，然后单击【添加点光源】按钮，显示【点光源】的属性设置。在【光源位置】中设置【X坐标】为

5.2in，【Y坐标】为11.1in，【Z坐标】为-6.21in，右侧绘图区也将显示出一个虚拟的点光源位置，同时光照的效果也出现在预览窗口中，单击【确定】按钮，完成点光源的设置，如图8-31所示。

图8-30　设置线光源

图8-31　设置点光源

03 选择草图工具栏【视图】，单击【光源与相机】，选择添加聚光源，显示【聚光源】属性管理器。在【光源位置】中设置【X坐标】为1.9 in，【Y坐标】为1.4 in，【Z坐标】为39.37in，右侧绘图区也将显示出一个虚拟的聚光源位置，同时光照的效果出现在预览窗口中，单击【确定】按钮，完成聚光源的设置，如图8-32所示。

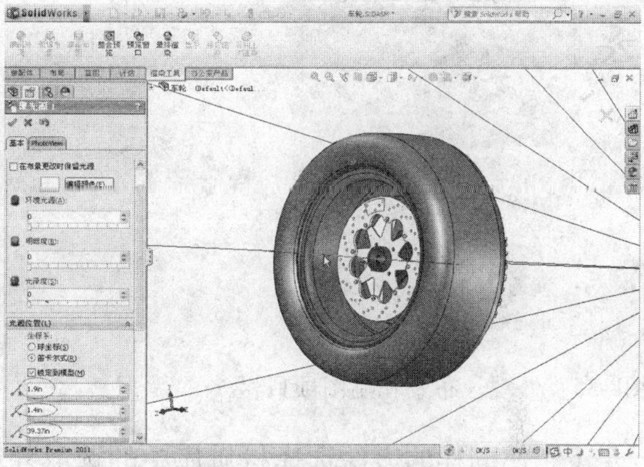

图8-32　设置聚光源

8.7.3　设置模型外观

01 在菜单栏中选择PhotoView 360，单击 预览渲染(V) 按钮，弹出预览窗口，如图8-33所示。

02 在菜单栏中选择PhotoView 360，单击 编辑外观(A)... 按钮，弹出外观编辑栏及材料库，如图8-34所示。

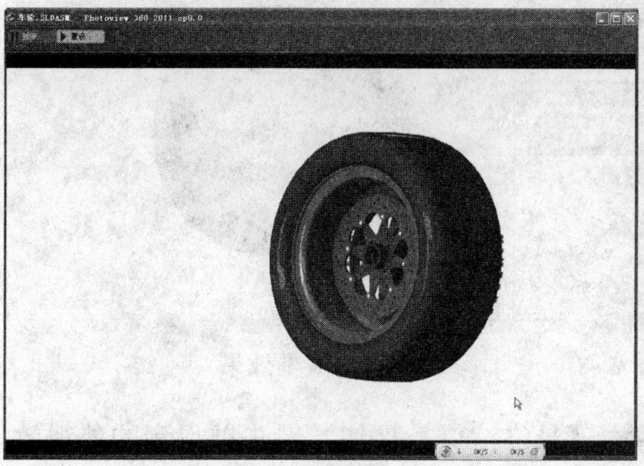

图8-33　预览渲染

图8-34　编辑外观界面

03 在外观、布景和贴图项目栏中列举了各种类型的材料，以及它们所附带的外观属性特性，如图8-35所示。

04 在菜单栏中选择PhotoView 360，单击 编辑外观(A)... 按钮，弹出外观编辑栏及材料库，在外观、布景和贴图项目栏中选取【橡胶】|【纹理】|【轮胎花纹】，在视图窗口中单击要渲染的部位，如图8-36所示，单击【确定】按钮完成设置。

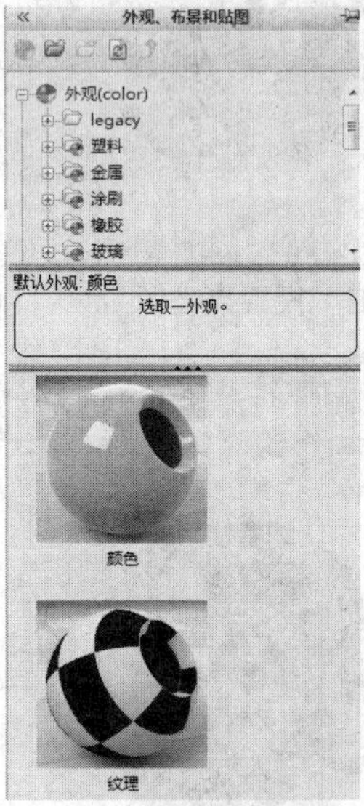

图8-35　外观、布景和贴图项目栏

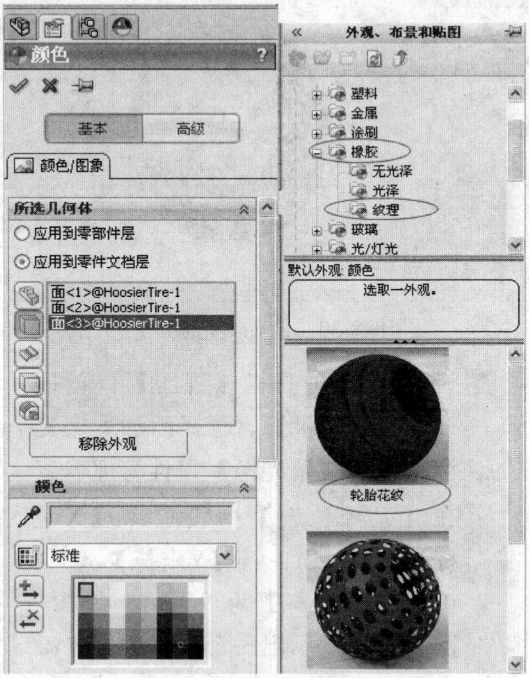

图8-36　添加外观

05 使同样的方法选择材质库中的选取外观、布景和贴图项目栏中的【金属】|【钢】|【抛光钢】材质，为其添加外观，如图8-37所示。

06 选取外观、布景和贴图项目栏中的【金属】|【钢】|【铸造碳钢】材质，使用同样的方法渲染，如图8-38所示。

图8-37　按钮渲染效果

图8-38　渲染效果

07 单击PhotoView 360菜单栏中的 最终渲染(F)【最终渲染】按钮，对先前得到的外观效果进行预览渲染。经过软件的渲染后，得到了初步的渲染效果图，如图8-39所示。

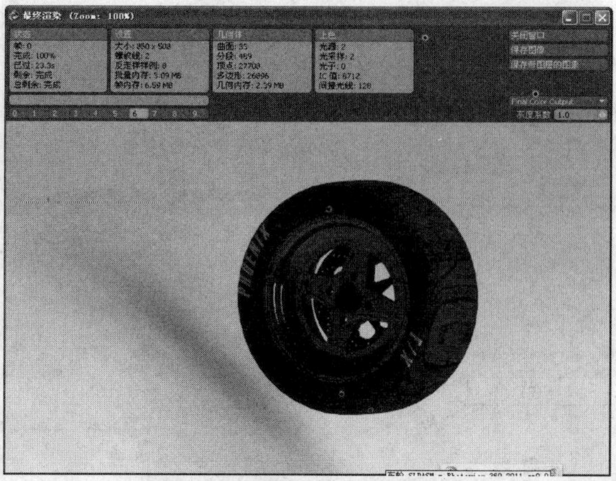

图8-39　初步的渲染效果图

8.7.4　设置外部环境

01 应用环境会更改模型后面的布景，环境可影响到光源和阴影的外观。在菜单栏中选择PhotoView 360，单击 编辑布景(S)... 按钮，弹出布景编辑栏及布景材料库，如图8-40所示。

02 选择其中一个库添加到模型中去。选择【带完整光源的工作间】作为环境选项，双击鼠标或者利用鼠标拖动将其放置到视图中。得到添加环境后的效果，如图8-41所示。

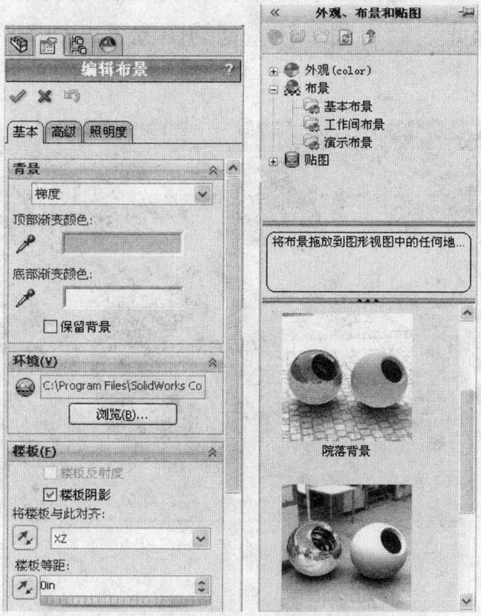

图8-40　布景编辑栏及布景材料库

图8-41　添加环境后的效果

03 单击 编辑布景(S)... 按钮，对环境进行设置。在【基本】选项卡设置中设置背景为【使用环境】，选择楼板背景与【XZ】轴对齐，勾选【楼板阴影】复选框，设置楼板等距数值，如图8-42所示。

04 在【高级】选项卡中选择【自动调整楼板大小】复选框，设置【环境旋转】为108度，如图8-43所示。

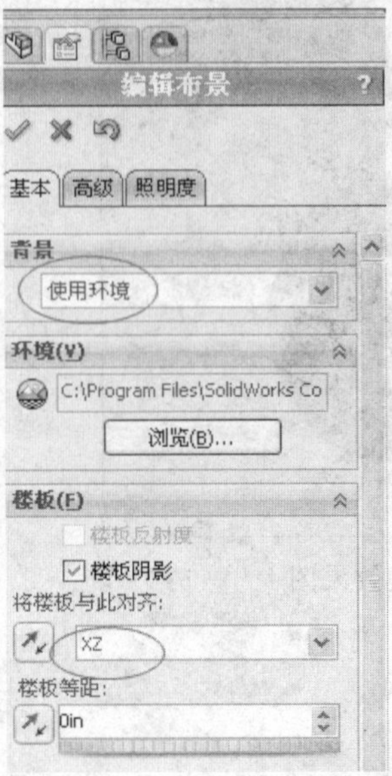

图8-42 设置【基本】选项卡

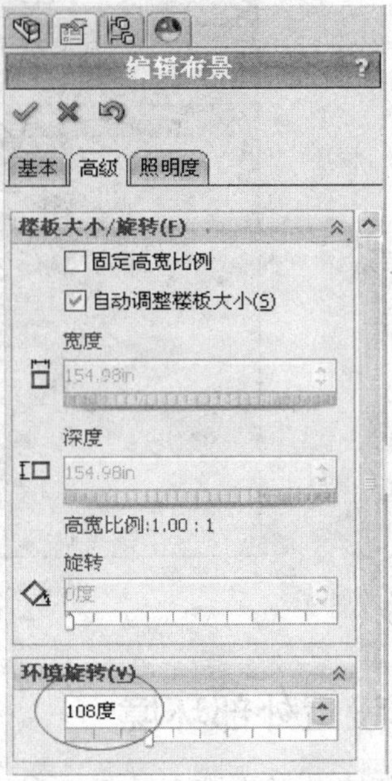

图8-43 设置【高级】选项卡

05 回到视图窗口中，利用旋转和平移命令对视图进行调整，得到模型在视图中适当的位置。利用缩放命令来调整模型的位置，使其与环境中的其他图形看起来协调，如图8-44所示。

06 在菜单栏中单击【最终渲染】按钮，对效果再次进行渲染并查看结果，此时得到的是添加了环境之后对外观影响以后的总图。至此已经得到了较逼真的图像了，如图8-45所示。

图8-44 调整模型位置

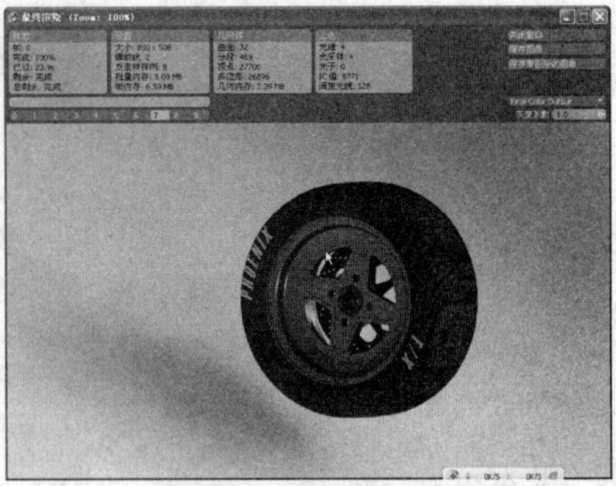

图8-45 查看渲染结果

8.7.5 设置贴图

01 单击PhotoView 360菜单栏中的【编辑贴图】按钮，【PhotoWorks项目】中将提供一些预置的贴图，如图8-46所示。

02 选择【SolidWorks】贴图，在绘图区中的模型上单击，则此贴图将出现在图形区域中，如图8-47所示，单击【确定】按钮完成贴图设置。

图8-46　设置PhotoView 360项目

图8-47　贴图预览

03 在菜单栏中单击【最终渲染】按钮，对效果再次进行渲染并查看结果，如图8-48所示。

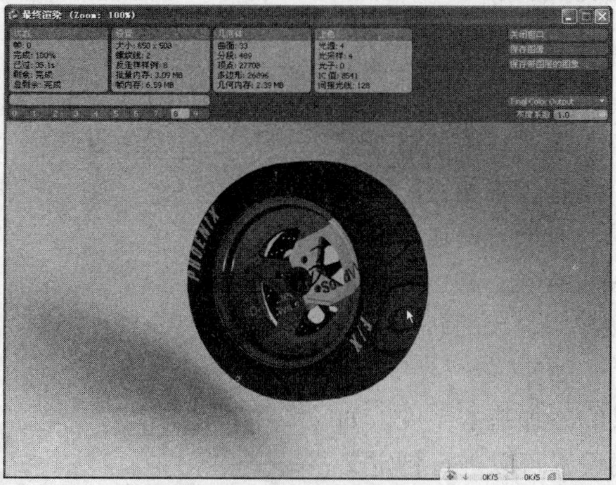

图8-48　渲染效果图

8.7.6　完善其他设定

01 单击PhotoView 360菜单栏中的【选项】按钮，弹出【PhotoView 360 选项】的属性设置。调整渲染品质、启用光晕等项来完善渲染效果，如图8-49所示。

02 再次单击【最终渲染】按钮，对效果再次进行渲染并查看结果，此时得到的效果与先前的结果进行比较，有了明显的反光效果，如图8-50所示。

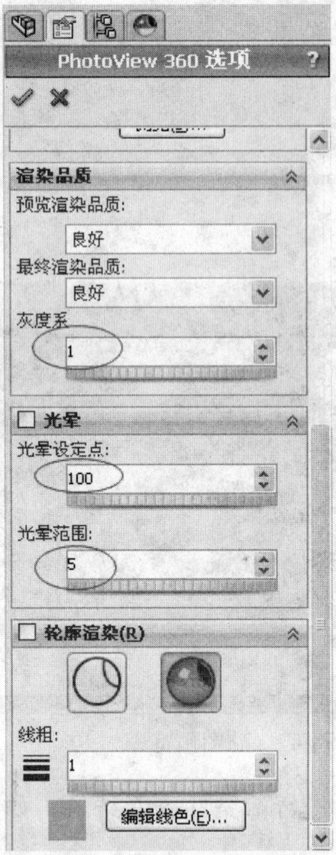

图8-49　设置光晕参数

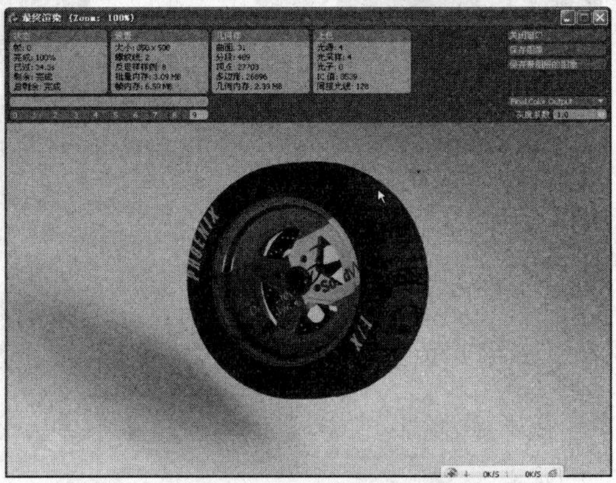

图8-50　调整渲染明暗度后的渲染效果

03 在进行预览渲染最终渲染前，可启用透视图或增加相机来增加逼真感。在【视图】菜单栏中单击【光源与相机】，选择增加相机，弹出【相机】的属性社会自，通过设置相机位置、相机旋转、相机视野等项目来调整视图中显现的画面，如图8-51所示。

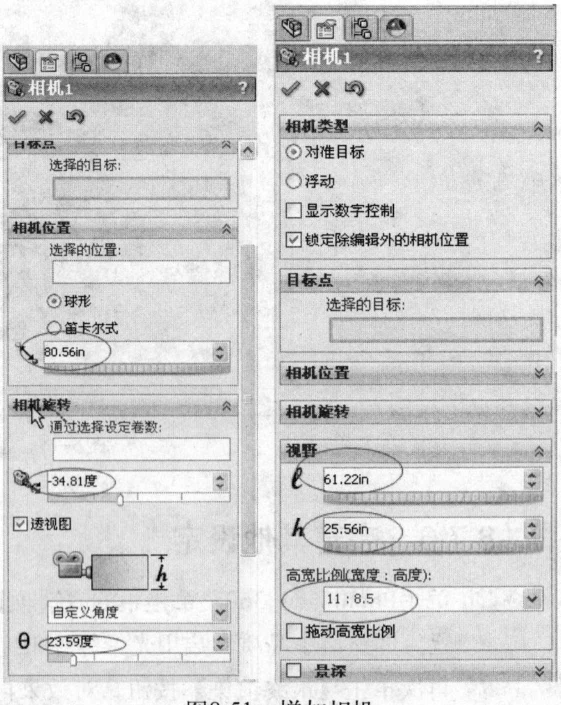

图8-51　增加相机

此时，渲染效果的添加基本完成，如果还需要添加其他的设置可以进行自定义调整。

8.7.7　输出图像

01 准备输出结果图像，首先需要对输出进行必要设置。在PhotoView 360菜单栏中单击【选项】按钮，弹出【PhotoView 360 选项】的属性设置，在【输出图像大小】选项组中，设置【帧宽度】为620，【帧高度】为370，在【图像格式】下拉列表中选择【JPEG】，如图8-52所示。

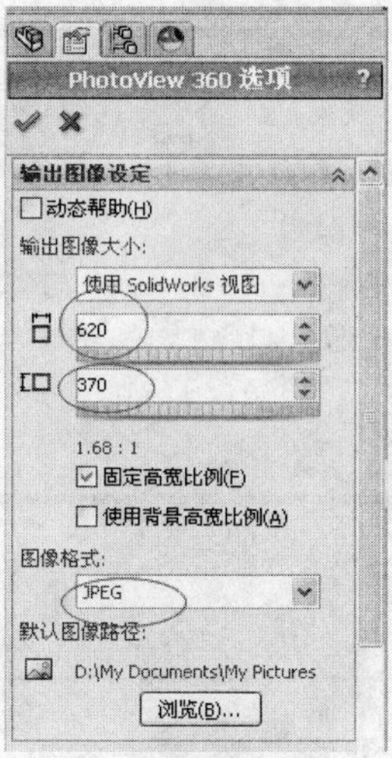

图8-52　输出设置

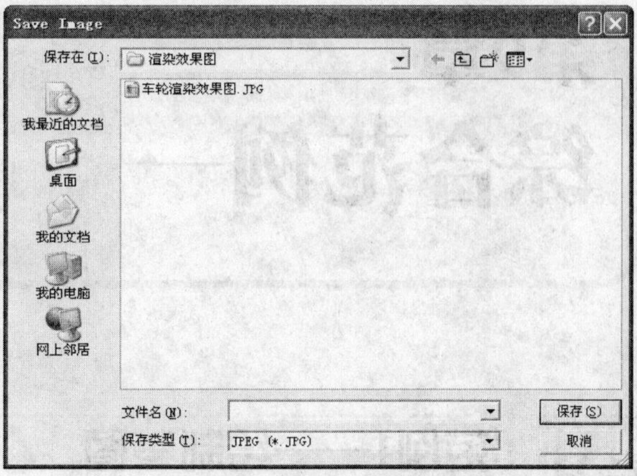

图8-53　最终渲染效果

02 在菜单栏中单击【最终渲染】按钮，在完成所有设置后对图像进行渲染，得到的最终效果如图8-53所示。

03 在最终渲染结果的窗口中单击【保存图像】按钮，为其指定保存的路径以及名称。指定保存类型为JPEG，并输入文件名，如图8-54所示。

至此，渲染过程全部完成，得到图像结果后，可以通过图像浏览器直接查看。

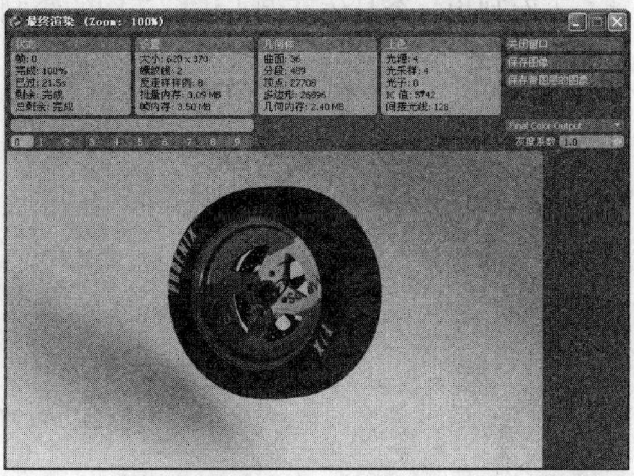

图8-54　保存图像

8.8 本章小结

PhotoView 360 插件通过设置颜色、光源、布景及贴图，可以为SolidWorks 模型生成具有真实感的图片。PhotoView 360 可用于 SolidWorks Professional 和 SolidWorks Premium。

8.9 思考题

1）布景的含义是什么？
2）聚光源如何设置？
3）如何给零件的表面赋予材质？
4）贴图能否调整方向？
5）图片渲染的品质是否能改变？

第9章 综合范例一

9.1 范例1——绘制草图

下面利用一个具体范例来讲解草图的绘制方法，最终效果如图9-1所示。

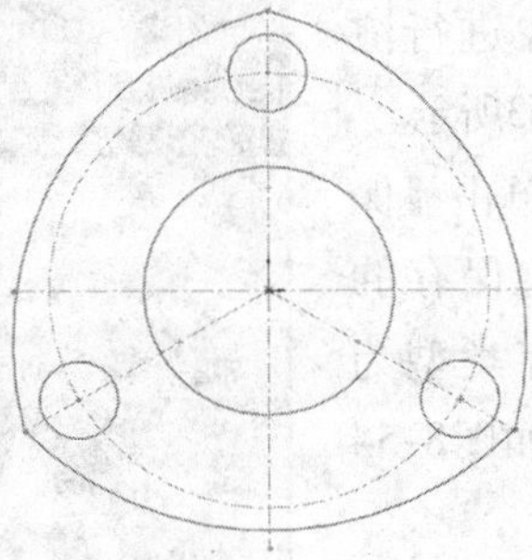

图9-1 草图

主要步骤如下。

1）进入草图绘制状态。

2）绘制草图。

3）标注尺寸。

9.1.1 进入草图绘制状态

01 启动中文版SolidWorks 2012，单击【标准】工具栏中的【新建】按钮，弹出【新建SolidWorks文件】对话框，单击【零件】按钮，然后单击【确定】按钮，生成新文件。

02 单击【草图】工具栏中的【草图绘制】按钮，进入草图绘制状态。在【特征管理器设计树】单击【前视基准面】图标，使前视基准面成为草图绘制平面。

9.1.2 绘制草图

01 单击【草图】工具栏中的【中心线】按钮，在屏幕左侧将弹出【插入线条】的属性设置，在屏幕右侧的绘图区中移动鼠标，当鼠标与屏幕中的原点处于同一水平线时，屏幕中将出现一条水平虚线，此时单击鼠标，将产生中心线的第一个端点；水平移动鼠标，屏幕将出现一条中心线，移动鼠标到原点的右侧，再次单击鼠标，将产生中心线的第二个端点，双击鼠标，则水平的中心线绘制完毕。使用同样方法绘制竖直方向的中心线。单击【草图】工具栏中的【中心线】按钮，以关闭中心线，绘制的中心线如图9-2所示。

02 单击【草图】工具栏中的【圆】按钮，在【属性管理器】中弹出【圆】的属性设置。单击【中央创建】单选按钮，在图形区域中绘制圆形。移动鼠标至草图原点，拖动鼠标生成圆，注意圆的预览动态跟随指针，单击以结束圆并在【圆】的属性设置中单击【确定】按钮。使用同样方法生成第二个圆，如图9-3所示。

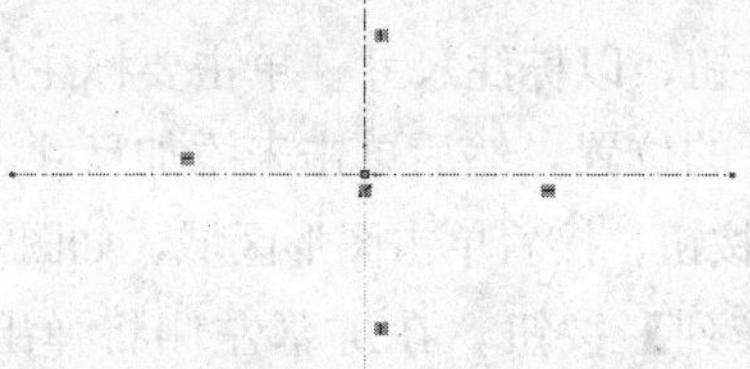

图9-2　绘制草图中心线

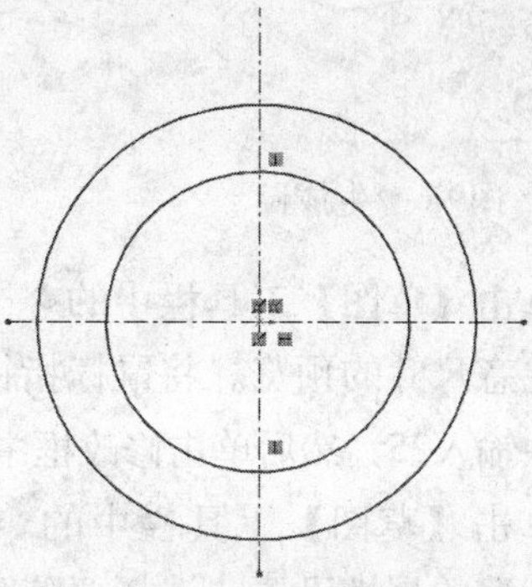

图9-3　绘制圆

9.1.3　标注尺寸

01 单击【草图】工具栏中的【智能尺寸】按钮，以标注尺寸。单击要标注尺寸的圆，注意尺寸的预览。将鼠标指针移到放置尺寸的位置，然后单击来添加尺寸，在修改框中输入140，然后单击修改框中的【确定】按钮，接着单击图形区域。使用同样方法标注第二个圆的尺寸，即80，如图9-4所示。

02 单击外圆，使之高亮显示，屏幕左侧弹出圆的【属性管理器】，在选项处选择作为构造线，单击【确定】按钮，然后单击图形区域，生成一构造线，如图9- 5所示。

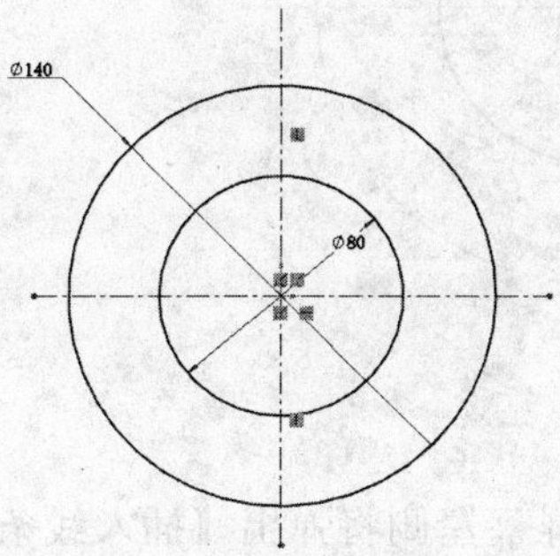

图9-4　标注尺寸

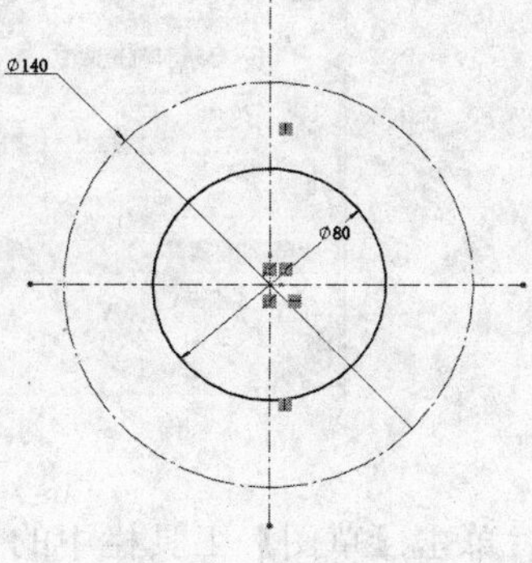

图9-5　生成构造线

03 单击【草图】工具栏中的【圆】按钮，在【属性管理器】中弹出【圆】的属性设置。单击【中央创建】单选按钮，在图形区域中绘制圆，移动鼠标至竖直中心线上方与外圆的交汇处，拖动鼠标生成圆，注意圆的预览动态跟随指针。在【属性管理器】中单击✔【确定】按钮，接着单击图形区域，如图9-6所示。

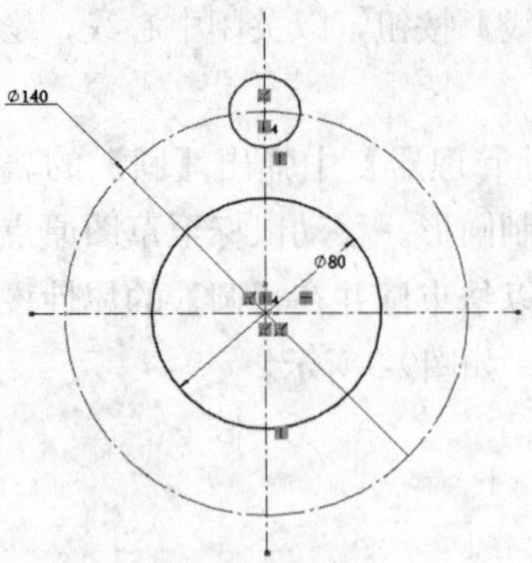

图9-6　生成圆

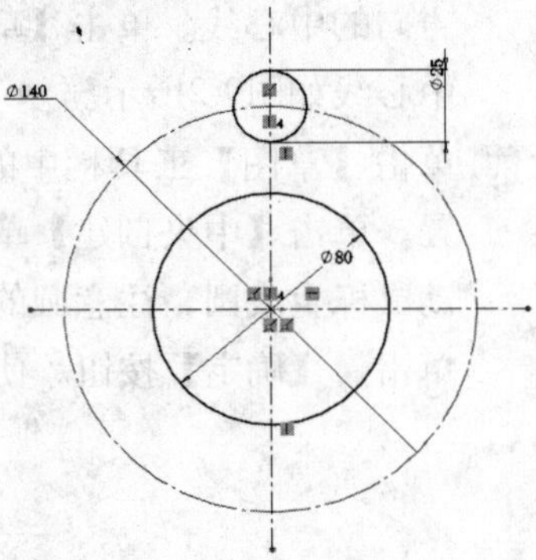

图9-7　标注尺寸

04 单击【草图】工具栏中的【智能尺寸】按钮，以标注尺寸。单击要标注尺寸的圆，注意尺寸的预览。将鼠标指针移到放置尺寸的位置，然后单击来添加尺寸。在修改框中输入25，然后单击修改框中的✔【确定】按钮，接着单击图形区域，如图9-7所示。

05 单击【草图】工具栏中的【圆周草图阵列】按钮，在屏幕左侧将弹出【圆周阵列】的属性设置，选择要阵列的实体“圆弧3”，设置要阵列的数量为3，其他选项设置保持默认，单击✔【确定】按钮，则生成圆周阵列，如图9-8所示。

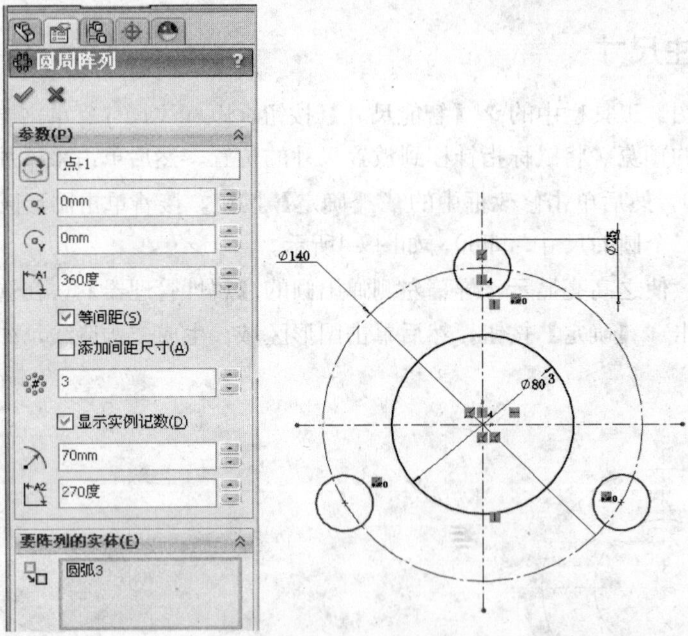

图9-8　圆周阵列

06 单击【草图】工具栏中的【中心线】按钮，在屏幕左侧将弹出【插入线条】的属性设置，移动鼠标指针至草图原点，拖动鼠标生成一条中心线，使中心线经过圆的圆点，在【线条属性】的属性设置中单击✔【确定】按钮，在【插入线条】的属性设置中也单击✔【确定】按钮，然后单击图形区域，生成两条经过圆的中心线，如图9-9所示。

07 单击【草图】工具栏中的【智能尺寸】按钮，以标注尺寸。将鼠标指针移到放置尺寸的位置，然后单击来添加尺寸，在修改框中输入90，然后单击修改框中的【确定】按钮，接着单击图形区域，如图9-10所示。

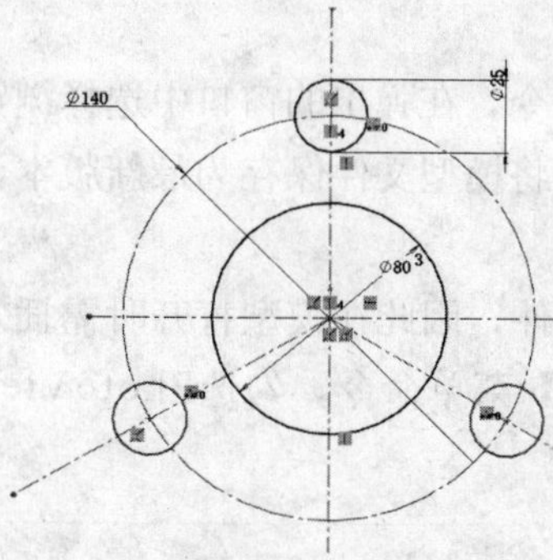

图9-9　生成中心线

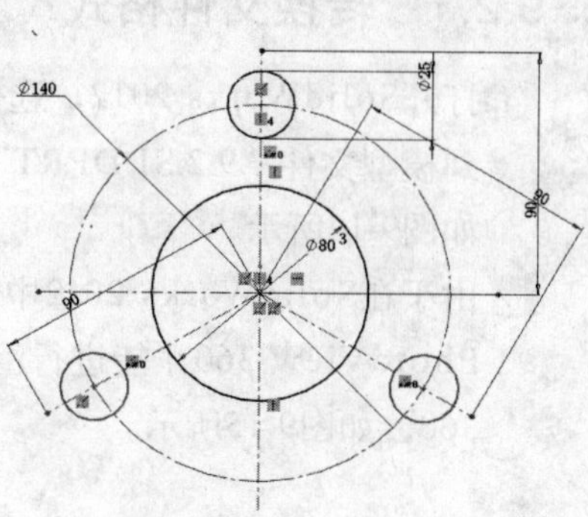

图9-10　标注尺寸

08 单击【草图】工具栏中【3点圆弧】按钮，在【属性管理器】中弹出【圆弧】的属性设置。单击要生成圆弧的起点，沿着要生成的圆弧路线拖动鼠标，单击圆弧的终点，然后单击【确定】按钮，并单击图形区域，生成的圆弧如图9-11所示。

09 单击【草图】工具栏中的【圆周草图阵列】按钮，在屏幕左侧将弹出【圆周阵列】的属性设置，选择要阵列的实体“圆弧6”，设置要阵列的数量为3，其他选项设置保持默认，单击【确定】按钮，则生成圆周阵列，如图9-12所示。

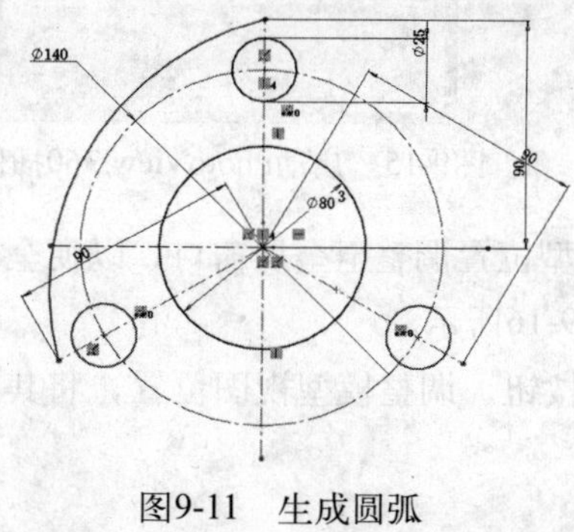

图9-11　生成圆弧

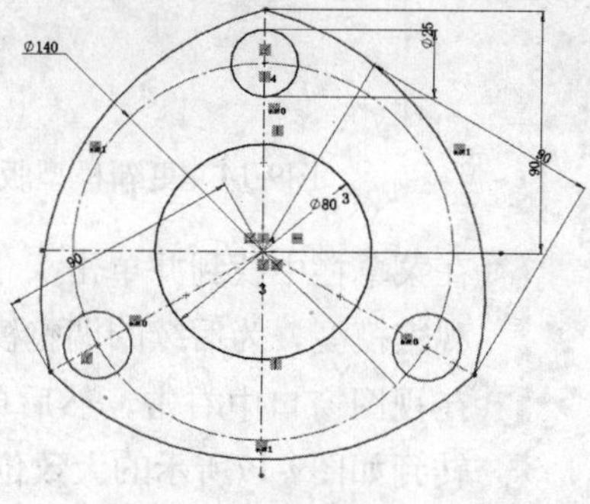

图9-12　生成圆弧

10 至此，草图范例全部完成，将其保存即可。

9.2 范例2——绘制麦克风零件模型

麦克风零件模型如图9-13所示。

主要步骤如下。

1）转换文件格式。

2）设置光源。

3）设置模型外观。

4）设置外部环境。

5）设置贴图。

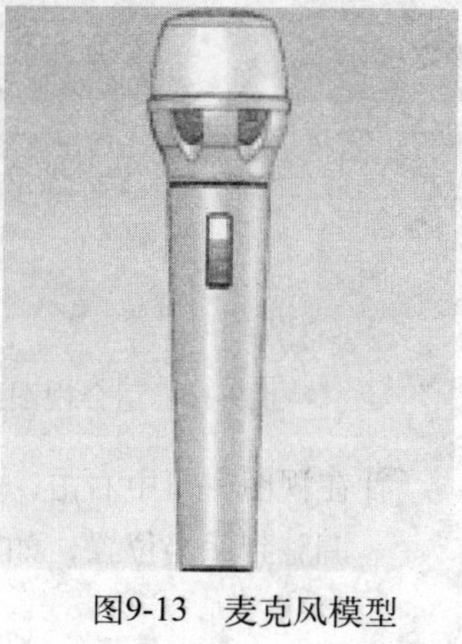

图9-13　麦克风模型

6）完善其他设定。

7）输出图像。

9.2.1 转换文件格式

01 打开SolidWorks 2012，选择【文件】|【打开】菜单命令，在弹出的窗口中选择浏览到模型文件“9.2.SLDPRT”。点击【保存】按钮，将模型文件保存为最新版本，如图9-14所示。

02 由于在SolidWorks 2012中，PhotoView 360是一个插件，因此在模型打开时需插入PhotoView 360才能进行渲染，选择【工具】|【插件】菜单命令，勾选PhotoView 360，如图9-15所示。

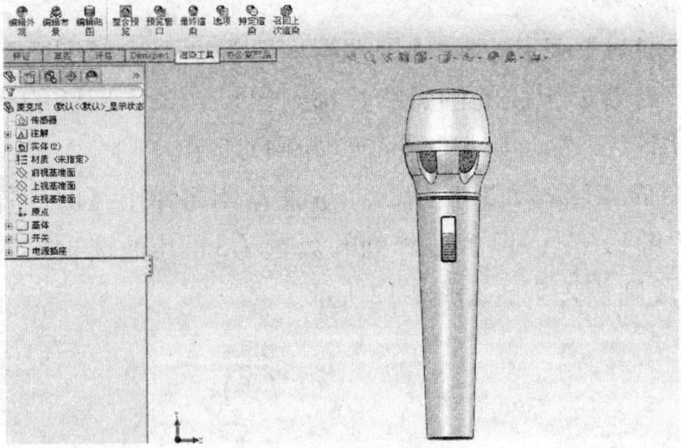

图9-14 更新模型版本

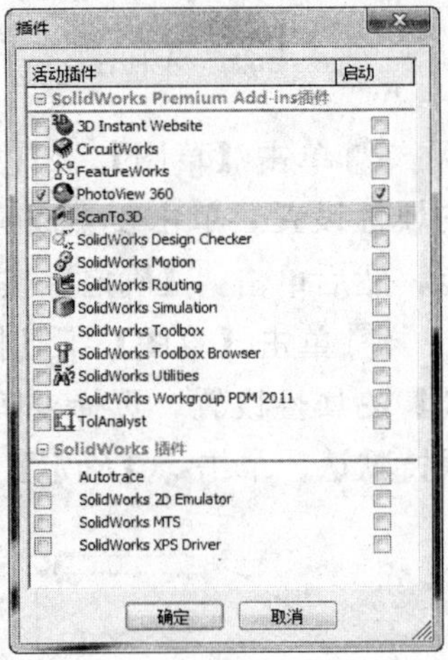

图9-15 启动PhotoView 360插件

03 在菜单栏中找到并单击【适合视图】按钮，将模型位置调整至全屏窗口，以便全局观察模型，为后续的调整模型位置做好准备，如图9-16所示。

04 在视图窗口中右击，然后单击 旋转视图(E) 【旋转】按钮，调整模型视图位置，将其旋转到如图9-17所示的大致位置。

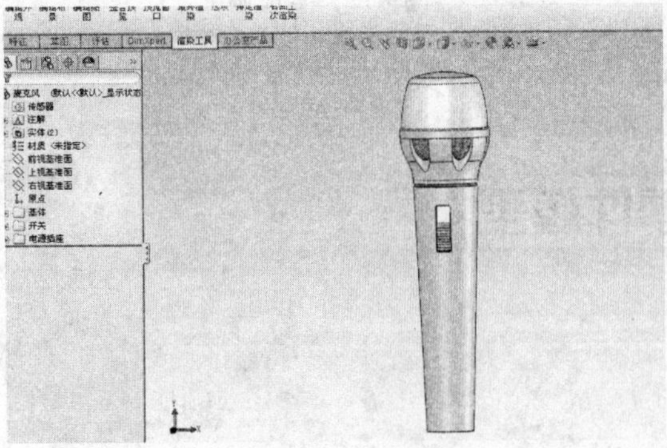

图9-16 适合视图显示

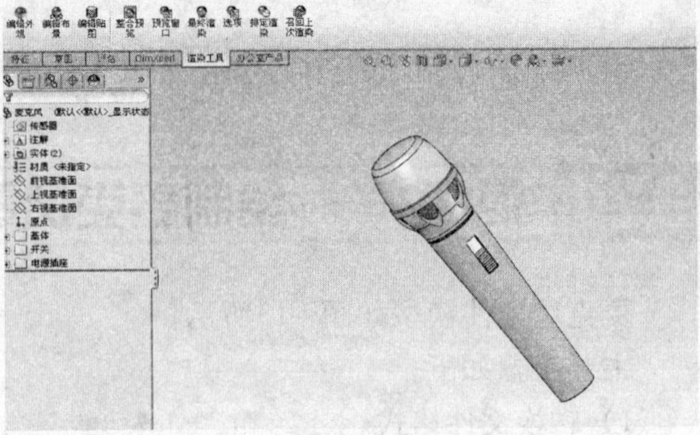

图9-17 旋转模型

05 在视图窗口中右击，单击 放大或缩小(C) 按钮放大图形；单击 平移(F) 按钮，将模型位置调整到适当位置，如图9-18所示。

06 在视图窗口中右击，选择视图定向，单击【新视图】按钮，将该方向视图保存，并取名为“视图1”，单击【确定】按钮保存，如图9-19所示。

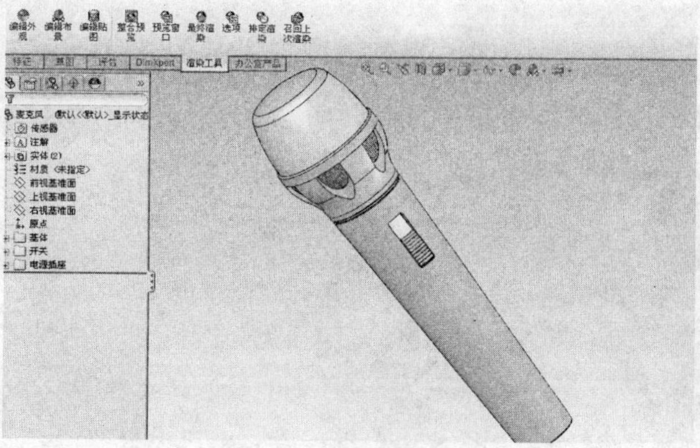

图9-18　缩放/移动模型

图9-19　保存视图

9.2.2　设置光源

01 选择【特征管理器设计树】中标签，右击【光源、相机与布景】文件夹，选择添加线光源，弹出【线光源】的属性设置。在【光源位置】中设置【经度】为45度，设置【纬度】为35.26度，设置暗度】为1，右侧绘图区也将显示出虚拟的线光源灯泡位置，同时光照的效果出现在预览窗口中，单击【确定】按钮，完成线光源的设置，如图9-20所示。

图9-20　设置线光源

02 选择【草图】工具栏中的【视图】，单击【光源与相机】按钮，然后单击【添加点光源】按钮，显示【点光源】的属性设置。在【光源位置】中设置为-20mm，设置为0.2mm，设置为0.1mm，右侧绘图区也将显示出一个虚拟的点光源位置，同时光照的效果也出现在预览窗口中，单击【确定】按钮，完成点光源的设置，如图9-21所示。

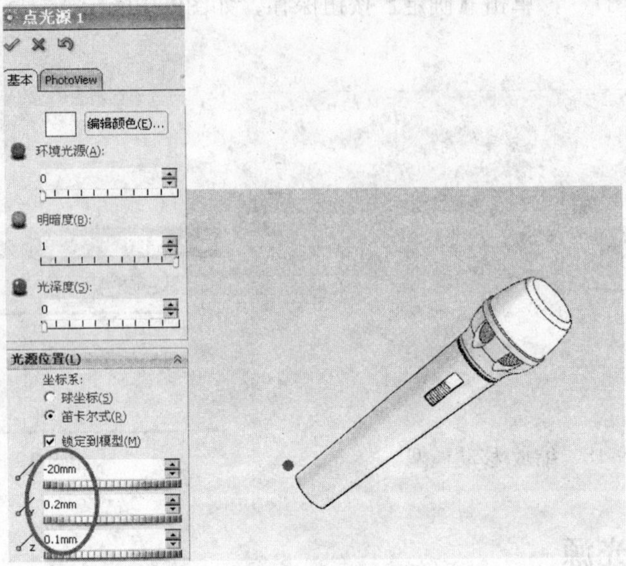

图9-21　设置点光源

03 选择【草图】工具栏中的【视图】，单击【光源与相机】，选择添加聚光源，显示【聚光源】的属性设子。在【光源位置】中设置【X坐标】为7mm，设置【Y坐标】为5 mm，设置【Z坐标】为1000 mm，右侧绘图区也将显示出一个虚拟的聚光源位置，同时光照的效果也出现在预览窗口中。单击【确定】按钮，完成聚光源的设置，如图9-22所示。

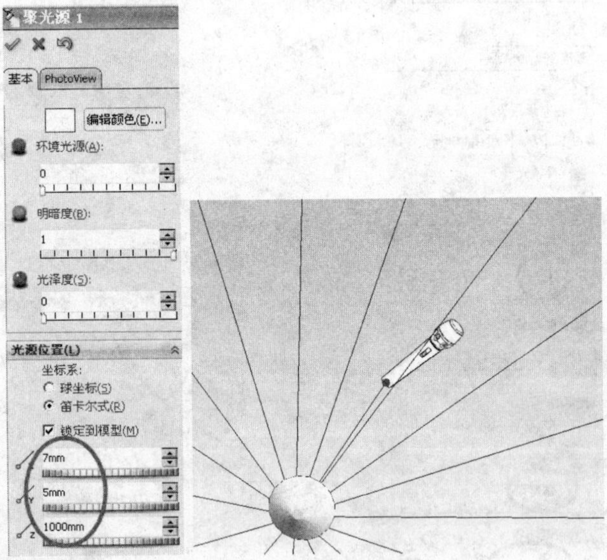

图9-22　设置聚光源

9.2.3　设置模型外观

01 在菜单栏中选择PhotoView 360，单击预览渲染(V)按钮，弹出预览窗口，如图9-23所示。

02 在菜单栏中选择PhotoView 360，单击 编辑外观(A)... 按钮，弹出外观编辑栏及材料库，如图9-24所示。

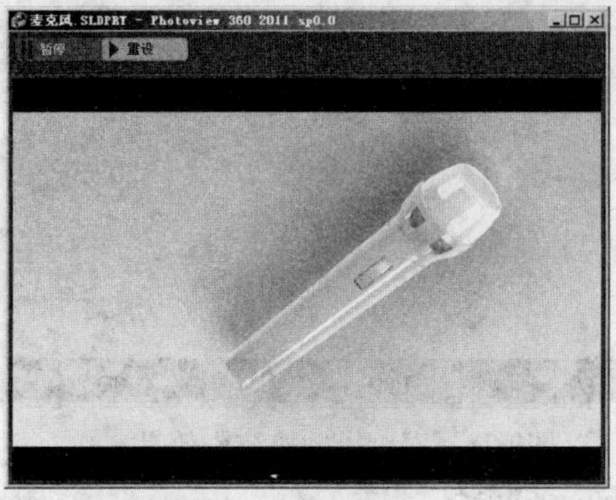

图9-23　预览渲染

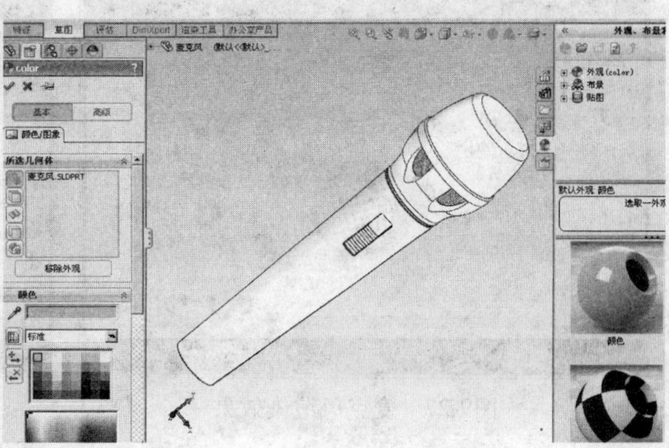

图9-24　外观编辑栏及材料库

03 在外观、布景和贴图项目栏中列举了各种类型的材料，以及它们所附带的外观属性特性，如图9-25所示。

04 在菜单栏中选择PhotoView 360，单击 编辑外观(A)... 】按钮，弹出外观编辑栏及材料库，在外观、布景和贴图项目栏中选取【抛光钢】，在视图窗口中单击要渲染的部位，如图9-26所示，单击 【确定】按钮完成设置。

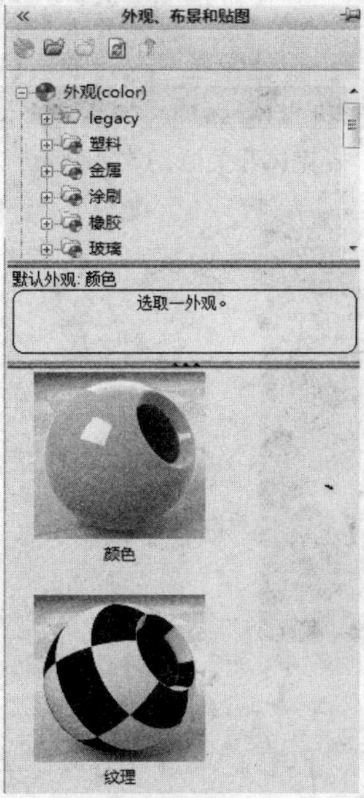

图9-25　外观、布景和贴图项目栏

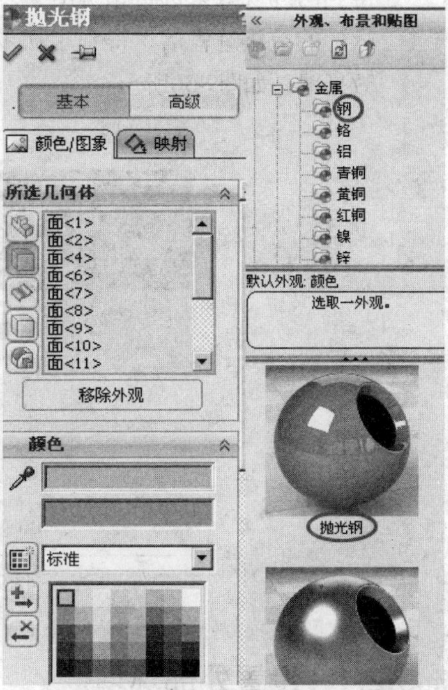

图9-26　添加麦克风外观

05 使用同样的方法选择材质库中的选取外观、布景和贴图项目栏中的【塑料】|【网格】|【菱形网格塑料】材质，为其添加外观，如图9-27所示。

06 选取外观、布景和贴图项目栏中的【金属】|【黄铜】|【磨光黄铜】材质，使用同样方法渲染麦克风插座，如图9-28所示。

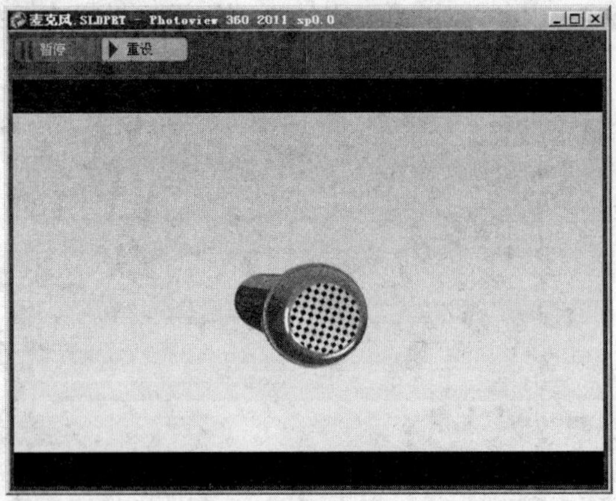

图9-27　麦克风渲染效果

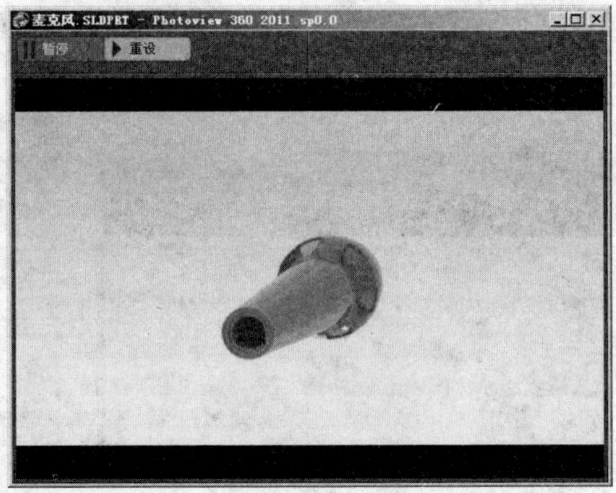

图9-28　麦克风插座渲染效果

07 选取外观、布景和贴图项目栏中的【塑料】|【中等光泽】|【黄色中等光泽塑料】材质，使用同样方法渲染麦克风开关，如图9-29所示。

08 单击PhotoView 360菜单栏中的 最终渲染(F)【最终渲染】按钮，对先前得到的外观效果进行预览渲染。经过软件的渲染过程后，得到了初步渲染效果图，如图9-30所示。

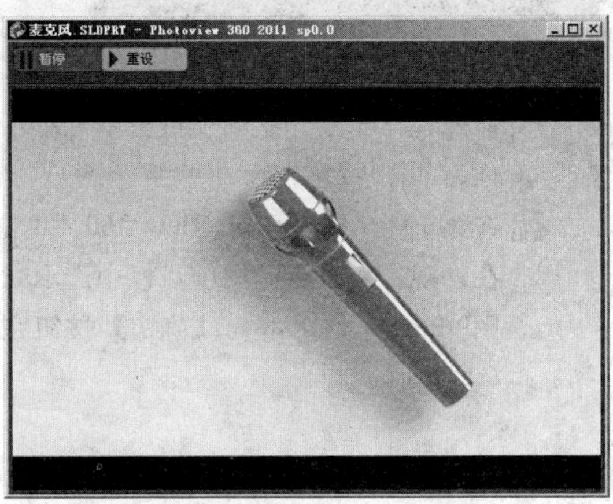

图9-29　麦克风开关渲染效果

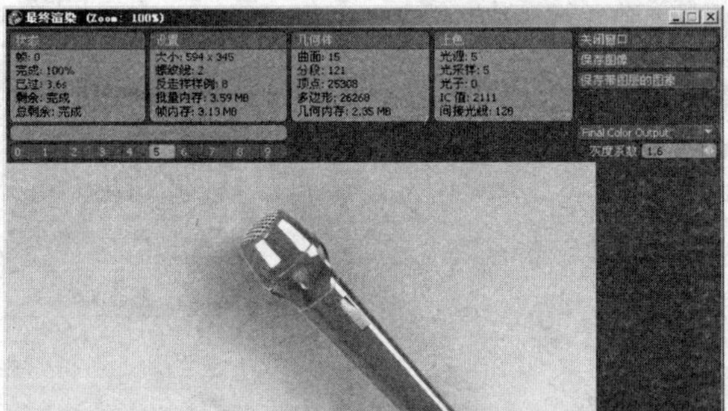

图9-30　初步渲染效果图

9.2.4　设置外部环境

01 应用环境会更改模型后面的布景，环境可影响到光源和阴影的外观。在菜单栏中选择PhotoView 360，单击 编辑布景(S)... 按钮，弹出布景编辑栏及布景材料库，如图9-31所示。

02 选择其中一个库添加到模型中去。选择【办公场所背景】作为环境选项，双击鼠标或者利用鼠标拖动，将其放置到视图中。得到添加环境后的效果如图9-32所示。

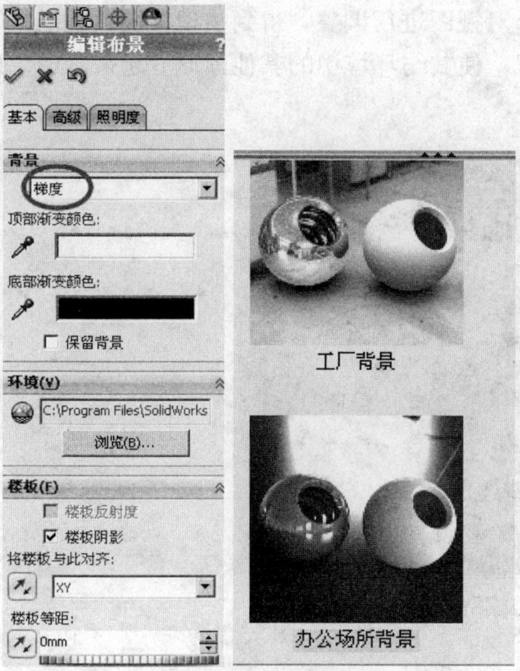

图9-31　布景编辑栏及布景材料库

图9-32　添加环境后的效果

03 单击 编辑布景(S)... 按钮，对环境进行设置。在【基本】选项卡中设置【背景】为【梯度】，选择楼板背景与【XZ】轴对齐，勾选【楼板阴影】复选框，设置楼板等距数值，如图9-33所示。

04 在【高级】选项卡中选择【自动调整楼板大小】复选框，设置【环境旋转】为180度，如图9-34所示。

图9-33　设置环境

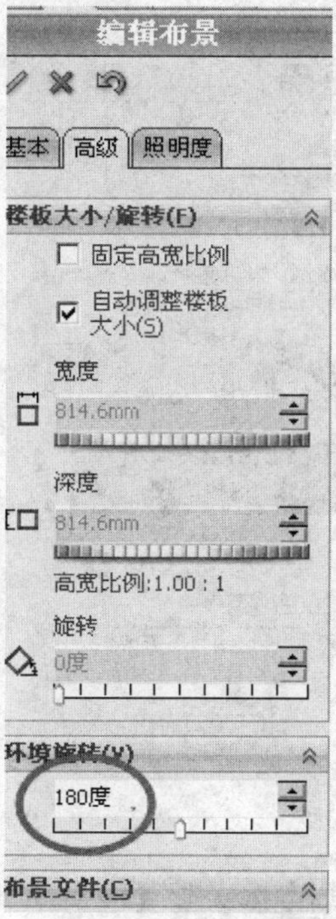

图9-34　设置【高级】选项卡

05 回到视图窗口中，利用旋转和平移命令对视图进行调整，得到模型在视图中适当的位置。利用缩放命令来调整模型的位置，使其与环境中的其他图形看起来协调，如图9-35所示。

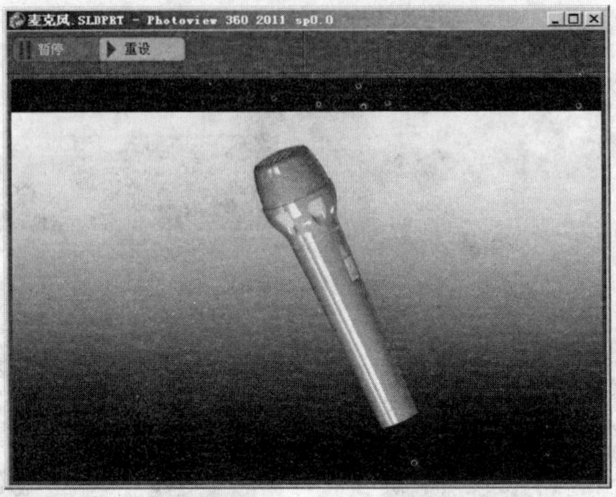

图9-35　调整模型位置

9.2.5　设置贴图

01 单击PhotoView 360菜单栏中的【编辑贴图】按钮，【PhotoWorks项目】中将提供一些预置的贴图，如图9-36所示。

02 选择【SolidWorks】贴图，在绘图区中模型底部单击鼠标画一个矩形，则此贴图将出现在矩形区域中，单击【确定】按钮完成贴图设置。

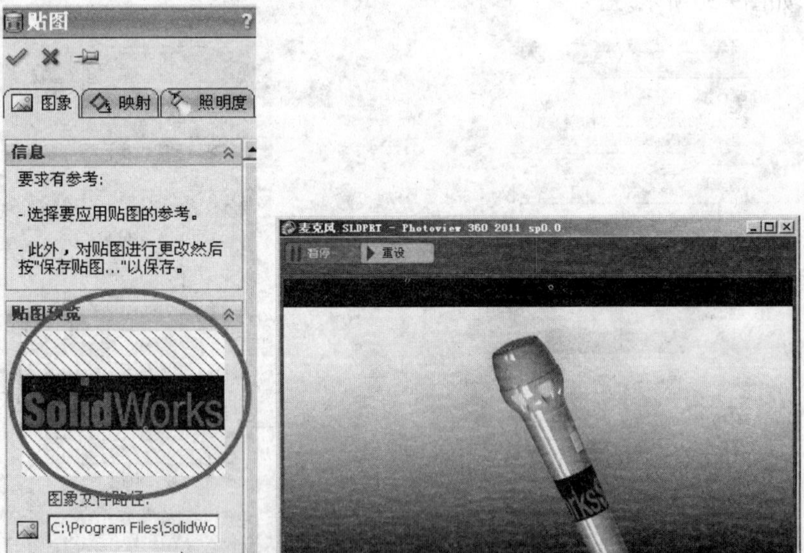

图9-36　设置PhotoView 360项目

03 在菜单栏中单击【最终渲染】按钮，对效果再次进行渲染并查看结果，如图9-37所示。

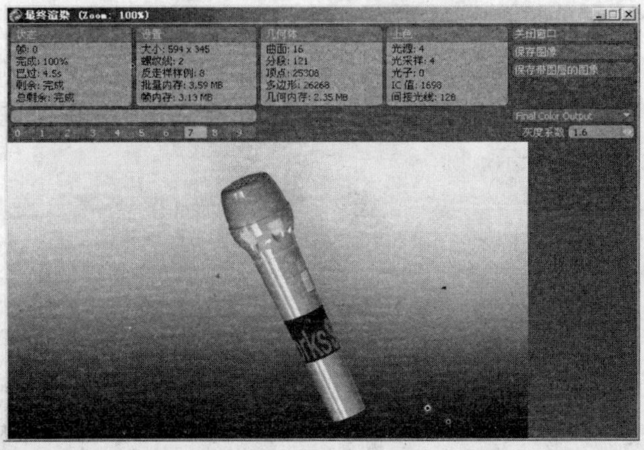

图9-37　渲染效果图

9.2.6　完善其他设定

01 单击PhotoView 360菜单栏中的【选项】按钮，弹出【PhotoView 360 选项】的属性设置。调整渲染品质、启用光晕等项来完善渲染效果，如图9-38所示。

02 再次单击【最终渲染】按钮，对效果再次进行渲染并查看结果。此时得到的效果与先前的结果进行比较，有了明显的反光效果，如图9-39所示。

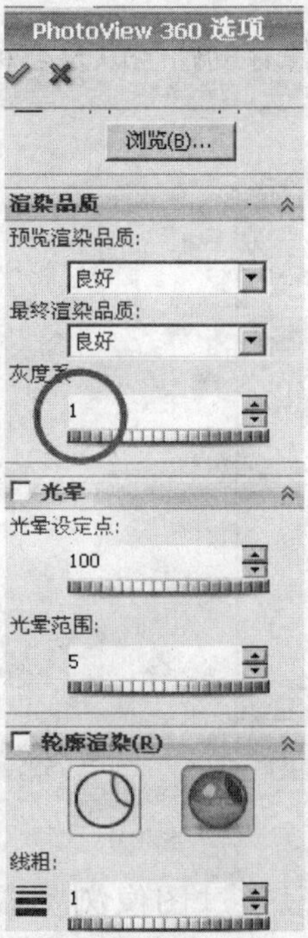

图9-38　设置光晕参数

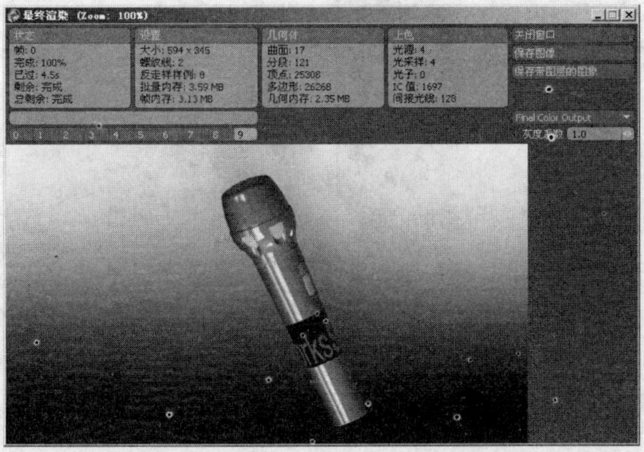

图9-39　调整渲染明暗度后的渲染效果

9.2.7　输出图像

01 准备输出结果图像，首先需要对输出进行必要设置。在PhotoView 360菜单栏中单击【选项】按钮，【PhotoView 360 选项】的属性设置，在【输出图像大小】选项组中设置【帧宽度】为594，设置【帧高度】为345，在【图像格式】下拉列表中选择【JPEG】，如图9-40所示。

02 在菜单栏中单击【最终渲染】按钮，在完成所有设置后对图像进行渲染。得到最终渲染效果图，如图9-41所示。

图9-40　输出设置

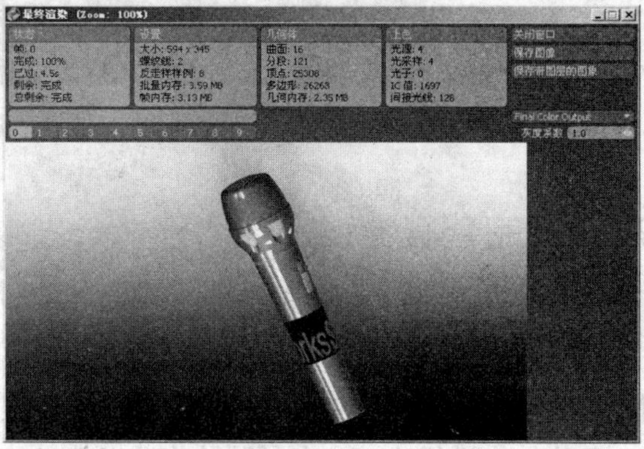

图9-41　最终渲染效果图

03 在最终渲染结果的窗口中单击【保存图像】按钮，为其指定保存的路径以及名称。指定保存类型为JPEG，并输入文件名，如图9-42所示。

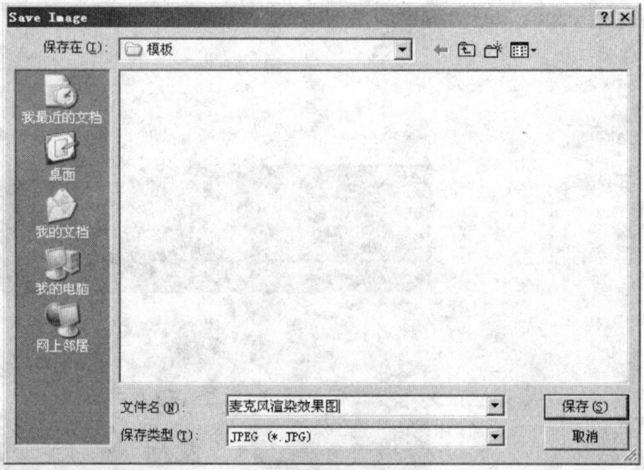

图9-42　保存图像

至此，麦克风的渲染过程全部完成，得到图像结果后，可以通过图像浏览器直接查看。

第10章 综合范例二

10.1 草图范例1

下面利用一个具体范例来讲解草图的绘制方法，最终效果如图10-1所示。

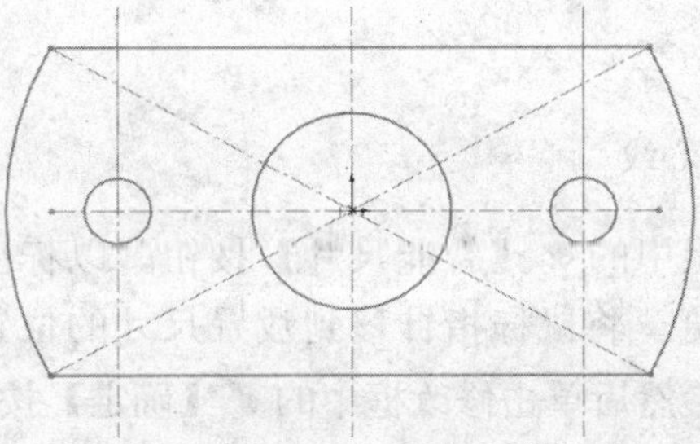

图10-1　草图

主要步骤如下。

1）进入草图绘制状态。

2）绘制草图。

10.1.1　进入草图绘制状态

01 启动中文版SolidWorks 2012，单击【标准】工具栏中的【新建】按钮，弹出【新建SolidWorks文件】对话框，单击【零件】按钮，然后单击【确定】按钮，生成新文件。

02 单击【草图】工具栏中的【草图绘制】按钮，进入草图绘制状态。在【特征管理器设计树】中单击【前视基准面】图标，使前视基准面成为草图绘制平面。

10.1.2　绘制草图

01 单击【草图】工具栏中的【中心线】按钮，在屏幕左侧弹出【插入线条】的属性设置，在屏幕右侧的绘图区中移动鼠标指针，当鼠标指针与屏幕中的原点处于同一水平线时，屏幕中将出现一条水平虚线，此时单击鼠标，将产生中心线的第一个端点；水平移动鼠标指针，屏幕将出现一条中心线，移动鼠标到原点的右侧，再次单击鼠标，将产生中心线的第二个端点，双击鼠标，则水平的中心线绘制完毕。使用同样方法绘制竖直方向的中心线。单击【草图】工具栏中的【中心线】按钮，以关闭中心线。绘制的中心线如图10-2所示。

02 单击【草图】工具栏中的【圆】按钮，在【属性管理器】中弹出【圆】的属性设置。单击【中央创建】单选按钮，在图形区域中绘制圆形，移动鼠标指针至草图原点，拖动鼠标指针生成圆，注意圆的预览动态跟随指针，单击以结束圆的绘制并在【属性管理器】中单击【确定】按钮，结果如图10-3所示。

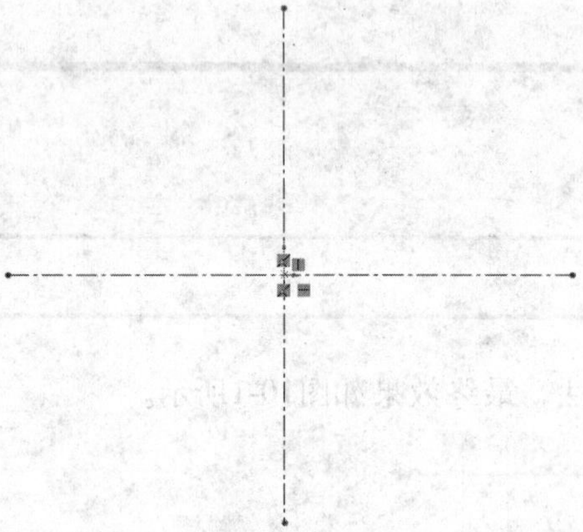

图10-2 绘制草图中心线

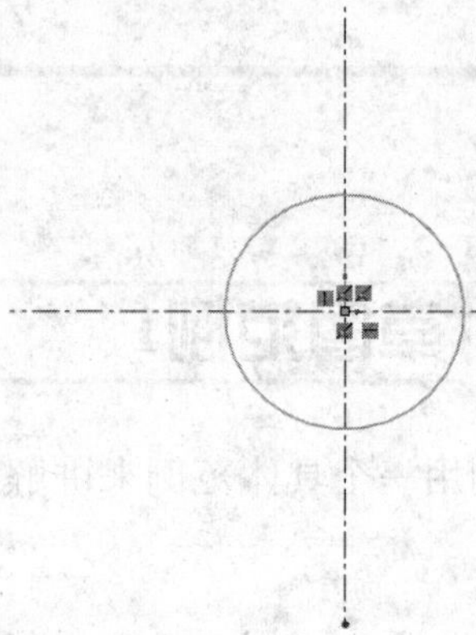

图10-3 绘制圆

03 单击【草图】工具栏中的【智能尺寸】按钮，以标注尺寸。选择要标注尺寸的圆，注意尺寸的预览。将鼠标指针移到放置尺寸的位置，然后单击来添加尺寸，在修改框中输入60，然后单击修改框中的【确定】按钮，接着单击图形区域，如图10-4所示。

04 单击【草图】工具栏中的【中心矩形】按钮，移动鼠标指针至草图原点，拖动鼠标生成矩形，在【属性管理器】单击【确定】按钮，以结束矩形的绘制，结果如图10-5所示。

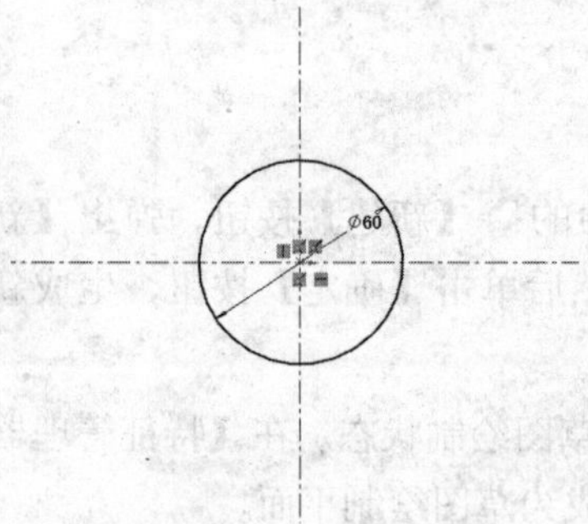

图10-4 标注尺寸

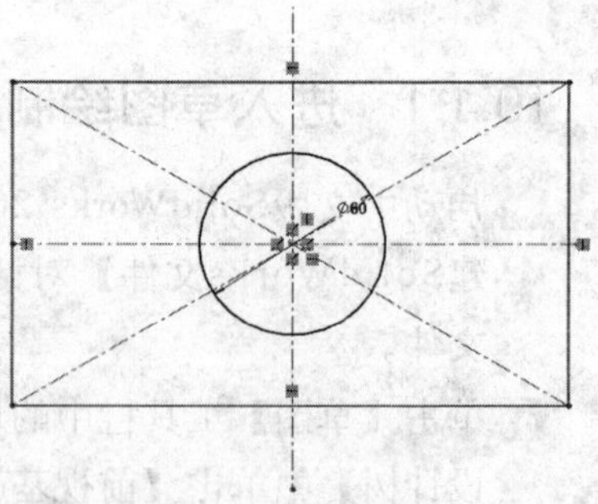

图10-5 绘制中心矩形

05 单击【草图】工具栏中的【智能尺寸】按钮，以标注尺寸。选择要标注尺寸的边，注意尺寸的预览。将鼠标指针移到放置尺寸的位置，然后单击来添加尺寸，在修改框中输入180，然后单击修改框中的【确定】按钮，接着单击图形区域。使用同样方法标注另一条边的尺寸，即100，如图10-6所示。

06 单击【草图】工具栏中的【中心线】按钮，在屏幕左侧的【属性管理器】中将弹出【插入线条】的属性设置，在方向选项下选择竖直，在屏幕右侧的绘图区中移动鼠标至草图中心线左侧，单击鼠标，沿竖直方向拖动鼠标，单击直线的端点，则生成一条竖直中心线，在【线条属性】的属性设置中单击✔【确定】按钮，在【插入线条】的属性设置中单击✔【确定】按钮，结果如图10-7所示。

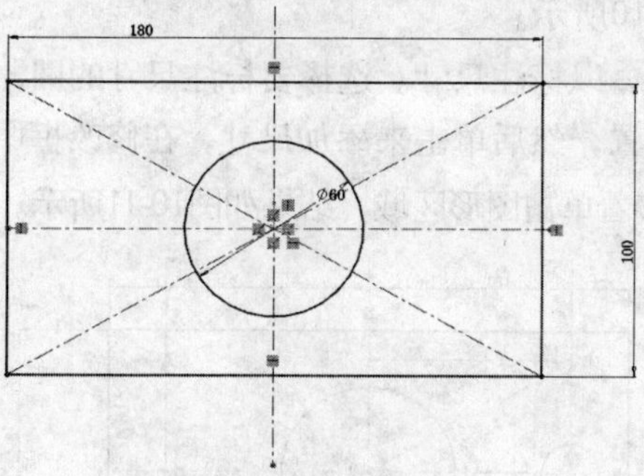

图10-6　标注矩形尺寸

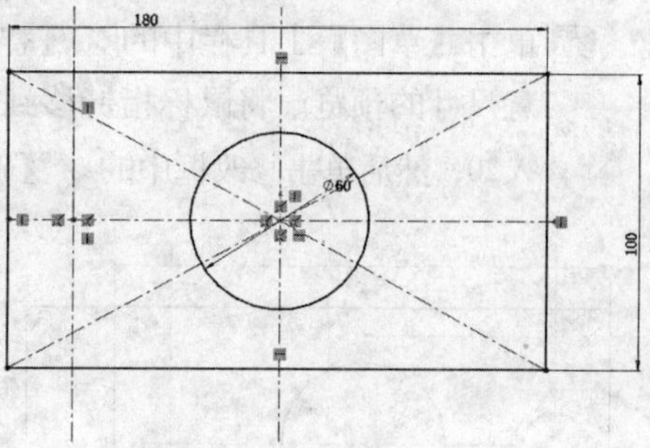

图10-7　绘制中心线

07 单击工具栏中的【智能尺寸】按钮，以标注尺寸。选择标注竖直中心线间尺寸，注意尺寸的预览。将鼠标指针移到放置尺寸的位置，然后单击来添加尺寸，在修改框中输入70，然后单击修改框中的✔【确定】按钮，接着单击图形区域，结果如图10-8所示。

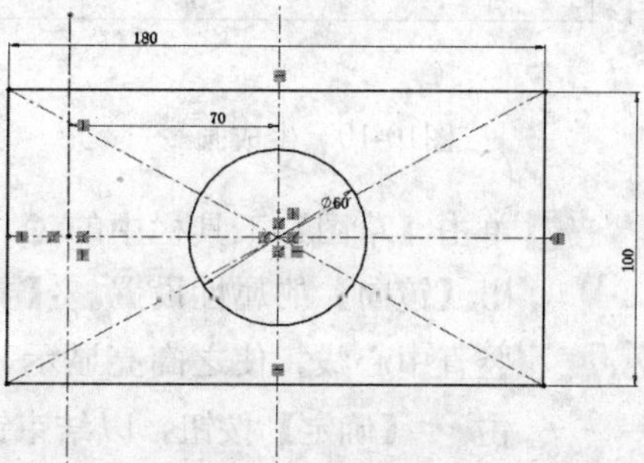

图10-8　标注尺寸

08 单击【草图】工具栏中的【镜向实体】按钮，在屏幕左侧的【属性管理器】中弹出【镜向】的属性设置。【要镜向的实体】选择“直线9”和“直线10”，单击【镜向点】，单击竖直中心线，使之高亮显示，此时【镜向点】处显示直线1，在【属性管理器】单击✔【确定】按钮，以结束镜像，结果如图10-9所示。

图10-9　镜像效果

09 单击【草图】工具栏中的⊙【圆】按钮，在【属性管理器】中弹出【圆】的属性设置。单击【中央创建】单选按钮，在图形区域中绘制圆，移动鼠标指针至竖直中心线，拖动鼠标生成圆，注意圆的预览动态跟随指针。单击以结束圆的绘制，并在【属性管理器】中单击✔确定按钮，结果如图10-10所示。

10 单击【草图】工具栏中的◇【智能尺寸】按钮，以标注尺寸。选择要标注尺寸的圆，注意尺寸的预览。将鼠标指针移到放置尺寸的位置，然后单击来添加尺寸，在修改框中输入20，然后单击修改框中的✔【确定】按钮，接着单击图形区域，结果如图10-11所示。

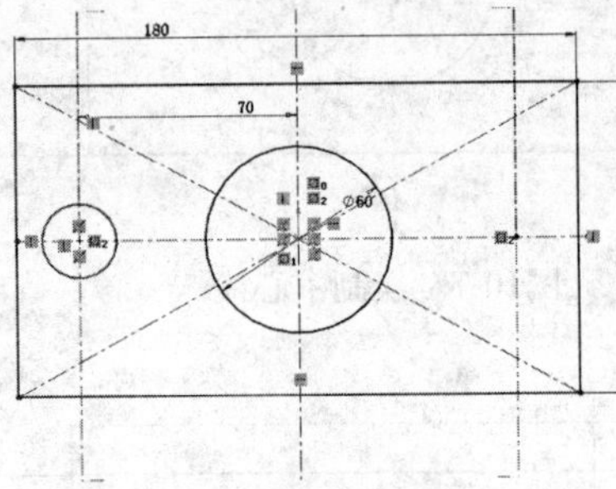

图10-10　生成圆

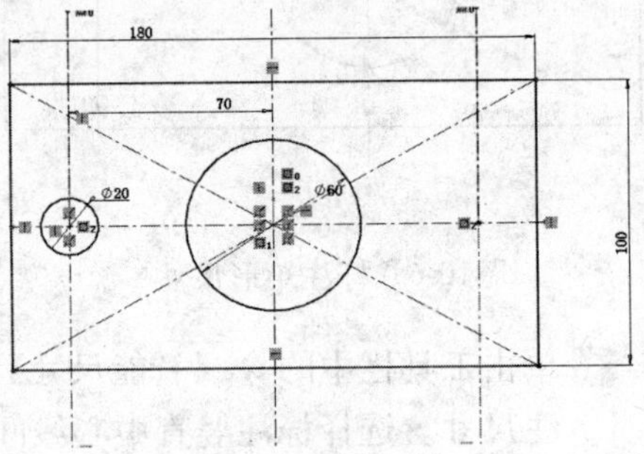

图10-11　标注尺寸

11 单击【草图】工具栏中的⚠【镜向实体】按钮，在屏幕左侧的【属性管理器】中弹出【镜向】的属性设置。【要镜向的实体】选择“圆弧2”，单击【镜向点】，单击竖直中心线，使之高亮显示，此时【镜向点】处显示直线1。在【属性管理器】中单击✔【确定】按钮，以结束镜像，结果如图10-12所示。

12 单击【草图】工具栏中的◇【智能尺寸】按钮，以标注尺寸。选择标注两个竖直中心线间的尺寸，注意尺寸的预览。将鼠标指针移到放置尺寸的位置，然后单击来添加尺寸，在修改框中输入140，然后单击修改框中的✔【确定】按钮，接着单击图形区域，结果如图10-13所示。

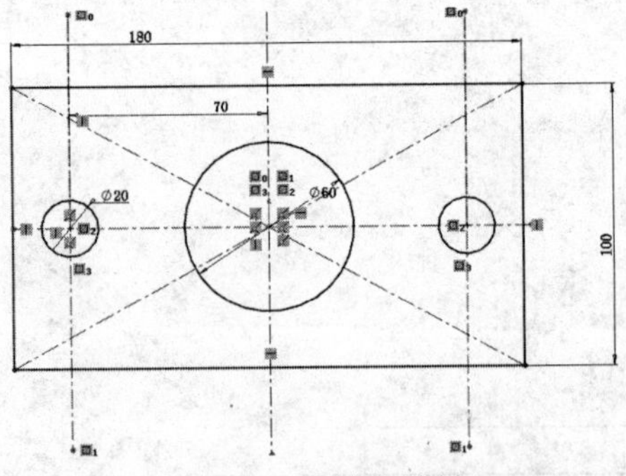

图10-12　镜像效果

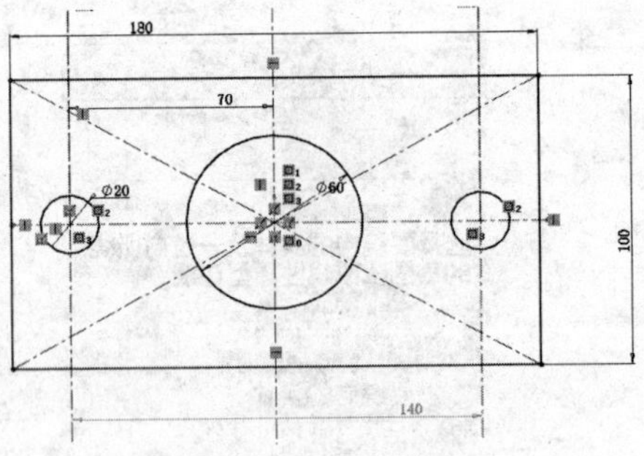

图10-13　标注尺寸

13 单击【草图】工具栏中的⌒【3点圆弧】按钮，在屏幕左侧的【属性管理器】中弹出【圆弧】的属性设置。移动鼠标鼠标至圆弧的起点，沿着要生成的圆弧拖动鼠标，在【属性管理器】中单击✔【确定】按钮，以生成圆弧，结果如图10-14所示。

14 单击【草图】工具栏中的◇【智能尺寸】按钮，以标注尺寸。单击标注圆弧的尺寸，注意尺寸的预览。将鼠标指针移到放置尺寸的位置，然后单击来添加尺寸，在修改框中输入100，然后单击修改框中的✔【确定】按钮，接着单击图形区域，结果如图10-15所示。

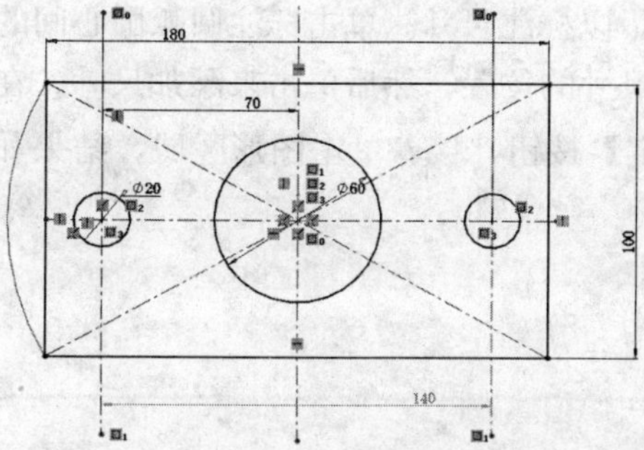

图10-14　生成圆弧

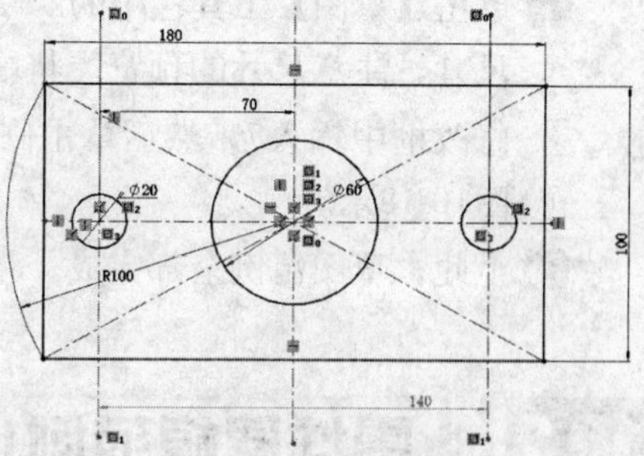

图10-15　标注尺寸

15 单击【草图】工具栏中的【镜向实体】按钮，在屏幕左侧的【属性管理器】中弹出【镜向】的属性设置。【要镜向的实体】选择“圆弧4”，单击【镜向点】，单击竖直中心线，使之高亮显示，此时【镜向点】处显示“直线1”。在【属性管理器】中单击【确定】按钮，以结束镜像，结果如图10-16所示。

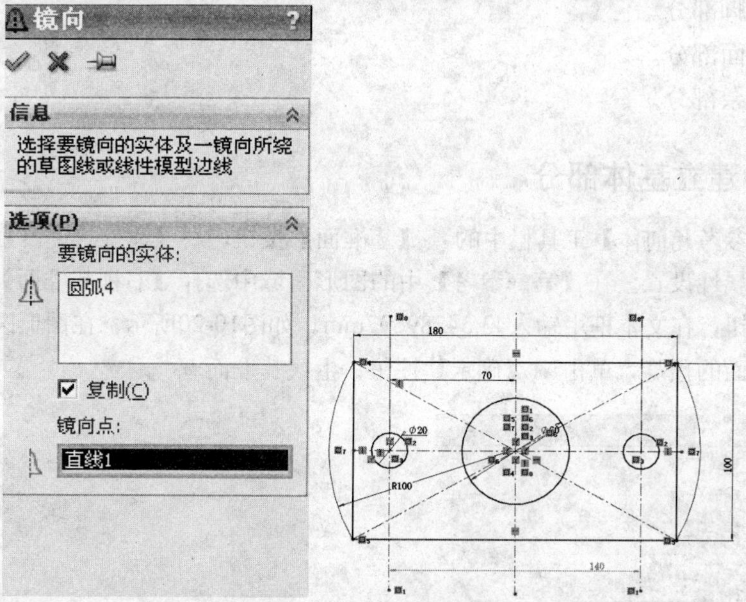

图10-16　镜像效果

16 单击【草图】工具栏中的【剪裁实体】按钮，在屏幕左侧的【属性管理器】中弹出【剪裁】的属性设置。移动鼠标指针至剪裁处，单击鼠标剪裁。在【属性管理器】中单击【确定】按钮，以结束剪裁，结果如图10-17所示。

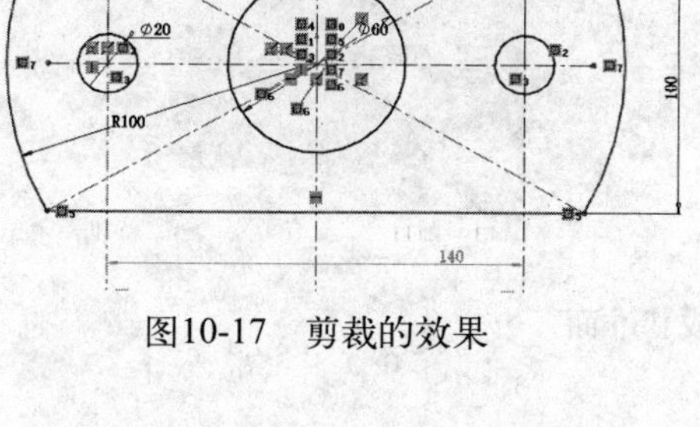

图10-17　剪裁的效果

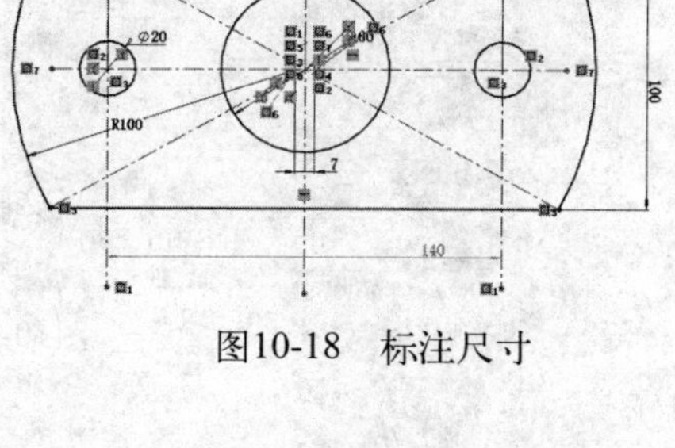

图10-18　标注尺寸

17 单击【草图】工具栏中的【智能尺寸】按钮，以标注尺寸。单击标注圆弧圆心间的尺寸，注意尺寸的预览。将鼠标指针移到放置尺寸的位置，然后单击来添加尺寸，在修改框中输入7，然后单击修改框中的【确定】按钮，接着单击图形区域，结果如图10-18示。

18 至此，草图范例全部完成，将其保存。

10.2 零件建模范例1

下面利用一个具体范例来讲解三维零件的建模方法，最终效果如图10-19所示。

主要步骤如下。

1）建立基体部分。

2）建立卡脚部分。

3）建立顶面部分。

4）建立其余部分。

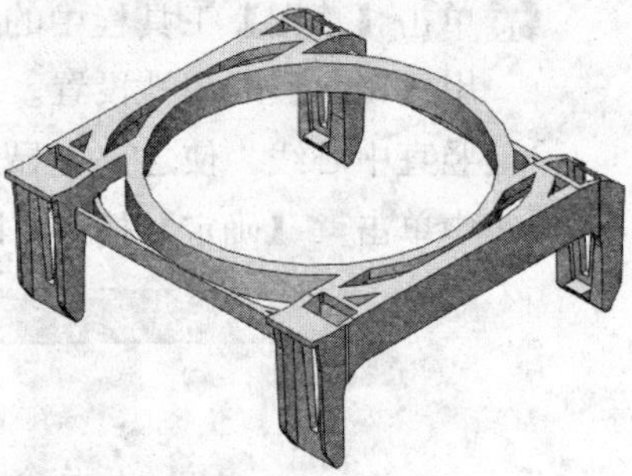

图10-19　模型

10.2.1 建立基体部分

01 单击【参考几何体】工具栏中的【基准面】按钮，在【属性管理器】中弹出【基准面】的属性设置。在【第一参考】中的图形区域中选择【右视基准面】，单击【距离】按钮，在文本框中输入43.54289697mm，如图10-20所示，在图形区域中显示出新建基准面的预览，单击【确定】按钮，生成基准面。

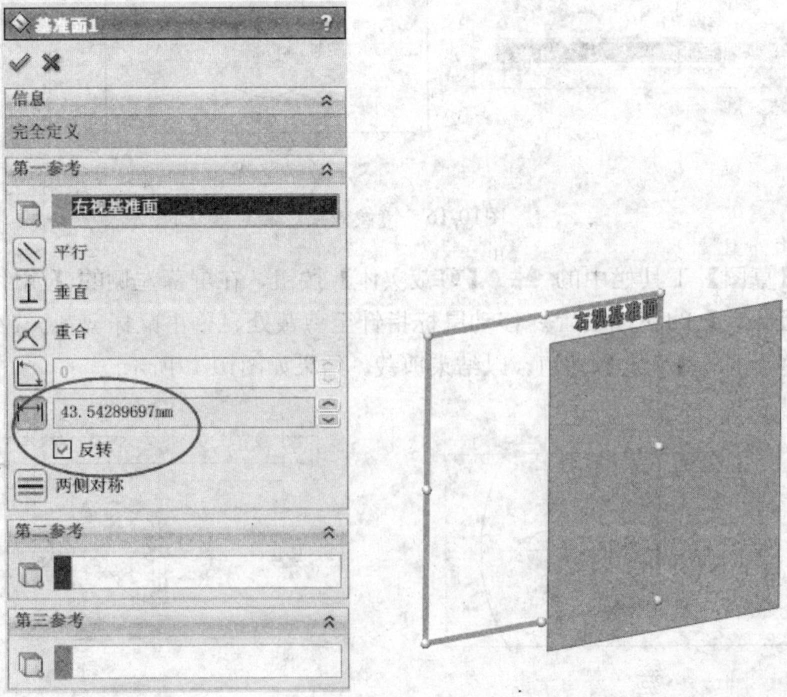

图10-20　生成基准面

02 单击【特征管理器设计树】中的【上视基准面】图标，使其成为草图绘制平面。单击【标准视图】工具栏中的【正视于】按钮，并单击【草图】工具栏中的【草图绘制】按钮，进入草图绘制状态。使用【草图】工具栏中的【直线】和【智能尺寸】按钮绘制如图10-21所示的草图。单击【退出草图】按钮，退出草图绘制状态。

03 单击【曲面】工具栏中的【拉伸曲面】按钮，在【属性管理器】中弹出【拉伸曲面】的属性设置，如图10-22所示，单击【确定】按钮。

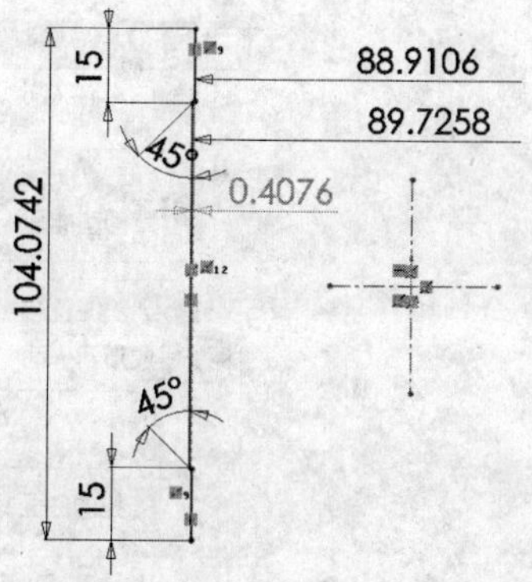

图10-21　绘制草图并标注尺寸

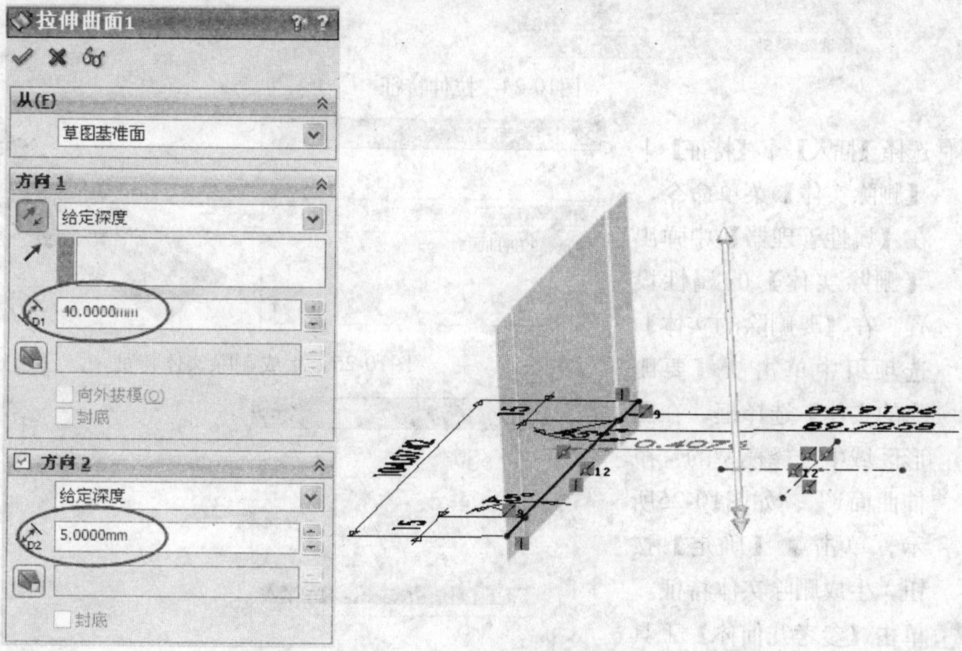

图10-22　生成曲面拉伸特征

04 单击【特征管理器设计树】中的【基准面1】图标，使其成为草图绘制平面。单击【标准视图】工具栏中的【正视于】按钮，并单击【草图】工具栏中的【草图绘制】按钮，进入草图绘制状态。使用【草图】工具栏中的【直线】、【圆弧】和【智能尺寸】按钮绘制如图10-23所示的草图。单击【退出草图】按钮，退出草图绘制状态。

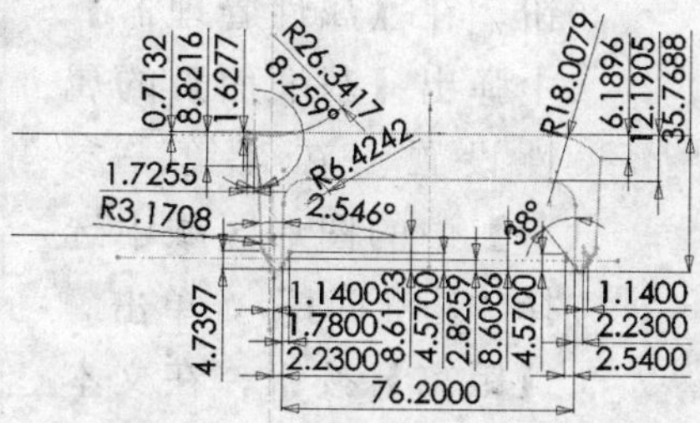

图10-23　绘制草图并标注尺寸

05 单击【特征】工具栏中的【拉伸凸台/基体】按钮，在【属性管理器】中弹出【拉伸凸台】的属性设置。在【方向1】选项组中设置【终止条件】为【成形到一面】，在【面选择栏】中选择“拉伸曲面1”特征，单击【确定】按钮，生成拉伸特征，如图10-24所示。

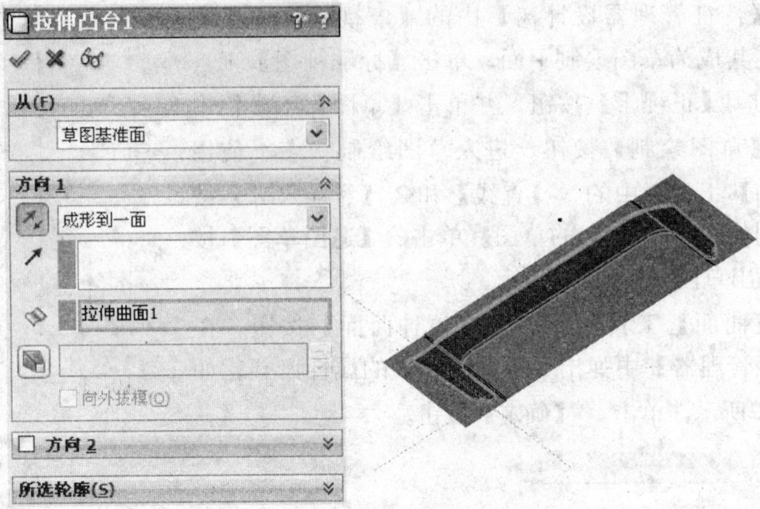

图10-24　拉伸特征

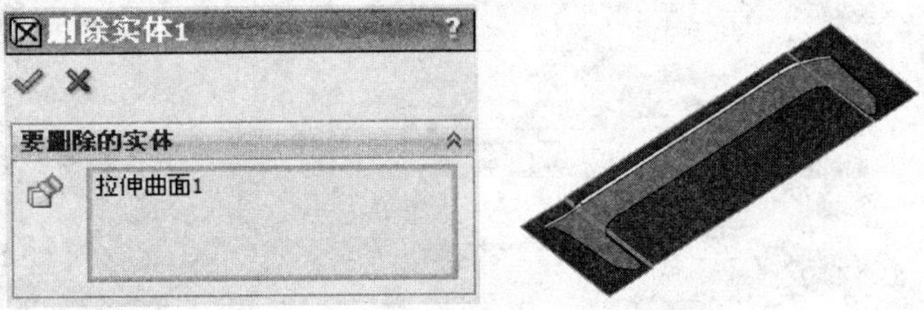

图10-25　生成删除实体特征

06 选择【插入】|【特征】|【删除实体】菜单命令，在【属性管理器】中弹出【删除实体】的属性设置。在【要删除的实体】选项组中单击【要删除的实体】选择框，在图形区域中选择模型的“拉伸曲面1”，如图10-25所示，单击【确定】按钮，生成删除实体特征。

07 单击【参考几何体】工具栏中的【基准面】按钮，在【属性管理器】中弹出【基准面】的属性设置。在【第一参考】中的图形区域中选择“基准面1”，单击【距离】按钮，在文本框中输入12.4000mm，如图10-26所示，在图形区域中显示出新建基准面的预览，单击【确定】按钮，生成基准面。

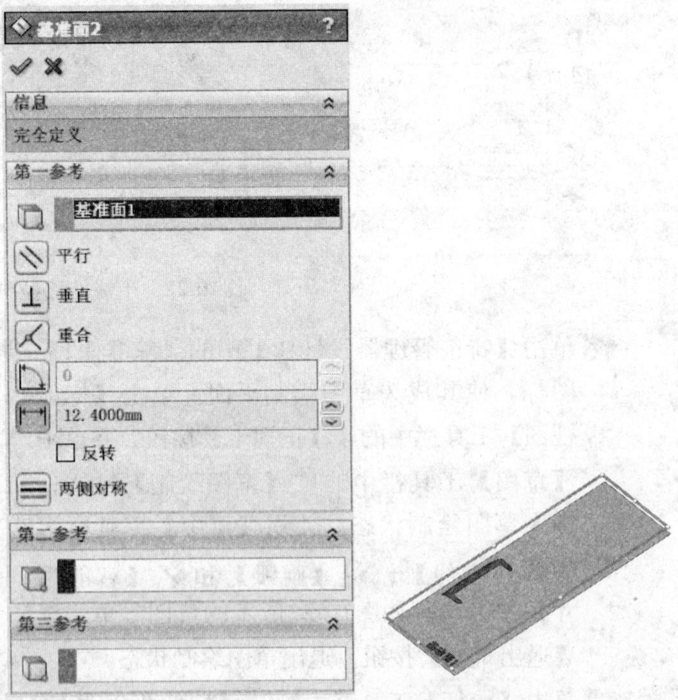

图10-26　生成基准面

08 单击【特征管理器设计树】中的【上视基准面】图标，使其成为草图绘制平面。单击【标准视图】工具栏中的【正视于】按钮，并单击【草图】工具栏中的【草图绘制】按钮，进入草图绘制状态。使用【草图】工具栏中的【直线】、【圆弧】和【智能尺寸】按钮绘制如图10-27所示的草图。单击【退出草图】按钮，退出草图绘制状态。

09 单击【曲面】工具栏中的【拉伸曲面】按钮，在【属性管理器】中弹出【拉伸曲面】的属性设置，如图10-28所示，单击【确定】按钮。

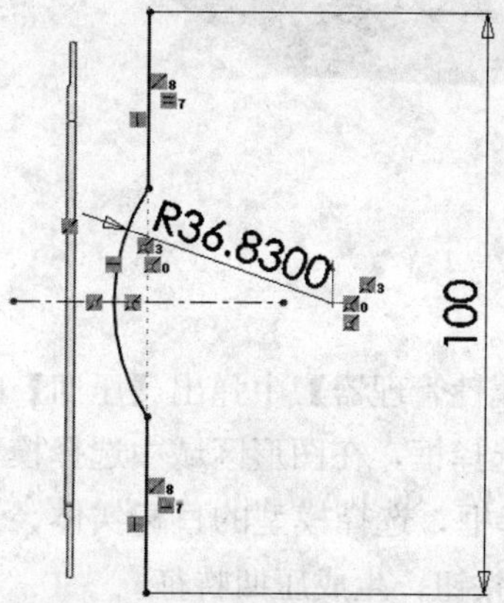

图10-27　绘制草图并标注尺寸

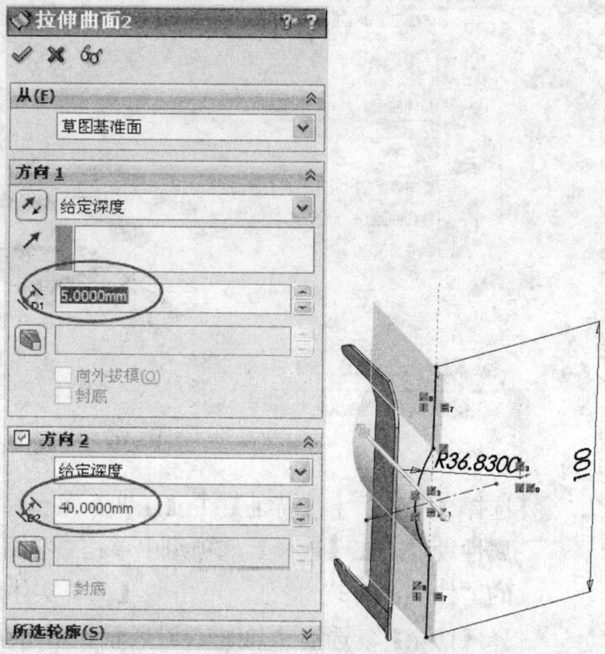

图10-28　生成曲面拉伸特征

10 单击【特征管理器设计树】中的【基准面2】图标，使其成为草图绘制平面。单击【标准视图】工具栏中的【正视于】按钮，并单击【草图】工具栏中的【草图绘制】按钮，进入草图绘制状态。使用【草图】工具栏中的【直线】、【圆弧】和【智能尺寸】按钮绘制如图10-29所示的草图。单击【退出草图】按钮，退出草图绘制状态。

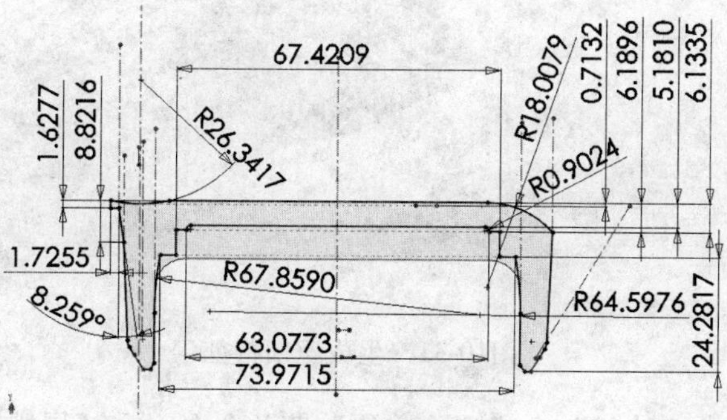

图10-29　绘制草图并标注尺寸

11 单击【特征】工具栏中的【拉伸凸台/基体】按钮，在【属性管理器】中弹出【拉伸凸台】的属性设置。在【方向1】选项组中设置【终止条件】为【到离指定面指定的距离】，在【面选择框】中选择“拉伸曲面2”特征，设置【深度】为2.0000mm，单击【确定】按钮，生成拉伸特征，如图10-30所示。

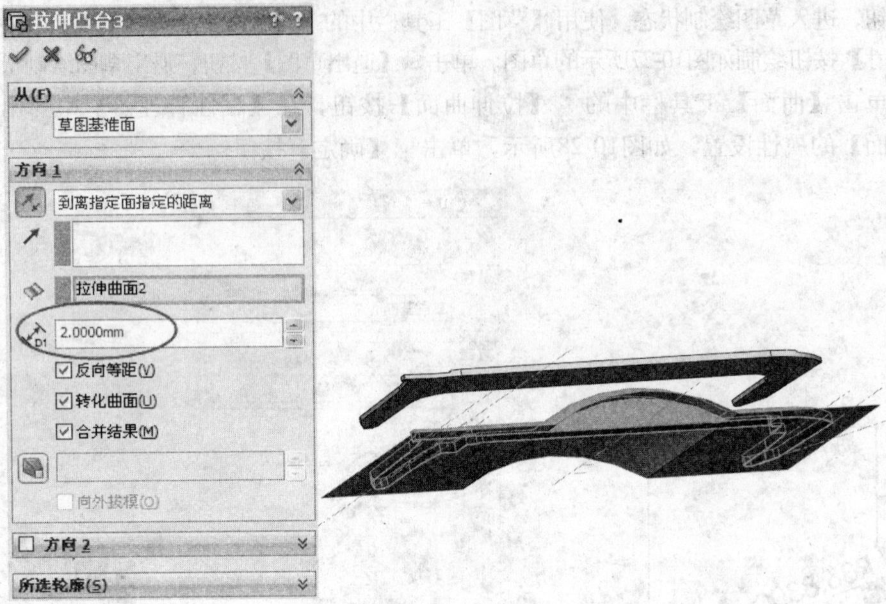

图10-30　生成拉伸特征

12 选择【插入】|【特征】|【压凹】菜单命令，在【属性管理器】中弹出【压凹】的属性设置。在【选择】选项组中单击【目标实体】选择框，在图形区域中选择模型的“拉伸凸台3”特征，单击【工具实体区域】选择框，选择模型的目标实体，选择【切除】复选框，如图10-31所示，单击【确定】按钮，生成压凹特征。

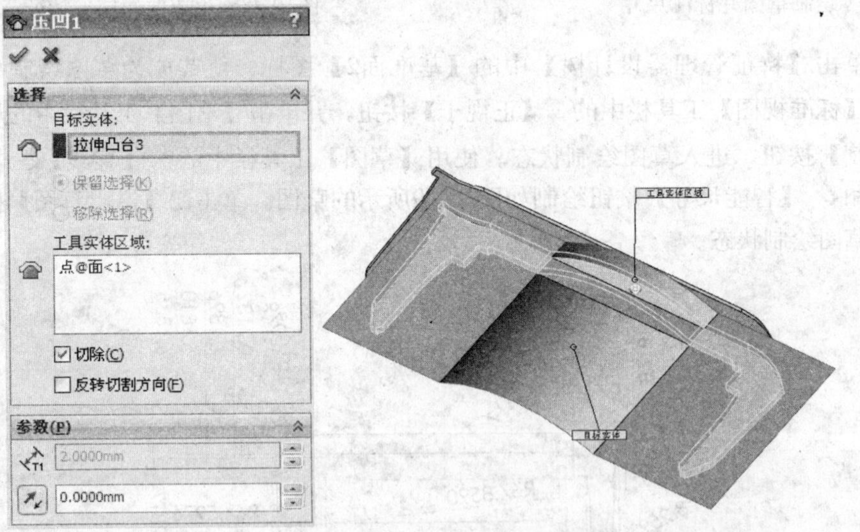

图10-31　生成压凹特征

13 选择【插入】|【特征】|【删除实体】菜单命令，在【属性管理器】中弹出【删除实体】的属性设置。在【要删除的实体】选项组中单击【要删除的实体】选择框，在图形区域中选择模型的“拉伸曲面2”特征，如图10-32所示，单击【确定】按钮，生成删除实体特征。

14 单击“拉伸凸台1”特征的上表面，使其成为草图绘制平面。单击【标准视图】工具栏中的【正视于】按钮，并单击【草图】工具栏中的【草图绘制】按钮，进入草图绘制状态。使用【草图】工具栏中的【直线】、【圆弧】和【智能尺寸】按钮绘制如图10-33所示的草图。单击【退出草图】按钮，退出草图绘制状态。

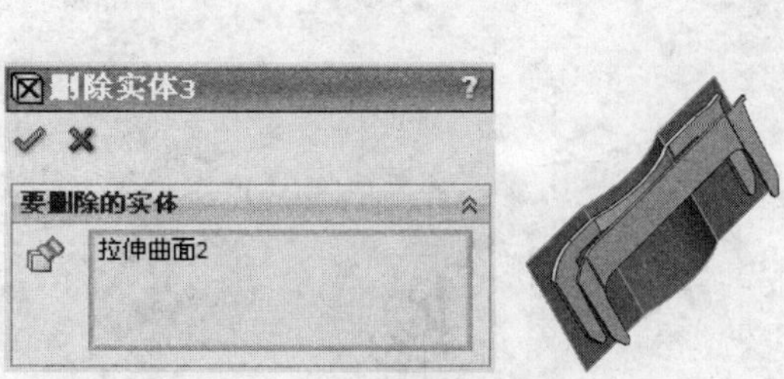

图10-32　生成删除实体特征

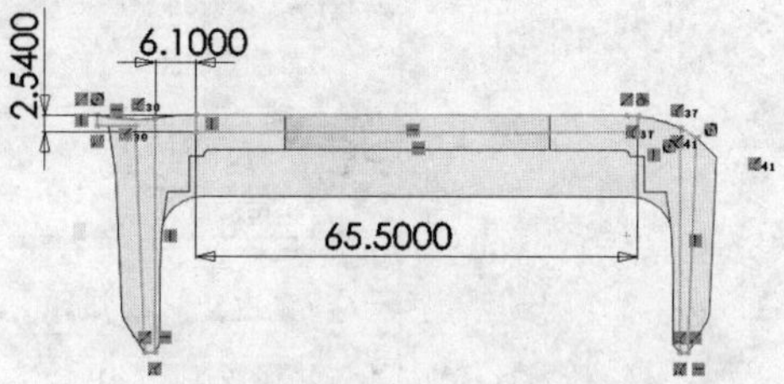

图10-33　绘制草图并标注尺寸

15 单击【特征】工具栏中的【拉伸凸台/基体】按钮，在【属性管理器】中弹出【拉伸凸台】的属性设置。在【方向1】选项组中设置【终止条件】为【成形到实体】，在【实体选择框】中选择“压凹1”特征，选择【合并结果】复选框，单击【确定】按钮，生成拉伸特征，如图10-34所示。

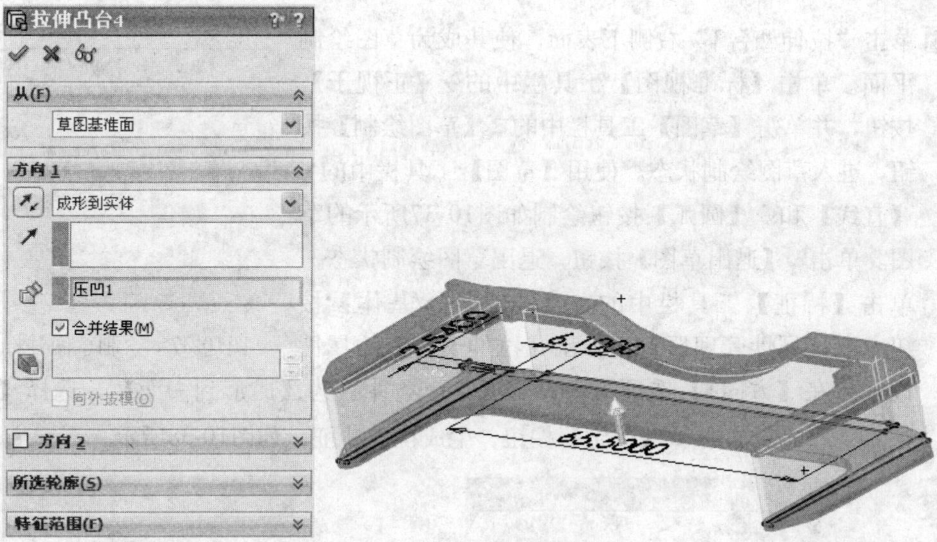

图10-34　生成拉伸特征

10.2.2　建立卡脚部分

01 单击“拉伸凸台4”特征的右侧部分内表面，使其成为草图绘制平面。单击【标准视图】工具栏中的【正视于】按钮，并单击【草图】工具栏中的【草图绘制】按钮，进入草图绘制状态。使用【草图】工具栏中的【直线】和【智能尺寸】按钮绘制如图10-35所示的草图。单击【退出草图】按钮，退出草图绘制状态。

02 单击【曲面】工具栏中的【拉伸曲面】按钮，在【属性管理器】中弹出【拉伸曲面】的属性设置，如图10-36所示，单击【确定】按钮。

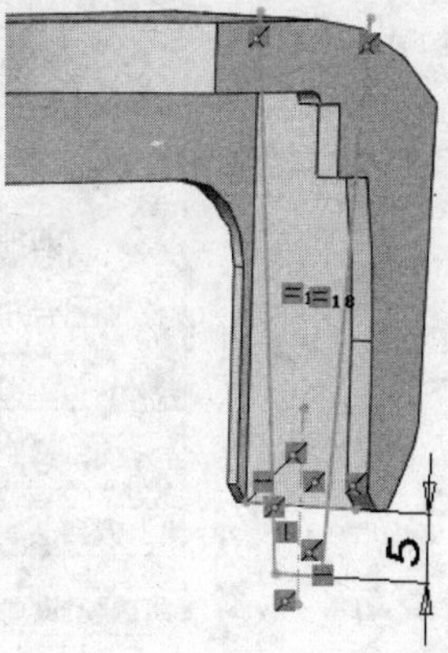

图10-35　绘制草图并标注尺寸

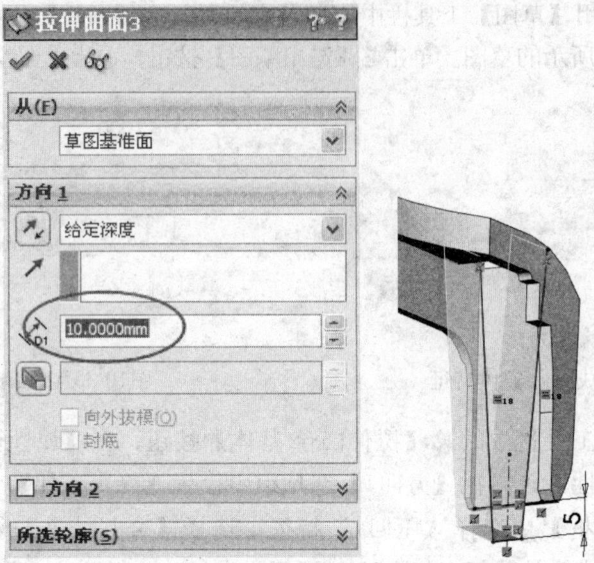

图10-36　生成曲面拉伸特征

03 单击“拉伸凸台3”右侧下表面，使其成为草图绘制平面。单击【标准视图】工具栏中的【正视于】按钮，并单击【草图】工具栏中的【草图绘制】按钮，进入草图绘制状态。使用【草图】工具栏中的【直线】和【圆弧】按钮绘制如图10-37所示的草图。单击【退出草图】按钮，退出草图绘制状态。

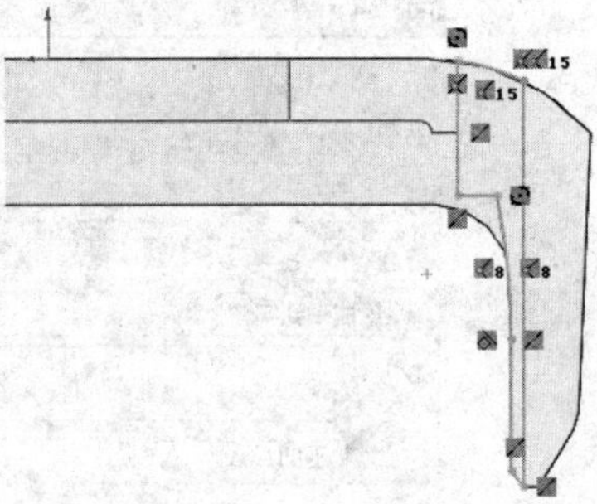

图10-37　绘制草图并标注尺寸

04 单击【特征】工具栏中的【拉伸凸台/基体】按钮，在【属性管理器】中弹出【拉伸凸台】的属性设置。在【方向1】选项组中设置【终止条件】为【成形到一面】，选择【合并结果】复选框，单击【确定】按钮，生成拉伸特征，如图10-38所示。

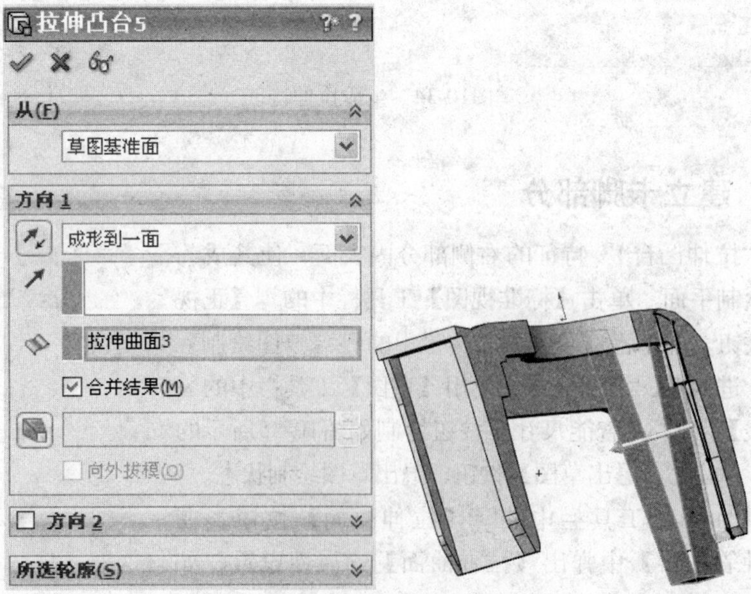

图10-38　生成拉伸特征

05 单击“拉伸凸台1”特征的上表面，使其成为草图绘制平面。单击【标准视图】工具栏中的【正视于】按钮，并单击【草图】工具栏中的【草图绘制】按钮，进入草图绘制状态。使用【草图】工具栏中的【直线】和【圆弧】按钮绘制如图10-39所示的草图。单击【退出草图】按钮，退出草图绘制状态。

06 单击【特征】工具栏中的【拉伸凸台/基体】按钮，在【属性管理器】中弹出【拉伸凸台】的属性设置。在【方向1】选项组中设置【终止条件】为【成形到一面】，在【面选择框】中选择“拉伸曲面3”特征，选择【合并结果】复选框，单击【确定】按钮，生成拉伸特征，如图10-40所示。

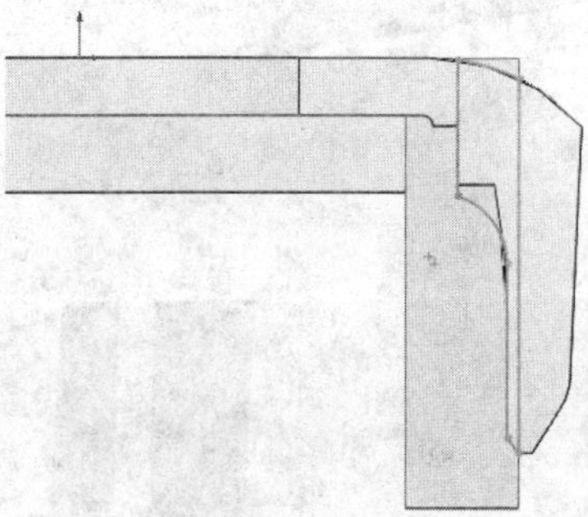

图10-39　绘制草图并标注尺寸

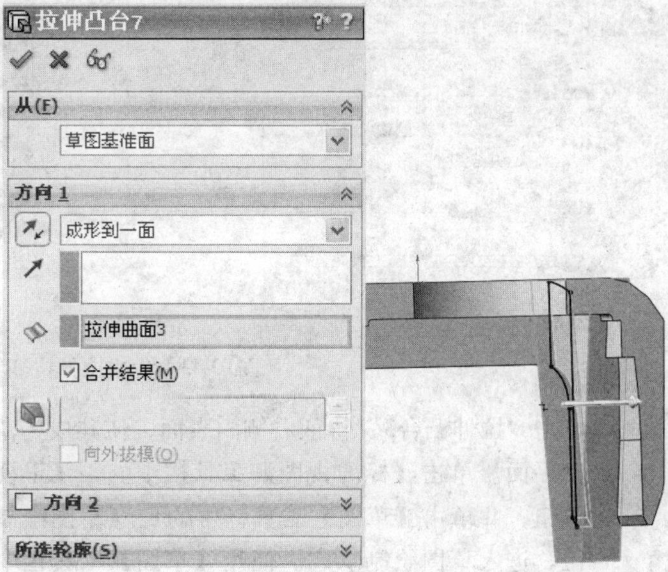

图10-40　生成拉伸特征

07 选择【插入】|【特征】|【删除实体】菜单命令，在【属性管理器】中弹出【删除实体】的属性设置。在【要删除的实体】选项组中单击【要删除的实体】选择框，在图形区域中选择模型的“拉伸曲面3”，如图10-41所示，单击【确定】按钮，生成删除实体特征。

08 单击“拉伸凸台4”特征的右侧内表面，使其成为草图绘制平面。单击【标准视图】工具栏中的【正视于】按钮，并单击【草图】工具栏中的【草图绘制】按钮，进入草图绘制状态。使用【草图】工具栏中的【直线】和【智能尺寸】按钮绘制如图10-42所示的草图。单击【退出草图】按钮，退出草图绘制状态。

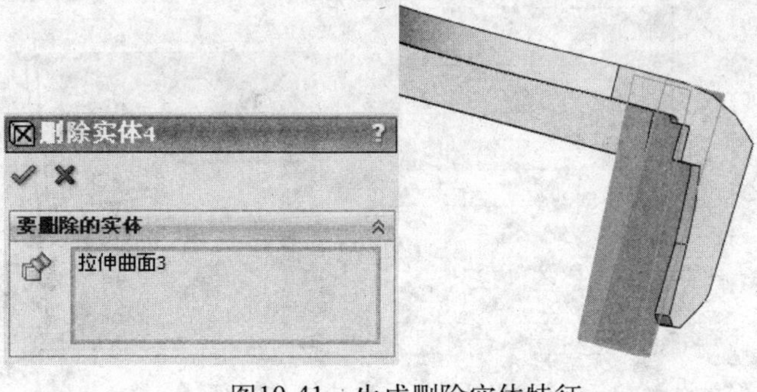

图10-41　生成删除实体特征

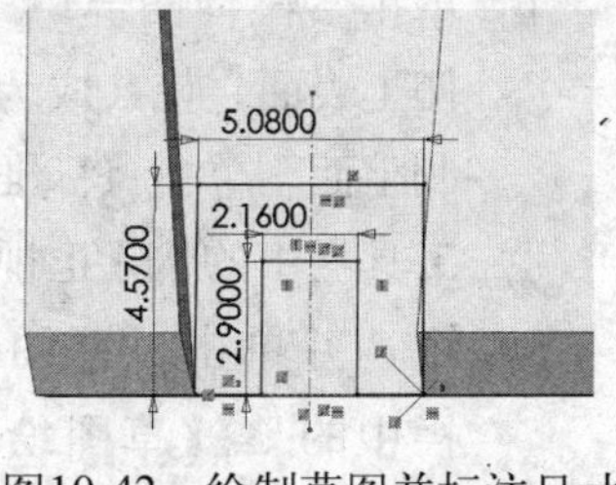

图10-42　绘制草图并标注尺寸

09 单击【特征】工具栏中的【拉伸凸台/基体】按钮，在【属性管理器】中弹出【拉伸凸台】的属性设置。在【方向1】选项组中设置【终止条件】为【成形到一面】，在【面选择框】中选择实体面，选择【合并结果】复选框，单击【确定】按钮，生成拉伸特征，如图10-43所示。

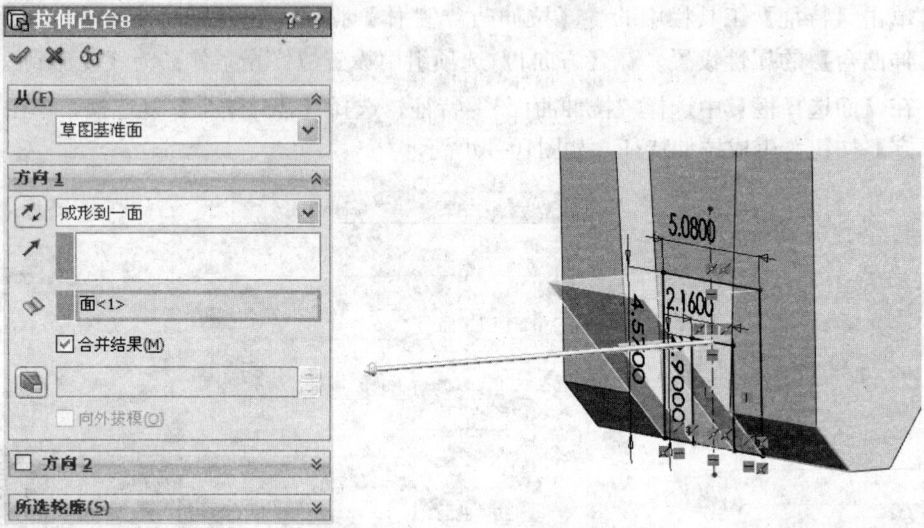

图10-43　生成拉伸特征

10 单击“拉伸凸台3”特征右侧内表面，使其成为草图绘制平面。单击【标准视图】工具栏中的【正视于】按钮，并单击【草图】工具栏中的【草图绘制】按钮，进入草图绘制状态。使用【草图】工具栏中的【直线】按钮绘制如图10-44所示的草图。单击【退出草图】按钮，退出草图绘制状态。

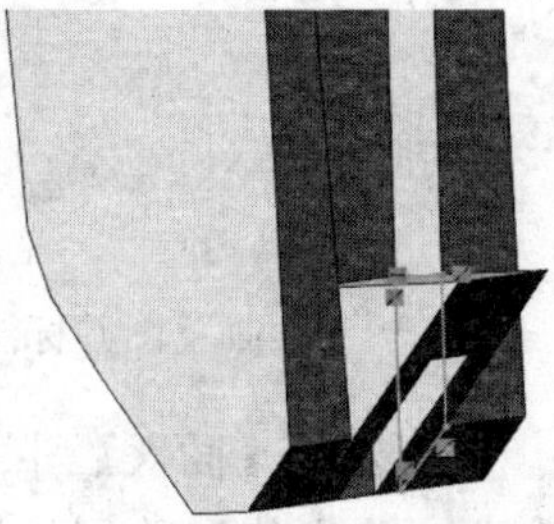

图10-44　绘制草图并标注尺寸

11 单击【特征】工具栏中的【拉伸凸台/基体】按钮，在【属性管理器】中弹出【拉伸凸台】的属性设置。在【方向1】选项组中设置【终止条件】为【成形到一面】，在【面选择框】中选择实体面，选择【合并结果】复选框，单击【确定】按钮，生成拉伸特征，如图10-45所示。

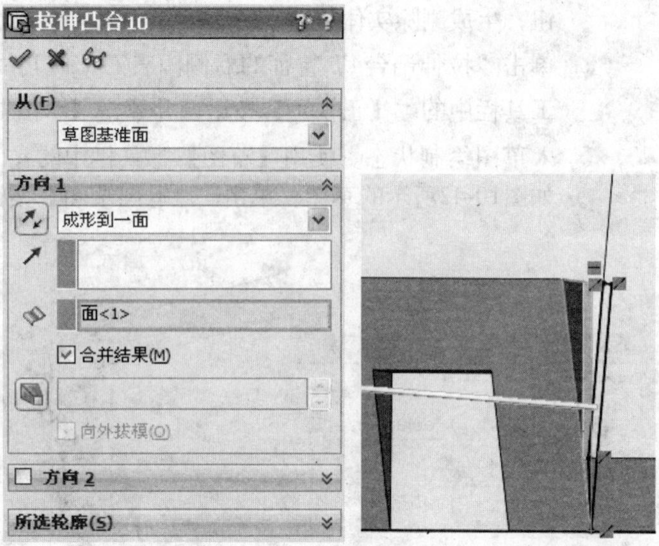

图10-45　生成拉伸特征

12 单击“拉伸凸台1”特征右侧上表面，使其成为草图绘制平面。单击【标准视图】工具栏中的【正视于】按钮，并单击【草图】工具栏中的【草图绘制】按钮，进入草图绘制状态。使用【草图】工具栏中的【直线】按钮绘制如图10-46所示的草图。单击【退出草图】按钮，退出草图绘制状态。

13 单击【特征】工具栏中的【拉伸凸台/基体】按钮，在【属性管理器】中弹出【拉伸凸台】的属性设置。在【方向1】选项组中设置【终止条件】为【成形到一面】，在【面选择框】中选择实体面，选择【合并结果】复选框，单击【确定】按钮，生成拉伸特征，如图10-47所示。

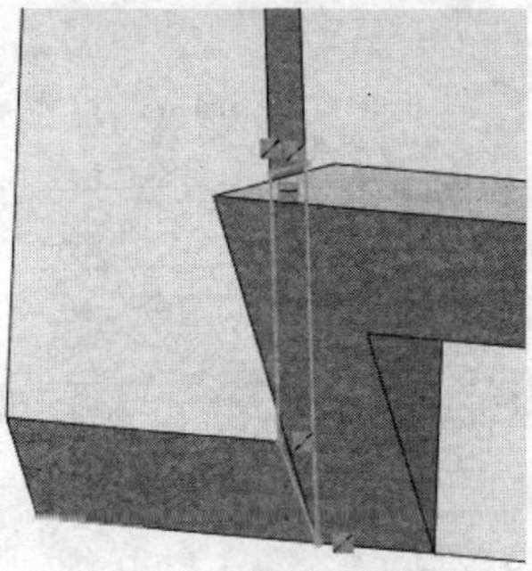

图10-46　绘制草图并标注尺寸

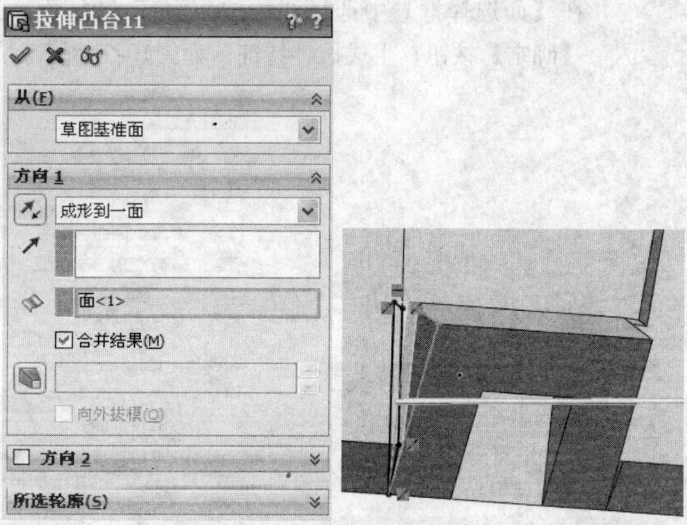

图10-47　生成拉伸特征

14 单击“拉伸凸台4”特征左侧内表面，使其成为草图绘制平面。单击【标准视图】工具栏中的【正视于】按钮，并单击【草图】工具栏中的【草图绘制】按钮，进入草图绘制状态。使用【草图】工具栏中的【直线】和【智能尺寸】按钮绘制如图10-48所示的草图。单击【退出草图】按钮，退出草图绘制状态。

15 单击【曲面】工具栏中的【拉伸曲面】按钮，在【属性管理器】中弹出【拉伸曲面】的属性设置，如图10-49所示，单击【确定】按钮。

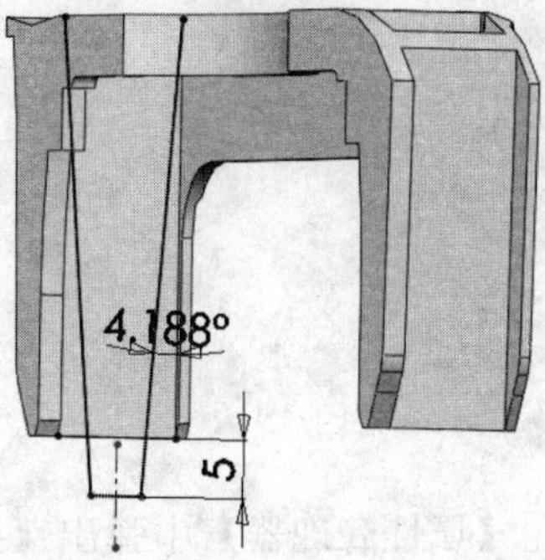

图10-48　绘制草图并标注尺寸

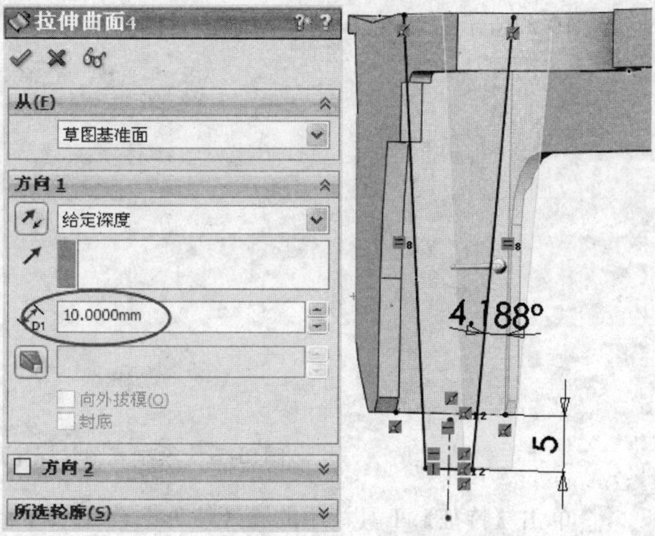

图10-49　生成曲面拉伸特征

16 单击“拉伸凸台3”特征左侧内表面，使其成为草图绘制平面。单击【标准视图】工具栏中的【正视于】按钮，并单击【草图】工具栏中的【草图绘制】按钮，进入草图绘制状态。使用【草图】工具栏中的【直线】和【圆弧】按钮绘制如图10-50所示的草图。单击【退出草图】按钮，退出草图绘制状态。

17 单击【特征】工具栏中的【拉伸凸台/基体】按钮，在【属性管理器】中弹出【拉伸凸台】的属性设置。在【方向1】选项组中设置【终止条件】为【成形到一面】，在【面选择框】中选择“拉伸曲面4”特征面，选择【合并结果】复选框，单击【确定】按钮，生成拉伸特征，如图10-51所示。

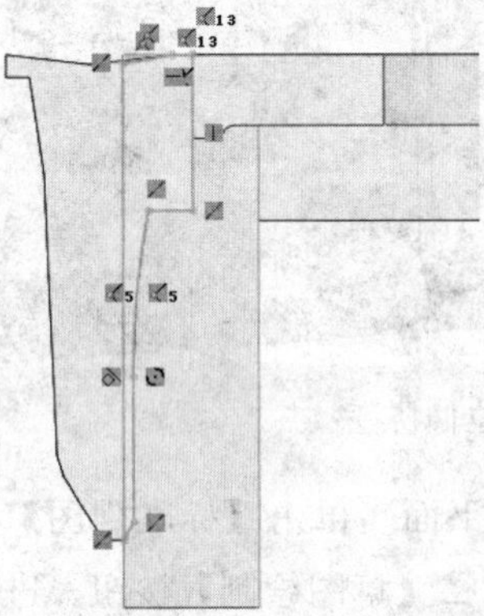

图10-50 绘制草图并标注尺寸

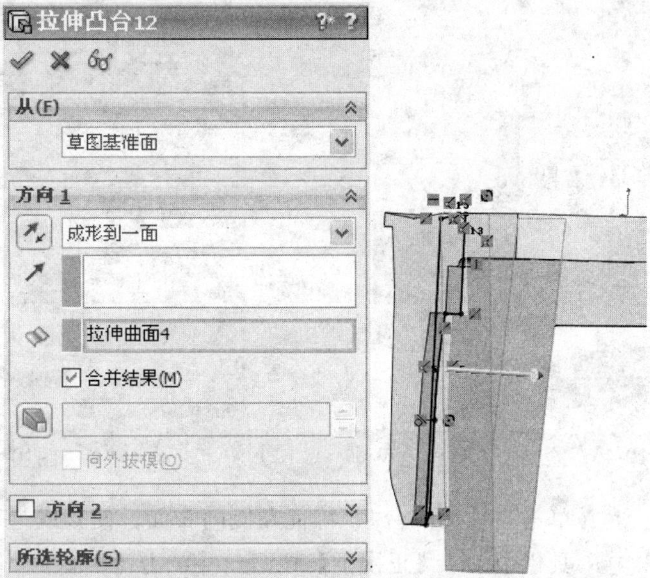

图10-51 生成拉伸特征

18 单击“拉伸凸台1”特征左侧上表面，使其成为草图绘制平面。单击【标准视图】工具栏中的【正视于】按钮，并单击【草图】工具栏中的【草图绘制】按钮，进入草图绘制状态。使用【草图】工具栏中的【直线】和【圆弧】按钮绘制如图10-52所示的草图。单击【退出草图】按钮，退出草图绘制状态。

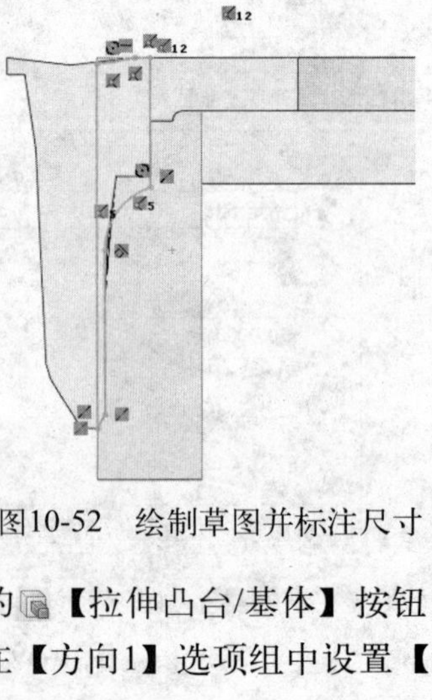

图10-52 绘制草图并标注尺寸

19 单击【特征】工具栏中的【拉伸凸台/基体】按钮，在【属性管理器】中弹出【拉伸凸台】的属性设置。在【方向1】选项组中设置【终止条件】为【成形到一面】，在【面选择框】中选择“拉伸曲面4”特征，选择【合并结果】复选框，单击✔【确定】按钮，生成拉伸特征，如图10-53所示。

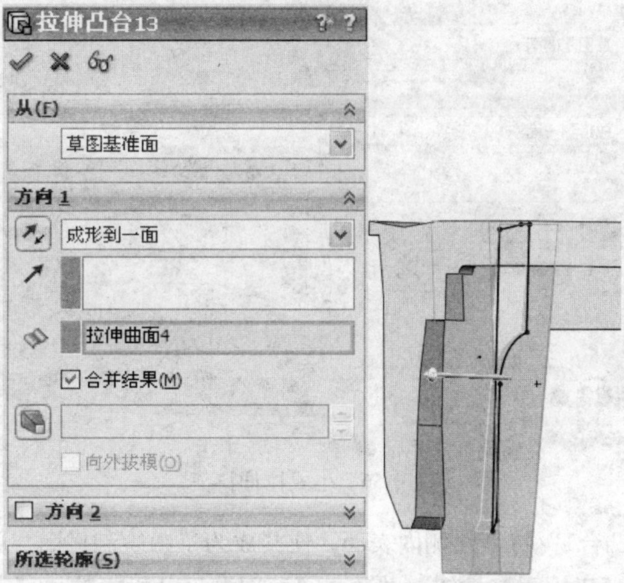

图10-53 生成拉伸特征

20 选择【插入】|【特征】|【删除实体】菜单命令，在【属性管理器】中弹出【删除实体】的属性设置。在【要删除的实体】选项组中单击【要删除的实体】选择框，在图形区域中选择模型的“拉伸曲面4”特征，如图10-54所示，单击✔【确定】按钮，生成删除实体特征。

21 单击“拉伸凸台4”特征左侧内表面，使其成为草图绘制平面。单击【标准视图】工具栏中的【正视于】按钮，并单击【草图】工具栏中的【草图绘制】按钮，进入草图绘制状态。使用【草图】工具栏中的【直线】和【智能尺寸】按钮绘制如图10-55所示的草图。单击【退出草图】按钮，退出草图绘制状态。

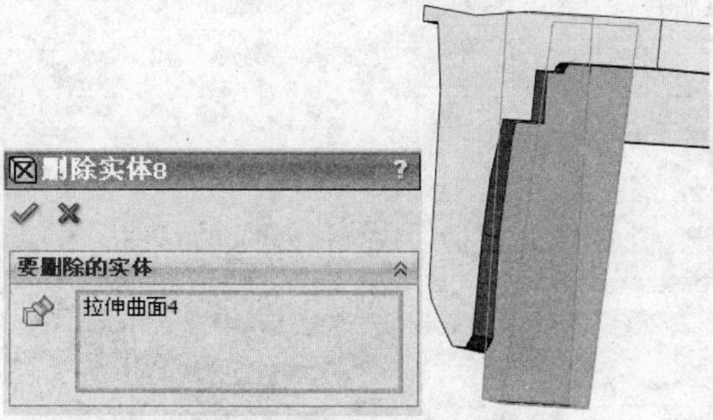

图10-54 生成删除实体特征

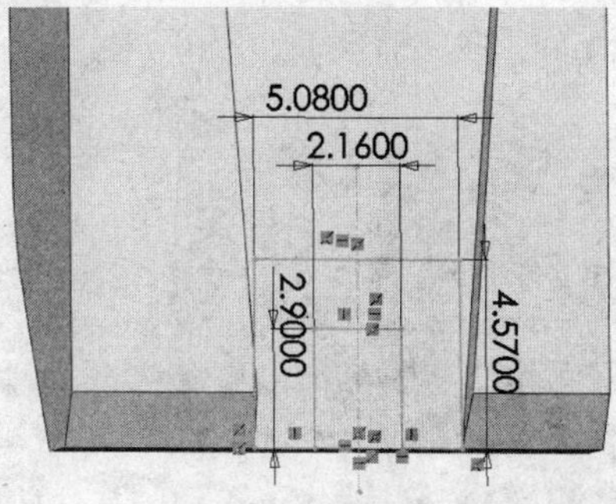

图10-55 绘制草图并标注尺寸

22 单击【特征】工具栏中的【拉伸凸台/基体】按钮，在【属性管理器】中弹出【拉伸凸台】的属性设置。在【方向1】选项组中设置【终止条件】为【成形到一面】，在【面选择框】中选择实体面，选择【合并结果】复选框，单击✔【确定】按钮，生成拉伸特征，如图10-56所示。

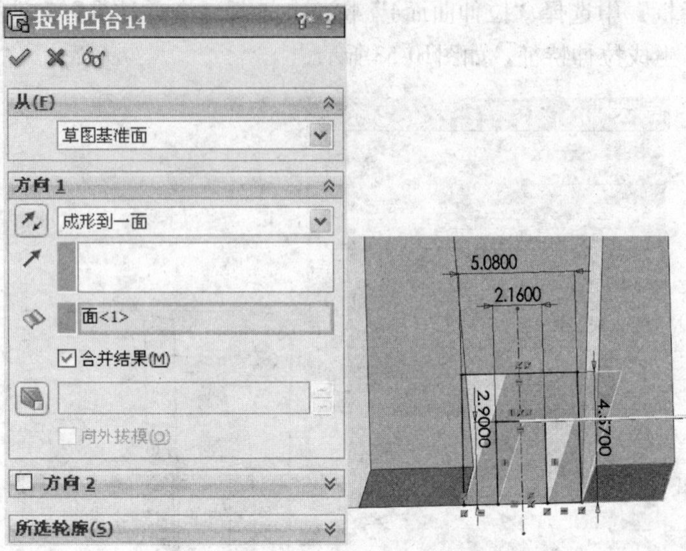

图10-56　生成拉伸特征

23 单击“拉伸凸台1”特征左侧内表面，使其成为草图绘制平面。单击【标准视图】工具栏中的【正视于】按钮，并单击【草图】工具栏中的【草图绘制】按钮，进入草图绘制状态。使用【草图】工具栏中的【直线】按钮绘制如图10-57所示的草图。单击【退出草图】按钮，退出草图绘制状态。

24 单击【特征】工具栏中的【拉伸凸台/基体】按钮，在【属性管理器】中弹出【拉伸凸台】的属性设置。在【方向1】选项组中设置【终止条件】为【成形到一面】，在【面选择框】中选择实体面，选择【合并结果】复选框，单击【确定】按钮，生成拉伸特征，如图10-58所示。

图10-57　绘制草图并标注尺寸

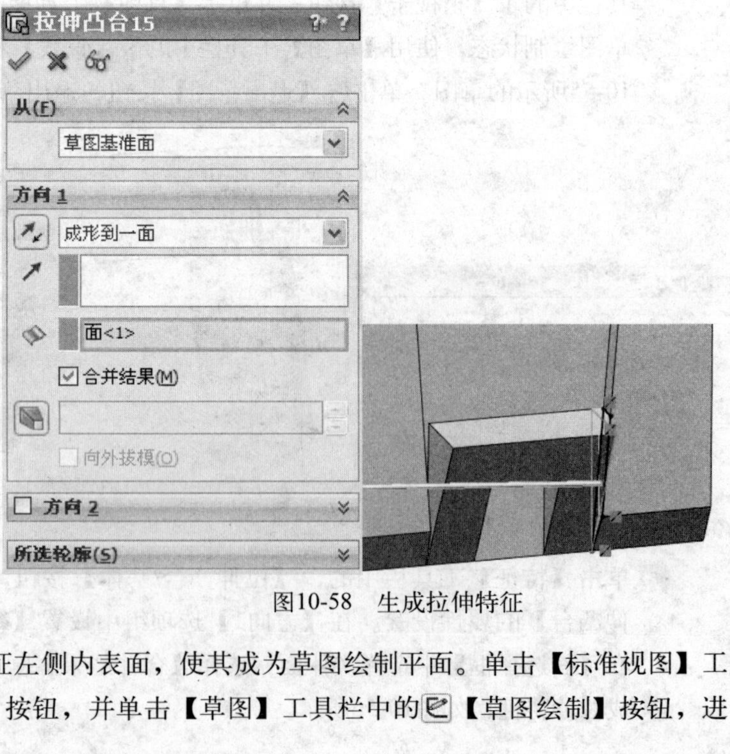

图10-58　生成拉伸特征

25 单击“拉伸凸台3”特征左侧内表面，使其成为草图绘制平面。单击【标准视图】工具栏中的【正视于】按钮，并单击【草图】工具栏中的【草图绘制】按钮，进入草图绘制状态。使用【草图】工具栏中的【直线】按钮绘制如图10-59所示的草图。单击【退出草图】按钮，退出草图绘制状态。

26 单击【特征】工具栏中的【拉伸凸台/基体】按钮，在【属性管理器】中弹出【拉伸凸台】的属性设置。在【方向1】选项组中设置【终止条件】为【成形到一面】，在【面选择框】中选择实体面，选择【合并结果】复选框，单击【确定】按钮，生成拉伸特征，如图10-60所示。

图10-59　绘制草图

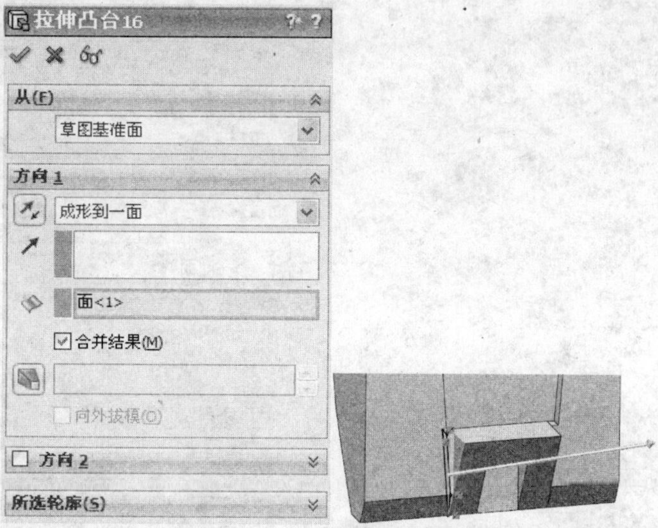

图10-60　生成拉伸特征

10.2.3　建立顶面部分

01 单击【参考几何体】工具栏中的【基准面】按钮，在【属性管理器】中弹出【基准面】的属性设置。在【第一参考】的图形区域中选择“面〈1〉”，单击【距离】按钮，在文本框中输入8.5500mm，如图10-61所示。在图形区域中显示出新建基准面的预览，单击【确定】按钮，生成基准面。

02 单击【特征管理器设计树】中的【前视基准面】图标，使其成为草图绘制平面。单击【标准视

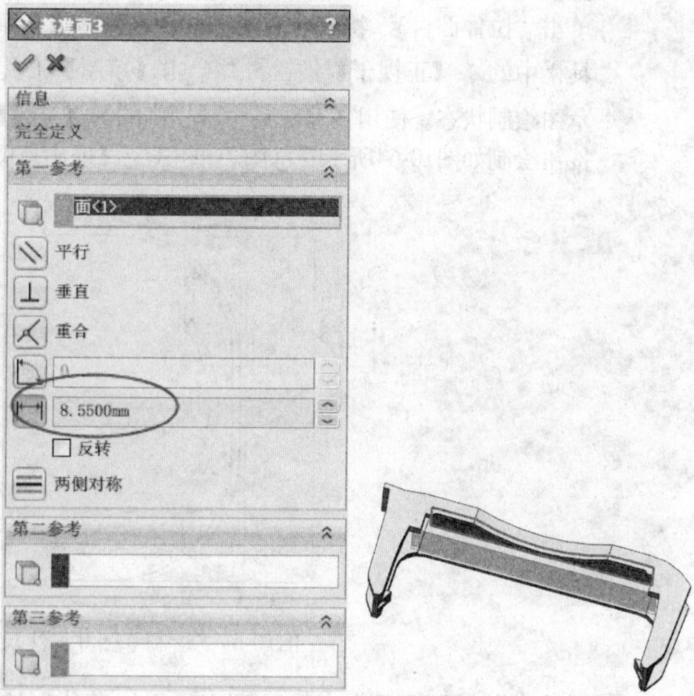

图10-61　生成基准面

图】工具栏中的【正视于】按钮，并单击【草图】工具栏中的【草图绘制】按钮，进入草图绘制状态。使用【草图】工具栏中的【直线】和【智能尺寸】按钮绘制如图10-62所示的草图。单击【退出草图】按钮，退出草图绘制状态。

03 单击【曲面】工具栏中的【拉伸曲面】按钮，在【属性管理器】中弹出【拉伸曲面】的属性设置，如图10-63所示，单击【确定】按钮。

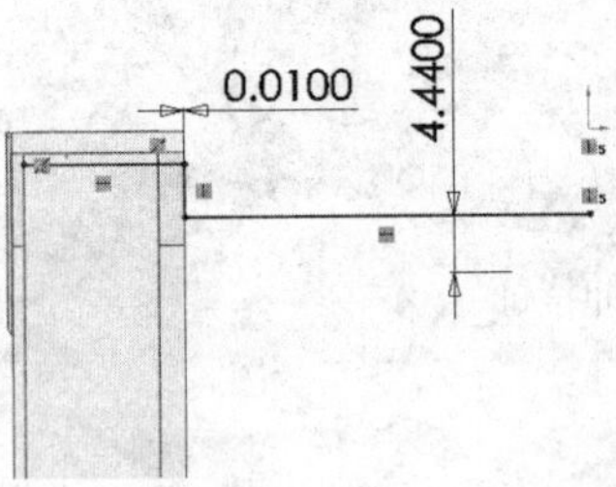

图10-62　绘制草图并标注尺寸

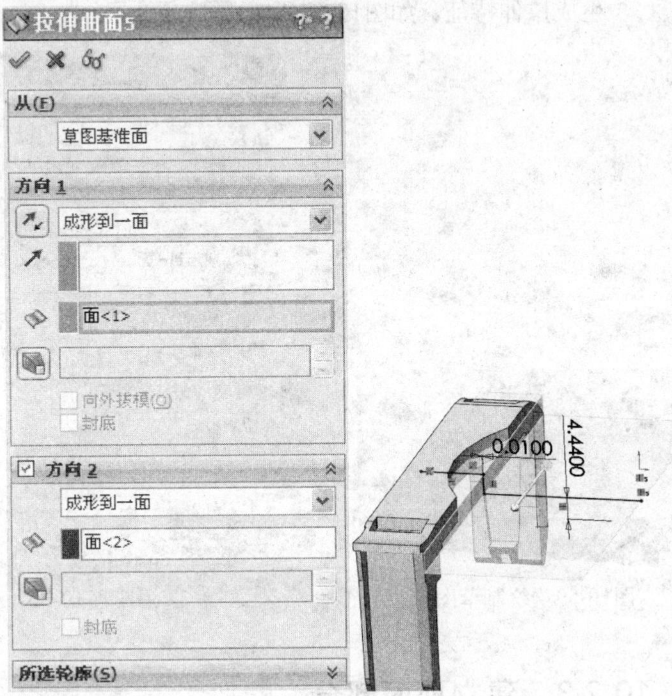

图10-63　生成拉伸曲面特征

04 单击“拉伸凸台3”特征的右侧小凸台，使其成为草图绘制平面。单击【标准视图】工具栏中的【正视于】按钮，并单击【草图】工具栏中的【草图绘制】按钮，进入草图绘制状态。使用【草图】工具栏中的【直线】、【圆弧】和【智能尺寸】按钮绘制如图10-64所示的草图。单击【退出草图】按钮，退出草图绘制状态。

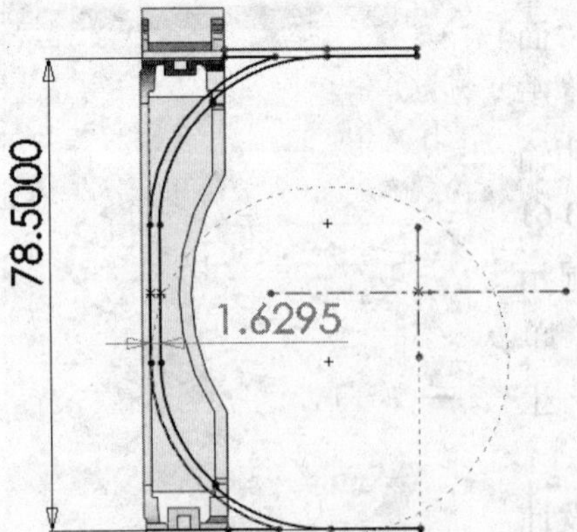

图10-64　绘制草图并标注尺寸

05 单击【特征】工具栏中的【拉伸凸台/基体】按钮，在【属性管理器】中弹出【拉伸凸台】的属性设置。在【方向1】选项组中设置【终止条件】为【成形到一面】，在【面选择框】中选择“拉伸曲面5”特征，选择【合并结果】复选框，单击✔【确定】按钮，生成拉伸特征，如图10-65所示。

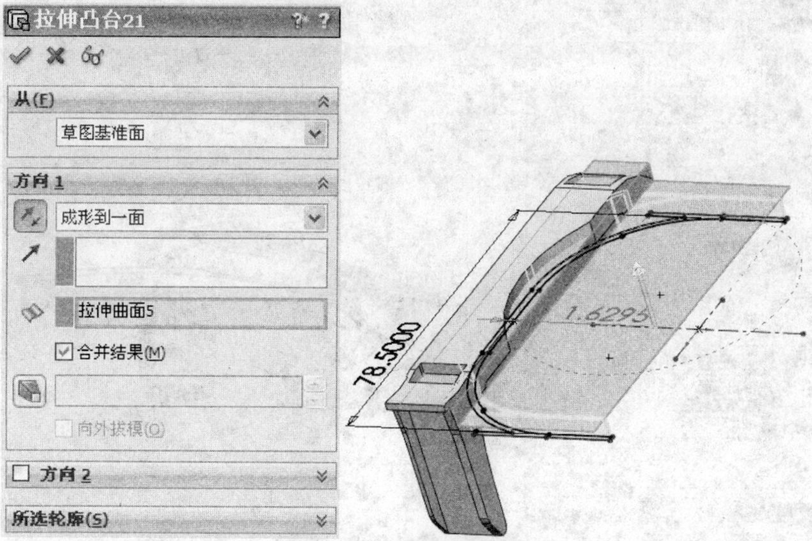

图10-65 生成拉伸特征

06 选择【插入】|【特征】|【删除实体】菜单命令，在【属性管理器】中弹出【删除实体】的属性设置。在【要删除的实体】选项组中单击【要删除的实体】选择框，在图形区域中选择模型的“拉伸曲面5”特征，如图10-66所示，单击✔【确定】按钮，生成删除实体特征。

07 单击“拉伸凸台3”特征压凹部分的下表面，使其成为草图绘制平面。单击【标准视图】工具栏中的【正视于】按钮，并单击【草图】工具栏中的【草图绘制】按钮，进入草图绘制状态。使用【草图】工具栏中的【直线】和【圆弧】按钮绘制如图10-67所示的草图。单击【退出草图】按钮，退出草图绘制状态。

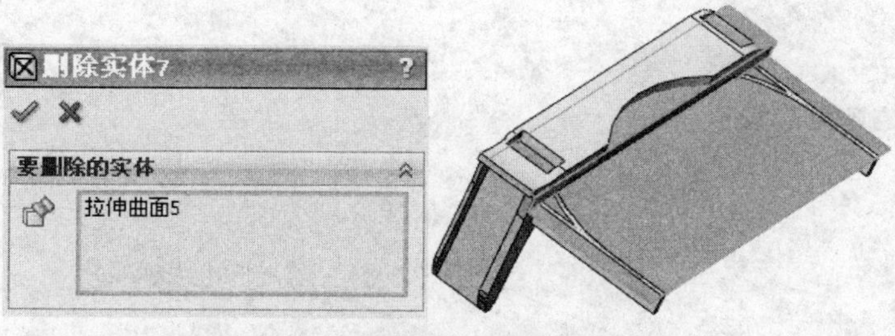

图10-66 生成删除实体特征

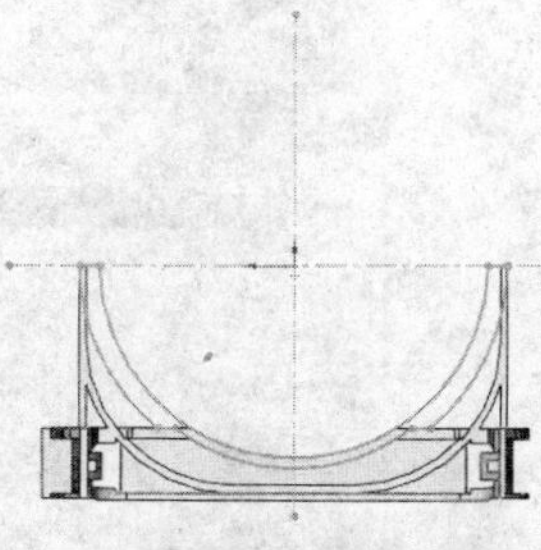

图10-67 绘制草图

08 单击【特征】工具栏中的【拉伸凸台/基体】按钮，在【属性管理器】中弹出【拉伸凸台】的属性设置。在【方向1】选项组中设置【终止条件】为【到离指定面指定的距离】，在【面选择框】中选择实体面，设置【深度】为23.6800mm，选择【合并结果】复选框；在【方向2】选项组中设置【终止条件】为【成形到一面】，在【面选择框】中选择实体面，单击✔【确定】按钮，生成拉伸特征，如图10-68所示。

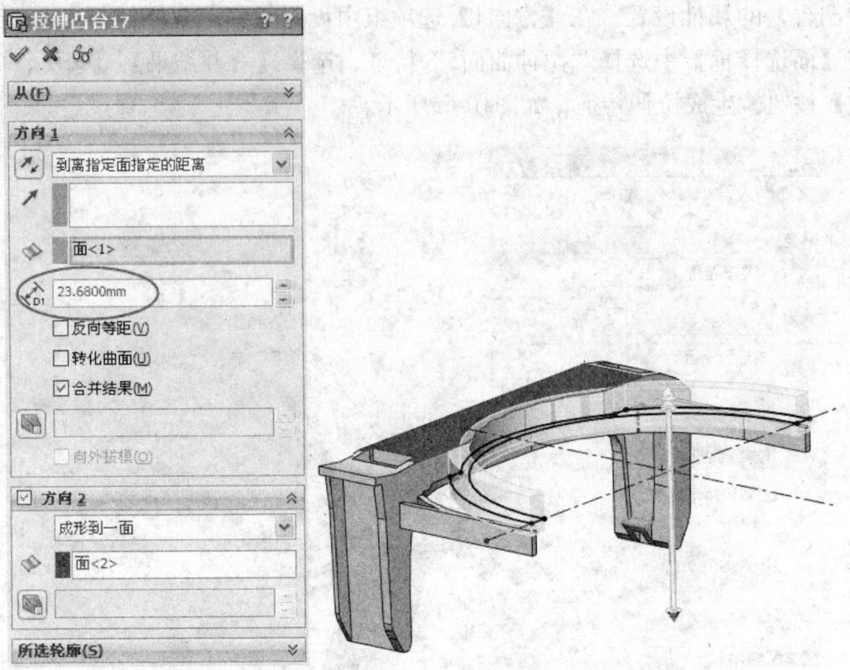

图10-68　生成拉伸特征

10.2.4　建立其余部分

01 单击【参考几何体】工具栏中的【基准面】按钮，在【属性管理器】中弹出【基准面】的属性设置。在【第一参考】中的图形区域中选择边线，单击【垂直】按钮，在【第二参考】中的图形区域中选择实体上的边线中点，单击【重合】按钮，如图10-69所示。在图形区域中显示出新建基准面的预览，单击【确定】按钮，生成基准面。

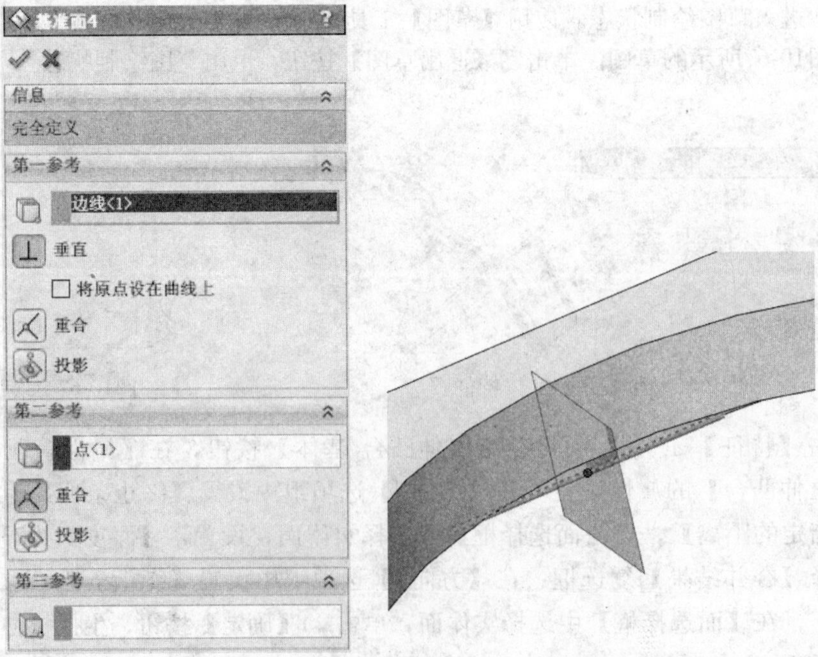

图10-69　生成基准面

02 单击【特征】工具栏中的【镜向】按钮，在【属性管理器】中弹出【镜向】的属性设置。在【镜向面/基准面】选项组中单击【镜向面/基准面】选择框，在绘图区域中选择“面〈1〉”特征；在【要镜向的特征】选项组中单击【要镜向的特征】选择框，在绘图区域中选择“拉伸凸台17”特征，选择【合并实体】复选框，单击【确定】按钮，生成镜像特征，如图10-70所示。

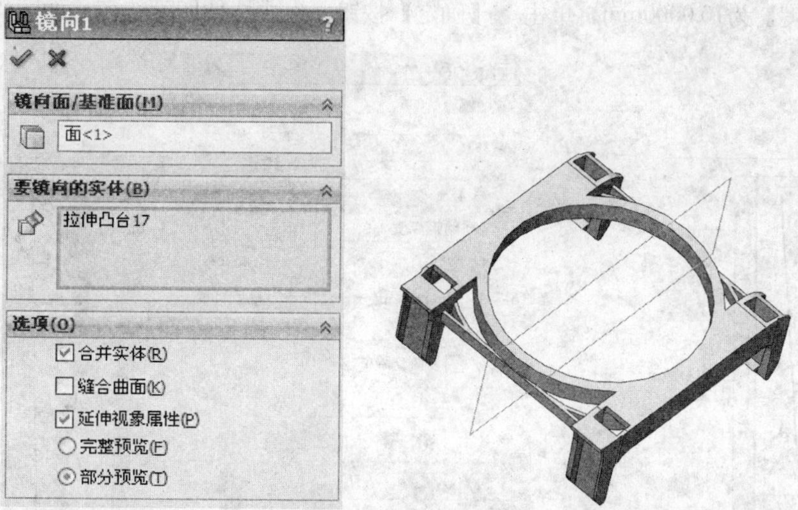

图10-70　生成镜像特征

03 单击“镜像1”特征左侧内部平面，使其成为草图绘制平面。单击【标准视图】工具栏中的【正视于】按钮，并单击【草图】工具栏中的【草图绘制】按钮，进入草图绘制状态。使用【草图】工具栏中的【直线】和【智能尺寸】按钮绘制如图10-71所示的草图。单击【退出草图】按钮，退出草图绘制状态。

04 单击【特征】工具栏中的【切除-拉伸】按钮，在【属性管理器】中弹出【切除-拉伸】的属性设置。在【方向1】选项组中设置【终止条件】为【给定深度】，设置【深度】为10.0000mm，单击【确定】按钮，生成拉伸切除特征，如图10-72所示。

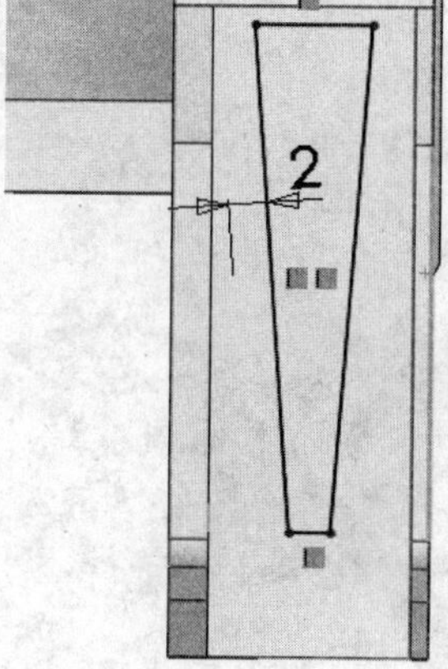

图10-71　绘制草图并标注尺寸

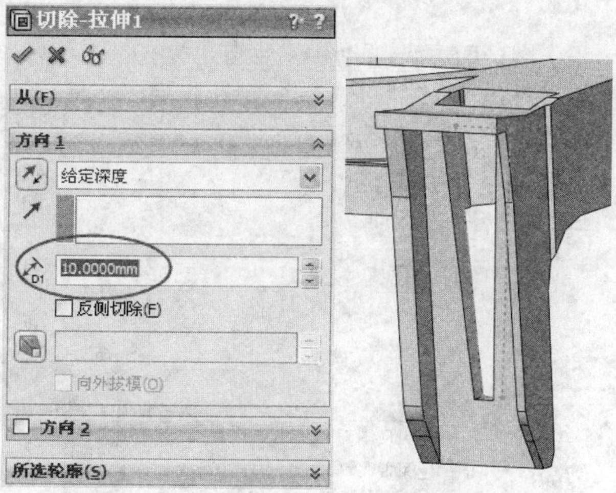

图10-72　生成拉伸切除特征

05 单击“拉伸凸台4”特征左侧内部平面，使其成为草图绘制平面。单击【标准视图】

工具栏中的【正视于】按钮，并单击【草图】工具栏中的【草图绘制】按钮，进入草图绘制状态。使用【草图】工具栏中的【直线】和【智能尺寸】按钮绘制如图10-73所示的草图。单击【退出草图】按钮，退出草图绘制状态。

06 单击【特征】工具栏中的【切除-拉伸】按钮，在【属性管理器】中弹出【切除-拉伸】的属性设置。在【方向1】选项组中设置【终止条件】为【给定深度】，设置【深度】为10.0000mm，单击【确定】按钮，生成拉伸切除特征，如图10-74所示。

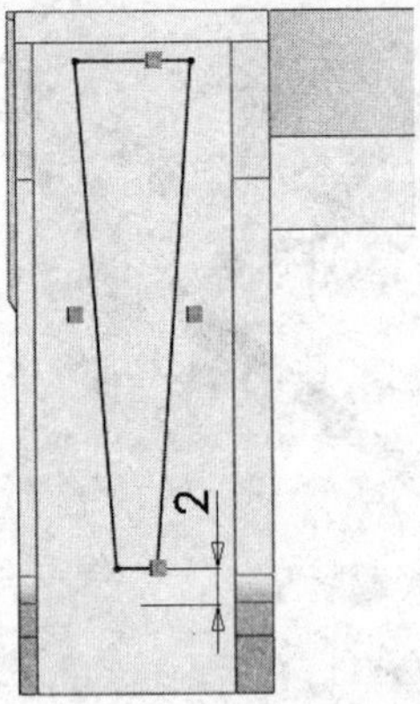

图10-73 绘制草图

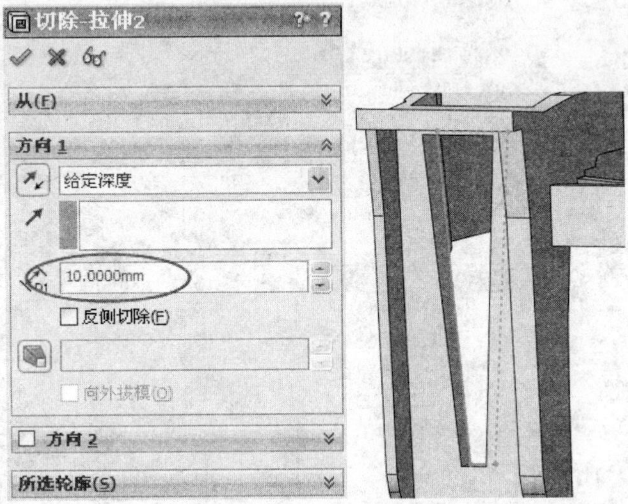

图10-74 生成拉伸切除特征

07 单击【特征】工具栏中的【镜向】按钮，在【属性管理器】中弹出【镜向】的属性设置。在【镜向面/基准面】选项组中单击【镜向面/基准面】选择框，在绘图区域中选择“基准面4”特征；在【要镜向的特征】选项组中单击【要镜向的特征】选择框，在绘图区域中选择“切除-拉伸2”和“切除-拉伸1”特征，单击【确定】按钮，生成镜像特征，如图10-75所示。

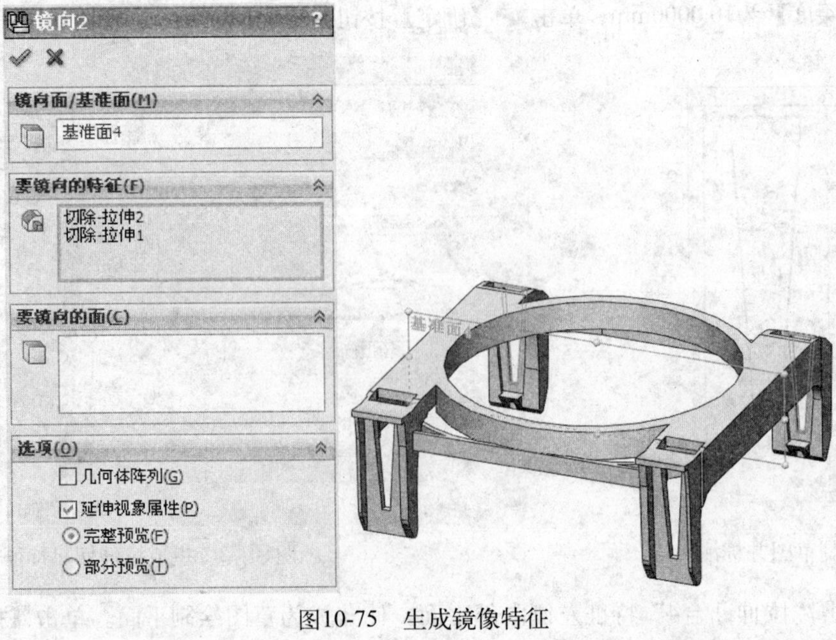

图10-75 生成镜像特征

08 单击“拉伸凸台4”特征的下表面，使其成为草图绘制平面。单击【标准视图】工具栏中的【正视于】按钮，并单击【草图】工具栏中的【草图绘制】按钮，进入草图绘制状态。使用【草图】工具栏中的【直线】、【圆弧】和【智能尺寸】按钮绘制如图10-76所示的草图。单击【退出草图】按钮，退出草图绘制状态。

09 单击【特征】工具栏中的【切除-拉伸】按钮，在【属性管理器】中弹出【切除-拉伸】的属性设置。在【方向1】选项组中设置【终止条件】为【给定深度】，设置【深度】为10.0000mm，单击【确定】按钮，生成拉伸切除特征，如图10-77所示。

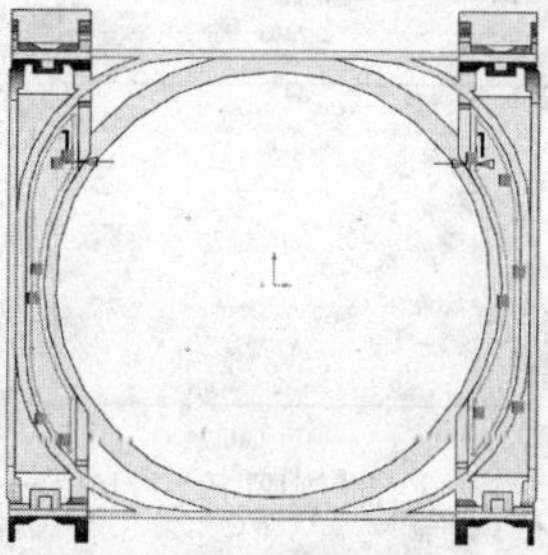
图10-76 绘制草图

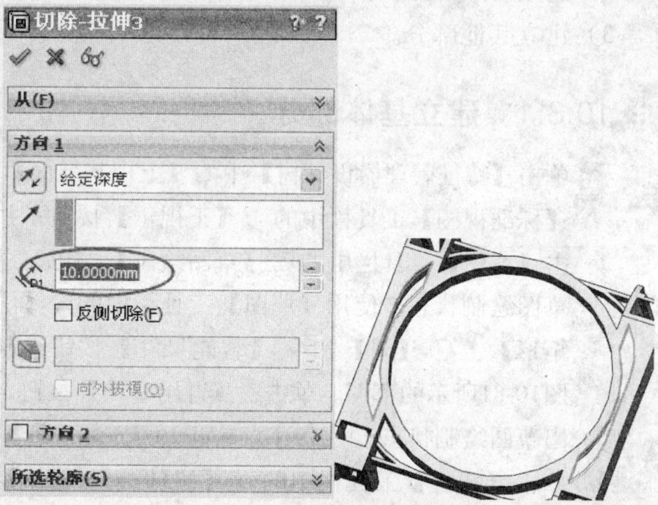

图10-77 生成拉伸切除特征

10 单击“拉伸凸台4”特征的下表面，使其成为草图绘制平面。单击【标准视图】工具栏中的【正视于】按钮，并单击【草图】工具栏中的【草图绘制】按钮，进入草图绘制状态。使用【草图】工具栏中的【直线】和【智能尺寸】按钮绘制如图10-78所示的草图。单击【退出草图】按钮，退出草图绘制状态。

11 单击【特征】工具栏中的【切除-拉伸】按钮，在【属性管理器】中弹出【切除-拉伸】的属性设置。在【方向1】选项组中设置【终止条件】为【给定深度】，设置【深度】为10.0000mm，单击【确定】按钮，生成拉伸切除特征，如图10-79所示。

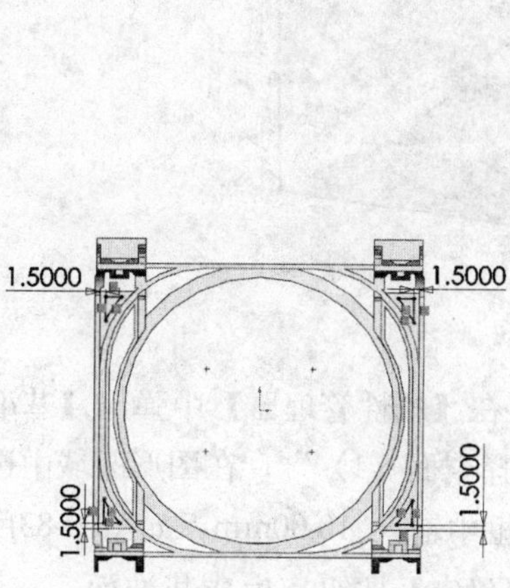

图10-78 绘制草图并标注尺寸

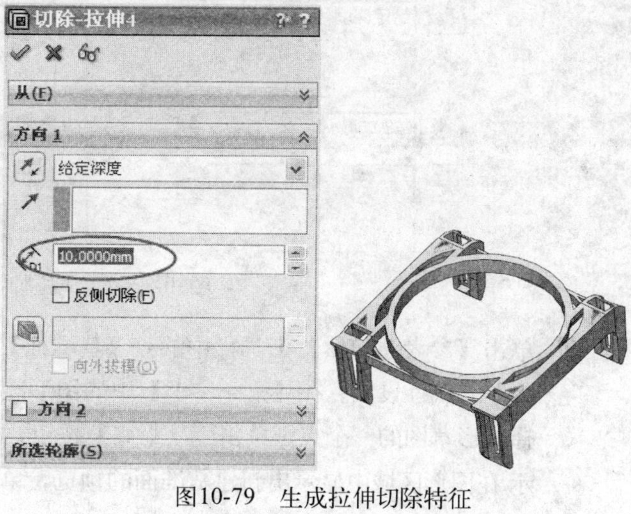

图10-79 生成拉伸切除特征

10.3 零件建模范例2

下面利用一个整理箱模型来讲解三维建模的过程，最终效果如图10-80所示。

主要步骤如下。

1）建立基体部分。

2）建立切除部分。

3）建立其他部分。

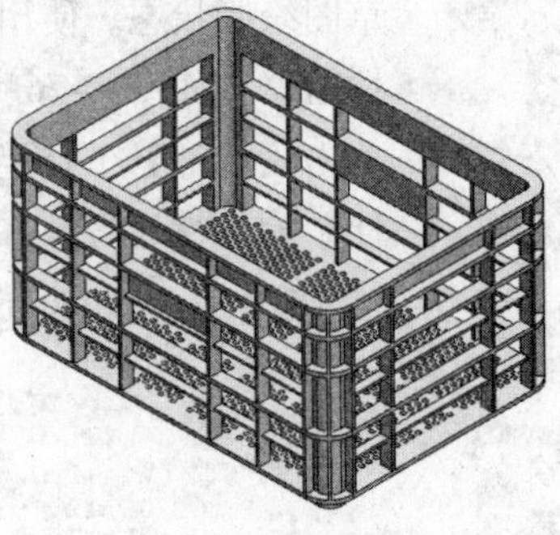

图10-80　模型

10.3.1　建立基体部分

01 单击【特征管理器设计树】中的【上视基准面】图标，使其成为草图绘制平面。单击【标准视图】工具栏中的【正视于】按钮，并单击【草图】工具栏中的【草图绘制】按钮，进入草图绘制状态。使用【草图】工具栏中的【中心矩形】、【圆】和【智能尺寸】按钮绘制如图10-81所示的草图。单击【退出草图】按钮，退出草图绘制状态。

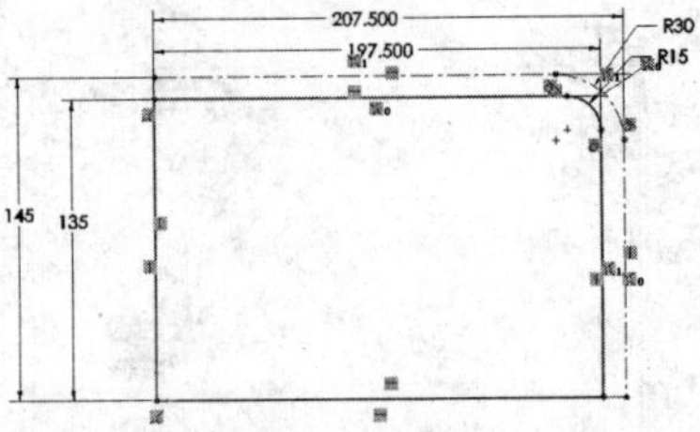

图10-81　绘制草图并标注尺寸

02 单击【特征】工具栏中的【拉伸凸台/基体】按钮，在【属性管理器】中弹出【凸台-拉伸】的属性设置。在【方向1】选项组中设置【终止条件】为【给定深度】，设置【深度】为225.00mm，单击【确定】按钮，生成拉伸特征，如图10-82所示。

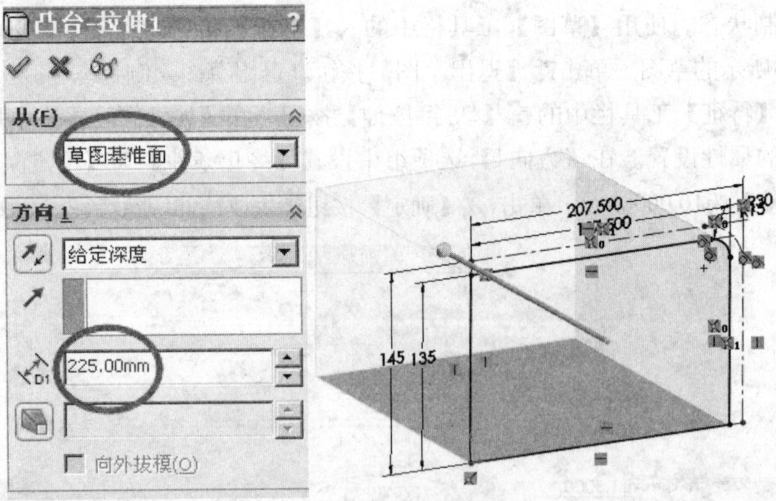

图10-82　生成拉伸特征

03 单击【参考几何体】工具栏中的【基准面】按钮，在【属性管理器】中弹出【基准面】的属性设置。在【第一参考】中的图形区域中选择“面〈1〉”，在图形区域中选择矩形草图的一个点，单击【距离】按钮，在文本框中输入210.00mm，如图10-83所示.在图形区域中显示出新建基准面的预览，单击【确定】按钮，生成基准面。

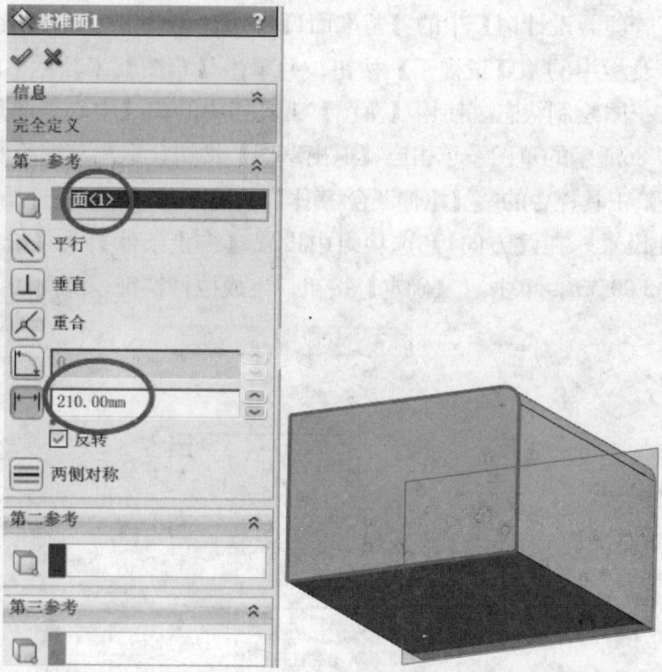

图10-83　生成基准面

04 单击【特征管理器设计树】中的【上视基准面】图标，使其成为草图绘制平面。单击【标准视图】工具栏中的【正视于】按钮，并单击【草图】工具栏中的【草图绘制】按钮，进入草图绘制状态。使用【草图】工具栏中的【中心矩形】、【圆】和【智能尺寸】按钮绘制如图10-84所示的草图。单击【退出草图】按钮，退出草图绘制状态。

05 单击【特征】工具栏中的【切除-拉伸】按钮，在【属性管理器】中弹出【切除-拉伸】的属性设置。在【方向1】选项组中设置【终止条件】为【到离指定面指定的距离】，设置【深度】为5.00mm，单击【确定】按钮，生成拉伸切除特征，如图10-85所示。

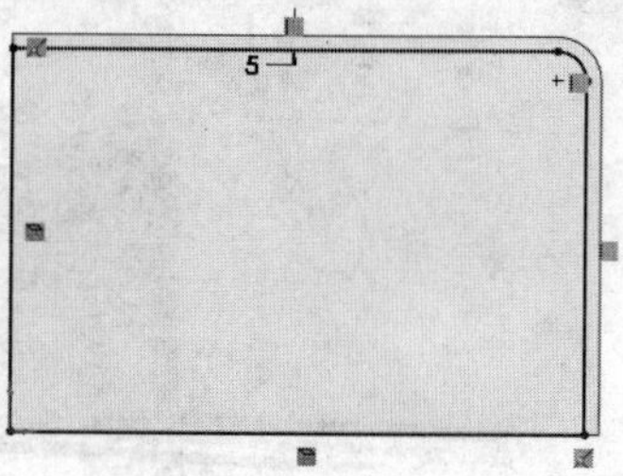

图10-84　绘制草图并标注尺寸

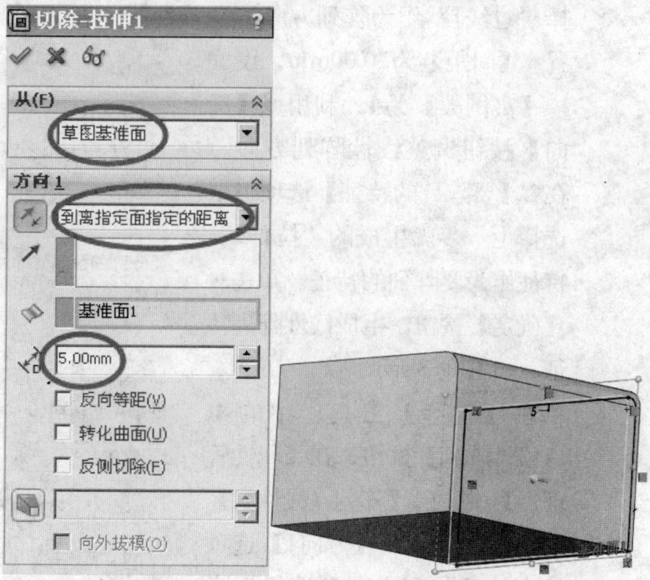

图10-85　拉伸切除特征

06 单击【特征管理器设计树】中的【基准面1】图标，使其成为草图绘制平面。单击【标准视图】工具栏中的【正视于】按钮，并单击【草图】工具栏中的【草图绘制】按钮，进入草图绘制状态。使用【草图】工具栏中的【中心矩形】和【圆】按钮绘制如图10-86所示的草图。单击【退出草图】按钮，退出草图绘制状态。

07 单击【特征】工具栏中的【拉伸凸台/基体】按钮，在【属性管理器】中弹出【凸台-拉伸】的属性设置。在【方向1】选项组中设置【终止条件】为【给定深度】，设置【深度】为5.00mm，单击【确定】按钮，生成拉伸特征，如图10-87所示。

图10-86　绘制草图

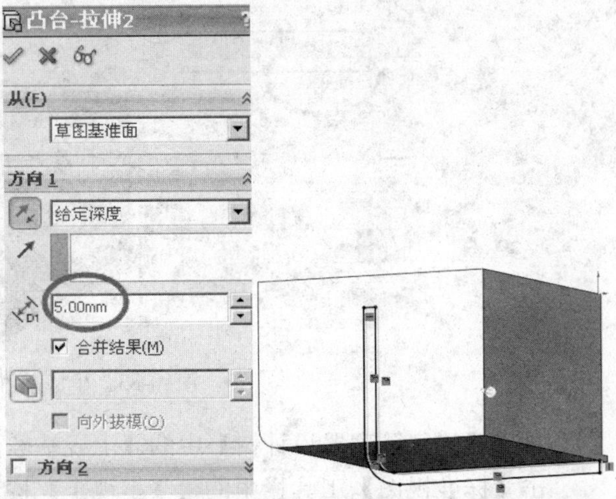

图10-87　生成拉伸特征

08 单击【特征】工具栏中的【线性阵列】按钮，在【属性管理器】中弹出【阵列（线性）】的属性设置。在【方向1】选项组中的【阵列方向】选择框中选择“边线1”作为阵列方向，设置【间距】为70.00mm，设置【实例数】为4，利用【反向】按钮调整线性阵列方向。在【要阵列的特征】选项组中选择上一步骤生成的“拉伸2”特征作为要阵列的特征。单击【确定】按钮，生成线性阵列特征，如图10-88所示。

09 单击【特征】工具栏中的【线性阵列】按钮，在【属性管理器】中弹出【阵列（线性）】的属性设置。在【方向1】选项组中的【阵列方向】选择框中

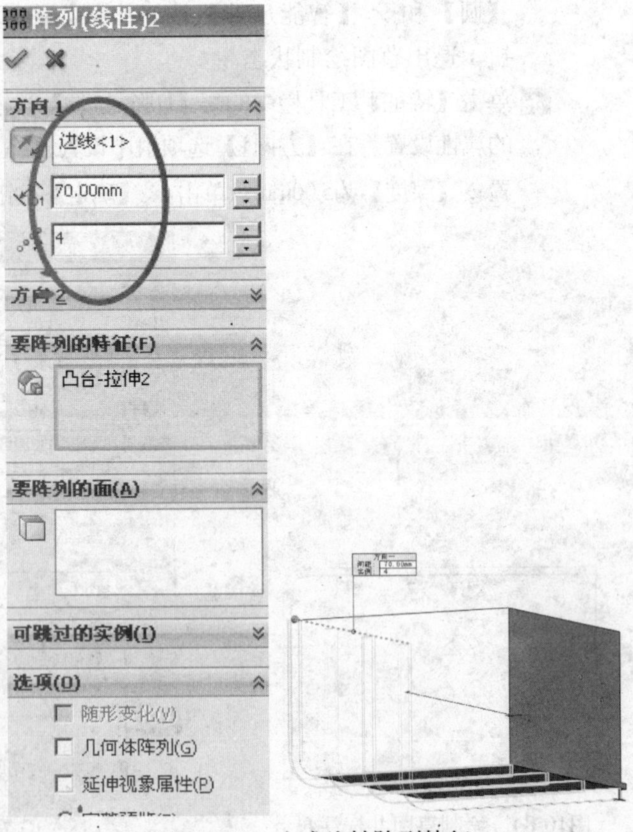

图10-88　生成线性阵列特征

选择“边线1”作为阵列方向，设置【间距】为180.00mm，设置【实例数】为2，利用【反向】按钮调整线性阵列方向。在【要阵列的特征】选项组中选择上一步骤生成的拉伸特征作为要阵列的特征。单击【确定】按钮，生成线性阵列特征，如图10-89所示。

10 单击【特征管理器设计树】中的【面1】图标，使前视基准面成为草图绘制平面。单击【标准视图】工具栏中的【正视于】按钮，并单击【草图】工具栏中的【草图绘制】按钮，进入草图绘制状态。使用【草图】工具栏中的【直线】按钮绘制如图10-90所示的草图。单击【退出草图】按钮，退出草图绘制状态。

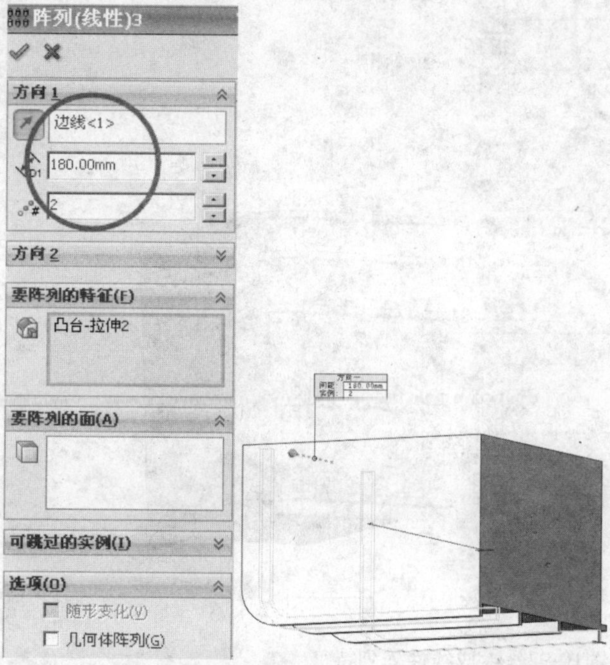

图10-89 生成线性阵列特征

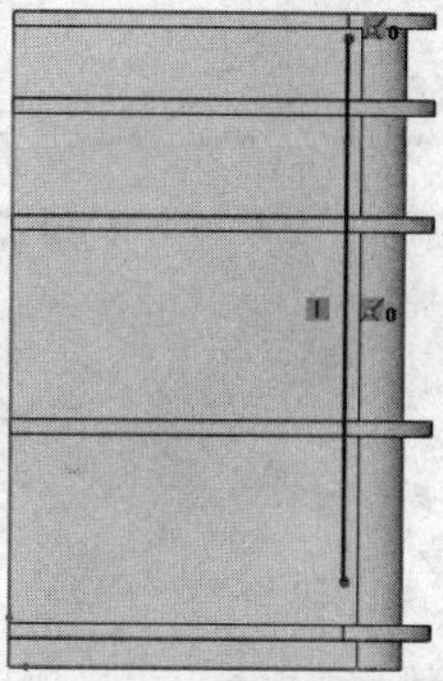
图10-90 绘制草图

11 单击【特征】工具栏中的【筋】按钮，在【属性管理器】中弹出【筋】的属性设置。在【参数】选项组中设置【筋厚度】为3.00mm，在【拉伸方向】中单击【垂直于草图】按钮，单击【确定】按钮，生成筋特征，如图10-91所示。

12 单击【特征】工具栏中的【线性阵列】按钮，在【属性管理器】中弹出【阵列（线性）】的属性设置。在【方向1】选项组中的【阵列方向】

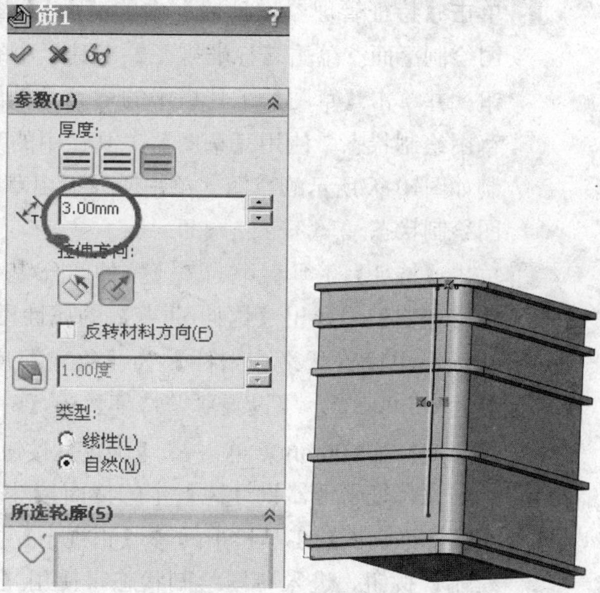

图10-91 生成筋特征

选择框中选择“边线1”作为阵列方向，设置【间距】为50.00mm，设置【实例数】为2，利用【反向】按钮调整线性阵列方向。在【要阵列的特征】选项组中选择上一步骤生成的“筋1”特征作为要阵列的特征。单击【确定】按钮，生成线性阵列特征，如图10-92所示。

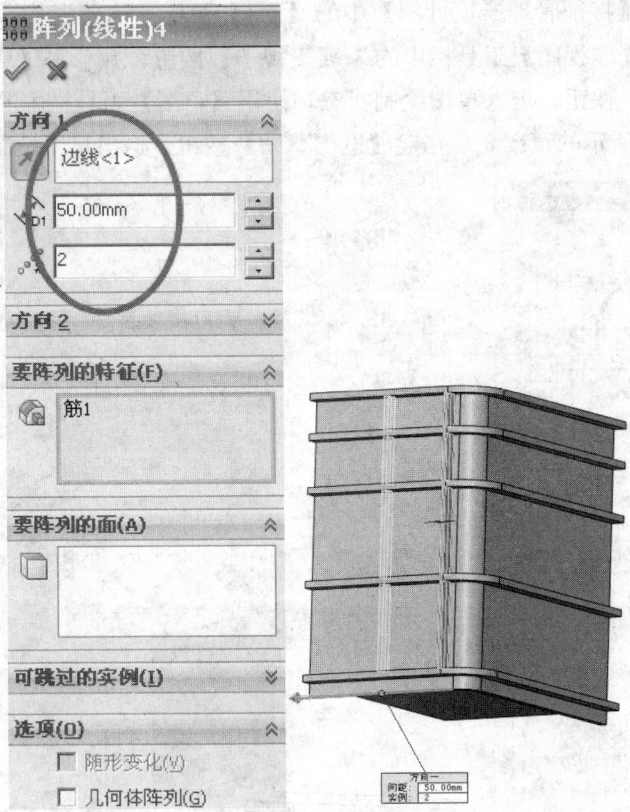

图10-92　生成线性阵列特征

13 单击【特征管理器设计树】中的【面1】图标，使其成为草图绘制平面。单击【标准视图】工具栏中的【正视于】按钮，并单击【草图】工具栏中的【草图绘制】按钮，进入草图绘制状态。使用【草图】工具栏中的【直线】按钮绘制如图10-93所示的草图。单击【退出草图】按钮，退出草图绘制状态。

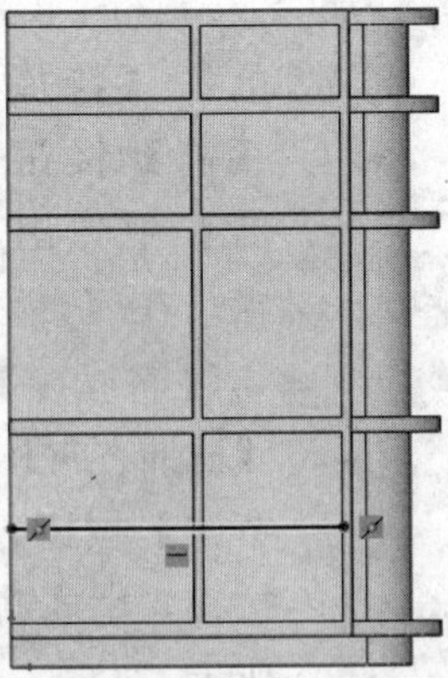

图10-93　绘制草图

14 单击【特征】工具栏中的【拉伸凸台/基体】按钮，在【属性管理器】中弹出【拉伸-薄壁】的属性设置。在【方向1】选项组中设置【终止条件】为【给定深度】，设置【深度】为5.00mm。【设置薄壁特征】为【两侧对称】，设置【厚度】为3.00mm。单击【确定】按钮，生成拉伸特征，如图10-94所示。

15 单击【特征管理器设计树】中的【面1】图标，使前视基准面成为草图绘制平面。单击【标准视图】工具栏中的【正视于】按钮，并单击【草图】工具栏中的【草图绘制】按钮，进入草图绘制状态。使用【草图】工具栏中的【直线】按钮绘制如图10-95所示的草图。单击【退出草图】按钮，退出草图绘制状态。

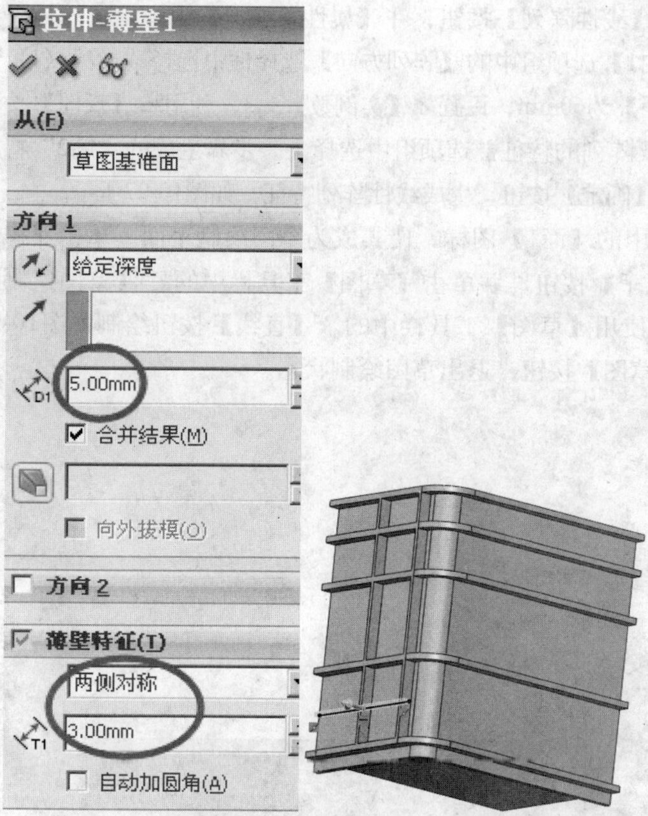

图10-94　生成拉伸特征

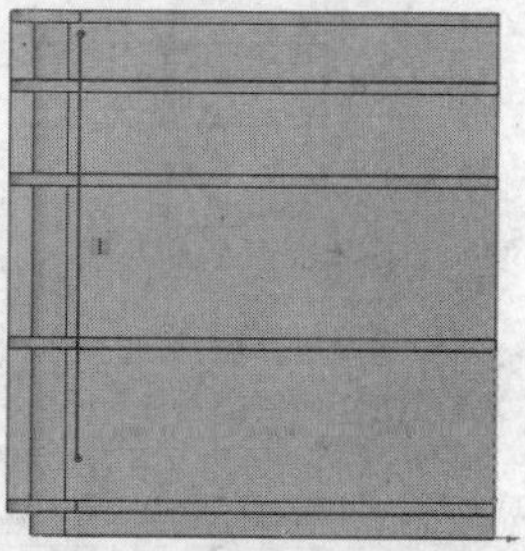

图10-95　绘制草图

16 单击【特征】工具栏中的【筋】按钮，在【属性管理器】中弹出【筋】的属性设置。在【参数】选项组中设置【筋厚度】为3.00mm，在【拉伸方向】中单击【垂直于草图】按钮，单击【确定】按钮，生成筋特征，如图10-96所示。

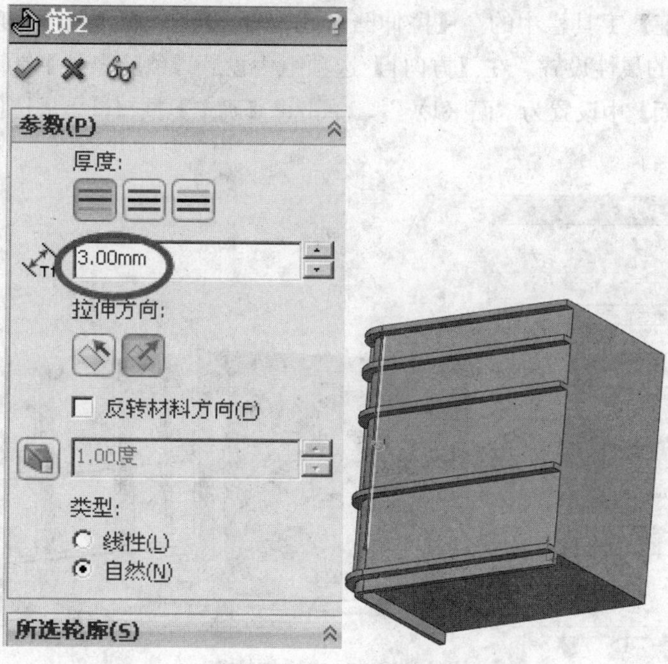

图10-96　生成筋特征

17 单击【特征】工具栏中的【线性阵列】按钮，在【属性管理器】中弹出【阵列（线性）】的属性设置。在【方向1】选项组中的【阵列方向】选择框中选择“边线〈1〉”作为阵列方向，设置【间距】为60mm，设置【实例数】为3，利用【反向】按钮调整线性阵列方向。在【要阵列的特征】选项组中选择上一步骤生成的“筋2”特征作为要阵列的特征。单击【确定】按钮，生成线性阵列特征，如图10-97所示。

18 单击【特征管理器设计树】中的【面1】图标，使其成为草图绘制平面。单击【标准视图】工具栏中的【正视于】按钮，并单击【草图】工具栏中的【草图绘制】按钮，进入草图绘制状态。使用【草图】工具栏中的【直线】按钮绘制如图10-98所示的草图。单击【退出草图】按钮，退出草图绘制状态。

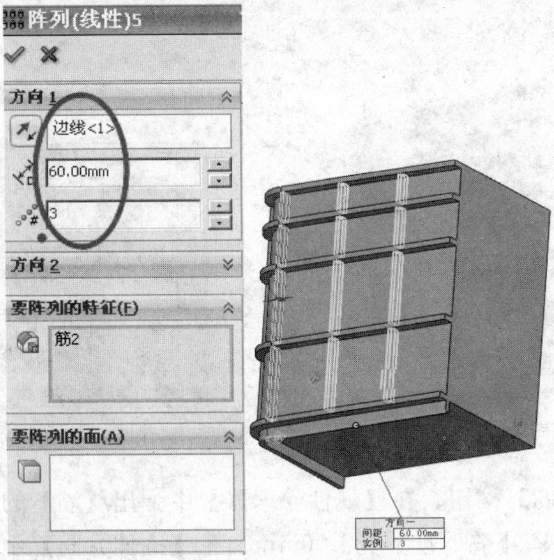

图10-97　生成线性阵列特征

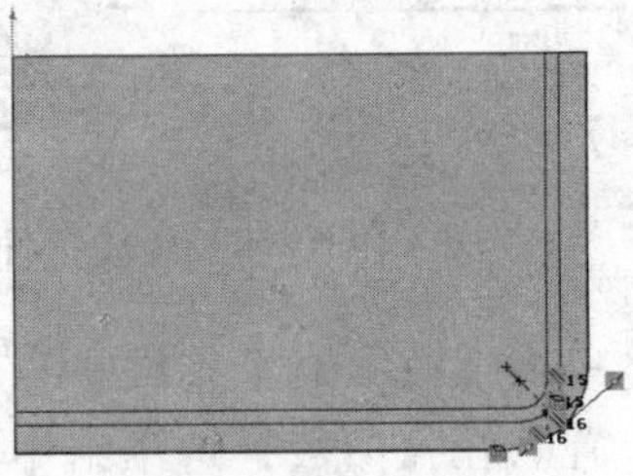

10-98　绘制草图

19 单击【特征】工具栏中的【拉伸凸台/基体】按钮，在【属性管理器】中弹出【凸台-拉伸】的属性设置。在【方向1】选项组中设置【终止条件】为【成形到一面】，在【面/平面】中设置为“面〈1〉”，单击【确定】按钮，生成拉伸特征，如图10-99所示。

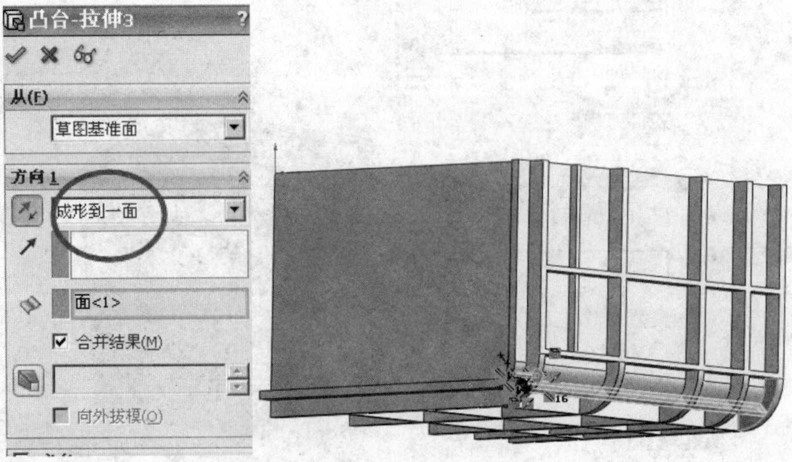

图10-99　生成拉伸特征

20 单击【特征】工具栏中的【线性阵列】按钮，在【属性管理器】中弹出【阵列（线性）6】的属性设置。在【方向1】选项组中的【阵列方向】选择框中选择“边线1”作为阵列方向，设置【间距】为70.00mm，设置【实例数】为2，利用【反向】按钮调整线性阵列方向。在【要阵列的特征】选项组中选择上一步骤生成的特征作为要阵列的特征。单击【确定】按钮，生成线性阵列特征，如图10-100所示。

21 单击【特征管理器设计树】中的【面1】图标，使其成为草图绘制平面。单击【标准视图】工具栏中的【正视于】按钮，并单击【草图】工具栏中的【草图绘制】按钮，进入草图绘制状态。使用【草图】工具栏中的【直线】按钮绘制如图10-101所示的草图。单击【退出草图】按钮，退出草图绘制状态。

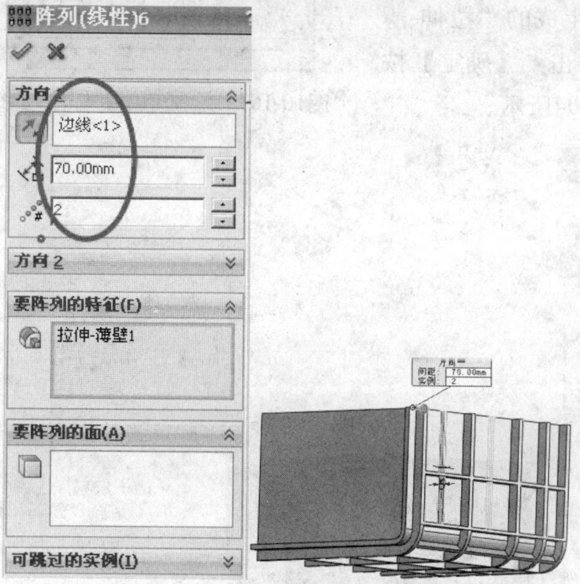

图10-100 生成线性阵列特征

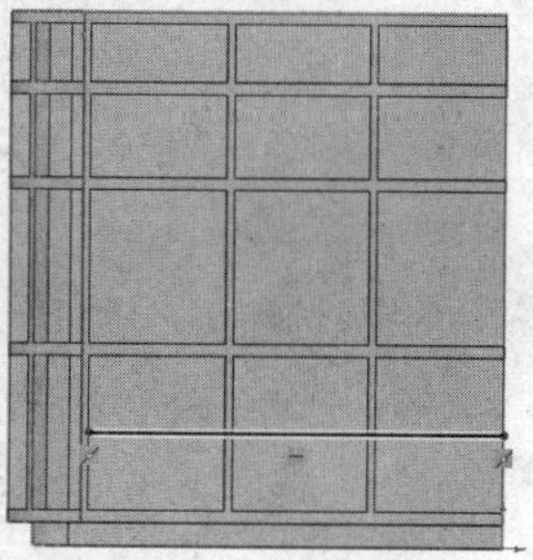
图10-101 绘制草图

22 单击【特征】工具栏中的【拉伸凸台/基体】按钮，在【属性管理器】中弹出【拉伸-薄壁】的属性设置。在【方向1】选项组中设置【终止条件】为【给定深度】，设置【深度】为5.00mm。设置【薄壁特征】为【两侧对称】，设置【厚度】为3.00mm。单击【确定】按钮，生成拉伸特征，如图10-102所示。

23 单击【特征管理器设计树】中的【面1】图标，使前视基准面成为草图绘制平面。单击【标准视图】工具栏中的【正视于】按钮，并单击【草图】工具栏中的【草图绘

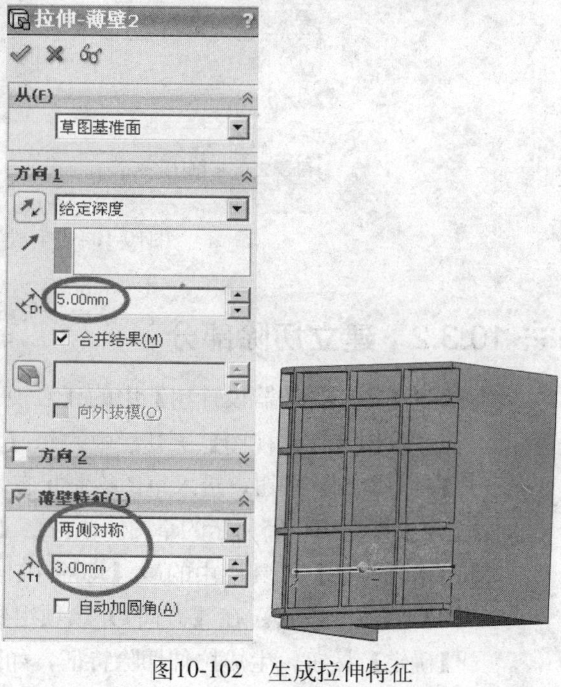

图10-102 生成拉伸特征

制】按钮，进入草图绘制状态。使用【草图】工具栏中的【直线】按钮绘制如图10-103所示的草图。单击【退出草图】按钮，退出草图绘制状态。

24 单击【特征】工具栏中的【线性阵列】按钮，在【属性管理器】中弹出【阵列（线性）】的属性设置。在【方向1】选项组中的【阵列方向】选择框中选择“边线〈1〉”作为阵列方向，设置【间距】为70.00mm，设置【实例数】为2，利用【反向】按钮调整线性阵列方向。在【要阵列的特征】选项组中选择上一步骤生成的“拉伸-薄壁2”特征作为要阵列的特征。单击【确定】按钮，生成线性阵列特征，如图10-104所示。

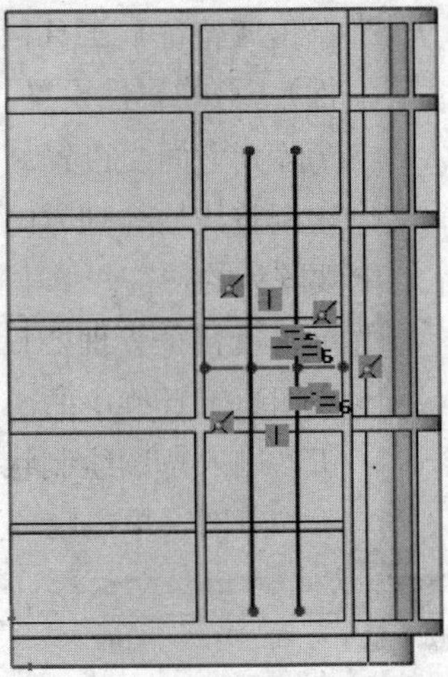

图10-103　绘制草图并标注尺寸

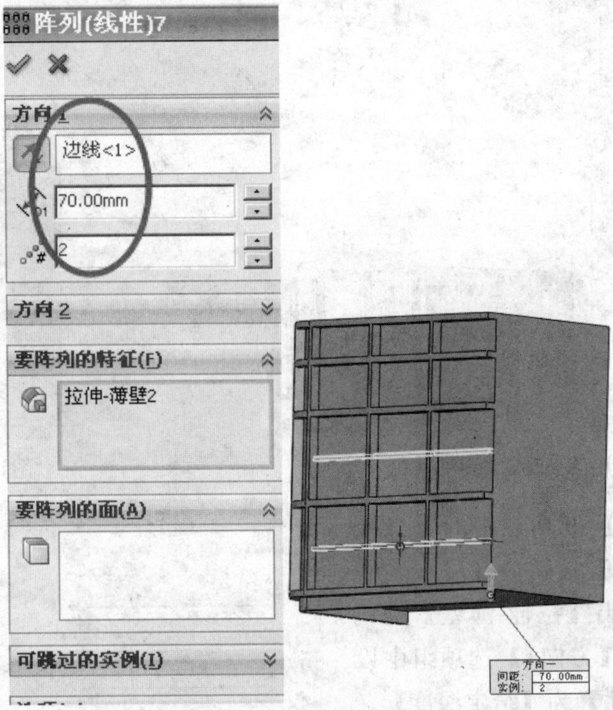

图10-104　生成线性阵列特征

10.3.2　建立切除部分

01 单击【特征管理器设计树】中的【右视基准面】图标，使右视基准面成为草图绘制平面。单击【标准视图】工具栏中的【正视于】按钮，并单击【草图】工具栏中的【草图绘制】按钮，进入草图绘制状态。使用【草图】工具栏中的【中心矩形】按钮绘制如图10-105所示的草图。单击【退出草图】按钮，退出草图绘制状态。

02 单击【特征】工具栏中的【切除-拉伸】按钮，在【属性管理器】中弹出【切除-拉伸】的属性设置。在【方向1】选项组中设置【终止条件】为【完全贯穿】，单击【确定】按钮，生成拉伸切除特征，如图10-106所示。

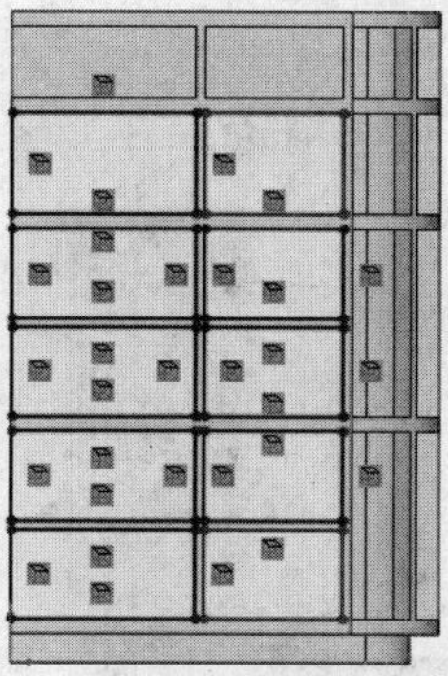

图10-105　绘制草图

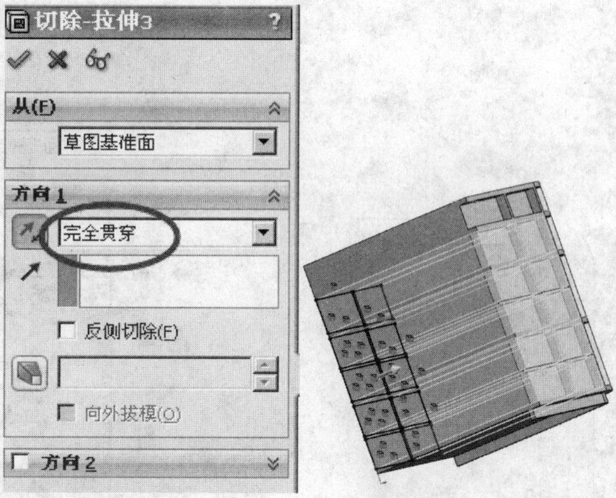

图10-106　生成拉伸切除特征

03 单击【特征管理器设计树】中的【前视基准面】图标，使其成为草图绘制平面。单击【标准视图】工具栏中的【正视于】按钮，并单击【草图】工具栏中的【草图绘制】按钮，进入草图绘制状态。使用【草图】工具栏中的【中心矩形】按钮绘制如图10-107所示的草图。单击【退出草图】按钮，退出草图绘制状态。

04 单击【特征】工具栏中的【切除-拉伸】按钮，在【属性管理器】中弹出【切除-拉伸】的属性设置。在【方向1】选项组中设置【终止条件】为【完全贯穿】，单击【确定】按钮，生成拉伸切除特征，如图10-108所示。

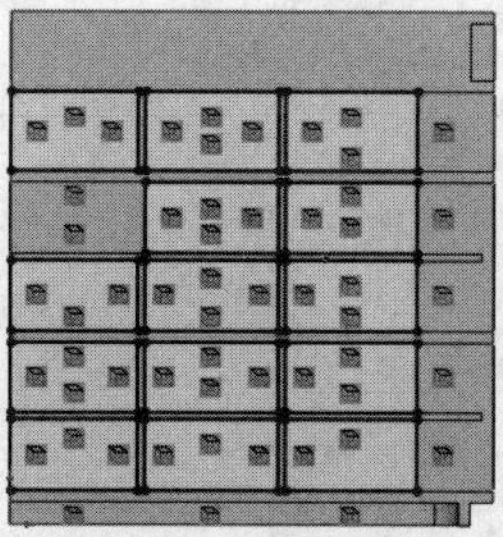

图10-107　绘制草图

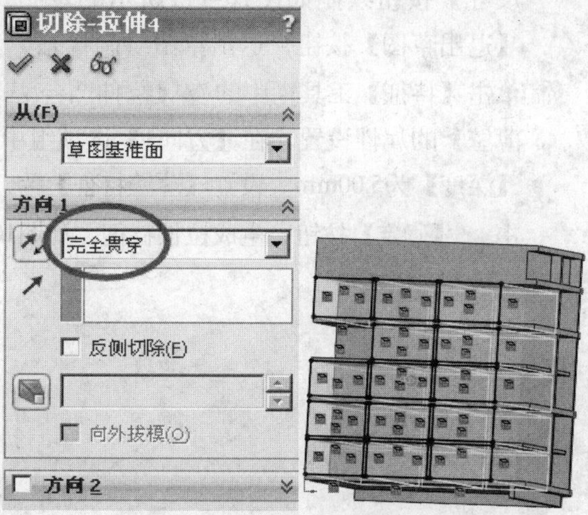

图10-108　生成拉伸切除特征

05 单击【特征管理器设计树】中的【上视基准面】图标，使其成为草图绘制平面。单击【标准视图】工具栏中的【正视于】按钮，并单击【草图】工具栏中的【草图绘制】按钮，进入草图绘制状态。使用【草图】工具栏中的【直线】和【圆弧】按钮绘制如图10-109所示的草图。单击【退出草图】按钮，退出草图绘制状态。

06 单击【特征】工具栏中的【切除-拉伸】按钮，在【属性管理器】中弹出【切除-拉伸】的属性设置。在【方向1】选项组中设置【终止条件】为【完全贯穿】，单击【确定】按钮，生成拉伸切除特征，如图10-110所示。

图10-109　绘制草图

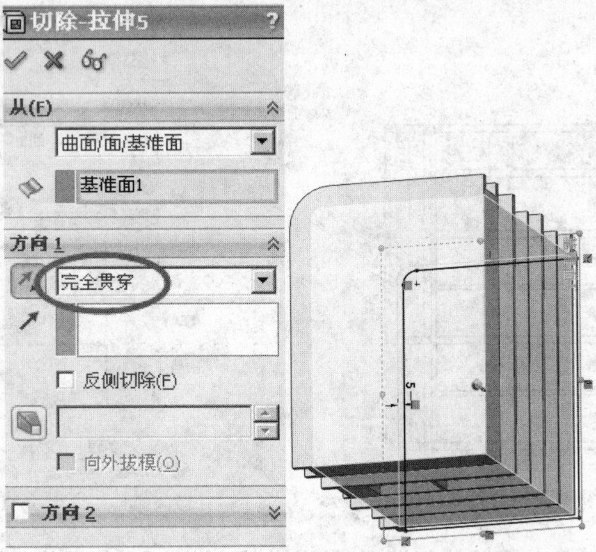

图10-110　生成拉伸切除特征

07 单击【特征管理器设计树】中的【面1】图标，使其成为草图绘制平面。单击【标准视图】工具栏中的【正视于】按钮，并单击【草图】工具栏中的【草图绘制】按钮，进入草图绘制状态。使用【草图】工具栏中的【直线】和【智能尺寸】按钮绘制如图10-111所示的草图。单击【退出草图】按钮，退出草图绘制状态。

图10-111　绘制草图并标注尺寸

08 单击【特征】工具栏中的【拉伸凸台/基体】按钮，在【属性管理器】中弹出【拉伸-薄壁】的属性设置。在【方向1】选项组中设置【终止条件】为【给定深度】，设置【深度】为5.00mm。设置【薄壁特征】为【两侧对称】，设置【厚度】为3.00mm。单击【确定】按钮，生成拉伸特征，如图10-112所示。

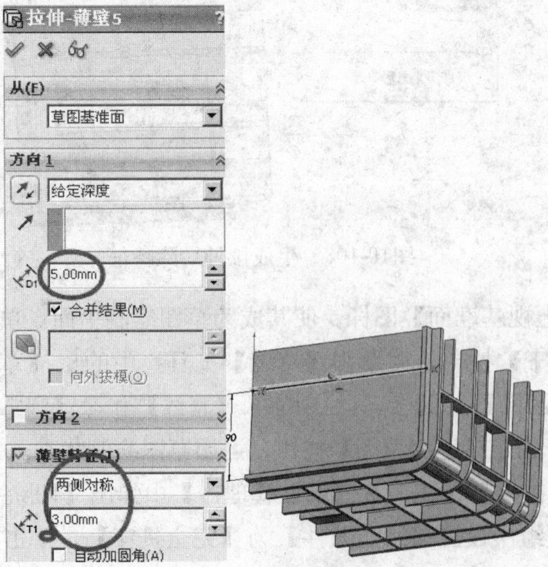

图10-112　生成拉伸特征

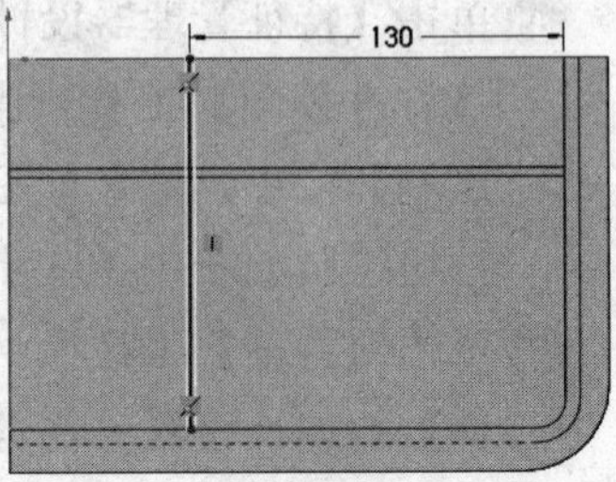

图10-113　绘制草图并标注尺寸

09 单击【特征管理器设计树】中的【面1】图标，使其成为草图绘制平面。单击【标准视图】工具栏中的【正视于】按钮，并单击【草图】工具栏中的【草图绘制】按钮，进入草图绘制状态。使用【草图】工具栏中的【直线】和【智能尺寸】按钮绘制如图10-113所示的草图。单击【退出草图】按钮，退出草图绘制状态。

10 单击【特征】工具栏中的【拉伸凸台/基体】按钮，在【属性管理器】中弹出【拉伸-薄壁6】的属性设置。在【方向1】选项组中设置【终止条件】为【给定深度】，设置【深度】为5.00mm。【薄壁特征】为【两侧对称】，设置【厚度】为3.00mm。单击【确定】按钮，生成拉伸特征，如图10-114所示。

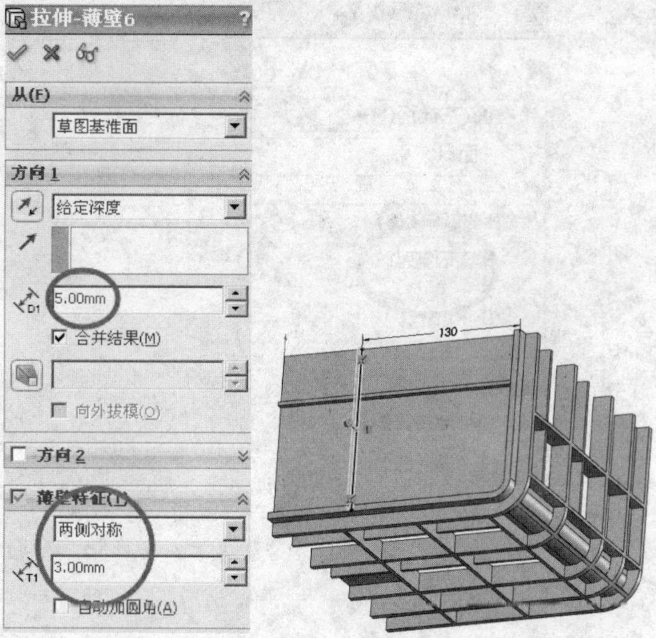

图10-114　生成拉伸特征

11 选择【插入】|【阵列/镜向】|【填充阵列】菜单命令，在【属性管理器】中弹出【填充阵列】的属性设置。在【填充边界】选项组中选择模型的表面；在【阵列布局】选项组中单击按钮，设置【间距】为9.00mm，设置【交错断续角度】为60.00度，在【阵列方向】上选择“边线<1>”。在【要阵列的特征】选项组中单击按钮，设置【半径】为6.00mm。单击【确定】按钮，生成填充阵列特征，如图10-115所示。

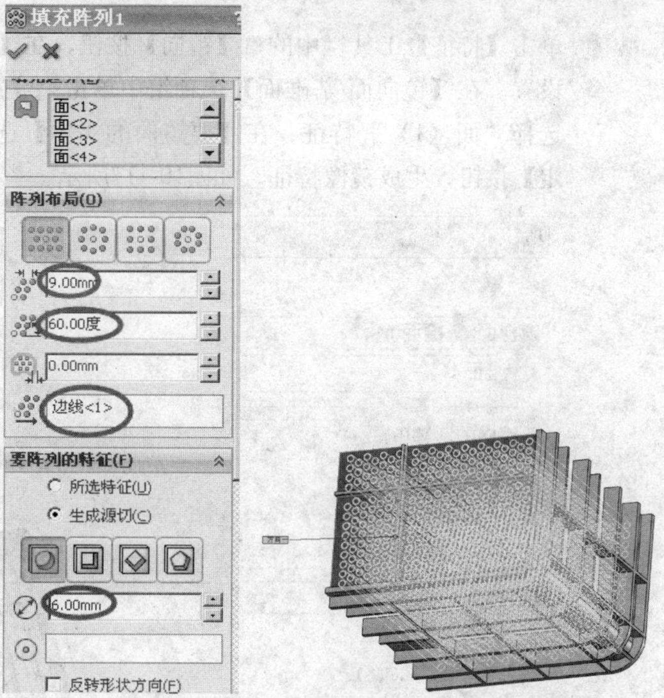

图10-115　生成填充阵列特征

10.3.3　建立其他部分

01 单击【特征】工具栏中的【镜向】按钮，在【属性管理器】中弹出【镜向】的属性设置。在【镜向面/基准面】选项组中单击【镜向面/基准面】选择框，在绘图区中选择“面〈1〉”特征；在【要镜向的实体】选择框中选择“填充阵列1”，单击【确定】按钮，生成镜像特征，如图10-116所示。

图10-116　生成镜像特征

02 单击【特征】工具栏中的【镜向】按钮，在【属性管理器】中弹出【镜向】的属性设置。在【镜向面/基准面】选项组中单击【镜向面/基准面】选择框，在绘图区中选择“面〈1〉”特征；在【要镜向的实体】选择框中选择“镜向2”，单击【确定】按钮，生成镜像特征，如图10-117所示。

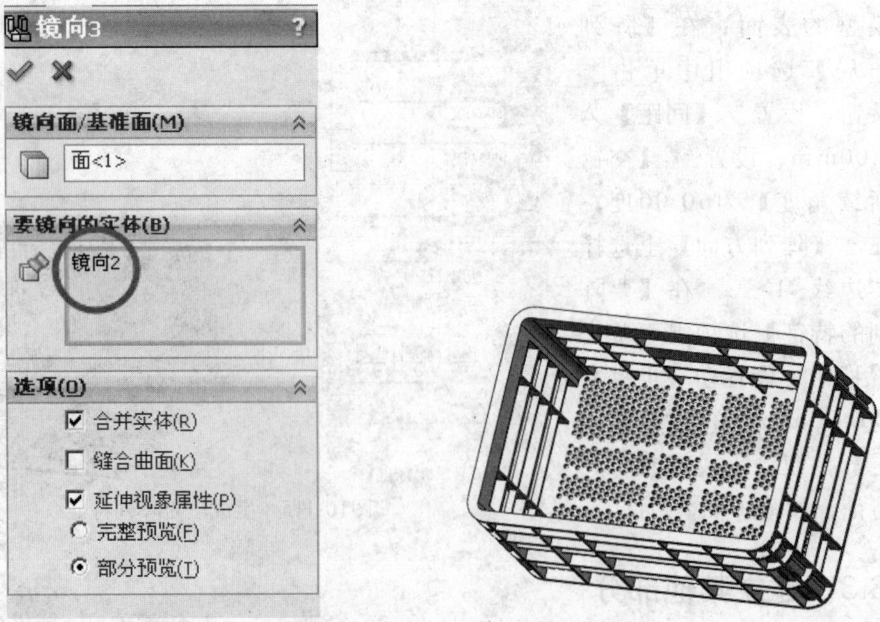

图10-117　生成镜像特征

10.4 装配体范例

组合体机构模型如图10-118所示。

此装配体较为复杂，在装配之前有必要说明此装配体的大概工作原理，好让读者对装配体有个感性认识。此组合机构是常见的多连杆机构，通过齿轮和连杆的配合将圆周运动转换为直线往复运动，如图10-119所示。

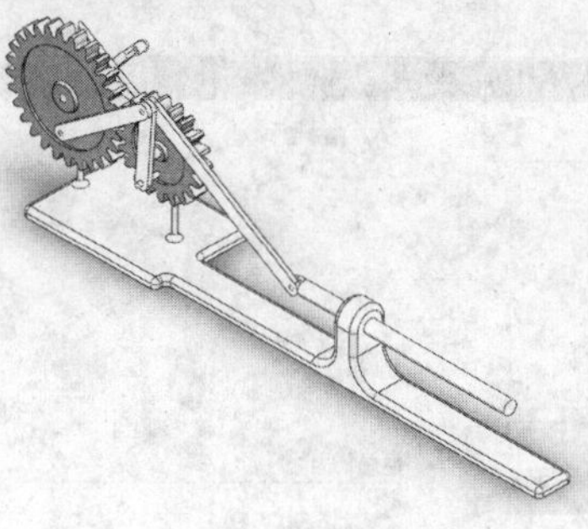

图10-118　组合体装配体

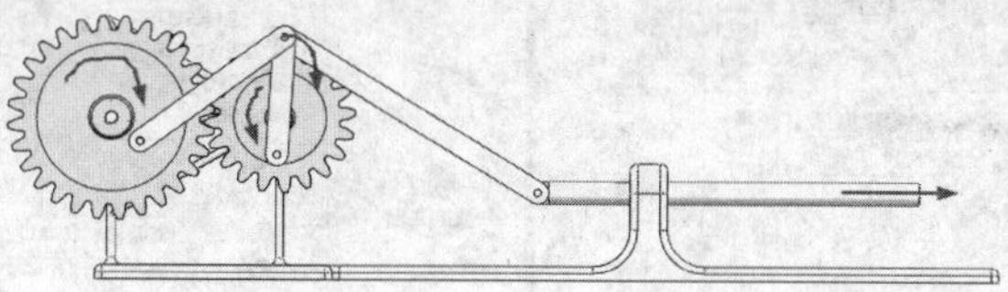

图10-119　工作原理图

主要步骤如下。

1）新建装配体文件。

2）插入第一个零件。

3）插入剩下部分零件。

4）对零件进行配合。

5）插入剩下全部零件。

6）对剩下零件进行配合。

7）检查视图。

10.4.1　新建装配体文件

01 启动中文版SolidWorks 2012。

02 单击【标准】工具栏中的【新建】按钮，弹出【新建SolidWorks文件】对话框，单击【装配体】按钮，如图10-120所示，然后单击【确定】按钮。

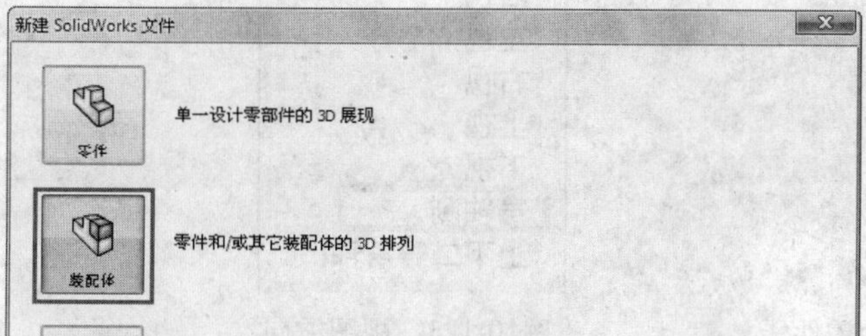

图10-120　新建文件

10.4.2 插入第一个零件

01 弹出【开始装配体】对话框，单击【浏览】按钮，选择零件“支架轴.SLDPRT”，单击【打开】按钮，如图10-121所示，单击✔【确定】按钮。选择【文件】|【另存为】菜单命令，弹出【另存为】对话框，在【文件名】文字框中输入装配体名称“组合体”，单击【保存】按钮。

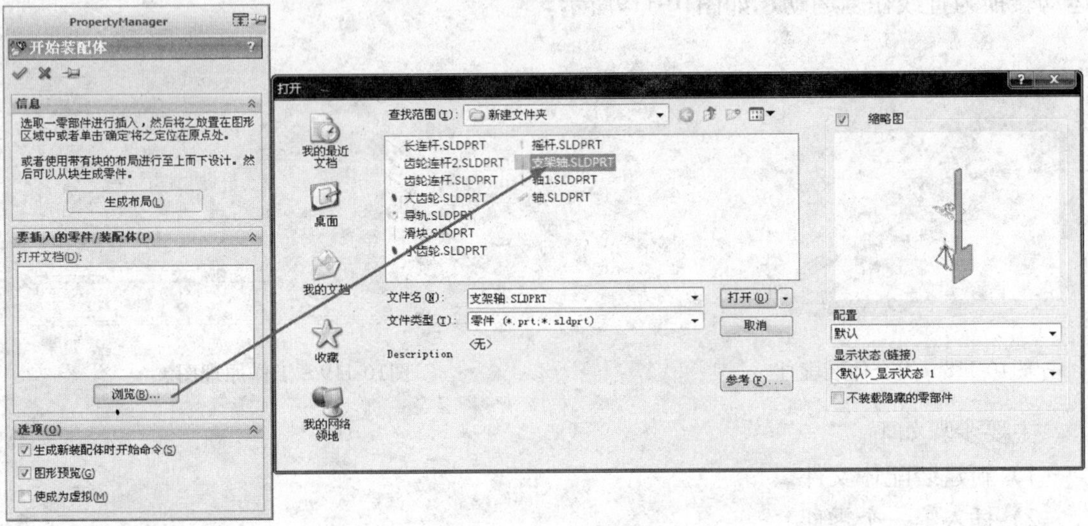

图10-121 插入零件

02 单击打开后，插入的零件随着鼠标的移动而相应移动，找到合适的位置放置零件，如图10-122所示。

03 按键盘上的空格键，弹出【方向】快捷菜单，选择【等轴测】，如图10-123所示。

04 等轴测的视图如图10-124所示。

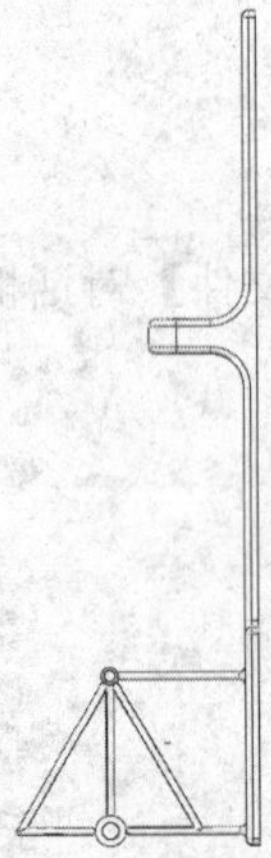

图10-122 放置第一个零件

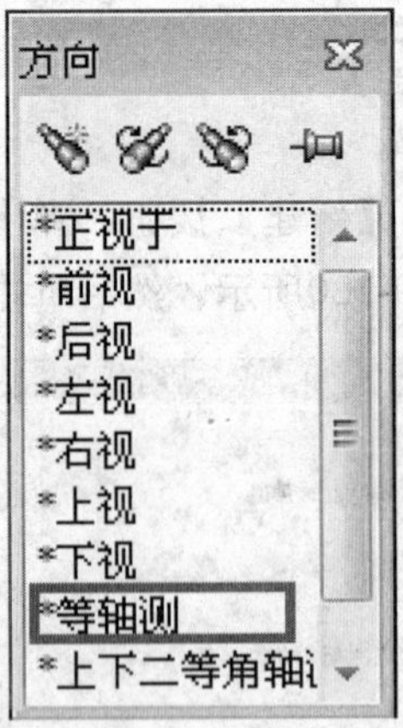

图10-123 视图方向

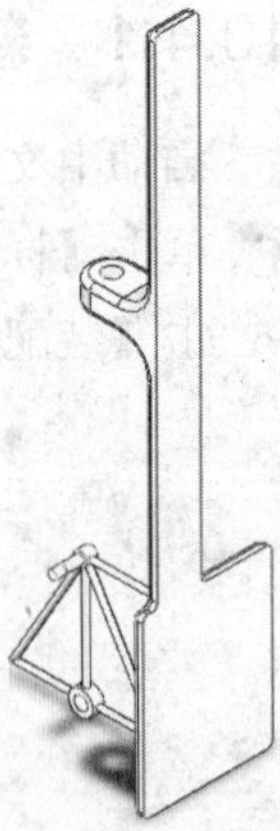

图10-124 等轴测视图

05 等轴测的视图方向与常规的零件视图方向不一致，要调整视图方向。在工作栏右击【支架轴】，如图10-125所示。

06 将其设置为【浮动】，如图10-126所示。

07 此时【支架轴】前面的（固定）消失，如图10-127所示。

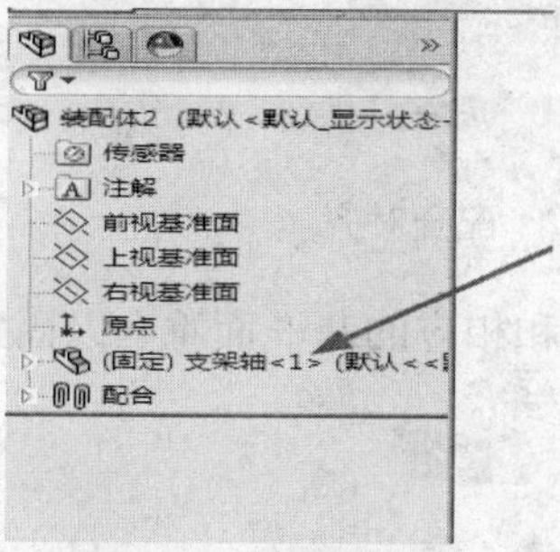

图10-125　工作栏

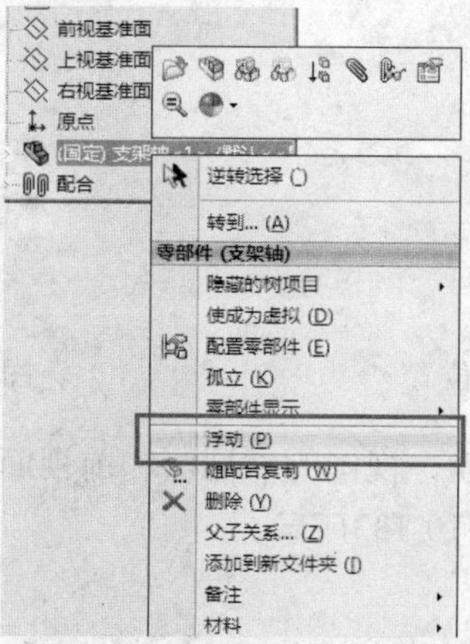

图10-126　设置为浮动

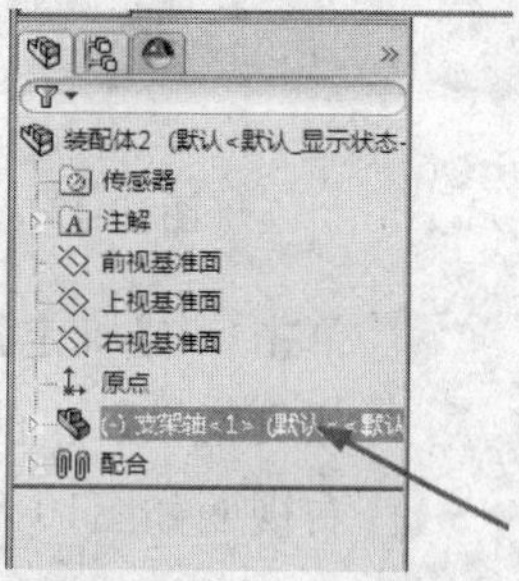

图10-127　设置为浮动

08 右击【支架】底面部分，如图10-128所示。

09 弹出快捷菜单，如图10-129所示。

10 单击按钮，弹出【配合】的属性设置，单击【标准配合】一栏中的【重合】按钮，再选中【上视基准面】，如图10-130所示。

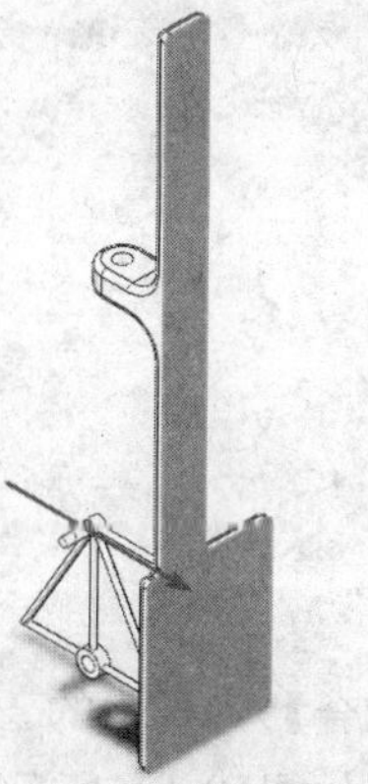
图10-128　选择圆柱面

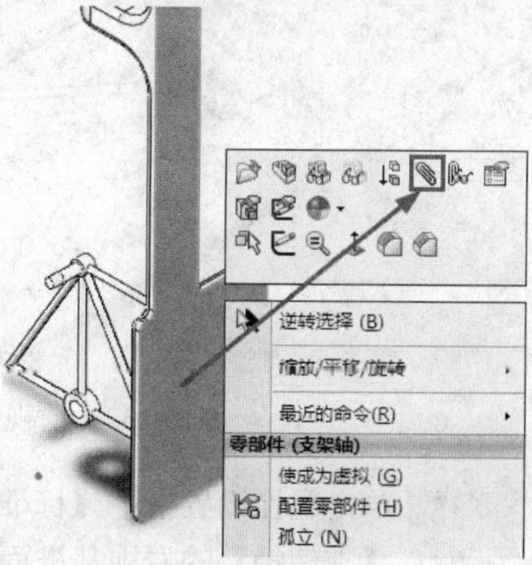

图10-129　快捷菜单

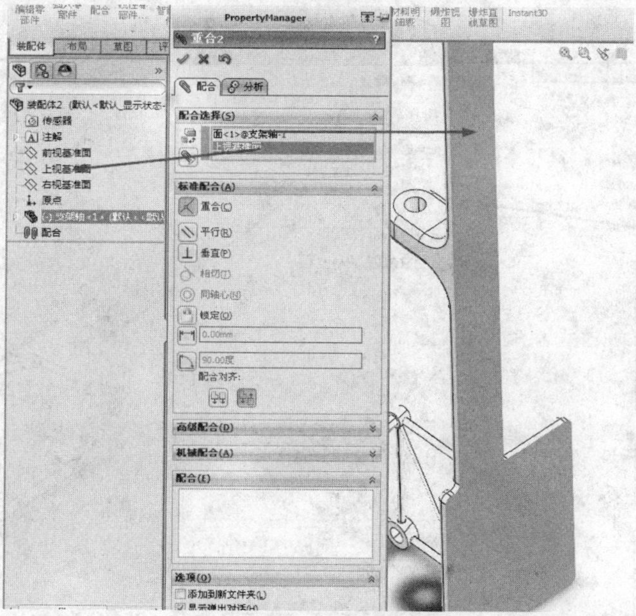

图10-130　重合配合

11 此时【支架】零件移动到如图10-131所示的位置。

12 单击属性设置框中的配合对齐按钮，以便找到合适的对齐方式，如图10-132所示。

图10-131　配合后的位置

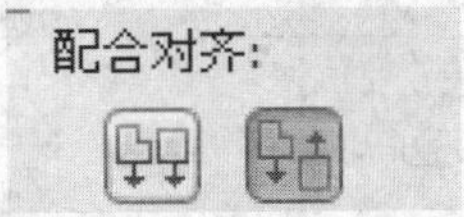

图10-132　配合对齐

13 单击✓【确定】按钮继续，视图的右视面和前视面需要和相应的基准面重合以固定【支架轴】，前视面如图10-133所示。

14 右视面如图10-134所示。

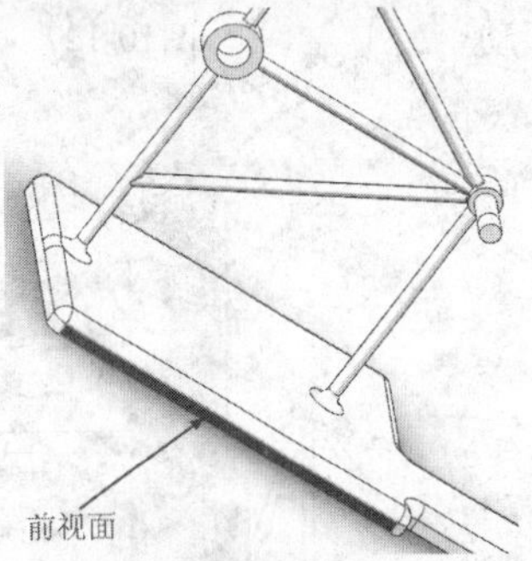

图10-133　前视面

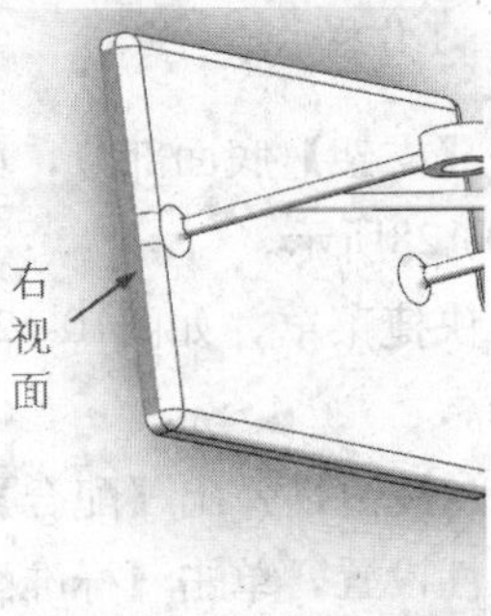

图10-134　右视面

15 单击属性设置框中【标准配合】一栏中的【重合】按钮，再选中【右视基准面】和【支架轴】的右视基准面，如图10-135所示。

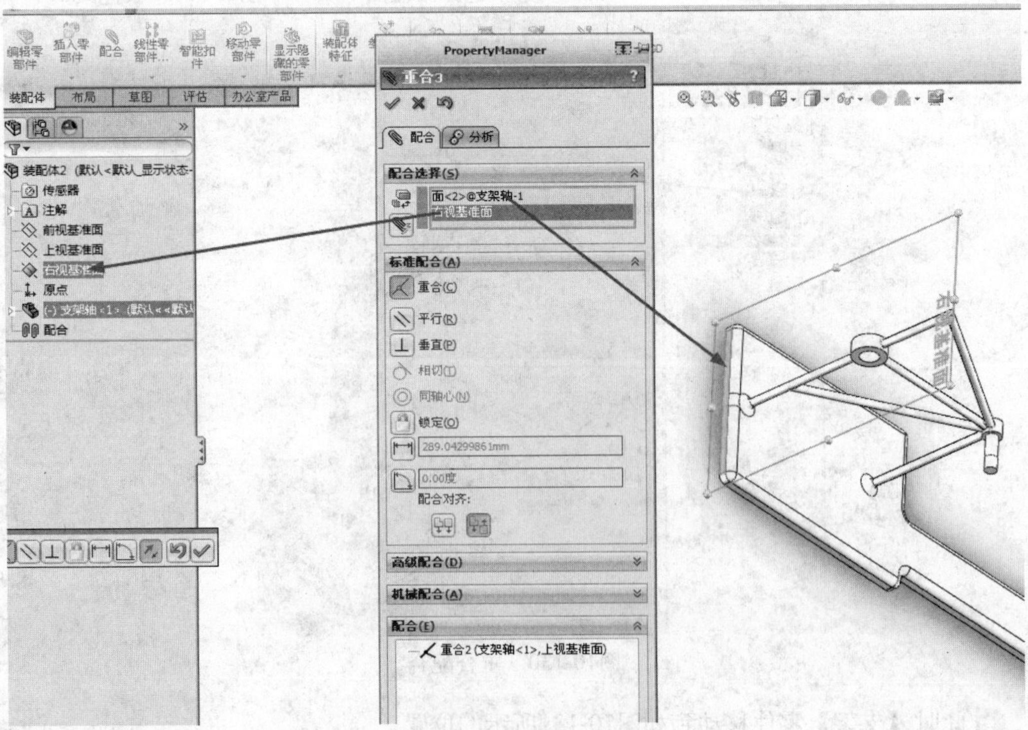

图10-135　右视面重合

16 单击属性设置框中【标准配合】一栏中的 【重合】按钮，再选中【前视基准面】和【支架轴】的前视面，如图10-136所示。

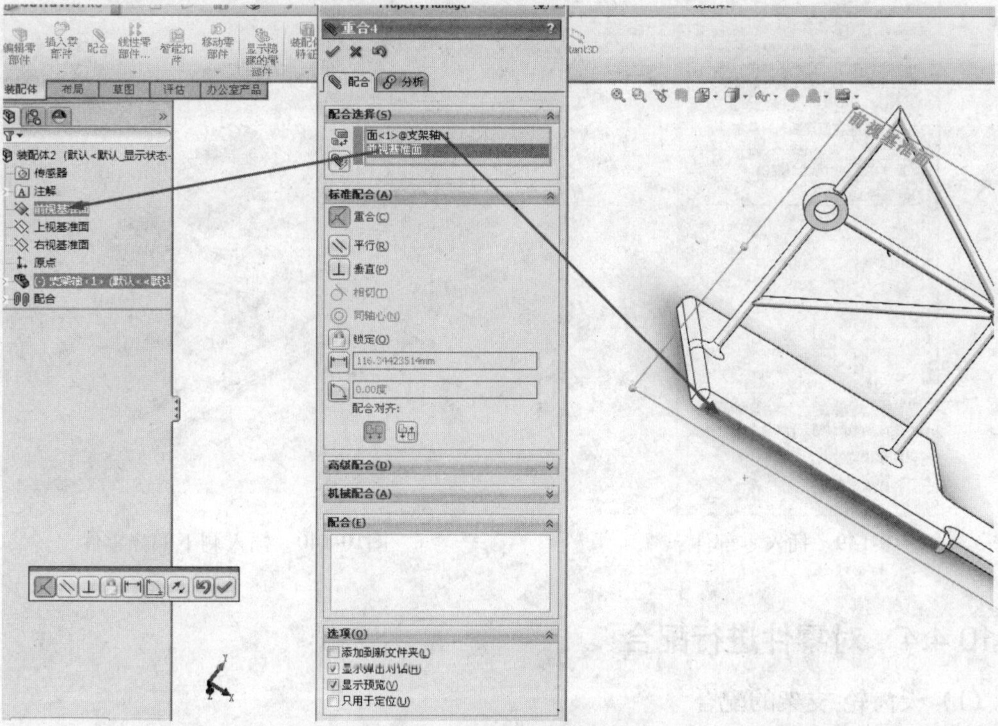

图10-136　前视面重合

17 单击 【确定】按钮继续，退出【配合】的对话框。按键盘上的空格键，弹出【方向】快捷菜单，选择【等轴测】，如图10-137所示。

18 等轴测的视图如图10-138所示。

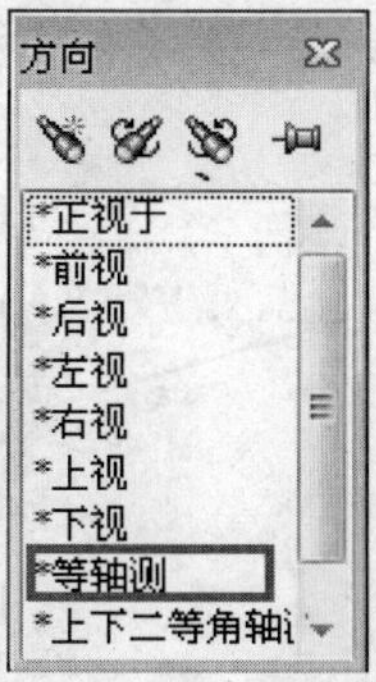

图10-137　视图方向

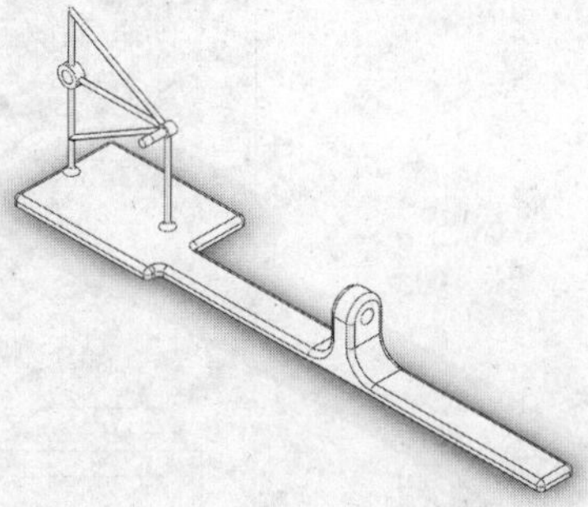

图10-138　等轴测

10.4.3　插入剩下部分零件

01 单击【命令管理器】中的【装配体】选项卡，在此选项卡中单击 按钮，弹出【插入零部件】的属性设置，如图10-139所示。

02 单击【浏览】按钮，依次插入【大齿轮】、【小齿轮】、【轴】、【摇杆】、【轴1】（两次），如图10-140所示。

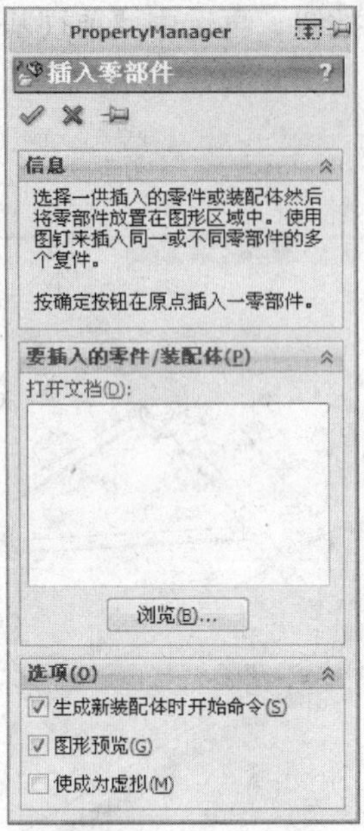

图10-139　插入零部件

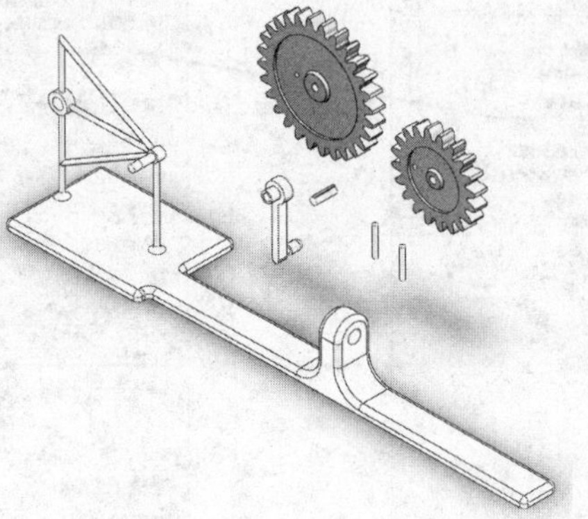

图10-140　插入剩下部分零件

10.4.4　对零件进行配合

（1）大齿轮-支架的配合

01 右击图示的【大齿轮】任意一个以齿轮中心为圆心的边线，如图10-141所示。

02 弹出快捷菜单，单击按钮，弹出【配合】的属性设置，单击【标准配合】一栏中的【同轴心】按钮，再选中【支架】端面的圆形边线，如图10-142所示。

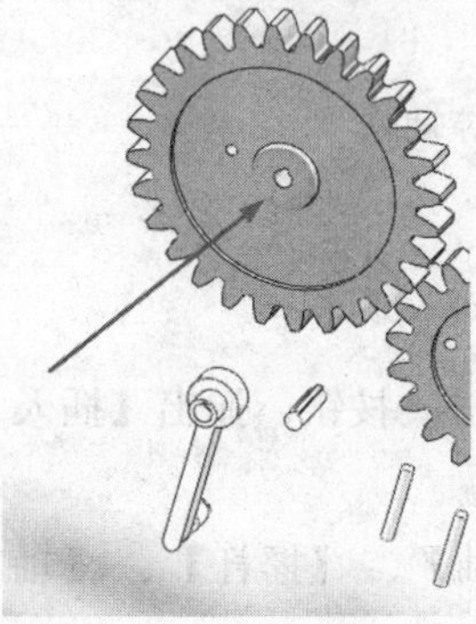

图10-141　选择球面

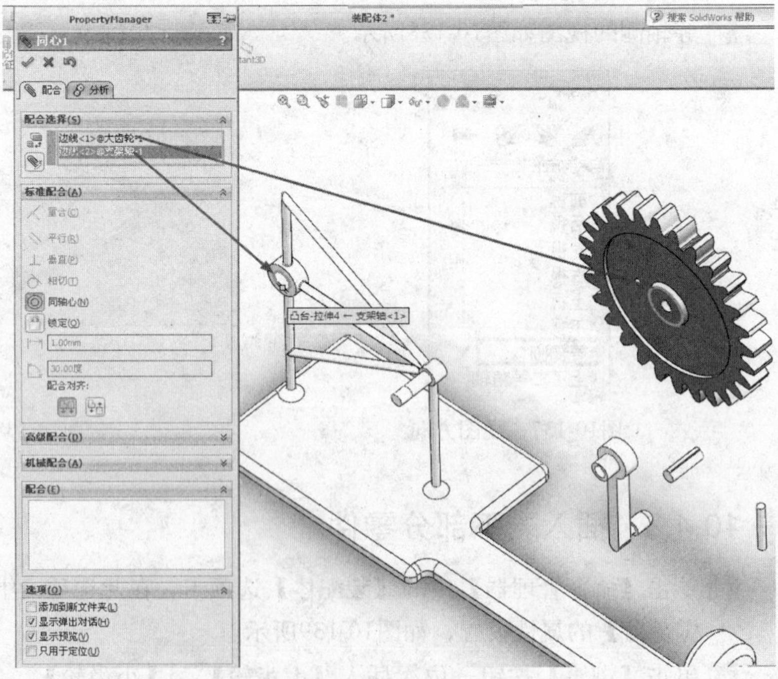

图10-142　同轴心配合

03 此时【大齿轮】零件移动到如图10-143所示的位置。

04 单击✔【确定】按钮继续配合。

05 单击【标准配合】一栏中的【重合】按钮，再选中【大齿轮】和【支架】的端面，如图10-144所示。

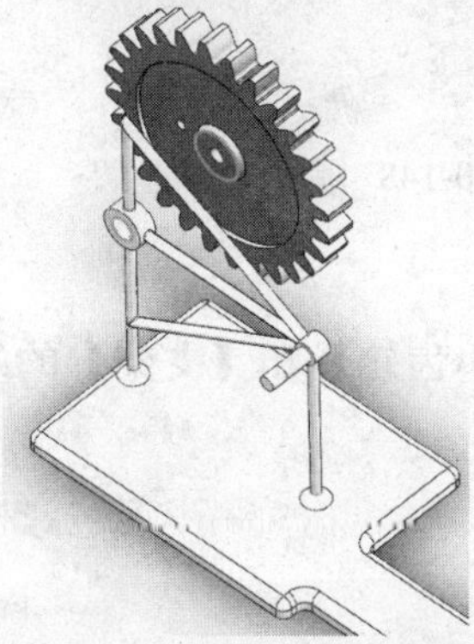

图10-143　配合后的位置

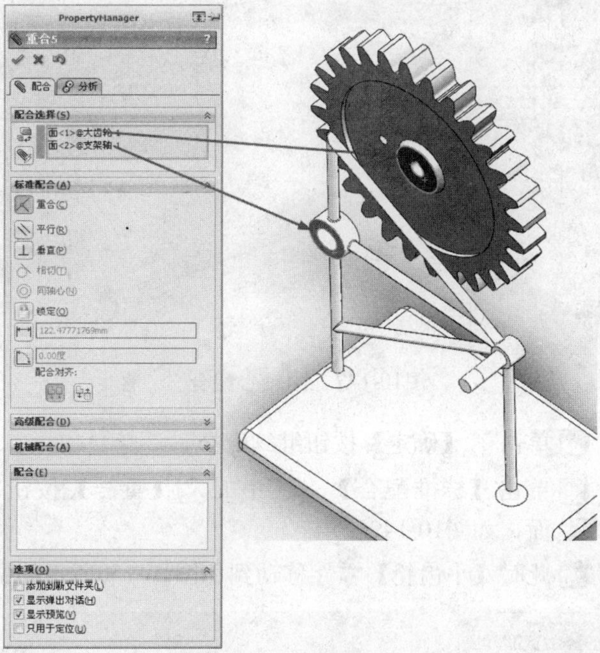

图10-144　选择重合面

06 此时【大齿轮】零件移动到如图10-145所示的位置。

07 单击✔【确定】按钮完成配合。

（2）小齿轮-支架的配合

01 右击图示的【大齿轮】任意一个以齿轮中心为圆心的边线，如图10-146所示。

图10-145　检查配合

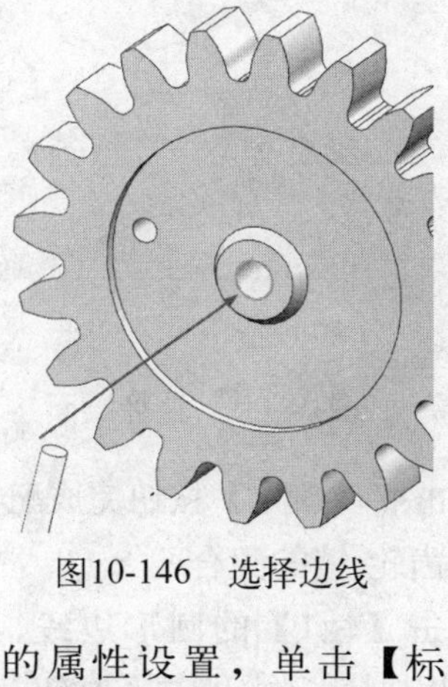

图10-146　选择边线

02 弹出快捷菜单，单击按钮，弹出【配合】的属性设置，单击【标准配合】一栏中的【同轴心】按钮，再选中【支架】端面的圆形边线，如图10-147所示。

03 此时【大齿轮】零件移动到如图10-148所示的位置。

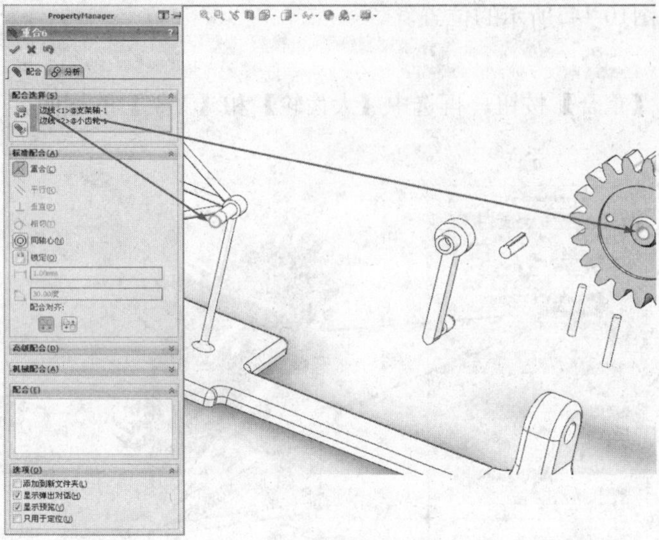

图10-147　同轴心配合

图10-148　配合后的位置

04 单击✔【确定】按钮继续配合。

05 单击【标准配合】一栏中的【重合】按钮，再选中【小齿轮】和【支架】的端面，如图10-149所示。

06 此时【小齿轮】零件移动到如图10-150所示的位置。

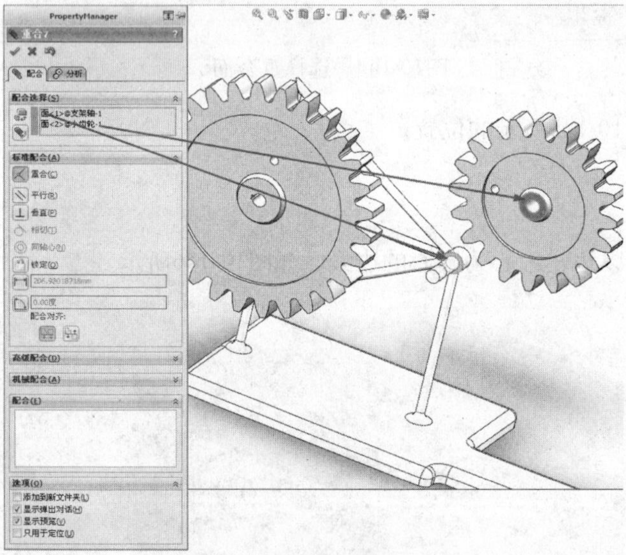

图10-149　选择端面

图10-150　检查配合

07 单击✔【确定】按钮完成配合。

（3）齿轮-销的配合

01 右击【轴1】的圆形边线，如图10-151所示。

02 弹出快捷菜单，单击按钮，弹出【配合】的属性设置，单击【标准配合】一栏中的【重合】按钮，再选中【大齿轮】销孔的边线，如图10-152所示。

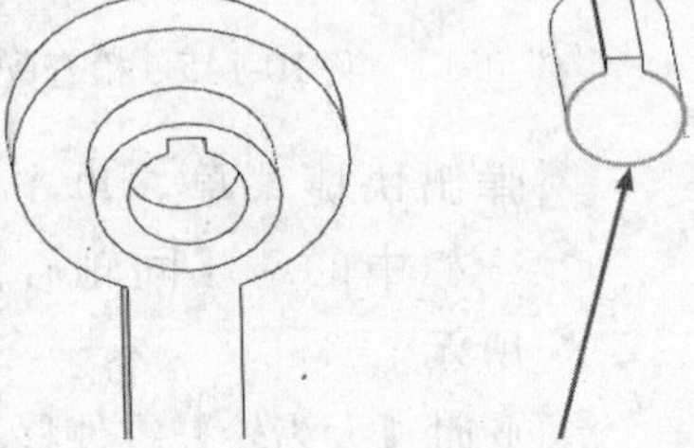

图10-151　选择端面

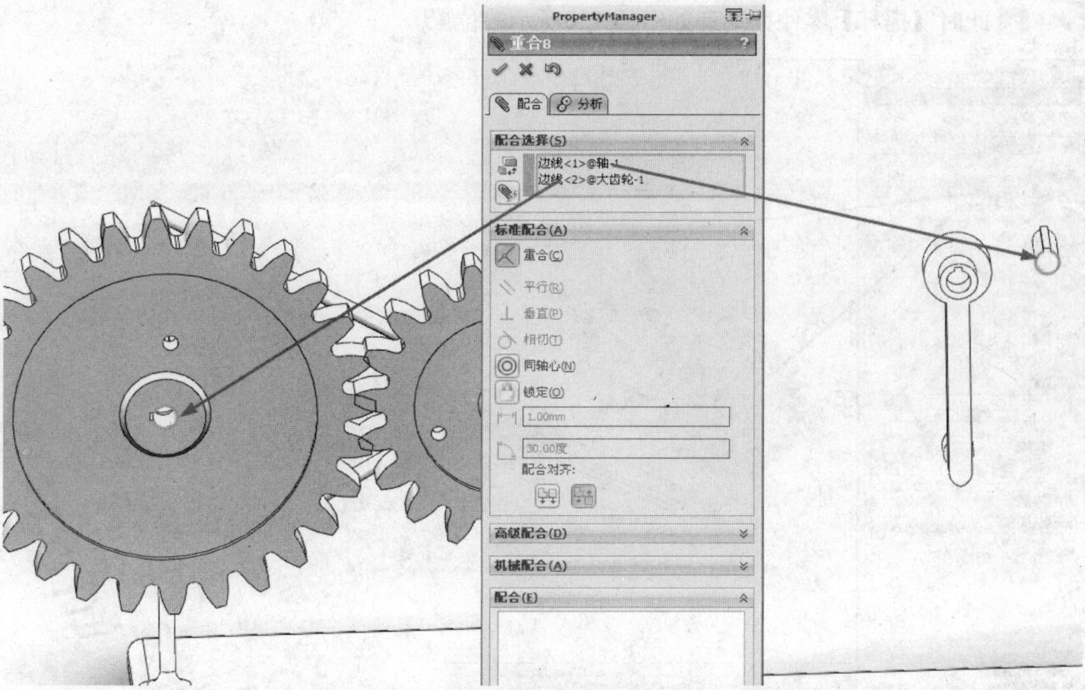

图10-152　选择边线

03 此时，【轴1】移动到如图10-153所示的位置。

04 单击✔【确定】按钮继续，单击【标准配合】一栏中的【重合】按钮，再选择齿轮孔和销的边线，如图10-154所示。

05 此时零件移动到如图10-155所示的位置。

图10-153　配合后的位置

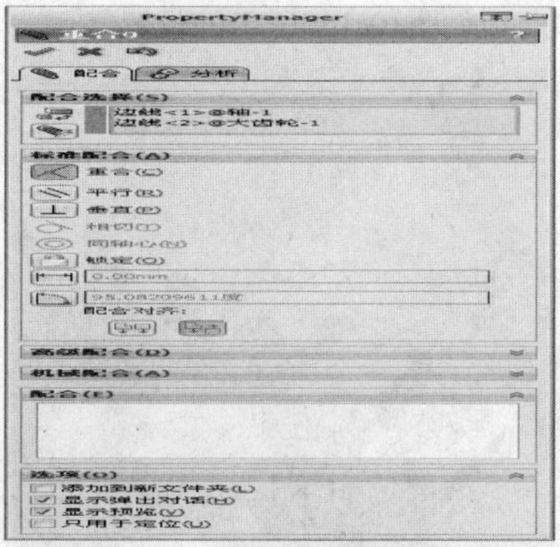

图10-154　重合配合

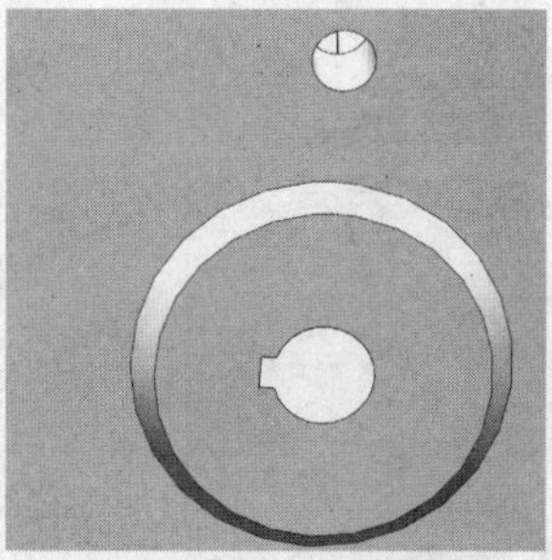

图10-155　配合位置

06 单击✔【确定】按钮退出属性设置框。

（4）摇杆-齿轮的配合

01 右击图示的【摇杆】的圆形边线，如图10-156所示。

02 弹出快捷菜单，单击按钮，弹出【配合】的属性设置，单击【标准配合】一栏中的【同轴心】按钮，再选中【支架】端面的圆形边线，如图10-157所示。

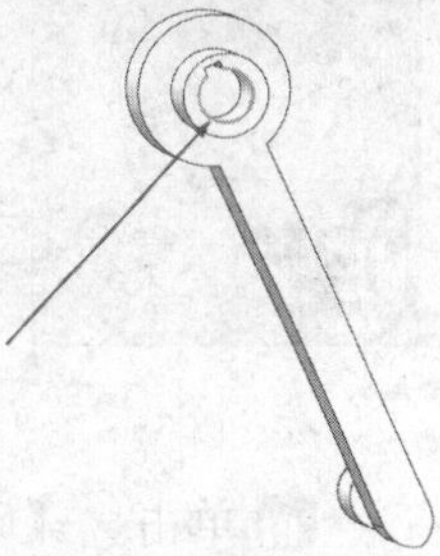

图10-156　选择边线

03 此时【摇杆】零件移动到如图10-158所示的位置。

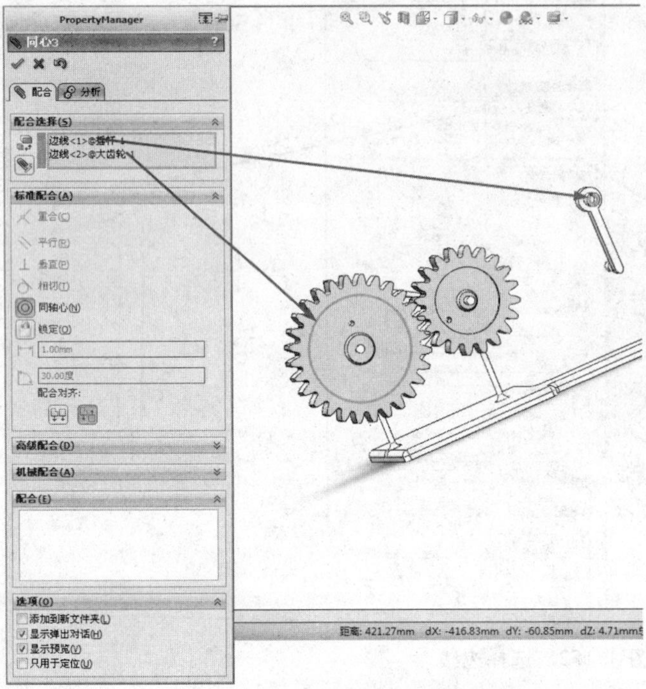

图10-157　同轴心配合

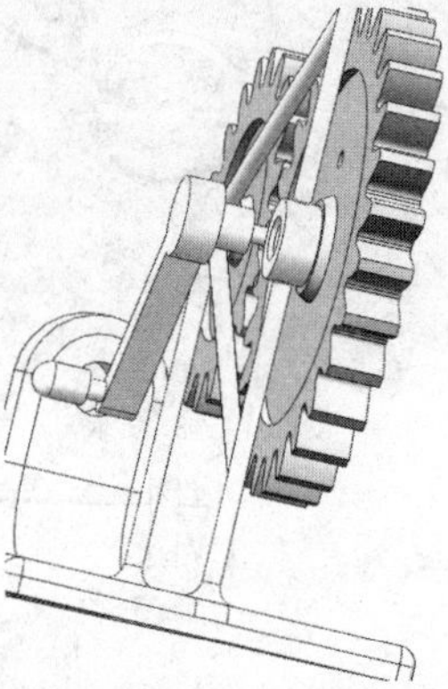

图10-158　配合后的位置

04 单击✓【确定】按钮继续配合。

05 单击【标准配合】一栏中的【平行】按钮，再选中【摇杆】和【轴1】的销孔的边线，如图10-159所示。

06 此时【摇杆】零件移动到如图10-160所示的位置。

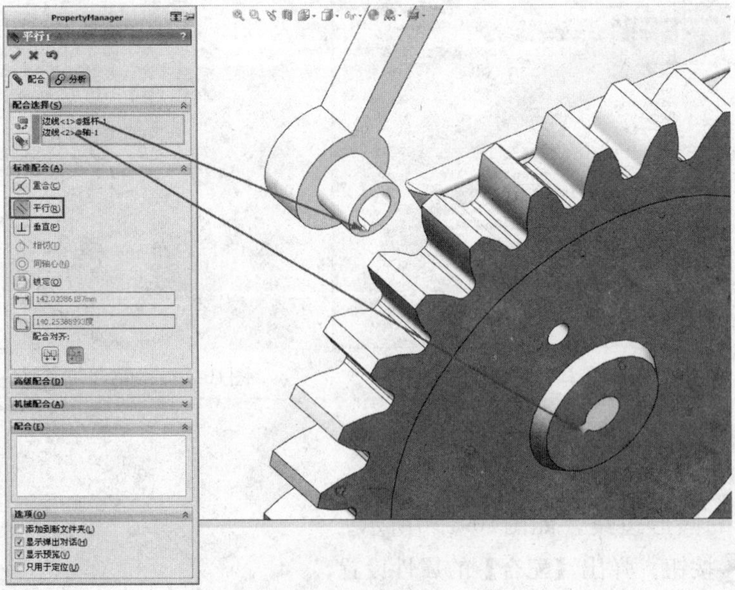

图10-159　选择重合面

图10-160　检查配合

07 单击✓【确定】按钮继续配合。

08 单击【标准配合】一栏中的【重合】按钮，再选中【摇杆】和【支架】的接触面，如图10-161所示。

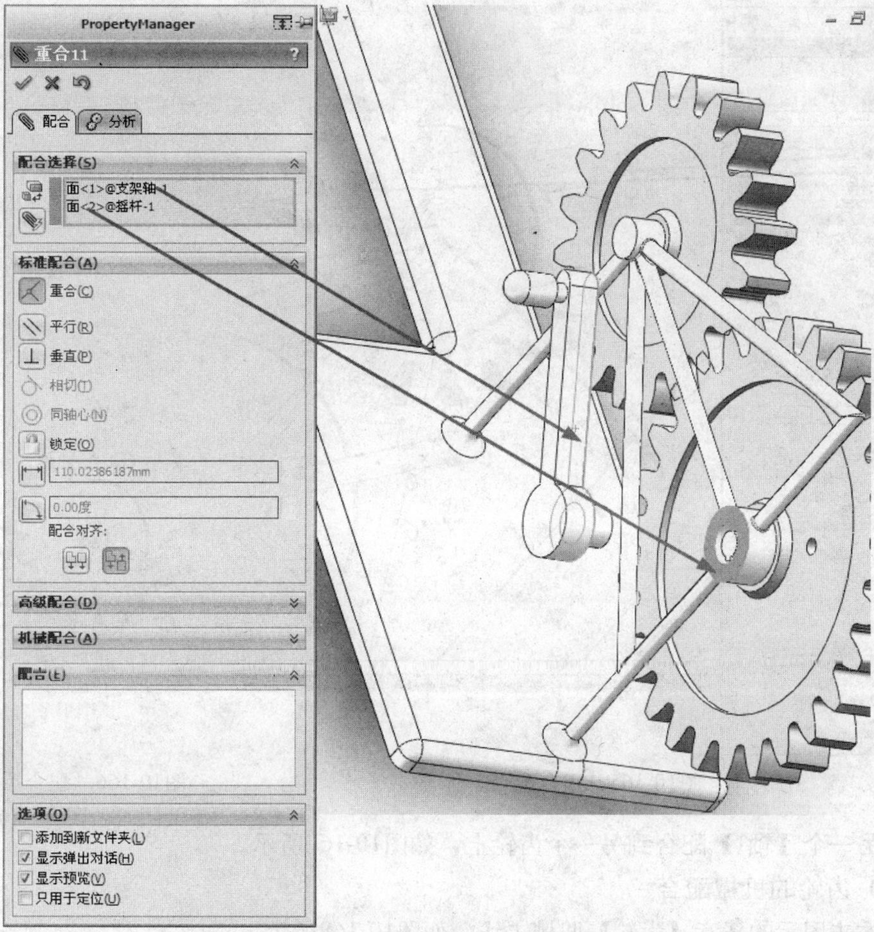

图10-161 选择【摇杆】和【支架】的接触面

09 此时【摇杆】零件移动到如图10-162所示的位置。

10 单击【确定】按钮完成配合。此时摇动摇杆，大齿轮会跟着转动，如图10-163所示。

（5）轴-齿轮的配合

01 右击图示的【轴1】的圆形边线，如图10-164所示。

图10-162 摇杆移动的位置

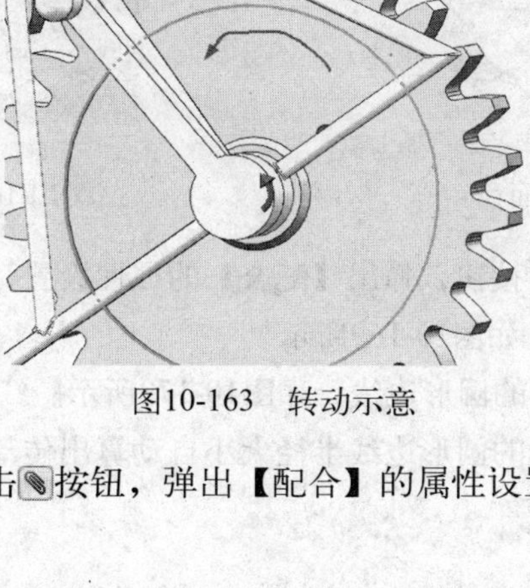

图10-163 转动示意

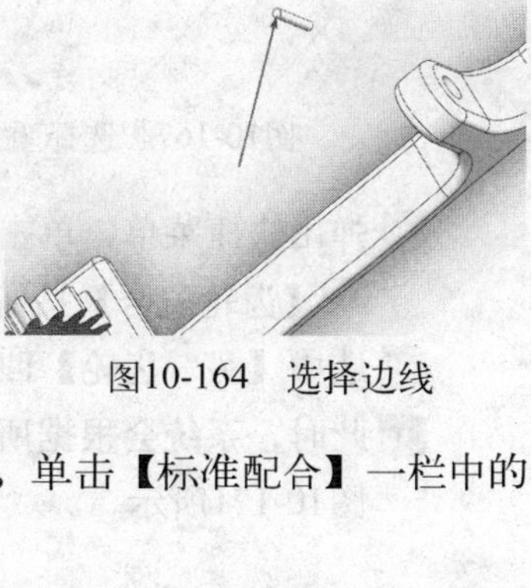

图10-164 选择边线

02 弹出快捷菜单，单击按钮，弹出【配合】的属性设置，单击【标准配合】一栏中的

【重合】按钮，再选中【齿轮】端面的圆形边线，如图10-165所示。

03 此时【摇杆】零件移动到如图10-166所示的位置。

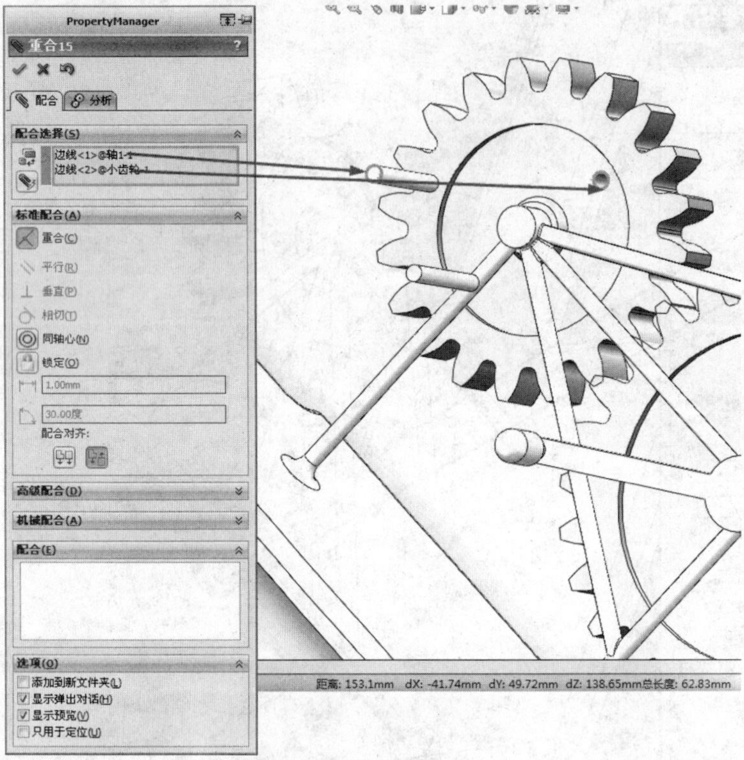

图10-165　重合配合

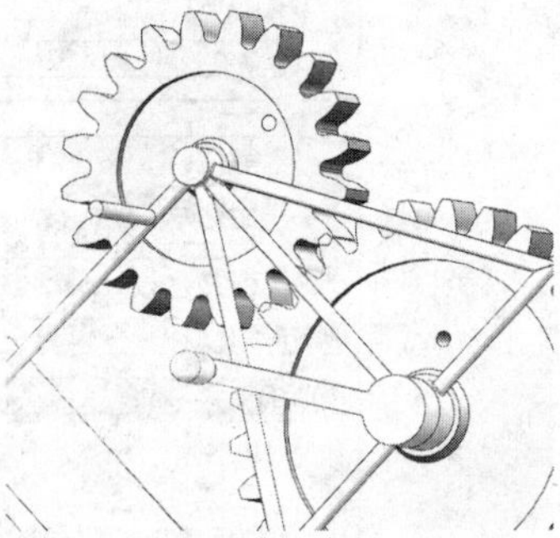

图10-166　配合后的位置

04 另一个【轴1】配合到另一个齿轮上，如图10-167所示。

（6）齿轮的机械配合

01 右击图示的任意【齿轮】凹槽边线，如图10-168所示。

图10-167　选择重合面

图10-168　选择边线

02 弹出快捷菜单，单击按钮，弹出【配合】的属性设置，单击【机械配合】一栏中的【齿轮配合】按钮，如图10-169所示。

03 选中【另一齿轮】凹槽的圆形边线，如图10-170所示。

04 此时，系统会根据所选的圆形边线半径大小自动算出传动比例，也可以自行修改，如图10-171所示。

05 单击✔【确定】按钮退出属性设置框。此时，转动一个齿轮，则另一个齿轮也会以一定的传动比旋转，如图10-172所示。

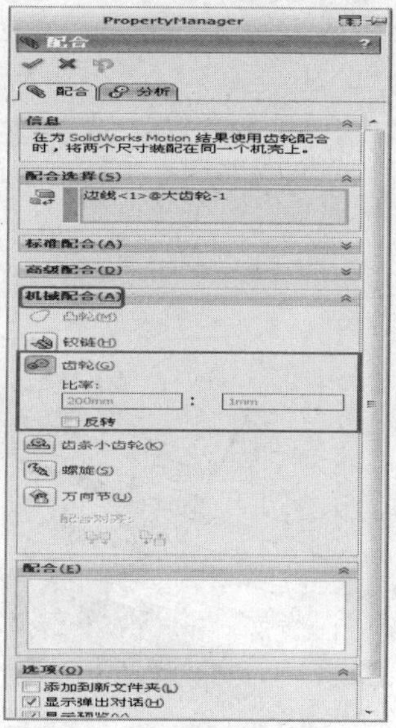

图10-169　齿轮配合

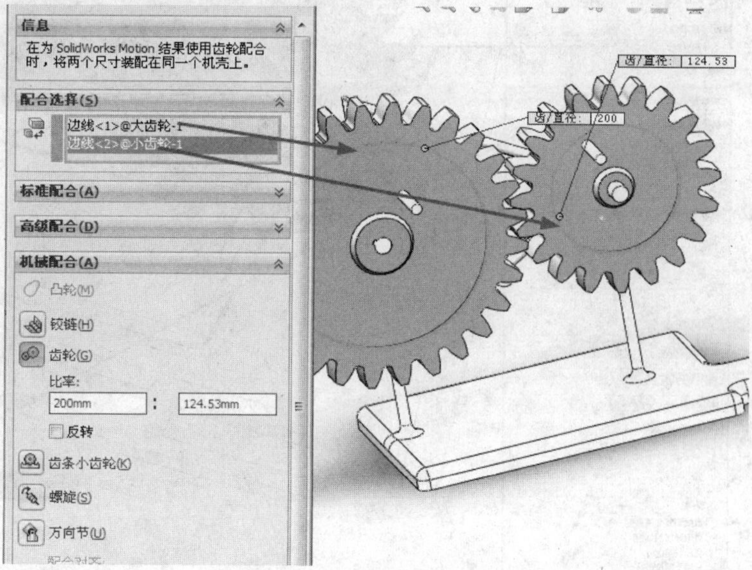

图10-170　重合配合

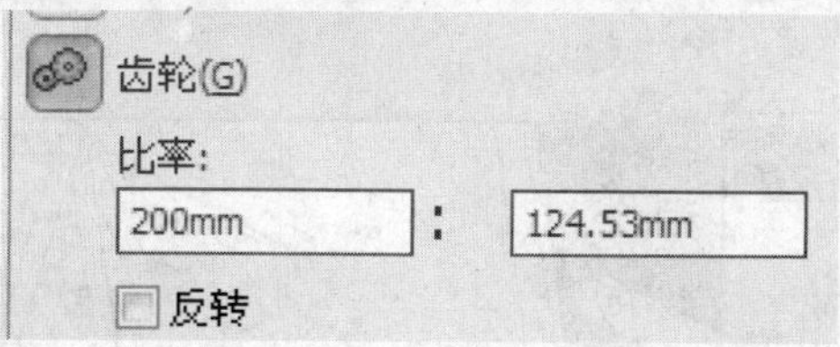

图10-171　自动算出的传动比

图10-172　齿轮传动

10.4.5　插入剩下全部零件

单击【命令管理器】中的【装配体】选项卡，在此选项卡中单击按钮，弹出【插入零部件】对话框，单击【浏览】按钮，依次插入【齿轮连杆】、【齿轮连杆2】、【滑块】、【长连杆】，如图10-173所示。

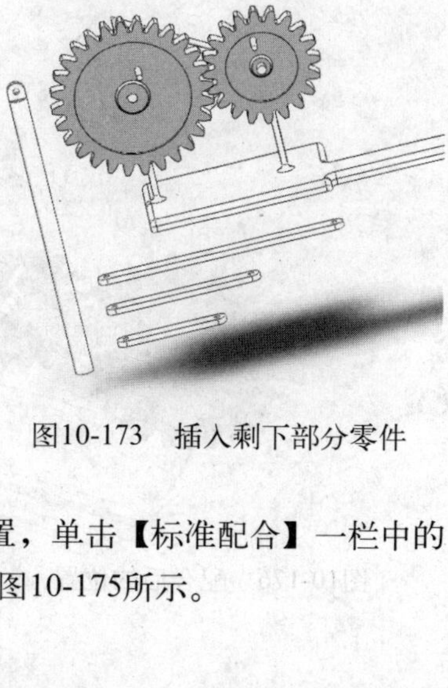

图10-173　插入剩下部分零件

10.4.6　对剩下的零件进行配合

（1）连杆-齿轮的配合

01 右击图示的【齿轮连杆】（中等长度的）圆形的边线，如图10-174所示。

02 弹出快捷菜单，单击按钮，弹出【配合】的属性设置，单击【标准配合】一栏中的【重合配合】按钮，再选中【轴1】的圆形边线，如图10-175所示。

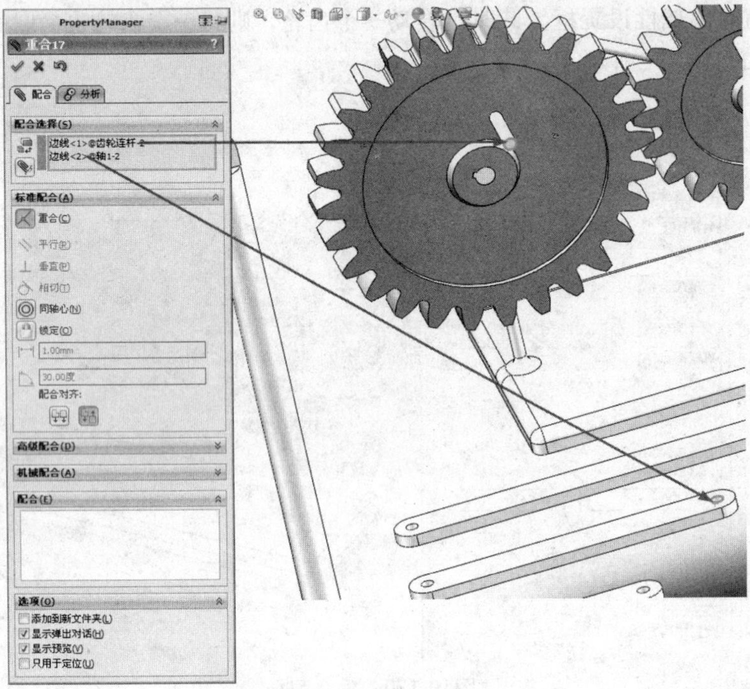

图10-174　选择圆形的边线

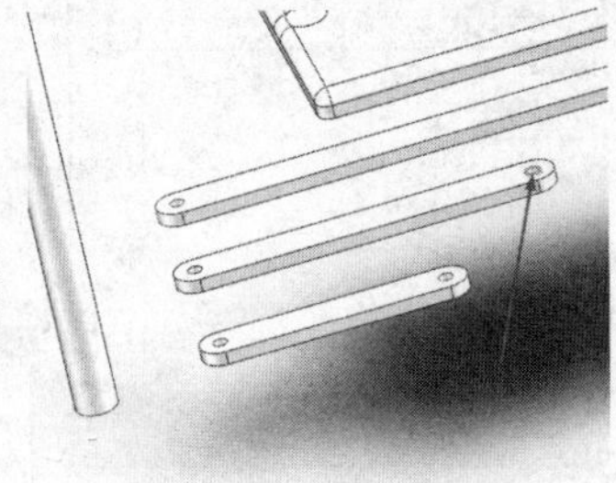

图10-175　同轴心配合

03 此时【大齿轮】零件移动到如图10-176所示的位置。

04 单击✔【确定】按钮继续配合。

05 单击【标准配合】一栏中的【重合】按钮，再选中【齿轮连杆】和【齿轮连杆2】的边线，如图10-177所示。

图10-176　配合后的位置

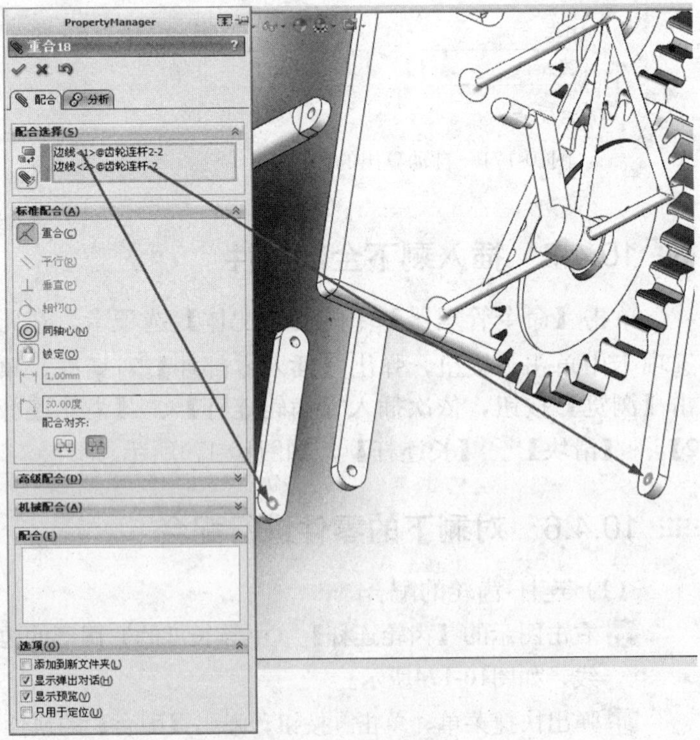

图10-177　选择边线

06 此时【连杆】零件移动到如图10-178所示的位置。

07 单击【确定】按钮继续配合，单击【标准配合】一栏中的【同轴心】按钮，再选中【齿轮连杆2-2】和【轴1-1】的边线，如图10-179所示。

图10-178 检查配合

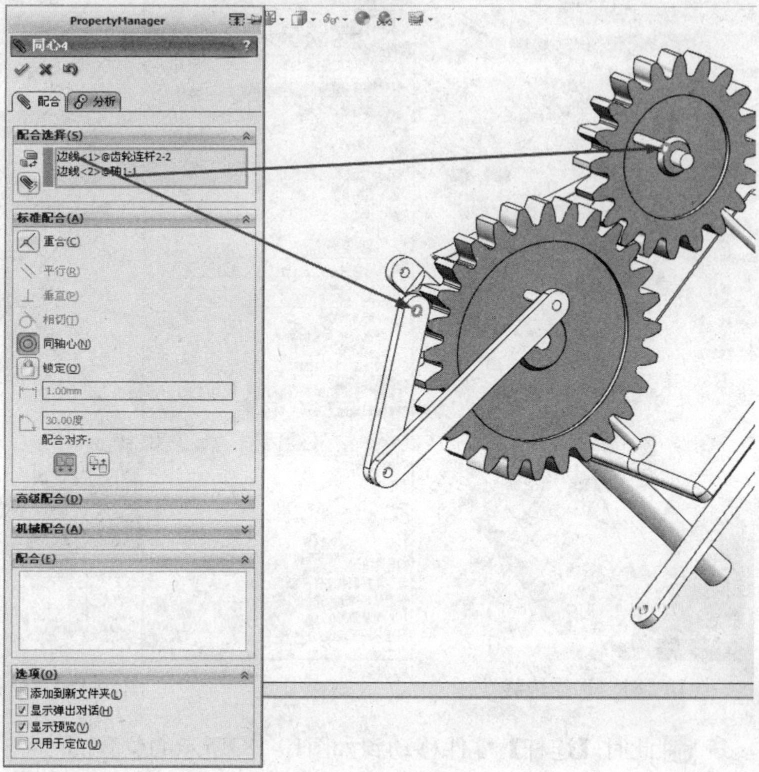

图10-179 选择边线

08 此时【连杆】零件移动到如图10-180所示的位置。

图10-180 添加配合

（2）连杆-长连杆的配合

01 右击图示的【齿轮连杆】（中等长度的）圆形的边线，如图10-181所示。

02 弹出快捷菜单，单击按钮，弹出【配合】的属性设置，单击【标准配合】一栏中的【重合】按钮，再选中【齿轮连杆】和【齿轮连杆2】的边线，如图10-182所示。

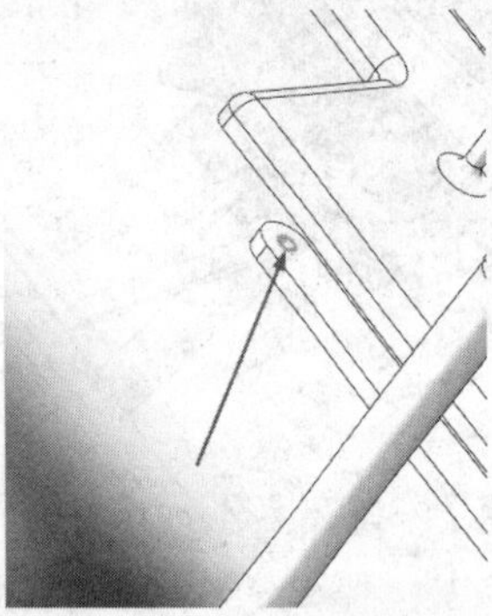

图10-181　选择边线

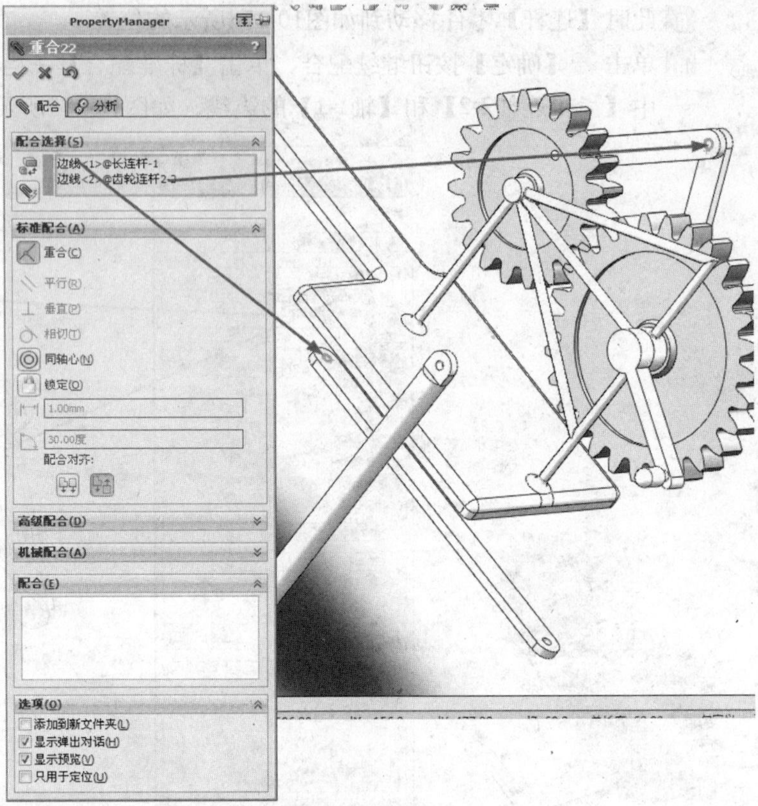

图10-182　选择边线

03 此时【连杆】零件移动到如图10-183所示的位置。

（3）连杆-滑块的配合

01 右击图示的【滑块】的圆柱轴，如图10-184所示。

图10-183　检查配合

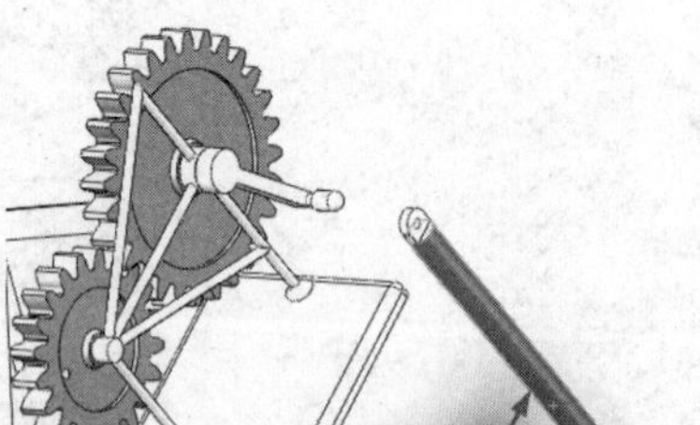

图10-184　选择圆柱轴

02 弹出快捷菜单，单击按钮，弹出【配合】的属性设置，单击【标准配合】一栏中的【同轴心】按钮，再选中【支架】的滑孔，如图10-185所示。

03 此时【连杆】零件移动到如图10-186所示的位置。

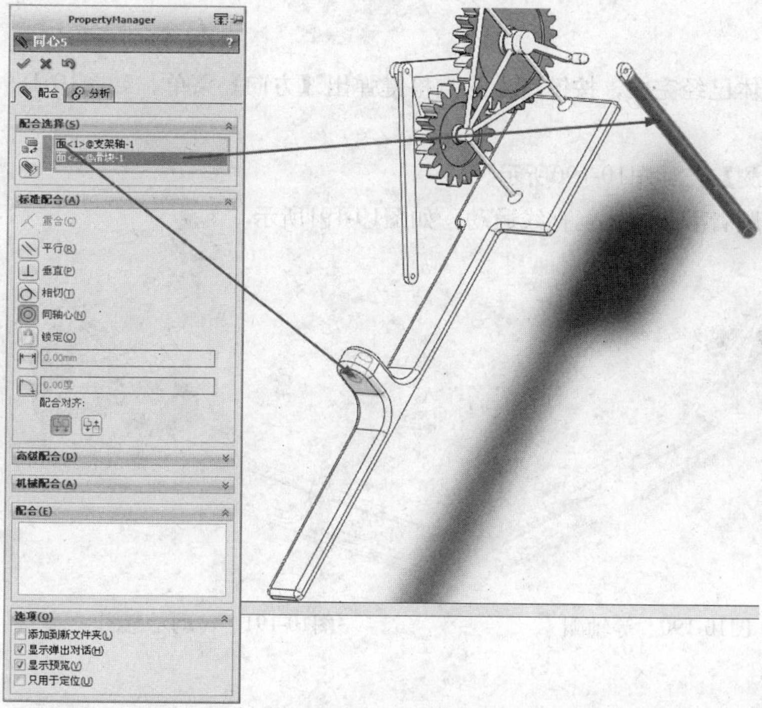

图10-185　选择滑孔

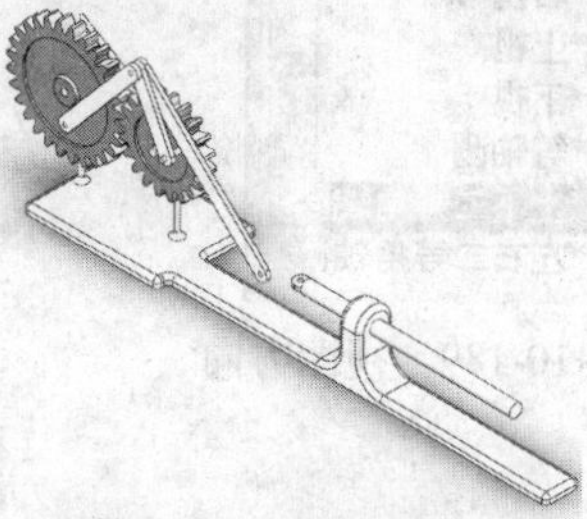

图10-186　检查配合

04 单击✔【确定】按钮继续配合。单击【标准配合】一栏中的◎【同轴心】按钮，再选中【滑块】和【长连杆】的孔，如图10-187所示。

05 单击✔【确定】按钮完成，此时，视图如图10-188所示。

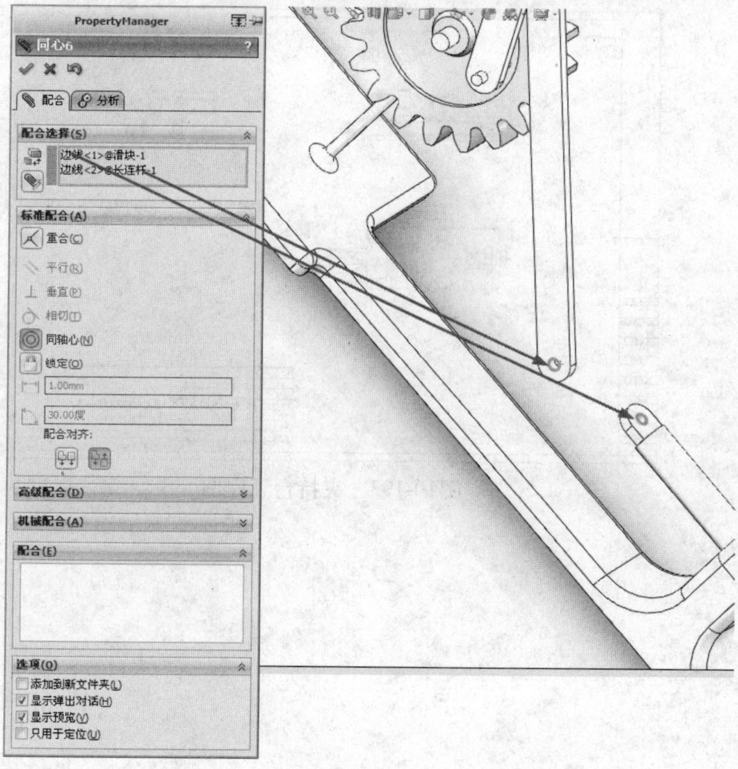

图10-187　选择【滑块】和【长连杆】的孔

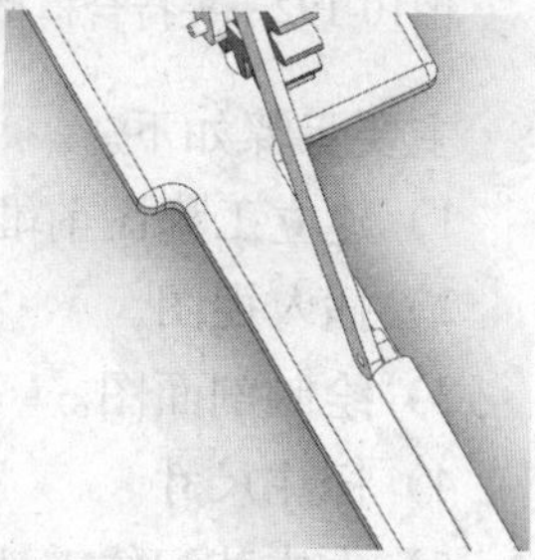

图10-188　完成后的效果

10.4.7 检查视图

01 至此，组合体的装配体已经完成，按键盘上的空格键弹出【方向】菜单，如图10-189所示。

02 选择【上下二等角轴测】，如图10-190所示。

03 摇动【摇杆】，滑块顺着滑孔做往复直线运动，如图10-191所示。

图10-189 视图方向

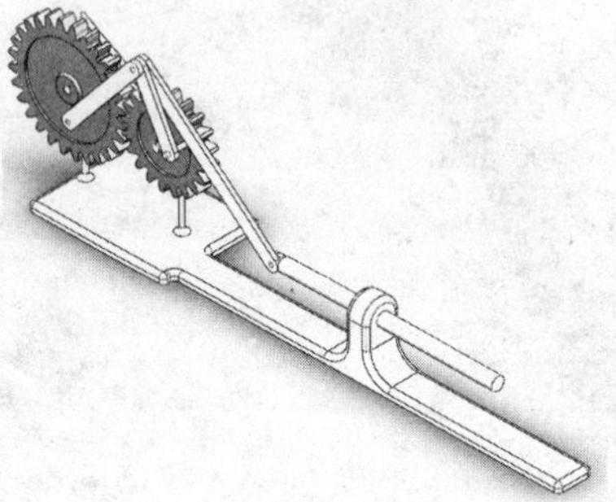
图10-190 等轴测

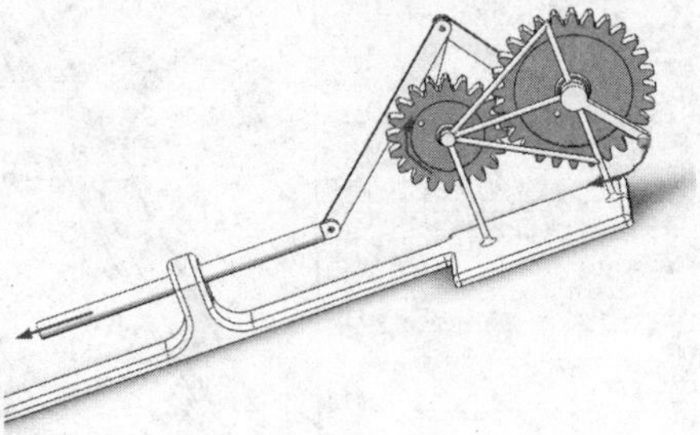
图10-191 传动示意图

10.5 工程图范例

本例将生成夹持台（如图10-192所示）的工程图，如图10-193所示。

图10-192 夹持台模型

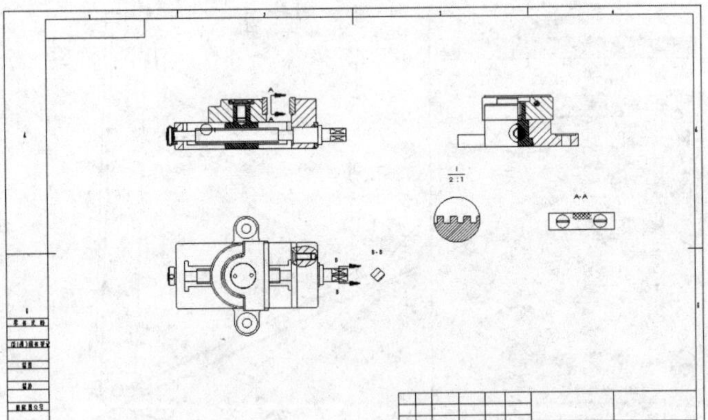
图10-193 夹持台工程图

主要步骤如下。

1）建立工程图前准备。

2）插入视图。

3）绘制剖面图。

4）标注尺寸。

5）生成装配体零件序号。

10.5.1 建立工程图前准备工作

（1）打开零件

在光盘中找到“夹持台.SLDASM”文件双击打开，或启动中文版SolidWorks 2012，选择【文件】|【打开】菜单命令，在弹出的【打开】对话框中选择“夹持台.SLDASM”。

（2）新建工程图纸

01 选择【文件】|【新建】菜单命令，弹出【新建】对话框，如图10-194所示，单击【工程图】按钮，可选SolidWorks自带的图纸模板，如图10-195所示，本例选取国标A3图纸格式。

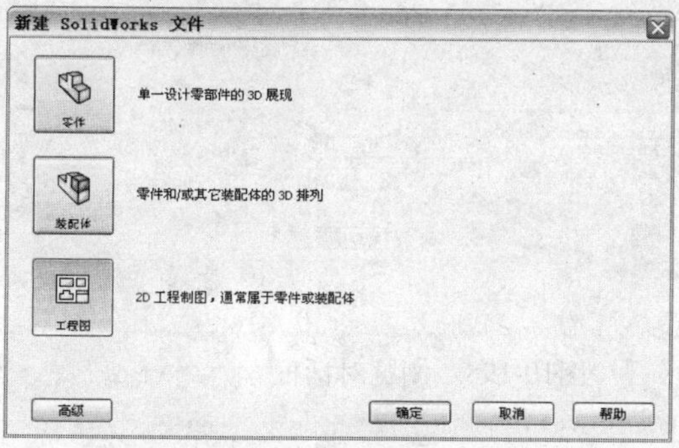

图10-194 新建对话框

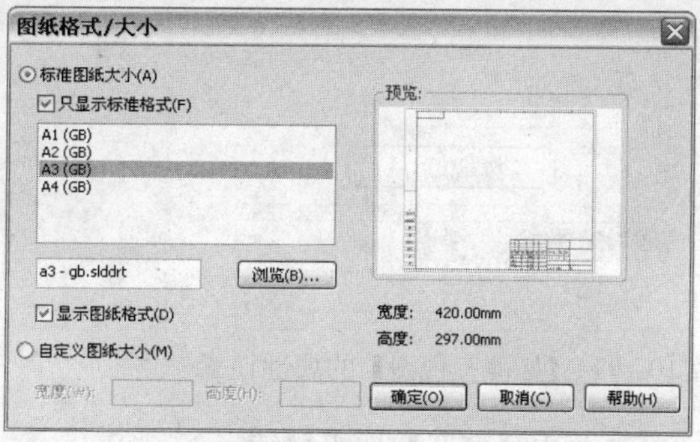

图10-195 模板选取

02 选择【工具】|【选项】菜单命令，弹出的对话框如图10-196所示，单击【文档属性】选项卡。

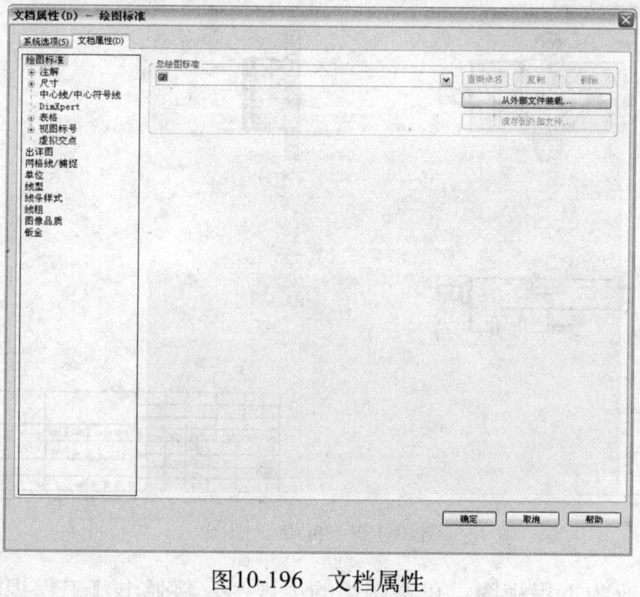

图10-196 文档属性

03 将总绘图标准设置为GB（国标），单击【确定】按钮结束。

10.5.2 插入视图

（1）插入标准三视图

01 常规的工程视图为标准的三视图，选择【插入】|【工程图视图】|【标准三视图】菜

单命令，弹出【标准三视图】的属性设置，如图10-197所示。

02 在【打开文档】一栏中选择【夹持台】，如果【打开文档】中没有【夹持台】，则需要单击【浏览】按钮，选择“夹持台.SLDASM”文件，如图10-198所示。

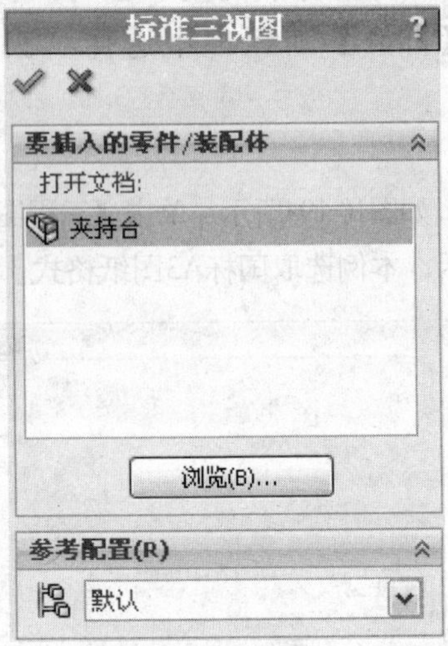

图10-197 【标准三视图】的属性设置

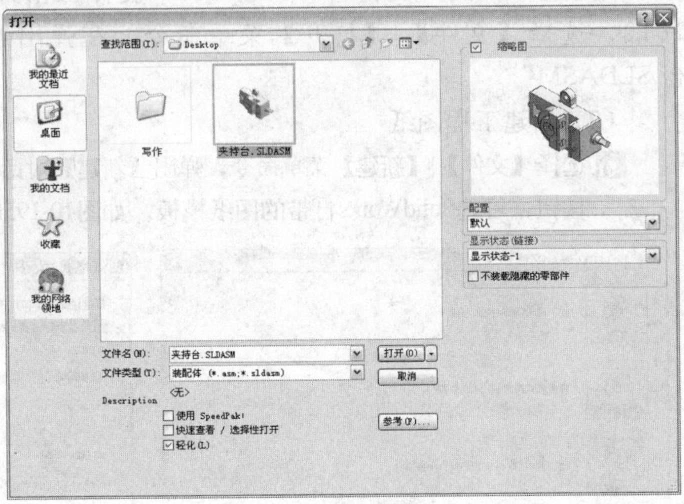

图10-198 浏览对话框

03 单击【打开】按钮继续。

（2）显示工程视图

01 插入完标准三视图后，如图10-199所示。

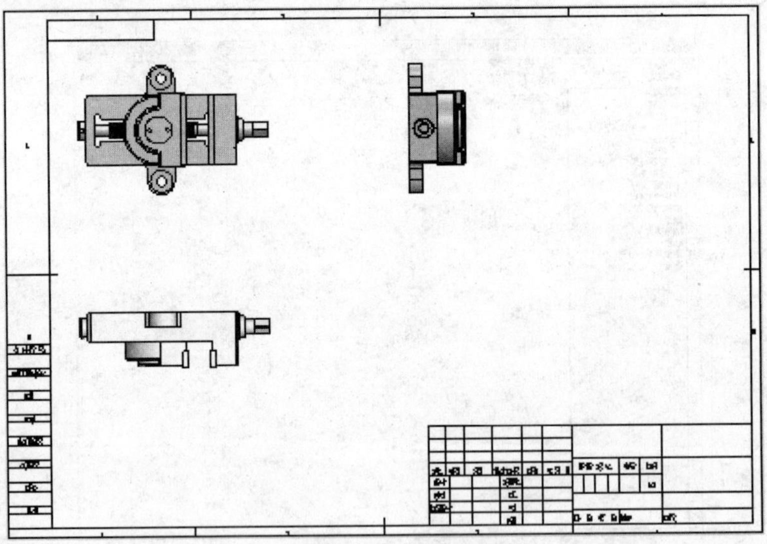

图10-199 标准三视图

02 将实体视图改为工程视图，单击图中的主视图，将弹出【工程视图1】的属性设置，如图10-200所示。

03 在【方向】一栏中单击【下视】按钮，在【显示样式】栏中单击【隐藏线可见】按钮，在【比例】栏中设置【使用自定义比例】为1:2。

04 单击【确定】按钮继续，经过适当调整后的视图如图10-201所示。

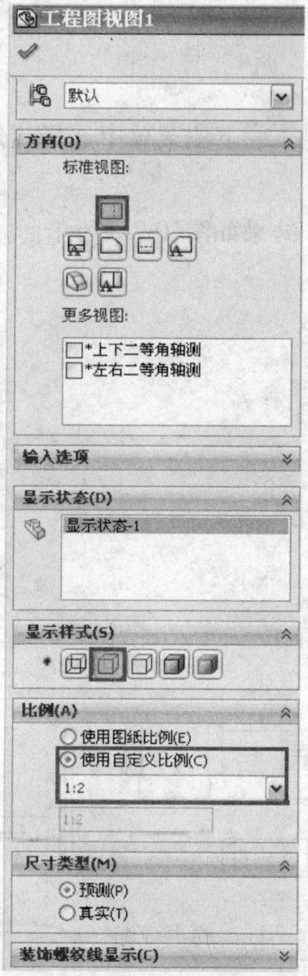

图10-200 【工程图视图】的属性设置

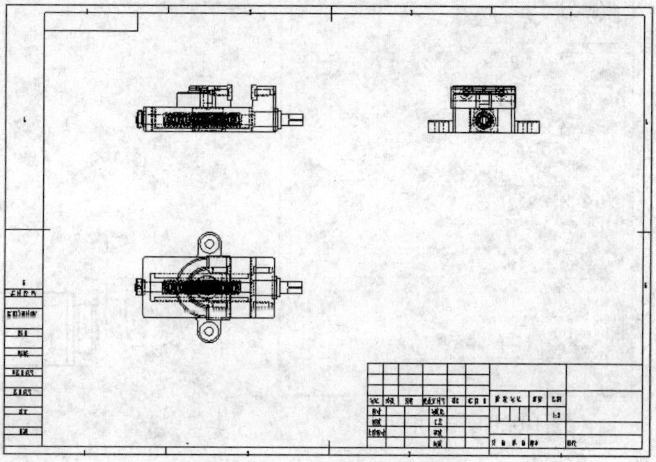

图10-201 三视图工程图

注意 如图10-201所示，工程图比较杂乱，因此稍复杂的零件或装配体，为避免视图杂乱可单击【消除隐藏线】按钮将应用相关剖视图来完善视图。消除隐藏线后的视图如图10-202所示。

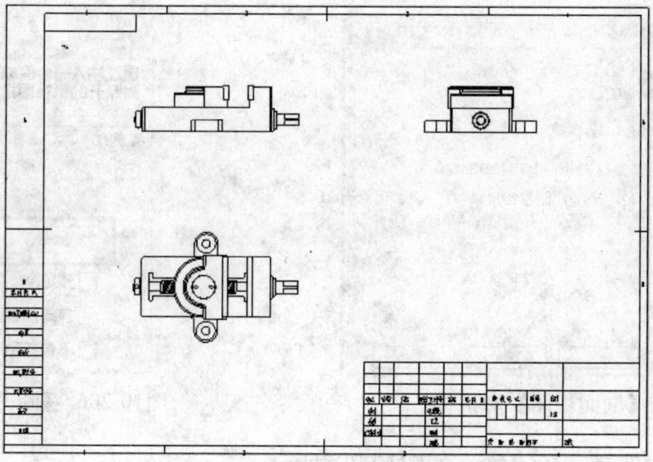

图10-202 消除隐藏线后的视图

10.5.3 绘制剖面图

（1）绘制主视图剖视图

01 单击【命令管理器】工具栏中的【草图】选项卡，在矩形下拉菜单中选择【边角矩形】，如图10-203所示。

02 然后绘制矩形框住主视图的剖切区域，矩形的大小随意，结果如图10-204所示。

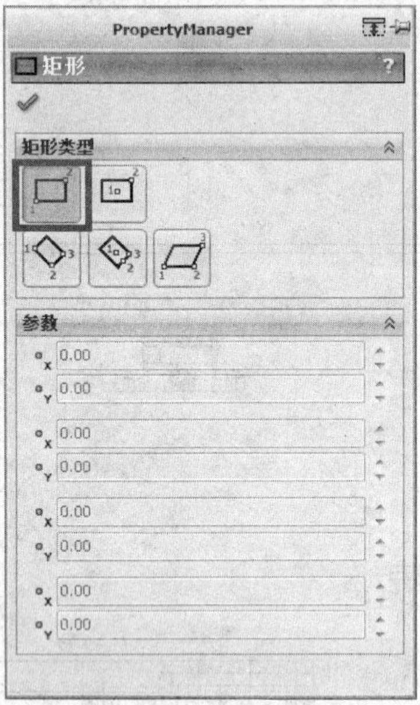

图10-203　边角矩形

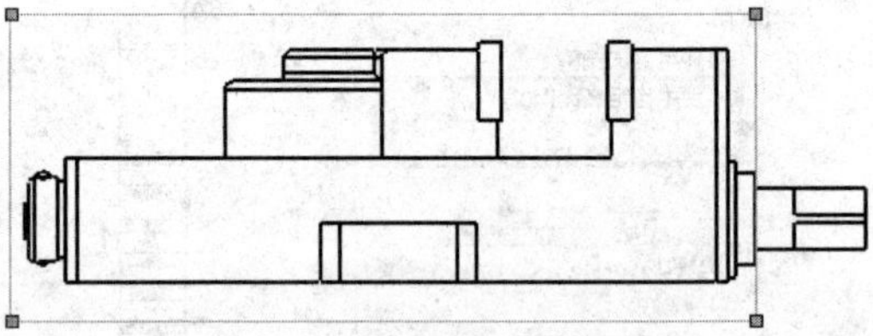

图10-204　框住的主视图

03 按住Ctrl键选择刚刚绘制的四条矩形的边，然后单击【命令管理器】工具栏中的【视图布局】选项卡，单击按钮，弹出【剖面视图】对话框，如图10-205所示。

04 在【自动打剖面线】前打钩，单击【确定】按钮。此时会让用户输入剖切深度，弹出【断开的剖视图】对话框，如图10-206所示。

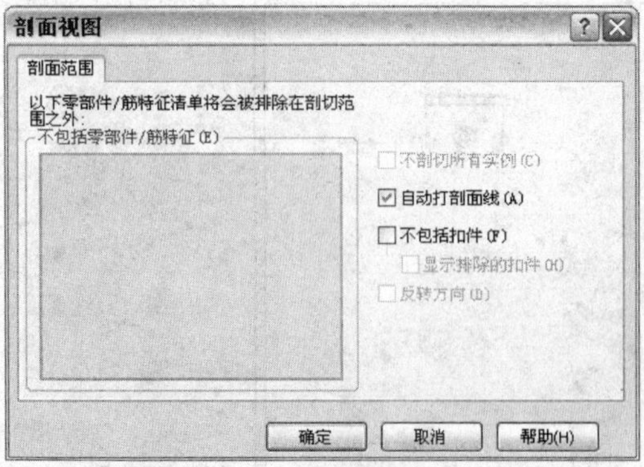

图10-205　【剖面视图】对话框

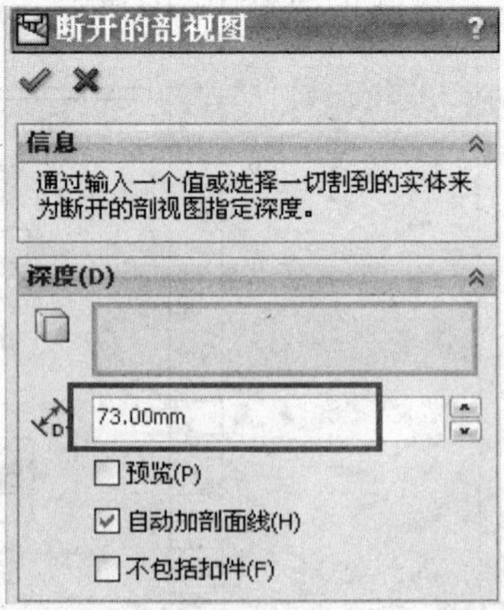

图10-206　【断开的剖视图】对话框

05 从左视图中选择一条边线，如图10-207所示。

06 单击【确定】按钮继续，生成的剖切图如图10-208所示。

07 单击主视图中不需要绘制剖面线的区域，在【属性管理器】中弹出【断开的剖视图】的属性设置。在【属性】选项组中单击【无】单选按钮，如图10-209所示。

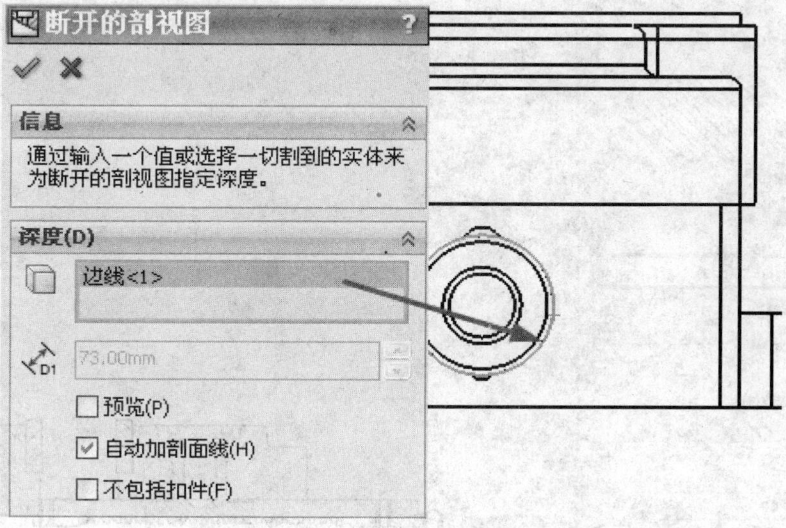

图10-207 【断开的剖视图】的属性设置

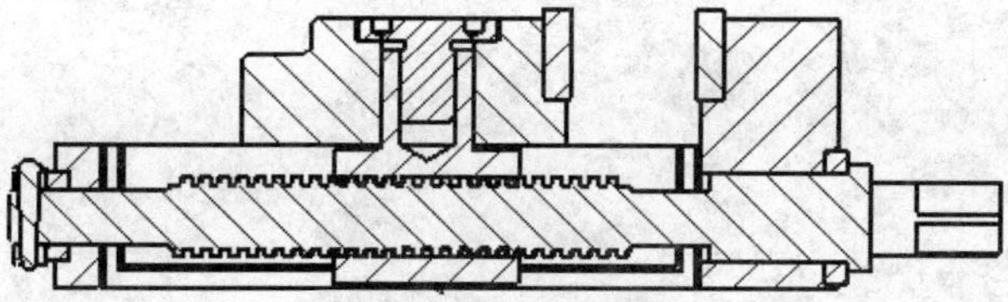

图10-208 剖切图

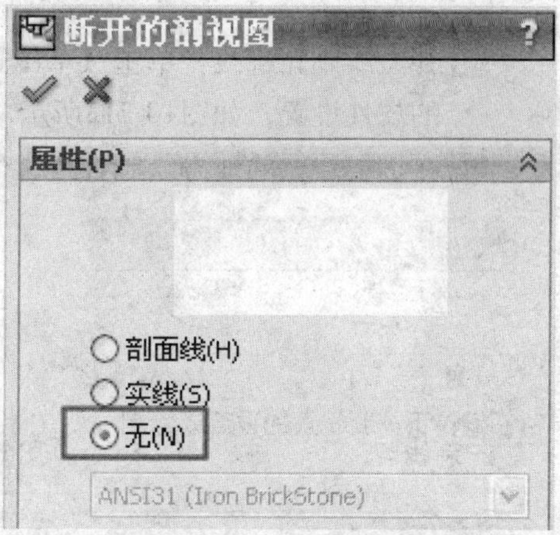

图10-209 【断开的剖视图】的属性设置

08 结果如图10-210所示。

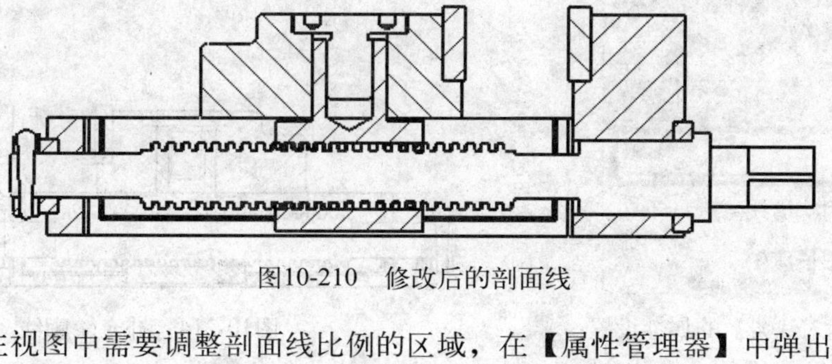

图10-210 修改后的剖面线

09 单击左视图中需要调整剖面线比例的区域，在【属性管理器】中弹出【断开的剖视图】的属性设置。在【属性】选项组进行设置，如图10-211所示。

10 单击✔【确定】按钮，结果左视图中所选区域的剖面线如图10-212所示。

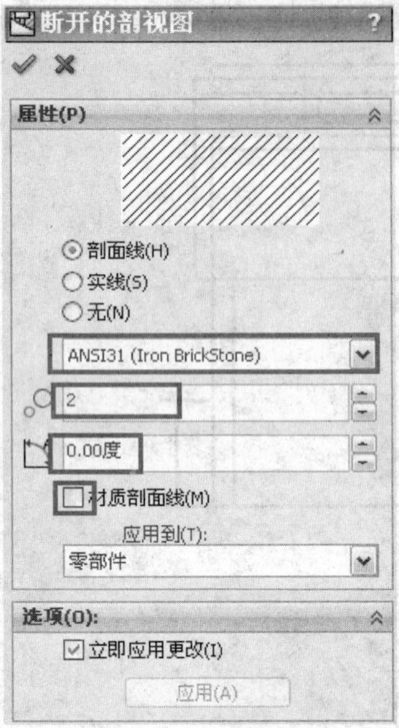

图10-211　设置属性

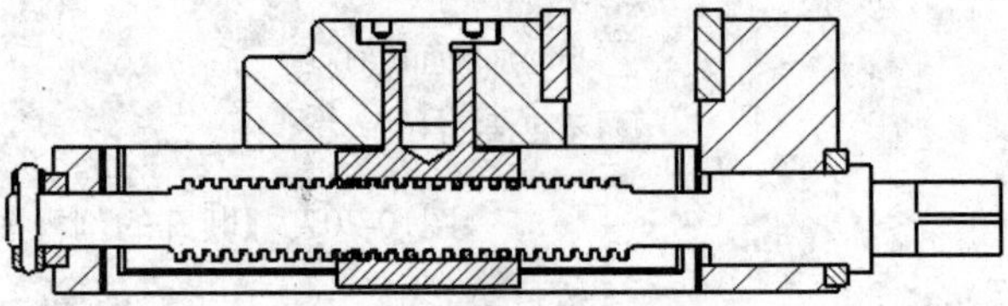

图10-212　修改区域剖面线

11 补充绘制轮廓线，单击【草图】工具栏中的【直线】按钮，系统弹出【插入线条】的属性设置，如图10-213所示，选择适当图层。

12 在需要补充的地方绘制直线，依次补充其他轮廓线，结果如图10-214所示。

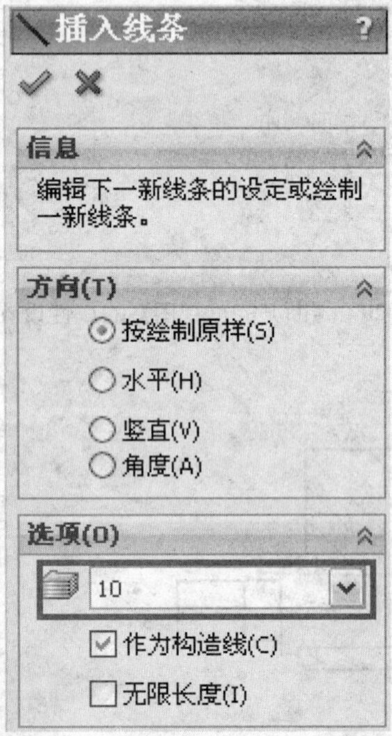

图10-213　【插入线条】的属性设置

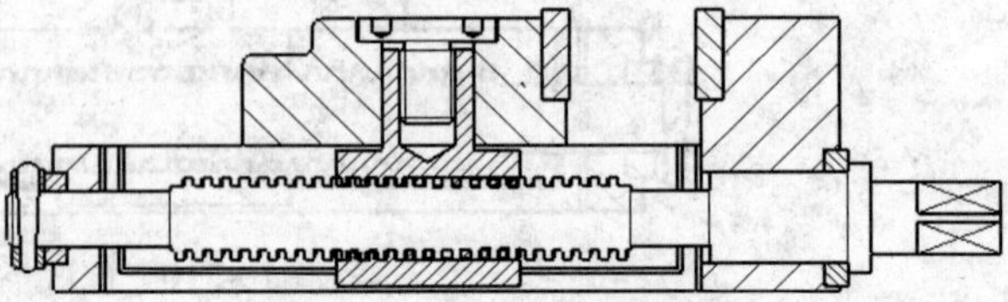

图10-214　补充轮廓线

13 绘制全剖视图中轴的局部剖视图，根据轴的大小和位置，分别单击【草图】工具栏中的╲【直线】按钮（或者┆【中心线】按钮）与～·【样条曲线】按钮，在相应的位置添加界线，如图10-215所示（确保绘制的界线形成闭合区域）。

14 将鼠标指针移动至轴承座轮廓外，指针变为形状（注意与指针的区别），右击，在弹出的快捷菜单中选择【注解】|【区域剖面线/填充】命令，如图10-216所示。

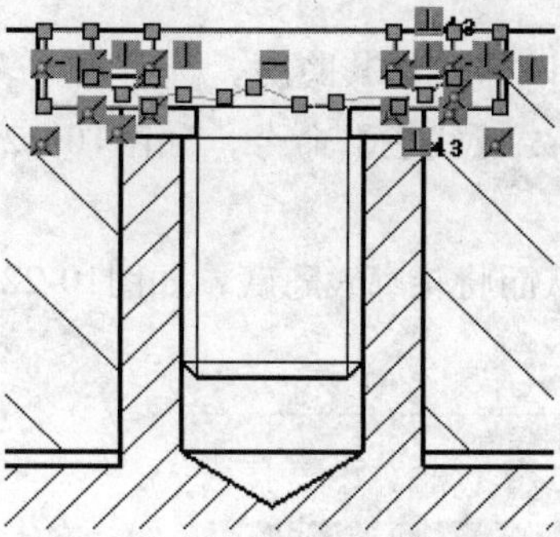

图10-215 绘制闭合区域界线

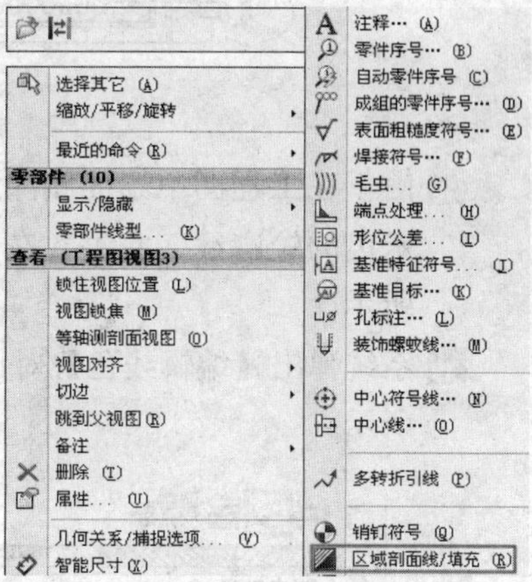

图10-216 快捷菜单

15 在【属性管理器】中弹出【区域剖面线/填充】的属性设置，根据需要修改设置，如图10-217所示。

16 在主视图中单击需要填充剖面线的区域，单击✔【确定】按钮，生成局部剖视图，如图10-218所示。

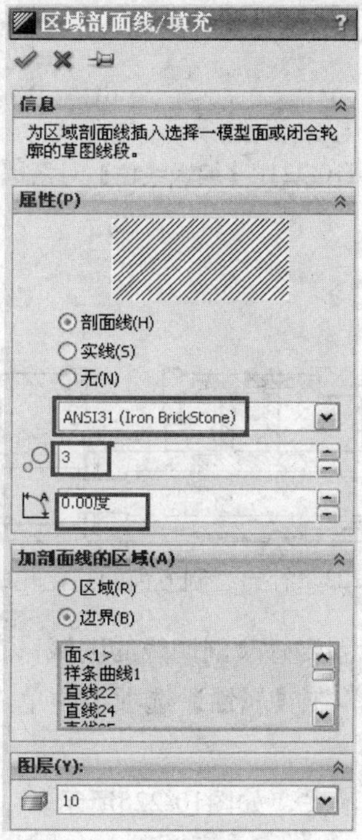

图10-217 修改设置

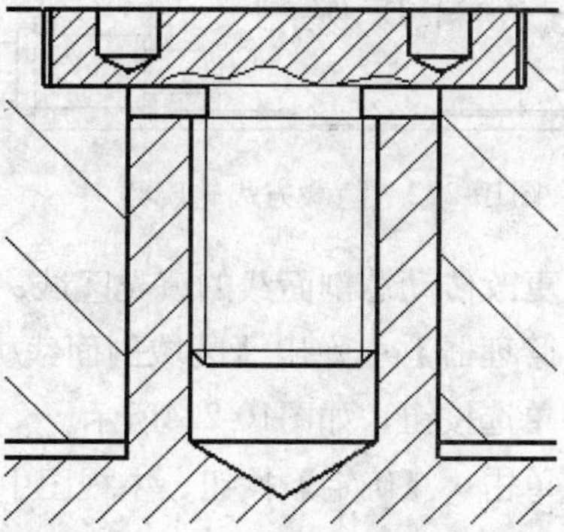

图10-218 填充修改区域的剖面线

17 依次将其他需要局部剖的地方绘制成剖切面，结果如图10-219所示。

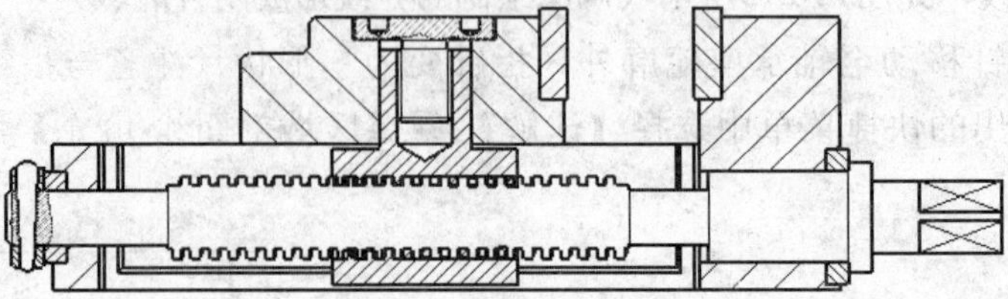

图10-219　绘制剖切面

18 由于在工程图中不能删除系统自动生成的轮廓线，所以需要将其隐藏，选中图中表示齿的轮廓线，右击，在系统弹出的快捷菜单中选择【线色】命令，如图10-220所示。

19 系统弹出【编辑线色】对话框，将线色设置成白色，从而将轮廓线隐藏，如图10-221所示。

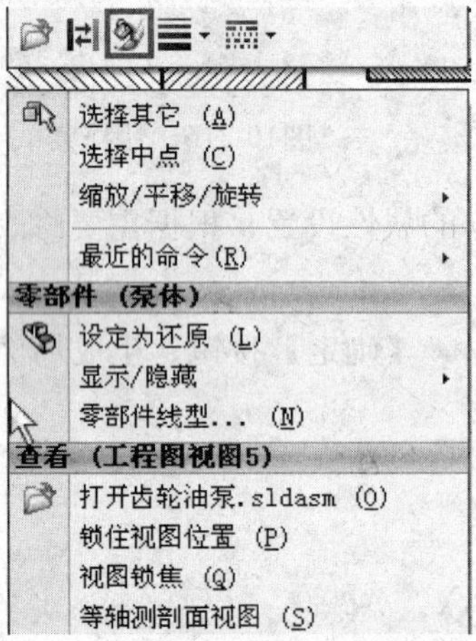

图10-220　选择【线色】命令

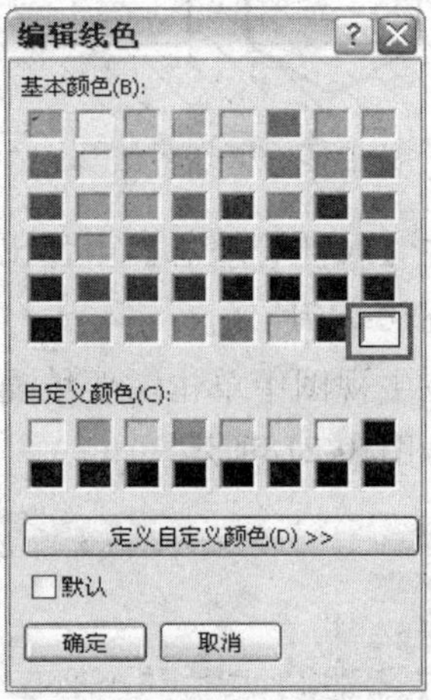

图10-221　【编辑线色】对话框

20 结果如图10-222所示。

21 补充绘制方齿的简化轮廓线，结果如图10-223所示。

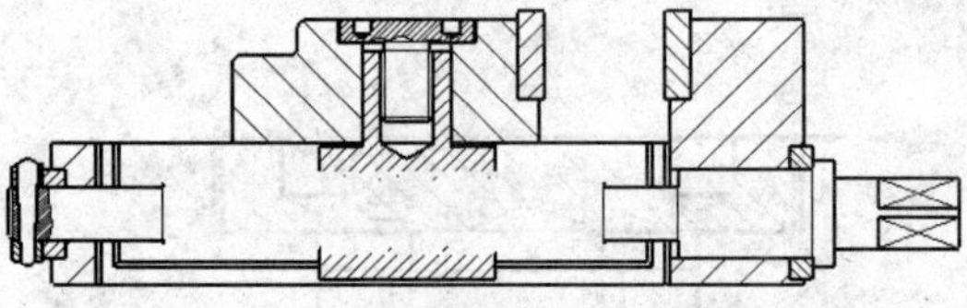

图10-222　隐藏方齿轮廓线

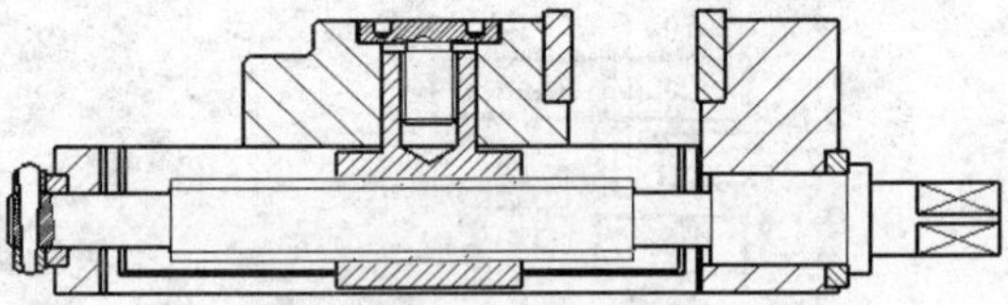

图10-223　补充绘制方齿的简化轮廓线

22 更改传动芯剖面线的填充区域，单击传动芯视图中需要修改剖切线的区域，在【属性管理器】中弹出【区域剖面线/填充】的属性设置。在【属性】选项组中单击【无】单选按钮，如图10-224所示。

23 单击【确定】按钮，主视图中所选区域的剖切线消失，如图10-225所示。

24 在视图中，将鼠标指针移至视图外，指针变为形状（注意与指针的区别），右击，在弹出的快捷菜单中选择【注解】|【区域剖面线/填充】命令，如图10-226所示。

25 在【属性管理器】中弹出【断开的剖视图】的属性设置，根据需要修改设置，如图10-227所示。

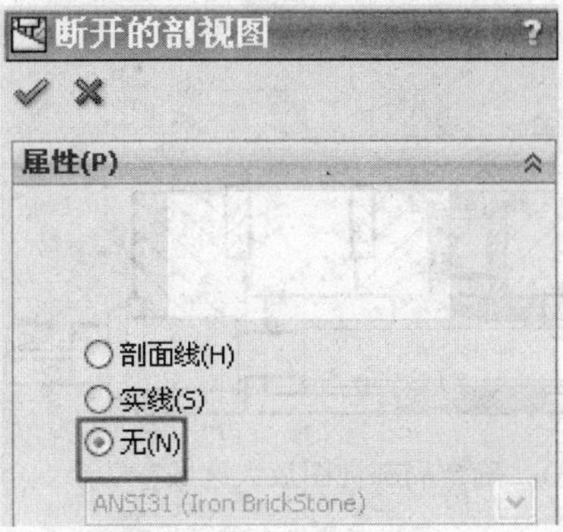

图10-224　单击【无】单选按钮

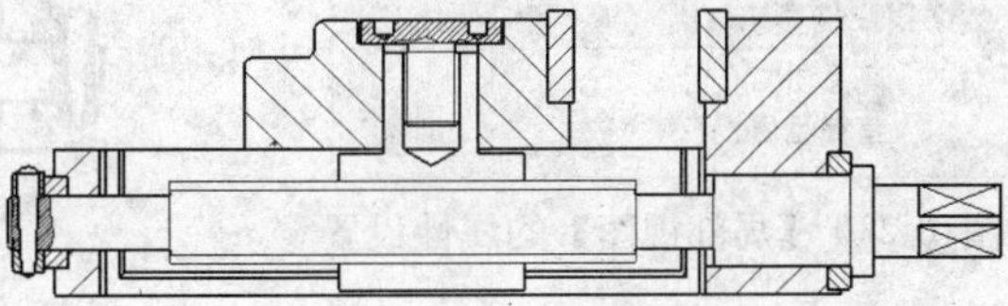
图10-225　删除修改区域剖切线

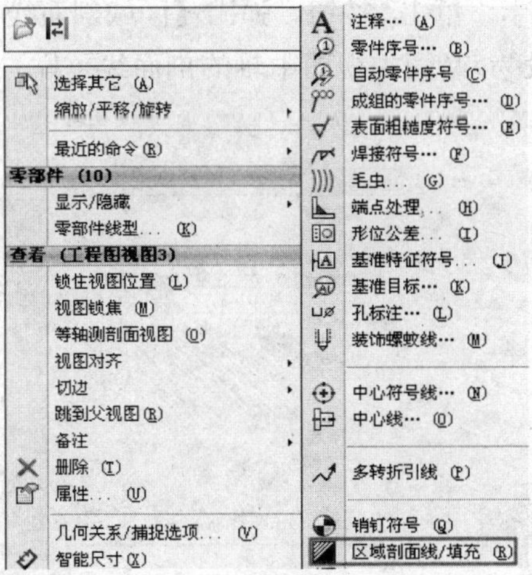

图10-226　快捷菜单

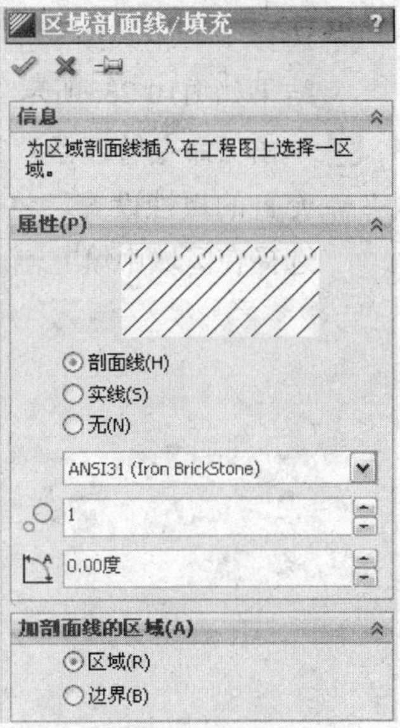

图10-227　修改设置

26 在传动芯视图中单击需要填充剖面线的区域，单击【确定】按钮，生成剖面线，如图10-228所示。

27 隐藏相切处多余轮廓线。选择多余直线右击，在弹出的快捷菜单中选择【线色命令，系统弹出【编辑线色】对话框，将线色属性设置成白色，从而将线隐藏，结果如图10-229所示。

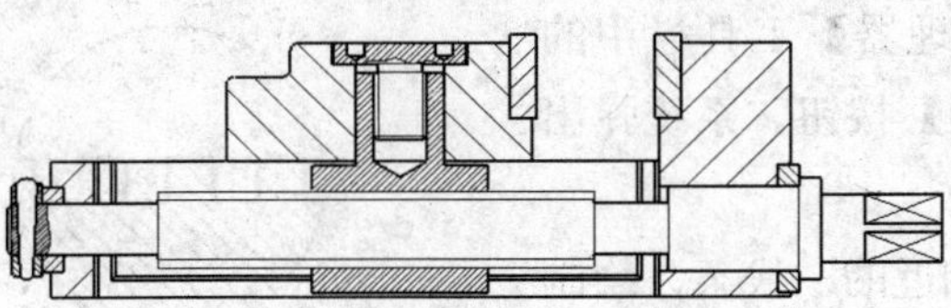
图10-228　填充修改区域的剖面线

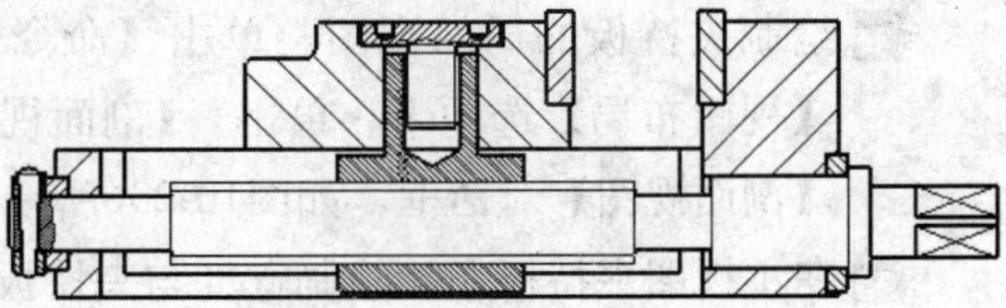
图10-229　隐藏相切处多余轮廓线

28 绘制主视图局部放大视图，单击【命令管理器】工具栏中的【视图布局】选项卡，单击按钮，弹出【局部视图】的属性设置，如图10-230所示。

29 在轴上表示方齿的适当位置绘制一圆继续生成视图，如图10-231所示。

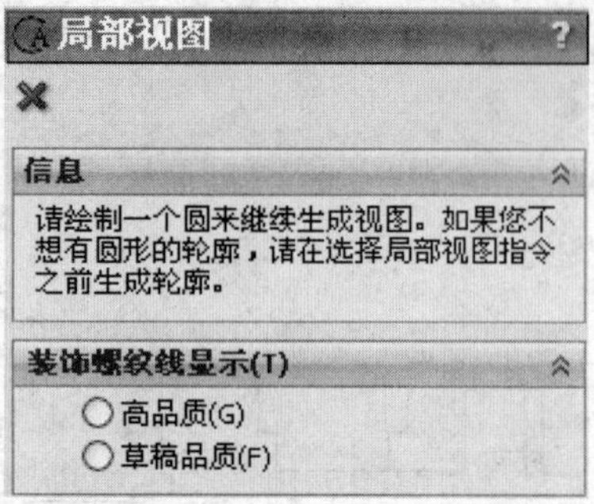

图10-230 【局部视图】的属性设置

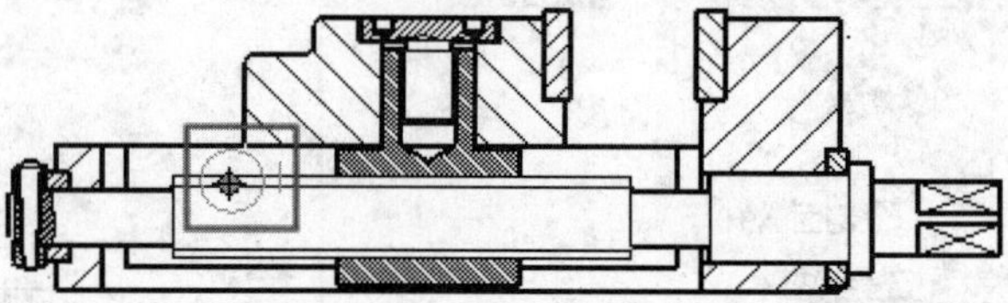

图10-231 确定局部视图放大区域

30 圆绘制完成后，系统弹出【局部视图】对话框，单击【使用自定义比例】单选按钮，将其设置为2:1，选择适当位置放置局部放大视图，结果如图10-232所示。

31 选择多余轮廓线右击，在弹出的快捷菜单中选择显示/隐藏边线，从而将线隐藏，结果如图10-233所示

32 单击【命令管理器】工具栏中的【注解】选项卡，单击按钮，弹出【区域剖面线/填充】的属性设置，将【剖面线图样比例】设为5（同主视图中轴的剖面线一样），选择在区域中填充剖面线，如图10-234所示。

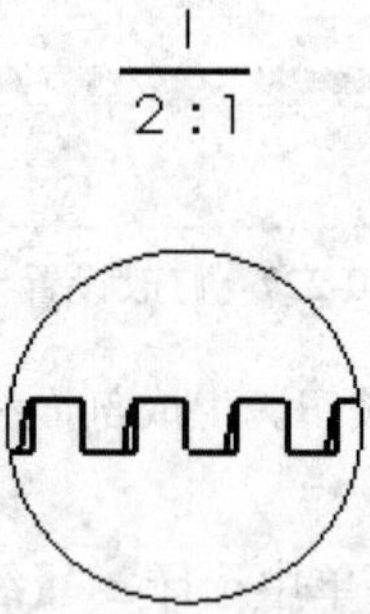

图10-232 局部放大视图

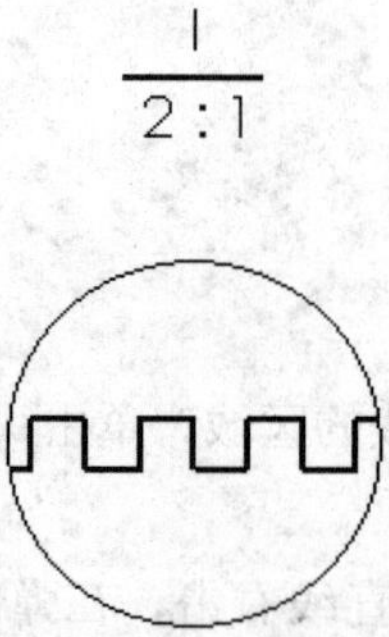

图10-233 隐藏多余轮廓线

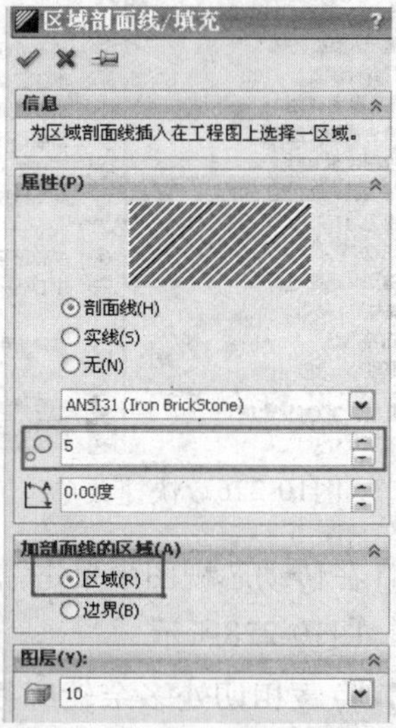

图10-234 设置【区域剖面线/填充】的属性设置

33 结果如图10-235所示。

34 绘制夹持板的局部视图，单击【命令管理器】工具栏中的【视图布局】选项卡，单击【剖面视图】按钮，系统弹出【剖面视图】对话框，如图10-236所示。

35 在主视图夹持板左侧绘制宽度与夹持板相近的一线条，绘制完成后，系统弹出一选项卡，如图10-237所示。

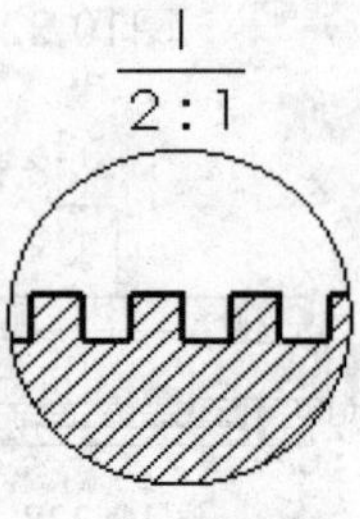

图10-235 修改属性后的局部视图

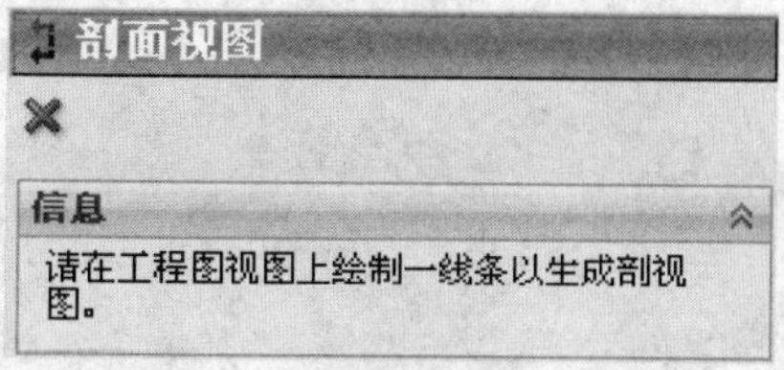

图10-236　剖面视图对话框

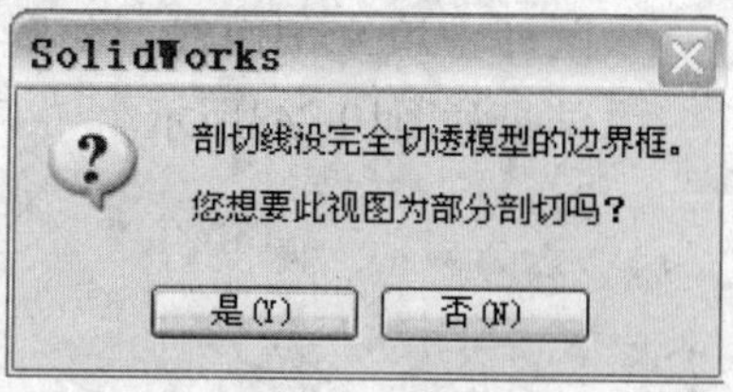

图10-237　SolidWorks选项卡

36 单击【是】按钮后，系统弹出【剖面视图】对话框，如图10-238所示。

37 单击【确定】按钮后，系统弹出【剖面视图A-A】对话框，找一位置放置局部视图，如图10-239所示。

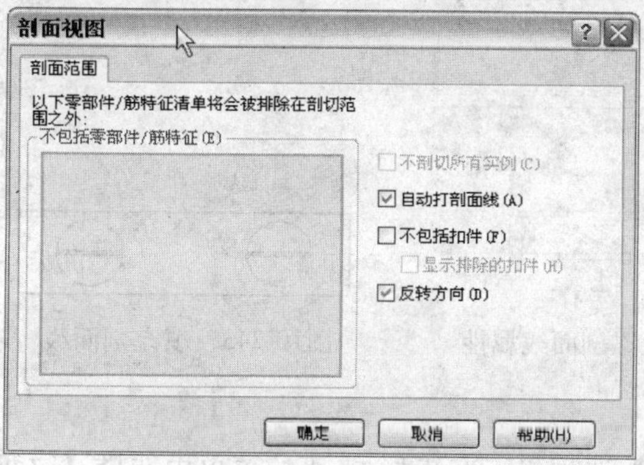

图10-238　【剖面视图】对话框

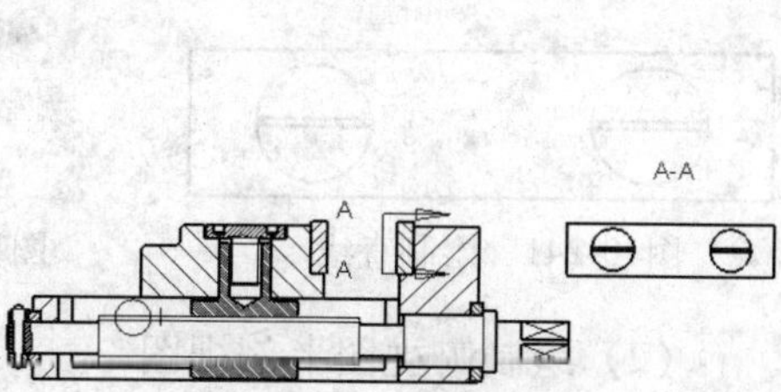

图10-239　局部视图

38 选择该局部剖视图右击，在弹出的快捷菜单中选择【视图对齐】下拉菜单中的【解除对齐关系】命令，如图10-240所示。

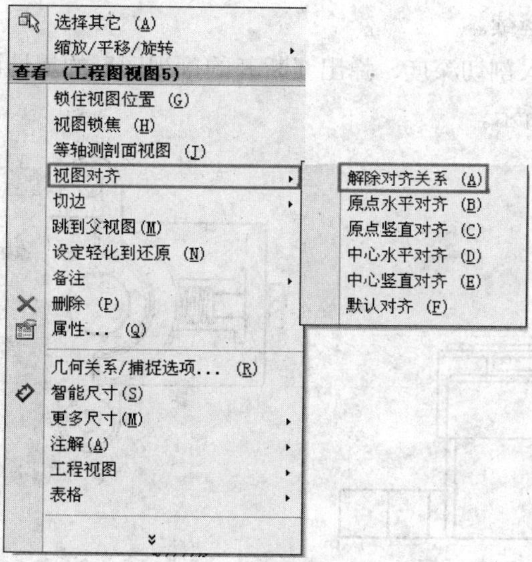

图10-240　解除对齐关系

39 适当调整该视图位置，接着在局部剖视图中绘制几条直线与轮廓线形成闭环，如图10-241所示。

40 单击【命令管理器】工具栏中的【注解】选项卡，单击按钮，弹出【区域剖面线/填充】对话框，设置剖面线样式，将【剖面线图样比例】设置为1，选择在区域中填充剖面线，如图10-242所示。

41 结果如图10-243所示。

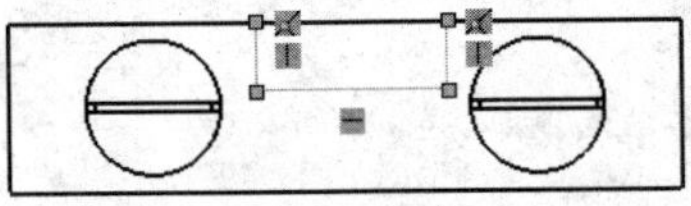

图10-241　绘制直线

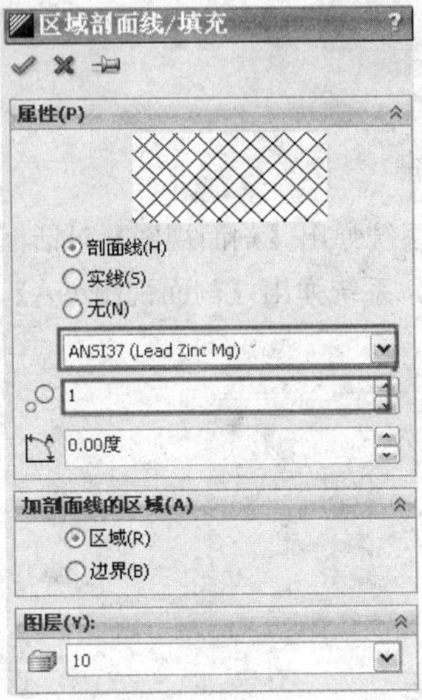

图10-242　设置剖面线属性

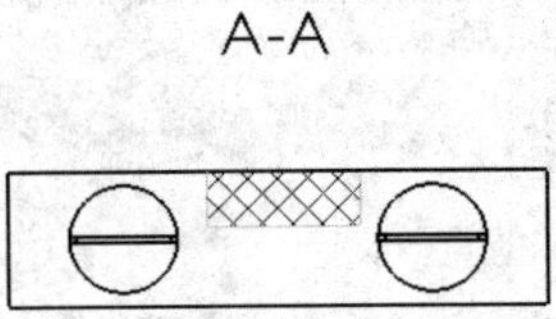

图10-243　填充剖面线

（2）绘制俯视图半剖视图

01 单击【命令管理器】工具栏中的【草图】选项卡，在矩形▢下拉菜单中选择【边角矩形】，然后用矩形框住左视图的剖切区域，矩形的大小随意，如图10-244所示。

02 按住Ctrl键单击刚刚绘制的四条矩形的边，然后单击【命令管理器】工具栏中的【视图布局】选项卡，单击按钮，弹出【剖面视图】对话框，在自动剖面线前打钩，单击【确定】按钮继续。

03 此时会让用户输入剖切深度，弹出【断开的剖视图】的属性设置，指定俯视图的一边线，如图10-245所示。

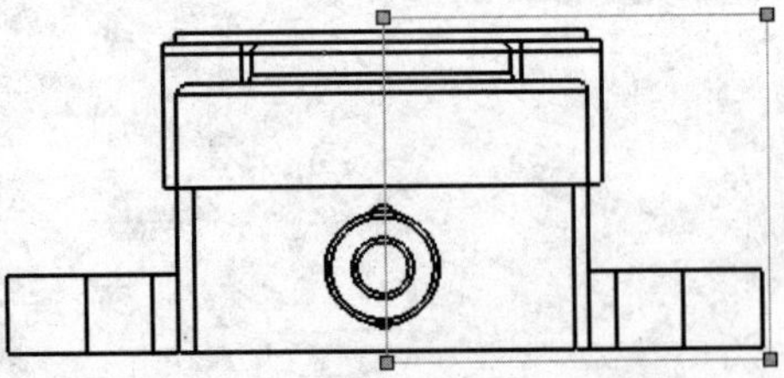

图10-244　框住的左视图的剖切区域

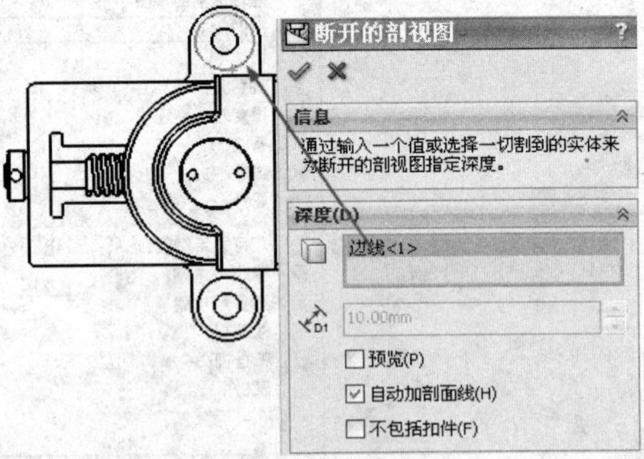

图10-245　指定剖切边线

04 单击✔【确定】按钮，结果如图10-246所示。

05 单击左视图中需要调整剖面线比例的区域，在【属性管理器】中弹出【区域剖面线/填充】的属性设置。在【属性】选项组进行设置，单击✔【确定】按钮，结果左视图中所修改区域的剖面线如图10-247所示。

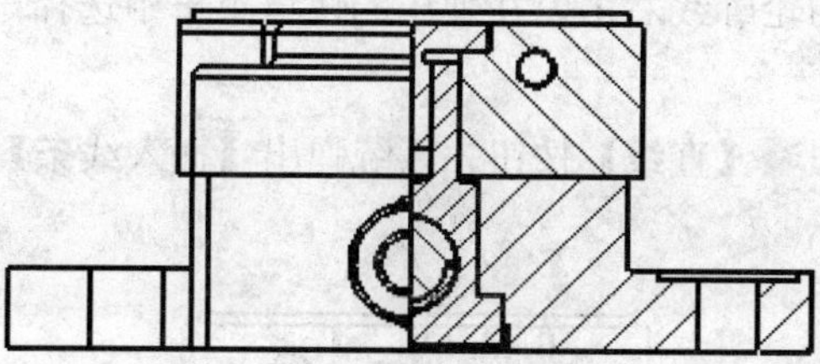

图10-246　剖切后的左视图

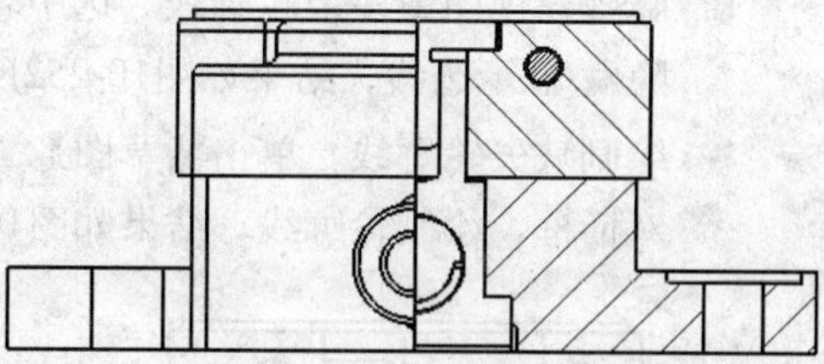

图10-247　修改区域剖面线

06 齿的简化绘制。先将图中表示齿的轮廓线隐藏，选中需要隐藏的轮廓线后右击，在弹出的快捷菜单中选择隐藏/显示边线，再绘制简化轮廓线，结果如图10-248所示。

07 在左视图中填充剖面线，单击【命令管理器】工具栏中的【注解】选项卡，单击按钮，弹出【区域剖面线/填充】对话框，设置剖面线样式，将【剖面线图样比例】设为5，选择在区域中填充剖面线，如图10-249所示。

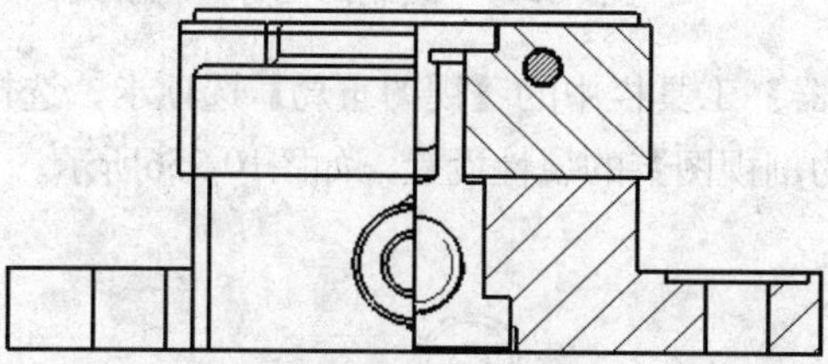

图10-248　隐藏方齿轮廓线

图10-249　修改剖面线属性

08 结果如图10-250所示。

09 依次填充其他的剖面线，结果如图10-251所示。

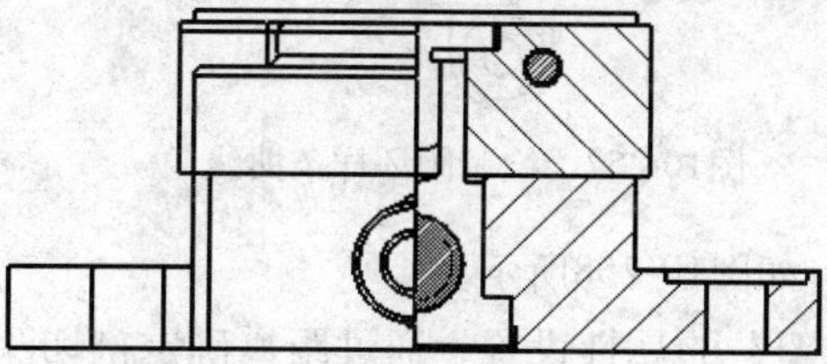

图10-250　修改剖面线

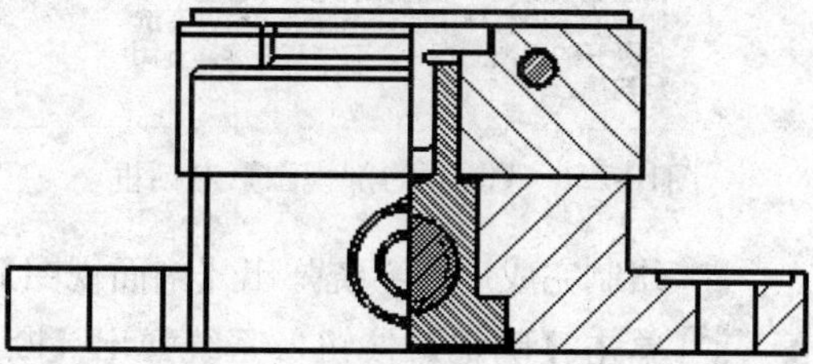

图10-251　修改剖面线后的左视图

10 隐藏左视图中多余轮廓线。选中表示相切的轮廓线右击，在弹出的快捷菜单中选择隐藏/显示边线，结果如图10-252所示。

11 绘制缺失轮廓线。单击【草图】工具栏中的【直线】按钮，系统弹出【插入线条】对话框，绘制轮廓线，结果如图10-253所示。

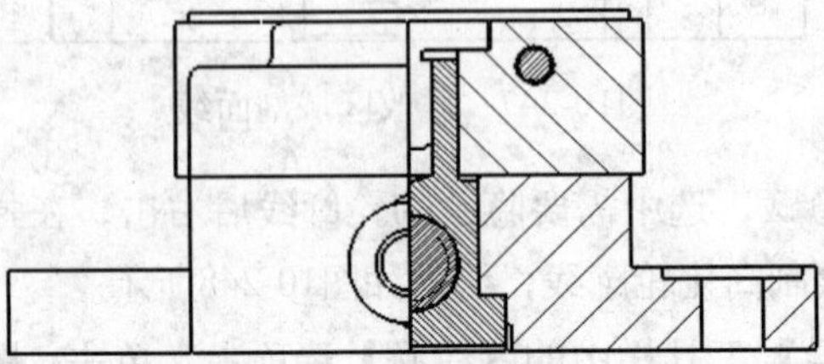

图10-252 隐藏左视图中多余轮廓线

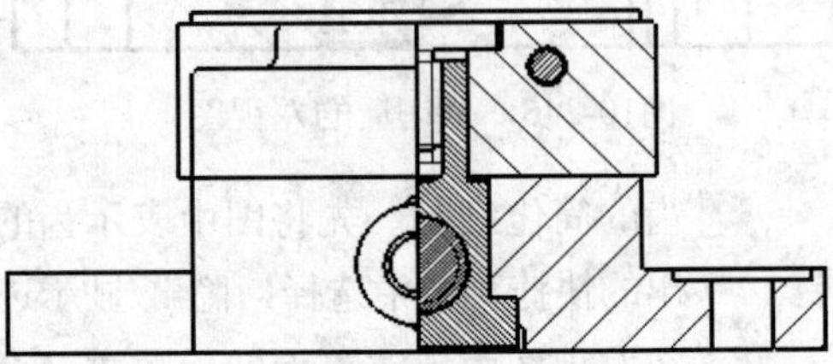

图10-253 绘制缺失轮廓线

（3）编辑俯视图

01 简化轴的方齿画法。选中图中表示齿的轮廓线后右击，在弹出的快捷菜单中选择显示/隐藏边线，结果如图10-254所示。

02 绘制简化方齿轮廓线。单击【草图】工具栏中的【直线】按钮，系统弹出【插入线条】对话框，绘制轮廓线，结果如图10-255所示。

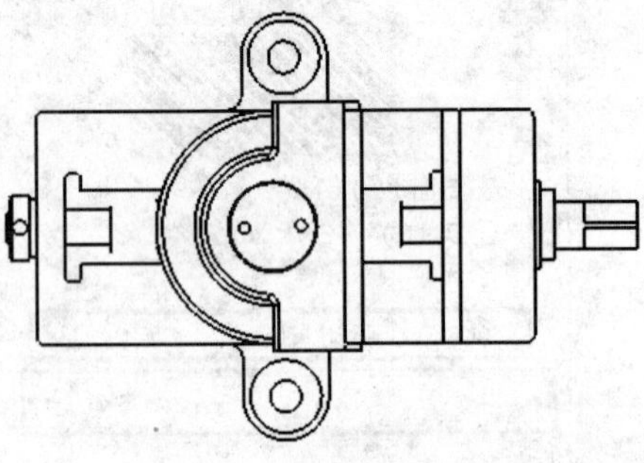

图10-254 隐藏轴的方齿边线

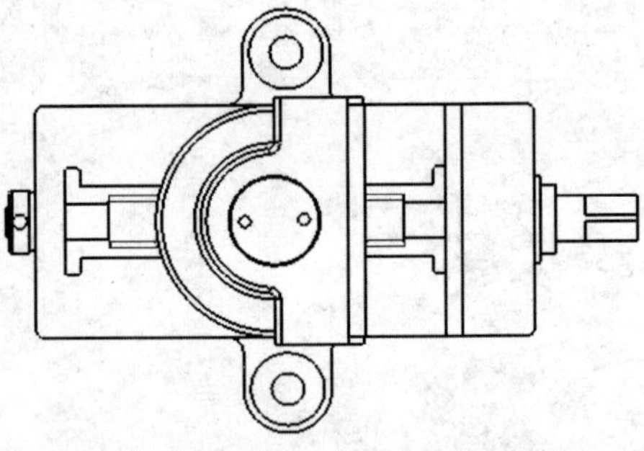

图10-255 绘制简化方齿轮廓线

03 绘制俯视图的局部剖视图。单击【命令管理器】工具栏中的【视图布局】选项卡，选择【断开的剖视图】按钮，系统弹出【断开的剖视图】的属性设置，如图10-256所示。

04 接着绘制闭环样条曲线，如图10-257所示。

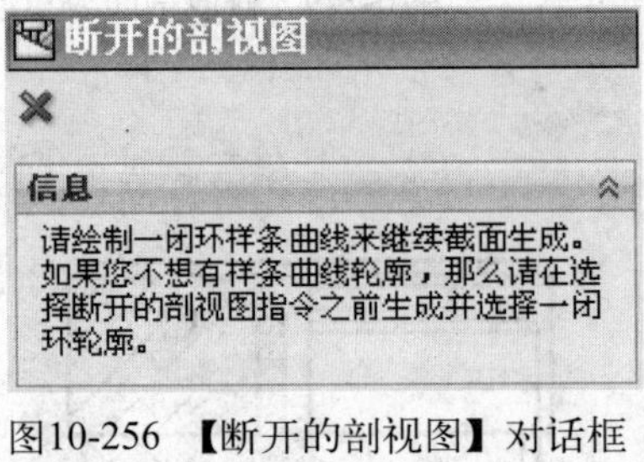

图10-256 【断开的剖视图】对话框

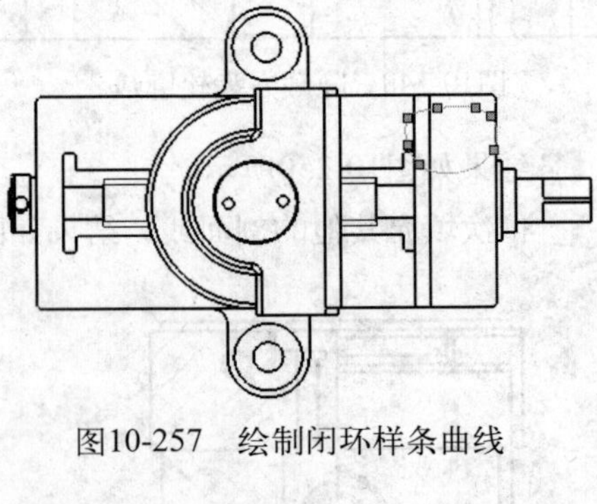

图10-257 绘制闭环样条曲线

05 绘制完成后，系统弹出【剖面视图】对话框，如图10-258所示。

06 单击【确定】按钮，系统弹出【断开的剖视图】的属性设置，通过距离确定剖切深度，如图10-259所示。

07 单击✔【确定】按钮后，结果如图10-260所示。

08 选中图中表示螺钉剖切面的剖面线，系统弹出【断开的剖视图】的属性设置，单击【无】单选按钮，如图10-261所示。

09 单击✔【确定】按钮后，结果如图10-262所示。

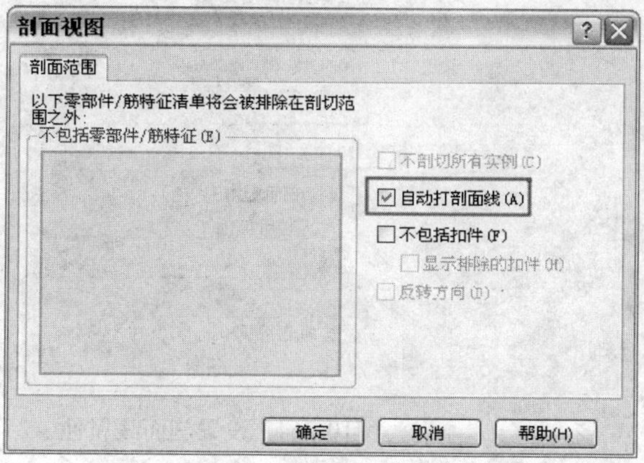

图10-258 【剖面视图】对话框

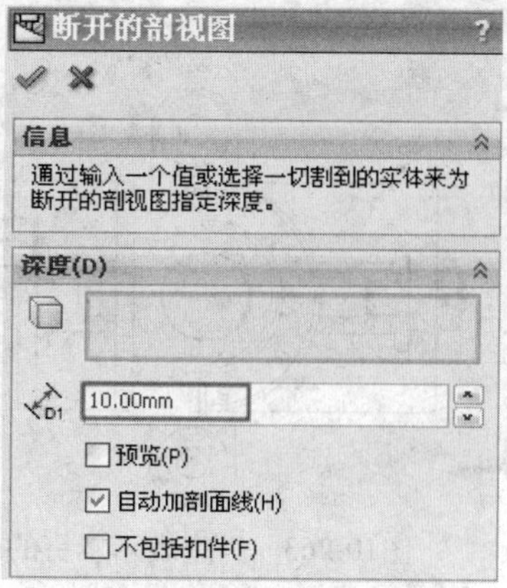

图10-259 确定剖切深度

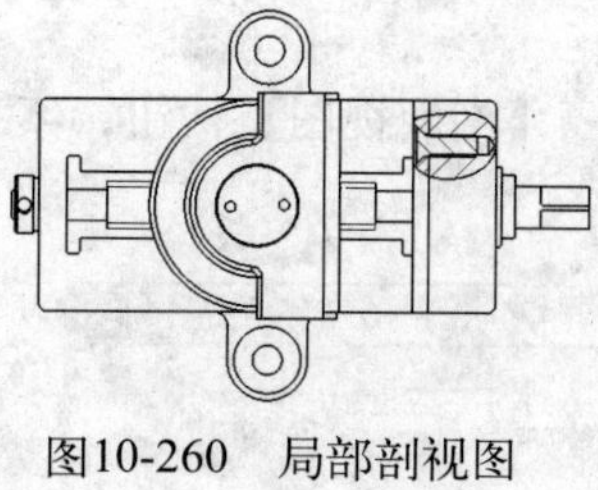

图10-260 局部剖视图

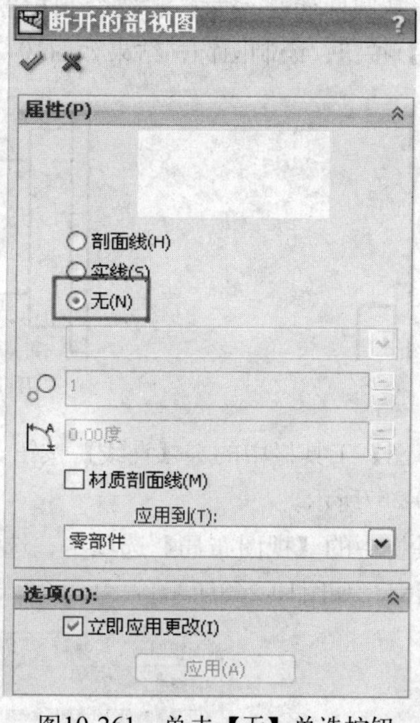

图10-261 单击【无】单选按钮

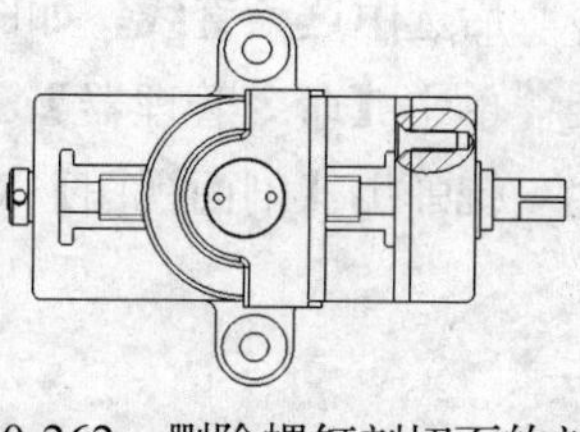

图10-262 删除螺钉剖切面的剖面线

10 单击【草图】工具栏中的＼【直线】按钮，系统弹出【插入线条】对话框，绘制轮廓线，补全螺钉的轮廓线，结果如图10-263所示。

11 调整局部剖视图中夹持板的的剖面线，从而使之与主视图中轴的剖面线相吻合。选中局部剖视图中轴的剖面区域，系统弹出【断开的剖视图】的属性设置，调整剖面线图样比例，同时将剖面线图样角度设为90.00度，如图10-264所示。

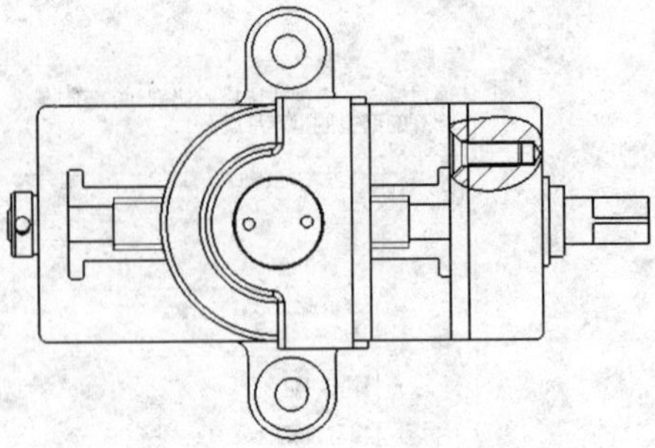

图10-263 补全表示螺钉的轮廓线

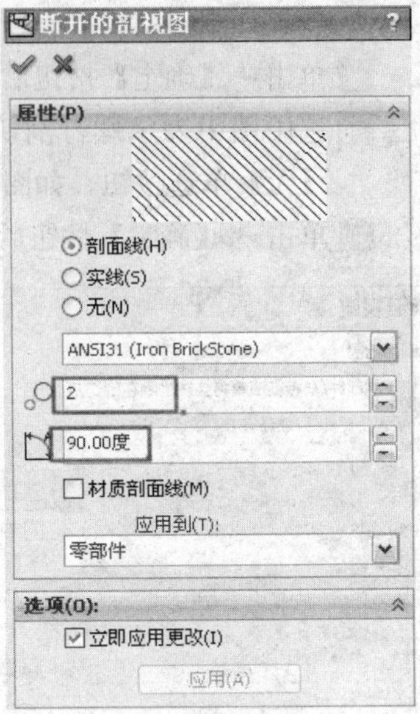

图10-264 设置剖面线属性

12 单击✔【确定】按钮后，结果如图10-265所示。

13 为了表达轴的右边一段不是圆面而是平面，需要绘制相应的图标来区别。单击【草图】工具栏中的【直线】按钮，绘制图标，结果如图10-266所示。

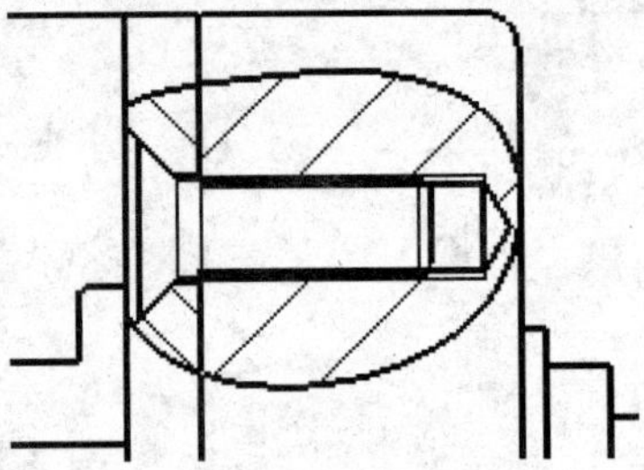

图10-265 螺钉剖视图

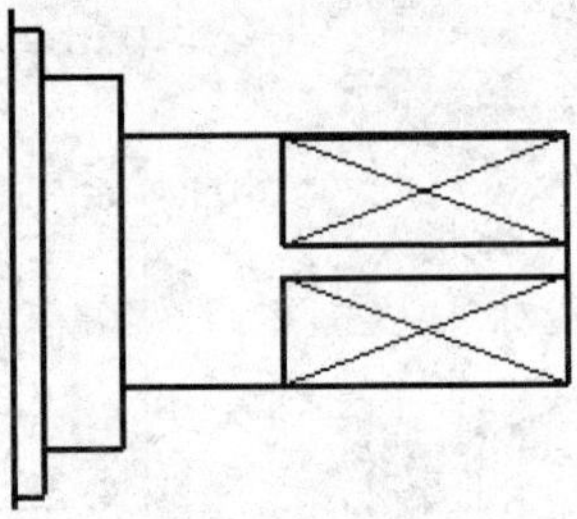

图10-266 绘制图标

14 绘制断面视图。单击【草图】工具栏中的【直线】按钮，确定绘制断面的地方，然后选中这条直线，如图10-267所示。

15 单击【命令管理器】工具栏中的【视图布局】选项卡，选择【剖面视图】按钮，系统弹出【剖面视图】对话框，如图10-268所示。

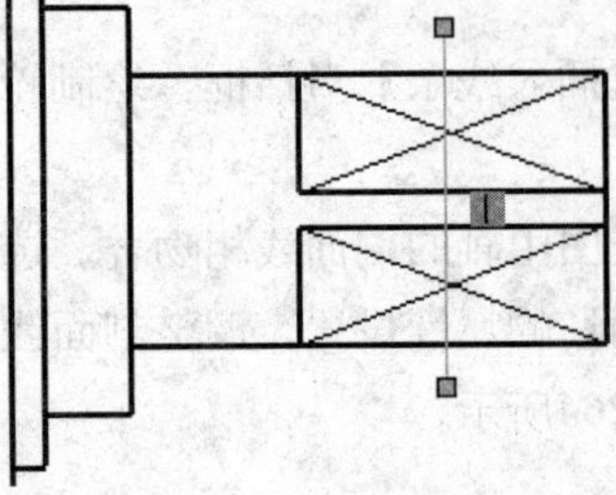

图10-267 确定断面处

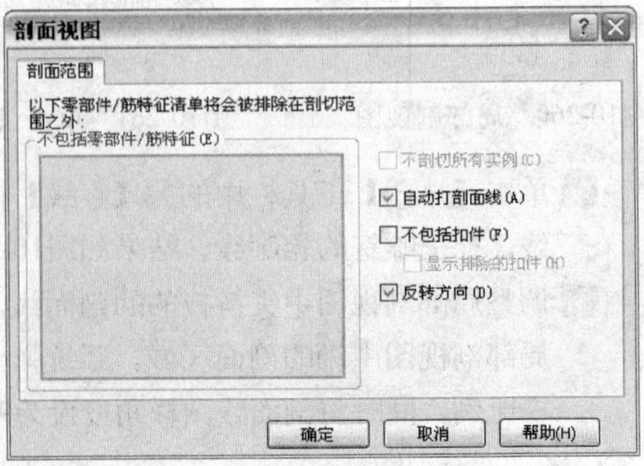

图10-268 【剖面视图】对话框

16 单击【确定】按钮后，系统弹出【剖面视图B-B】对话框，如图10-269所示。

17 将视图放置于适当位置后，结果如图10-270所示。

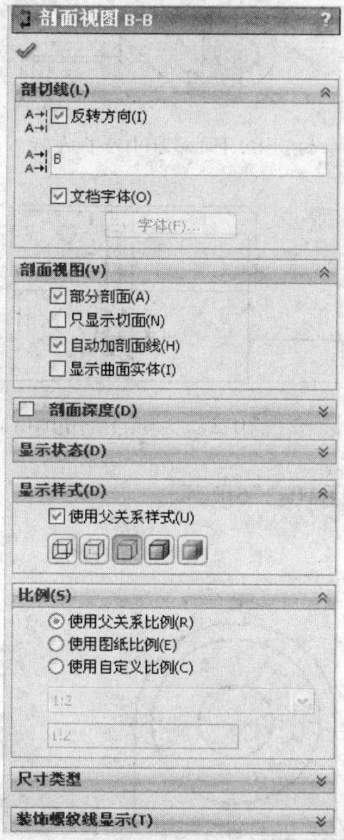

图10-269 【剖面视图B-B】对话框

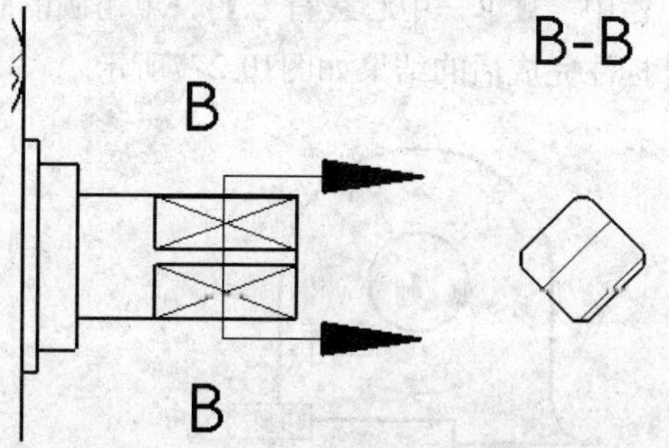

图10-270 剖面视图B-B

18 隐藏俯视图中多余轮廓线，选中表示相切的轮廓线后右击，在弹出的快捷菜单中选择隐藏/显示边线，结果如图10-271所示。

19 整个工程视图如图10-272所示。

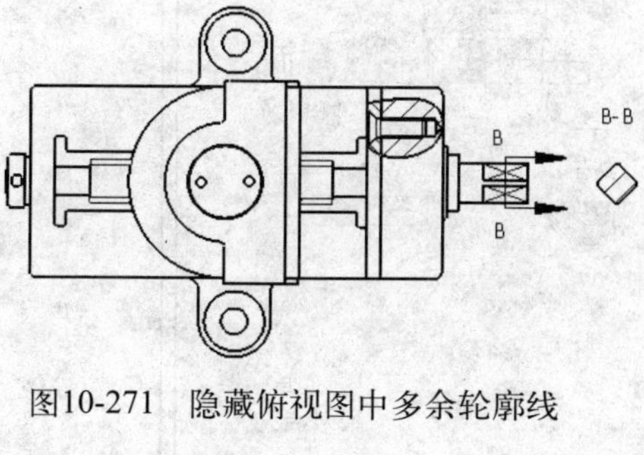

图10-271 隐藏俯视图中多余轮廓线

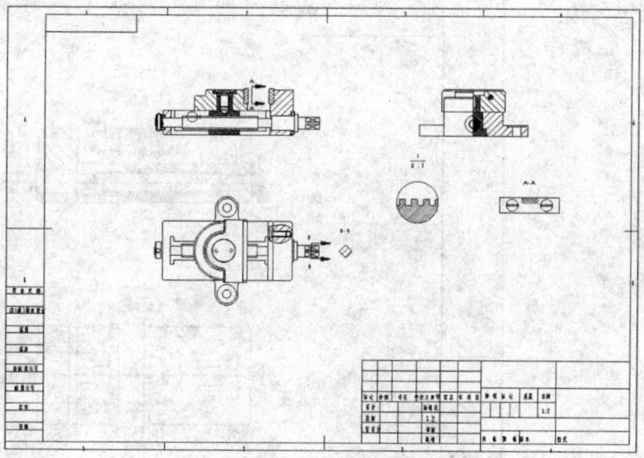

图10-272 工程视图

（4）标注中心线

01 单击【命令管理器】工具栏中的【注解】选项卡，单击 中心线 按钮，弹出【中心线】的属性设置，如图10-273所示。

02 为中心线选择两个边线，结果如图10-274所示。

图10-273 【中心线】的属性设置

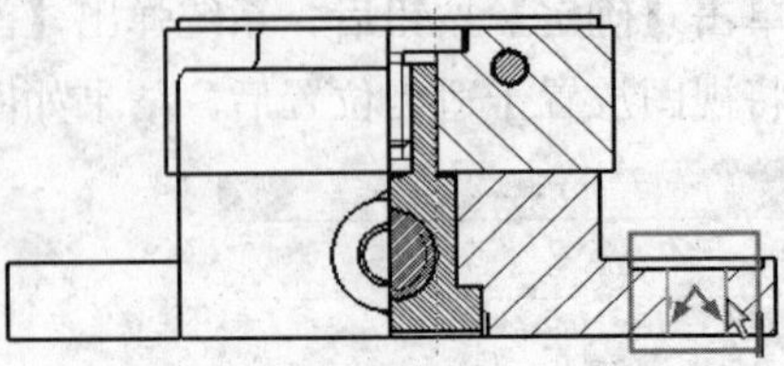

图10-274· 标注的中心线的两个边线

03 标注后经调整长度的中心线如图10-275所示。

04 以此类推，将整个工程图的部件全部标上中心线。

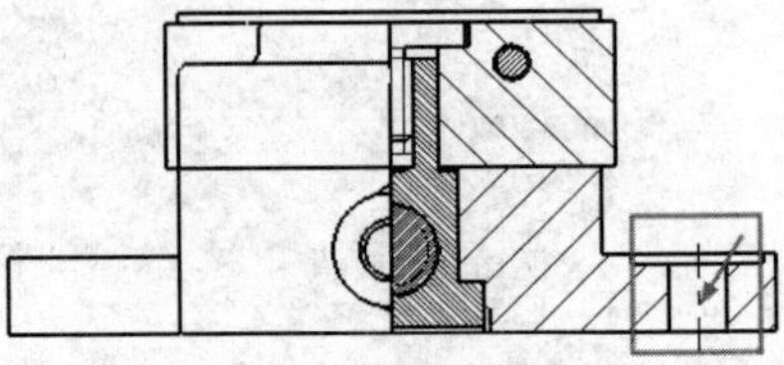

图10-275 标注后的中心线

(5) 标注未标中心符号线

01 单击【命令管理器】工具栏中的 中心符号线 按钮，弹出【中心符号线】对话框，选中【选项】一栏中 【单一中心线符号】，单击圆的轮廓线，如图10-276所示。

02 标注完成后的结果如图10-277所示。

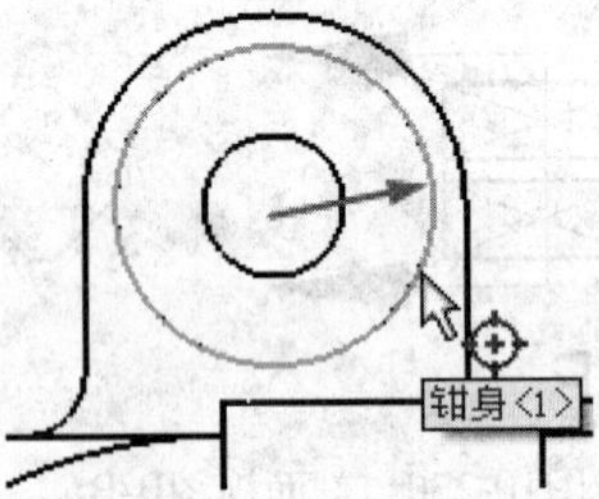

图10-276 圆的o轮廓线

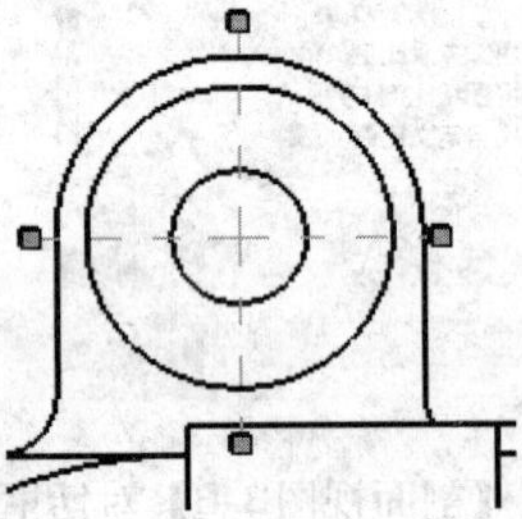

图10-277 标注后的中心线符号

03 其他的中心线符号标注以此类推，适当调整中心符号线，全部中心线和中心线符号如图10-278所示。

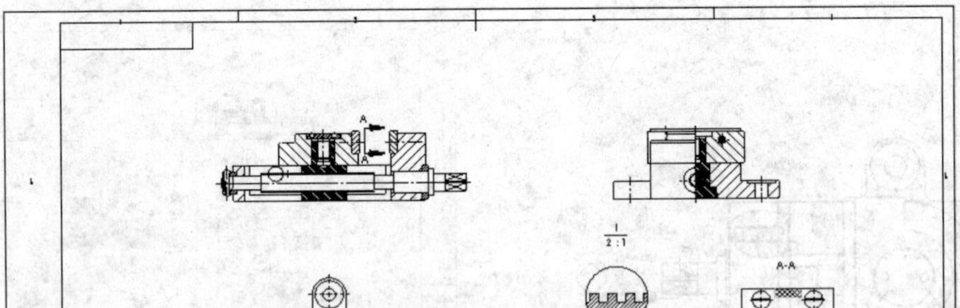

图10-278 工程图